Excel大百科全书

Power Query

智能化数据汇总与分析

韩小良◎著

中国水利水电出版社
www.waterpub.com.cn
·北京·

内 容 提 要

作为一本Power Query初级入门读本,《Power Query 智能化数据汇总与分析》不深入介绍M函数,而是结合大量的实际案例,利用Power Query可视化的操作向导,来解决实际工作中烦琐的数据整理、汇总和分析问题,让读者在短时间内,能够对Power Query有一个较为全面的了解和掌握,并能迅速提升数据处理和统计分析效率。

《Power Query 智能化数据汇总与分析》适合具有Excel基础知识并经常处理大量数据的各类人员阅读,也可作为大专院校经济类本科生、研究生和MBA学员的教材或参考书。

图书在版编目(CIP)数据

Power Query 智能化数据汇总与分析 / 韩小良著 .—北京:中国水利水电出版社,2019.10(2023.2 重印)

ISBN 978-7-5170-7788-6

I. ① P… II. ①韩… III . ①表处理软件 IV. ① TP391.13

中国版本图书馆 CIP 数据核字 (2019) 第 131393 号

书　　名	Power Query智能化数据汇总与分析 Power Query ZHINENGHUA SHUJU HUIZONG YU FENXI
作　　者	韩小良　著
出版发行	中国水利水电出版社 (北京市海淀区玉渊潭南路1号D座100038) 网址:www.waterpub.com.cn E-mail:zhiboshangshu@163.com 电话:(010)62572966-2205/2266/2201(营销中心)
经　　售	北京科水图书销售有限公司 电话:(010)68545874、63202643 全国各地新华书店和相关出版物销售网点
排　　版	北京智博尚书文化传媒有限公司
印　　刷	河北文福旺印刷有限公司
规　　格	180mm×210mm　24开本　18.25印张　628千字　1插页
版　　次	2019年10月第1版　2023年2月第3次印刷
印　　数	7001—10000册
定　　价	79.80元

前言 Preface

在每次培训课程上，总会有学生问：韩老师，如何把大量的工作表数据汇总到一张工作表上？遇到这样的提问，我会问以下几个问题。

(1) 工作表规范吗？也就是说，每张工作表是否是标准规范的表单。第一行就是标题，没有合并单元格，没有大标题小注脚，没有垃圾数据。

(2) 是当前工作簿里的几张工作表，还是多个工作簿里的多张工作表？

(3) 你要汇总成什么样的表格？是把这些工作表数据简单地堆积到一张工作表中，还是要做一张统计分析表？

(4) 表格数据量大吗？是不是数据会随时变化？

学生的回答是表格很规范，结构也一样，就是每个月都要做大量的复制、粘贴工作，累人，还容易出错。

Excel 2016的面世，将Excel的数据处理与数据分析提升到了一个新高度。不论是一个工作簿的多张工作表，还是多个工作簿的多张工作表；不论是打开的工作簿，还是没有打开的工作簿；不论是数据库数据，还是文本数据，或者是Excel工作簿数据，诸如此类的大量数据汇总与分析，在Excel 2016的新工具Power Query面前，已经不再是一件令人焦虑的事情了。你需要做的仅仅是把基础表单做规范，然后动动鼠标，用几个简单的命令，按照可视化的向导一步一步操作，即可快速完成。

对于大多数人来说，Power Query是一个陌生的工具，觉得很难学、很难掌握。其实，对于人们日常的数据处理和统计分析来说，掌握Power Query的主要使用方法和实际应用就足够了，毕竟，绝大部分人不是专业的数据分析师，也不需要建立多么复杂的数据模型来开发高端的商业智能。

因此，本书不深入介绍对大多数初学者来说难懂的M语言，不介绍在实际工作中用途不大的表理论，而是应用Power Query来解决实际工作中烦琐的数据整理、汇总和分析问题。只为解决问题，帮读者快速提升数据处理效率，从烦人、累人的数据处理工作中解放出来，是本书的宗旨。

本书共分9章，结合大量的实际案例，介绍Power Query在数据查询和汇总中的各种实际应用，提供详细的操作步骤，读者仔细阅读并实操，就能很快掌握Power Query实用技能。

本书的所有案例都在Excel 2016以上的版本中测试完成。

本书的编写得到了朋友和家人的支持与帮助，参与编写的人员有杨传强、于峰、李盛龙、董国灵、毕从牛、高美玲、王红、李满太、程显峰、王荣亮、韩良智、韩舒婷、翟永俭、贾春雷、冯岩、韩良玉、徐沙比、申果花、韩永坤、冀叶彬、刘兵辰、徐晓斌、刘宁、韩雪珍、徐换坤、张合兵、徐克令、张若曦、徐强子等，在此表示衷心的感谢！

中国水利水电出版社的刘利民老师和秦甲老师也给予了很多帮助与支持，使得本书能够顺利出版，在此表示衷心的感谢。

由于认知有限，作者虽尽职尽力，以期本书能够满足更多人的需求，但难免有疏漏之处，敬请读者批评、指正。欢迎加入QQ群一起交流，QQ群号为580115086。

韩小良

Contents

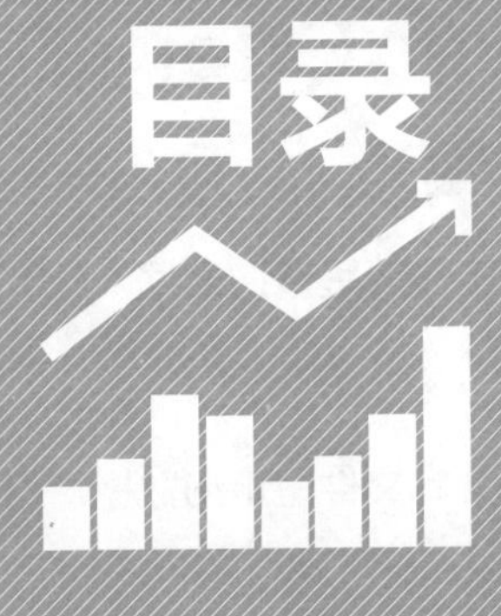

01 Chapter

初识Power Query /1

1.1 两个实际案例引发的方法变革 /2

1.1.1 案例一：16个分公司全年工资汇总 /2
1.1.2 案例二：几年来近百万行销售数据统计分析 /3

1.2 Power Query来救命了 /4

1.2.1 可以从不同的数据源采集数据 /5
1.2.2 大量工作表数据汇总变得易如反掌 /5
1.2.3 以数据模型为核心的海量数据分析很简单 /5
1.2.4 体验前所未有的智能化操作 /5

1.3 Power Query命令与编辑器界面 /6

1.3.1 Power Query命令 /6
1.3.2 Power Query编辑器 /7

02 Chapter

Power Query的基本用法与注意事项 /9

2.1 从工作簿里查询数据 /10

2.1.1 从当前工作簿里查询数据 /10
2.1.2 从其他没有打开的工作簿里查询数据 /20

2.2 从文本文件里查询数据 /20

2.2.1 CSV格式文本文件 /20
2.2.2 其他格式文本文件 /25

2.3 从数据库查询数据 /28

2.3.1 从Access数据库查询数据 29
2.3.2 从SQL Server数据库查询数据 /31

2.4 保存查询结果 /33

2.4.1 保存为表 /33
2.4.2 保存为数据透视表 /35
2.4.3 保存为数据透视图 /36
2.4.4 仅创建连接 /36
2.4.5 将数据添加到数据模型 /36
2.4.6 重新选择保存方式 /37

2.4.7 导出连接文件并在其他工作簿中使用现有查询 /37

2.5 注意事项 /41

2.5.1 自动记录下每个操作步骤 /41

2.5.2 注意提升标题 /44

2.5.3 注意设置数据类型 /45

2.5.4 编辑已有的查询 /47

2.5.5 刷新查询 /47

2.6 了解每个操作步骤及相应M公式 /49

2.6.1 源 /49

2.6.2 导航 /50

2.6.3 提升的标题 /51

2.6.4 更改的类型 /51

2.6.5 筛选的行 /52

2.6.6 排序的行 /53

2.6.7 其他操作 /54

03 Chapter Power Query常规数据处理操作/55

3.1 打开“Power Query编辑器”窗口 /56

3.1.1 执行“查询”命令打开 /56

3.1.2 通过某个查询打开 /56

3.1.3 直接打开 /57

3.2 查询的基本操作 /58

3.2.1 预览查询 /58

3.2.2 重命名查询 /59

3.2.3 复制查询 /61

3.2.4 删除查询 /62

3.2.5 刷新查询 /63

3.2.6 设置查询说明信息 /63

3.2.7 显示/隐藏“查询&连接”窗格 /65

3.3 列的一般操作 /65

3.3.1 重命名列 /65

3.3.2 选择要保留的列 /65

3.3.3 删除不需要的列 /67

3.3.4 复制列 /67
3.3.5 移动列位置 /68
3.3.6 拆分列 /68
3.3.7 合并列 /81
3.3.8 透视列 /84
3.3.9 逆透视列 /97
3.3.10 替换列数据 /100

3.4 文本列的特殊操作 /102
3.4.1 从列数据中提取字符 /102
3.4.2 转换列数据格式 /109

3.5 日期时间列的特殊操作 /113
3.5.1 计算当前与表格日期之间的天数 /114
3.5.2 从日期和时间数据中提取日期 /115
3.5.3 计算日期的年数据 /118
3.5.4 计算日期的月数据 /119
3.5.5 计算日期的季度数据 /121
3.5.6 计算日期的周数据 /122
3.5.7 计算日期的天数据 /123
3.5.8 获取某列日期中的最早日期或最晚日期 /124
3.5.9 合并日期和时间 /124
3.5.10 处理时间列 /125

3.6 数字列的特殊操作 /125
3.6.1 对列数字进行批量修改 /126
3.6.2 对列数字进行四舍五入 /128
3.6.3 对列数字进行简单的统计计算 /128
3.6.4 对列数字进行其他的计算处理 /128

3.7 数据行的一般操作 /129
3.7.1 保留行 /129
3.7.2 删除行 /129

3.8 整个表的操作 /130
3.8.1 反转行 /130
3.8.2 转置表 /131
3.8.3 表标题设置 /132

04 Chapter

向表添加新列 /133

4.1 添加索引列 /134
4.1.1 添加自然序号的索引列 /134
4.1.2 添加自定义序号的索引列 /136
4.2 添加自定义列 /136
4.2.1 添加常数列 /137
4.2.2 添加常规计算列 /138
4.3 添加条件列 /142
4.3.1 添加条件列——结果是具体值 /142
4.3.2 添加条件列——结果是某列值 /147
4.3.3 删除某个条件 /150
4.3.4 改变各个条件的前后次序 /150
4.4 条件语句 if then else /150
4.4.1 基本语法结构 /151
4.4.2 应用举例 /151

05 Chapter

查询分组统计 /159

5.1 基本分组 /160
5.1.1 对项目求和 /160
5.1.2 对项目求平均值、最大值和最小值 /163
5.1.3 对项目计数 /165
5.2 高级分组 /167
5.2.1 同时进行计数与求和 /167
5.2.2 同时进行计数、平均值、最大值和最小值 /169
5.2.3 对多个字段进行不同的分组 /172
5.2.4 删除某个分组 /175
5.2.5 调整各个分组的次序 /175

06 Chapter 多表合并查询 /176

6.1 一个工作簿内的多张工作表合并汇总 /177
6.1.1 多张工作表的堆积汇总 /177
6.1.2 多张工作表的关联汇总——两张工作表的情况 /183
6.1.3 多张工作表的关联汇总——多张工作表的情况 /191
6.1.4 多张工作表的关联汇总——匹配数据 /198
6.2 多个工作簿的合并汇总 /203
6.2.1 汇总多个工作簿，每个工作簿仅有一张工作表 /203
6.2.2 汇总多个工作簿，每个工作簿有多张工作表 /213
6.2.3 查找汇总多张工作表里满足条件的数据 /221
6.2.4 按项目分组汇总多张工作表的数据 /221
6.3 合并查询 /226
6.4 合并查询综合应用1 /234
6.4.1 只有一列需要核对的数据 /234
6.4.2 有多列需要核对的数据 /242
6.5 合并查询综合应用2 /246
6.5.1 建立基本查询 /247
6.5.2 统计全年在职员工 /248
6.5.3 统计全年离职员工 /249
6.5.4 统计全年新入职员工 /250
6.6 合并查询综合应用3 /251
6.6.1 建立基本查询 /251
6.6.2 统计两年存量客户 /252
6.6.3 统计去年的流失客户 /260
6.6.4 统计当年新增客户 /264
6.7 追加查询 /265
6.7.1 新建追加查询 /265
6.7.2 事后追加新的数据表 /270
6.8 其他合并问题 /274
6.8.1 核对总表和明细表 /274
6.8.2 制作已完成合同明细表 /279
6.8.3 制作未完成合同明细表 /286

07 Chapter

Power Query数据处理案例精粹 /288

7.1 拆分列 /289

7.1.1 “拆分列”命令 /289
7.1.2 按分隔符拆分列——拆分成数列 /289
7.1.3 按分隔符拆分列——拆分成数行 /296
7.1.4 按字符数拆分列 /298

7.2 合并列 /300

7.2.1 合并列形式1——合并为一列 /300
7.2.2 合并列形式2——合并为新列 /302

7.3 提取字符 /304

7.3.1 提取字符形式1——将原始列转换为提取的字符 /305
7.3.2 提取字符形式2——将提取的字符添加为新列 /306
7.3.3 提取最左边的字符 /306
7.3.4 提取最右边的字符 /308
7.3.5 提取中间字符 /309
7.3.6 提取分隔符之前的字符 /311
7.3.7 提取分隔符之后的字符 /313
7.3.8 提取分隔符之间的字符 /313
7.3.9 综合练习——从身份证号码中提取信息 /315

7.4 转换表结构 /320

7.4.1 一列变多列 /320
7.4.2 多列变一列 /320
7.4.3 一行变多行 /320
7.4.4 多行变一行 /321
7.4.5 二维表转换为一维表 /324
7.4.6 一维表转换为二维表 /326
7.4.7 综合练习1——连续发票号码的数据处理 /330
7.4.8 综合练习2——考勤数据处理 /342

7.5 表格合并 /348

7.5.1 汇总工作簿内工作表的两个重要问题 /348
7.5.2 一个工作簿的表格合并——全部工作表合并 /350
7.5.3 一个工作簿的表格合并——部分工作表合并 /355

7.5.4 不同工作簿的表格合并 /359
7.5.5 汇总多个文本文件 /369
7.6 表格查询 /373
7.6.1 单表查询满足条件的数据 /373
7.6.2 多表查询满足条件的数据 /376
7.7 基本统计汇总 /379
7.7.1 单列分组计算 /379
7.7.2 多列分组计算 /382
7.7.3 用透视列重构报表 /385

08 Chapter
与Power Pivot联合使用 /386
8.1 将Power Query查询加载为数据模型 /387
8.1.1 加载为数据模型的方法 /387
8.1.2 重新编辑现有的查询 /388
8.2 利用Power Pivot建立基于数据模型的数据透视表 /388
8.2.1 基于某一个查询的数据透视表 /388
8.2.2 基于多张有关联表查询的数据透视表 /393
8.2.3 基于海量数据查询的数据透视表 /397

09 Chapter
M语言简介 /401
9.1 从查询操作步骤看M语言 /402
9.1.1 查询表的结构 /402
9.1.2 每个操作步骤对应一个公式 /404
9.1.3 用高级编辑器查看完整代码 /404
9.2 通过手动创建行、列和表进一步了解M函数 /406
9.2.1 创建行 /406
9.2.2 创建列 /412
9.2.3 创建一个连续字母的列 /413
9.2.4 创建一个连续数字的列 /414
9.2.5 创建一个表 /414
9.3 M语言及函数 /415
9.3.1 M语言结构 /416

9.3.2 M语言的运算规则 /417

9.3.3 M函数语法结构 /417

9.3.4 M函数简介 /418

9.4 M函数应用举例 /420

9.4.1 分列文本和数字 /420

9.4.2 从身份证号码中提取生日和性别 /424

9.4.3 计算迟到分钟数和早退分钟数 /425

Chapter

01

初识Power Query

在介绍 Power Query 之前，先通过两个实际案例来看看对于诸如数据汇总问题，平时我们都是怎么做的，而使用 Power Query 又是怎么做的。

1.1 两个实际案例引发的方法变革

1.1.1 案例一：16 个分公司全年工资汇总

这是一个典型的实际问题：有 16 个工作簿，代表 16 个分公司；每个工作簿中有 12 张工作表，分别保存 12 个月的工资数据；每个分公司的工资表中，员工又分为合同工和劳务工。

现在要求制作以下 3 张汇总表。

（1）全部分公司的合同工个税汇总表。

（2）全部分公司的劳务工个税汇总表。

（3）按分公司汇总社保、公积金和个税。

示例数据如图 1-1 和图 1-2 所示。

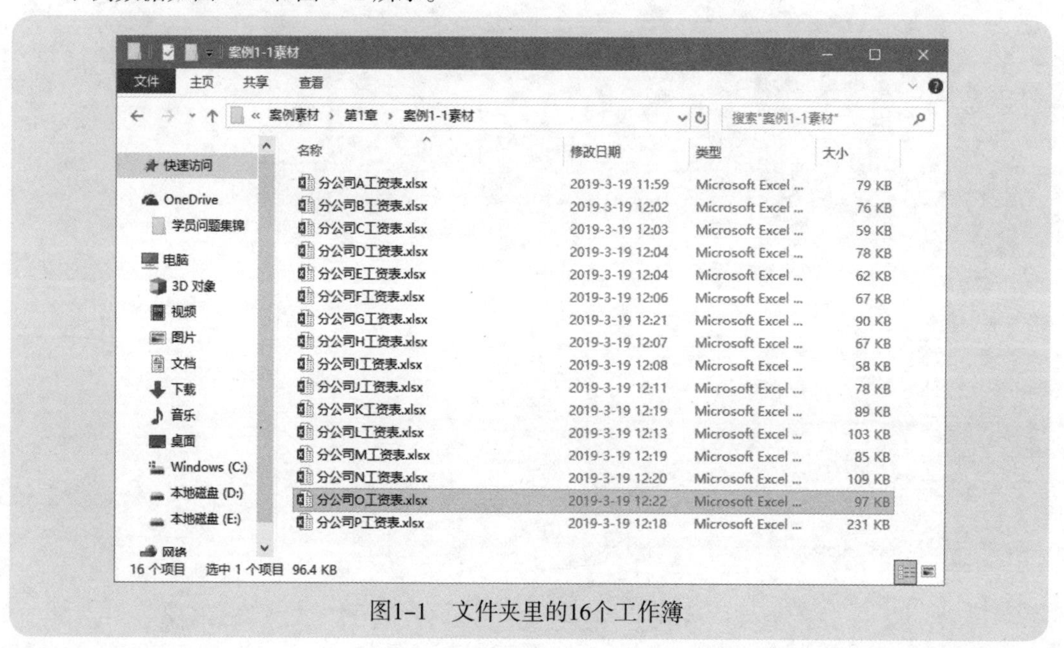

图1-1 文件夹里的16个工作簿

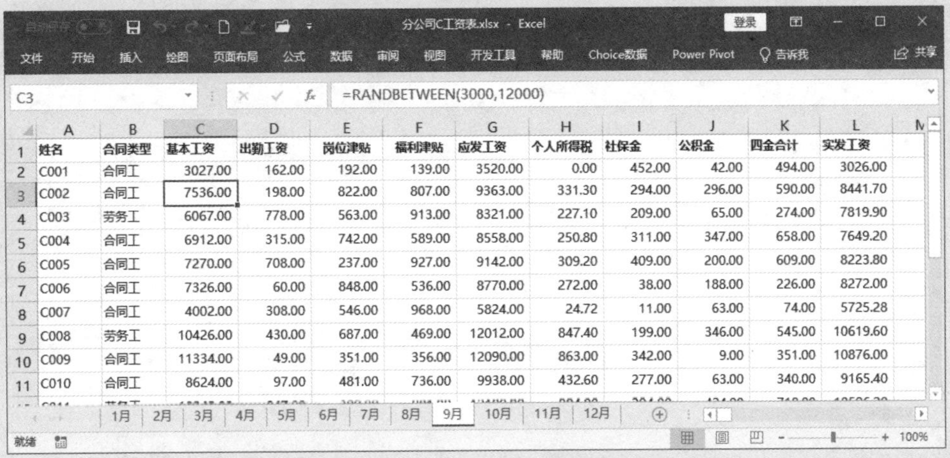

分公司C工资表.xlsx - Excel

C3 =RANDBETWEEN(3000,12000)

	A	B	C	D	E	F	G	H	I	J	K	L
1	姓名	合同类型	基本工资	出勤工资	岗位津贴	福利津贴	应发工资	个人所得税	社保金	公积金	四金合计	实发工资
2	C001	合同工	3027.00	162.00	192.00	139.00	3520.00	0.00	452.00	42.00	494.00	3026.00
3	C002	合同工	7536.00	198.00	822.00	807.00	9363.00	331.30	294.00	296.00	590.00	8441.70
4	C003	劳务工	6067.00	778.00	563.00	913.00	8321.00	227.10	209.00	65.00	274.00	7819.90
5	C004	合同工	6912.00	315.00	742.00	589.00	8558.00	250.80	311.00	347.00	658.00	7649.20
6	C005	合同工	7270.00	708.00	237.00	927.00	9142.00	309.20	409.00	200.00	609.00	8223.80
7	C006	合同工	7326.00	60.00	848.00	536.00	8770.00	272.00	38.00	188.00	226.00	8272.00
8	C007	合同工	4002.00	308.00	546.00	968.00	5824.00	24.72	11.00	63.00	74.00	5725.28
9	C008	劳务工	10426.00	430.00	687.00	469.00	12012.00	847.40	199.00	346.00	545.00	10619.60
10	C009	合同工	11334.00	49.00	351.00	356.00	12090.00	863.00	342.00	9.00	351.00	10876.00
11	C010	合同工	8624.00	97.00	481.00	736.00	9938.00	432.60	277.00	63.00	340.00	9165.40

1月 2月 3月 4月 5月 6月 7月 8月 9月 10月 11月 12月

图1-2 每个工作簿里的12张工作表

16 个工作簿，每个工作簿里有 12 张工作表，总共 16×12=192 张工作表数据要汇总，这样的工作，大部分人就是将工作簿逐一打开，复制粘贴，然后制作数据透视表……3 个小时就这样过去了。

掌握了 Excel VBA 技能的读者，马上想到了利用 VBA 来快速汇总，编写代码，调试代码，运行，检查，这样半个小时也过去了。

这也是没办法的事情，因为目前计算机上安装的是 Office 2010 这样的版本，只能这样做。

1.1.2 案例二：几年来近百万行销售数据统计分析

再来看这样一个例子。领导说，把 2015 年至今的销售数据做个分析，看看各项业务近几年来的趋势及各个市场的变化，尤其是分析去年和今年的同比情况。

从 ERP 导出了 2015 年以来的销售数据，居然有近 80 万行，文件大小也高达数百兆。结果是此工作簿根本就没法正常工作，就连每保存一次，工作簿就开始缓慢地重新计算，更不用说做公式、拉透视表、绘制分析图表了。

然后就是：在某个单元格输入一个数据，工作簿就立刻趴下“装死”，我们只好干瞪眼耐心地候着，就这样，半天的时间过去了，连一个最简单的同比分析报表都没做出来。

这种痛苦，这种逼疯人的节奏，只有使用者最有体会！

图 1-3 就是这样的一个示例，其数据有近 80 万行（见图 1-4），保存为 CSV 格式的文本文件。

图1-3　文件夹保存的80多兆的4年销售数据

2015-2018年销售明细.csv - 已保存

A8　10.AA.40.0014063

	A	B	C	D	E	F	G	H	I	J	K	L	M
1	客户代码	客户名称	业务类型	地区	年份	月份	发票号	部门	产品名称	产品长代码	数量	含税单价	价税合计
2	10.AA.40.0014063	客户4063	节能	上海	2015	1	PWFE0042558	公用事业部	产品00453	10.14.13.028	102	114852	11714904
3	10.AA.40.0014063	客户4063	节能	上海	2015	1	PWFE0042558	公用事业部	产品00536	10.14.10.014	306	193800	59302800
4	10.AA.40.0014063	客户4063	节能	上海	2015	1	PWFE0042558	公用事业部	产品03334	10.14.14.028	1734	1662600	2.88E+09
5	10.AA.40.0014063	客户4063	节能	上海	2015	1	PWFE0042558	公用事业部	产品09576	10.14.10.008	204	270300	55141200
6	10.AA.40.0014063	客户4063	节能	上海	2015	1	PWFE0042558	公用事业部	产品02059	10.14.10.013	1020	136680	1.39E+08
750917	10.AA.40.0016483	客户6483	节能	黑龙	2018	9	PWFE0166715	公用事业部	产品05992	02.73.03.000	102	509031	51921162
750918	10.AA.40.0016483	客户6483	节能	黑龙	2018	10	PWFE0166732	公用事业部	产品05992	02.73.03.000	102	1043093	1.06E+08
750919	10.AA.40.0016483	客户6483	节能	黑龙	2018	10	PWFE0166731	公用事业部	产品05992	02.73.03.000	102	548378	55934505
750920	10.AA.40.0016483	客户6483	节能	黑龙	2018	10	PWFE0166720	公用事业部	产品05992	02.73.03.000	102	6787	692282
750921	10.AA.40.0016483	客户6483	节能	黑龙	2018	10	PWFE0166659	公用事业部	产品05992	02.73.03.000	102	2668575	2.72E+08
750922	10.AA.40.0016483	客户6483	节能	黑龙	2018	11	PWFE0166675	公用事业部	产品05992	02.73.03.000	102	2668575	2.72E+08

2015-2018年销售明细

图1-4　数据近80万行

1.2 Power Query来救命了

当今社会已经进入了大数据时代，企业的数据量越来越大，数据维度也越来越多，这样的数据分析所面临的第一个问题就是——如何快速汇总数据，并从数据中提取我们需要关注的重要信息？

对于某些行业来说，数据分析更加强调即时性，也就是说，数据的采集和分析都是实时的与动态的，呈现的分析报告也是随时在更新的。在这种情况下，我们不可能还采用原来的复制粘贴或者公式连接的方法来处理分析数据。

Excel 2016 的问世，使得大数据汇总分析变得简单多了，大部分的日常数据处理，只需动动鼠标，按照可视化向导操作，即可完成数据的汇总与统计分析。

Excel 2016 为我们提供了一套完整的数据分析工具，即 Power 工具；具体包括以下四种。

- Power Query
- Power Pivot
- Power View
- Power Map

这 4 种工具，从一个以数据模型为核心的数据分析理念出发，通过采集数据并建立数据模型，只需很少的内存，就可以处理大量的数据。而 Power Query 在数据的采集及数据模型的建立方面，更是无比强大，被称为“超级查询”。

1.2.1 可以从不同的数据源采集数据

对于 Power Query 来说，几乎可以用于任何数据源，包括各种数据库、Excel 工作簿、文本文件、网页等。对这些数据源的连接和访问，不需要晦涩难懂的语句，只需按照命令向导操作即可完成数据的查找汇总。

1.2.2 大量工作表数据汇总变得易如反掌

正如前面说的第一个案例那样，要汇总 16 个工作簿的共 16×12=192 张工作表数据，而且是要筛选某些满足条件的数据，这样的工作，在 Power Query 面前，已经轻而易举了，使用者要做的，只是几个简单的鼠标操作，只需输入几个简单的命令即可。对于查询汇总同一个工作簿里的多张工作表，就更简单了。

1.2.3 以数据模型为核心的海量数据分析很简单

利用 Power Query 查询出来数据后，可以根据实际情况，将查询结果保存到 Excel 工作表中，或者保存为仅链接的数据模型，前者对于数据量不大、且需要查看明细数据的情况是适合的，后者则用于数据量大、并且要做各种维度分析的场合。当将查询结果保存为仅链接的数据模型后，打开工作簿是看不到数据的，因为数据是保存在数据模型中的。

1.2.4 体验前所未有的智能化操作

大部分的数据查询和汇总，只需按照智能化的向导操作即可，即使是某些具体的数据处理，也可以通过使用相关的菜单命令来快速完成。当执行某个菜单命令后，会在 Power Query 编辑器界面的公式栏中出现相应的 M 公式，这个公式是很容易阅读理解的，仔细阅读公式中的每个英语单词，回顾刚才的操作，你就会马上明白这个公式的结构及用法，然后就可以自己来修改公式，完成更多的任务了。

1.3 Power Query命令与编辑器界面

Power Query 的使用是很简单的，但是其在功能区里并没有出现 Power Query 字样。以至于很多人问，哪个是 Power Query 命令？命令在哪儿？命令怎么用？

1.3.1 Power Query 命令

对于 Excel 2016 来说，Power Query 命令就是在“数据”选项卡“获取和转换”功能组中的“新建查询”命令组中的各个查询命令，如图 1-5 所示。

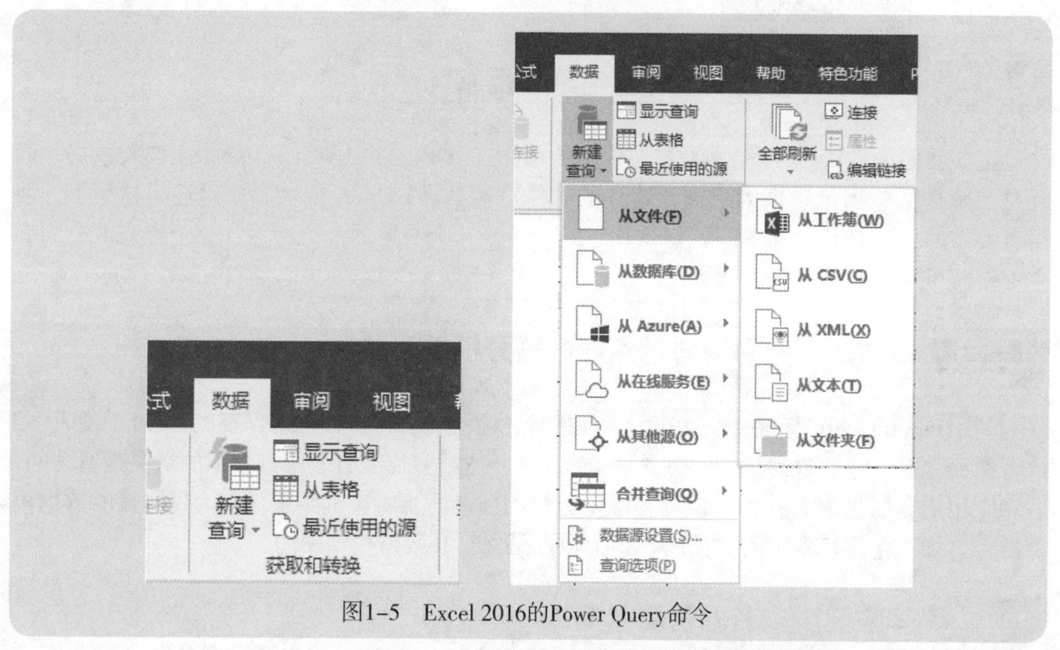

图1-5　Excel 2016的Power Query命令

对于 Excel 365 或 Excel 2019 来说，Power Query 的相关命令在“数据”选项卡中的“获取和转换数据”以及“查询和连接”功能组里，其中“获取数据”就是 Power Query 的各个查询命令，如图 1–6 所示。

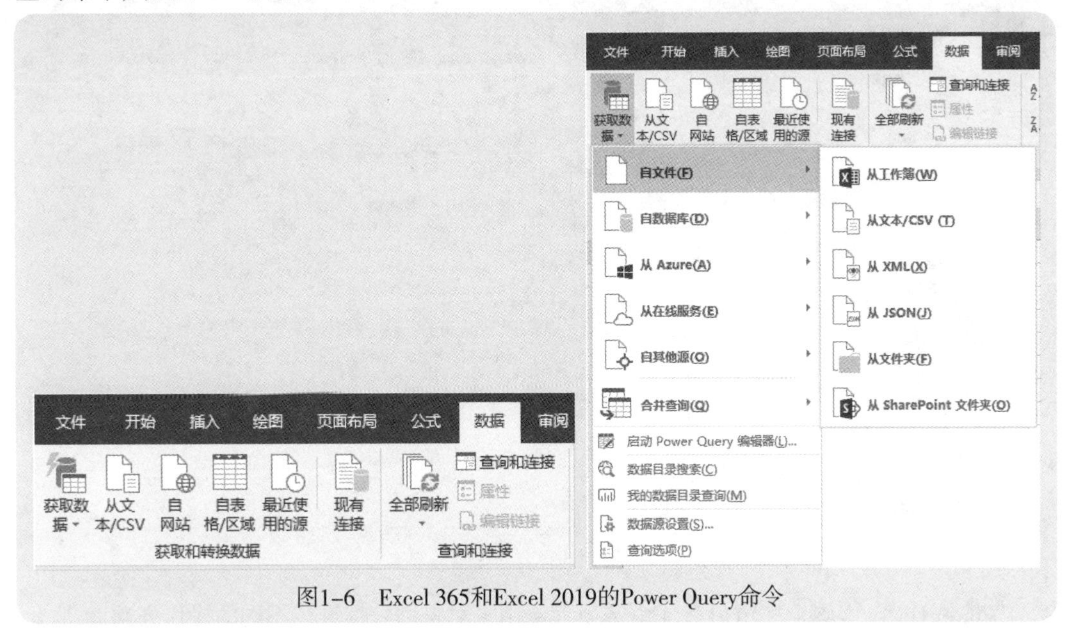

图1–6 Excel 365和Excel 2019的Power Query命令

新建查询（获取数据）的命令常用的有以下几个：

- 自文件：数据源可以是 Excel 工作簿、文本文件、XML、文件夹等。
- 自数据库：数据源可以是 SQL Server 数据库、Access 数据库、Oracle 数据库、MySQL 数据库等。
- 从 Azure：数据源可以是 Azure SQL Server 数据库、Azure SQL Server 数据库等。
- 从在线服务：数据源可以是 SharePoint 列表、Facebook 等。
- 自其他源：数据源可以是 Excel 的表格或区域、网站、Microsoft Query、SharePoint 列表等。
- 合并查询：对已有的查询进行合并，或追加新的查询。

1.3.2 Power Query 编辑器

执行相关的查询后，会打开 Power Query 编辑器，如图 1–7 所示。在这个界面中，可以对数据进行各种查询处理，例如，筛选、排序、设置格式、截取文本、添加 / 删除列、追加查询、合并查询、分组等。

图1-7　Power Query编辑器

“Power Query 编辑器”窗口有 4 个选项卡，用于对查询数据进行不同的操作处理。

- “开始”选项卡：可以插入 / 删除行、插入 / 删除列、拆分列、分组数据、设置标题、设置数据类型、合并查询、追加查询等。
- “转换”选项卡：对数据进行转置、逆透视列、透视列、拆分列、提取字符等。
- “添加列”选项卡：只要是对查询结果添加自定义列的操作。
- “视图”选项卡：这个一般很少使用。

在了解了 Power Query 的基本情况后，下面就开始 Power Query 的智能化数据汇总分析之旅吧。

Chapter

02

Power Query的基本用法与注意事项

Power Query 的使用并不复杂，其常用的功能就能满足人们的日常数据处理。本章就结合几个简单的例子，来开始 Power Query 的使用之旅。

2.1 从工作簿里查询数据

从工作簿里查询满足指定条件的数据，其实是不难的，常见的操作是筛选→复制→粘贴。而使用 Power Query，不仅可以查询满足条件的数据，还可以在查询时对数据进行一些必要的处理，例如，添加列、筛选、排序、调整列位置等，查询的结果与数据源是连接的，当数据源的数据发生变化后，刷新查询表即可更新。

2.1.1 从当前工作簿里查询数据

案例2-1

图 2-1 是一个员工信息数据表，现在要求把工龄在 15 年以上、学历是硕士以上的员工信息查找出来，并保存为新工作表，可以随时更新查询结果。

工号	姓名	性别	民族	部门	职务	学历	婚姻状况	出生日期	年龄	进公司时间	本公司工龄
0001	AAA1	男	满族	总经理办公室	总经理	博士	已婚	1968-10-9	50	1987-4-8	31
0002	AAA2	男	汉族	总经理办公室	副总经理	硕士	已婚	1969-6-18	49	1990-1-8	29
0003	AAA3	女	汉族	总经理办公室	副总经理	本科	已婚	1979-10-22	39	2002-5-1	16
0004	AAA4	男	回族	总经理办公室	职员	本科	已婚	1986-11-1	32	2006-9-24	12
0005	AAA5	女	汉族	总经理办公室	职员	本科	已婚	1982-8-26	36	2007-8-8	11
0006	AAA6	女	汉族	人力资源部	职员	本科	已婚	1983-5-15	35	2005-11-28	13
0007	AAA7	男	锡伯	人力资源部	经理	本科	已婚	1982-9-16	36	2005-3-9	14
0008	AAA8	男	汉族	人力资源部	副经理	本科	未婚	1972-3-19	47	1995-4-19	23
0009	AAA9	男	汉族	人力资源部	职员	硕士	已婚	1978-5-4	40	2003-1-26	16
0010	AAA10	男	汉族	人力资源部	职员	大专	已婚	1981-6-24	37	2006-11-11	12
0011	AAA11	女	土家	人力资源部	职员	本科	已婚	1972-12-15	46	1997-10-15	21
0012	AAA12	女	汉族	人力资源部	职员	本科	未婚	1971-8-22	47	1994-5-22	24
0013	AAA13	男	汉族	财务部	副经理	本科	已婚	1978-8-12	40	2002-10-12	16
0014	AAA14	女	汉族	财务部	经理	硕士	已婚	1960-7-15	58	1984-12-21	34
0015	AAA15	男	汉族	财务部	职员	本科	未婚	1968-6-6	50	1991-10-18	27

员工清单

图2-1 员工基本信息

下面是使用 Power Query 做查询的两个基本方法及其具体步骤。

1. 使用“自表格 / 区域”命令

步骤① 单击数据区域任意单元格，执行“数据”→“自表格/区域”命令，如图2-2所示。

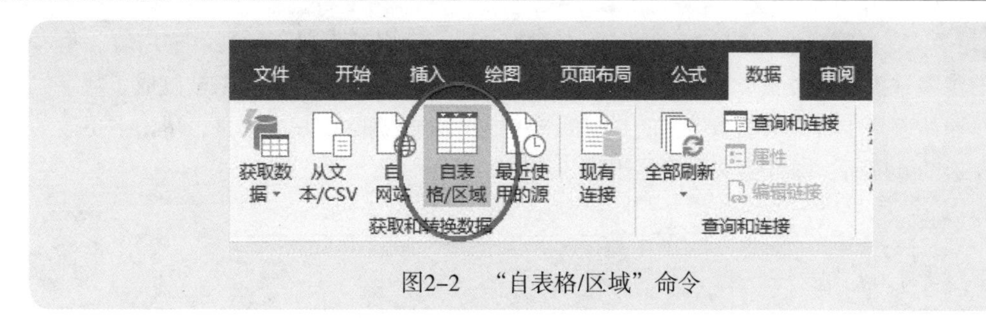

图2-2　“自表格/区域”命令

就会打开“创建表”对话框，保持系统默认设置，如图 2-3 所示。注意要勾选“表包含标题”复选框。

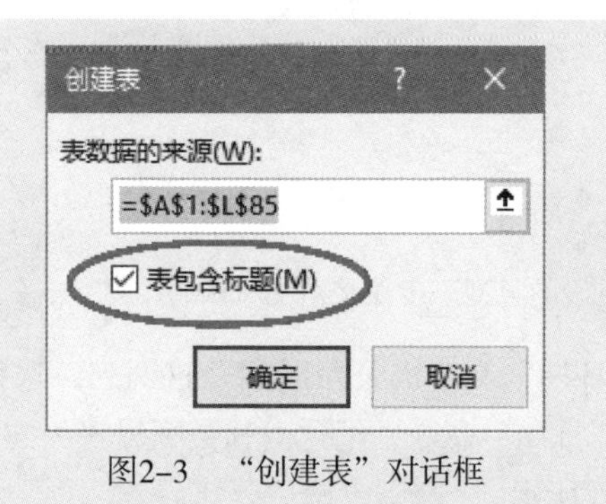

图2-3　“创建表”对话框

步骤 2　单击“确定”按钮，就打开了“Power Query编辑器”窗口，如图2-4所示。

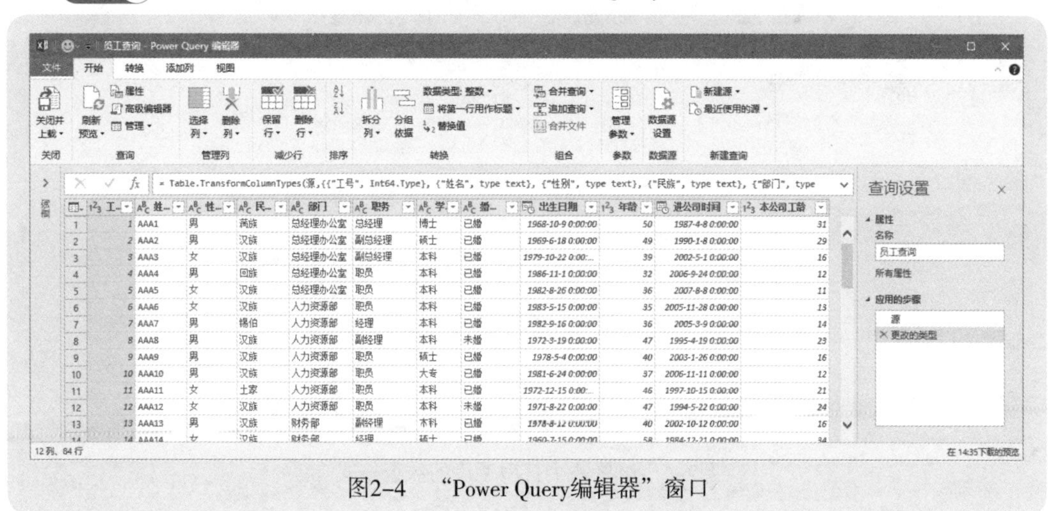

图2-4　“Power Query编辑器”窗口

步骤3 观察窗口右侧的“查询设置”窗格，其“应用的步骤”所列示的内容，有一个默认的步骤“更改的类型”，再观察表格中第一列的工号数据，这个数据被改成了数字，已经不是原始表格中的文本型数字了，因此需要把这个步骤删除。其方法是，单击“更改的类型”左边的×按钮，即可将这个步骤删除，如图2-5所示。

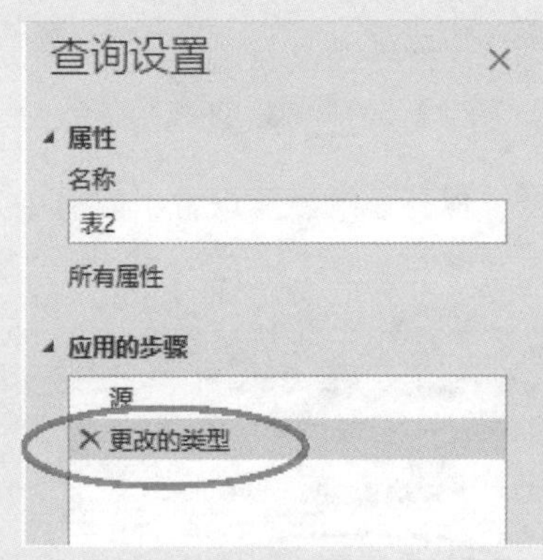

图2-5 “更改的类型”步骤是系统默认的设置，本案例中需要删除

步骤4 选择“出生日期”和“进公司时间”这两列，选择“数据类型”命令，展开格式选项下拉列表，选择“日期”命令，把这两列数据设置为纯日期格式，不要显示日期后面的时间 0:00:00，如图 2-6 所示。

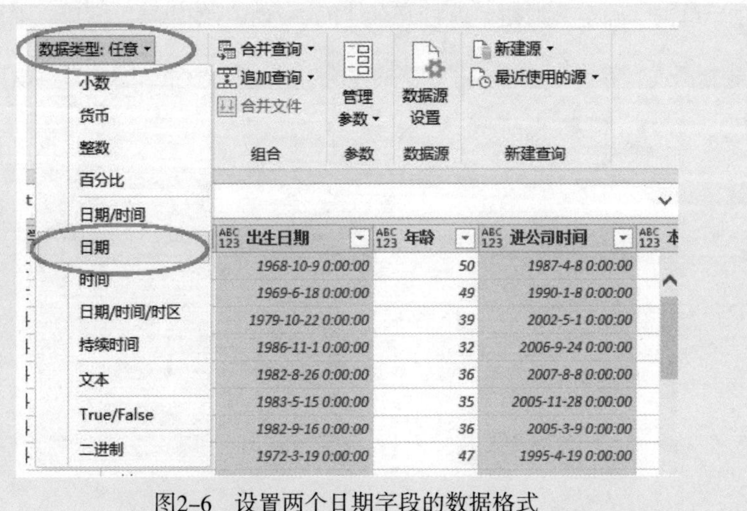

图2-6 设置两个日期字段的数据格式

也可以单击列标题左侧的“数据类型”按钮，展开数据类型选项列表，选择“日期”即可，

如图 2–7 所示。不过需要注意的是，这种操作只能每次设置一列，不像步骤 4 介绍的使用功能区的“数据类型”命令可以一次设置多列。

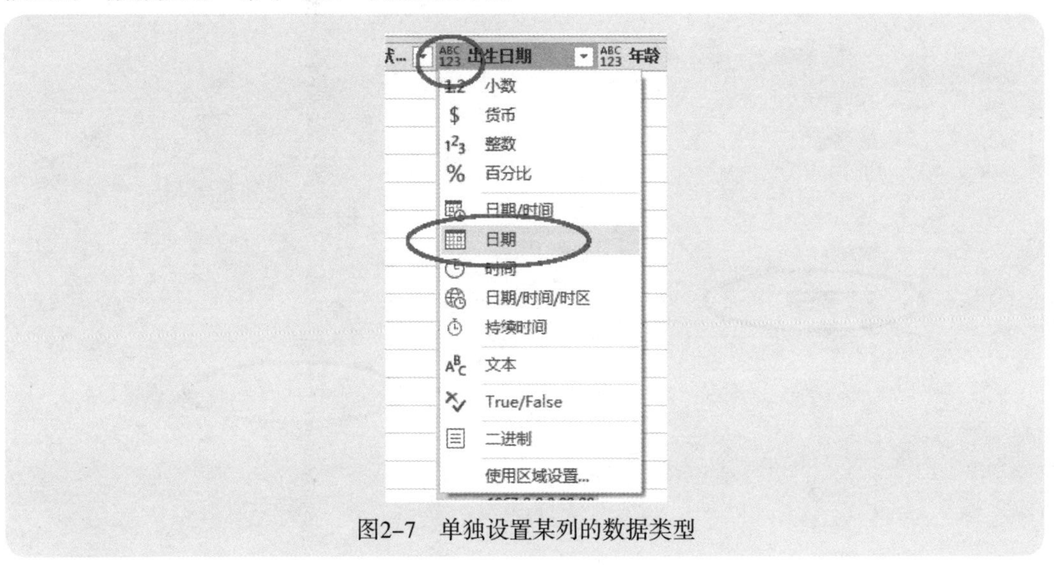

图2–7　单独设置某列的数据类型

步骤 5　下面筛选指定条件的数据。

（1）单击“学历”列的筛选下拉箭头，展开筛选器，勾选“硕士”和“博士”复选框，如图 2–8 所示。

图2–8　从“学历”中筛选“硕士”和“博士”

（2）单击“本公司工龄”列的筛选下拉箭头，展开筛选器，执行“数字筛选器”→“大于”命令，如图 2-9 所示。

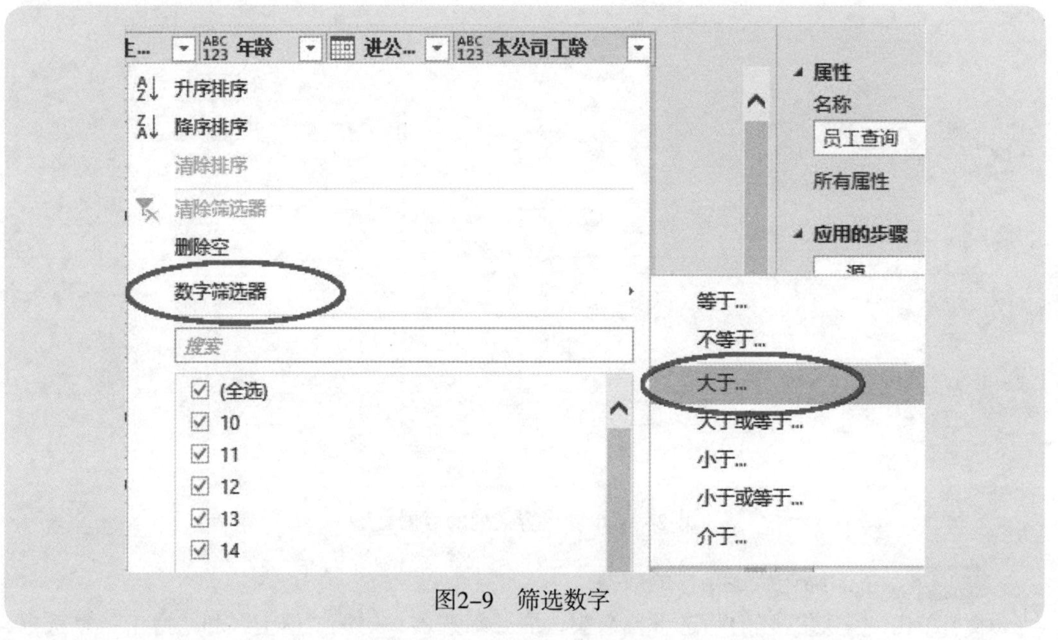

图2-9 筛选数字

打开“筛选行”对话框，将第一个条件的条件值设置为 15，如图 2-10 所示。

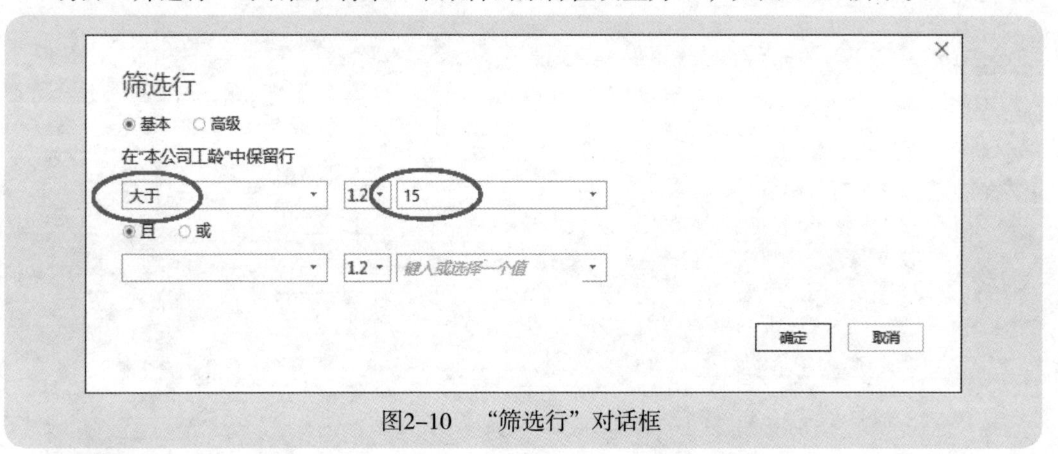

图2-10 “筛选行”对话框

步骤 6 单击“确定”按钮，就得到了如图2-11所示的数据。

`= Table.SelectRows(筛选的行, each [本公司工龄] > 15)`

	工...	姓...	性...	民族	部门	职务	学历	婚姻...	出生...	年龄	进公...	本公司工...
1	0001	AAA1	男	满族	总经理办公室	总经理	博士	已婚	1968-10-9	50	1987-4-8	31
2	0002	AAA2	男	汉族	总经理办公室	副总经理	硕士	已婚	1969-6-18	49	1990-1-8	29
3	0009	AAA9	男	汉族	人力资源部	职员	硕士	已婚	1978-5-4	40	2003-1-26	16
4	0014	AAA14	女	汉族	财务部	经理	硕士	已婚	1960-7-15	58	1984-12-21	34
5	0021	AAA21	男	汉族	技术部	副经理	硕士	未婚	1969-4-24	49	1994-5-24	24
6	0022	AAA22	女	汉族	技术部	副经理	硕士	未婚	1961-8-8	57	1982-8-14	36
7	0028	AAA28	女	汉族	国际贸易部	经理	硕士	已婚	1952-4-30	66	1984-4-8	34
8	0033	AAA33	男	土家	国际贸易部	职员	硕士	未婚	1978-11-11	40	2000-12-26	18
9	0038	AAA38	男	汉族	生产部	副经理	硕士	未婚	1972-12-23	46	1997-2-15	22
10	0048	AAA48	男	汉族	销售部	项目经理	硕士	已婚	1978-4-8	40	2002-9-19	16
11	0052	AAA52	男	汉族	销售部	项目经理	硕士	已婚	1960-4-7	58	1992-8-25	26
12	0053	AAA53	女	汉族	信息部	经理	硕士	已婚	1976-8-6	42	2001-12-10	17
13	0054	AAA54	女	汉族	信息部	副经理	硕士	已婚	1978-7-7	40	2000-6-3	18
14	0057	AAA57	女	汉族	信息部	职员	硕士	已婚	1977-8-24	41	1999-12-28	19

图2–11　筛选出满足条件的数据

步骤 7　默认设置情况下，查询的名称是“表 1”“表 2”等。例如，本案例的查询名称就是“表 1”（在编辑器右侧“查询设置”窗格里可以看到），这样的名字不方便以后快速了解查询的任务，可以将这个默认设置的名称重命名为一个新名称，如“员工信息”，方法很简单，在“查询设置”窗格直接修改即可，如图 2–12 所示。

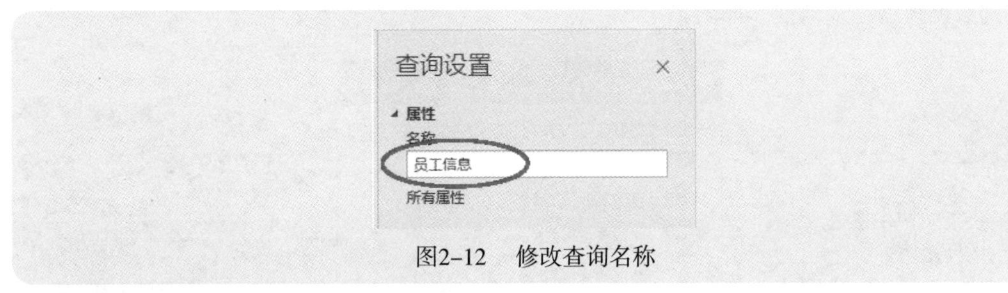

图2–12　修改查询名称

步骤 8　下面是导出查询的结果。

（1）如果要把查询结果导出到 Excel 工作表，执行“开始”→“关闭并上载”→“关闭并上载”命令就可以把查询结果导出并保存为一张新工作表，如图 2–13 和图 2–14 所示。

图2–13　“关闭并上载”命令

工号	姓名	性别	民族	部门	职务	学历	婚姻状况	出生日期	年龄	进公司时间	本公司工龄
0001	AAA1	男	满族	总经理办公室	总经理	博士	已婚	1968-10-9	50	1987-4-8	31
0002	AAA2	男	汉族	总经理办公室	副总经理	硕士	已婚	1969-6-18	49	1990-1-8	29
0009	AAA9	男	汉族	人力资源部	职员	硕士	已婚	1978-5-4	40	2003-1-26	16
0014	AAA14	女	汉族	财务部	经理	硕士	已婚	1960-7-15	58	1984-12-21	34
0021	AAA21	男	汉族	技术部	副经理	硕士	未婚	1969-4-24	49	1994-5-24	24
0022	AAA22	女	汉族	技术部	副经理	硕士	未婚	1961-8-8	57	1982-8-14	36
0028	AAA28	女	汉族	国际贸易部	经理	硕士	已婚	1952-4-30	66	1984-4-8	34
0033	AAA33	男	土家	国际贸易部	职员	硕士	未婚	1978-11-11	40	2000-12-26	18
0038	AAA38	男	汉族	生产部	副经理	硕士	未婚	1972-12-23	46	1997-2-15	22
0048	AAA48	男	汉族	销售部	项目经理	硕士	已婚	1978-4-8	40	2002-9-19	16
0052	AAA52	男	汉族	销售部	项目经理	硕士	已婚	1960-4-7	58	1992-8-25	26
0053	AAA53	女	汉族	信息部	经理	硕士	已婚	1976-8-6	42	2001-12-10	17
0054	AAA54	女	汉族	信息部	副经理	硕士	已婚	1978-7-7	40	2000-6-3	18
0057	AAA57	女	汉族	信息部	职员	硕士	已婚	1977-8-24	41	1999-12-28	19

Sheet1　员工清单

图2-14　查询结果导出并保存为一张新工作表

（2）如果不想将查询结果导出到工作表，而仅仅是创建一个连接，并添加到数据模型，以节省内存，并能在以后随时使用这个数据模型，就执行“开始”→“关闭并上载”→“关闭并上载至”命令，打开“导入数据”对话框，选中“仅创建连接”单选按钮和“将此数据添加到数据模型”复选框，如图 2–15 所示。

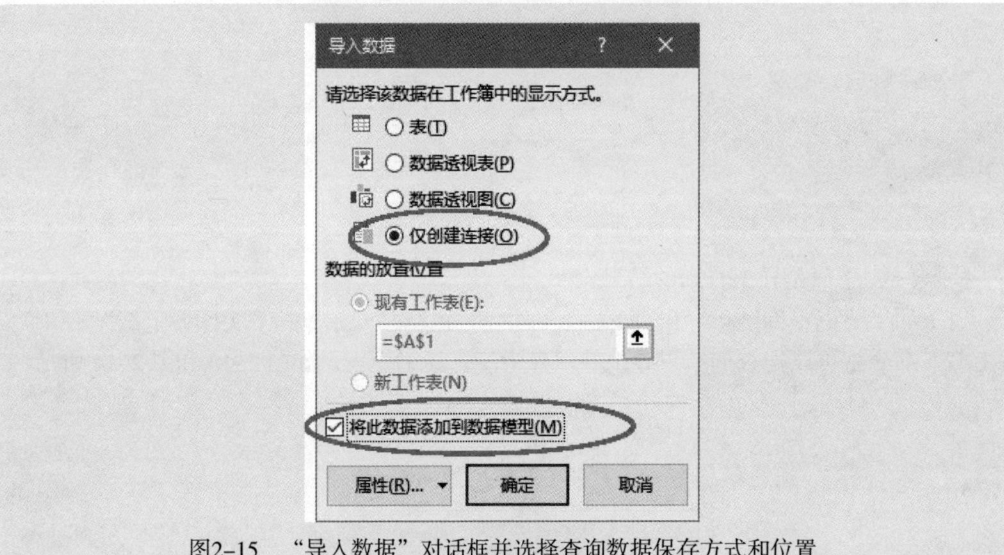

图2–15　“导入数据”对话框并选择查询数据保存方式和位置

单击“确定”按钮，就得到了一个查询连接，在工作表右侧的“查询 & 连接”窗格里显示查询名称，但在工作表上看不到任何查询结果，如图 2–16 所示。

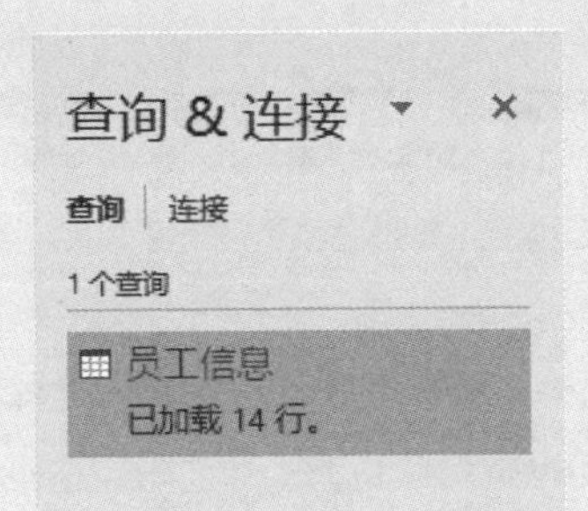

图2-16　建立的数据查询“员工信息”

当以后需要对这个编辑进行查看或者重新做查询设置时，可以双击这个查询连接名称，就会打开“Power Query 编辑器”。

如果是把查询结果保存为了仅连接的方式，但现在又想把查询结果导入 Excel 表中，可以在“查询 & 连接”窗格选择该查询名称，右击，执行“加载到”命令，如图 2–17 所示，就会打开“导入数据”对话框，重新选择导出方式。

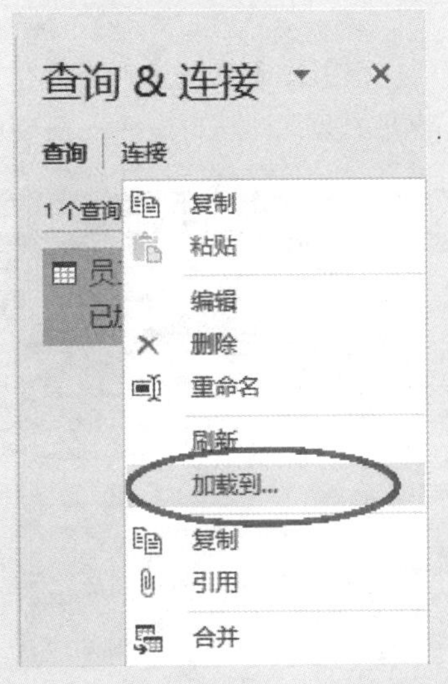

图2-17　执行“加载到”命令以重新选择导出方式

说明：“自表格 / 区域”命令创建查询，同时会对工作表数据区域创建智能表格，如图 2–18 所示。这样的智能表格，具有筛选的所有功能，还有快速分析数据的功能。实际上，这种方法是把原始表格的性质做了改变。

	A	B	C	D	E	F	G	H	I	J	K	L
1	工号	姓名	性别	民族	部门	职务	学历	婚姻状况	出生日期	年龄	进公司时间	本公司工龄
2	0001	AAA1	男	满族	总经理办公室	总经理	博士	已婚	1968-10-9	50	1987-4-8	32
3	0002	AAA2	男	汉族	总经理办公室	副总经理	硕士	已婚	1969-6-18	49	1990-1-8	29
4	0003	AAA3	女	汉族	总经理办公室	副总经理	本科	已婚	1979-10-22	39	2002-5-1	16
5	0004	AAA4	男	回族	总经理办公室	职员	本科	已婚	1986-11-1	32	2006-9-24	12
6	0005	AAA5	女	汉族	总经理办公室	职员	本科	已婚	1982-8-26	36	2007-8-8	11
7	0006	AAA6	女	汉族	人力资源部	职员	本科	已婚	1983-5-15	35	2005-11-28	13
8	0007	AAA7	男	锡伯	人力资源部	经理	本科	已婚	1982-9-16	36	2005-3-9	14
9	0008	AAA8	男	汉族	人力资源部	副经理	本科	未婚	1972-3-19	47	1995-4-19	23
10	0009	AAA9	男	汉族	人力资源部	职员	硕士	已婚	1978-5-4	40	2003-1-26	16
11	0010	AAA10	男	汉族	人力资源部	职员	大专	已婚	1981-6-24	37	2006-11-11	12
12	0011	AAA11	女	土家	人力资源部	职员	本科	已婚	1972-12-15	46	1997-10-15	21
13	0012	AAA12	女	汉族	人力资源部	职员	本科	未婚	1971-8-22	47	1994-5-22	24
14	0013	AAA13	男	汉族	财务部	副经理	本科	已婚				

图2–18 “自表格/区域”命令同时创建的智能表格

如果不想动这个数据区域，对数据区域进行查询，则可以使用“从工作簿”命令。而且这种方法还有一个好处就是可以不打开源工作簿就能查询数据，这在数据量大、又想保护好源数据的情况下，是非常实用的。

2. 使用“从工作簿”命令

“从工作簿”命令可以直接用这个工作表数据进行查询，主要步骤如下。

步骤① 执行“数据”→“获取数据”→“自文件”→“从工作簿”命令，如图2–19所示。

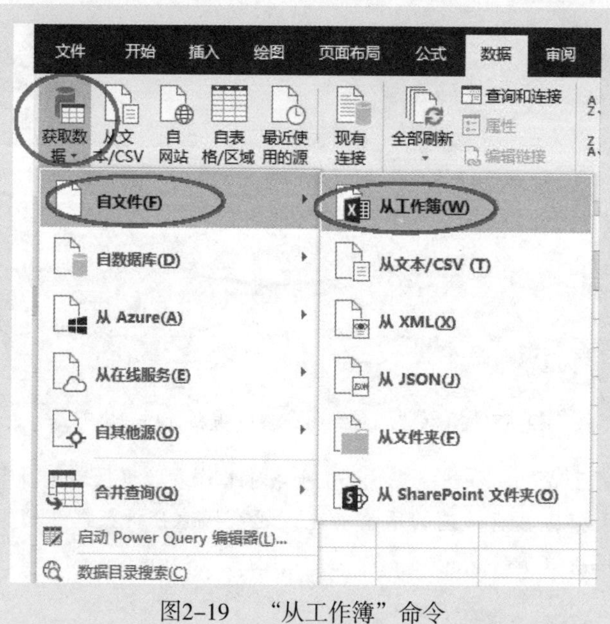

图2–19 “从工作簿”命令

步骤2　打开“导入数据”对话框，从文件夹里选择要做查询的工作簿文件，如图2-20所示。

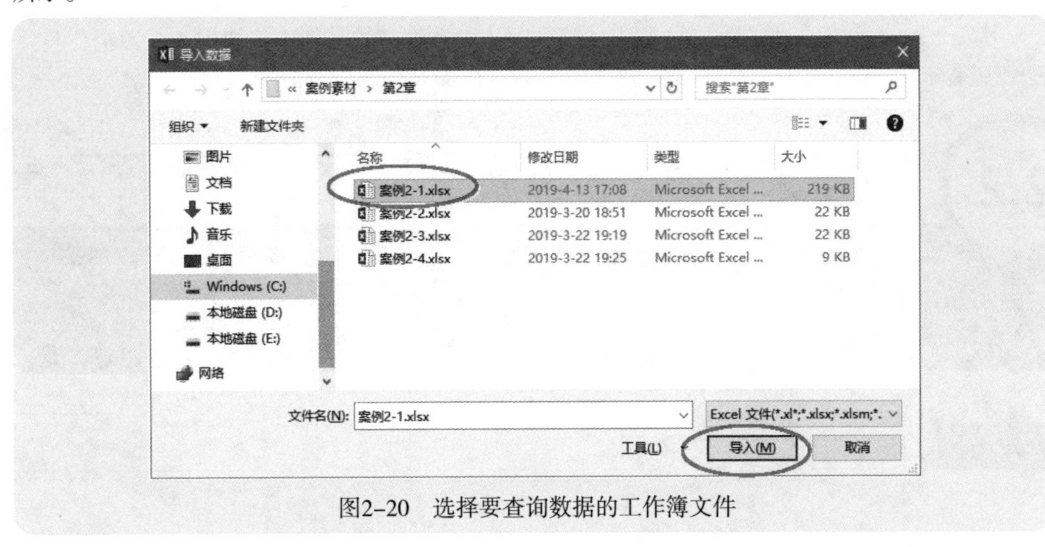

图2-20　选择要查询数据的工作簿文件

步骤3　单击“导入”按钮，打开“导航器”对话框，从左侧的列表中勾选要查询的工作表（这里是“员工清单”），然后单击导航器右下角的“编辑”按钮，就打开了“Power Query 编辑器”，如图 2-21所示。

下面的操作步骤与前面介绍的完全一样了。

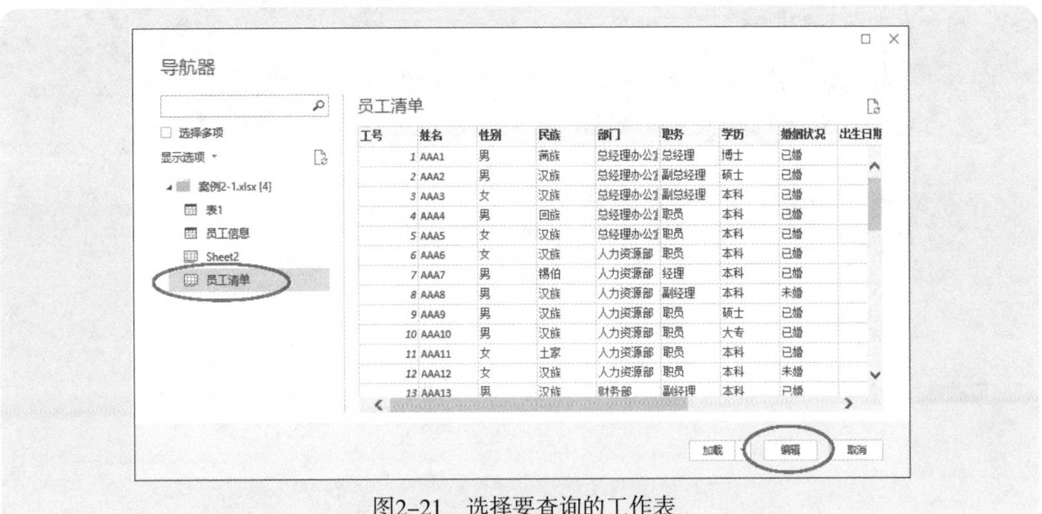

员工清单

工号	姓名	性别	民族	部门	职务	学历	婚姻状况	出生日期
1	AAA1	男	满族	总经理办公室	总经理	博士	已婚	
2	AAA2	男	汉族	总经理办公室	副总经理	硕士	已婚	
3	AAA3	女	汉族	总经理办公室	副总经理	本科	已婚	
4	AAA4	男	回族	总经理办公室	职员	本科	已婚	
5	AAA5	女	汉族	总经理办公室	职员	本科	已婚	
6	AAA6	女	汉族	人力资源部	职员	本科	已婚	
7	AAA7	男	锡伯	人力资源部	经理	本科	已婚	
8	AAA8	男	汉族	人力资源部	副经理	本科	未婚	
9	AAA9	男	汉族	人力资源部	职员	硕士	已婚	
10	AAA10	男	汉族	人力资源部	职员	大专	已婚	
11	AAA11	女	土家	人力资源部	职员	本科	已婚	
12	AAA12	女	汉族	人力资源部	职员	本科	未婚	
13	AAA13	男	汉族	财务部	副经理	本科	已婚	

图2-21　选择要查询的工作表

2.1.2 从其他没有打开的工作簿里查询数据

其实，2.1.1 小节介绍的第二种方法，就可以从没有打开的其他工作簿里查找数据，具体操作步骤与上面介绍完全一样，感兴趣的读者请自行练习。

2.2 从文本文件里查询数据

对于文本文件数据而言，不论是 CSV 格式，还是其他格式，不需要先导入 Excel 然后再处理，使用 Power Query 可以快速完成文件数据的查询和统计。

2.2.1 CSV 格式文本文件

案例2-2

以第 1 章介绍的第二个案例为例，近 80 万行的数据，是 2015—2018 年的数据，现在要求把 2018 年、地区为“上海”，业务类型是“热力”的数据筛选出来，保存到当前的工作簿。

步骤① 由于案例中的数据是CSV格式的文本文件，故直接执行“数据”→“从文本/CSV”命令，如图2-22所示。

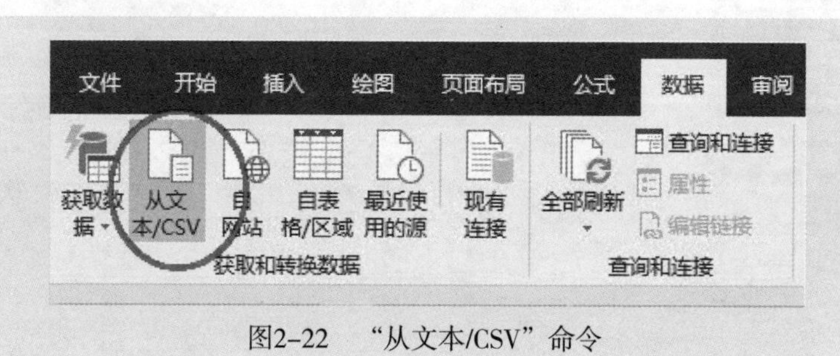

图2-22 “从文本/CSV”命令

步骤② 打开“导入数据”对话框，选择该文本文件，如图2-23所示。

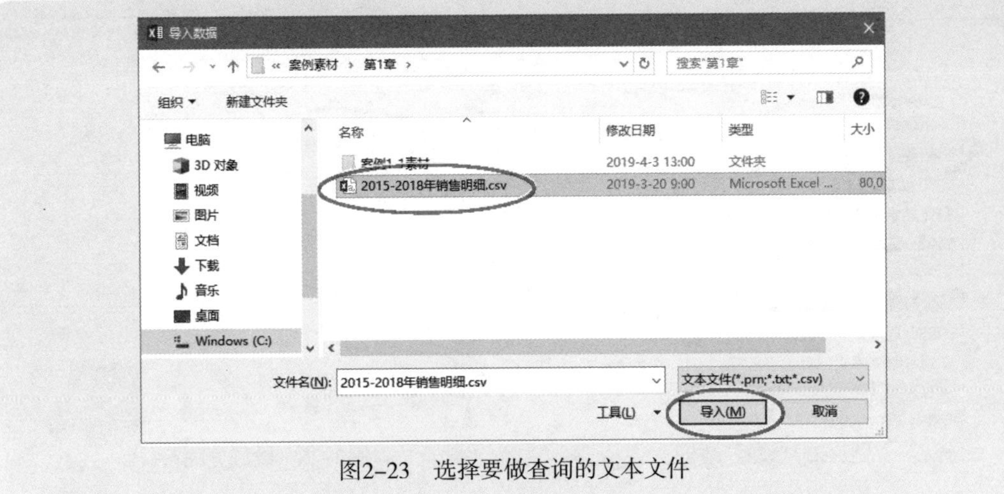

图2-23　选择要做查询的文本文件

步骤3　单击“导入”按钮，打开一个数据预览窗口，如图2-24所示。

2015-2018年销售明细.csv

文件原始格式：936: 简体中文(GB2312)　分隔符：逗号　数据类型检测：基于前 200 行

客户代码	客户名称	业务类型	地区	年份	月份	发票号	部门	产品名称	产品长代码	数量	含税单价	价税合计
10.AA.40.0014063	客户4063	节能	上海	2015	1	PWFE0042558	公用事业部	产品00453	10.14.13.028	102	114852	11714904
10.AA.40.0014063	客户4063	节能	上海	2015	1	PWFE0042558	公用事业部	产品00536	10.14.10.014	306	193800	59302800
10.AA.40.0014063	客户4063	节能	上海	2015	1	PWFE0042558	公用事业部	产品03334	10.14.14.028	1734	1662600	2882948400
10.AA.40.0014063	客户4063	节能	上海	2015	1	PWFE0042558	公用事业部	产品09576	10.14.10.008	204	270300	55141200
10.AA.40.0014063	客户4063	节能	上海	2015	1	PWFE0042558	公用事业部	产品02059	10.14.10.013	1020	136680	139413600
10.AA.40.0014063	客户4063	节能	上海	2015	1	PWFE0042558	公用事业部	产品12001	10.14.10.012	204	265200	54100800
10.AA.40.0014063	客户4063	节能	上海	2015	1	PWFE0042558	公用事业部	产品00444	10.14.10.010	612	510000	312120000
10.AA.40.0014063	客户4063	节能	上海	2015	1	PWFE0042558	公用事业部	产品01510	10.14.12.001	1224	183600	224726400
10.AA.40.0014063	客户4063	节能	上海	2015	1	PWFE0029642	公用事业部	产品05992	02.73.03.000	102	31212	3183624
10.AA.40.0014063	客户4063	节能	上海	2015	1	PWFE0042558	公用事业部	产品10043	10.14.10.010	102	144840	14773680
10.AA.40.0014063	客户4063	节能	上海	2015	1	PWFE0042558	公用事业部	产品01410	13.30.66.017	1020	714000	728280000
10.AA.40.0014063	客户4063	节能	上海	2015	1	PWFE0042558	公用事业部	产品01412	13.30.66.018	510	459000	234090000
10.AA.40.0014063	客户4063	节能	上海	2015	1	PWFE0042558	公用事业部	产品03334	10.14.14.028	1122	1662600	1865437200
10.AA.40.0014063	客户4063	节能	上海	2015	1	PWFE0042558	公用事业部	产品00449	10.14.13.003	510	192780	98317800
10.AA.40.0014063	客户4063	节能	上海	2015	1	PWFE0042558	公用事业部	产品01480	10.14.10.014	102	734400	74908800
10.AA.40.0014063	客户4063	节能	上海	2015	1	PWFE0042558	公用事业部	产品00444	10.14.10.010	102	510000	52020000
10.AA.40.0014063	客户4063	节能	上海	2015	1	PWFE0042558	公用事业部	产品00666	10.14.10.008	2244	183600	411998400

加载　编辑　取消

图2-24　数据预览窗口

Power Query 会自动根据文本文件的具体情况进行数据分列，因此在一般情况下，不需要做更多的设置。

但是，如果由于文件格式比较特殊，系统无法完成数据分列，则需要手动调整字体和分隔符，如图 2-25 和图 2-26 所示。

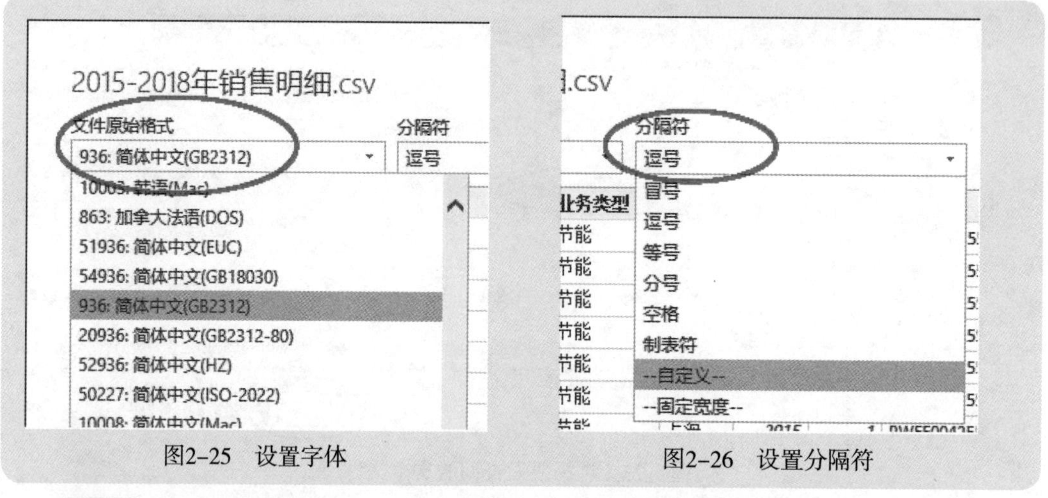

图2-25　设置字体　　　　图2-26　设置分隔符

步骤4 单击“编辑”按钮，打开“Power Query编辑器”窗口，如图2-27所示。

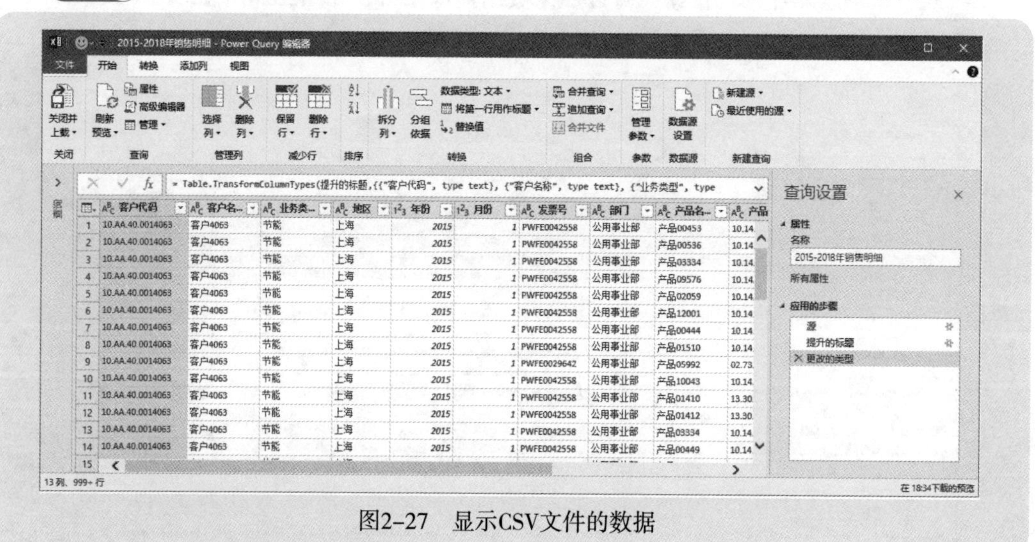

图2-27　显示CSV文件的数据

步骤5 下面筛选数据：

（1）从字段“年份”中筛选出 2018。

（2）从字段“业务类型”中筛选出“热力”。

（3）从字段“地区”中筛选出“上海”。

注意，如果展开筛选列表框后，要筛选的项目没有出现，例如，在筛选年份时，筛选列表中仅仅出现了 2015、2016、2017 3 个项目，其他年份项目没有出现，则对话框底部会出现

警告文字“列表可能不完整”，如图 2–28 所示。

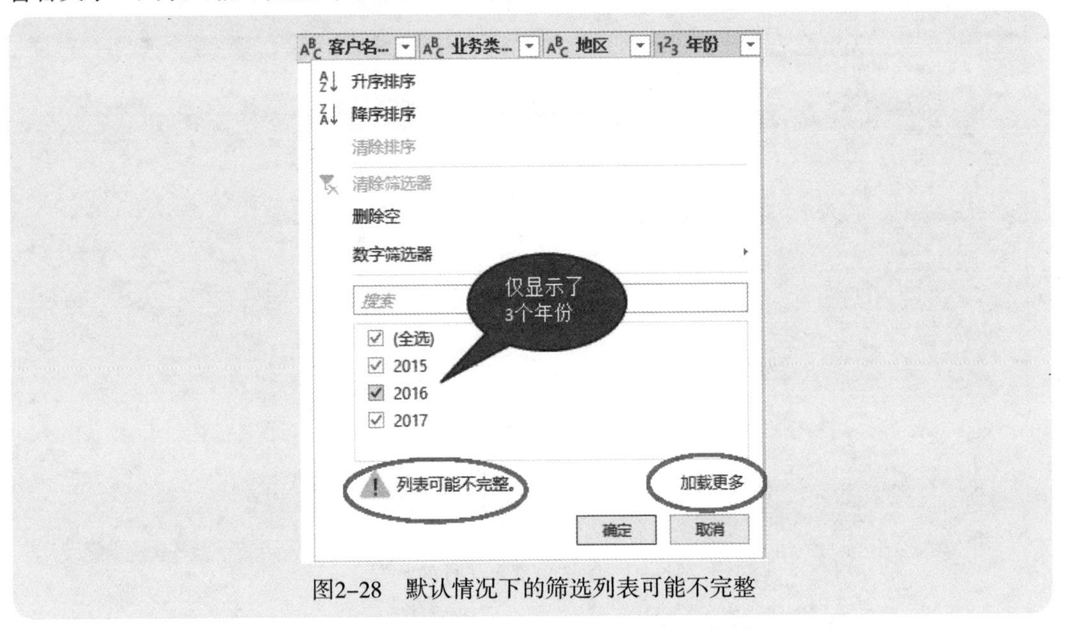

图2–28　默认情况下的筛选列表可能不完整

此时，需要单击右下角的蓝色字体标签“加载更多”，得到所有项目的筛选列表，如图 2–29 所示。

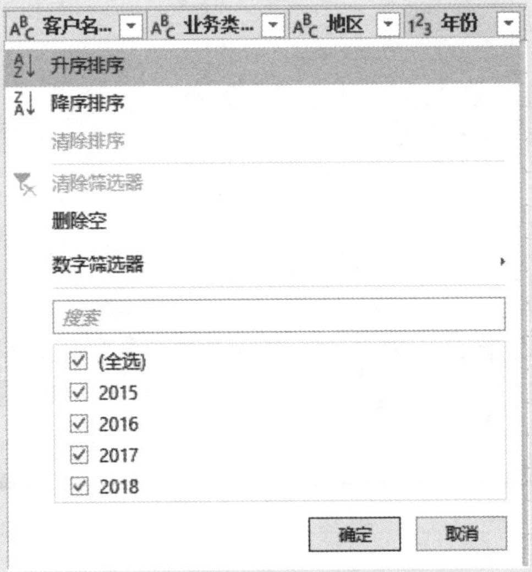

图2–29　显示完整项目的筛选列表

筛选后的数据如图 2-30 所示。

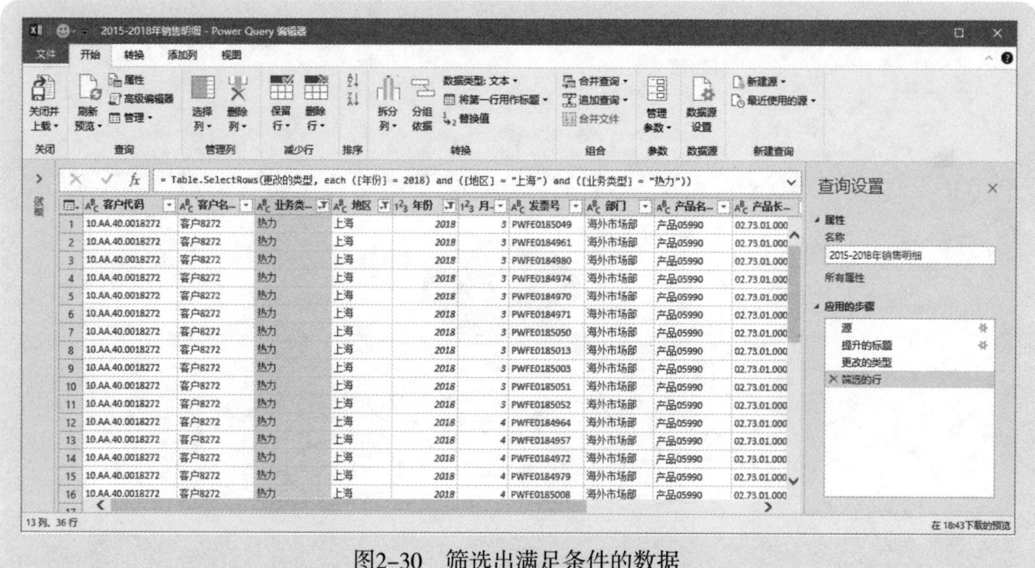

图2-30　筛选出满足条件的数据

步骤 6　为了方便以后使用查询，在“Power Query编辑器”窗口右侧的“查询设置”窗格中，把默认的查询名称“2015—2018年销售明细”修改为“2018年上海热力明细”，如图2-31所示。

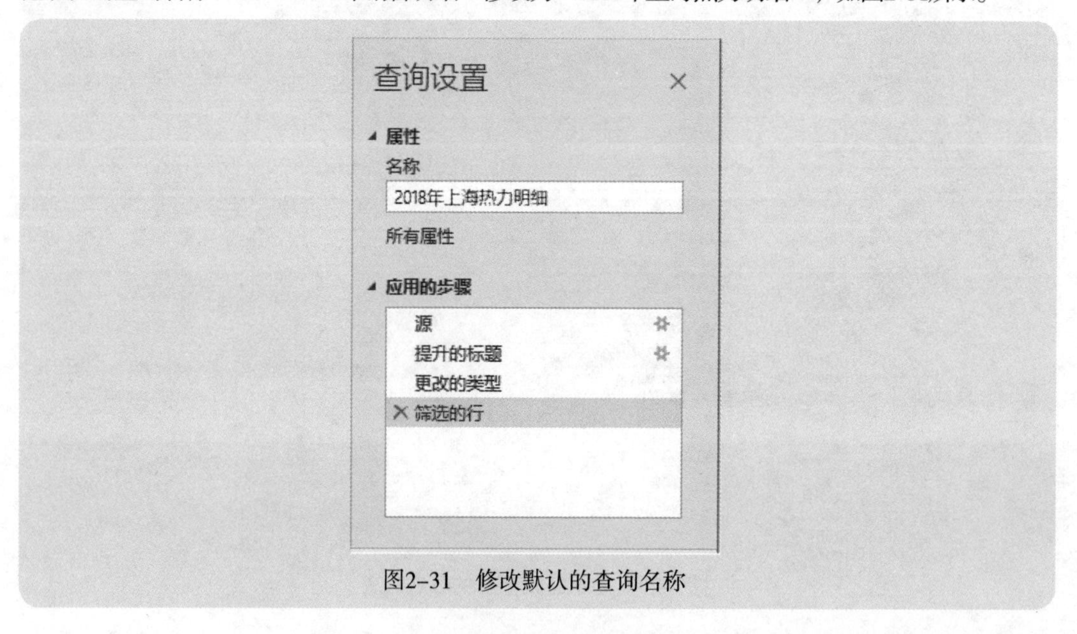

图2-31　修改默认的查询名称

步骤⑦ 执行“开始”→“关闭并上载”命令，就把查询出的数据导入到当前工作簿中，如图2-32所示。

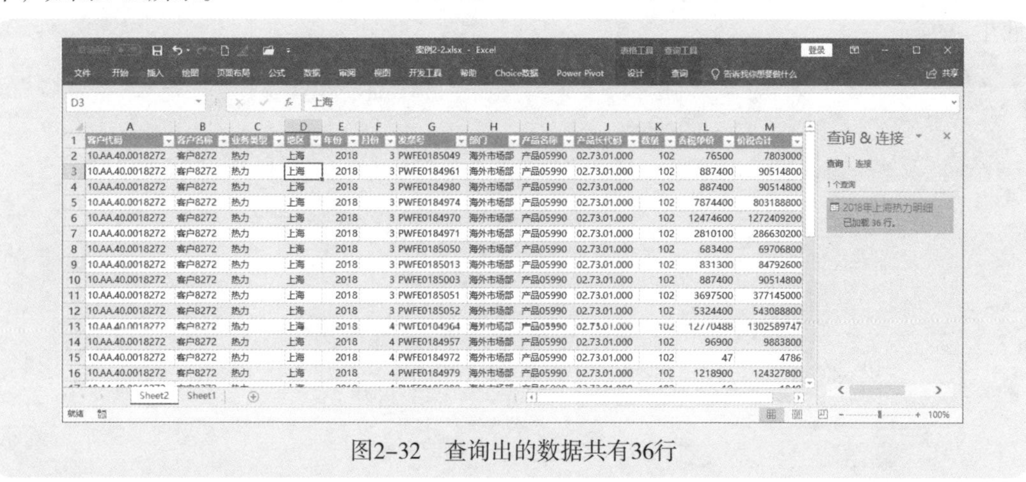

客户代码	客户名称	业务类型	地区	年份	月份	发票号	部门	产品名称	产品长代码	数量	含税单价	价税合计
10.AA.40.0018272	客户8272	热力	上海	2018	3	PWFE0185049	海外市场部	产品05990	02.73.01.000	102	76500	7803000
10.AA.40.0018272	客户8272	热力	上海	2018	3	PWFE0184961	海外市场部	产品05990	02.73.01.000	102	887400	90514800
10.AA.40.0018272	客户8272	热力	上海	2018	3	PWFE0184980	海外市场部	产品05990	02.73.01.000	102	887400	90514800
10.AA.40.0018272	客户8272	热力	上海	2018	3	PWFE0184974	海外市场部	产品05990	02.73.01.000	102	7874400	803188800
10.AA.40.0018272	客户8272	热力	上海	2018	3	PWFE0184970	海外市场部	产品05990	02.73.01.000	102	12474600	1272409200
10.AA.40.0018272	客户8272	热力	上海	2018	3	PWFE0184971	海外市场部	产品05990	02.73.01.000	102	2810100	286630200
10.AA.40.0018272	客户8272	热力	上海	2018	3	PWFE0185050	海外市场部	产品05990	02.73.01.000	102	683400	69706800
10.AA.40.0018272	客户8272	热力	上海	2018	3	PWFE0185013	海外市场部	产品05990	02.73.01.000	102	831300	84792600
10.AA.40.0018272	客户8272	热力	上海	2018	3	PWFE0185003	海外市场部	产品05990	02.73.01.000	102	887400	90514800
10.AA.40.0018272	客户8272	热力	上海	2018	3	PWFE0185051	海外市场部	产品05990	02.73.01.000	102	3697500	377145000
10.AA.40.0018272	客户8272	热力	上海	2018	3	PWFE0185052	海外市场部	产品05990	02.73.01.000	102	5324400	543088800
10.AA.40.0018272	客户8272	热力	上海	2018	4	PWFE0184964	海外市场部	产品05990	02.73.01.000	102	12770488	1302589747
10.AA.40.0018272	客户8272	热力	上海	2018	4	PWFE0184957	海外市场部	产品05990	02.73.01.000	102	96900	9883800
10.AA.40.0018272	客户8272	热力	上海	2018	4	PWFE0184972	海外市场部	产品05990	02.73.01.000	102	47	4786
10.AA.40.0018272	客户8272	热力	上海	2018	4	PWFE0184979	海外市场部	产品05990	02.73.01.000	102	1218900	124327800

图2-32　查询出的数据共有36行

2.2.2 其他格式文本文件

无论是CSV格式的文本文件，还是其他分隔符的文本文件，Power Query都可以进行智能化的辨识和处理，从而快速对文本文件数据进行查询和统计。

案例2-3

图2-33是一个文本文件“员工信息表.txt”，各列数据之间是以分隔符“|”来分隔的，现在要求从这个文本文件中把学历为本科、年龄在35岁以下的员工查找出来，保存到Excel工作表中。

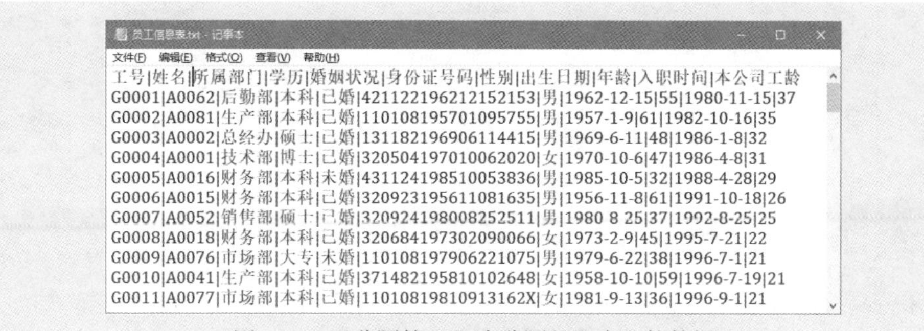

工号|姓名|所属部门|学历|婚姻状况|身份证号码|性别|出生日期|年龄|入职时间|本公司工龄
G0001|A0062|后勤部|本科|已婚|421122196212152153|男|1962-12-15|55|1980-11-15|37
G0002|A0081|生产部|本科|已婚|110108195701095755|男|1957-1-9|61|1982-10-16|35
G0003|A0002|总经办|硕士|已婚|131182196906114415|男|1969-6-11|48|1986-1-8|32
G0004|A0001|技术部|博士|已婚|320504197010062020|女|1970-10-6|47|1986-4-8|31
G0005|A0016|财务部|本科|未婚|431124198510053836|男|1985-10-5|32|1988-4-28|29
G0006|A0015|财务部|本科|已婚|320923195611081635|男|1956-11-8|61|1991-10-18|26
G0007|A0052|销售部|硕士|已婚|320924198008252511|男|1980 8 25|37|1992-8-25|25
G0008|A0018|财务部|本科|已婚|320684197302090066|女|1973-2-9|45|1995-7-21|22
G0009|A0076|市场部|大专|未婚|110108197906221075|男|1979-6-22|38|1996-7-1|21
G0010|A0041|生产部|本科|已婚|371482195810102648|女|1958-10-10|59|1996-7-19|21
G0011|A0077|市场部|本科|已婚|11010819810913162X|女|1981-9-13|36|1996-9-1|21

图2-33　以分隔符“|”来分隔的文本文件数据

步骤1 新建一个工作簿。

步骤2 执行"数据"→"从文本/CSV"命令，打开"导入数据"对话框，选择这个文件，如图2-34所示。

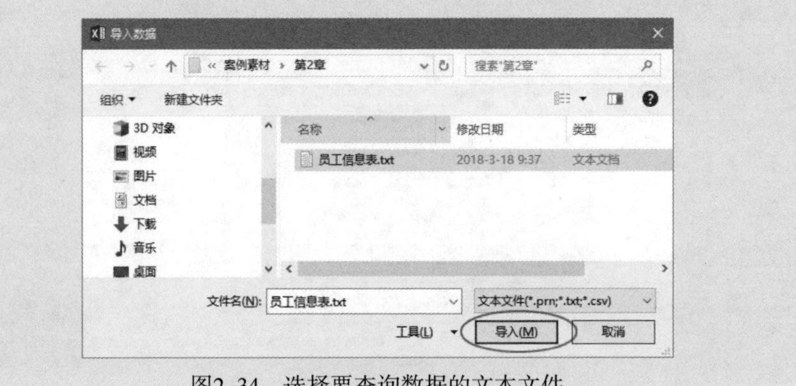

图2-34　选择要查询数据的文本文件

步骤3 单击"导入"按钮，打开预览表，Power Query会自动辨识分隔符，并将文本文件数据进行分列，如图2-35所示。

员工信息表.txt

文件原始格式：936: 简体中文(GB2312)　分隔符：--自定义--　|　数据类型检测：基于前 200 行

Column1	Column2	Column3	Column4	Column5	Column6	Column7	Column8	Column9	Column10	Colu
工号	姓名	所属部门	学历	婚姻状况	身份证号码	性别	出生日期	年龄	入职时间	本公
G0001	A0062	后勤部	本科	已婚	421122196212152153	男	1962-12-15	55	1980-11-15	37
G0002	A0081	生产部	本科	已婚	110108195701095755	男	1957-1-9	61	1982-10-16	35
G0003	A0002	总经办	硕士	已婚	131182196906114415	男	1969-6-11	48	1986-1-8	32
G0004	A0001	技术部	博士	已婚	320504197010062020	女	1970-10-6	47	1986-4-8	31
G0005	A0016	财务部	本科	未婚	431124198510053836	男	1985-10-5	32	1988-4-28	29
G0006	A0015	财务部	本科	已婚	320923195611081635	男	1956-11-8	61	1991-10-18	26
G0007	A0052	销售部	硕士	已婚	320924198008252511	男	1980-8-25	37	1992-8-25	25
G0008	A0018	财务部	本科	已婚	320684197302090066	女	1973-2-9	45	1995-7-21	22
G0009	A0076	市场部	大专	未婚	110108197906221075	男	1979-6-22	38	1996-7-1	21
G0010	A0041	生产部	本科	已婚	371482195810102648	女	1958-10-10	59	1996-7-19	21
G0011	A0077	市场部	本科	已婚	11010819810913162X	女	1981-9-13	36	1996-9-1	21
G0012	A0073	市场部	本科	已婚	420625196803112037	男	1968-3-11	49	1997-8-26	20
G0013	A0074	市场部	本科	未婚	110108196803081517	男	1968-3-8	49	1997-10-28	20

加载　编辑　取消

图2-35　数据预览后自动辨识分隔符分列文本

如果分隔符没有被辨识出来，那么可以单击"分隔符"下拉列表，从中选择一个，或者重新输入自定义分隔符，如图 2-36 所示。

图2-36　根据实际情况选择或输入分隔符

步骤④　单击“编辑”按钮，打开“Powcr Query编辑器”窗口，从字段“学历”中筛选“本科”，从字段“年龄”中筛选小于35，就得到了图2-37所示的查询结果。

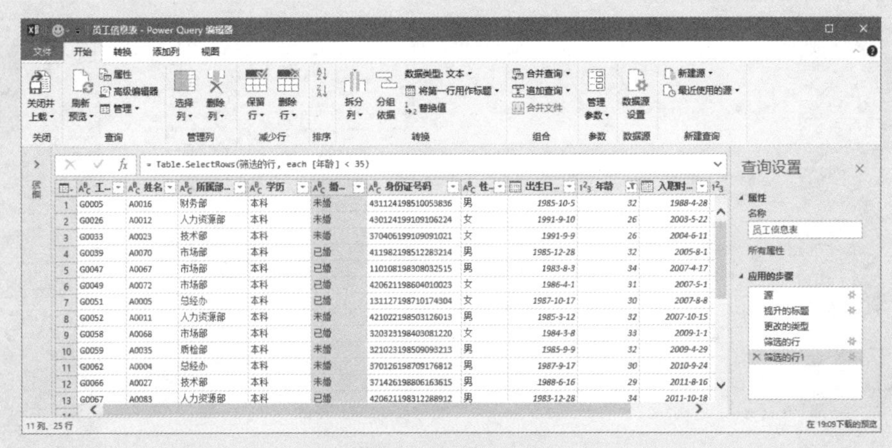

图2-37　筛选数据

步骤⑤　选择“关闭并上载”命令，将数据导出到Excel工作表中，如图2-38所示。

工号	姓名	所属部门	学历	婚姻状况	身份证号码	性别	出生日期	年龄	入职时间	本公司工龄
G0005	A0016	财务部	本科	未婚	431124198510053836	男	1985-10-5	32	1988-4-28	29
G0026	A0012	人力资源部	本科	未婚	430124199109106224	女	1991-9-10	26	2003-5-22	14
G0033	A0023	技术部	本科	未婚	370406199109091021	女	1991-9-9	26	2004-6-11	13
G0039	A0070	市场部	本科	已婚	411982198512283214	男	1985-12-28	32	2005-8-1	12
G0047	A0067	市场部	本科	已婚	110108198308032515	男	1983-8-3	34	2007-4-17	10
G0049	A0072	市场部	本科	已婚	420621198604010023	女	1986-4-1	31	2007-5-1	10
G0051	A0005	总经办	本科	已婚	131127198710174304	女	1987-10-17	30	2007-8-8	10
G0052	A0011	人力资源部	本科	未婚	421022198503126013	男	1985-3-12	32	2007-10-15	10
G0058	A0068	市场部	本科	已婚	320323198403081220	女	1984-3-8	33	2009-1-1	9
G0059	A0035	质检部	本科	未婚	321023198509093213	男	1985-9-9	32	2009-4-29	8
G0062	A0004	总经办	本科	未婚	370126198709176812	男	1987-9-17	30	2010-9-24	7

图2-38　从文本文件中筛选出的35岁以下且学历为本科的员工信息

在工作表右侧的“查询 & 连接”中，显示出“已加载 25 行”，也就是说查询到了 25 行满足条件的记录，换言之，学历为本科、年龄在 35 岁以下的员工有 25 个人。

2.3 从数据库查询数据

Power Query 提供了大部分数据库查询功能，可以直接访问数据库数据，并查询筛选需要的数据。

执行“数据”→“获取数据”→“自数据库”命令，就会看到各种数据库类型，如图 2-39 所示。这样，只要有数据库访问权限，就能快速从数据库中获取需要的数据。

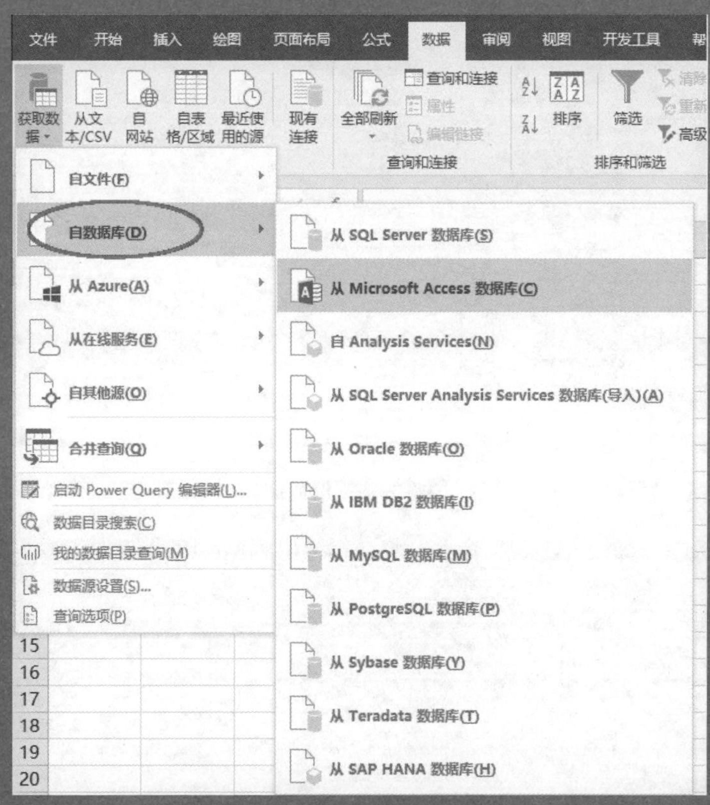

图 2-39 “自数据库”命令列表的数据库类型

2.3.1 从 Access 数据库查询数据

案例2-4

图 2-40 是一个 Access 数据库文件“销售记录 .accdb”,其有“去年”和“今年”两张数据表。现在要求从“今年”数据表中，把完成率在 100% 以上的自营店筛选出来，并导入 Excel 工作表中。

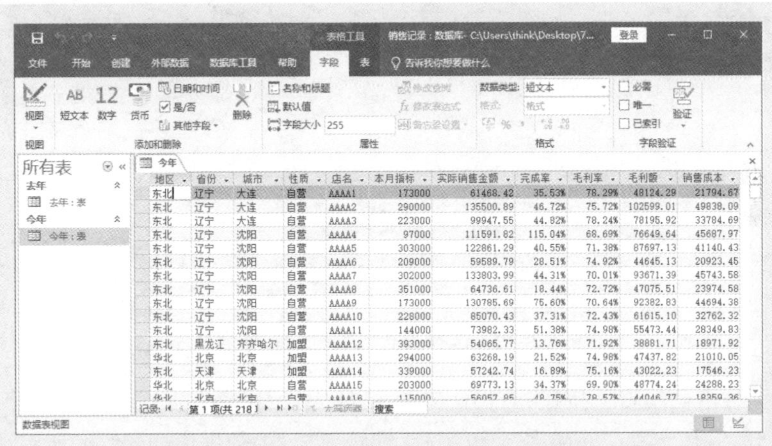

图2-40 Access数据库“销售记录.accdb”的数据表“今年”

步骤1 执行“数据”→“获取数据”→“自数据库”→“从Microsoft Access数据库”命令，打开“导入数据”对话框，然后从文件夹里选择数据库文件“销售记录.accdb”，如图2-41所示。

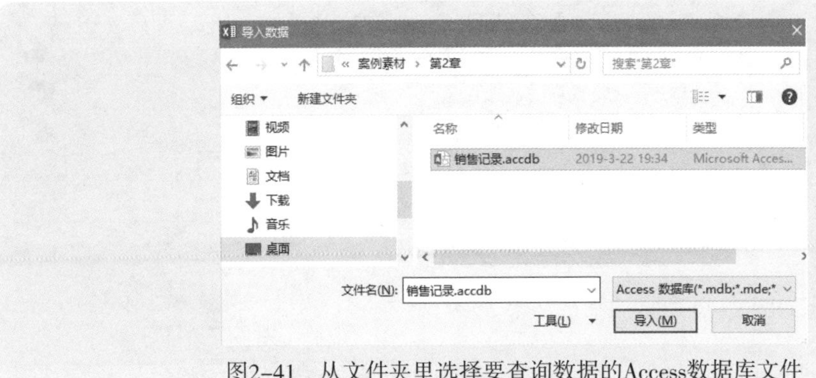

图2-41 从文件夹里选择要查询数据的Access数据库文件

步骤2 单击“导入”按钮，打开“导航器”对话框，然后从左侧的数据表列表中选择要查询数据的数据表“今年”，如图2–42所示。

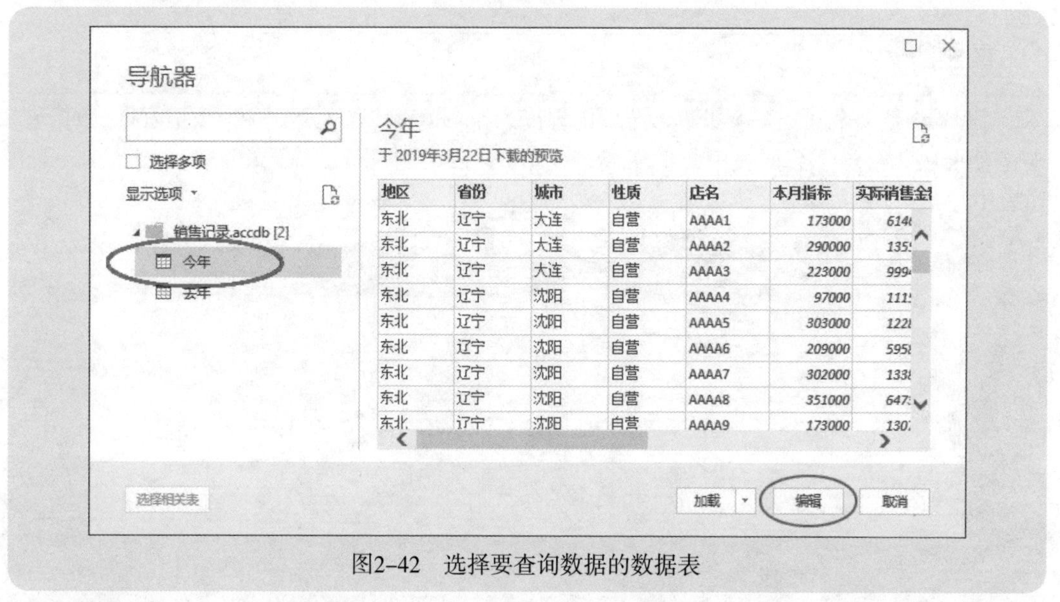

图2–42　选择要查询数据的数据表

步骤3 单击“编辑”按钮，打开“Power Query编辑器”窗口，然后从字段“性质”中筛选“自营”，从字段“完成率”中筛选大于或等于1的数据，如图2–43所示。

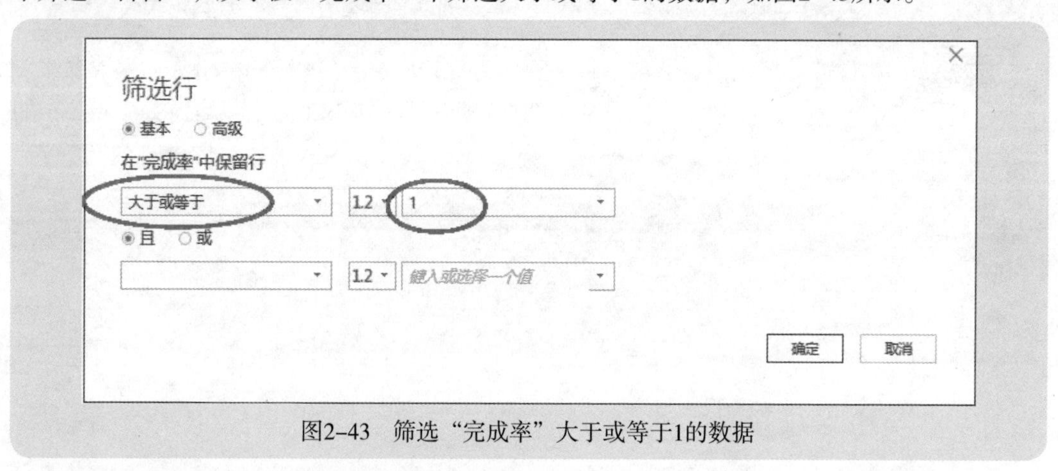

图2–43　筛选“完成率”大于或等于1的数据

这样，就得到了如图 2–44 所示的筛选结果。

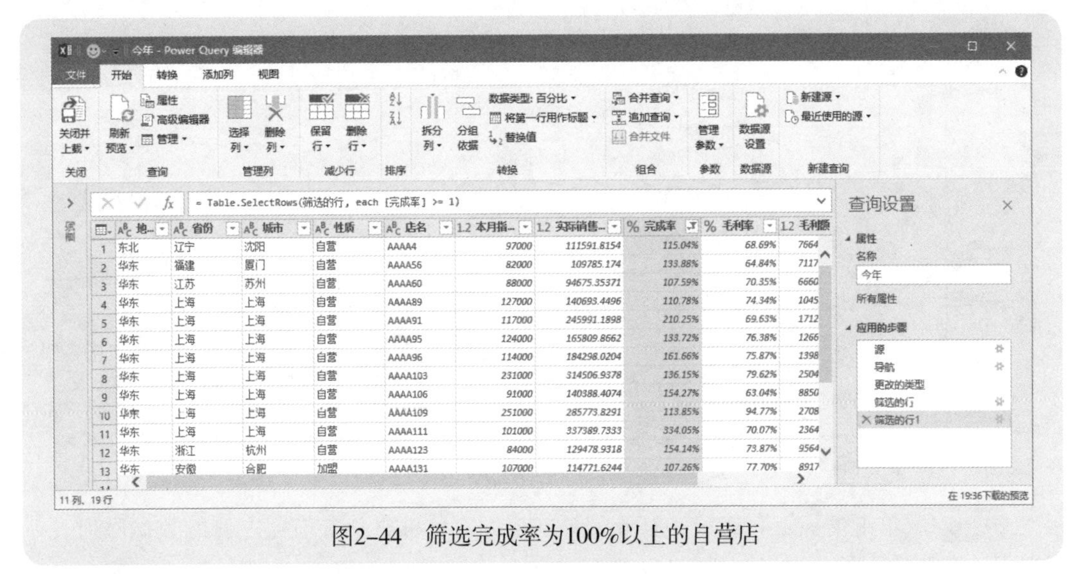

图2-44　筛选完成率为100%以上的自营店

步骤 4　选择“关闭并上载”命令，将数据导出到Excel工作表中，如图2-45所示。在工作表右侧的“查询&连接”窗格中，显示出“已加载19行”。

	地区	省份	城市	性质	店名	本月指标	实际销售金额	完成率	毛利率	毛利额
2	东北	辽宁	沈阳	自营	AAAA4	97000	111591.8154	1.150431087	0.686875067	76649.63567
3	华东	福建	厦门	自营	AAAA56	82000	109785.174	1.338843585	0.648352602	71179.50317
4	华东	江苏	苏州	自营	AAAA60	88000	94675.35371	1.075856292	0.703488635	66603.03532
5	华东	上海	上海	自营	AAAA89	127000	140693.4496	1.107822438	0.743408143	104592.6561
6	华东	上海	上海	自营	AAAA91	117000	245991.1898	2.102488802	0.696287937	171280.6981
7	华东	上海	上海	自营	AAAA95	124000	165809.8662	1.33717634	0.763805208	126646.4393
8	华东	上海	上海	自营	AAAA96	114000	184298.0204	1.616649302	0.758678236	139822.8971
9	华东	上海	上海	自营	AAAA103	231000	314506.9378	1.361501895	0.796237101	250422.0925
10	华东	上海	上海	自营	AAAA106	91000	140388.4074	1.542729752	0.630394258	88500.04595
11	华东	上海	上海	自营	AAAA109	251000	285773.8291	1.138541152	0.947673983	270820.4229
12	华东	上海	上海	自营	AAAA111	101000	337389.7333	3.340492409	0.7007195	236415.5651
13	华东	浙江	杭州	自营	AAAA123	84000	129478.9318	1.541415855	0.738722134	95648.95289
14	华东	安徽	合肥	加盟	AAAA131	107000	114771.6244	1.072632004	0.777010063	89178.70711
15	华南	广东	深圳	自营	AAAA166	81000	91963.00677	1.135345763	0.817511613	75180.82597
16	西南	四川	成都	自营	AAAA202	388000	479485.2846	1.235786816	0.960990496	460780.8016

Sheet2　Sheet1

查询 & ..　查询　连接　1 个查询　今年　已加载 19 行。

图2-45　从Access数据库中查找完成率为100%以上的自营店

2.3.2 从 SQL Server 数据库查询数据

利用 Power Query 从 SQL Server 数据库查询数据，主要步骤如下（由于 SQL Server 数据库在每个人的计算机终端上设置不同，这里仅仅介绍主要操作步骤）。

步骤 1　新建一个工作簿。

步骤 2 执行“数据”→“获取数据”→“自数据库”→“从SQL Server数据库”命令。

步骤 3 打开“SQL Server数据库”对话框，输入SQL Server服务器名称，如图2-46所示。

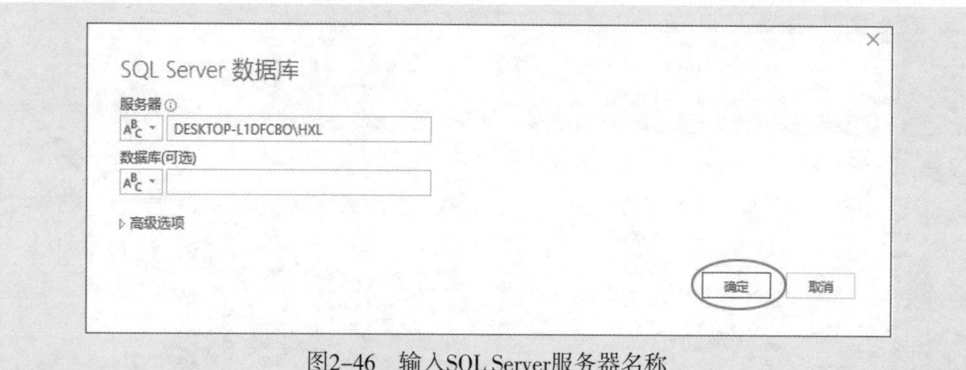

图2-46 输入SQL Server服务器名称

步骤 4 单击“确定”按钮，打开“导航器”对话框，从导航器左侧的数据库列表中选择某个数据库下的数据表，如图2-47所示。

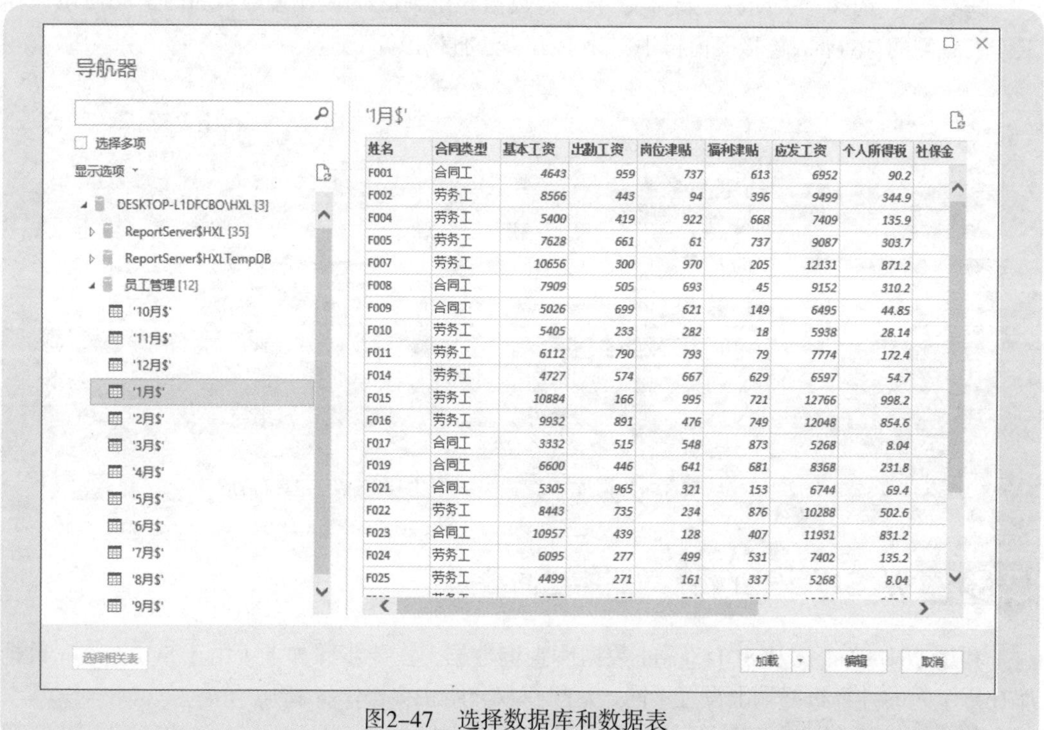

姓名	合同类型	基本工资	出勤工资	岗位津贴	福利津贴	应发工资	个人所得税	社保金
F001	合同工	4643	959	737	613	6952	90.2	
F002	劳务工	8566	443	94	396	9499	344.9	
F004	劳务工	5400	419	922	668	7409	135.9	
F005	劳务工	7628	661	61	737	9087	303.7	
F007	劳务工	10656	300	970	205	12131	871.2	
F008	合同工	7909	505	693	45	9152	310.2	
F009	合同工	5026	699	621	149	6495	44.85	
F010	劳务工	5405	233	282	18	5938	28.14	
F011	劳务工	6112	790	793	79	7774	172.4	
F014	劳务工	4727	574	667	629	6597	54.7	
F015	劳务工	10884	166	995	721	12766	998.2	
F016	劳务工	9932	891	476	749	12048	854.6	
F017	合同工	3332	515	548	873	5268	8.04	
F019	合同工	6600	446	641	681	8368	231.8	
F021	合同工	5305	965	321	153	6744	69.4	
F022	劳务工	8443	735	234	876	10288	502.6	
F023	合同工	10957	439	128	407	11931	831.2	
F024	劳务工	6095	277	499	531	7402	135.2	
F025	劳务工	4499	271	161	337	5268	8.04	

图2-47 选择数据库和数据表

步骤5　单击“编辑”按钮，打开“Power Query编辑器”窗口，如图2-48所示，然后就是做各种筛选查询操作了。

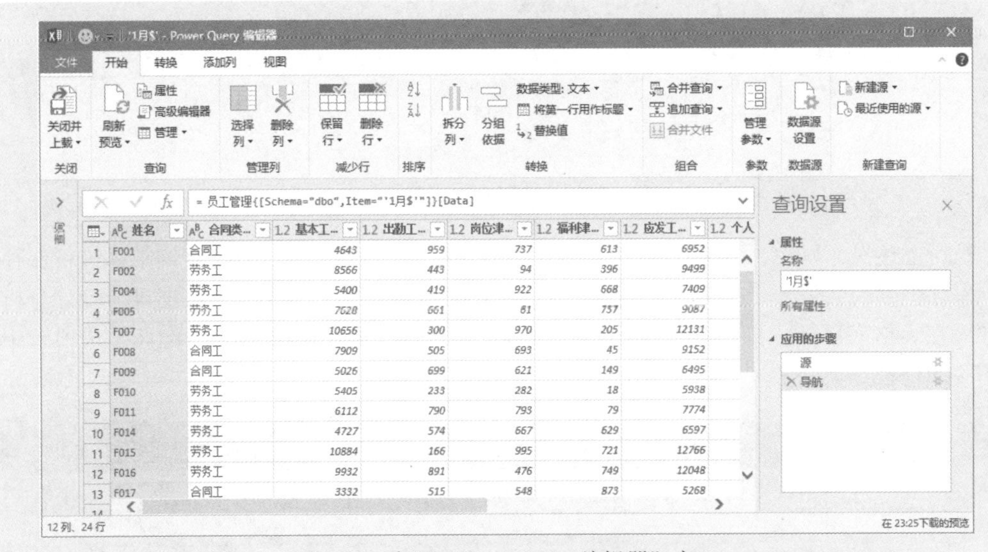

图2-48　打开“Power Query编辑器”窗口

2.4 保存查询结果

Power Query 查询出的结果，可以有多种保存方式，根据实际情况，可以选择合适的保存方式。这些保存方式包括以下几种。

- 保存为表。
- 保存为数据透视表。
- 保存为数据透视图。
- 仅创建连接。
- 将数据添加到数据模型。

2.4.1 保存为表

大部分情况下，我们是将查询结果保存为表，也就是直接选择“Power Query 编辑器”窗口的“关闭并上载”命令，如图 2–49 所示。

图2–49 “关闭并上载”命令

执行上述操作以后，系统就自动在工作簿中创建一张新工作表，并将查询结果进行保存。

保存得到的数据表是一个智能表格，可以利用表格的相关工具继续对数据进行统计分析，例如，在表格底部插入汇总行，使用切片器筛选数据，这些工具在表的“设计”选项卡中，如图 2–50 所示。

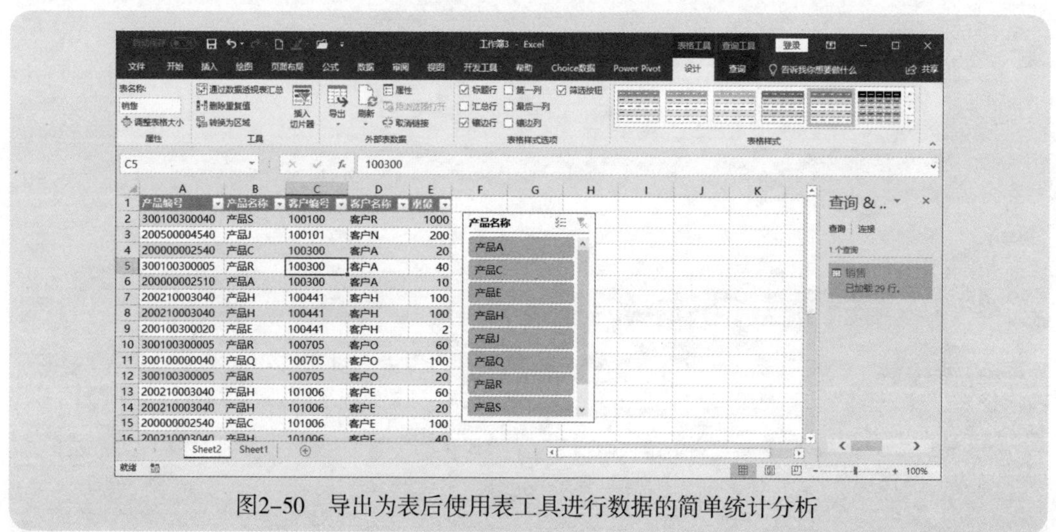

图2–50 导出为表后使用表工具进行数据的简单统计分析

功能区还同时出现了一个“查询”选项卡，如图 2–51 所示，在这个选项卡中，可以对现有的查询进行重新编辑、设置查询的属性、合并查询、追加查询等。

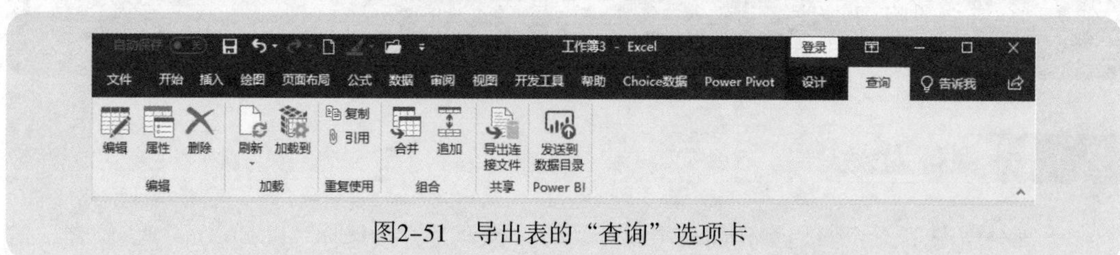

图2–51 导出表的“查询”选项卡

2.4.2 保存为数据透视表

如果想要对查询出的数据直接进行透视分析，那么可以将查询结果保存为数据透视表，此时，需要选择“关闭并上载”命令，打开“导入数据”对话框，然后选中“数据透视表”单选按钮，如图 2–52 所示。

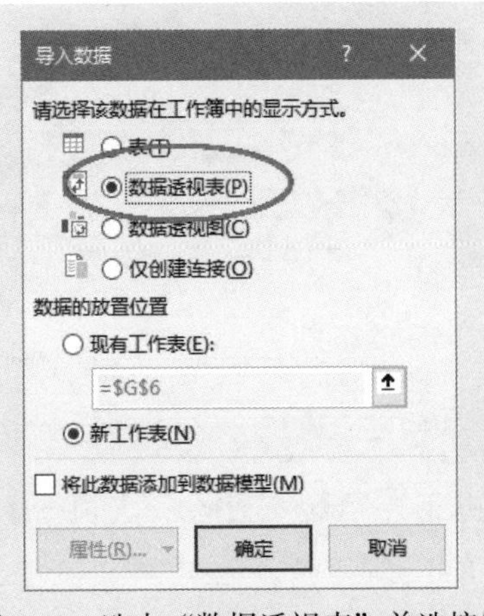

图2–52　选中“数据透视表”单选按钮

单击“确定”按钮，在指定的工作表或者新工作表上，将查询结果保存为数据透视表，然后就可以利用数据透视表对查询出的数据进行进一步的分析，如图 2–53 所示。

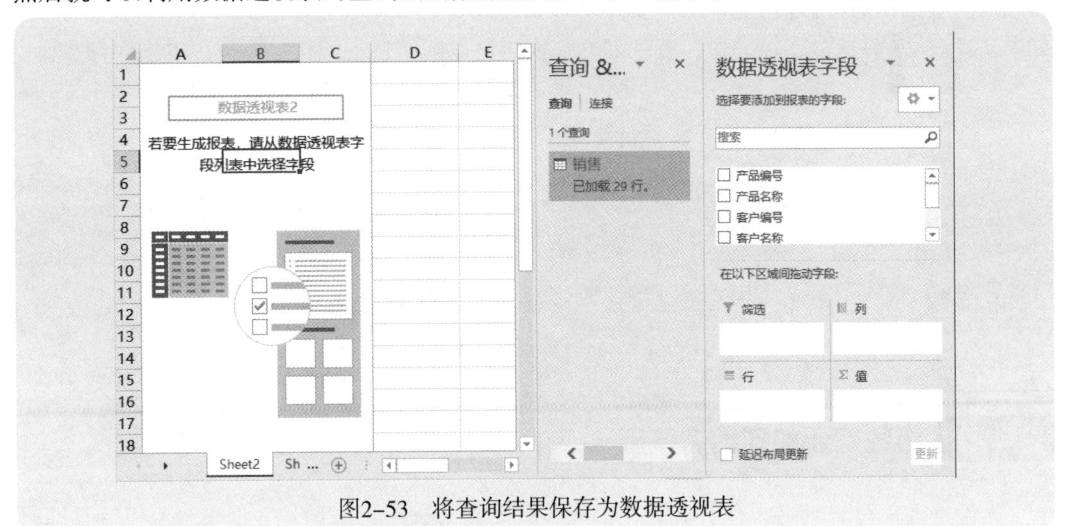

图2–53　将查询结果保存为数据透视表

2.4.3 保存为数据透视图

如果想要对查询出的数据直接进行可视化分析，可以将查询结果保存为数据透视图，就是在“导入数据”对话框中，选中“数据透视图”单选按钮，系统会同时创建一个数据透视表和数据透视图，如图 2-54 所示。

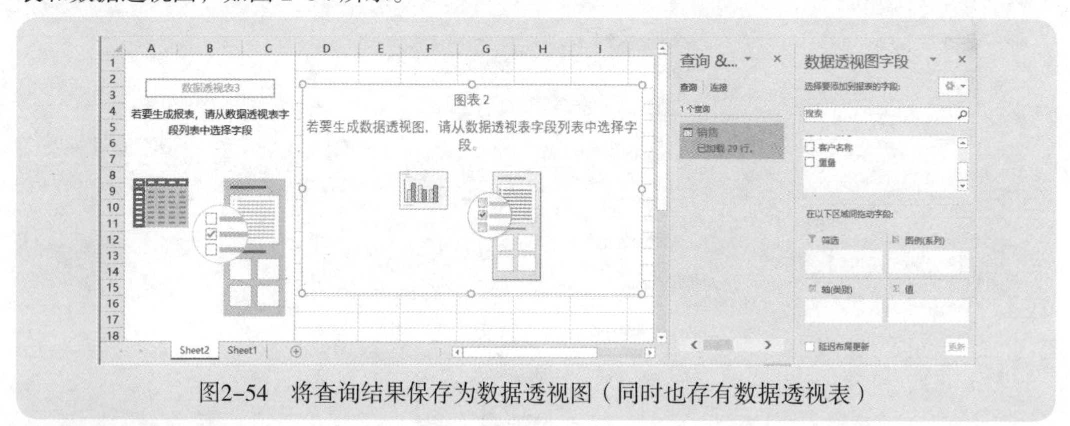

图2-54　将查询结果保存为数据透视图（同时也存有数据透视表）

2.4.4 仅创建连接

如果在“导入数据”对话框中选中“仅创建连接”单选按钮，那么，就不会在工作表上看到任何查询出的数据，仅能在工作表右侧的“查询 & 连接”窗格中看到“仅限连接”字样，如图 2-55 所示。这个连接，保存有查询的数据，可以随时进行编辑，而占用的内存很少。

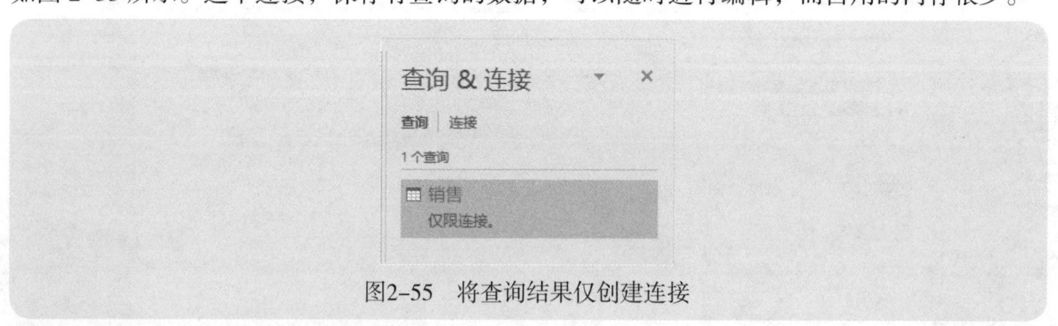

图2-55　将查询结果仅创建连接

2.4.5 将数据添加到数据模型

无论上述何种查询结果保存方式，都可以同时将查询结果添加到数据模型，也就是同时

勾选“导入数据”对话框底部的“将此数据添加到数据模型”复选框，这样，可以在不导入数据的情况下，利用这个数据模型对数据进行分析，如创建 Power Pivot。

在数据量很大且数据的来源是多张有关联的工作表的情况下，需要将查询结果仅保存为链接，并添加到数据模型，这样就可以对数据模型进行管理，并创建各种分析报表。

2.4.6 重新选择保存方式

在工作表右侧的“查询 & 连接”窗格中，右击“加载到”命令，如图 2-56 所示，就可以打开“导入数据”对话框，然后再选择需要的保存方式即可。

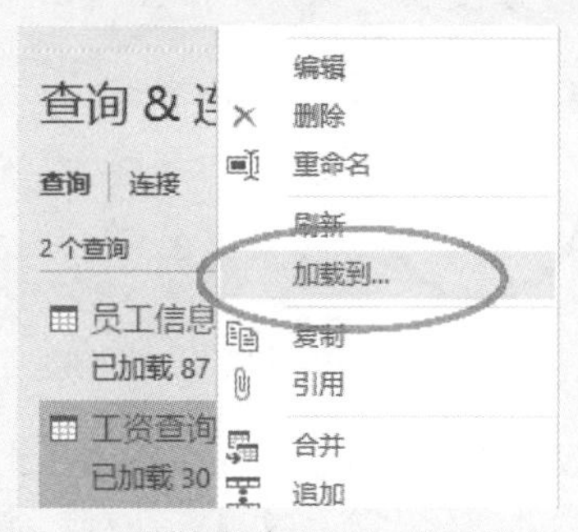

图2-56　快捷菜单的“加载到”命令

如果在工作表右侧没有出现“查询 & 连接”窗格，可以执行“数据”→“查询和连接”命令，将窗格显示出来，如图 2-57 所示。

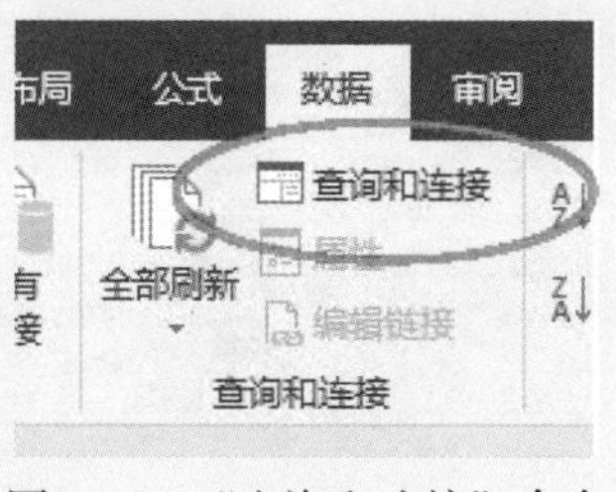

图2-57　“查询和连接”命令

2.4.7 导出连接文件并在其他工作簿中使用现有查询

人们所做的查询都是在当前工作簿中进行的，查询连接也是保存在当前工作簿，因此只能在本工作簿中使用。

如果希望在其他的工作簿也能使用这个查询连接并快速得到查询数据，那么可以导出连接文件。

1. 导出连接文件

导出连接文件的具体方法如下。

步骤1 如果查询结果是导出的表格形式，那么可以选择“查询”选项卡中的“导出连接文件”命令，如图2–58所示。

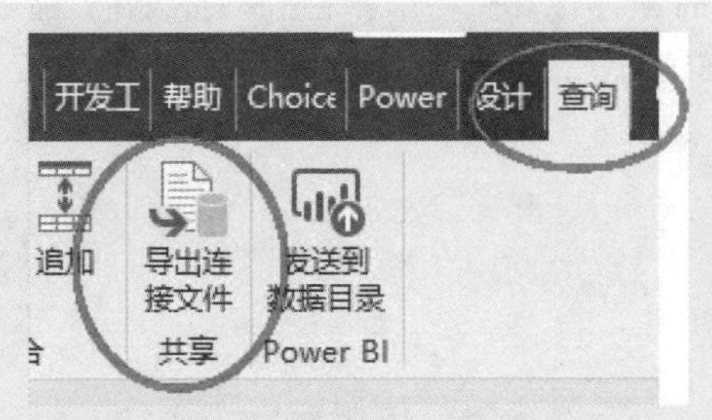

图2–58 “查询”选项卡中的“导出连接文件”命令

如果是将查询结果保存为仅连接的形式，就在工作表右侧的“查询 & 连接”窗格中，右击指定的查询，执行快捷菜单中的“导出连接文件”命令，如图 2–59 所示。

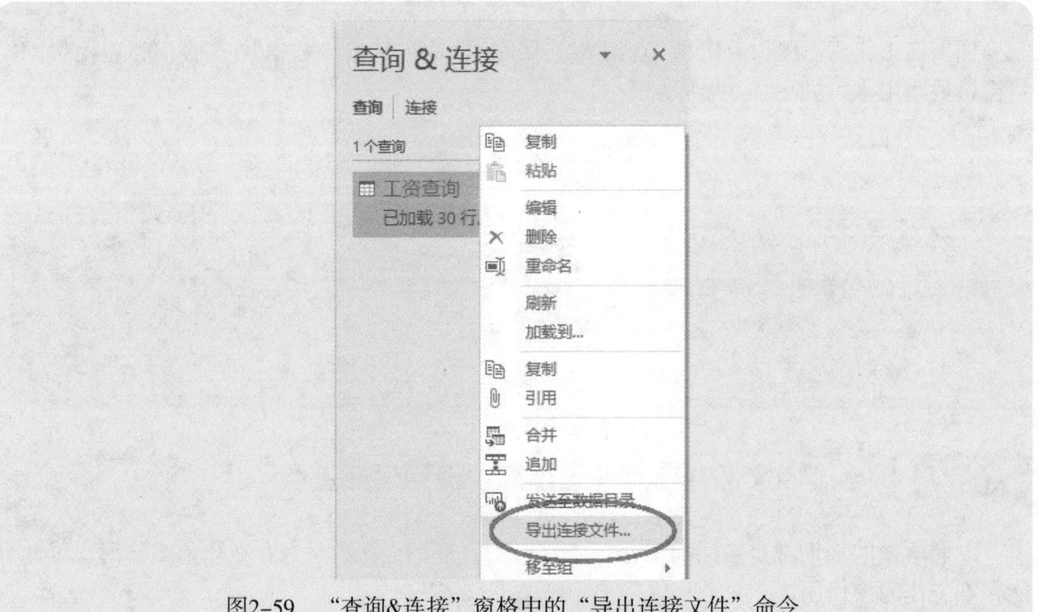

图2–59 “查询&连接”窗格中的“导出连接文件”命令

步骤2　打开“保存文件”对话框，指定保存位置，可以根据需要重命名文件（注意文件的扩展名是.odc），如图2-60所示。

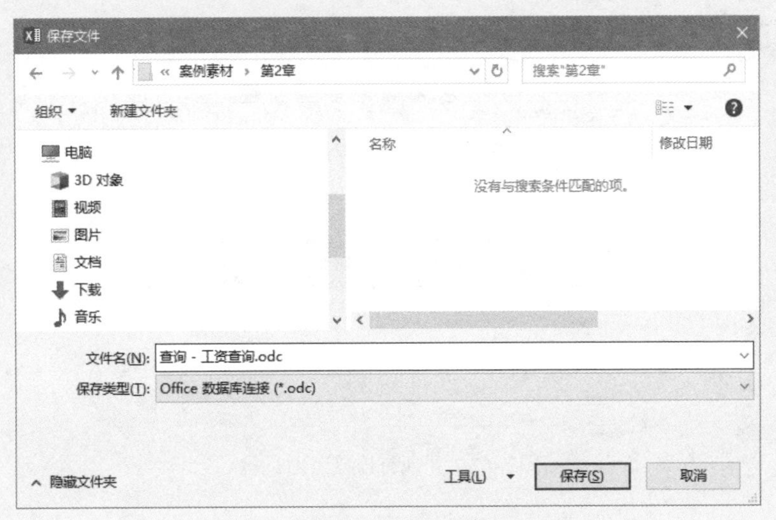

图2-60　准备保存指定的查询连接文件

步骤3　单击“保存”按钮，就将该查询连接文件保存到指定的文件夹中了。

2. 使用连接文件

如果在其他的工作簿中，要使用这个查询连接文件来导出数据，则可以按照下面的步骤进行操作。

步骤1　执行“数据”→“现有连接”命令，如图2-61所示。

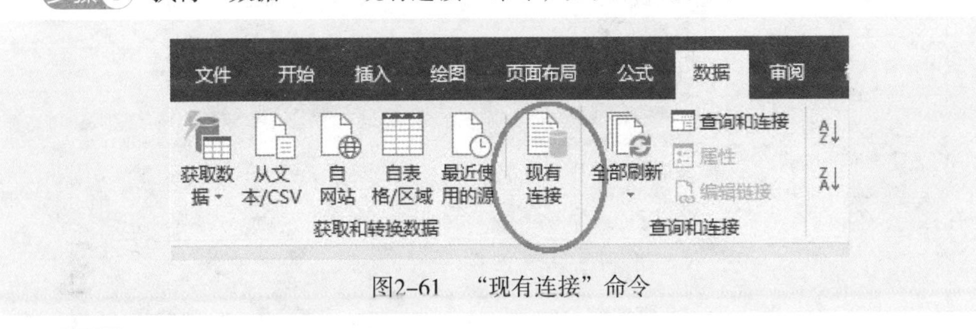

图2-61　“现有连接”命令

步骤2　打开“现有连接”对话框，如图2-62所示。

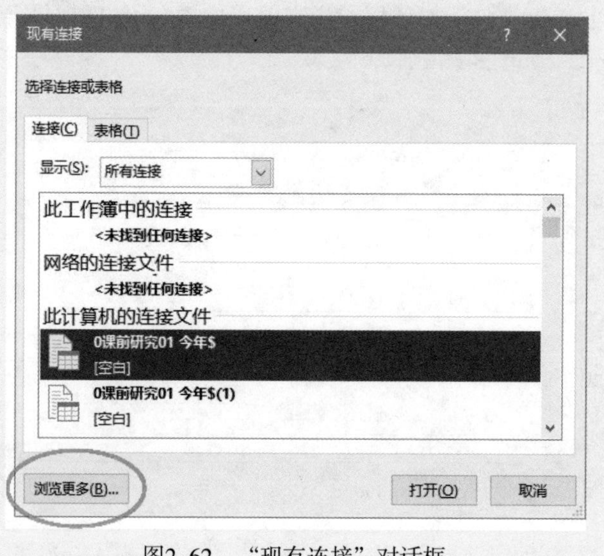

图2-62 “现有连接”对话框

步骤3 单击左下角的“浏览更多”按钮，打开“选取数据源”对话框，然后从文件夹中选择该查询连接文件，如图2-63所示。

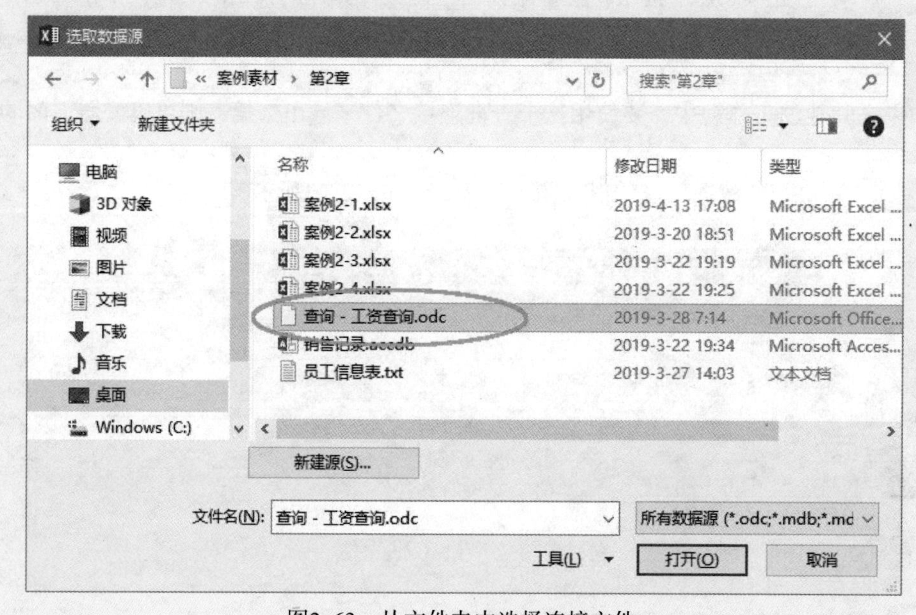

图2-63 从文件夹中选择连接文件

步骤4 单击“打开”按钮，就可以打开“导入数据”对话框，如图2-64所示。

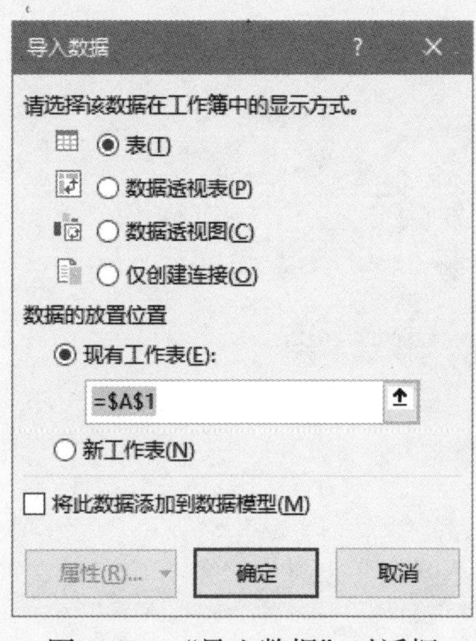

图2-64 “导入数据”对话框

步骤5 选择数据的显示方式和放置位置，单击“确定”按钮，就将该查询的数据导入并保存到Excel工作表中了。

2.5 注意事项

Power Query 在查询操作中是比较简单的，但有几个事项也是需要了解和关注的，因为这些事项其实是很重要的。

2.5.1 自动记录下每个操作步骤

在“Power Query 编辑器”窗口中，我们进行的每个操作，都有相应操作步骤被记录下来，并被显示在编辑器右侧“查询设置”窗格的“应用的步骤”列表中，如图 2-65 所示。

如果要查看或重新编辑某步的操作，只需在窗格中单击该步操作，就可以打开该步的操作状态界面。

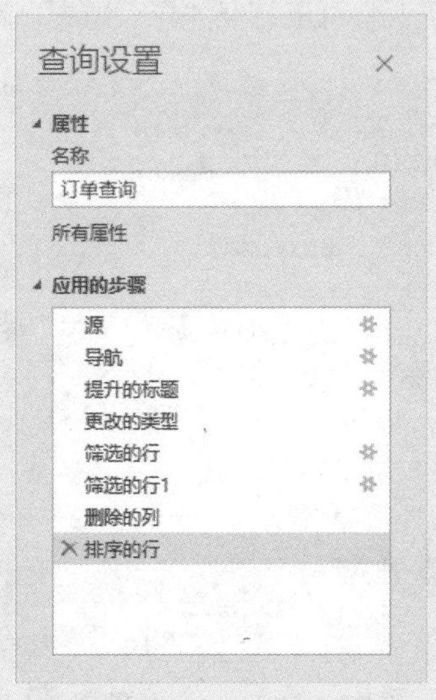

图2–65　列示所有的操作步骤

如果要删除该步操作，单击操作步骤名称左侧的“删除”按钮 × 即可。需要注意的是，编辑或删除中间的某步操作，都会对其以后的所有操作产生影响。

在某些情况下，Power Query 会自动更改某些列的数据类型，这种更改有时候是错误的，因此需要将这种默认的更改删除，恢复表格本来的数据类型和格式，以便根据具体情况，手动来设置这些列的数据类型。

例如，图 2–66 是工作表的原始数据，打开“Power Query 编辑器”窗口后，A 列的工号数据被自动更改成了“整数”类型，如图 2–67 所示，这显然是不对的。

	A	B	C	D	E	F	G	H	I	J	K	L	M	N
1	工号	姓名	性别	民族	部门	职务	学历	婚姻状况	出生日期	年龄	进公司时间	本公司工龄	离职时间	离职原因
2	0001	AAA1	男	满族	总经理办公室	总经理	博士	已婚	1968-10-9	50	1987-4-8	31		
3	0002	AAA2	男	汉族	总经理办公室	副总经理	硕士	已婚	1969-6-18	49	1990-1-8	29		
4	0003	AAA3	女	汉族	总经理办公室	副总经理	本科	已婚	1979-10-22	39	2002-5-1	16		
5	0004	AAA4	男	回族	总经理办公室	职员	本科	已婚	1986-11-1	32	2006-9-24	2	2009-6-5	因个人原因辞职
6	0005	AAA5	女	汉族	总经理办公室	职员	本科	已婚	1982-8-26	36	2007-8-8	11		
7	0006	AAA6	女	汉族	人力资源部	职员	本科	已婚	1983-5-15	35	2005-11-28	13		
8	0007	AAA7	男	锡伯	人力资源部	经理	本科	已婚	1982-9-16	36	2005-3-9	14		
9	0008	AAA8	男	汉族	人力资源部	副经理	本科	未婚	1972-3-19	47	1995-4-19	23		
10	0009	AAA9	男	汉族	人力资源部	职员	硕士	已婚	1978-5-4	40	2003-1-26	16		
11	0010	AAA10	男	汉族	人力资源部	职员	大专	已婚	1981-6-24	37	2006-11-11	12		
12	0011	AAA11	女	土家	人力资源部	职员	本科	已婚	1972-12-15	46	1997-10-15	21		
13	0012	AAA12	女	汉族	人力资源部	职员	本科	未婚	1971-8-22	47	1994-5-22	24		
14	0013	AAA13	男	汉族	财务部	副经理	本科	已婚	1978-8-12	40	2002-10-12	16		
15	0014	AAA14	女	汉族	财务部	经理	硕士	已婚	1960-7-15	58	1984-12-21	24	2009-6-10	因个人原因辞职
16	0015	AAA15	男	汉族	财务部	职员	本科	未婚	1968-6-6	50	1991-10-18	27		

图2–66　工作表的原始数据

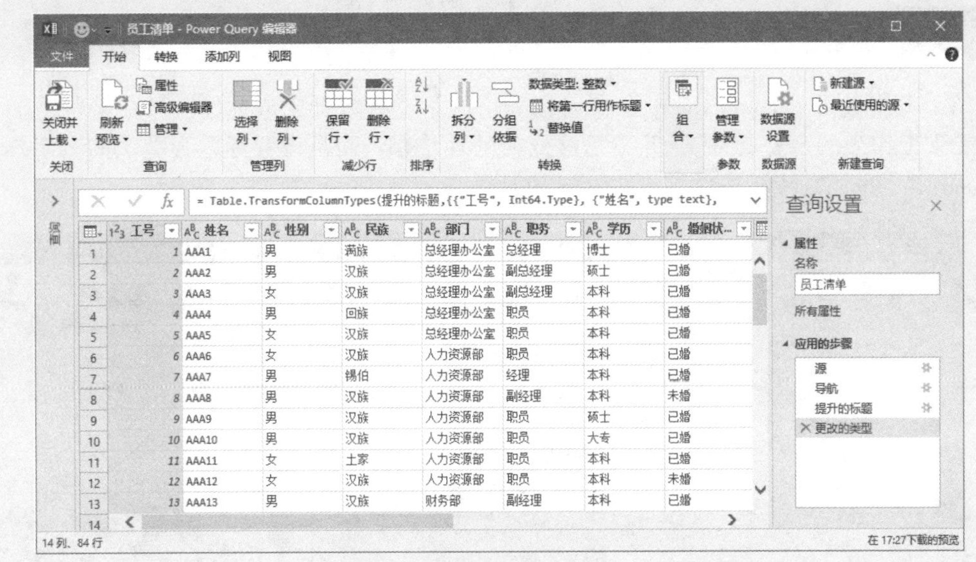

图2-67　字段“工号”数据被更改成了“整数”类型

此时,需要把默认设置的“更改的类型”这个步骤删除,以恢复原始文本数据类型的工号,如图 2-68 所示。

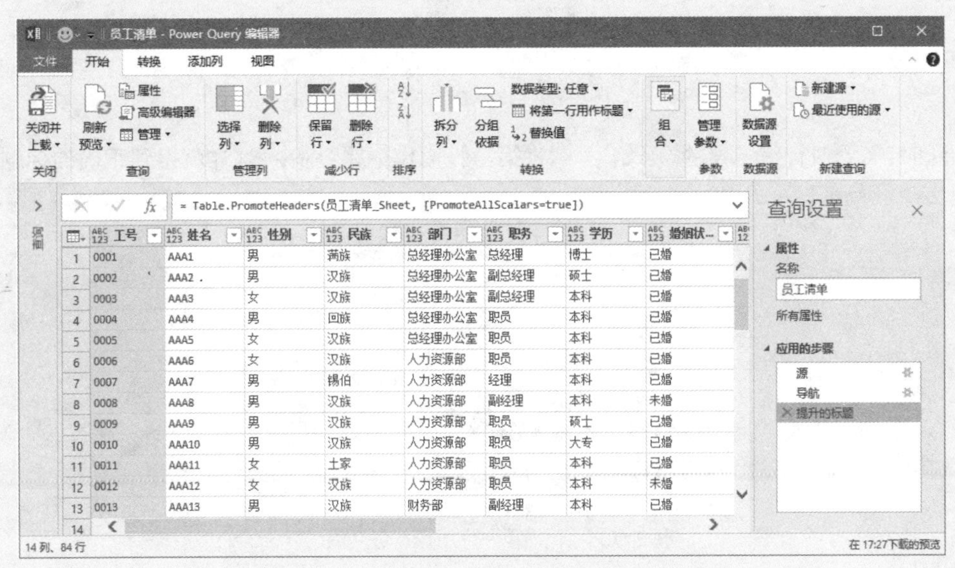

图2-68　删除默认设置的“更改的类型”步骤

2.5.2 注意提升标题

在一般情况下，Power Query 会自动把表格的第一行数据当成标题。但在某些情况下（如几张工作表的合并查询），并不是这样的处理结果，而是设置标题为默认的名字，如 Column1、Column2、Column3 等，如图 2-69 所示。

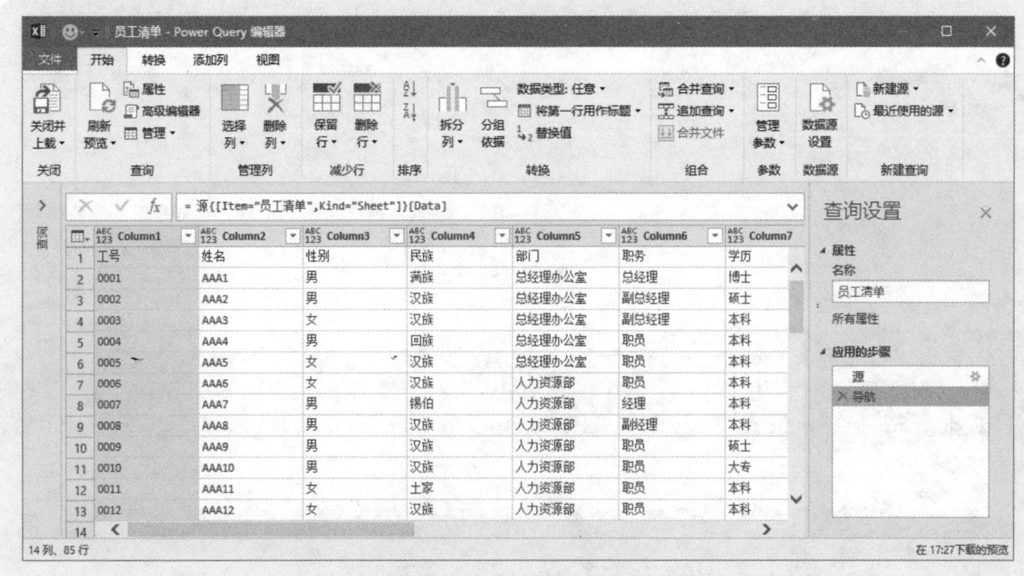

图2-69　默认的标题名字

此时，需要执行编辑器的“开始”→“将第一行用作标题”命令，这样就得到正确的标题了，如图 2-70 所示。

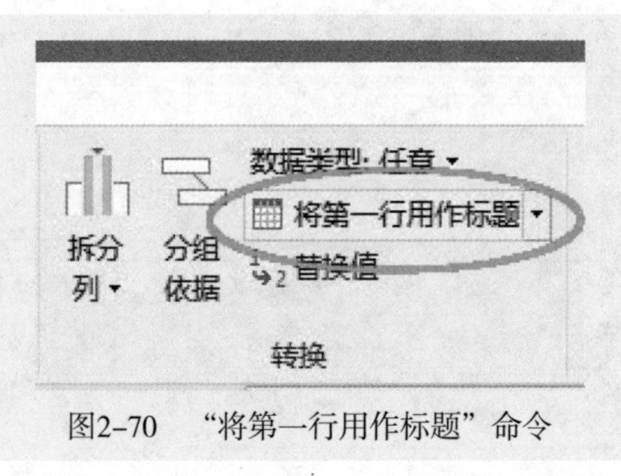

图2-70　“将第一行用作标题”命令

2.5.3 注意设置数据类型

Power Query 对数据类型是有很严格的要求的，尤其是加载为数据模型，并在以后使用 Power Pivot 制作数据透视表的场合，更需要把数据类型进行正确的设置。

列数据类型默认设置是“任意”,意思就是不对列数据类型做任何设置。但是,很多情况下,人们必须将某列数据类型进行重新设置。

设置数据类型的标准操作：选择某列，然后执行编辑器的“开始”→“数据类型”命令，展开下拉列表,选择正确的数据类型,如图 2-71 所示。这种方法,可以批量设置多列数据类型。

设置数据类型还有一个方法是，单击某列标题左侧的“数据类型”按钮，展开数据类型选项列表，然后选择某个数据类型即可，如图 2-72 所示。这种方法，只能一次设置一列数据类型。

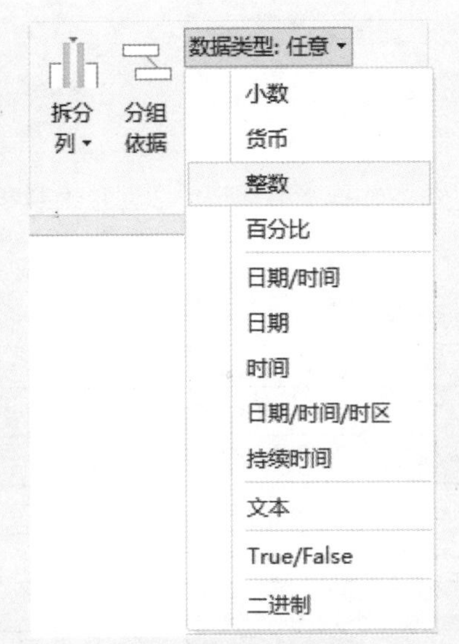

图2-71　功能区的“数据类型”命令

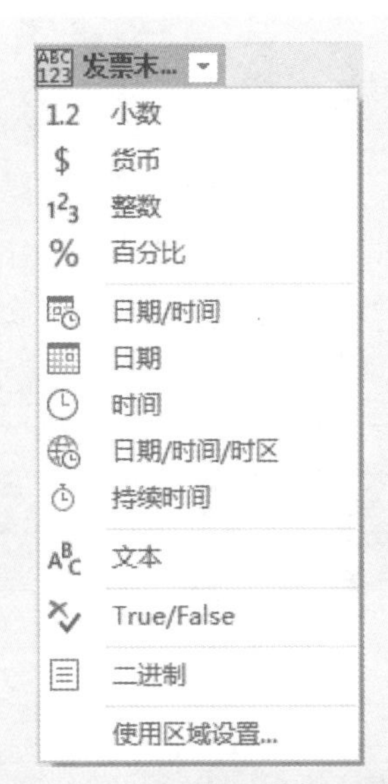

图2-72　列标题左侧的类型按钮

如果几列数据都是相同的数据类型，则可以先选择这几列，再设置数据类型。

设置列数据类型一般的原则如下。

- 如果是要进行汇总计算的数据（如销量、销售额、年龄、工资等），需要设置为小数、货币或整数类型。
- 如果是日期数据，则需要设置为日期类型。
- 如果是产品名称、产品编码、客户名称等文本型数据，则需要设置为文本类型。

如图 2-73 所示，明明工作表的数据是日期数据，但 Power Query 却给硬生生地装上了时间“0:00:00”的尾巴，很难看，只好重新设置一下数据类型了。

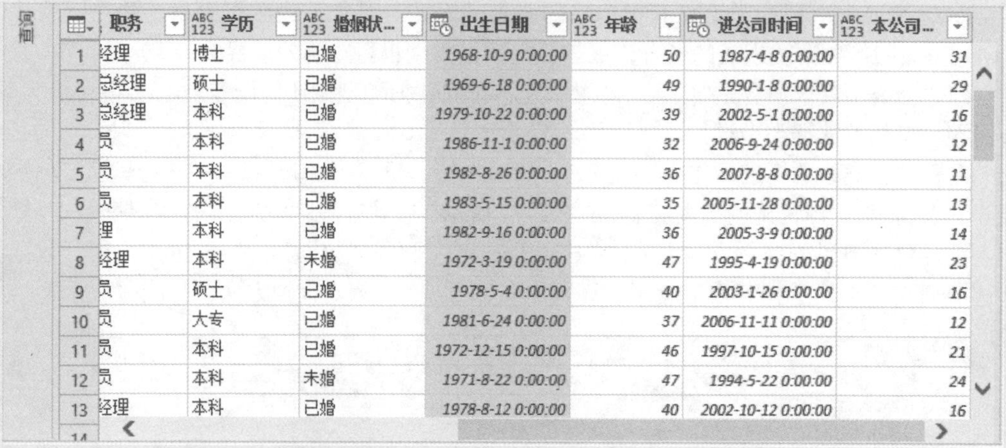

	职务	学历	婚姻状...	出生日期	年龄	进公司时间	本公司...
1	经理	博士	已婚	1968-10-9 0:00:00	50	1987-4-8 0:00:00	31
2	总经理	硕士	已婚	1969-6-18 0:00:00	49	1990-1-8 0:00:00	29
3	总经理	本科	已婚	1979-10-22 0:00:00	39	2002-5-1 0:00:00	16
4	员	本科	已婚	1986-11-1 0:00:00	32	2006-9-24 0:00:00	12
5	员	本科	已婚	1982-8-26 0:00:00	36	2007-8-8 0:00:00	11
6	员	本科	已婚	1983-5-15 0:00:00	35	2005-11-28 0:00:00	13
7	理	本科	已婚	1982-9-16 0:00:00	36	2005-3-9 0:00:00	14
8	经理	本科	未婚	1972-3-19 0:00:00	47	1995-4-19 0:00:00	23
9	员	硕士	已婚	1978-5-4 0:00:00	40	2003-1-26 0:00:00	16
10	员	大专	已婚	1981-6-24 0:00:00	37	2006-11-11 0:00:00	12
11	员	本科	已婚	1972-12-15 0:00:00	46	1997-10-15 0:00:00	21
12	员	本科	未婚	1971-8-22 0:00:00	47	1994-5-22 0:00:00	24
13	经理	本科	已婚	1978-8-12 0:00:00	40	2002-10-12 0:00:00	16

图2-73　日期数据后面有“0:00:00”尾巴

在“Power Query 编辑器”窗口中，请注意字段左边的数据类型标记，以便正确判断数据类型，并确定是否需要进行重新设置，如表 2-1 所示。

表2-1　字段数据类型标记含义

标记	数据类型
ABC 123	任意
1.2	小数
$	货币
123	整数
%	百分比
	日期时间
	日期
	时间
	日期 / 时间 / 时区
ABC	文本
	True/False

2.5.4 编辑已有的查询

如果想要重新编辑已有的查询，有以下几个命令可以使用。

（1）双击工作表右侧的“查询 & 连接”窗格中的某个连接名称。

（2）右击查询条件，在弹出的子菜单中选择“编辑”选项，如图 2–74 所示。

（3）在“查询”选项卡中选择“编辑”命令，如图 2–75 所示。

图2–74　“查询&连接”窗格的子菜单命令

图2–75　“查询”选项卡中的“编辑”命令

2.5.5 刷新查询

当源数据发生变化后，人们可以刷新查询，以便得到最新的查询数据，方法有很多，也很简单，常用的方法有以下几种。

方法 1:在工作表的查询数据区域右击，在弹出的子菜单中选择“刷新”命令，如图 2–76 所示。

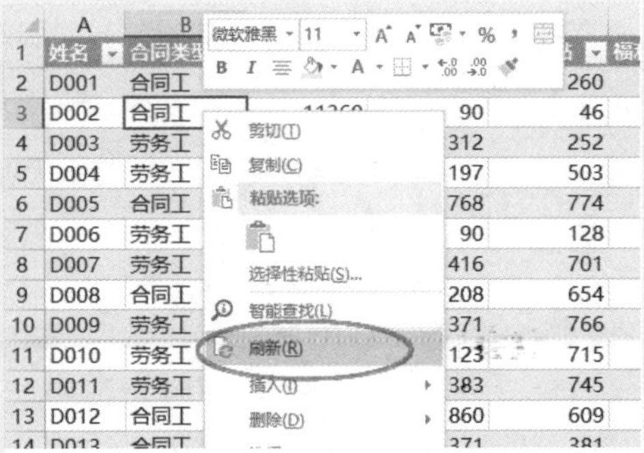

图2–76　查询结果表子菜单中的“刷新”命令

方法 2：在工作表右侧的"查询 & 连接"窗格中，选择某个查询，然后右击，在弹出的子菜单中选择"刷新"命令，如图 2–77 所示。

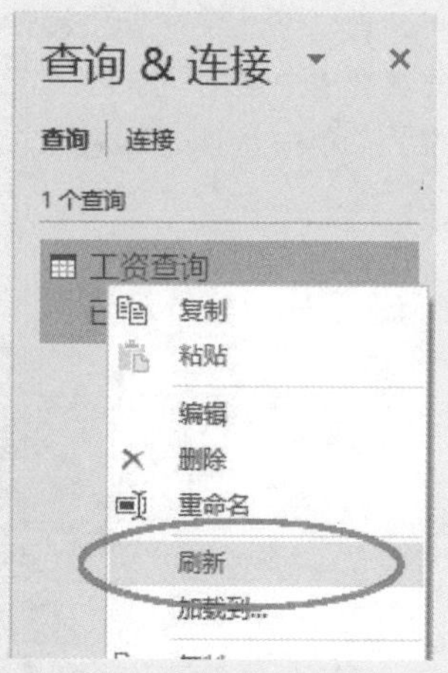

图2–77 "查询&连接"窗格中子菜单中的"刷新"命令

方法 3：在"查询"选项卡中选择"刷新"命令，如图 2–78 所示。

图2–78 "查询"选项卡中的"刷新"命令

方法 4：在"Power Query 编辑器"窗口中，执行"开始"→"刷新"命令，如图 2–79 所示。

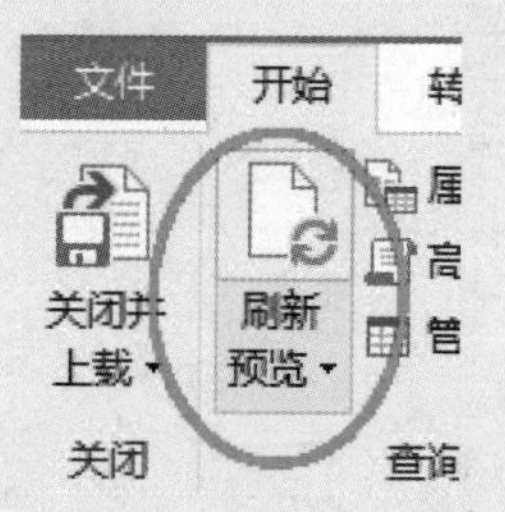

图2–79 "Power Query编辑器"窗口的"刷新"命令

2.6 了解每个操作步骤及相应M公式

Power Query 中每个操作步骤都会被记录下来，并自动生成查询公式，前者显示在编辑器右侧的“应用的步骤”窗格中，后者显示在编辑器的公式栏中。了解每个操作步骤，观察每个公式，有助于帮助用户了解并使用Power Query的M语言。

下面简单介绍一下从 Excel 工作簿中查询数据时，操作步骤和相应的 M 公式。

这个案例是从工作簿“分公司 A 工资表 .xlsx”中查询“1 月”工作表的合同工数据，并设置数据类型，按照实发合计进行降序排序，如图 2-80 所示。

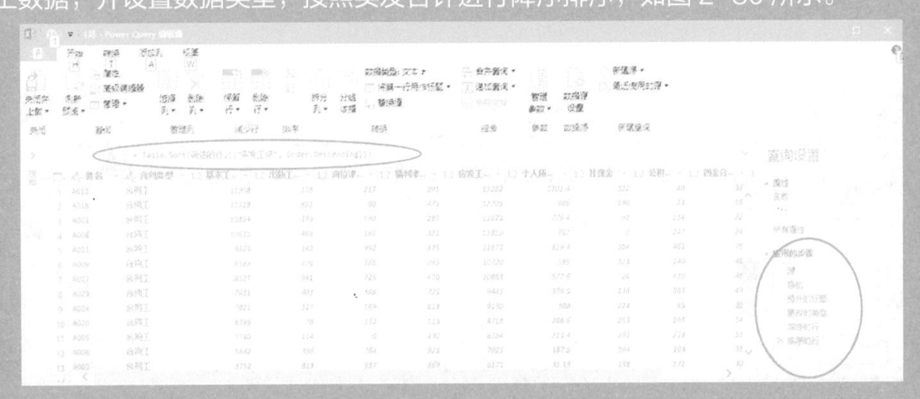

图 2-80　每个操作步骤都被记录下来并自动生成公式

2.6.1 源

打开 Power Query 编辑器后，第 1 步就是“源”，如图 2-81 所示。它表示从指定文件夹里的 Excel 工作簿查询数据，其公式形式如下：

= Excel.Workbook(File.Contents("C:\Users\think\Desktop\7、《Power Query：只需几步操作的智能化数据汇总与分析》\案例素材\第1章\案例1-1素材\分公司A工资表.xlsx"), null, true)

其中 Excel.Workbook 就是一个 M 函数，这个公式是很好理解的，也可以根据查询条件的不同修改这个公式，比如，把“分公司 A 工资表 .xlsx”修改为“分公司 G 工资表 .xlsx”，那么系统就会查询工作簿“分公司 G 工资表 .xlsx”。

需要注意的是，M 语言的函数公式，对大小写是敏感的，如不能将 Excel 写为 excel。

这个步骤是自动的，实际上等同于用户手动执行“从工作簿”命令。

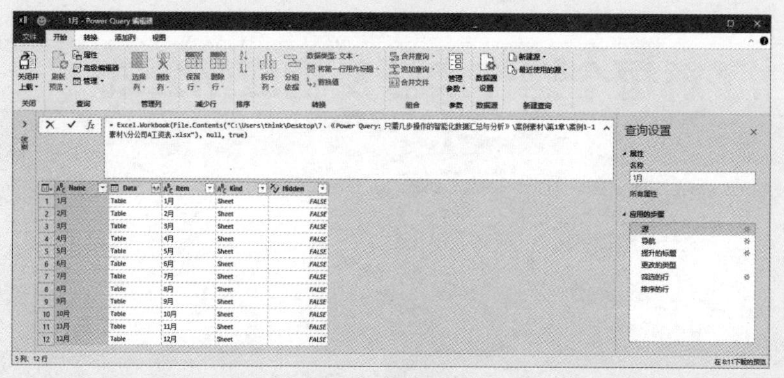

图2-81　默认的第1步

2.6.2 导航

这步操作跟数据源种类有关。如果是文本文件，这个步骤就不存在。

在本案例中，由于工作簿“分公司 A 工资表 .xlsx”中有 12 张工作表，这个步骤就是选择了哪张工作表来做查询，其公式形式如下：

```
= 源{[Item="1月",Kind="Sheet"]}[Data]
```

在这个公式中，引用了第 1 步“源”的操作结果。

如果把这个公式中的“1 月”改为“5 月”，就变成了从工作表“5 月”查询数据了，如图 2-82 所示。

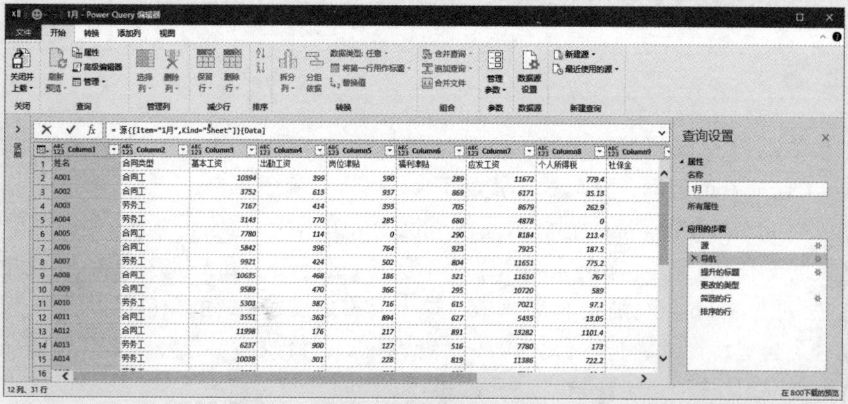

1月 - Power Query 编辑器

文件　开始　转换　添加列　视图

关闭并上载　刷新预览　属性　高级编辑器　管理　选择列　删除列　保留行　删除行　拆分列　分组依据　数据类型: 任意　将第一行用作标题　替换值　合并查询　追加查询　合并文件　管理参数　数据源设置　新建源　最近使用的源

关闭　查询　管理列　减少行　排序　转换　组合　参数　数据源　新建查询

= 源{[Item="1月",Kind="Sheet"]}[Data]

	Column1	Column2	Column3	Column4	Column5	Column6	Column7	Column8	Column9
1	姓名	合同类型	基本工资	出勤工资	岗位津贴	福利津贴	应发工资	个人所得税	社保金
2	A001	合同工	10394	399	590	289	11672	779.4	
3	A002	合同工	3752	613	937	869	6171	35.13	
4	A003	劳务工	7167	414	393	705	8679	262.9	
5	A004	劳务工	3143	770	285	680	4878	0	
6	A005	合同工	7780	114	0	290	8184	213.4	
7	A006	合同工	5842	396	764	923	7925	187.5	
8	A007	劳务工	9921	424	502	804	11651	775.2	
9	A008	合同工	10635	468	186	321	11610	767	
10	A009	合同工	9589	470	366	295	10720	589	
11	A010	劳务工	5303	387	716	615	7021	97.1	
12	A011	合同工	3551	363	894	627	5435	13.05	
13	A012	合同工	11998	176	217	891	13282	1101.4	
14	A013	劳务工	6237	900	127	516	7780	173	
15	A014	劳务工	10038	301	228	819	11386	722.2	
16									

查询设置
属性
名称
1月
所有属性
应用的步骤
源
导航
提升的标题
更改的类型
筛选的行
排序的行

12列、31行　在 8:00下载的预览

图2-82　第2步

2.6.3 提升的标题

在第 2 个步骤中可以看到，列表中的第一行并不是工作表的标题，因此 Power Query 会自动根据数据的实际情况，进行必要的调整。

一般来说，当仅仅是从一张工作表查询数据时，系统会自动提升标题，如图 2-83 所示。此时，M 公式如下：

= Table.PromoteHeaders(#"1月_Sheet", [PromoteAllScalars=true])

这里 Table.PromoteHeaders() 是一个 M 函数，用于提升标题。

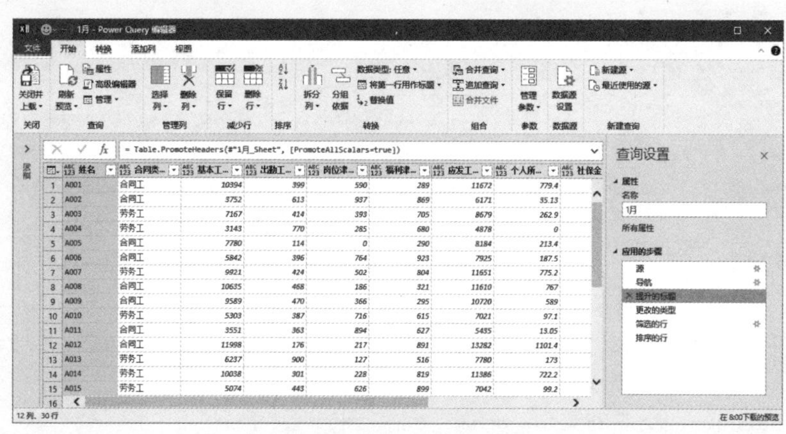

图2-83　第3步

2.6.4 更改的类型

这个步骤就是 Power Query 根据表格数据的具体情况，自动对某列或某几列的数据类型进行更改。

在大多数情况下，这个步骤会自动出现，数据类型的更改有时候是正确的，有时候是错误的，此时，要根据具体表格数据的情况，来判断是否需要删除这个步骤，或者重新手动设置数据类型。

在本案例中，更改的类型这步操作的公式如下：

= Table.TransformColumnTypes(提升的标题,{{"姓名", type text}, {"合同类型", type text}, {"基本工资", type number}, {"出勤工资", type number}, {"岗位津贴", type number}, {"福利津贴", type number}, {"应发工资", type number}, {"个人所得税", type number}, {"社保金", type number}, {"公积金", type number}, {"四金合计", type number}, {"实发工资", type number}})

使用了 Table.TransformColumnTypes() 函数，同时，又引用了第 3 步“提升的标题”的操作，如图 2-84 所示。

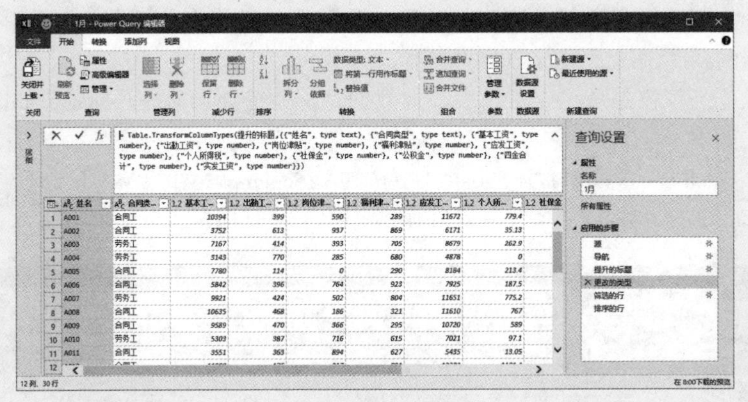

图2-84　第4步

2.6.5 筛选的行

这种操作是用户个性化的具体操作，例如，筛选合同工、客户、产品、日期等。下面就是筛选合同工的步骤，其公式如下：

= Table.SelectRows(更改的类型, each ([合同类型] = "合同工"))

使用流量 Table.SelectRows() 函数，同时，又引用了第 4 步“更改的类型”的操作，如图 2-85 所示。

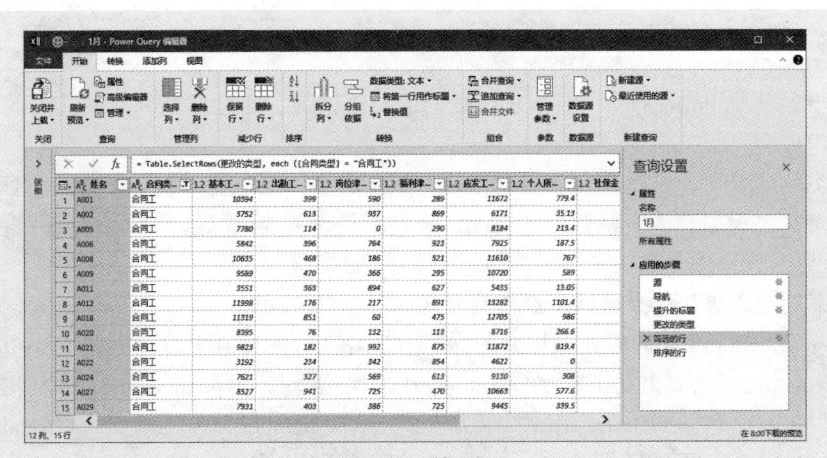

图2-85　第5步

如果要做多列的筛选，那么就可以直接修改这个公式。例如，不仅要筛选合同工，还要筛选实发工资在 8000 元以上的员工，此时可以把公式修改为以下的形式，就得到了实发工资在 8000 元以上的合同工的工资数据。

= Table.SelectRows(更改的类型, each ([合同类型] = "合同工" and [实发工资] > 8000))

使用 and 关键词把两个条件连接起来即可，如图 2–86 所示。

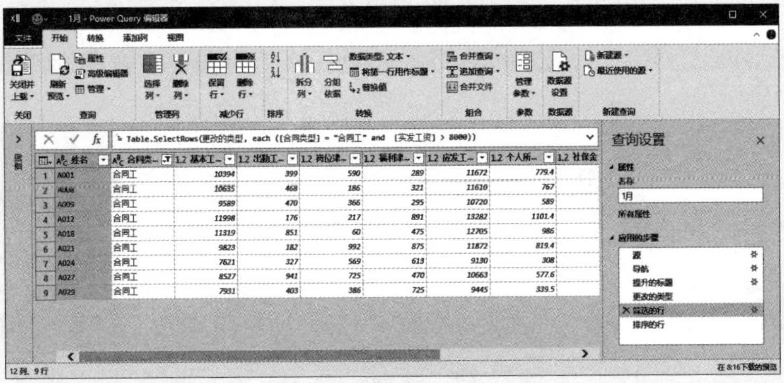

	姓名	合同类…	1.2 基本工…	1.2 出勤工…	1.2 岗位津…	1.2 福利津…	1.2 应发工…	1.2 个人所…	1.2 社保金
1	A001	合同工	10394	399	590	289	11672	779.4	
2	[illegible]	合同工	10635	468	186	321	11610	767	
3	A009	合同工	9589	470	366	295	10720	589	
4	A012	合同工	11998	176	217	891	13282	1101.4	
5	A018	合同工	11319	851	60	475	12705	986	
6	A021	合同工	9823	182	992	875	11872	819.4	
7	A024	合同工	7621	327	569	613	9130	308	
8	A027	合同工	8527	941	725	470	10663	577.6	
9	A029	合同工	7931	403	386	725	9445	339.5	

图2–86　增加筛选条件的第5步

2.6.6 排序的行

如果对某列或某几列数据进行了排序，就会生成排序的操作步骤“排序的行”，如图 2–87 所示，公式如下，其使用了 Table.Sort() 函数。

= Table.Sort(筛选的行,{{"实发工资", Order.Descending}})

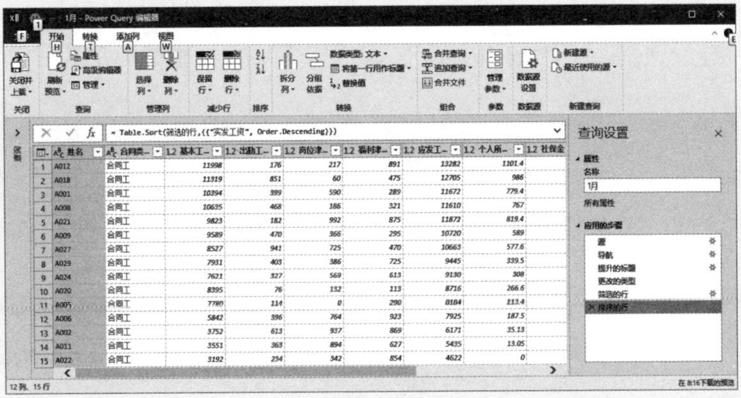

	姓名	合同类…	1.2 基本工…	1.2 出勤工…	1.2 岗位津…	1.2 福利津…	1.2 应发工…	1.2 个人所…	1.2 社保金
1	A012	合同工	11998	176	217	891	13282	1101.4	
2	A018	合同工	11319	851	60	475	12705	986	
3	A001	合同工	10394	399	590	289	11672	779.4	
4	A008	合同工	10635	468	186	321	11610	767	
5	A021	合同工	9823	182	992	875	11872	819.4	
6	A009	合同工	9589	470	366	295	10720	589	
7	A027	合同工	8527	941	725	470	10663	577.6	
8	A029	合同工	7931	403	386	725	9445	339.5	
9	A024	合同工	7621	327	569	613	9130	308	
10	A020	合同工	8395	76	132	113	8716	266.6	
11	A005	合同工	7780	114	0	290	8104	113.4	
12	A006	合同工	5842	396	764	923	7925	187.5	
13	A002	合同工	3752	613	937	869	6171	35.13	
14	A011	合同工	3551	363	894	627	5435	13.05	
15	A022	合同工	3192	234	342	854	4622	0	

图2–87　第6步

如果要对两列以上的字段进行排序，可以手动操作，也可以修改公式。

例如，先对姓名进行升序排序，再对实发工资进行降序排序，最后对基本工资进行降序排序，则可以把公式修改如下：

= Table.Sort(筛选的行,{{"姓名", Order.Ascending}, {"实发工资", Order.Descending}, {"基本工资", Order.Descending}})

这里，Descending 表示降序，Ascending 表示升序，如图 2–88 所示。

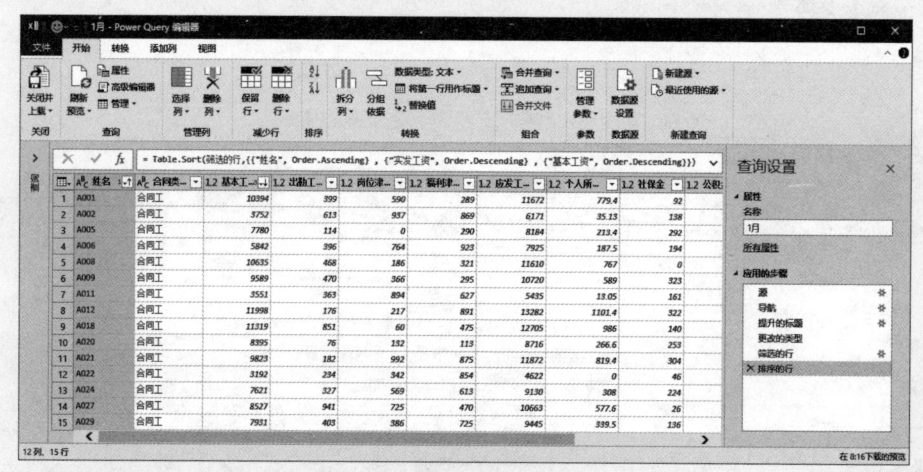

图2–88　多条件排序的第6步

2.6.7 其他操作

根据需要，人们会对数据进行其他的操作，例如，提取字符串、添加自定义列、删除列等，这些操作都会被记录下来，并生成相应的公式。限于篇幅，这里不再介绍。

Chapter

03

Power Query常规数据处理操作

第 2 章介绍了 Power Query 查询数据的基本操作方法。查询处理数据是在“Power Query 编辑器”中进行的，因此需要了解和掌握“Power Query 编辑器”窗口内的常见操作方法及使用技能和技巧。

3.1 打开“Power Query编辑器”窗口

打开“Power Query 编辑器”窗口的方法有以下 3 种。
（1）执行“查询”命令打开。
（2）通过某个查询打开。
（3）直接打开。

3.1.1 执行“查询”命令打开

通过执行“获取和转换数据”功能组里面的命令，即可对指定的数据源建立查询，并打开“Power Query 编辑器”窗口，如图 3-1 所示。

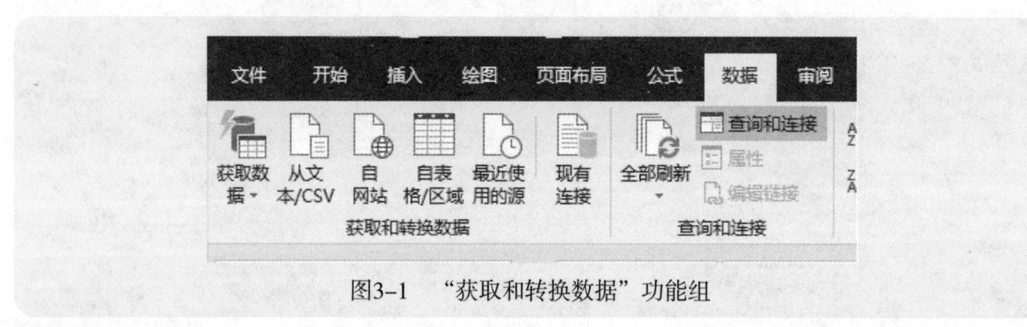

图3-1　“获取和转换数据”功能组

3.1.2 通过某个查询打开

默认情况下，在工作表右侧会有一个“查询 & 连接”窗格，列示出所有已经建立的查询，如图 3-2 所示，双击某个查询名称，就可以打开“Power Query 编辑器”窗口，同时打开该查询。

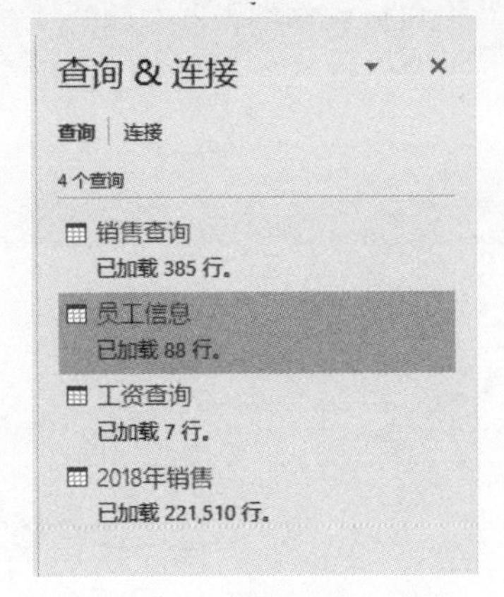

图3-2　“查询&连接”窗格

3.1.3 直接打开

有时候，人们希望直接打开“Power Query 编辑器”窗口，而不是某个具体的查询，此时，可以执行“数据”→“获取数据”→“启动 Power Query 编辑器”命令，如图 3-3 所示。

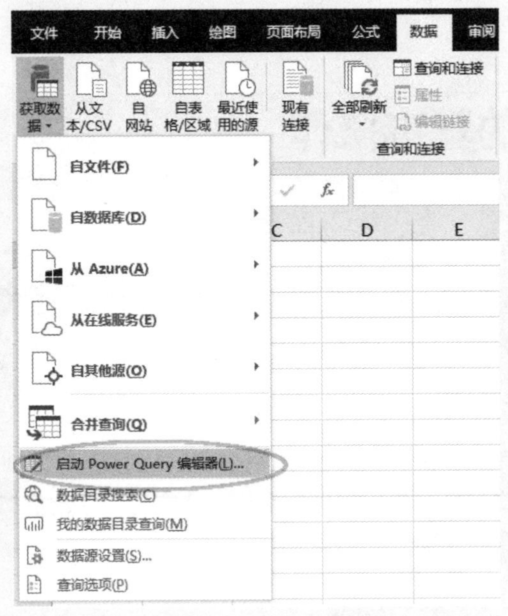

图3-3　“启动Power Query编辑器”命令

打开“Power Query 编辑器”窗口后，在编辑器左侧的“查询”列表中，列示了目前存在的查询，如图 3-4 所示。这样，当需要对某个查询进行查看或编辑时，就可以直接单击该查询名称，打开该查询。

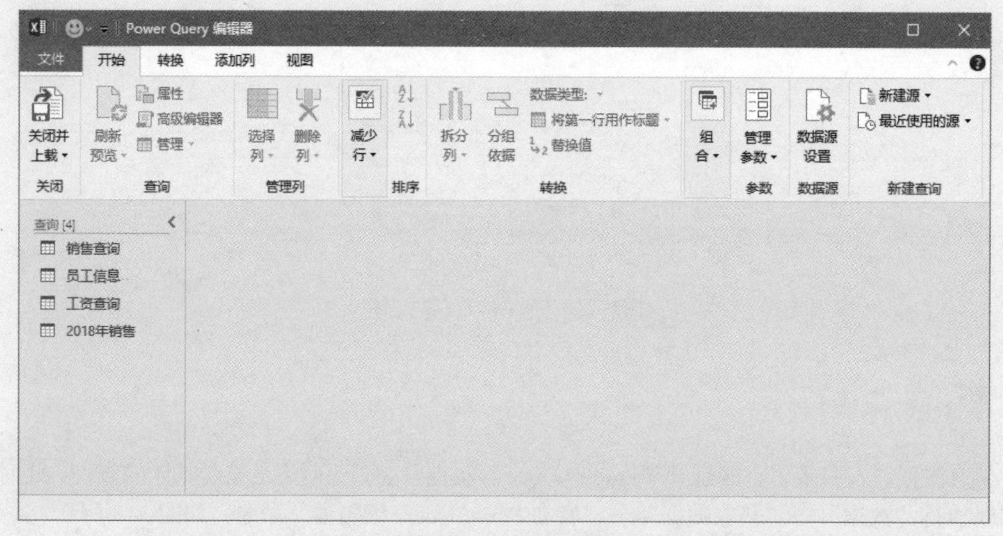

图3-4　“Power Query编辑器”窗口中左侧列示了已经存在的查询

3.2 查询的基本操作

如果在工作簿上建立了多个查询项，现在需要查看某个查询，或者删除某个查询，或者重命名查询，或者编辑查询，可以使用相关的命令来操作。

3.2.1 预览查询

在工作表右侧的“查询 & 连接”窗格中，鼠标悬浮到某个查询的上方，稍等片刻，系统就会显示出一个浮动窗口，显示该查询的数据记录，在这个浮动窗口上，还可以使用水平滚动条和垂直滚动条来查看各列各行数据，如图 3-5 所示。

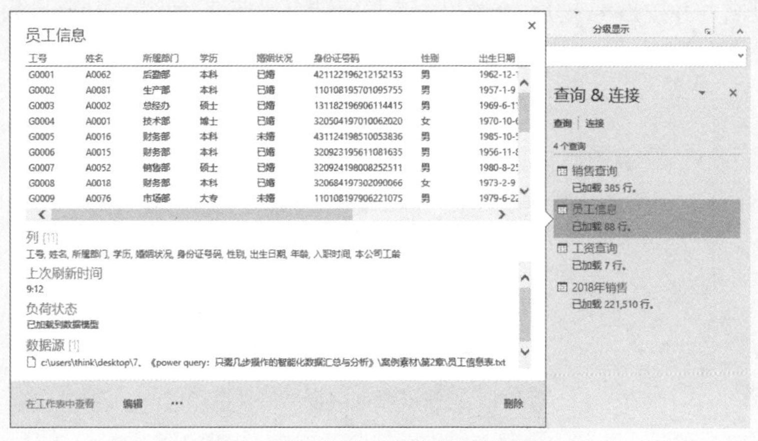

图3-5　预览某个查询的浮动窗口

3.2.2 重命名查询

重命名查询的方法有以下两种。

方法 1：在“查询 & 连接”窗格中进行。

方法 2：在“Power Query 编辑器”窗口中进行。

1. 在“查询 & 连接”窗格中重命名

在工作表右侧的“查询 & 连接”窗格中，右击某个查询，在弹出的子菜单中执行“重命名”命令，如图 3-6 所示，就会在该查询出现修改文本框，然后进行修改即可，如图 3-7 所示。

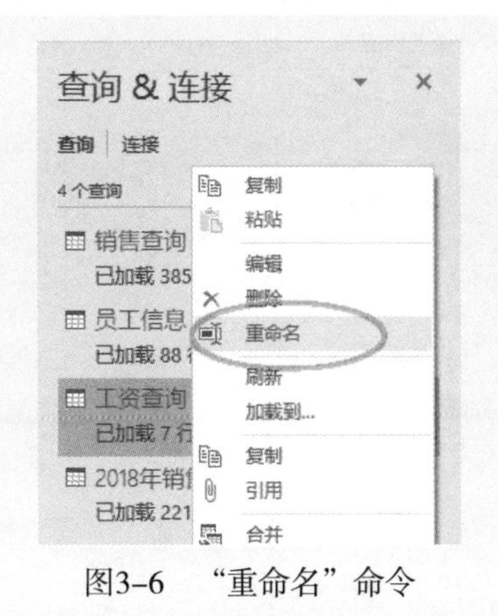

图3-6　“重命名”命令

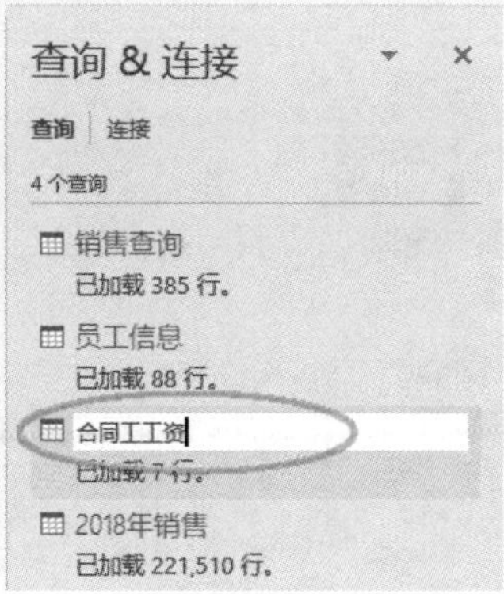

图3-7　修改查询名称

当输入新名称并按Enter键后，会弹出一个提示信息对话框，如图3-8所示。如果确认修改，就单击“重命名”按钮。

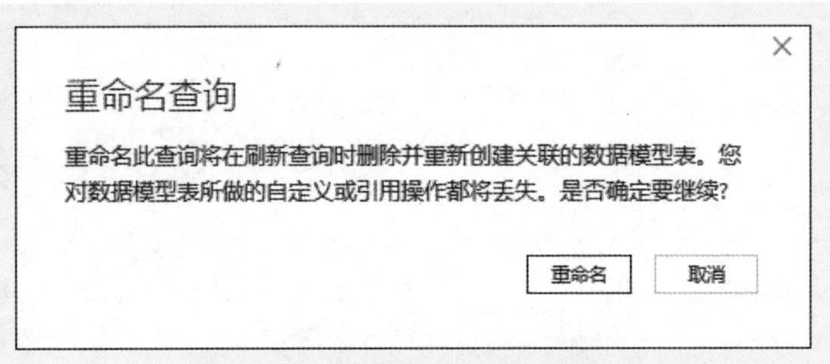

图3-8　重命名查询的提示信息框

2. 在“Power Query 编辑器”窗口中重命名

双击某个查询，打开“Power Query 编辑器”窗口，然后就可以在右侧的“查询设置”窗格中修改名称，如图3-9和图3-10所示。

这种修改操作，也会弹出图3-8所示的提示信息对话框，这点要注意。

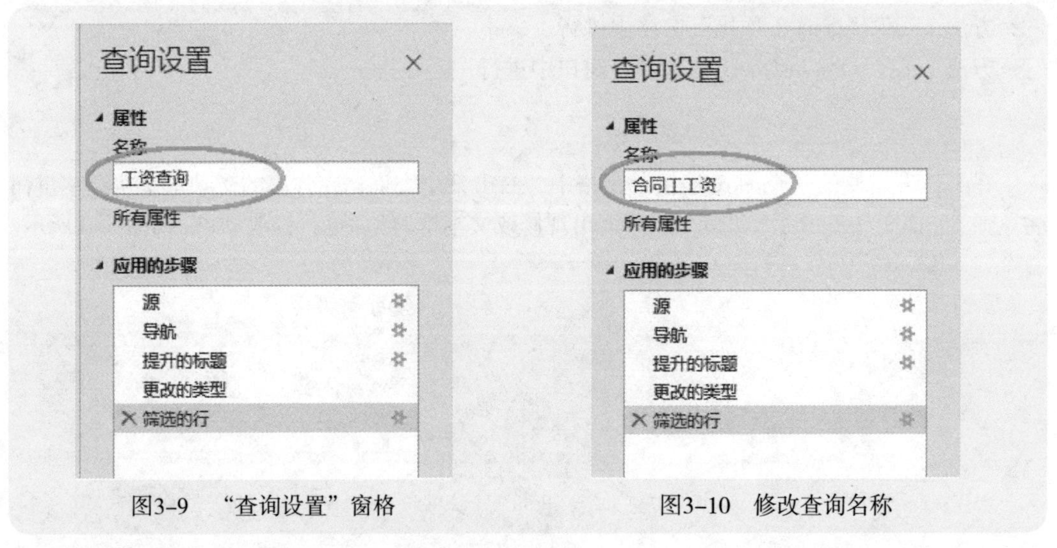

图3-9　“查询设置”窗格　　　图3-10　修改查询名称

也可以在编辑器左侧的“查询”列表中右击查询项，在弹出的子菜单中选择“重命名”命令，即可进行重命名，如图3-11和图3-12所示。

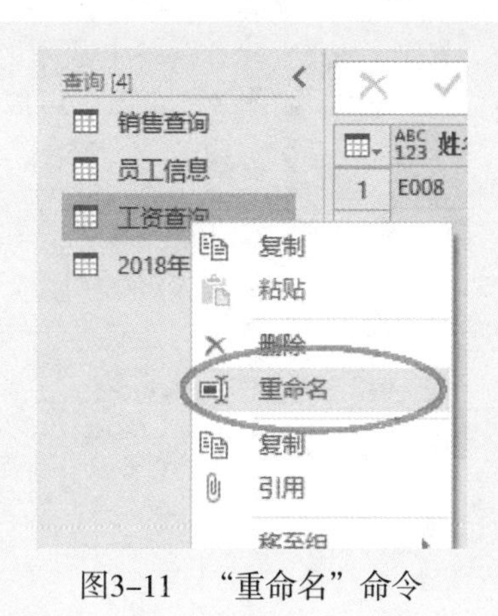

图3-11　“重命名”命令

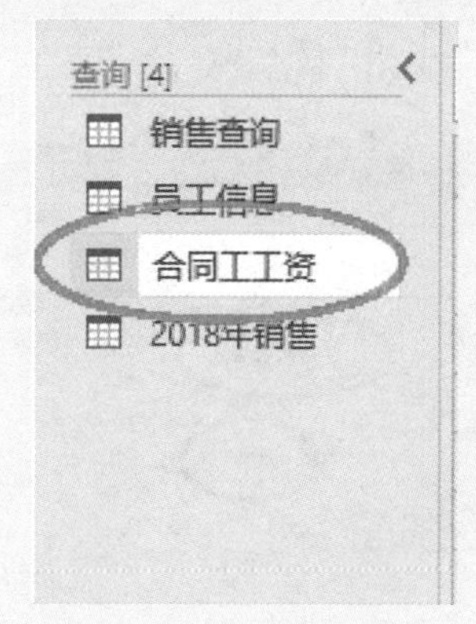

图3-12　修改查询名称

3.2.3 复制查询

可以对建立的查询复制多份，以备以后做其他的应用，例如，做追加查询、做合并查询等。

复制查询的方法之一是在工作表右侧的“查询 & 连接”窗格中，右击某个查询，在弹出的子菜单中执行“复制”命令，然后再在窗格空白位置右击，在弹出的子菜单中执行“粘贴”命令，如图 3-13 和图 3-14 所示。然后再对复制的查询重命名。

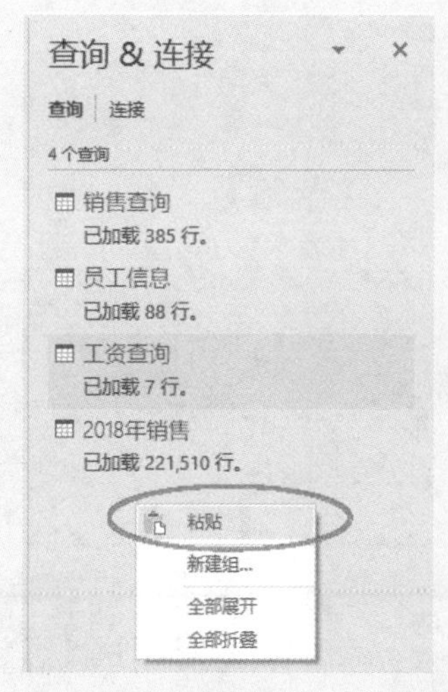

图3-13　准备复制粘贴某个查询

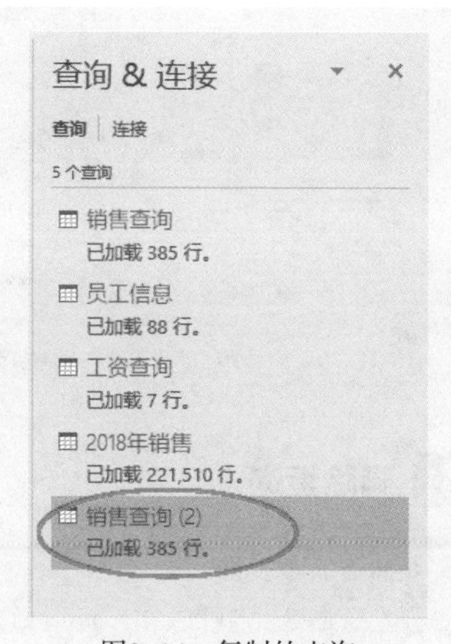

图3-14　复制的查询

另外，也可以在“Power Query 编辑器”窗口中复制某个查询，方法是先在编辑器左侧的“查询”列表中选择某个查询,执行“开始”→“管理”→“复制”命令,或者在某个查询上右击,在弹出的子菜单中选择“复制”命令，就得到了一个复制的查询，如图 3-15 ~ 图 3-17 所示。

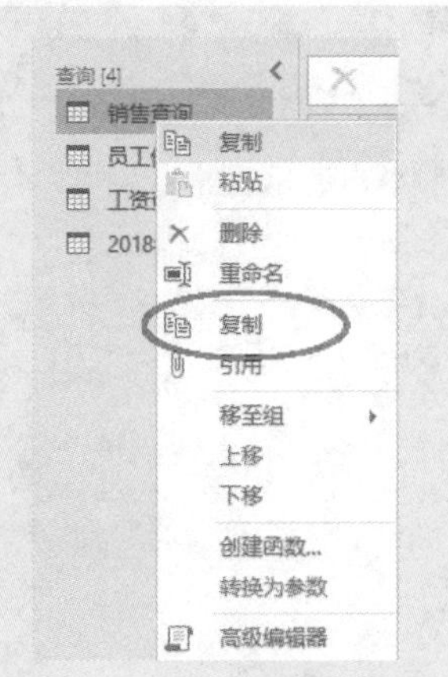

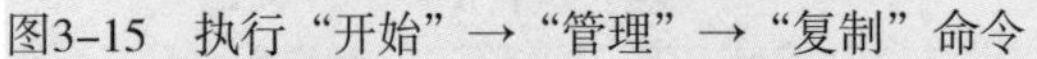
图3-15　执行“开始”→“管理”→“复制”命令　　　　图3-16　执行“复制”命令

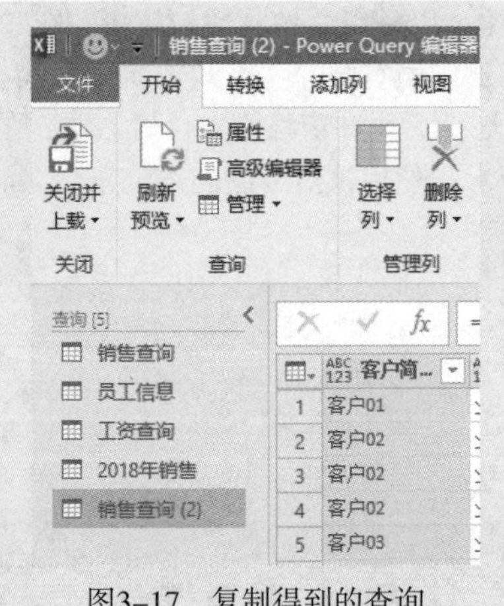

图3-17　复制得到的查询

3.2.4 删除查询

删除查询很简单，既可以在工作表右侧的“查询 & 连接”窗格中右击，在弹出的子菜单中选择“删除”命令,也可以在“Power Query 编辑器”窗口中执行“管理”→“删除”命令,或者在需要删除的查询上右击“删除”命令，这种操作与复制查询基本一样。

3.2.5 刷新查询

刷新查询很简单，在第 2 章的 2.5.5 小节已经做过介绍了，这里不再介绍。

3.2.6 设置查询说明信息

在 3.2.1 小节介绍过，可以在工作表右侧的“查询 & 连接”窗格中，对某个查询进行预览，但是这样的预览没有明确的信息来说明这个查询是完成什么样的工作，这样就不便于了解查询数据的属性了。

可以通过设置查询的属性，来添加查询备注信息，对查询进行简要说明，方法有以下两个。

方法 1：在“查询 & 连接”窗格中，选择某个查询，右击，在弹出的子菜单中选择“属性”命令，打开“查询属性”对话框，在“说明”文本框中输入说明文字即可，如图 3-18 所示。

在这个“查询属性”对话框中，还可以设置其他的属性。例如，是否自动刷新数据、刷新频率如何、打开文件时是否自动刷新等。

图3-18　设置查询说明信息（1）

方法 2:在“Power Query 编辑器”窗口中,选择“开始”→“属性”命令,打开“查询属性”对话框，然后在“说明”文本框中输入说明文字，如图 3-19 和图 3-20 所示。

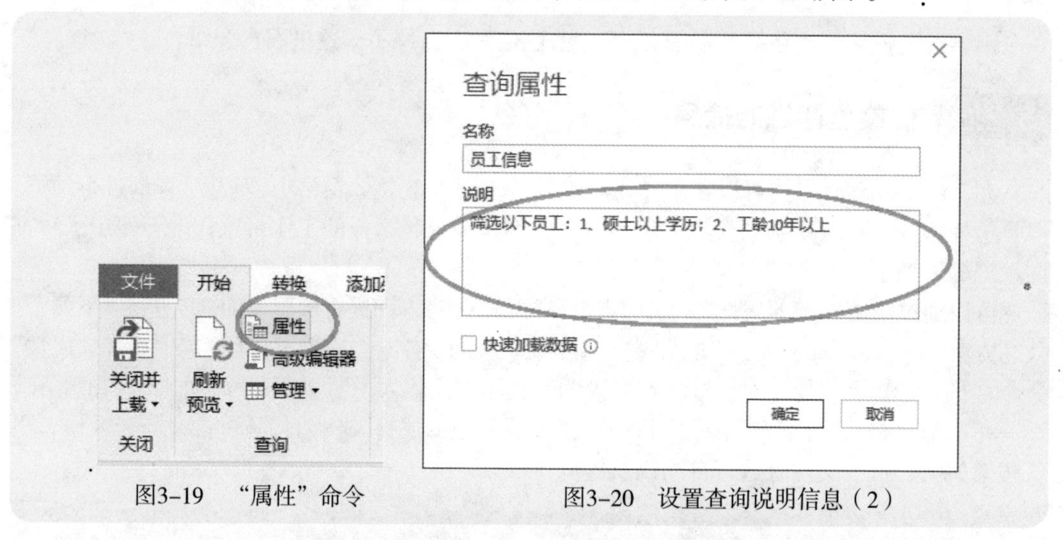

图3-19　“属性”命令　　　　图3-20　设置查询说明信息（2）

这样，当预览查询时，就在预览浮动窗口的顶部显示这样的信息，如图 3-21 所示。

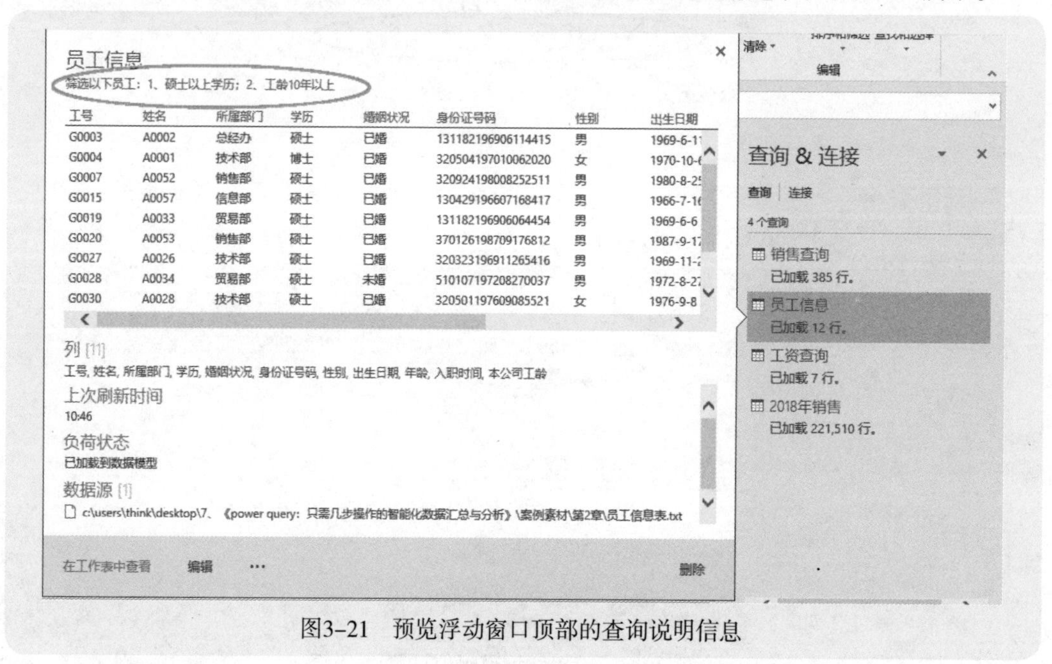

图3-21　预览浮动窗口顶部的查询说明信息

3.2.7 显示 / 隐藏“查询 & 连接”窗格

一般情况下，在工作表右侧会显示“查询 & 连接”窗格。可以关闭这个窗格，也可以显示这个窗格。

关闭“查询 & 连接”窗格的方法是单击窗格右上角的×按钮，而重新显示这个窗格的方法是执行“数据”→“查询和连接”命令，如图 3-22 所示。

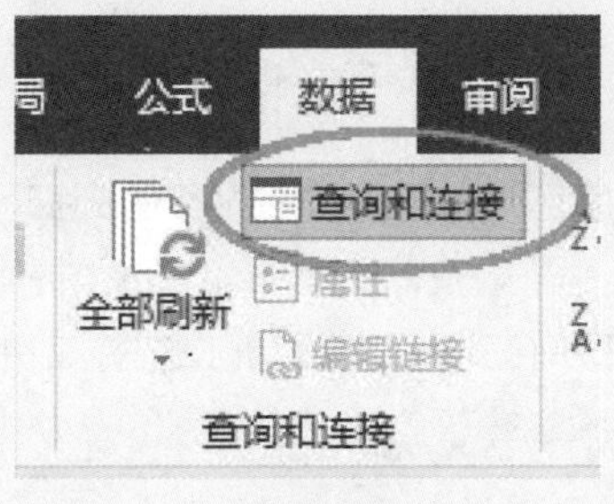

图3-22　“查询和连接”命令

3.3 列的一般操作

打开“Power Query 编辑器”窗口后，主要的工作就是对数据进行各种处理，例如，筛选数据、删除行、插入行、删除列、插入列、设置数据格式、提取数据等。下面先介绍如何操作处理查询表的列。

3.3.1 重命名列

如果列标题不满足要求，可以将列重命名，方法很简单：双击列标题，将光标移到列标题中，输入新名称，按 Enter 键即可。

3.3.2 选择要保留的列

在“Power Query 编辑器”窗口中，选择列最简单的方法是用鼠标来选择，就像在工作表中操作一样。不过，如果数据源有很多列（如数据列多达几十个），而用户仅仅需要获取某几列数据，其他列不需要，就可以按照下面的步骤来操作。

步骤1 执行“开始”→“选择列”→“选择列”命令，如图3-23所示。

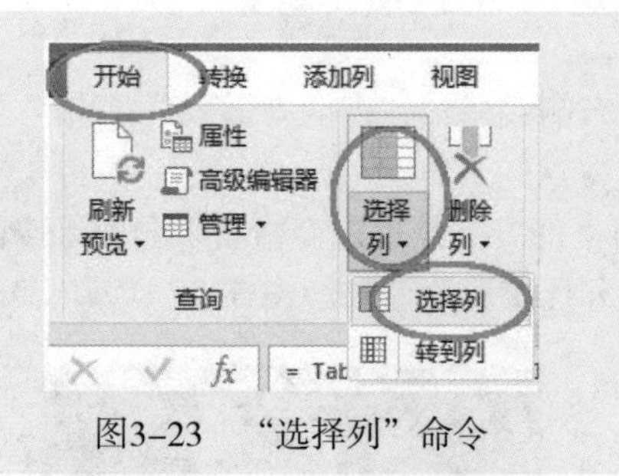

图3-23 “选择列”命令

步骤2 打开“选择列”对话框，勾选需要保留的列即可，如图3-24所示。

如果要快速转到某列，而不想在编辑器滚动水平滚动条寻找时，可以执行“开始”→“选择列”→“转到列”命令，打开“转到列”对话框，选择某列即可，如图 3-25 所示。

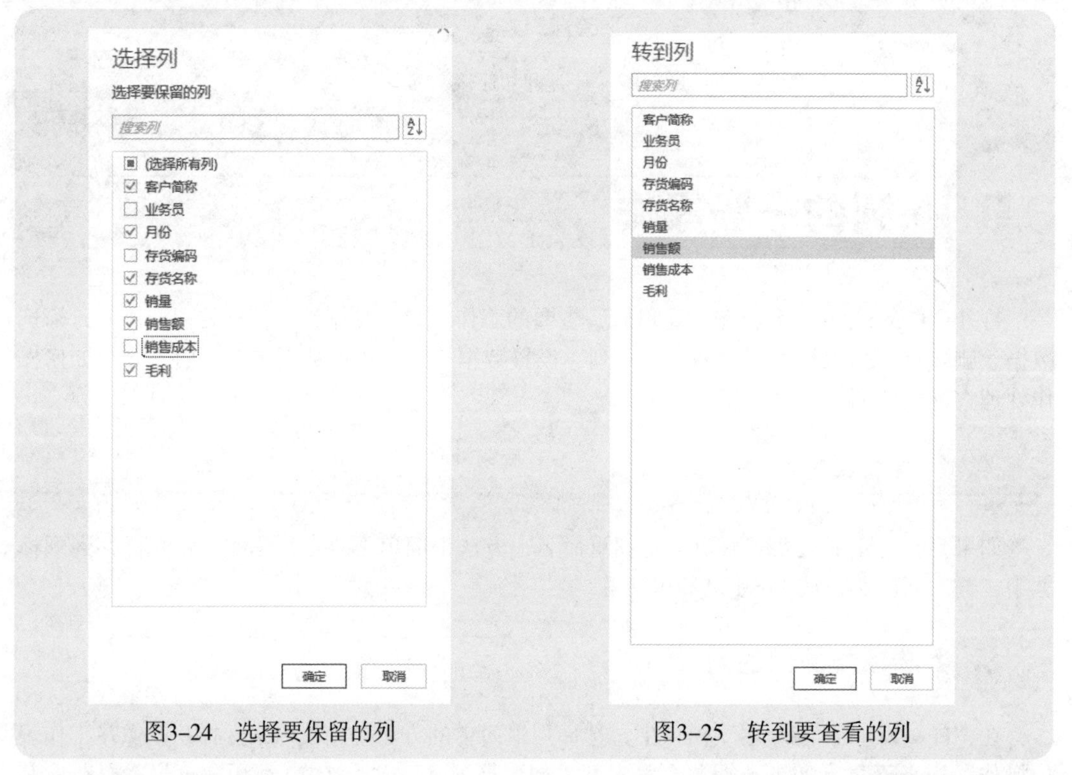

图3-24 选择要保留的列　　图3-25 转到要查看的列

如果仅仅是选择一列或者相邻的几个列做其他的操作（例如，移动、设置数据类型等），就无须这么复杂，直接用鼠标选择即可。

3.3.3 删除不需要的列

删除不需要的列，也就是查询结果中不再包含这些列，除了可以使用上面介绍的保留列的方法外（既然保留了选定的列，那些不保留的列就是被删除了），还可以使用删除列和删除其他列两种方法。

如果要删除选中的列，就直接单击编辑器中的“删除列”选项，或者在要删除的列上右击，在弹出的子菜单中选择“删除列”命令，如图 3–26 和图 3–27 所示。

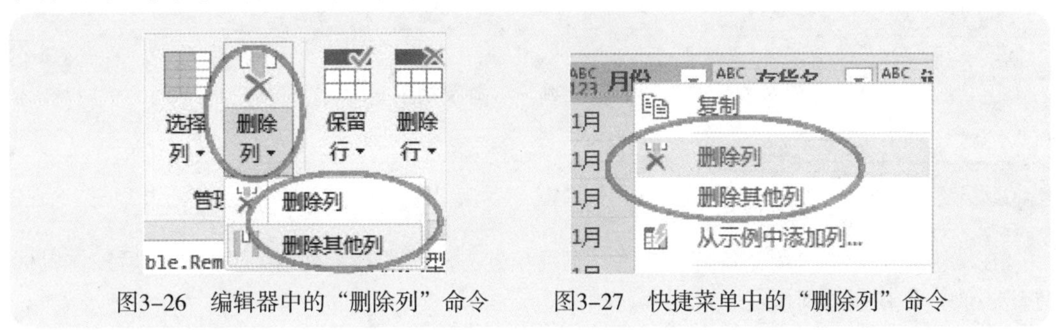

图3–26 编辑器中的“删除列”命令　　图3–27 快捷菜单中的“删除列”命令

如果要删除的列很多，而保留的列不多，就选择保留的列，然后单击编辑器中的“删除其他列”命令，或者在保留的列上右击，在弹出的子菜单中选择“删除其他列”命令。

3.3.4 复制列

如果要将选中的某列进行复制，得到一个一模一样的重复列，则可以按照下面的步骤操作。

步骤1 选中某列。

步骤2 执行“添加列”→“重复列”命令，如图3–28所示。

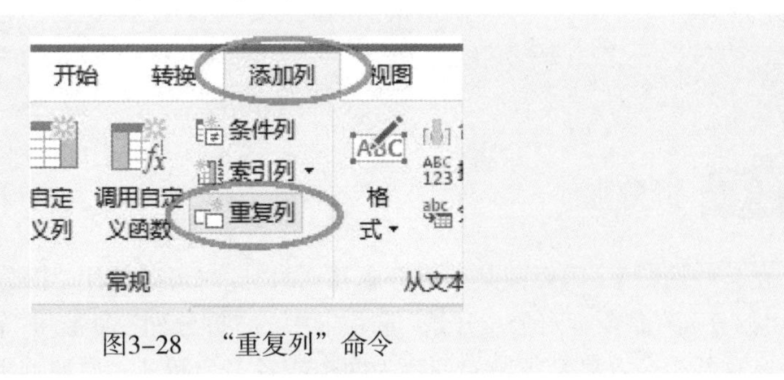

图3–28 “重复列”命令

这样，就把选定的列复制了一份，如图 3–29 所示。

= Table.DuplicateColumn(筛选的行, "基本工资", "基本工资 - 复制")

	姓名	合同类...	基本工...	出勤工...	岗位津...	福利津...	应发工...	基本工资-复制
1	M013	合同工	9577	414	127	63	10181	9577
2	M014	合同工	9001	108	289	583	9981	9001
3	M015	合同工	10125	129	287	931	11472	10125
4	M016	合同工	11125	952	734	872	13683	11125
5	M024	合同工	6173	319	436	782	7710	6173
6	M031	合同工	10405	268	336	298	11307	10405
7	M034	合同工	7843	654	323	938	9758	7843
8	M035	合同工	3810	362	618	653	5443	3810
9	M036	合同工	6945	49	530	708	8232	6945
10	M037	合同工	3618	173	93	613	4497	3618
11	M038	合同工	10458	483	380	411	11732	10458
12	M040	合同工	10445	592	55	442	11534	10445
13	M045	合同工	11454	119	880	720	13173	11454
14	M047	合同工	8278	527	226	554	9585	8278

查询设置
属性
名称
6月
所有属性
应用的步骤
源
导航
提升的标题
更改的类型
删除的列
筛选的行
复制的列

图3-29 “基本工资”列复制了一份

3.3.5 移动列位置

在编辑器中，可以调整各列的位置，最简单的方法是选择某列或某几列，然后按住鼠标左键不放，将其拖动到指定位置即可。

也可以执行“转换”→“移动”命令，选择移动的方向，如图 3-30 所示。不过这种方法比较烦琐，除非是将指定列移到开头或结尾这种简单操作，才会使用这种方法。

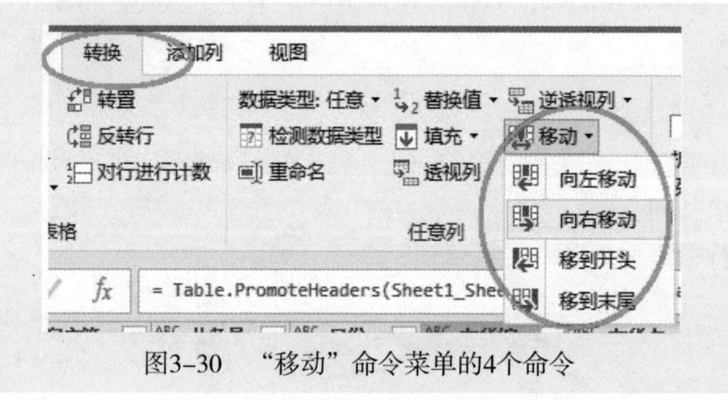

图3-30 “移动”命令菜单的4个命令

3.3.6 拆分列

在某些情况下，需要把某列拆分成几列时，此时可以使用“拆分列”命令，如图 3-31 所示。

“拆分列”命令有两个：“开始”选项卡中的“拆分列”命令和“转换”选项卡中的“拆分列”命令。这两个命令都会把原始列变为两个或者多个新列，原始列不复存在，如图 3-32 所示。

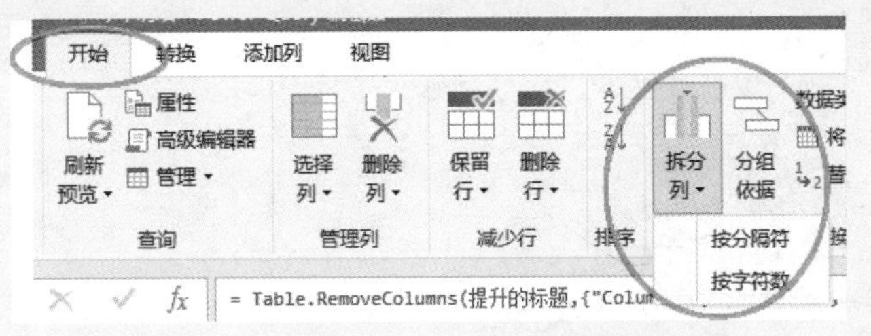

图3–31　“开始”选项卡中的“拆分列”命令

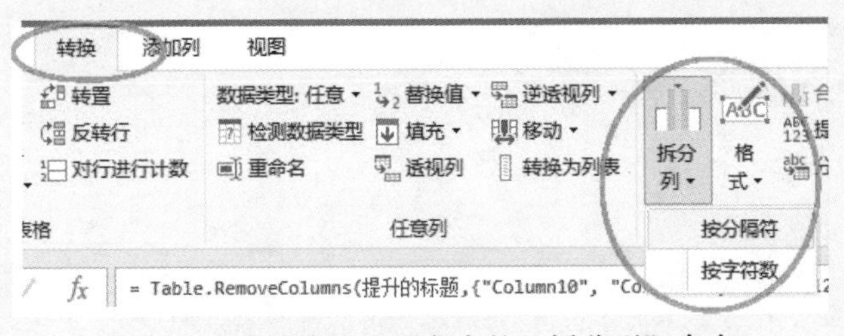

图3–32　“转换”选项卡中的“拆分列”命令

拆分列的方式有以下两种。

- 按分隔符：指定分隔符，将分隔符之前和之后拆分成两列或多列。
- 按字符数：指定字符数，取最左边、最右边或者重复拆分。

1. 按分隔符

当文本字符串中只有一个同类分隔符时，按分隔符拆分操作会把字符串分成两列；如果有多个同类分隔符，可以指定拆分的效果，拆分的效果是由靠左拆分还是靠右拆分，或者是重复拆分操作来实现的。

案例3–1

例如，图 3–33 是一个地址信息，包括邮编、省市、街道、小区、楼号等信息，是有斜杠（/）分隔的，可以依据这个斜杠来拆分列。

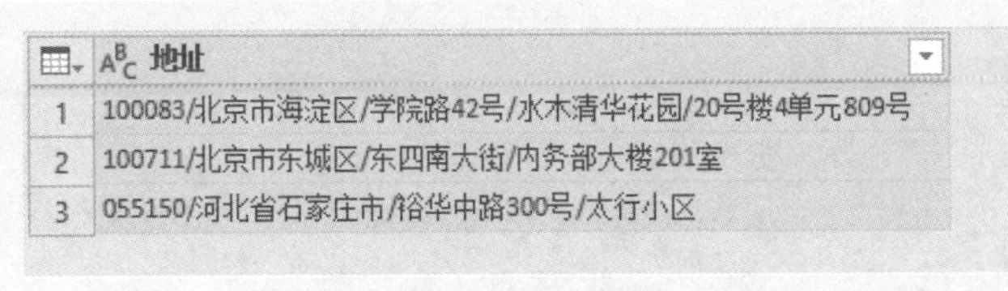

	地址
1	100083/北京市海淀区/学院路42号/水木清华花园/20号楼4单元809号
2	100711/北京市东城区/东四南大街/内务部大楼201室
3	055150/河北省石家庄市/裕华中路300号/太行小区

图3–33　斜杠（/）分隔的字符串

选择这些，执行“拆分列”→“按分隔符”命令，打开“按分隔符拆分列”对话框，如图 3-34 所示，系统会自动寻找分隔符，并做默认的设置。

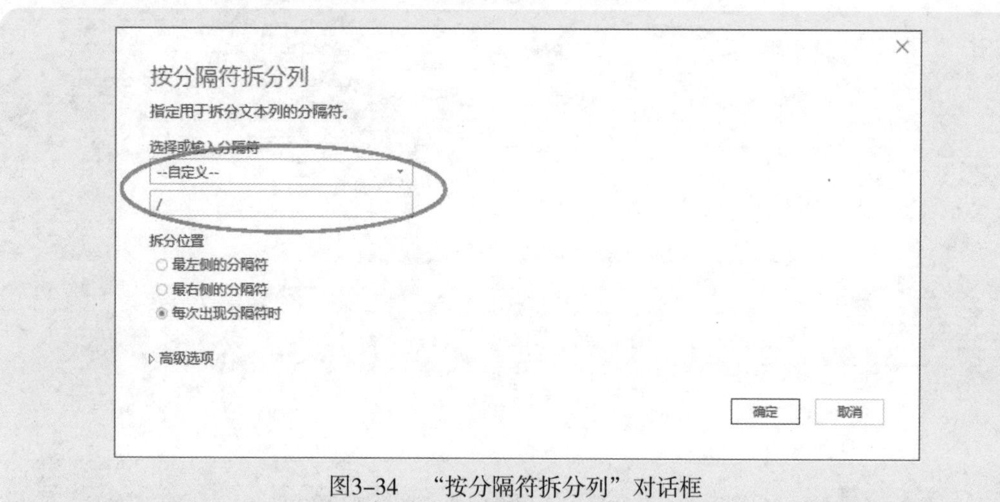

图3-34 “按分隔符拆分列”对话框

在拆分位置选项中，有最左侧的分隔符、最右侧的分隔符和每次出现分隔符时 3 个选项。下面分别进行说明。

（1）如果仅仅是需要最左侧的邮政编码，就选中“最左侧的分隔符”单选按钮，如图 3-35 所示，就得到了图 3-36 所示的结果（这里已经将默认的“更改的类型”设置删除）。这个拆分操作，实际上就是拆分左边第一次出现的分隔符。

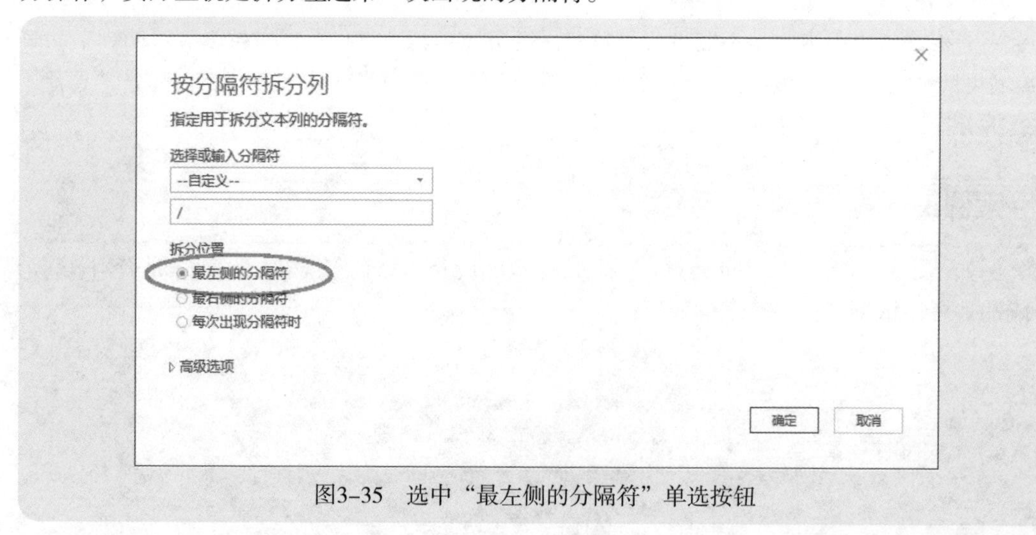

图3-35 选中“最左侧的分隔符”单选按钮

	地址.1	地址.2
1	100083	北京市海淀区/学院路42号/水木清华花园/20号楼4单元809号
2	100711	北京市东城区/东四南大街/内务部大楼201室
3	055150	河北省石家庄市/裕华中路300号/太行小区

图3-36　拆分第一个分隔符最左边的数据

（2）如果选中“最右侧的分隔符”单选按钮，如图 3-37 所示，就得到了图 3-38 所示的结果。这个拆分，实际上就是拆分最后一次出现的分隔符。

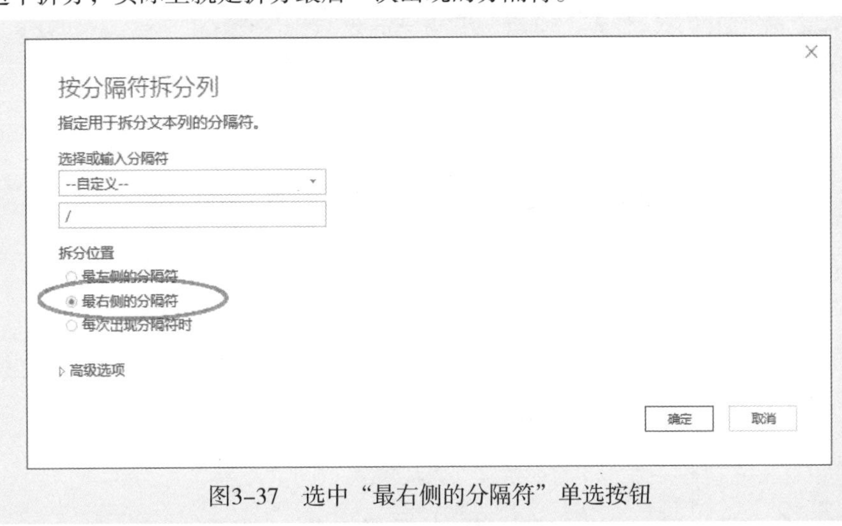

图3-37　选中“最右侧的分隔符”单选按钮

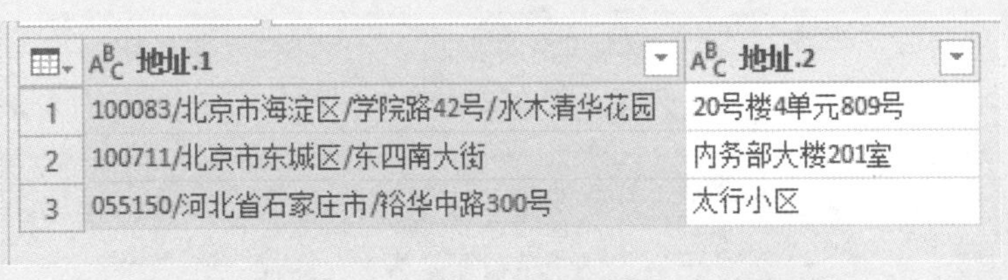

	地址.1	地址.2
1	100083/北京市海淀区/学院路42号/水木清华花园	20号楼4单元809号
2	100711/北京市东城区/东四南大街	内务部大楼201室
3	055150/河北省石家庄市/裕华中路300号	太行小区

图3-38　拆分最后一个分隔符右侧的数据

（3）如果选中“每次出现分隔符时”单选按钮，如图 3-39 所示，那么依照每个分隔符，将字符串拆分成多列，如图 3-40 所示。

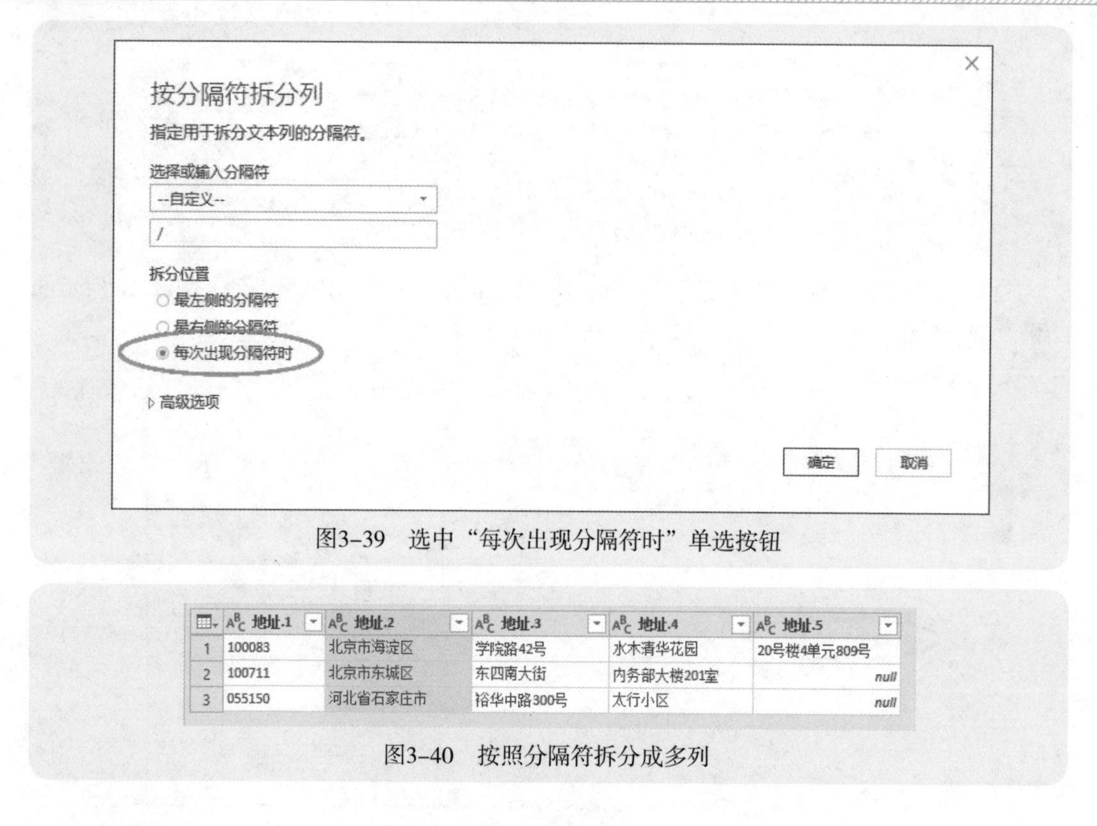

图3-39　选中“每次出现分隔符时”单选按钮

	地址.1	地址.2	地址.3	地址.4	地址.5
1	100083	北京市海淀区	学院路42号	水木清华花园	20号楼4单元809号
2	100711	北京市东城区	东四南大街	内务部大楼201室	null
3	055150	河北省石家庄市	裕华中路300号	太行小区	null

图3-40　按照分隔符拆分成多列

案例3-2

还可以使用特殊字符来拆分列，例如，对于图 3-41 中的考勤数据，签到时间和签退时间是保存在一个单元格中，分两行保存。现在要把这列时间拆分成签到时间和签退时间。

	A	B	C	D
1	卡号	姓名	日期	时间
2	3019	张三	2019-4-16	08:30 17:47
3	3019	张三	2019-4-17	07:49 16:38
4	3019	张三	2019-4-18	09:12 17:56
5				

图3-41　指纹刷卡数据

步骤1　首先建立查询，如图3-42所示。

	卡号	姓名	日期	时间
1	3019	张三	2019-4-16	08:30 17:47
2	3019	张三	2019-4-17	07:49 16:38
3	3019	张三	2019-4-18	09:12 17:56

图3-42　建立查询

步骤 2　选择“时间”列，执行“拆分列”→“按分隔符”命令，打开“按分隔符拆分列”对话框，做以下设置。

（1）选择“自定义”。

（2）选中“每次出现分隔符时”单选按钮。

（3）单击“高级选项”，展开选项列表。

（4）选中“列”单选按钮（这是默认的设置）。

（5）在“要拆分为的列数”下面的文本框中输入 2（系统也会根据分隔符自动输入，但最好手动输入）。

（6）选择“使用特殊字符进行拆分”复选框。

（7）单击“插入特殊字符”按钮，展开下拉列表。

（8）选择“换行”。

设置好后的对话框如图 3-43 所示。

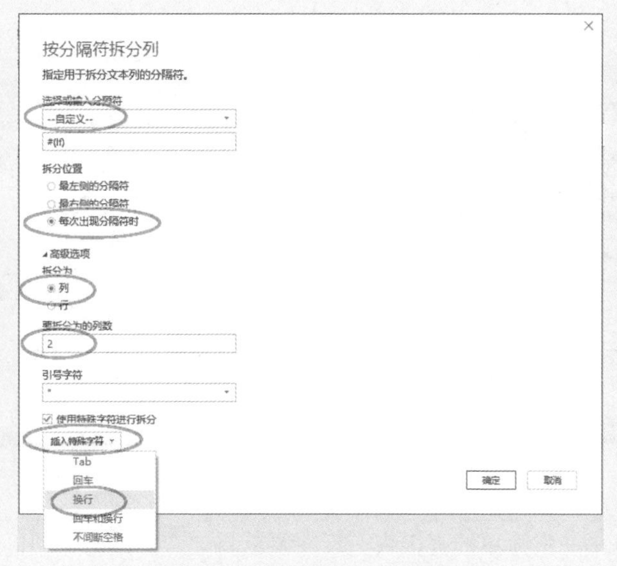

图3-43　利用特殊字符进行拆分列

步骤 3 单击“确定”按钮，就得到了图3-44所示的结果。

	卡号	姓名	日期	时间.1	时间.2
1	3019	张三	2019-4-16	8:30:00	17:47:00
2	3019	张三	2019-4-17	7:49:00	16:38:00
3	3019	张三	2019-4-18	9:12:00	17:56:00

图3-44　将一个单元格的两行时间拆分成了两列

步骤 4 最后将两列时间“时间.1”和“时间.2”分别重命名为“签到时间”与“签退时间”，并将数据导出到Excel工作表中即可。

2. 按字符数

当文本字符串中各类数据的长度固定时，可以按照字符数进行拆分，也可以把数据按照固定的字符数拆分成数列。

执行“按字符数”命令，打开“按字符数拆分列”对话框，如图 3-45 所示。字符数需要手动输入，但别忘了设置拆分的方式。具体有以下 3 种拆分方式。

- 一次，尽可能靠左：就是依据左边字符数拆分成两列。
- 一次，尽可能靠右：就是依据右边字符数拆分成两列。
- 重复：根据指定的字符数，拆分成数列。

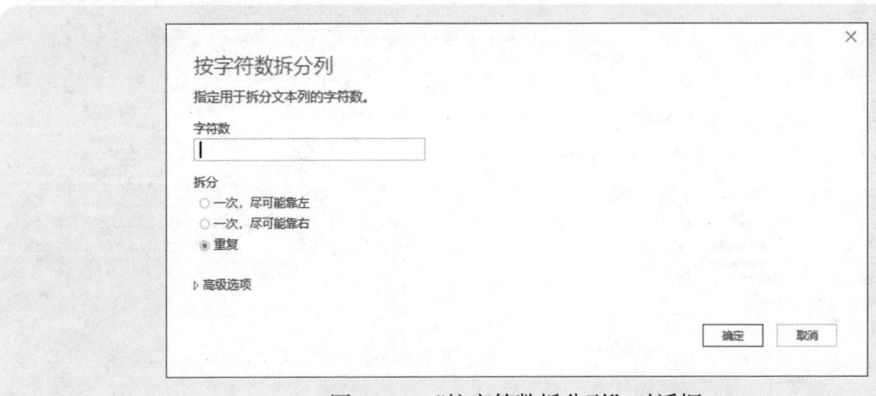

图3-45　“按字符数拆分列”对话框

案例3-3

图 3-46 所示就是一张简单的查询表，现在要求将“产品编码”列拆分成两列，一列是左边两位的产品类别；一列是右侧数字代表的序号，那么基本操作步骤如下。

	ABC 123 日期	ABC 123 产品编码	1.2 金额
1	110105	CD66026203	103297.7
2	110105	CD66309801	31298.37
3	110105	TC01013502	95281
4	110106	TC01166401	58828.5
5	110106	AP03826404	1710.81
6	110107	TC01260301	65590.2
7	110107	TC01313401	50699
8	110107	TC01323501	4847.8

图3-46 产品编码的最左边两位是产品类别而右侧数字是序号

步骤1 选择“产品编码”列。

步骤2 执行“拆分列”→“按字符数”命令，打开“按字符数拆分列”对话框，如图3-47所示，在“字符数”下面的文本框中输入数字2，选中“一次，尽可能靠左”单选按钮，其他设置保持默认设置。

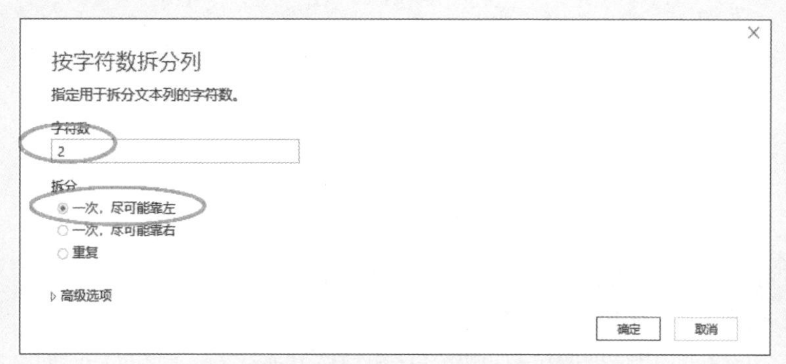

图3-47 “按字符数拆分列”对话框

步骤3 单击“确定”按钮，就得到了图3-48所示的结果。

	ABC 123 日期	ABC 产品编码...	123 产品编码...	1.2 金额
1	110105	CD	66026203	103297.7
2	110105	CD	66309801	31298.37
3	110105	TC	1013502	95281
4	110106	TC	1166401	58828.5
5	110106	AP	3826404	1710.81
6	110107	TC	1260301	65590.2
7	110107	TC	1313401	50699
8	110107	TC	1323501	4847.8

图3-48 产品编码被拆分成了两列

但是,“产品编码”这列中的数字被自动转换成了数字格式,这样数字前面的0就丢失了,此时,应该删除系统默认的“更改的类型”设置,恢复正确的产品序号数字,如图3-49所示。

	日期	产品编码.1	产品编码.2	1.2 金
1	110105	CD	66026203	
2	110105	CD	66309801	
3	110105	TC	01013502	
4	110106	TC	01166401	
5	110106	AP	03826404	
6	110107	TC	01260301	
7	110107	TC	01313401	

图3-49　删除默认的“更改的类型”设置

最后再将两列标题重命名为“产品类别”和“产品序号”,如图3-50所示。

	日期	产品类别	产品序号	1.2 金额
1	110105	CD	66026203	103297.7
2	110105	CD	66309801	31298.37
3	110105	TC	01013502	95281
4	110106	TC	01166401	58828.5
5	110106	AP	03826404	1710.81
6	110107	TC	01260301	65590.2
7	110107	TC	01313401	50699
8	110107	TC	01323501	4847.8

图3-50　重命名列标题

可以发现,第一列的日期并不是真正的日期,而是6位数字的文本字符,“110105”就是“2011-01-05”,那么如何把这列非法日期修改为真正日期?

一个稍微复杂的操作是把两位数的年、月和日拆分成3列,然后合并列。此时,在“按字符数拆分列”对话框的设置如图3-51所示。

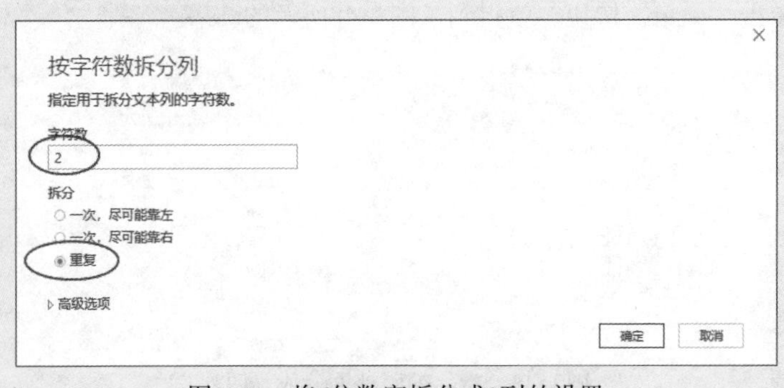

图3-51　将6位数字拆分成3列的设置

单击“确定”按钮，得到如图 3-52 所示的结果。

	日期.1	日期.2	日期.3	产品类别	产品序号
1	11	01	05	CD	66026203
2	11	01	05	CD	66309801
3	11	01	05	TC	01013502
4	11	01	06	TC	01166401
5	11	01	06	AP	03826404
6	11	01	07	TC	01260301
7	11	01	07	TC	01313401
8	11	01	07	TC	01323501
9	11	01	07	TC	01285701

图3-52　日期6位数字拆分成了3列数字

然后再将拆分成的 3 列合并成一列，用分隔符横杠（-）分隔，如图 3-53 所示。最后将“新列名（可选）”设置为“日期”，设置结果如图 3-54 所示。

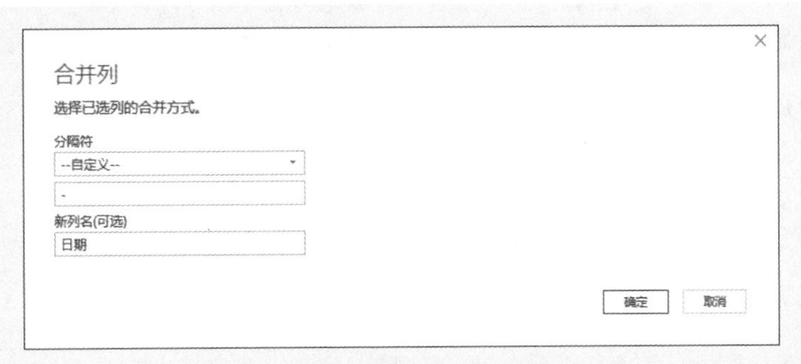

图3-53　用横杠（-）合并列

	日期	产品类别	产品序号	金额
1	11-01-05	CD	66026203	103297.7
2	11-01-05	CD	66309801	31298.37
3	11-01-05	TC	01013502	95281
4	11-01-06	TC	01166401	58828.5
5	11-01-06	AP	03826404	1710.81
6	11-01-07	TC	01260301	65590.2
7	11-01-07	TC	01313401	50699
8	11-01-07	TC	01323501	4847.8
9	11-01-07	TC	01285701	4708.75
10	11-01-07	TC	01275501	234.84
11	11-01-07	GN	01017001	42

图3-54　合并成“日期”列

要实现上面的设置，还有一个更简单的操作方法，先在“日期”列的前面添加 20 前缀，然后再设置数据类型即可，具体步骤如下。

步骤 1 选择第一列。

步骤 2 执行“转换”→“格式”→“添加前缀”命令，如图3-55所示。

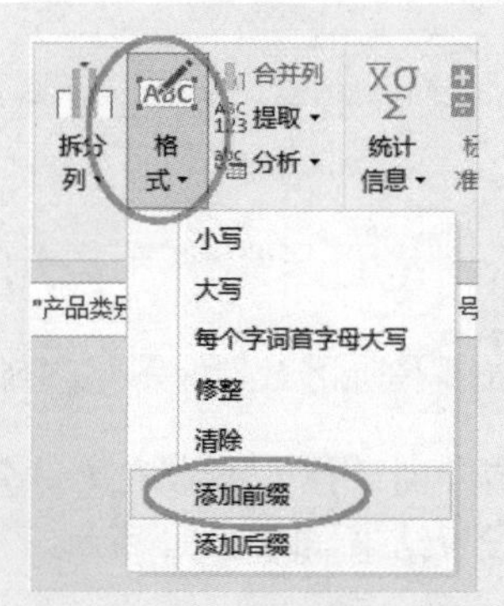

图3-55 “添加前缀”命令

步骤 3 打开“前缀”对话框，在“值”下面的文本框中输入20，如图3-56所示。

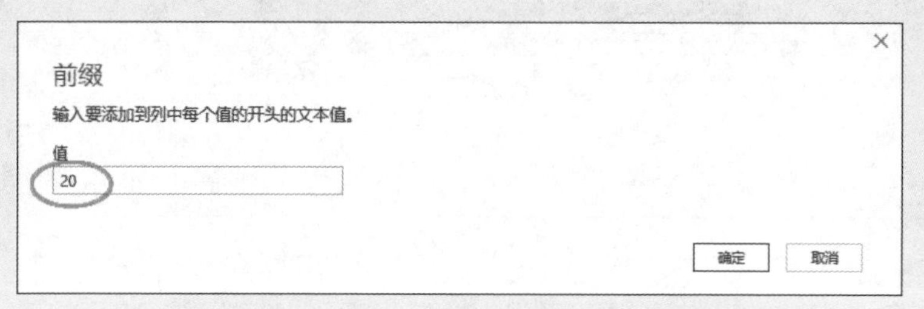

图3-56 “前缀”对话框，输入前缀数字20

步骤 4 单击“确定”按钮，就把6位数字的日期变为了8位数字的日期，如图3-57所示。

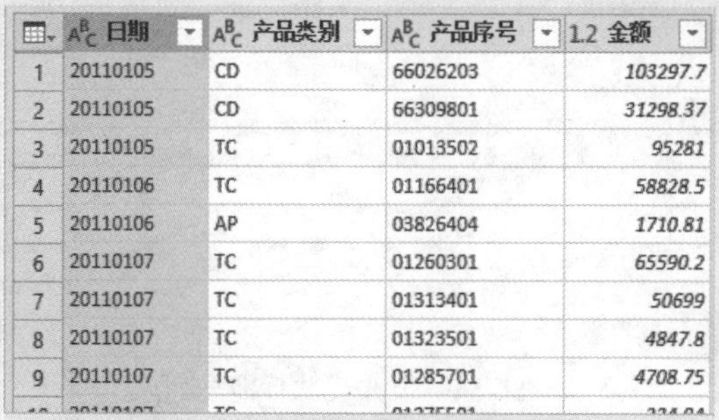

	日期	产品类别	产品序号	1.2 金额
1	20110105	CD	66026203	103297.7
2	20110105	CD	66309801	31298.37
3	20110105	TC	01013502	95281
4	20110106	TC	01166401	58828.5
5	20110106	AP	03826404	1710.81
6	20110107	TC	01260301	65590.2
7	20110107	TC	01313401	50699
8	20110107	TC	01323501	4847.8
9	20110107	TC	01285701	4708.75

图3-57 添加前缀数字20后的日期

步骤5　将第一列的数据类型设置为“日期”，就得到真正的日期了，如图3–58所示。

	日期	产品类别	产品序号	1.2 金额
1	2011-1-5	CD	66026203	103297.7
2	2011-1-5	CD	66309801	31298.37
3	2011-1-5	TC	01013502	95281
4	2011-1-6	TC	01166401	58828.5
5	2011-1-6	AP	03826404	1710.81
6	2011-1-7	TC	01260301	65590.2
7	2011-1-7	TC	01313401	50699
8	2011-1-7	TC	01323501	4847.8
9	2011-1-7	TC	01285701	4708.75

图3–58　设置数据类型为“日期”

3. 拆分列的高级选项

不论是按分隔符拆分列，还是按字符数拆分列，都有一个“高级选项”，单击“高级选项”按钮，展开选项卡，可以做更多的设置。

对于按分隔符拆分列而言，“高级选项”中需要设置以下的选项。

- 拆分为“列”还是“行”：选中“列”单选按钮，就把一列拆分成数列；选中“行”单选按钮，就把一列拆分成数行。
- 要拆分为的列数：根据具体情况来输入。
- 引号字符：引号字符是使用双引号，还是没有符号。
- 使用特殊字符进行拆分：可以根据某种特殊字符拆分列（如前面介绍的考勤数据），如图 3–59 所示。

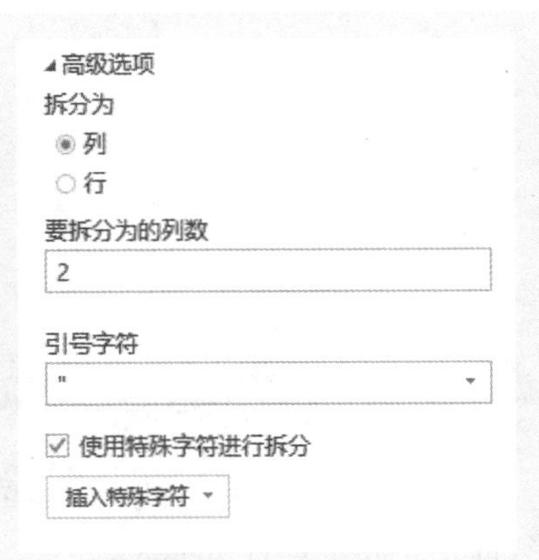

图3–59　“按分隔符拆分列”的“高级选项”

案例3-4

例如，图 3-60 所示的是一个值班排班表，现在要将其转换为如图 3-61 所示的形式，以便给每个人填写加班费。

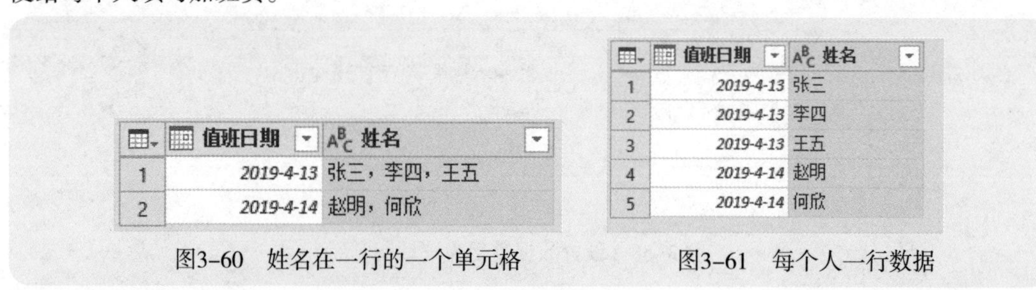

	值班日期	姓名
1	2019-4-13	张三，李四，王五
2	2019-4-14	赵明，何欣

	值班日期	姓名
1	2019-4-13	张三
2	2019-4-13	李四
3	2019-4-13	王五
4	2019-4-14	赵明
5	2019-4-14	何欣

图3-60 姓名在一行的一个单元格　　图3-61 每个人一行数据

要制作这样的表格,只需在拆分列的“高级选项”中,选中“行”单选按钮即可,如图 3-62 所示。

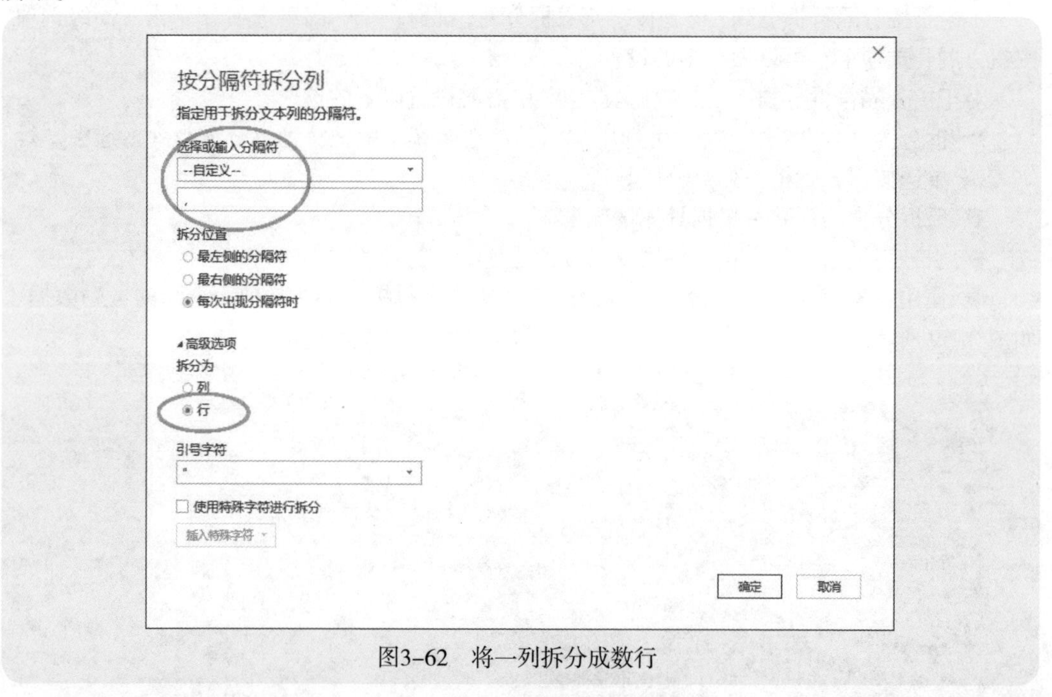

图3-62 将一列拆分成数行

对于按字符数拆分列而言，“高级选项”中的选项比较简单，可以按列拆分（此时需要指定拆分多少列），也可以按行拆分，如图 3-63 所示。

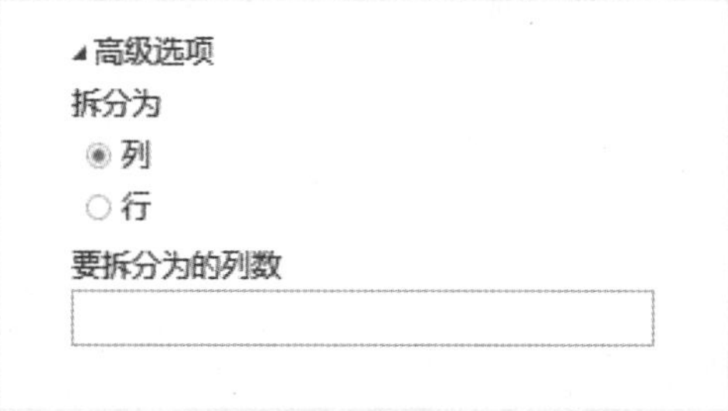

◢高级选项

拆分为

◉ 列

○ 行

要拆分为的列数

图3-63　“按字符数拆分列”的“高级选项”

例如，图 3-64 ~ 图 3-66 就是按字符数拆分成数列和数行的效果。

	号码
1	20673882
2	21361782
3	20957771
4	20860789

图3-64　原始数据

	号码.1	号码.2	号码.3
1	20	67	38
2	21	36	17
3	20	95	77
4	20	86	07

图3-65　按2个字符拆分成了3列（末尾的几个数字扔掉了）

	号码
1	20
2	67
3	38
4	82
5	21
6	36
7	17
8	82
9	20
10	95
11	77
12	71
13	20

图3-66　按2个字符拆分成了数行

3.3.7 合并列

也可以把几列数据合并成一列新数据，这在实际工作中也是屡见不鲜的。

“合并列”命令有两个：一个是“转换”选项卡里的“合并列”命令，如图 3-67 所示；一个是“添加列”选项卡里的“合并列”命令，如图 3-68 所示。

- “转换”选项卡里的“合并列”命令，用于将几列合并为一列，原始的几列不复存在。
- “添加列”选项卡里的“合并列”命令，用于将几列合并为一个新列，原始的几列仍然存在。

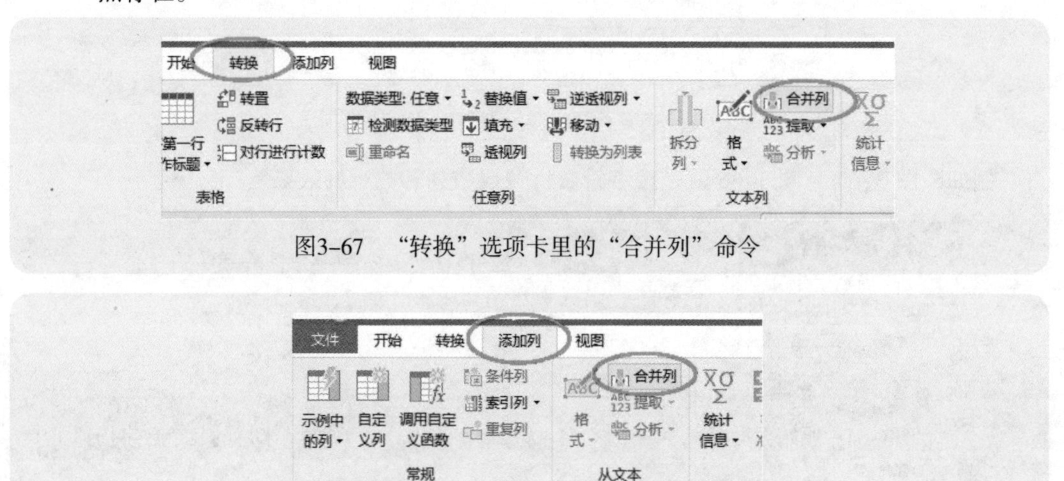

图3-67　“转换”选项卡里的“合并列”命令

图3-68　“添加列”选项卡里的“合并列”命令

案例3-5

例如，图 3-69 所示的查询中，数据分成了年、月、日 3 列，这样不适合用透视表分析数据。现在要求把这 3 列数据合并成一列真正日期，具体步骤如下。

	年	月	日	产品	销量
1	2019	6	7	产品1	34
2	2019	6	14	产品1	767
3	2019	1	21	产品2	133
4	2019	3	18	产品3	185
5	2019	1	7	产品3	496
6	2019	1	9	产品2	1045
7	2019	6	12	产品1	210

图3-69　年、月、日3列数据合并成一列真正日期

步骤 1　首先选择年、月、日这3列。

步骤2　执行“转换”→“合并列”命令，打开“合并列”对话框。

步骤3　从“分隔符”下拉列表中选择合适的分隔符，这里选择“--自定义--”，然后在下面的文本框中输入横杠-，并在“新列名（可选）”文本框中输入“日期”，如图3-70所示。

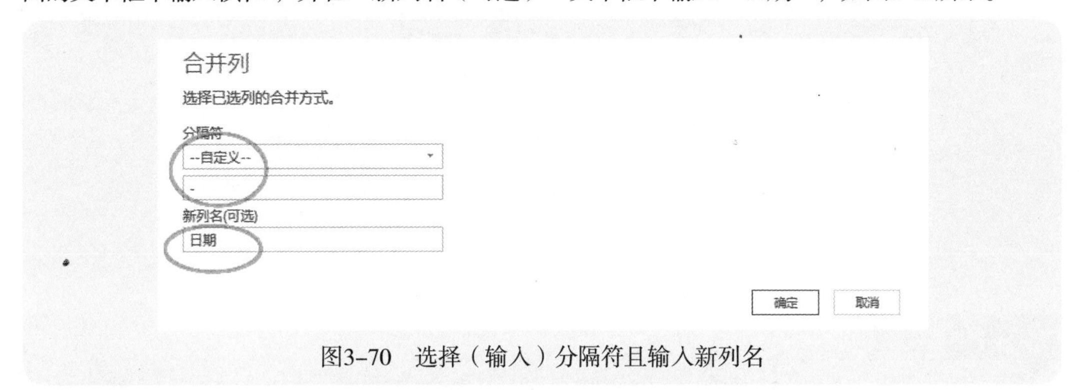

图3-70　选择（输入）分隔符且输入新列名

步骤4　单击“确定”按钮，就得到了图3-71所示的结果。

	日期	产品	销量
1	2019-6-7	产品1	34
2	2019-6-14	产品1	767
3	2019-1-21	产品2	133
4	2019-3-18	产品3	185
5	2019-1-7	产品3	496
6	2019-1-9	产品2	1045
7	2019-6-12	产品1	210

图3-71　得到合并的列

步骤5　但是，得到的这个新列数据类型是文本，需要将其数据类型设置为日期，最后得到如图3-72所示的结果。

	日期	产品	销量
1	2019-6-7	产品1	34
2	2019-6-14	产品1	767
3	2019-1-21	产品2	133
4	2019-3-18	产品3	185
5	2019-1-7	产品3	496
6	2019-1-9	产品2	1045
7	2019-6-12	产品1	210

图3-72　设置“日期”列的数据类型为“日期”

如果要保留原来的年、月、日 3 列数据，并生成一个新列日期，就需要执行“添加列”→“合并列”命令，得到的结果如图 3-73 所示。这个新列会添加在表格的最后。

	年	月	日	产品	销量	日期
1	2019	6	7	产品1	34	2019-6-7
2	2019	6	14	产品1	767	2019-6-14
3	2019	1	21	产品2	133	2019-1-21
4	2019	3	18	产品3	185	2019-3-18
5	2019	1	7	产品3	496	2019-1-7
6	2019	1	9	产品2	1045	2019-1-9
7	2019	6	12	产品1	210	2019-6-12

图3-73　右侧新增加的一列日期将年、月、日3列数据合并起来

3.3.8 透视列

所谓透视列，就是将某列按照每个项目生成多列数据，例如，如果该列有 5 个项目，那么透视列后，就生成了 5 列数据。透视列实质上就是把一张一维表转换为二维表。

下面结合几个例子来说明透视列在数据处理中的应用。

案例3-6

在图 3-74 所示的例子中，要求按照部门和项目，构建一张如图 3-75 所示的二维表，其中“部门”在一列，“费用”在一行，其主要步骤如下。

	部门	费用	金额
1	办公室	差旅费	653
2	办公室	水电费	776
3	办公室	网络费	877
4	办公室	车辆费	1022
5	财务部	差旅费	214
6	财务部	水电费	1189
7	财务部	网络费	969
8	财务部	招待费	484
9	财务部	培训费	282
10	销售部	差旅费	293
11	销售部	水电费	1133
12	销售部	网络费	385
13	销售部	招待费	347
14	销售部	培训费	747

图3-74　一维表的数据

	部门	差旅费	水电费	网络费	车辆费	招待费	培训费
1	办公室	653	776	877	1022	null	null
2	财务部	214	1189	969	null	484	282
3	销售部	293	1133	385	null	347	747

图3–75　透视列后的表

步骤1　选择“费用”列。

步骤2　执行“转换”→“透视列”命令，如图3–76所示。

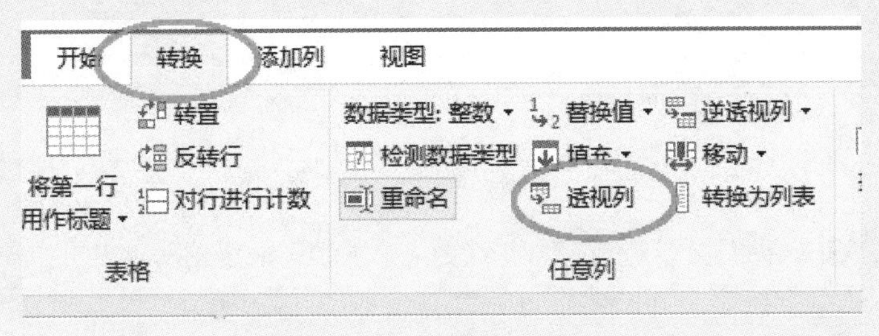

图3–76　“透视列”命令

步骤3　打开“透视列”对话框，从“值列”（所谓值列，就是要做透视计算的列）下拉列表中选择“金额”；单击“高级选项”，从“聚合值函数”下拉列表中选择“求和”（如果是数字类型的列，聚合值函数就会自动设置或求和），如图3–77所示。

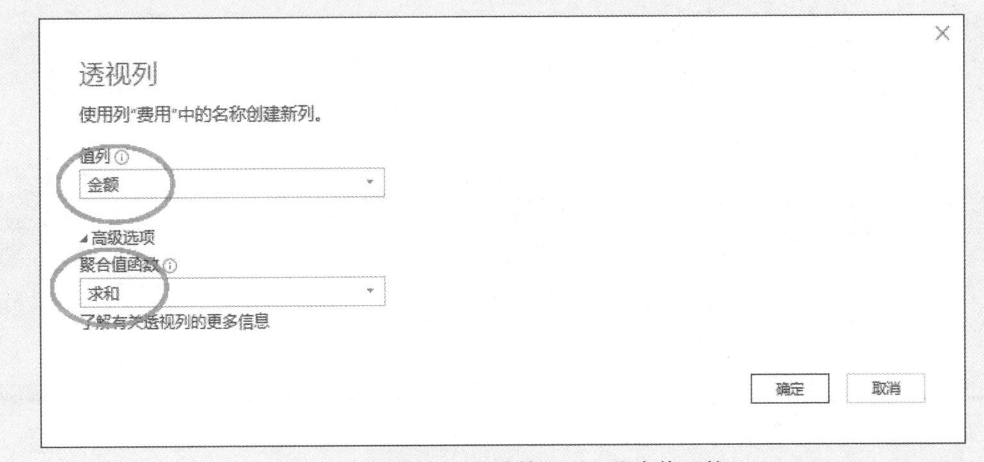

图3–77　选择要汇总计算的列和聚合值函数

步骤4 单击“确定”按钮，就得到了图3–75所示的结果，也就是将每个费用项目变成了一列。

如果选择了“部门”列做透视列，那么就会得到图 3–78 所示的结果，也就是将每个部门做成了一列。

	费用	办公室	财务部	销售部
1	培训费	null	282	747
2	差旅费	653	214	293
3	招待费	null	484	347
4	水电费	776	1189	1133
5	网络费	877	969	385
6	车辆费	1022	null	null

图3–78　按照“部门”名称做透视列

在聚合值函数中，我们可以进行求和、计数、最大值、最小值等，也可以不要聚合，这样，在透视某列时，就可以按照不同的要求进行计算，如图 3–79 所示。

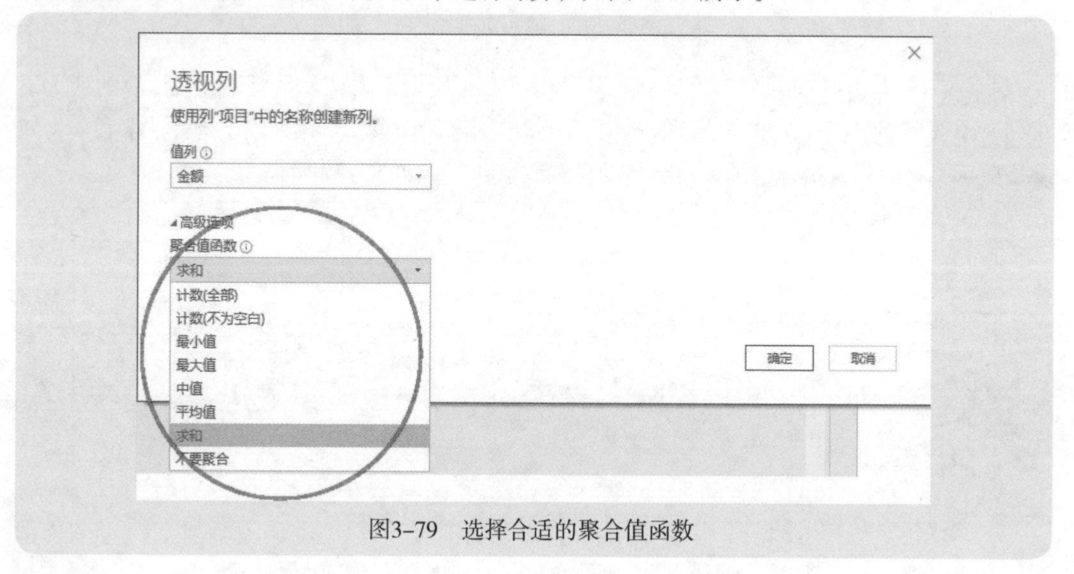

图3–79　选择合适的聚合值函数

案例3–7

图 3–80 是一个各个部门各项费用记录，想要把这张表转换为以部门为列布局的报表，这样便于查看每个部门的金额，如图 3–81 所示。

	A	B	C	D
1	日期	部门	费用	金额
2	2019-4-1	办公室	车辆费	1022
3	2019-4-8	销售部	网络费	385
4	2019-4-9	办公室	水电费	776
5	2019-4-9	办公室	网络费	877
6	2019-4-9	财务部	水电费	1189
7	2019-4-9	财务部	培训费	282
8	2019-4-9	销售部	招待费	347
9	2019-4-10	办公室	差旅费	653
10	2019-4-10	财务部	差旅费	214
11	2019-4-10	销售部	培训费	747
12	2019-4-14	销售部	水电费	293
13	2019-4-14	财务部	网络费	969
14	2019-4-16	财务部	招待费	484
15	2019-4-16	销售部	水电费	1133

图3-80　原始记录表

	A	B	C	D	E
1	日期	费用	办公室	销售部	财务部
2	2019-4-1	车辆费	1022		
3	2019-4-8	网络费		385	
4	2019-4-9	培训费			282
5	2019-4-9	招待费		347	
6	2019-4-9	水电费	776		1189
7	2019-4-9	网络费	877		
8	2019-4-10	培训费		747	
9	2019-4-10	差旅费	653		214
10	2019-4-14	水电费		293	
11	2019-4-14	网络费			969
12	2019-4-16	招待费			484
13	2019-4-16	水电费		1133	

图3-81　需要的表

选择“部门”列，执行“透视列”命令，打开“透视列”对话框，“值列”中选择“金额”，“聚合值函数”中选择“求和”，如图3-82所示。

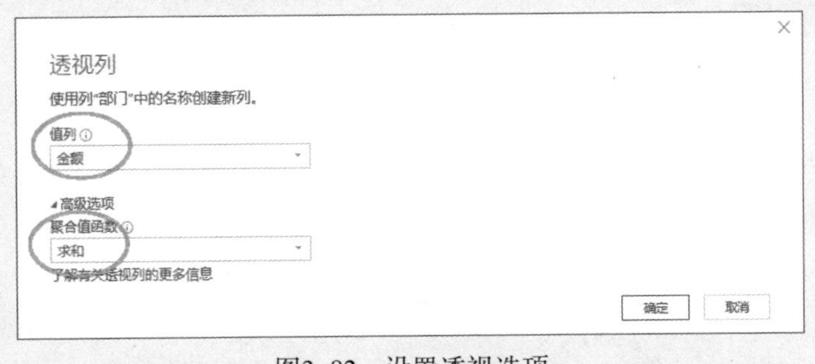

图3-82　设置透视选项

单击“确定”按钮，就得到了图3-83所示的透视结果。最后将数据导出到Excel工作表中即可。

	日期	费用	办公室	销售部	财务部
1	2019-4-1	车辆费	1022	null	null
2	2019-4-8	网络费	null	385	null
3	2019-4-9	培训费	null	null	282
4	2019-4-9	招待费	null	347	null
5	2019-4-9	水电费	776	null	1189
6	2019-4-9	网络费	877	null	null
7	2019-4-10	培训费	null	747	null
8	2019-4-10	差旅费	653	null	214
9	2019-4-14	水电费	null	293	null
10	2019-4-14	网络费	null	null	969
11	2019-4-16	招待费	null	null	484
12	2019-4-16	水电费	null	1133	null

图3-83　对“部门”列透视后的表

案例3-8

图 3-84 是员工信息表，现在要求统计每个部门下每种学历的人数（其实，这个问题使用透视表是最简单的，不过这里是介绍 Power Query，就使用 Power Query 来解决这个问题，也是一种思路）。

	工号	姓名	所属部...	学历	性别	出生日...	年龄	入职时...	司龄
1	G0001	A0062	后勤部	本科	男	1967-12-14	51	1980-11-15	38
2	G0002	A0081	生产部	本科	男	1962-1-8	57	1982-10-16	36
3	G0003	A0002	总经办	硕士	男	1974-6-10	44	1986-1-8	33
4	G0004	A0001	总经办	博士	男	1975-10-5	43	1986-4-8	33
5	G0005	A0016	财务部	本科	男	1990-10-4	28	1988-4-28	30
6	G0006	A0015	财务部	本科	男	1961-11-7	57	1991-10-18	27
7	G0007	A0052	销售部	硕士	男	1985-8-24	33	1992-8-25	26
8	G0008	A0018	财务部	本科	女	1978-2-8	41	1995-7-21	23
9	G0009	A0076	市场部	大专	男	1984-6-21	34	1996-7-1	22
10	G0010	A0041	生产部	本科	女	1963-10-9	55	1996-7-19	22
11	G0011	A0077	市场部	本科	女	1986-9-12	32	1996-9-1	22
12	G0012	A0073	市场部	本科	男	1973-3-10	46	1997-8-26	21
13	G0013	A0074	市场部	本科	男	1973-3-7	46	1997-10-28	21

图3-84　员工信息表

由于仅仅需要“所属部门”和“学历”两个字段布局二维表，并统计人数，因此需要保留“姓名”“所属部门”和“学历”3 列，将其他列删除，如图 3-85 所示。

	姓名	所属部门	学历
1	A0062	后勤部	本科
2	A0081	生产部	本科
3	A0002	总经办	硕士
4	A0001	总经办	博士
5	A0016	财务部	本科
6	A0015	财务部	本科
7	A0052	销售部	硕士
8	A0018	财务部	本科
9	A0076	市场部	大专
10	A0041	生产部	本科
11	A0077	市场部	本科
12	A0073	市场部	本科
13	A0074	市场部	本科

图3-85　保留“姓名”“所属部门”和“学历”列并删除其他列

选择“学历”列，执行“转换”→“透视列”命令，打开“透视列”对话框，在“值列”中选择“姓名”，在“聚合值函数”中选择“计数(全部)”，如图 3-86 所示。

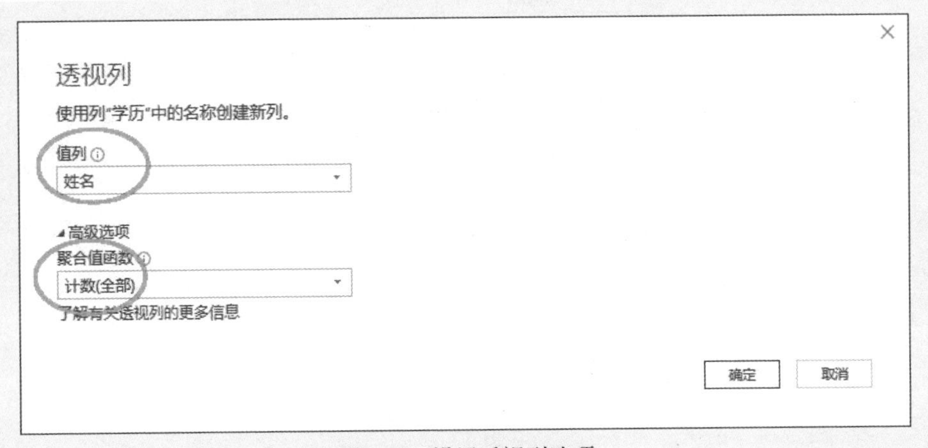

图3-86 设置透视列选项

单击“确定”按钮，就得到了如图 3-87 所示的结果。

	所属部门	1.2 本科	1.2 硕士	1.2 博士	1.2 大专	1.2 高中	1.2 中专
1	人力资源部	7	1	0	1	0	0
2	信息部	3	2	0	0	0	0
3	后勤部	2	0	0	1	1	0
4	市场部	9	0	0	3	4	0
5	总经办	4	1	1	0	0	0
6	技术部	5	5	0	0	0	0
7	生产部	5	1	1	0	0	0
8	财务部	5	3	0	0	0	0
9	质检部	3	3	0	0	0	0
10	贸易部	3	2	0	0	0	0
11	销售部	6	3	0	0	0	2

图3-87 统计出每个部门以及每种学历的人数

案例3-9

图 3-88 是一个综合例子，不仅要用到本节介绍的透视列功能，还用到了后面即将介绍的合并列、分组依据、合并查询等功能。

这个问题是：如何把原始奖金表变为一个各部门的汇总表，如图 3-89 所示。

	A	B	C	D
1	序号	部门	姓名	奖金
2	1	财务部	张三	800
3	2	财务部	李四	1200
4	3	财务部	王五	400
5	4	财务部	马六	600
6	5	人事部	何仙姑	600
7	6	人事部	周大牙	2000
8	7	人事部	黄半仙	1200
9	8	销售部	孙德龙	900
10	9	销售部	马大炮	300
11	10	销售部	孙权	1300
12	11	销售部	刘备	1500
13	12	销售部	曹操	700

图3-88　原始记录表

	A	B	C	D
1	部门	名单列表	人数	总金额
2	人事部	何仙姑600，周大牙2000，黄半仙1200	3	3800
3	财务部	张三800，李四1200，王五400，马六600	4	3000
4	销售部	孙德龙900，马大炮300，孙权1300，刘备1500，曹操700	5	4700

图3-89　需要的汇总表

步骤1 首先建立查询，将默认查询名重命名为“透视合并”，然后将这个查询复制一份，重命名为“分组合并”，如图3-90所示。

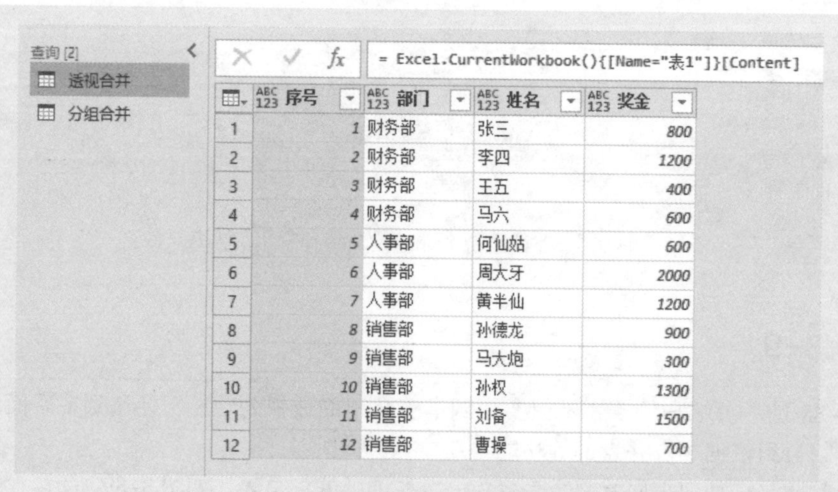

查询 [2]
透视合并
分组合并

= Excel.CurrentWorkbook(){[Name="表1"]}[Content]

	序号	部门	姓名	奖金
1	1	财务部	张三	800
2	2	财务部	李四	1200
3	3	财务部	王五	400
4	4	财务部	马六	600
5	5	人事部	何仙姑	600
6	6	人事部	周大牙	2000
7	7	人事部	黄半仙	1200
8	8	销售部	孙德龙	900
9	9	销售部	马大炮	300
10	10	销售部	孙权	1300
11	11	销售部	刘备	1500
12	12	销售部	曹操	700

图3-90　建立的基本查询表，复制一份并重命名

步骤 2 先处理查询“透视合并”。

（1）首先选择“姓名”列和“奖金”列，执行“转换”→“合并列”命令，打开“合并列”对话框，保持默认设置，如图 3–91 所示。

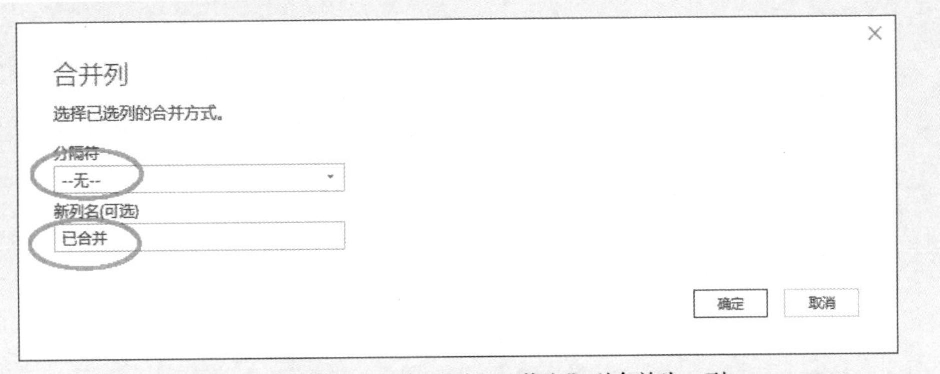

图3–91　准备将“姓名”列和“奖金”列合并为一列

单击“确定”按钮，就得到了两列合并后的新列“已合并”，如图 3–92 所示。

	序号	部门	已合并
1	1	财务部	张三800
2	2	财务部	李四1200
3	3	财务部	王五400
4	4	财务部	马六600
5	5	人事部	何仙姑600
6	6	人事部	周大牙2000
7	7	人事部	黄半仙1200
8	8	销售部	孙德龙900
9	9	销售部	马大炮300
10	10	销售部	孙权1300
11	11	销售部	刘备1500
12	12	销售部	曹操700

图3–92　将“姓名”列和“奖金列”合并为一列

（2）选择“序号”列，执行“透视列”命令，然后做如下的设置：从“值列”下拉列表中选择“已合并”，“聚合值函数”下拉列表中选择“不要聚合”，如图 3–93 所示。

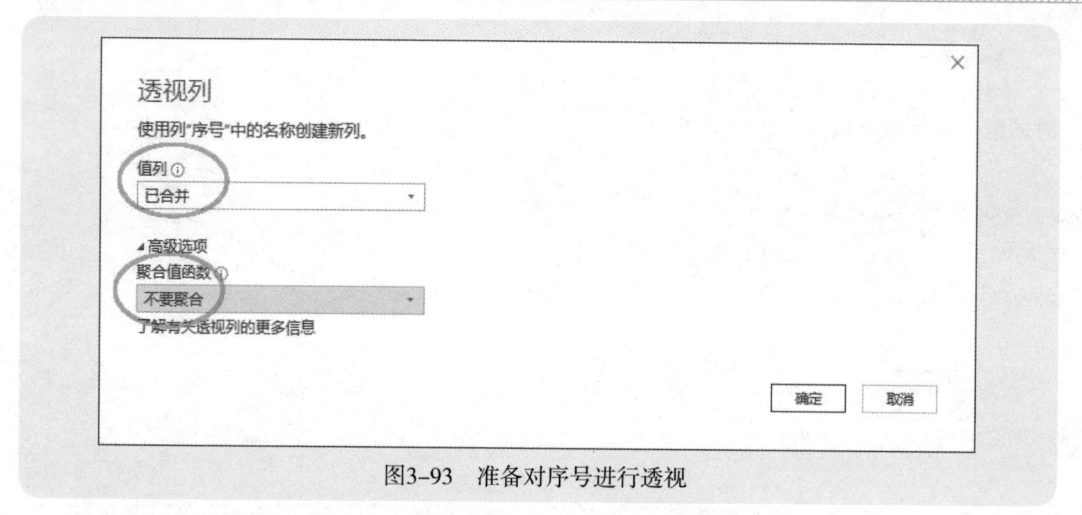

图3-93　准备对序号进行透视

单击“确定”按钮，就得到了透视列后的表，如图 3-94 所示。

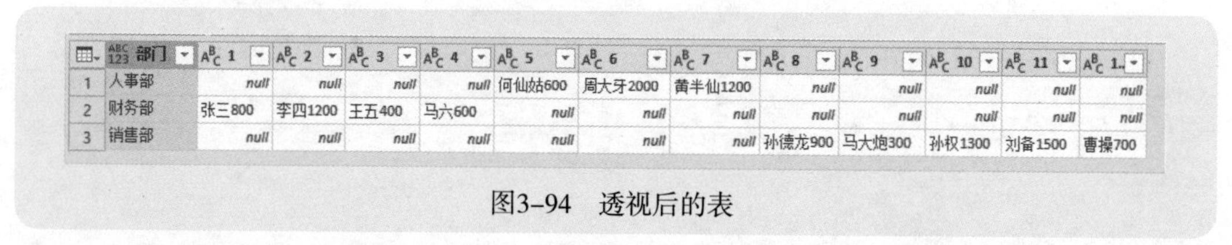

	部门	1	2	3	4	5	6	7	8	9	10	11	1...
1	人事部	null	null	null	null	何仙姑600	周大牙2000	黄半仙1200	null	null	null	null	null
2	财务部	张三800	李四1200	王五400	马六600	null	null	null	null	null	null	null	null
3	销售部	null	null	null	null	null	null	null	孙德龙900	马大炮300	孙权1300	刘备1500	曹操700

图3-94　透视后的表

（3）选择除部门外的所有列，单击“转换”→“合并列”命令，打开“合并列”对话框，从“分隔符”下拉列表中选择“空格”，“新列名”默认为“已合并”，如图 3-95 所示。

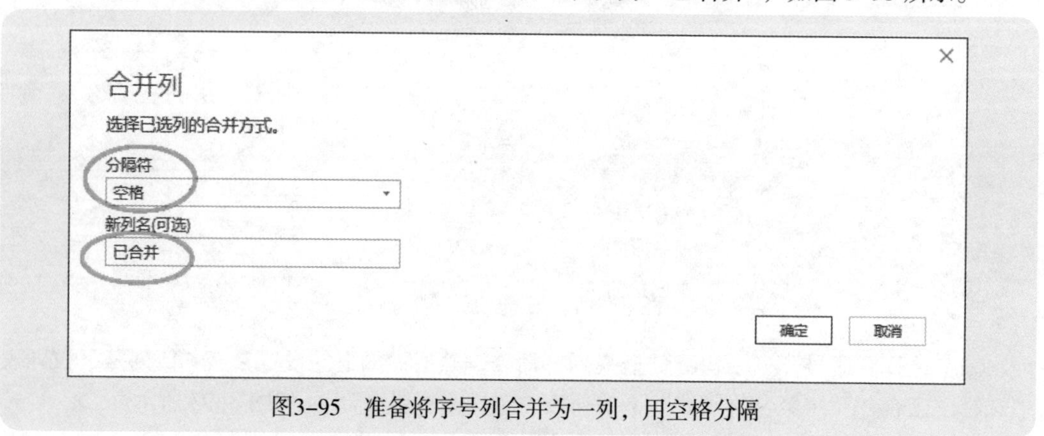

图3-95　准备将序号列合并为一列，用空格分隔

单击“确定”按钮，就得到了合并列后的表，如图 3-96 所示。

	部门	已合并
1	人事部	何仙姑600 周大牙2000 黄半仙1200
2	财务部	张三800 李四1200 王五400 马六600
3	销售部	孙德龙900 马大炮300 孙权1300 刘备1500 曹操700

图3–96　合并各个序号列

（4）选择新做的“已合并”列，执行“转换”→“格式”→“修整”命令，如图 3–97 所示。

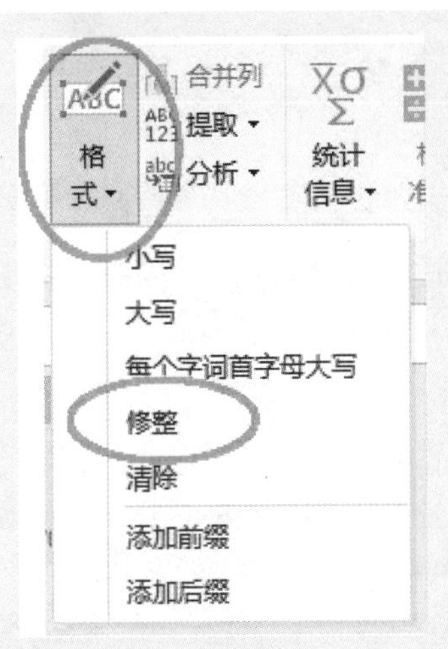

图3–97　“修整”命令：准备清除字符串前后的空格

这样，就将字符串前后的空格清除掉了，如图 3–98 所示。

	部门	已合并
1	人事部	何仙姑600 周大牙2000 黄半仙1200
2	财务部	张三800 李四1200 王五400 马六600
3	销售部	孙德龙900 马大炮300 孙权1300 刘备1500 曹操700

图3–98　清除了字符串前后的空格

（5）仍然选择新做的“已合并”列，单击“转换”→“替换值”命令，打开“替换值”对话框，在“要查找的值”文本框中输入一个空格，在“替换为”文本框中输入中文逗号，如图 3–99 所示。

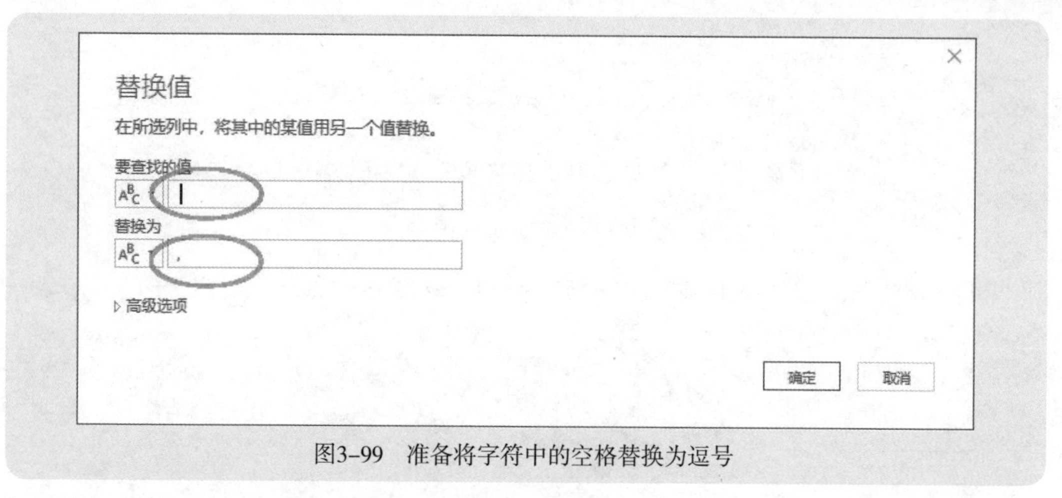

图3-99 准备将字符中的空格替换为逗号

单击“确定”按钮，就得到了每个人名后面跟金额、并且每个人之间用逗号隔开的总表，如图 3-100 所示。至此，查询“透视合并”就操作完毕。

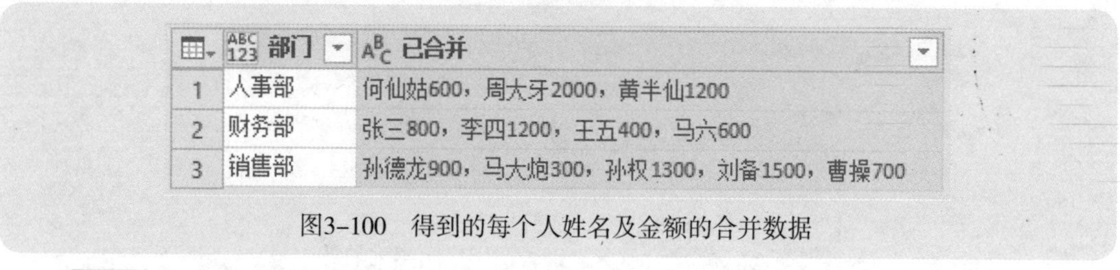

	部门	已合并
1	人事部	何仙姑600，周大牙2000，黄半仙1200
2	财务部	张三800，李四1200，王五400，马六600
3	销售部	孙德龙900，马大炮300，孙权1300，刘备1500，曹操700

图3-100 得到的每个人姓名及金额的合并数据

步骤 3 下面将两个查询合并为一个查询。

（1）选择查询“透视合并”。

（2）执行“开始”→“合并查询”→“将查询合并为新查询”命令，打开“合并”对话框，做如下的设置。

①第 1 个表选择“透视合并”。

②第 2 个表选择“分组合并”。

③两个表分别选择“部门”列做关联。

④“联接种类”选择“完全外部 (两者中的所有行)”。

设置效果如图 3-101 所示。

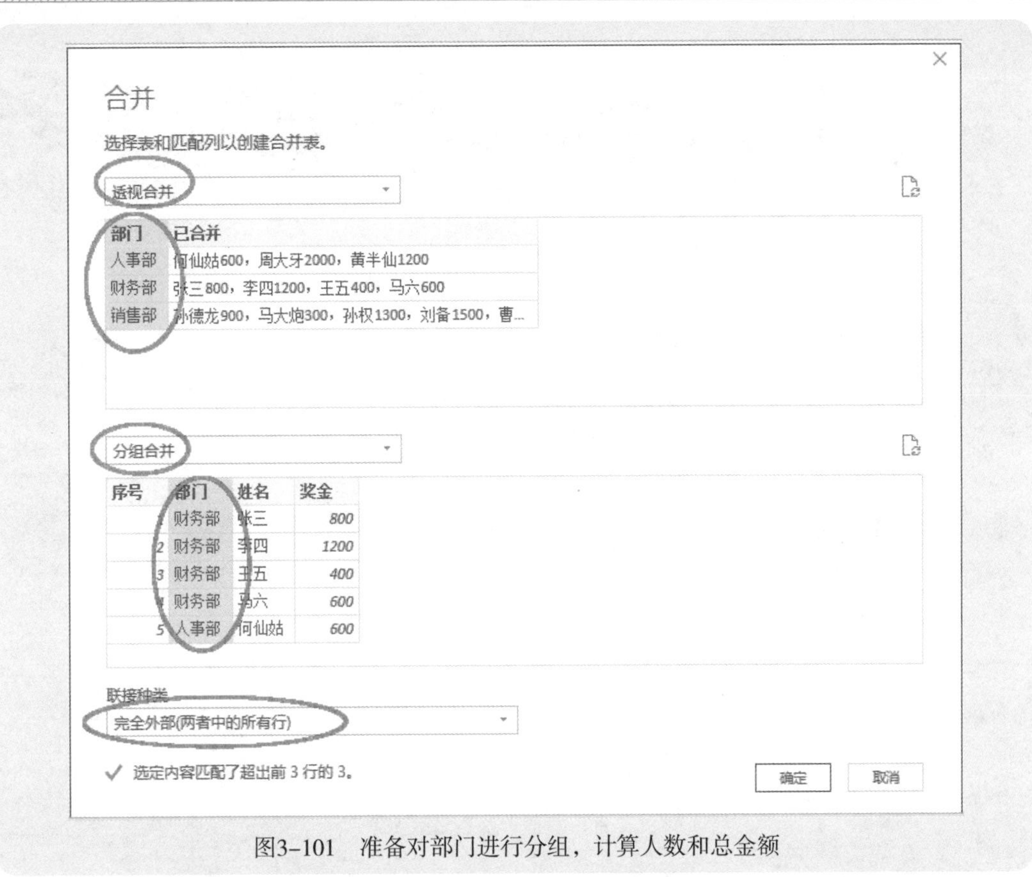

图3-101　准备对部门进行分组，计算人数和总金额

（3）单击“确定”按钮，就得到了如图 3-102 所示的合并表。

	部门	已合并	分组合并
1	财务部	张三800，李四1200，王五400，马六600	Table
2	人事部	何仙姑600，周大牙2000，黄半仙1200	Table
3	销售部	孙德龙900，马大炮300，孙权1300，刘备1500，曹操700	Table

图3-102　每个部门的人数和总金额报表

步骤 4　单击“分组合并”列的展开按钮，打开筛选窗格，做如下的设置。

（1）首先选择“聚合”单选按钮。

（2）再分别勾选“# 部门 的计数”和“Σ奖金 的总和”两个复选框。

（3）取消勾选“使用原始列名作为前缀”复选框。

设置效果如图 3-103 所示。

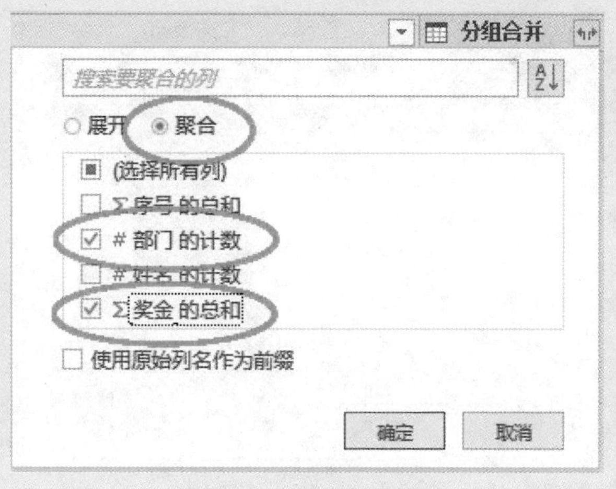

图3-103　设置筛选项目

（4）单击“确定”按钮，就得到了如图 3-104 所示的结果。

	部门	已合并	部门的计数	奖金 的总和
1	财务部	张三800，李四1200，王五400，马六600	4	3000
2	人事部	何仙姑600，周大牙2000，黄半仙1200	3	3800
3	销售部	孙德龙900，马大炮300，孙权1300，刘备1500，曹操700	5	4700

图3-104　两个查询合并后的表

（5）修改各列标题，修改标题后的查询表如图 3-105 所示。

	部门	名单列表	人数	总金额
1	财务部	张三800，李四1200，王五400，马六600	4	3000
2	人事部	何仙姑600，周大牙2000，黄半仙1200	3	3800
3	销售部	孙德龙900，马大炮300，孙权1300，刘备1500，曹操700	5	4700

图3-105　最终的汇总表

步骤5　最后将查询导出到Excel表即可。

要特别注意的是，由于最终的合并表是由两个查询表合并而来的，如果导出为表，这两个查询也会一起跟着导出到了工作表，因此可以再将这两个查询重新上载为仅连接。

3.3.9 逆透视列

所谓逆透视列，是把很多列数据逆变换为少数几列数据，是透视列的反向操作。常见的是把二维表变为一维表。

这种逆透视列操作很简单，选择要设置的某列或者某些列，执行“转换”→“逆透视列”的相关命令即可，如图 3–106 所示。

- 逆透视列。
- 逆透视其他列。
- 仅逆透视选定列。

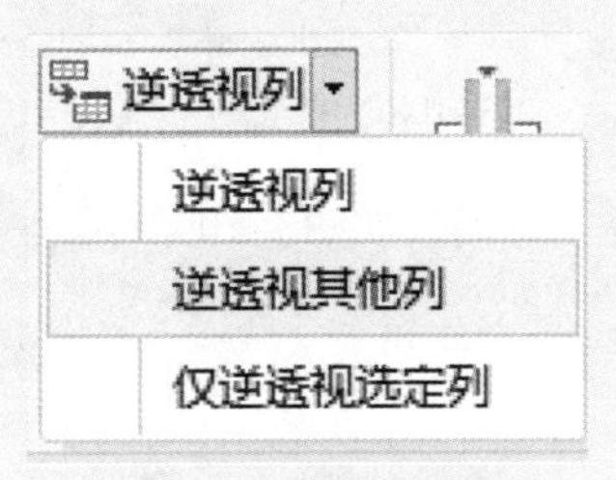

图3–106 “逆透视列”命令

逆透视列这个功能非常有用，下面介绍几个逆透视操作的应用案例。

1. 将简单的二维表转换为一维表

案例3–10

例如，图 3–107 是一个二维表，现在要求转换为图 3–108 所示的一维表。

	A	B	C	D	E	F	G	H	I	J
1	部门	办公费	差旅费	车辆使用费	税金	修理费	业务招待费	折旧费	职工薪酬	租赁费
2	人事科	1052	1467	287	1482	1019	882	1256	208	951
3	信息中心	966	250	997	1430	410	746	1296	1491	1424
4	后勤科	1436	1415	1139	1282	1468	462	1150	845	948
5	技术科	711	1025	847	435	1365	650	582	332	970
6	生产科	1319	1473	723	449	561	907	508	599	1257
7	管理科	1346	927	1500	677	1444	1065	1316	962	1182
8	设备科	1032	485	1225	267	1378	415	664	767	290
9	设计科	1027	383	444	469	505	464	589	970	286
10	销售科	1430	312	1367	1453	1410	1037	1496	616	562

图3–107 简单的二维表

	A	B	C
1	部门	费用	金额
2	人事科	办公费	1052
3	人事科	差旅费	1467
4	人事科	车辆使用费	287
5	人事科	税金	1482
6	人事科	修理费	1019
7	人事科	业务招待费	882
8	人事科	折旧费	1256
9	人事科	职工薪酬	208
10	人事科	租赁费	951
11	信息中心	办公费	966
12	信息中心	差旅费	250
13	信息中心	车辆使用费	997
14	信息中心	税金	1430
15	信息中心	修理费	410
16	信息中心	业务招待费	746
17	信息中心	折旧费	1296

Sheet2 Sheet1 ...

图3-108　要求的一维表

步骤1 首先对原始数据建立查询，如图3-109所示。

	部门	办公费	差旅费	车辆使...	税金	修理费	业务招...	折旧费	职工薪...	租赁费
1	人事科	1052	1467	287	1482	1019	882	1256	208	951
2	信息中心	966	250	997	1430	410	746	1296	1491	1424
3	后勤科	1436	1415	1139	1282	1468	462	1150	845	948
4	技术科	711	1025	847	435	1365	650	582	332	970
5	生产科	1319	1473	723	449	561	907	508	599	1257
6	管理科	1346	927	1500	677	1444	1065	1316	962	1182
7	设备科	1032	485	1225	267	1378	415	664	767	290
8	设计科	1027	383	444	469	505	464	589	970	286
9	销售科	1430	312	1367	1453	1410	1037	1496	616	562

图3-109　建立查询

步骤2 由于是要把各个费用项目逆透视，这些项目又很多，因此选择“部门”列，执行“逆透视列”→“逆透视其他列”命令，就得到了图3-110所示的结果。

	部门	属性	值
1	人事科	办公费	1052
2	人事科	差旅费	1467
3	人事科	车辆使用费	287
4	人事科	税金	1482
5	人事科	修理费	1019
6	人事科	业务招待费	882
7	人事科	折旧费	1256
8	人事科	职工薪酬	208
9	人事科	租赁费	951
10	信息中心	办公费	966
11	信息中心	差旅费	250
12	信息中心	车辆使用费	997
13	信息中心	税金	1430

图3-110　逆透视列处理后的结果

步骤3 修改列名称，把“属性”修改为“费用”，把“值”修改为“金额”。

步骤4 最后，将数据上载导出到工作表中。

2. 将具有多列文本的准二维表转换为一维表

案例3-11

图 3-111 是另外一种情况：数据区域有两列文本，但从第三列开始是数字。现在需要将这个表转换为 4 列数据的一维表，如图 3-112 所示。

地区	省份	1月	2月	3月	4月	5月	6月	7月	8月	9月	10月	11月	12月
华北	北京	275	723	363	201	1026	1157	1115	930	482	616	916	436
华北	天津	515	1133	1073	693	617	420	848	694	219	762	705	803
华北	山东	1104	932	1117	1093	1100	1236	454	507	463	218	759	745
华北	河北	243	104	487	802	760	726	131	1257	412	795	194	758
华北	陕西	133	280	282	1002	1109	668	713	1298	177	682	558	628
西北	陕西	722	559	400	298	1130	1044	508	1178	804	440	628	341
西北	甘肃	671	486	838	726	1050	640	332	300	1048	723	1158	460
西北	宁夏	652	151	571	812	1254	1124	475	904	399	626	638	375
西北	新疆	1067	107	942	944	1122	140	280	837	434	1114	657	876
西北	内蒙	627	1239	126	157	276	805	770	424	1079	314	689	1063
华东	上海	418	1121	766	518	694	968	664	703	576	480	114	480
华东	江苏	258	403	866	331	490	969	810	1172	388	657	261	670
华东	浙江	412	337	474	1111	1170	237	381	1088	217	873	998	403
华东	安徽	196	157	1167	1114	1122	1082	945	158	526	1294	1178	275

Sheet6 省份统计

图3-111 前两列是文本的准二维表

地区	省份	月份	销售额
华北	北京	1月	275
华北	北京	2月	723
华北	北京	3月	363
华北	北京	4月	201
华北	北京	5月	1026
华北	北京	6月	1157
华北	北京	7月	1115
华北	北京	8月	930
华北	北京	9月	482
华北	北京	10月	616
华北	北京	11月	916
华北	北京	12月	436
华北	天津	1月	515
华北	天津	2月	1133

Sheet6 转换表格 省份统计

图3-112 需要的一维表

这种表格结构的转换也是非常方便的，首先建立对表格的查询，如图 3-113 所示。

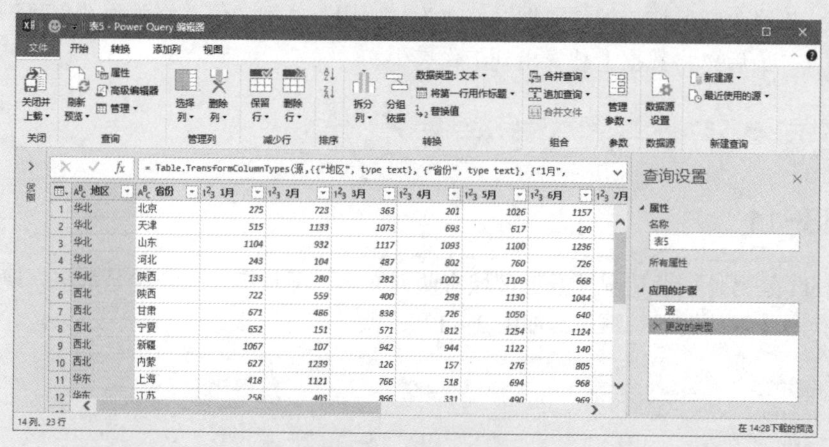

图3-113　建立查询

然后选择左边两列“地区”和“省份”，执行“逆透视列”→“逆透视其他列”命令，就得到了图 3-114 所示的结果。

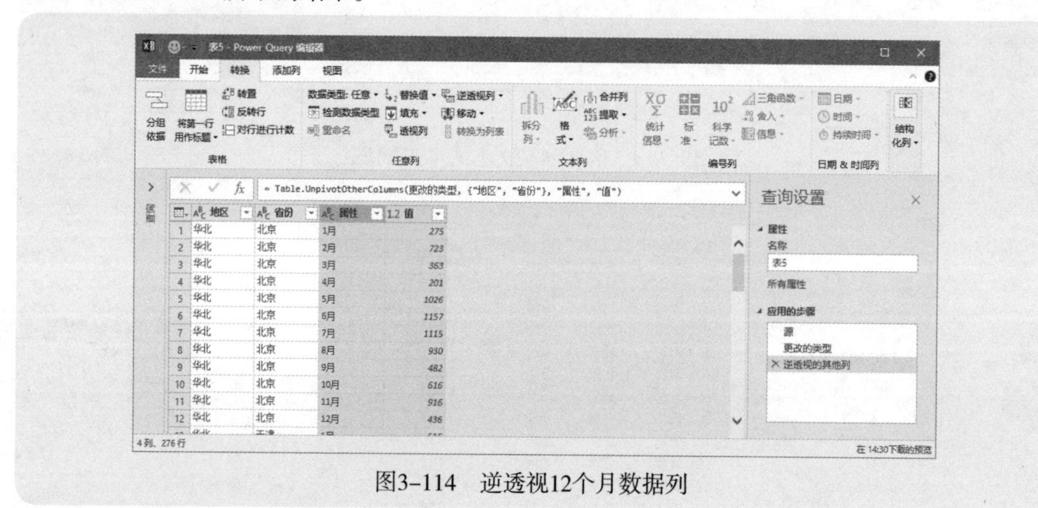

图3-114　逆透视12个月数据列

最后修改各列名称，将数据导出到工作表中。

3.3.10 替换列数据

如果需要将某列或者某些列数据进行替换，可以使用“替换值”操作，这个命令在“转换”选项卡，如图 3-115 所示。它可以将某些字符替换为指定的字符。

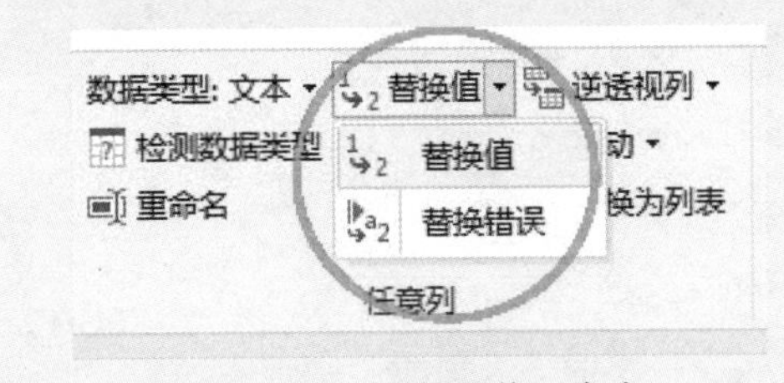

图3-115 “替换值”命令

这个“替换值”功能，与 Excel 表格的“查找和替换”是一样的，使用方法也基本相同。

例如，图 3-116 所示的查询表中，需要在“所属部门”列中将“人事部”替换为“人力资源部”，就需要选择该列，单击“替换值”选项，打开“替换值”对话框，在“要查找的值”下面的文本框中输入“人事部”，在“替换为”下面的文本框中输入“人力资源部”，单击“确定”按钮即可，如图 3-117 所示。

	工号	姓名	所属部门	学历	婚姻状...	身份证号码	性别
21	G0021	A0025	技术部	本科	已婚	421181197307211937	男
22	G0022	A0046	销售部	本科	已婚	341022197407072911	男
23	G0023	A0051	销售部	本科	未婚	320826197712235819	男
24	G0024	A0058	信息部	本科	未婚	110108197706217717	男
25	G0025	A0036	生产部	本科	已婚	341282197909154914	男
26	G0026	A0012	人事部	本科	未婚	430124199109106224	女
27	G0027	A0026	技术部	硕士	已婚	320323196911265416	男
28	G0028	A0034	贸易部	硕士	未婚	510107197208270037	男
29	G0029	A0050	销售部	中专	已婚	320923198011081635	男
30	G0030	A0028	技术部	硕士	已婚	320501197609085521	女
31	G0031	A0059	后勤部	本科	已婚	37088119770123251X	男
32	G0032	A0054	信息部	硕士	已婚	131127197710174374	男
33	G0033	A0023	技术部	本科	未婚	370406199109091021	女
34	G0034	A0064	市场部	大专	未婚	410822196711090108	女
35	[illegible]	[illegible]	[illegible]	[illegible]	[illegible]	[illegible]	[illegible]

图3-116 需要将“人事部”替换为“人力资源部”

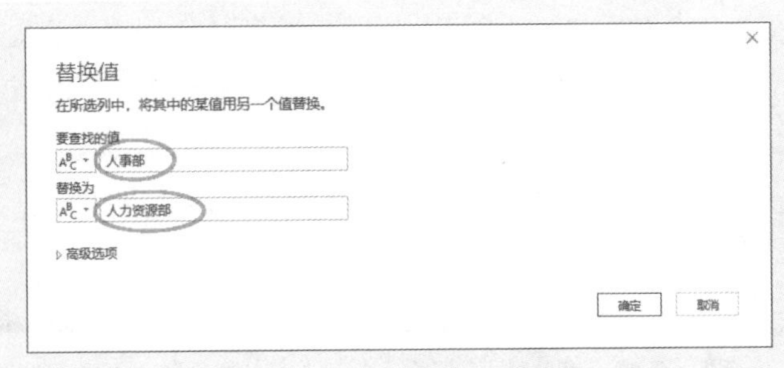

图3-117 “替换值”对话框

如果单击对话框中的“高级选项”，展开下拉列表，还可以设置采用否单元格匹配，是否使用指定的特殊字符替换，如图 3-118 所示。

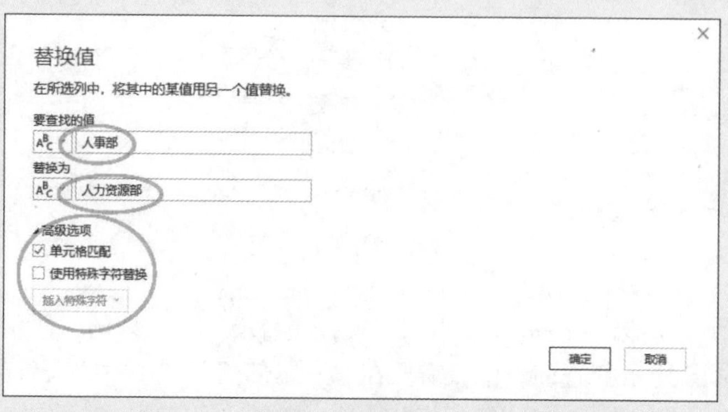

图3-118 “替换值”对话框中的“高级选项”

3.4 文本列的特殊操作

对于文本数据列，还有一些其他经常要用到的操作，例如，合并列、拆分列、设置列格式、提取字符等，其中拆分列和合并列分别在 3.3.5、3.3.6 小节已经做过介绍，这里我们介绍其他的几个操作。

3.4.1 从列数据中提取字符

从列数据中提取字符，是使用“提取”命令。该命令出现在两个地方：“转换”选项卡和“添加列”选项卡，如图 3-119 和图 3-120 所示，前者会将原始数据列变为提取的字符列，原始数据已经不复存在；后者是将提取的字符单独保存一列，原始数据列仍然存在。

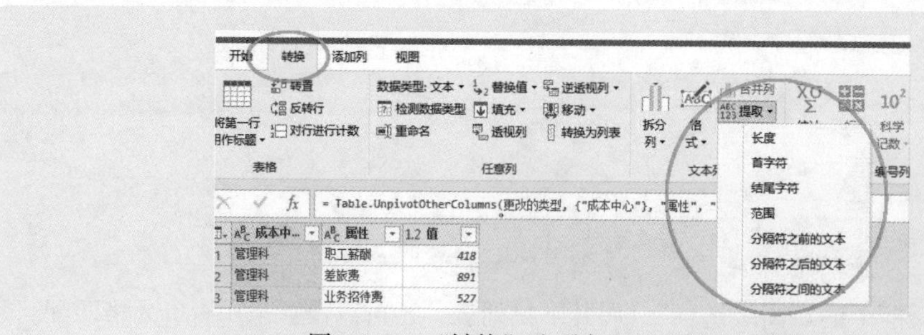

图3-119 “转换”选项卡里的“提取”命令

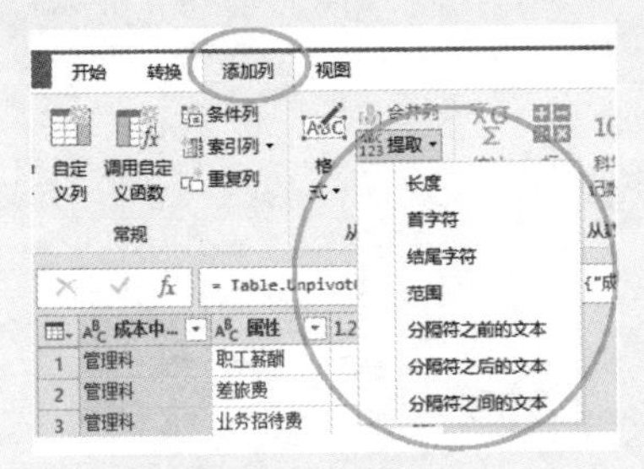

图3-120 “添加列”选项卡里的“提取”命令

无论哪个地方的命令，提取字符都有以下 7 种提取方式。

- 长度。
- 首字符。
- 结尾字符。
- 范围。
- 分隔符之前的文本。
- 分隔符之后的文本。
- 分隔符之间的文本。

“提取”命令是非常有用的，经常被用来对文本字符串进行处理，获取必须的数据，以及为表添加更加丰富的信息。

1. 长度

长度是用来计算选定列中各行数据的字符个数，也就是相当于使用 LEN 函数进行计算的结果。

例如，对图 3-121 所示的身份证号码，如果选择“长度”命令，就在“身份证号码”列中得到各个身份证号码的长度数字，如图 3-122 所示。

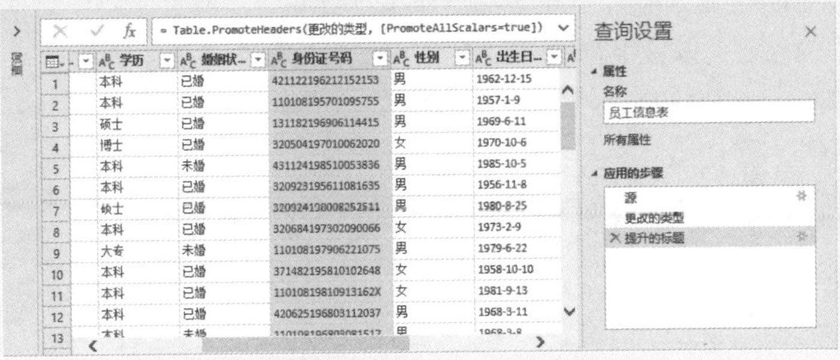

= Table.PromoteHeaders(更改的类型, [PromoteAllScalars=true])

	学历	婚姻状...	身份证号码	性别	出生日...
1	本科	已婚	421122196212152153	男	1962-12-15
2	本科	已婚	110108195701095755	男	1957-1-9
3	硕士	已婚	131182196906114415	男	1969-6-11
4	博士	已婚	320504197010062020	女	1970-10-6
5	本科	未婚	431124198510053836	男	1985-10-5
6	本科	已婚	320923195611081635	男	1956-11-8
7	硕士	已婚	320924198008252511	男	1980-8-25
8	本科	已婚	320684197302090066	女	1973-2-9
9	大专	未婚	110108197906221075	男	1979-6-22
10	本科	已婚	371482195810102648	女	1958-10-10
11	本科	已婚	11010819810913162X	女	1981-9-13
12	本科	已婚	420625196803112037	男	1968-3-11

查询设置
属性
名称
员工信息表
所有属性
应用的步骤
源
更改的类型
提升的标题

图3-121 原始的身份证号码数据

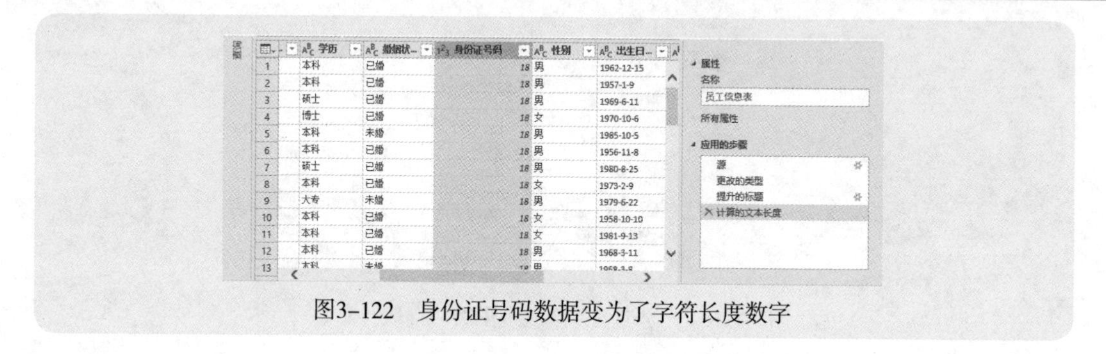

图3-122　身份证号码数据变为了字符长度数字

2. 首字符

“首字符”命令会把选定列的数据变为指定个数首字符的数据，相当于使用 LEFT 函数进行计算的结果。

例如，图 3-123 所示的表格的入职时间是文本数据，那么可以使用“首字符”命令，把入职年份 4 个数字提取出来。

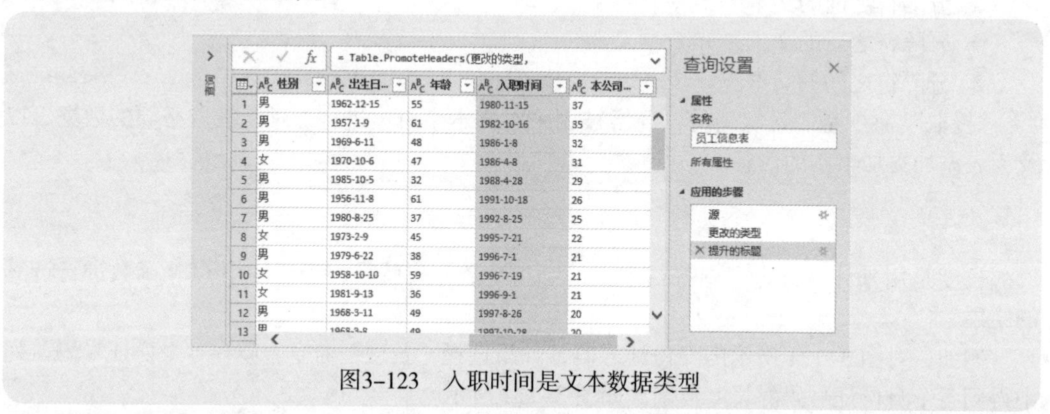

图3-123　入职时间是文本数据类型

选择“入职时间”列，执行“首字符”命令，打开“提取首字符”对话框，在“计数”下面的文本框中输入要提取首字符的个数（这里为 4），如图 3-124 所示。

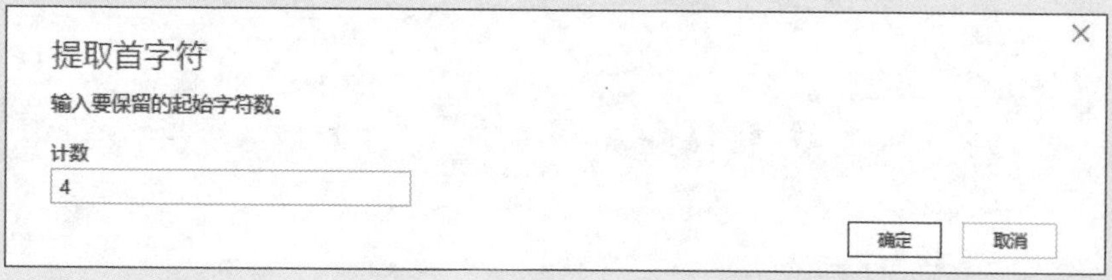

提取首字符

输入要保留的起始字符数。

计数

4

确定　取消

图3-124　“提取首字符”对话框

单击“确定”按钮,就得到了图 3-125 所示的结果,原来的日期变为了 4 位数的年份数字。

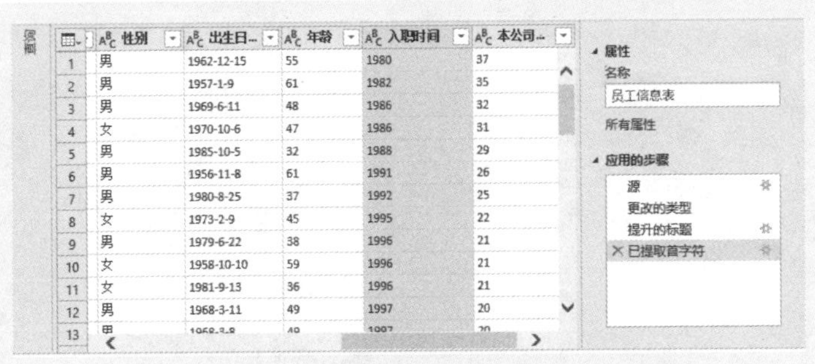

图3-125　将入职时间变为了4位数的年份数字

3. 结尾字符

“结尾字符”命令就是从字符串中提取指定个数的结尾字符，相当于使用 RIGHT 函数进行计算的结果，其用法与上面介绍的“首字符”命令完全一样，这里不再介绍。

4. 范围

“范围”命令就是从字符串中指定的位置，提取指定个数的字符，相当于使用 MID 函数进行计算的结果。

例如，要从身份证号码中提取出生日期，出生日期是从第 7 位开始算，长度为 8 位，这样可以执行“范围”命令，打开“提取文本范围”对话框，在“起始索引”下面的文本框中输入 6，在“字符数”下面的文本框中输入 8，如图 3-126 所示。

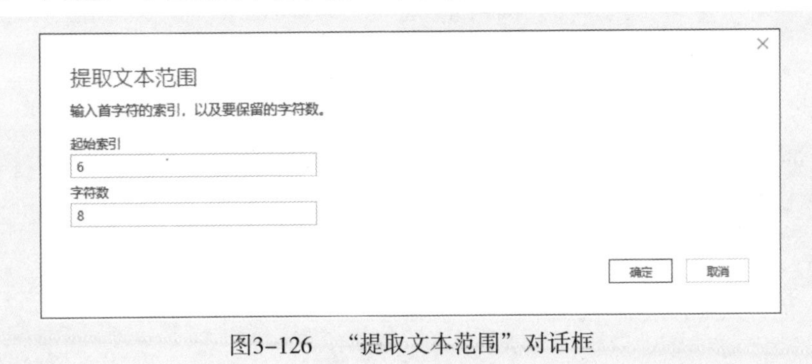

图3-126　“提取文本范围”对话框

这里需要特别注意的是，“范围”命令的提取是从索引 0 开始计数，而 MID 函数则是从 1 开始计数。因此，出生日期是身份证号码的第 7 位开始，那么“提取文本范围”对话框中必须输入 6。

单击“确定”按钮，就得到了图 3–127 所示的结果。

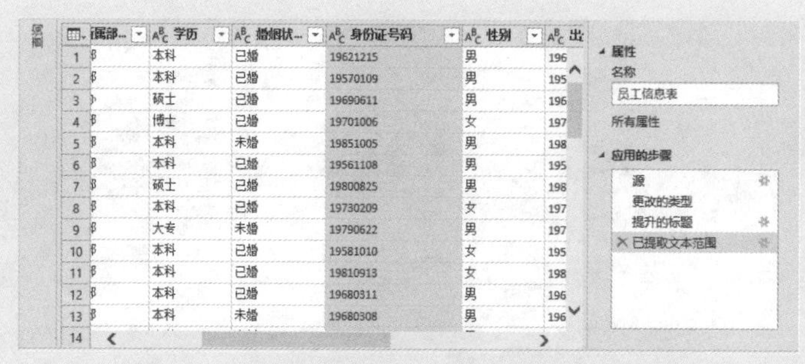

图3–127　身份证号码变为了8位出生日期文本

5. 分隔符之前的文本

“分隔符之前的文本”命令就是根据列数据的特征，把指定分隔符之前的文本提取出来。

图 3–128 所示的例子中，用户希望把“部门”列的数据变为仅为部门名称，部门名称后面的字符删掉。

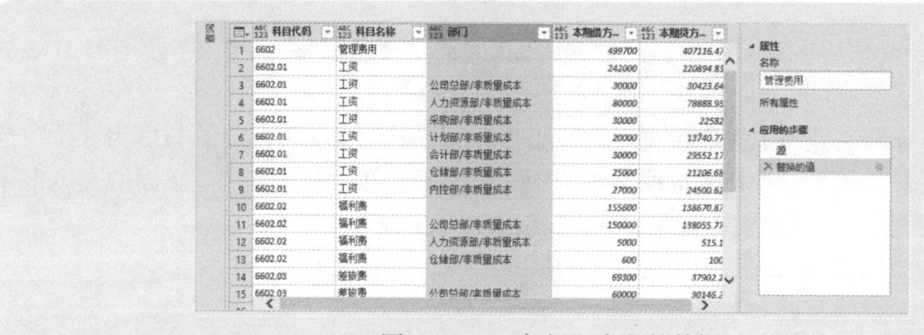

图3–128　“部门”字段的数据

选择“部门”列，执行“分隔符之前的文本”命令，打开“分隔符之前的文本”对话框，输入分隔符（/），如图 3–129 所示。

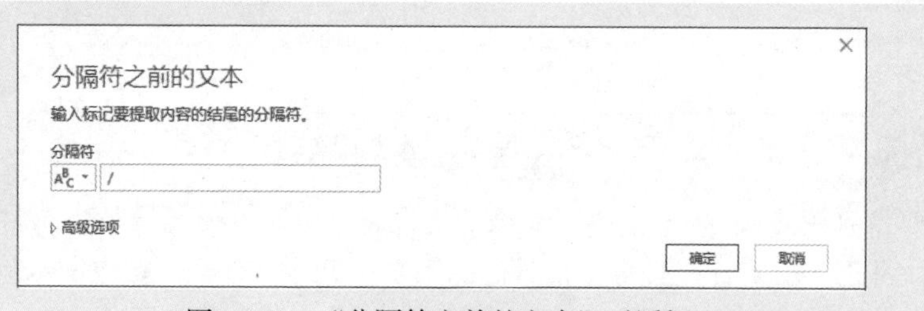

图3–129　“分隔符之前的文本”对话框

单击“确定”按钮，数据结果就变为了如图 3-130 所示的情形。

= Table.TransformColumns(替换的值, {{"部门", each Text.BeforeDelimiter

	科目代码	科目名称	部门	本期借方...	本期贷方...
1	6602	管理费用		499700	407116.47
2	6602.01	工资		242000	220894.83
3	6602.01	工资	公司总部	30000	30423.64
4	6602.01	工资	人力资源部	80000	78888.95
5	6602.01	工资	采购部	30000	22582
6	6602.01	工资	计划部	20000	13740.77
7	6602.01	工资	会计部	30000	29552.17
8	6602.01	工资	仓储部	25000	21206.68
9	6602.01	工资	内控部	27000	24500.62
10	6602.02	福利费		155600	138670.87
11	6602.02	福利费	公司总部	150000	138055.77
12	6602.02	福利费	人力资源部	5000	515.1
13	6602.02	福利费	仓储部	600	100
14	6602.03	差旅费		69300	37902.2
15	6602.03	差旅费	公司总部	60000	30146.2

查询设置

属性

名称

管理费用

所有属性

应用的步骤

源

替换的值

已提取分隔符之前...

图3-130 提取分隔符之前的文本后

在“分隔符之前的文本”对话框的“高级选项”中，还可以设置扫描分隔符的位置（开始还是末尾）、要跳过的分隔符数等，如图 3-131 所示。

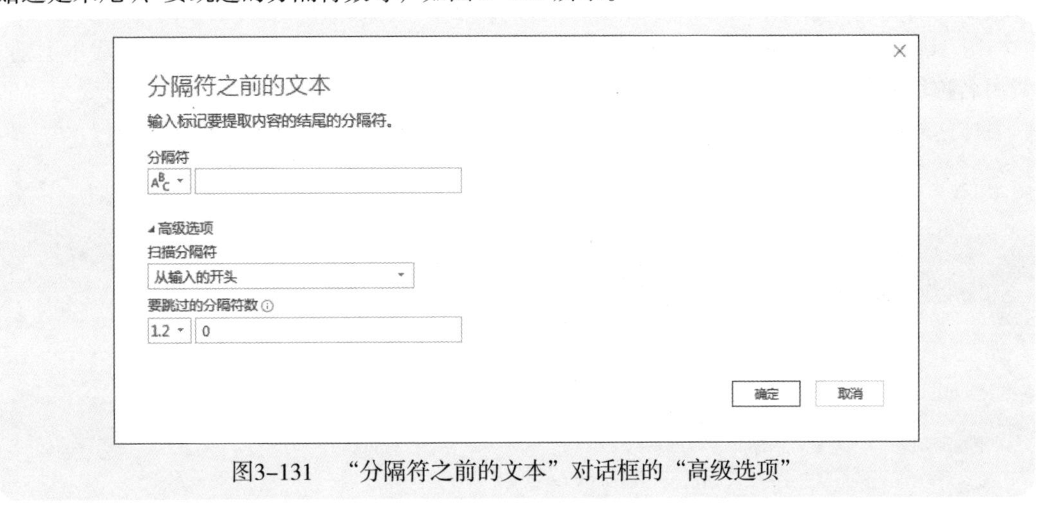

图3-131 “分隔符之前的文本”对话框的“高级选项”

6. 分隔符之后的文本

“分隔符之后的文本”命令就是根据列数据的特征，把指定分隔符之后的文本提取出来。这个操作方法与上面介绍的分隔符之前的文本是一样的。

7. 分隔符之间的文本

“分隔符之间的文本”命令就是把两个指定分隔符之间的文本提取出来，此时需要在“分隔符之间的文本”对话框中设置开始分隔符和结束分隔符，如图 3–132 所示。

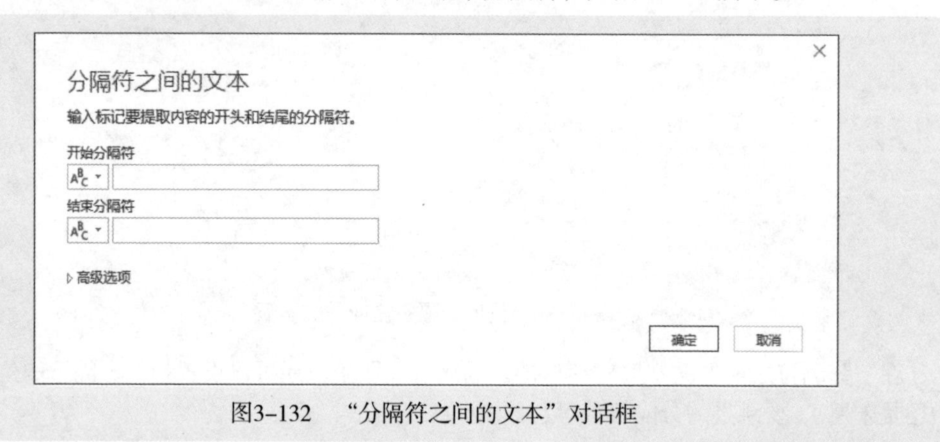

图3–132　“分隔符之间的文本”对话框

图 3–133 是另外一种情况，“科目名称”列中，是部门名称编码、部门名称、成本类别、费用名称等数据的字符串，不过部门名称是在字符] 和 / 之间，现在需要把这列变为“部门名称”列。

	科目代...	科目名称	本期借方...	本期贷方...
1	6602	管理费用	499700	407116.47
2	6602.01	工资	242000	220894.83
3	6602.01	[001]公司总部/[0]非质量成本	30000	30423.64
4	6602.01	[003]人力资源部/[0]非质量成本	80000	78888.95
5	6602.01	[004.01]采购部/[0]非质量成本	30000	22582
6	6602.01	[004.02]计划部/[0]非质量成本	20000	13740.77
7	6602.01	[005.01]会计部/[0]非质量成本	30000	29552.17
8	6602.01	[005.02]仓储部/[0]非质量成本	25000	21206.68
9	6602.01	[012]内控部/[0]非质量成本	27000	24500.62
10	6602.02	福利费	155600	138670.87
11	6602.02	[001]公司总部/[0]非质量成本	150000	138055.77
12	6602.02	[003]人力资源部/[0]非质量成本	5000	515.1
13	6602.02	[005.02]仓储部/[0]非质量成本	600	100
14	6602.03	差旅费	69300	37902.2
15	6602.03	[001]公司总部/[0]非质量成本	60000	30146.2

图3–133　“部门名称”前后有特殊字符

选择“科目名称”列，执行“分隔符之间的文本”命令，打开“分隔符之间的文本”对话框，在“开始分隔符”下面的文本框中输入]，在“结束分隔符”下面的文本框中输入 /，展开“高级选项”，检查扫描分隔符的方法是否满足这个具体的数据特征，如图 3–134 所示。

分隔符之间的文本

输入标记要提取内容的开头和结尾的分隔符。

开始分隔符

]

结束分隔符

/

高级选项

扫描开始分隔符

从输入的开头

要跳过的开始分隔符数

0

扫描结束分隔符

从开始分隔符，到输入结束

要跳过的结束分隔符数

0

确定 取消

图3-134 输入开始分隔符和结束分隔符

单击“确定”按钮，就得到了需要的结果，如图 3-135 所示。

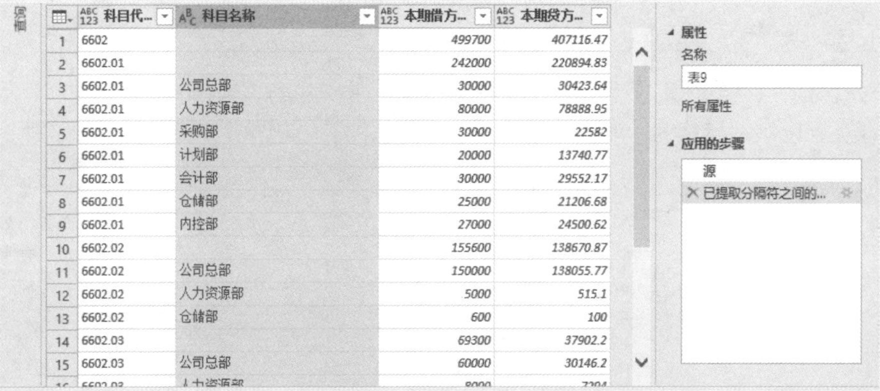

	科目代...	科目名称	本期借方...	本期贷方...
1	6602		499700	407116.47
2	6602.01		242000	220894.83
3	6602.01	公司总部	30000	30423.64
4	6602.01	人力资源部	80000	78888.95
5	6602.01	采购部	30000	22582
6	6602.01	计划部	20000	13740.77
7	6602.01	会计部	30000	29552.17
8	6602.01	仓储部	25000	21206.68
9	6602.01	内控部	27000	24500.62
10	6602.02		155600	138670.87
11	6602.02	公司总部	150000	138055.77
12	6602.02	人力资源部	5000	515.1
13	6602.02	仓储部	600	100
14	6602.03		69300	37902.2
15	6602.03	公司总部	60000	30146.2

属性

名称

表9

所有属性

应用的步骤

源

已提取分隔符之间的...

图3-135 转换为部门数据

3.4.2 转换列数据格式

当列数据中存在诸如空格、非打印字符而需要清除时，当需要将字母进行大小写转换时，当需要在数据的前面添加前缀或者在后面添加后缀时，就可以使用“格式”命令，来对列数据进行处理。

与“提取”命令一样,“格式”命令也出现在两个地方:“转换”选项卡和“添加列”选项卡，前者是在原始列位置转换格式，后者是把转换格式后的数据另保存一列，如图 3–136 所示。

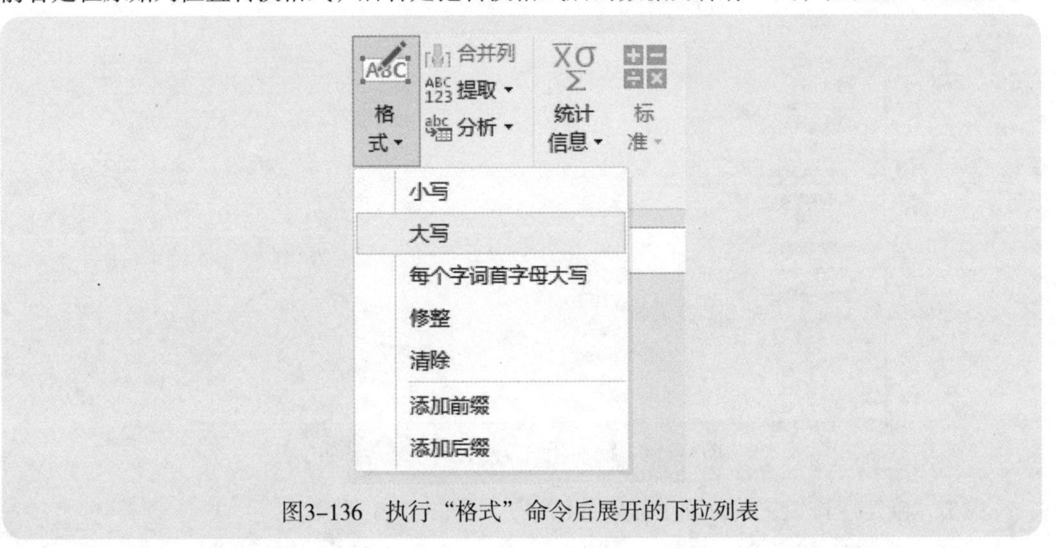

图3–136　执行“格式”命令后展开的下拉列表

1. 小写

小写就是所选列的所有字母转换为小写。例如，图 3–137 中的产品编码中的字母大小写混淆，现在要求统一转换为小写，就可以执行“格式”→“小写”命令，得到如图 3–138 所示的结果。

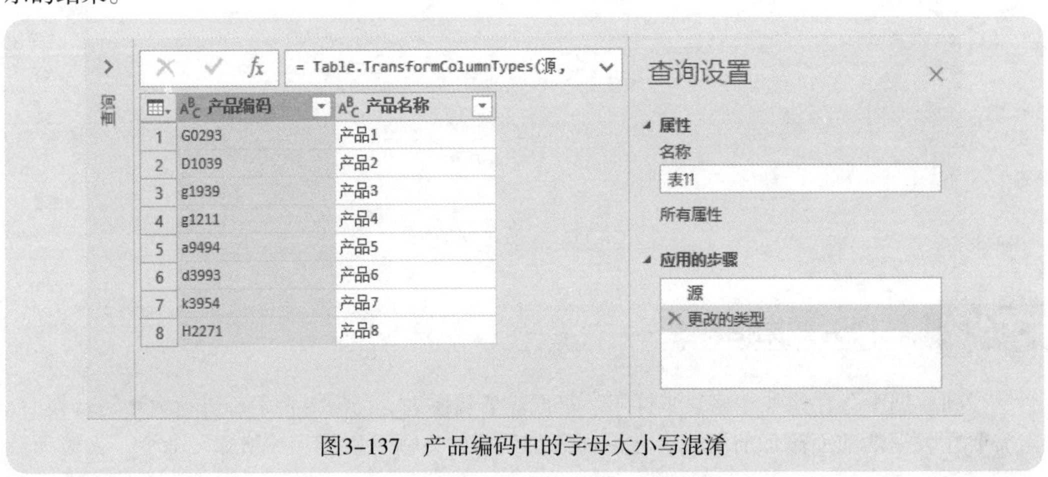

图3–137　产品编码中的字母大小写混淆

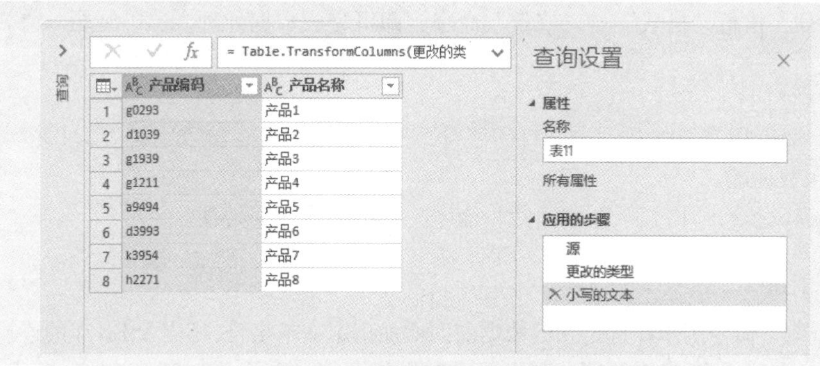

图3-138 将产品编码中的所有字母转换为小写

2. 大写

大写就是所选列的所有字母转换为大写。例如，上面的例子，执行“大写”命令，得到如图 3-139 所示的结果。

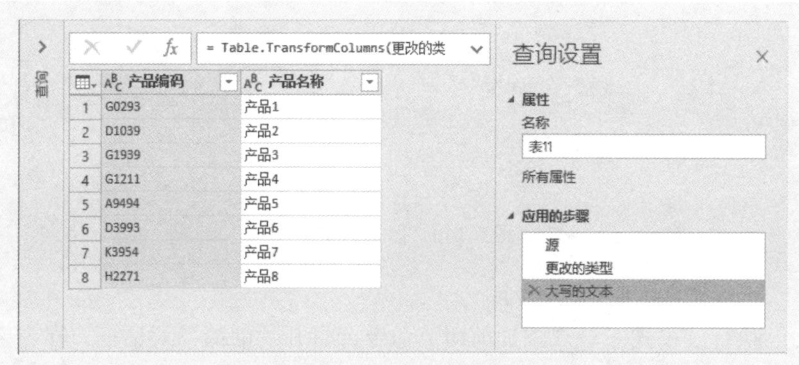

图3-139 将产品编码中的所有字母转换为大写

3. 每个字词首字母大写

“每个字词首字母大写”命令仅仅是把每个字词的首字母转换为大写，其他的字母不予处理。这个操作很简单，读者可以模拟一个数据进行操作练习。

4. 修整

“修整”命令用来清除数据前面和后面的空格，但并不能去除字符串中间的空格。这个命令，相当于 Excel 的 TRIM 函数功能。

选择某列，执行“格式”→“修整”命令，即可完成数据处理。

5. 清除

“清除”命令用来清除数据中非打印字符，例如，换行符、特殊字符等，它相当于 Excel 的 CLEAN 函数功能。

选择某列，执行“格式”→“清除”命令，即可完成数据处理。

6. 添加前缀

“添加前缀”命令用来在选定列的数据前面增加指定文本字符，相当于 Excel 的连接运算 &。

图 3-140 是一个简单的示例，现在要求在供货商编号前面添加字符 GHS-，其主要操作步骤如下。

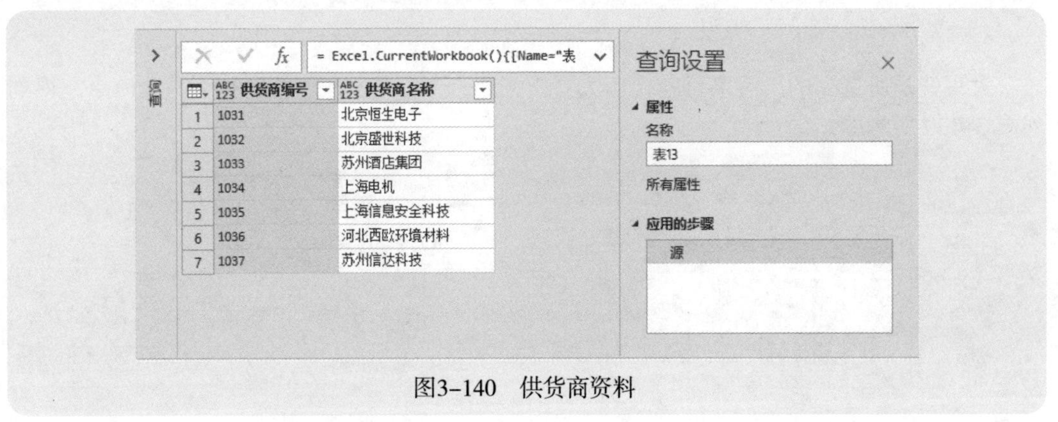

图3-140　供货商资料

步骤1　选择“供货商编号”列。

步骤2　执行“格式”→“添加前缀”命令，打开“前缀”对话框，在“值”下面的文本框中输入GHS-，如图3-141所示。

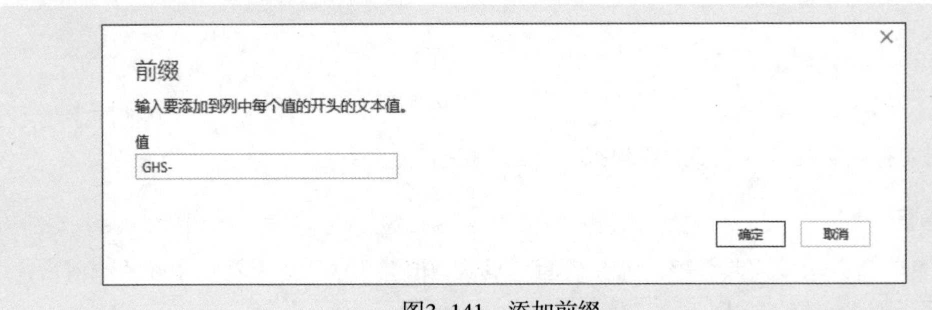

图3-141　添加前缀

步骤3 单击“确定”按钮，就得到了需要的结果，如图3-142所示。

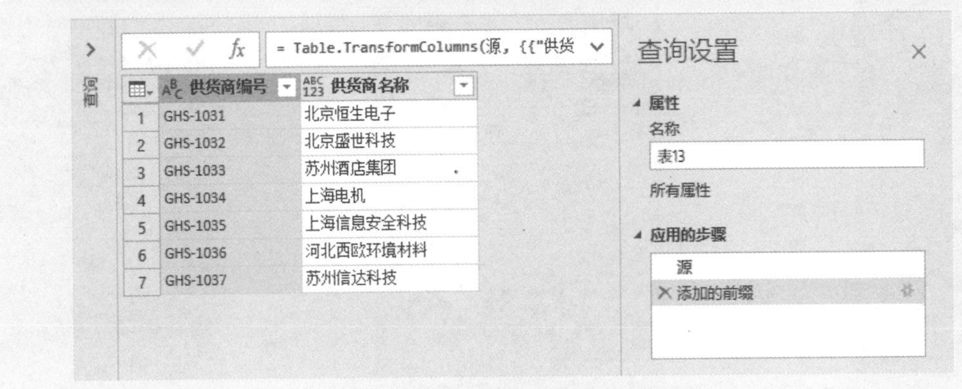

图3-142 为指定列数据添加了前缀

7. 添加后缀

“添加后缀”命令用来在选定列的数据后面增加指定文本字符，相当于 Excel 的连接运算 &。这个操作，与 3.4.2 小节介绍的添加前缀的操作完全相同。

3.5 日期时间列的特殊操作

对于日期和时间数据列，有一些特殊的操作，来完成特殊的数据处理。

执行“转换”→“日期”命令，或者执行“添加列”→“日期”命令，就会展开一个关于日期的命令菜单，如图 3-143 所示。这样就可以对“日期”列和“时间”列数据进行特殊处理加工，例如，提取年份数、月份数、季度数等。

当需要对日期进行计算时，一般不使用“转换”选项卡里的“日期”命令，因为它会把原始日期列替换掉。因此，更多的是使用“添加列”选项卡里的“日期”命令，如图 3-144 所示。

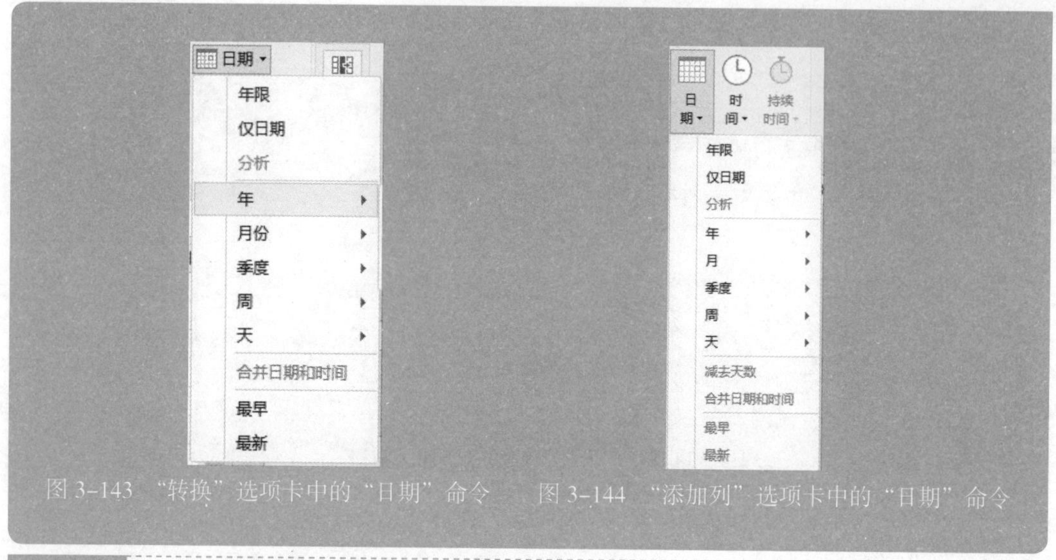

图 3-143 “转换”选项卡中的“日期”命令　　图 3-144 “添加列”选项卡中的“日期”命令

3.5.1 计算当前与表格日期之间的天数

执行“日期”→“年限”命令，系统就会计算数据某列的每个日期与当天日期之间的差值，也就是天数。例如，数据表的日期是2019-03-10，当前日期是2019-04-01，则它们的差值就是22天。

案例3-12

对图 3-145 中的合同数据，要计算出每个合同到期日与今天之间的天数，也就是计算出逾期天数（如果结果为正数，表明已经逾期；如果结果为负数，表明还没有到期）。

	客户	合同	合同额	签订日	到期日
1	客户15	合同115	8663	2018-5-1	2019-1-1
2	客户17	合同132	7802	2018-5-18	2019-1-18
3	客户06	合同187	778	2018-5-19	2019-1-19
4	客户19	合同186	1005	2018-5-26	2019-1-26
5	客户08	合同30	6231	2018-6-9	2019-1-9
6	客户02	合同220	9647	2018-6-17	2019-1-17
7	客户05	合同164	9514	2018-6-19	2019-1-19
8	客户09	合同357	8917	2018-6-28	2019-1-28
9	客户05	合同303	9068	2018-7-1	2019-3-1
10	客户17	合同341	6653	2018-7-2	2019-1-2
11	客户10	合同68	3539	2018-7-4	2019-1-4

94 行

图3-145　合同数据

选择“到期日”列，执行“添加列”→“日期”→“年限”命令，就得到了图 3-146 所示的结果。

	客户	合同	合同额	签订日	到期日	年限
1	客户15	合同115	8663	2018-5-1	2019-1-1	103.00:00:00
2	客户17	合同132	7802	2018-5-18	2019-1-18	86.00:00:00
3	客户06	合同187	778	2018-5-19	2019-1-19	85.00:00:00
4	客户19	合同186	1005	2018-5-26	2019-1-26	78.00:00:00
5	客户08	合同30	6231	2018-6-9	2019-1-9	95.00:00:00
6	客户02	合同220	9647	2018-6-17	2019-1-17	87.00:00:00
7	客户05	合同164	9514	2018-6-19	2019-1-19	85.00:00:00
8	客户09	合同357	8917	2018-6-28	2019-1-28	76.00:00:00
9	客户05	合同303	9068	2018-7-1	2019-3-1	44.00:00:00
10	客户17	合同341	6653	2018-7-2	2019-1-2	102.00:00:00
11	客户10	合同68	3539	2018-7-4	2019-1-4	100.00:00:00

图3-146 “到期日”列数据变为了时间格式的数字

将默认的列标题“年限”修改为“逾期天数”，再将此列的数据类型设置为“整数”，就得到了每个合同的逾期天数，如图 3-147 所示。

	客户	合同	合同额	签订日	到期日	逾期天数
1	客户15	合同115	8663	2018-5-1	2019-1-1	103
2	客户17	合同132	7802	2018-5-18	2019-1-18	86
3	客户06	合同187	778	2018-5-19	2019-1-19	85
4	客户19	合同186	1005	2018-5-26	2019-1-26	78
5	客户08	合同30	6231	2018-6-9	2019-1-9	95
6	客户02	合同220	9647	2018-6-17	2019-1-17	87
7	客户05	合同164	9514	2018-6-19	2019-1-19	85
8	客户09	合同357	8917	2018-6-28	2019-1-28	76
9	客户05	合同303	9068	2018-7-1	2019-3-1	44
10	客户17	合同341	6653	2018-7-2	2019-1-2	102
11	客户10	合同68	3539	2018-7-4	2019-1-4	100

图3-147 得到新列“逾期天数”

3.5.2 从日期和时间数据中提取日期

如果日期和时间数据在一起，构成了既有日期也有时间的数据，此时可以执行“日期”→“仅日期”命令，将时间抹掉，仅仅提取里面的日期数据。

案例3-13

例如，对于图 3-148 所示的考勤数据，希望从“上班时间”列和“下班时间”列中分别提取日期和两个时间，变成 3 列数据。

	姓名	上班时间	下班时间
1	A001	2019-4-1 9:45:49	2019-4-1 18:16:40
2	A002	2019-4-1 8:22:27	2019-4-1 17:28:43
3	A003	2019-4-1 7:54:10	2019-4-1 17:28:24
4	A004	2019-4-1 8:22:10	2019-4-1 18:28:17
5	A005	2019-4-1 7:41:52	2019-4-1 17:28:51
6	A006	2019-4-1 7:11:39	2019-4-1 18:44:04
7	A007	2019-4-1 9:55:30	2019-4-1 16:24:38
8	A008	2019-4-1 8:25:02	2019-4-1 16:05:37
9	A009	2019-4-1 7:37:19	2019-4-1 17:49:14
10	A010	2019-4-1 8:38:02	2019-4-1 18:30:22

图3-148　上下班时间是日期和时间一起的数据

步骤1　选择“上班时间”列，执行“添加列”→“日期”→“仅日期”命令，就得到了图3-149所示的结果。

	姓名	上班时间	下班时间	日期
1	A001	2019-4-1 9:45:49	2019-4-1 18:16:40	2019-4-1
2	A002	2019-4-1 8:22:27	2019-4-1 17:28:43	2019-4-1
3	A003	2019-4-1 7:54:10	2019-4-1 17:28:24	2019-4-1
4	A004	2019-4-1 8:22:10	2019-4-1 18:28:17	2019-4-1
5	A005	2019-4-1 7:41:52	2019-4-1 17:28:51	2019-4-1
6	A006	2019-4-1 7:11:39	2019-4-1 18:44:04	2019-4-1
7	A007	2019-4-1 9:55:30	2019-4-1 16:24:38	2019-4-1
8	A008	2019-4-1 8:25:02	2019-4-1 16:05:37	2019-4-1
9	A009	2019-4-1 7:37:19	2019-4-1 17:49:14	2019-4-1
10	A010	2019-4-1 8:38:02	2019-4-1 18:30:22	2019-4-1

图3-149　得到一列日期

步骤2　选择“上班时间”列，执行“添加列”→“时间”→“仅时间”命令，就从这列日期和时间混杂的数据中提取了一列时间，如图3-150和图3-151所示。

时间▾　持续时间▾

仅时间
本地时间
分析
小时 ▸
分钟
秒
减
合并日期和时间
最早
最新

图3-150　执行“添加列”→“时间”→“仅时间”命令

	姓名	上班时间	下班时间	日期	时间
1	A001	2019-4-1 9:45:49	2019-4-1 18:16:40	2019-4-1	9:45:49
2	A002	2019-4-1 8:22:27	2019-4-1 17:28:43	2019-4-1	8:22:27
3	A003	2019-4-1 7:54:10	2019-4-1 17:28:24	2019-4-1	7:54:10
4	A004	2019-4-1 8:22:10	2019-4-1 18:28:17	2019-4-1	8:22:10
5	A005	2019-4-1 7:41:52	2019-4-1 17:28:51	2019-4-1	7:41:52
6	A006	2019-4-1 7:11:39	2019-4-1 18:44:04	2019-4-1	7:11:39
7	A007	2019-4-1 9:55:30	2019-4-1 16:24:38	2019-4-1	9:55:30
8	A008	2019-4-1 8:25:02	2019-4-1 16:05:37	2019-4-1	8:25:02
9	A009	2019-4-1 7:37:19	2019-4-1 17:49:14	2019-4-1	7:37:19
10	A010	2019-4-1 8:38:02	2019-4-1 18:30:22	2019-4-1	8:38:02
11	A011	2019-4-1 7:56:32	2019-4-1 16:12:52	2019-4-1	7:56:32
12	A012	2019-4-1 8:53:47	2019-4-1 18:12:14	2019-4-1	8:53:47

图3-151　从上班时间中提取签到时间

步骤3　选择“下班时间”列，执行“添加列”→“时间”→“仅时间”命令，得到签退时间，如图3-152所示。

	姓名	上班时间	下班时间	日期	时间	时间.1
1	A001	2019-4-1 9:45:49	2019-4-1 18:16:40	2019-4-1	9:45:49	18:16:40
2	A002	2019-4-1 8:22:27	2019-4-1 17:28:43	2019-4-1	8:22:27	17:28:43
3	A003	2019-4-1 7:54:10	2019-4-1 17:28:24	2019-4-1	7:54:10	17:28:24
4	A004	2019-4-1 8:22:10	2019-4-1 18:28:17	2019-4-1	8:22:10	18:28:17
5	A005	2019-4-1 7:41:52	2019-4-1 17:28:51	2019-4-1	7:41:52	17:28:51
6	A006	2019-4-1 7:11:39	2019-4-1 18:44:04	2019-4-1	7:11:39	18:44:04
7	A007	2019-4-1 9:55:30	2019-4-1 16:24:38	2019-4-1	9:55:30	16:24:38
8	A008	2019-4-1 8:25:02	2019-4-1 16:05:37	2019-4-1	8:25:02	16:05:37
9	A009	2019-4-1 7:37:19	2019-4-1 17:49:14	2019-4-1	7:37:19	17:49:14
10	A010	2019-4-1 8:38:02	2019-4-1 18:30:22	2019-4-1	8:38:02	18:30:22
11	A011	2019-4-1 7:56:32	2019-4-1 16:12:52	2019-4-1	7:56:32	16:12:52
12	A012	2019-4-1 8:53:47	2019-4-1 18:12:14	2019-4-1	8:53:47	18:12:14

图3-152　从下班时间中提取签退时间

步骤4　删除原来的上班时间和下班时间，将两个提取出来的时间分别重命名为“签到时间”和“签退时间”，如图3-153所示。

	姓名	日期	签到时间	签退时间
1	A001	2019-4-1	9:45:49	18:16:40
2	A002	2019-4-1	8:22:27	17:28:43
3	A003	2019-4-1	7:54:10	17:28:24
4	A004	2019-4-1	8:22:10	18:28:17
5	A005	2019-4-1	7:41:52	17:28:51
6	A006	2019-4-1	7:11:39	18:44:04
7	A007	2019-4-1	9:55:30	16:24:38
8	A008	2019-4-1	8:25:02	16:05:37
9	A009	2019-4-1	7:37:19	17:49:14
10	A010	2019-4-1	8:38:02	18:30:22
11	A011	2019-4-1	7:56:32	16:12:52
12	A012	2019-4-1	8:53:47	18:12:14

图3-153　整理加工后的考勤数据

3.5.3 计算日期的年数据

对于一个“日期”列，可以提取每个日期的年份数字，也可以提取每个日期所在年份的开始日期(就是每年的1月1日)，或每个日期所在年份的结束日期(就是每年的12月31日)。

执行“日期”→“年”命令，展开子菜单，如图3-154所示。

- 年：获取某个日期的年份数字，相当于YEAR函数的功能。
- 年份开始值：计算某个日期所在年份的第一天日期。
- 年份结束值：计算某个日期所在年份的最后一天日期。

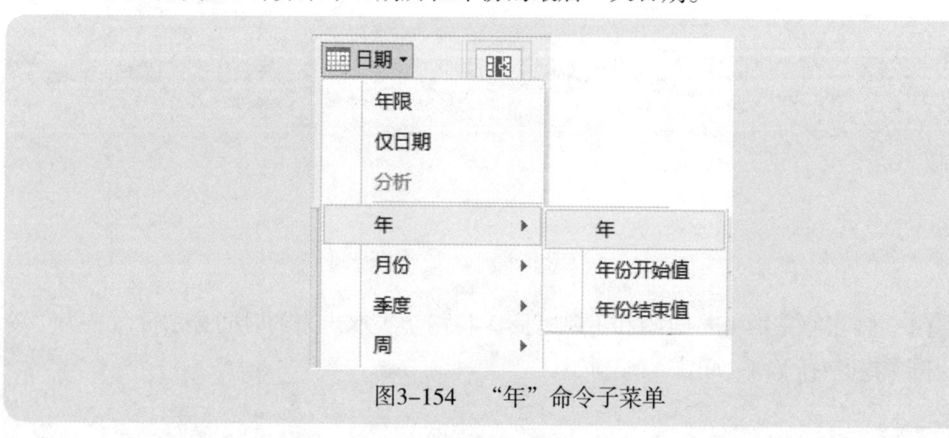

图3-154　“年”命令子菜单

由于此项操作比较简单，这里就不再介绍具体案例了。

3.5.4 计算日期的月数据

也可以对日期进行月份相关的计算，例如，提取月份数字、提取月份名称、计算一个月的天数等。

执行“日期”→“月份”命令，展开子菜单，如图 3-155 所示。

- 月份：计算某个日期的月份数字，相当于 MONTH 函数的功能。
- 月份开始值：计算某个日期所在月份的第一天日期。
- 月份结束值:计算某个日期所在月份的最后一天日期,相当于 EOMONTH 函数的功能。
- 一个月的某些日：计算某个日期所在月份的总天数。
- 月份名称：计算某个日期的月份名称（中文的或英文的）。

图3-155 “月份”命令子菜单

案例3-14

图 3-156 是应付款表，要求根据签订日期计算应付日期，其规则是：无论是哪天签订的合同，付款截止都是合同到期日的下一个月的 10 号。

	合同	签订日期	合同到期日
1	A01	2017-7-21	2020-2-20
2	A02	2019-12-23	2022-10-22
3	A03	2019-9-22	2021-12-21
4	A04	2018-7-4	2019-10-3
5	A05	2018-3-21	2019-6-20
6	A06	2016-1-3	2017-3-2

图3-156 合同示例数据

步骤 1 选择“合同到期日”列。

步骤 2 执行“添加列”→“日期”→“月份”→“月份结束值”命令，得到一个各个日期所在月份的月底日期，如图3-157所示。

	合同	签订日期	合同到期日	月份结束值
1	A01	2017-7-21	2020-2-20	2020-2-29
2	A02	2019-12-23	2022-10-22	2022-10-31
3	A03	2019-9-22	2021-12-21	2021-12-31
4	A04	2018-7-4	2019-10-3	2019-10-31
5	A05	2018-3-21	2019-6-20	2019-6-30
6	A06	2016-1-3	2017-3-2	2017-3-31

图3-157　得到的月底日期

步骤 3 将新加的列“月份结束值”的数据类型设置为“整数”，如图3-158所示。

	合同	签订日期	合同到期日	月份结束值
1	A01	2017-7-21	2020-2-20	43890
2	A02	2019-12-23	2022-10-22	44865
3	A03	2019-9-22	2021-12-21	44561
4	A04	2018-7-4	2019-10-3	43769
5	A05	2018-3-21	2019-6-20	43646
6	A06	2016-1-3	2017-3-2	42825

图3-158　设置“月份结束值”的数据类型为“整数”

步骤 4 选择“月份结束值”列，执行“转换”→“标准”→“添加”命令，如图3-159所示。打开“加”对话框，“值”输入10，如图3-160所示。

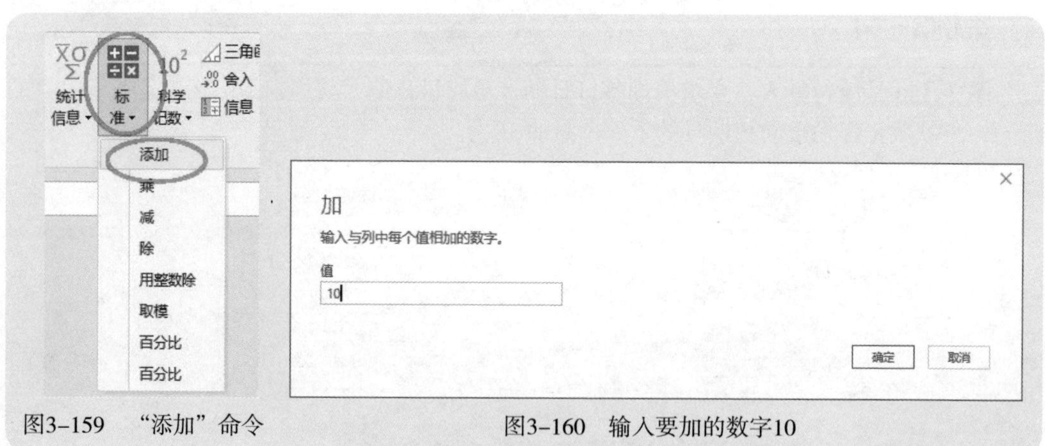

图3-159　“添加”命令

图3-160　输入要加的数字10

步骤5　单击“确定”按钮，就得到了图3-161所示的结果。

	合同	签订日期	合同到期日	1.2 月份结束值
1	A01	2017-7-21	2020-2-20	43900
2	A02	2019-12-23	2022-10-22	44875
3	A03	2019-9-22	2021-12-21	44571
4	A04	2018-7-4	2019-10-3	43779
5	A05	2018-3-21	2019-6-20	43656
6	A06	2016-1-3	2017-3-2	42835

图3-161　月份结束值加上了数字10（就是加10天）

步骤6　将默认的列标题“月份结束值”修改为“付款截止日”，并重新设置数据类型为“日期”，那么就得到了要求的付款截止日结果，如图3-162所示。

	合同	签订日期	合同到期日	付款截止日
1	A01	2017-7-21	2020-2-20	2020-3-10
2	A02	2019-12-23	2022-10-22	2022-11-10
3	A03	2019-9-22	2021-12-21	2022-1-10
4	A04	2018-7-4	2019-10-3	2019-11-10
5	A05	2018-3-21	2019-6-20	2019-7-10
6	A06	2016-1-3	2017-3-2	2017-4-10

图3-162　得到的付款截止日

3.5.5 计算日期的季度数据

也可以对日期进行季度相关的计算，例如，计算某个日期所对应的季度数字，提取某个季度的开始日期，提取某个季度的结束日期。

执行“日期”→“季度”命令，展开子菜单，如图 3-163 所示。

- 一年的某一季度：得到日期所在的季度数字，例如，日期 2019-05-23 对应的季度数字是 2。
- 季度开始值：某日期所在季度的第一天，例如，日期 2019-05-23 所在季度的第一天是 2019-04-01。
- 季度结束值：某日期所在季度的最后一天，例如，日期 2019-05-23 所在季度的最后一天是 2019-06-30。

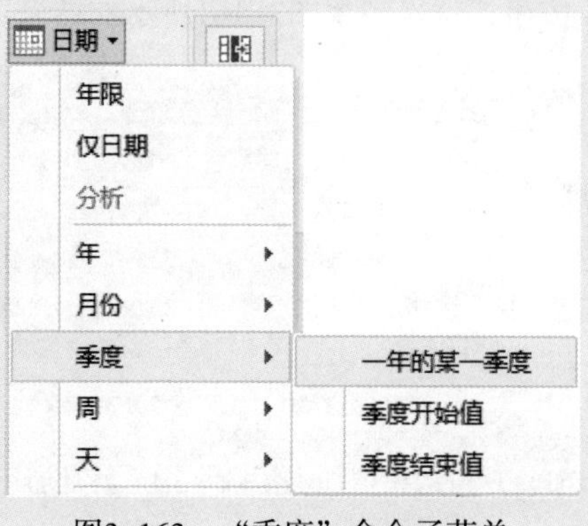

图3-163 “季度”命令子菜单

3.5.6 计算日期的周数据

可以对日期进行周相关的计算，例如，计算某个日期所在年度的第几周数字，计算某个日期是该月的第几周，每个星期的开始日期或结束日期。

执行“日期”→“周”命令，展开子菜单，如图 3-164 所示。

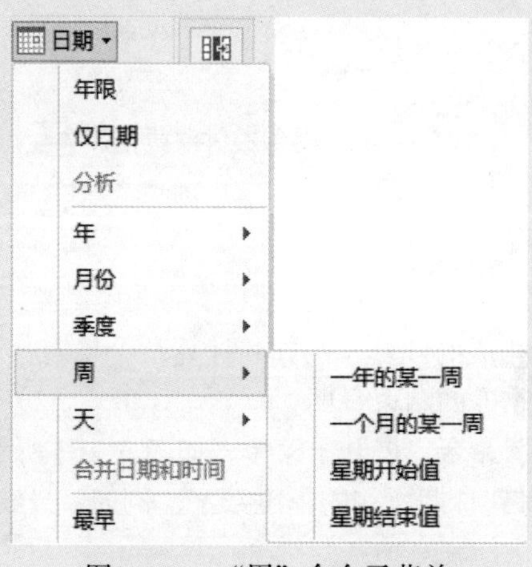

图3-164 “周”命令子菜单

- 一年的某一周：计算某个日期是一年的第几周数字，相当于 WEEKNUM 函数的功能。例如，日期 2019-05-23 对应的周次数字是 21。
- 一个月的某一周：计算某个日期是某个月的第几周数字。例如，日期 2019-05-23 对应的周次数字是 4。

- 星期开始值：计算某个日期所在某个星期的第一天日期。例如，日期 2019-05-23 所在对应的周的第一天是 2019-05-20。
- 星期结束值：计算某个日期所在某个星期的最后一天日期。例如，日期 2019-05-23 所在对应的周的最后一天是 2019-05-26。

3.5.7 计算日期的天数据

对日期进行天相关的计算，例如，提取日期的天数字，计算某个日期在该年已过去的天数等。执行“日期”→“天”命令，展开子菜单，选择相应选项就能完成相应的操作，如图 3-165 所示。

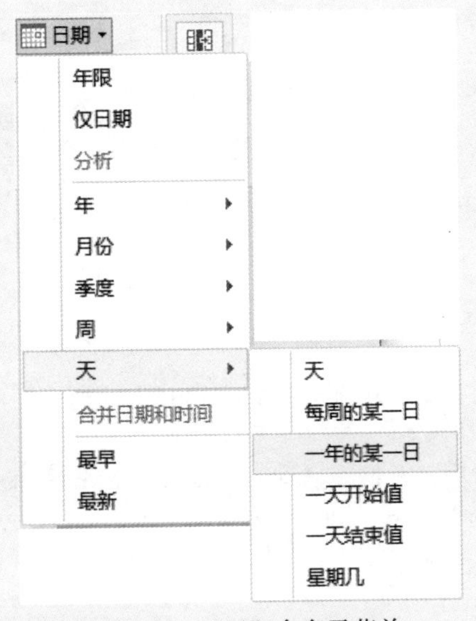

图3-165 “天”命令子菜单

- 天：计算某个日期的天数。例如，日期 2019-05-23，其天数数字就是 23，相当于 DAY 函数的功能。
- 每周的某一日：计算某个日期是每周的第几天，相当于 WEEKDAY 函数的功能。
- 一年的某一日：计算某个日期是该年的第几天，也就是离年初已经过去了多少天。
- 一天开始值：当日期数据中还有时间数字时，就清零，这个是时间数字，从 0 点开始计算。如果是一个纯日期，这个操作没意义。
- 一天结束值：当日期数据中还有时间数字时，就清零，这个是时间数字，从半夜 12 点开始计算（也就是第二天的 0 点）。如果是一个纯日期，这个操作没意义。

● 星期几：计算某个日期是星期几，是中文星期名称或英文星期名称。

3.5.8 获取某列日期中的最早日期或最晚日期

如果要获取某列日期中的最早日期或最晚日期，则可以执行“日期”→“最早”命令，或者执行“日期”→“最晚”命令，那么就会在编辑器中显示这个最早日期或者最晚日期，如图 3-166 所示。

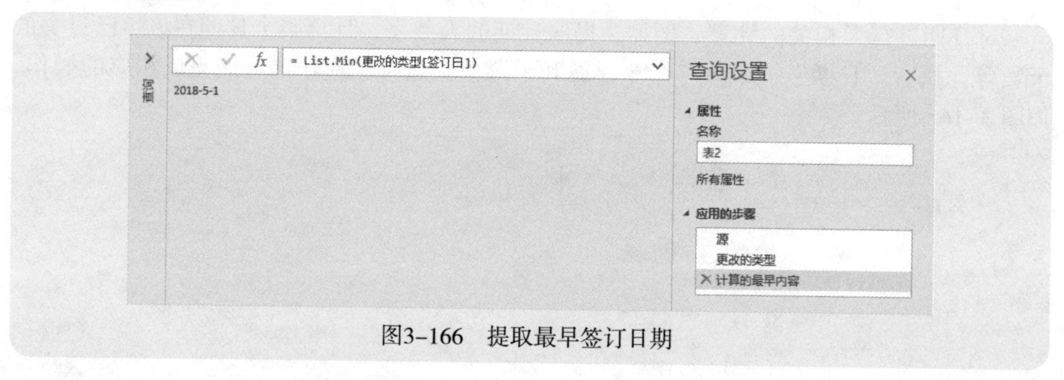

图3-166　提取最早签订日期

3.5.9 合并日期和时间

如果日期和时间是两列数据，现在要把它们合并为一列，则可以执行“日期”→“合并日期和时间”命令。

例如，图 3-167 中的数据，日期和时间是分两列保存的，现在要合并为一列，那么先选择“日期”和“上班时间”这两列，执行“转换”→“日期”→“合并日期和时间”命令，得到需要的结果，如图 3-168 所示。

= Table.TransformColumnTypes(源,{{"姓名",

	姓名	日期	上班时间
1	A001	2019-4-1	8:59:00
2	A002	2019-4-2	8:56:40
3	A003	2019-4-3	9:37:39
4	A004	2019-4-4	8:11:55
5	A005	2019-4-5	9:09:06
6	A006	2019-4-8	8:34:49
7	A007	2019-4-9	8:49:55
8	A008	2019-4-10	8:19:12
9	A009	2019-4-11	8:25:47

查询设置
属性
名称
表15
所有属性
应用的步骤
源
更改的类型

图3-167　日期和时间分两列保存

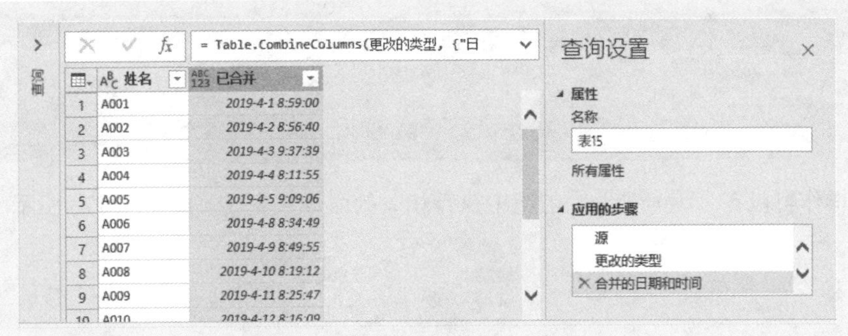

图3-168　日期和时间合并为一列

3.5.10 处理时间列

执行“转换”→“时间”命令，或者执行“添加列”→“时间”命令，在展开的子菜单中可以看到有几个专门针对时间列进行处理的选项，如图 3-169 所示。由于在实际工作中，时间的转换处理很少，这里就不再介绍这几个菜单命令的使用了。

图3-169　执行“时间”命令展开的子菜单

3.6 数字列的特殊操作

对于数字列而言，可以做的工作就非常多了。例如，如何对某列或者某几列的数字进行批量修改（例如，加上同一个数、乘以同一个数，就像 Excel 的选择性粘贴一样），如何对某列或者某几列的数字进行四舍五入，如何对某列数字做个简单的统计汇总计算（例如，求和，求最大值、最小值、平均值等）。

这些操作可以在“编号列”功能组中执行相关的命令来完成，如图 3–170 所示。

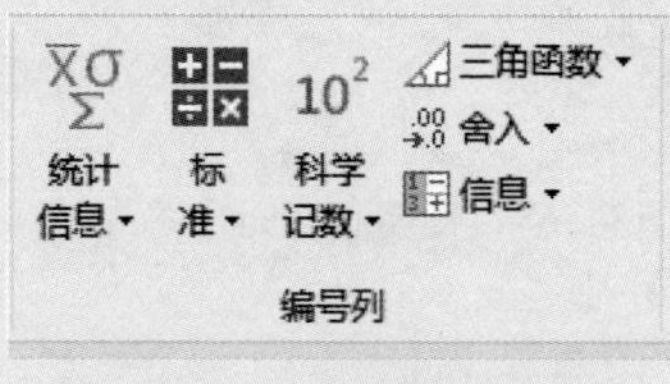

图3–170 “编号列”功能组

同样，对数字处理的命令也是出现在两个选项卡中，一个是“转换”选项卡；一个是“添加列”选项卡。在实际数据处理中，可以根据具体情况，执行不同选项卡中的“编号列”命令。

3.6.1 对列数字进行批量修改

当需要对某列数字进行批量修改时，比如，统一加上一个数、减去一个数等，可以使用执行“标准”命令展开的子菜单，如图 3–171 所示。子菜单中的这些命令从字面上就能理解每个命令所能完成的数据处理功能，这里不再一一介绍。

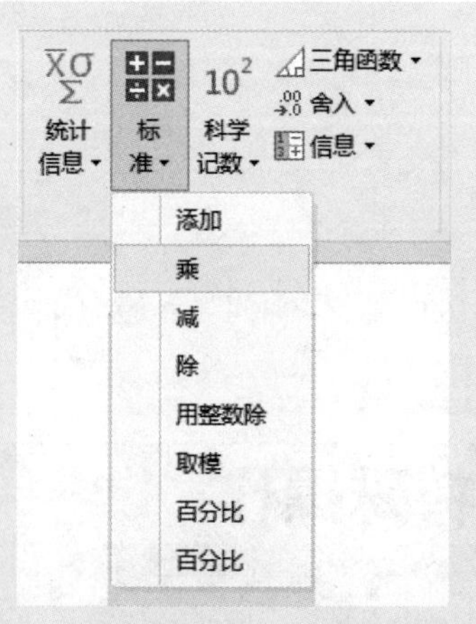

图3–171 执行“标准”命令展开的子菜单

例如，对图 3–172 中的奖金表，要在每个人的奖金数字上，再增加 35%，那么具体步骤如下。

图3-172　原始数据

步骤1　选择“奖金”列。

步骤2　执行“转换”→“标准”→“乘”命令，打开“乘”对话框，在“值”下面的文本框中输入1.35（增加35%就是乘以1.35），如图3-173所示。

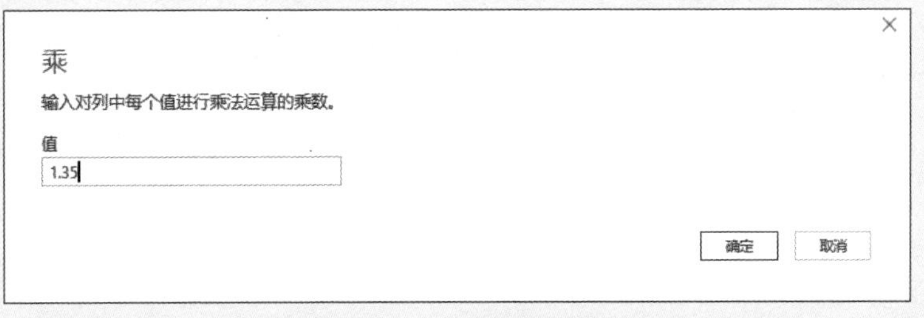

图3-173　输入要相乘的数字

步骤3　单击“确定”按钮，就得到了图3-174所示的结果。

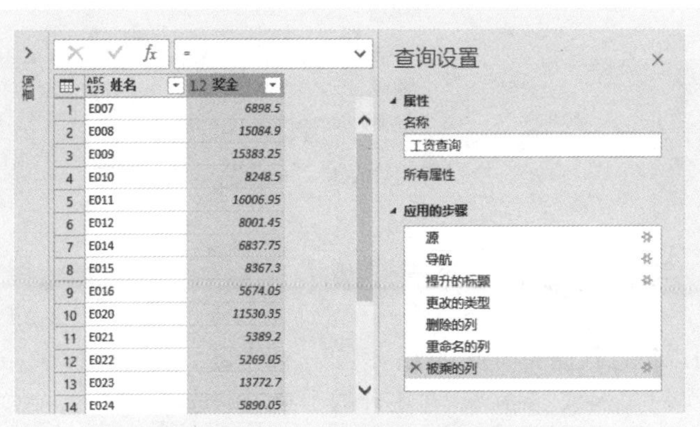

图3-174　统一增加35%后的数字

3.6.2 对列数字进行四舍五入

如果要对某列或某几列数据进行四舍五入的处理，可以执行“舍入”命令，在展开的子菜单中选择有关选项，如图 3–175 所示。这个操作很简单，这里就不再举例介绍了。

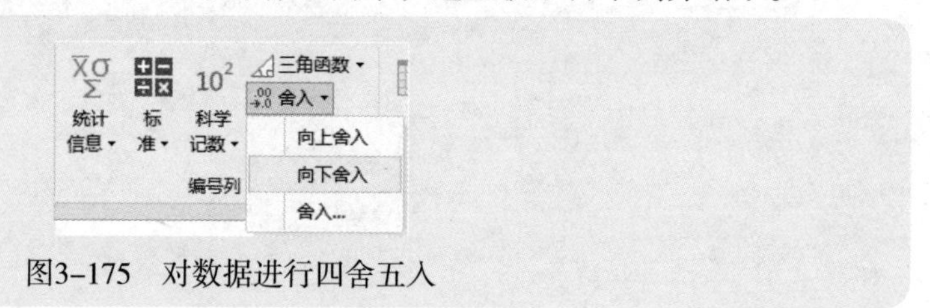

图3–175　对数据进行四舍五入

3.6.3 对列数字进行简单的统计计算

如果想要对某列数据进行简单的汇总统计，比如，看看合计数是多少、最大数是多少等，可以执行“统计信息”命令，在展开的子菜单中选择有关选项，如图 3–176 所示。这些操作也很简单，这里不再举例介绍。

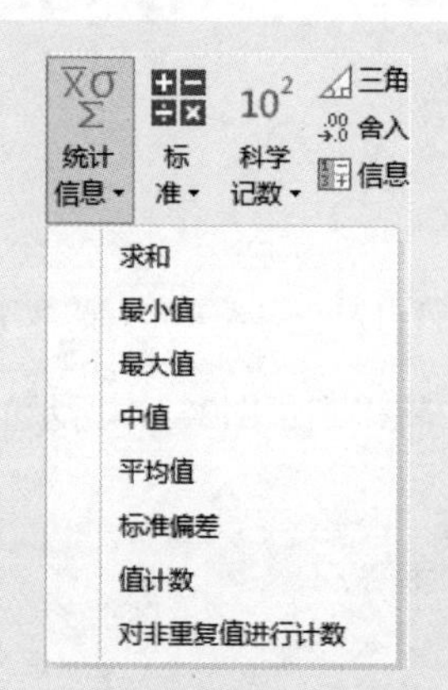

图3–176　执行“统计信息”命令展开的子菜单

3.6.4 对列数字进行其他的计算处理

对数字列还可以进行其他的计算处理，例如，开平方、求绝对值等，这些命令都可以在执行“科学记数”“三角函数”命令，在展开的子菜单的选项中找到，感兴趣的读者可以自行练习。

3.7 数据行的一般操作

在很多情况下，需要对数据的行进行操作。例如，按降序排序后，就只保留前面的 10 行数据、删除某些不需要的行、添加几行数据等。这些操作，都可以通过有关命令完成。

3.7.1 保留行

如果想要在查询结果中保留某些行，可以执行“开始”→“保留行”中的相关命令，如图 3-177 所示。

- 保留最前面几行：仅仅保留查询结果的最前面几行。
- 保留最后几行：仅仅保留查询结果的最后面几行。
- 保留行的范围：指定保留第几行到第几行的数据。
- 保留重复项：就是把那些重复的行数据保留，剔除不重复的行数据。

这几个命令操作很简单，请读者自行练习。

图3-177　执行“保留行”命令展开的子菜单

3.7.2 删除行

如果想要删除某些行，可以执行“开始”→“删除行”命令，在展开的子菜单中选择相关命令，如图 3-178 所示。

- 删除最前面几行：仅仅删除查询结果的最前面几行。
- 删除最后几行：仅仅删除查询结果的最后面几行。
- 删除间隔行：指定删除的起始位置、删除的行数，以及要保留的行数。
- 删除重复项：就是把那些重复的行数据删除，留下不重复的行数据。
- 删除空行：将所有的空记录行删除。

这几个命令操作很简单，请读者自行练习。

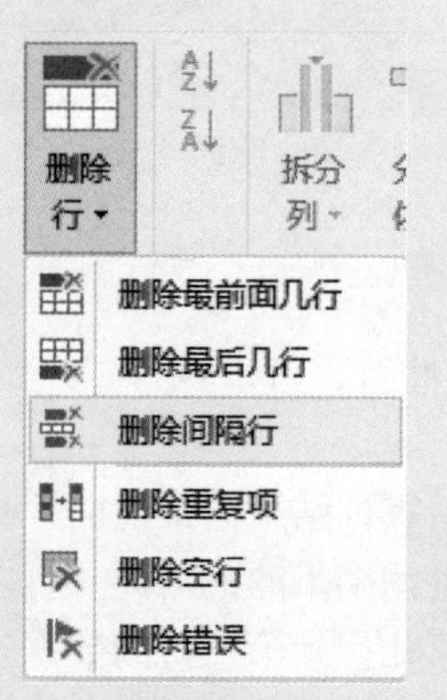

图3-178　执行“删除行”命令展开的子菜单

3.8 整个表的操作

整个表的操作主要包括反转行、转置表、将第一行用作标题等。下面进行简要的介绍。

3.8.1 反转行

反转行就是在将数据表的所有数据行进行反转，第一行转到最后一行，第二行转到倒数第二行，……，最后一行转到第一行。这个操作可以执行“开始”→“反转行”命令来实现，如图 3-179 所示。

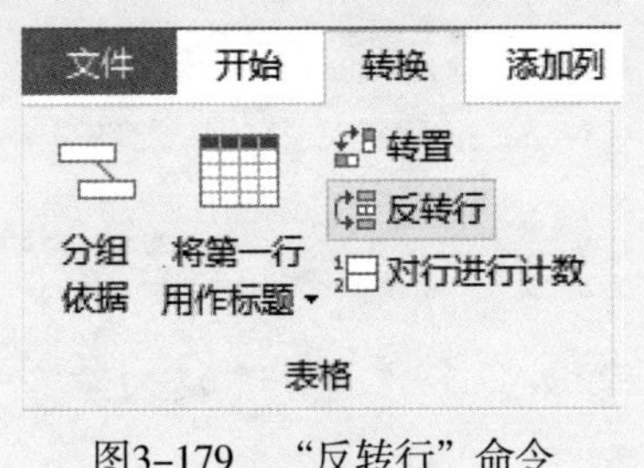

图3-179 “反转行”命令

3.8.2 转置表

所谓转置，就是把表格的行列位置互换，列变成行，行变成列，其命令如图 3-179 所示的“转置”选项。不过，这种操作也是需要一些技巧的。

例如，图 3-180 是一个简单的表，图 3-181 是其转置后的结果。

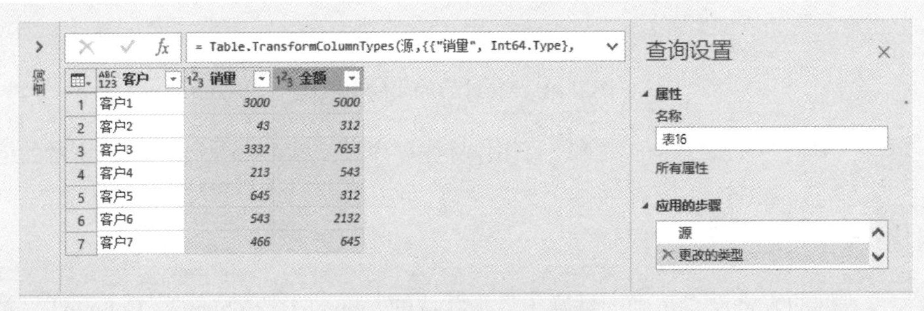

	客户	销量	金额
1	客户1	3000	5000
2	客户2	43	312
3	客户3	3332	7653
4	客户4	213	543
5	客户5	645	312
6	客户6	543	2132
7	客户7	466	645

图3-180 原始的查询表

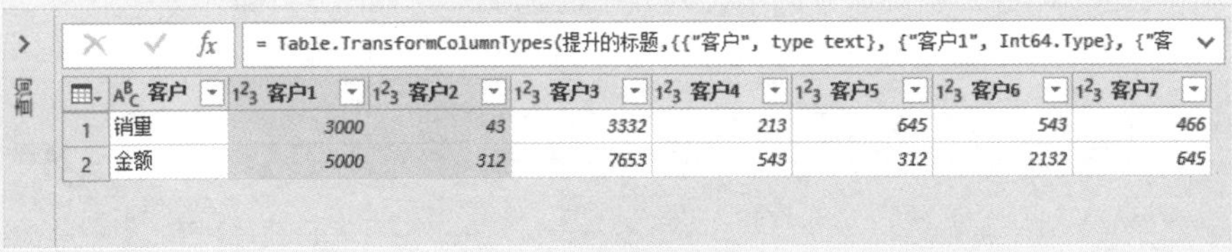

= Table.TransformColumnTypes(提升的标题,{{"客户", type text}, {"客户1", Int64.Type}, {"客

	客户	客户1	客户2	客户3	客户4	客户5	客户6	客户7
1	销量	3000	43	3332	213	645	543	466
2	金额	5000	312	7653	543	312	2132	645

图3-181 转置后的表

步骤 1 执行“开始”→“将第一行用作标题”→“将标题作为第一行”命令，使表变为图3-182所示的情形。

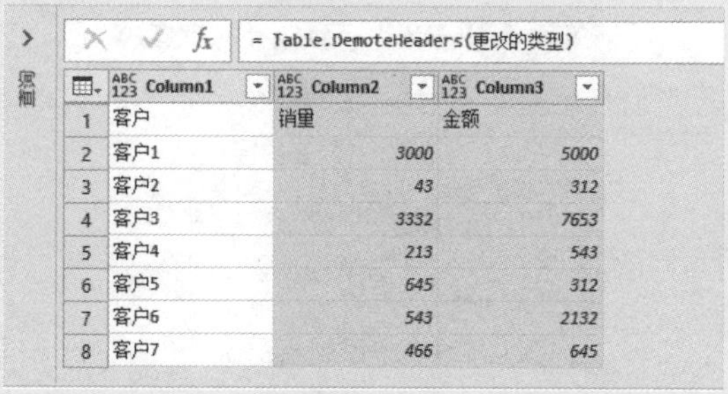

= Table.DemoteHeaders(更改的类型)

	Column1	Column2	Column3
1	客户	销量	金额
2	客户1	3000	5000
3	客户2	43	312
4	客户3	3332	7653
5	客户4	213	543
6	客户5	645	312
7	客户6	543	2132
8	客户7	466	645

图3-182　让表格标题变为表的第一行数据

步骤2　执行“转换”→“转置”命令，将表转换为如图3-183所示的情形。

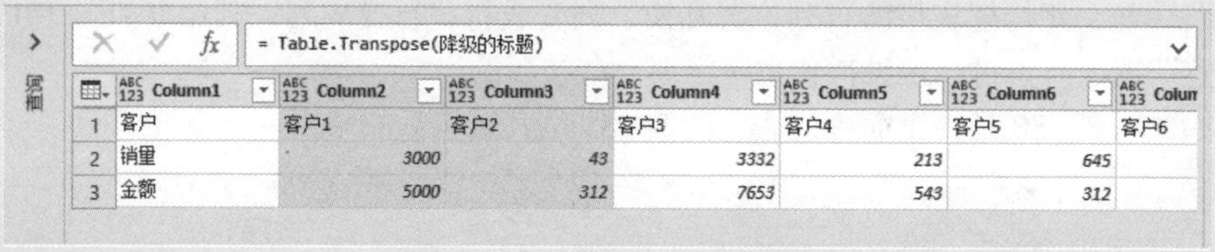

= Table.Transpose(降级的标题)

	Column1	Column2	Column3	Column4	Column5	Column6	Colum
1	客户	客户1	客户2	客户3	客户4	客户5	客户6
2	销量	3000	43	3332	213	645	
3	金额	5000	312	7653	543	312	

图3-183　转置后的表的形式

步骤3　执行“开始”→“将第一行用作标题”命令，就可以得到图3-181所示的结果。

3.8.3 表标题设置

当初步查询的表格没有正确的标题（只是默认的 Column1、Column2、Column3 之类的名称），或者需要把真正的标题用作行数据时（如上面介绍的转置），此时就需要执行“开始”→“将第一行用作标题”命令，使用展开的下拉列表中的选项了，如图 3-184 所示。

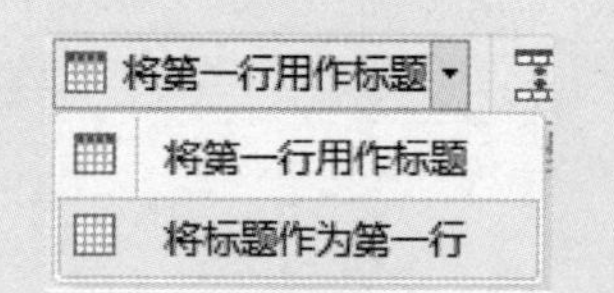

图3-184　执行“将第一行用作标题”命令后展开的下拉列表

单击“将第一行用作标题”选项旁的下拉箭头，展开下拉列表，其中有以下两个命令可以选择使用。

- 将第一行用作标题：将表的第一行数据用作标题来使用。
- 将标题作为第一行：将表的标题当作第一行数据来使用。

Chapter

04

向表添加新列

原始数据表单的字段不一定能够满足用户的要求，很多情况下需要添加新列（计算列）。在 Power Query 中，可以在不改变原始表单的情况下，为表添加新列，以完成更多的数据处理。

为表添加新列有以下 3 种情况。

- 添加索引列
- 添加自定义列
- 添加条件列

4.1 添加索引列

作为数据库，索引是一个关键字段之一。作为普通的表单，这个索引号还可以当作序号来使用。为表添加索引的方法是执行"添加列"→"索引列"命令，如图 4-1 所示。

添加索引号可以是以下 3 种情况。

- 从 0
- 从 1
- 自定义

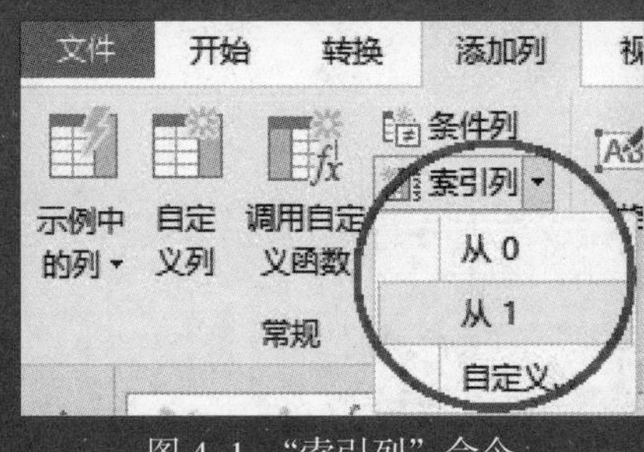

图 4-1 "索引列"命令

4.1.1 添加自然序号的索引列

自然序号的索引列，可以是从 0 开始，也可以是从 1 开始，如图 4-1 所示。

案例4-1

例如，对于图 4-2 所示的表，要求添加从 1 开始的索引列。

	ABC 123 姓名	ABC 123 基本工...	ABC 123 出勤工...	ABC 123 岗位津...	ABC 123 福利津...	ABC 123 应发工...
1	M013	9577	414	127	63	10181
2	M014	9001	108	289	583	9981
3	M015	10125	129	287	931	11472
4	M016	11125	952	734	872	13683
5	M024	6173	319	436	782	7710
6	M031	10405	268	336	298	11307
7	M034	7843	654	323	938	9758
8	M035	3810	362	618	653	5443
9	M036	6945	49	530	708	8232
10	M037	3618	173	93	613	4497
11	M038	10458	483	380	411	11732

图4-2 基本查询表

执行“索引列”→“从 1”命令，系统就自动在表右侧添加一个索引列，如图 4-3 所示。

	ABC 姓名	123 基本工...	123 出勤工...	123 岗位津...	123 福利津...	123 应发工...	1.2 索引
1	M013	9577	414	127	63	10181	1
2	M014	9001	108	289	583	9981	2
3	M015	10125	129	287	931	11472	3
4	M016	11125	952	734	872	13683	4
5	M024	6173	319	436	782	7710	5
6	M031	10405	268	336	298	11307	6
7	M034	7843	654	323	938	9758	7
8	M035	3810	362	618	653	5443	8
9	M036	6945	49	530	708	8232	9
10	M037	3618	173	93	613	4497	10
11	M038	10458	483	380	411	11732	11

图4-3 表右侧添加的索引列

可以将这个索引当成序号来使用。将默认的列名“索引”修改为“序号”，并将此列调整到最前面，如图 4-4 所示。

	1.2 序号	ABC 姓名	123 基本工...	123 出勤工...	123 岗位津...	123 福利津...	123 应发工...
1	1	M013	9577	414	127	63	10181
2	2	M014	9001	108	289	583	9981
3	3	M015	10125	129	287	931	11472
4	4	M016	11125	952	734	872	13683
5	5	M024	6173	319	436	782	7710
6	6	M031	10405	268	336	298	11307
7	7	M034	7843	654	323	938	9758
8	8	M035	3810	362	618	653	5443
9	9	M036	6945	49	530	708	8232
10	10	M037	3618	173	93	613	4497
11	11	M038	10458	483	380	411	11732

图4-4 索引列当成序号来使用

4.1.2 添加自定义序号的索引列

自定义序号的索引列，可以由用户来指定开始的索引号以及索引号增量。

例如，要建立以 101 号开始的连续序号的索引列，就执行“索引列”→“自定义”命令，打开“添加索引列”对话框，输入“起始索引”和“增量”值，如图 4-5 所示，单击“确定”按钮，就可以得到图 4-6 所示的表。

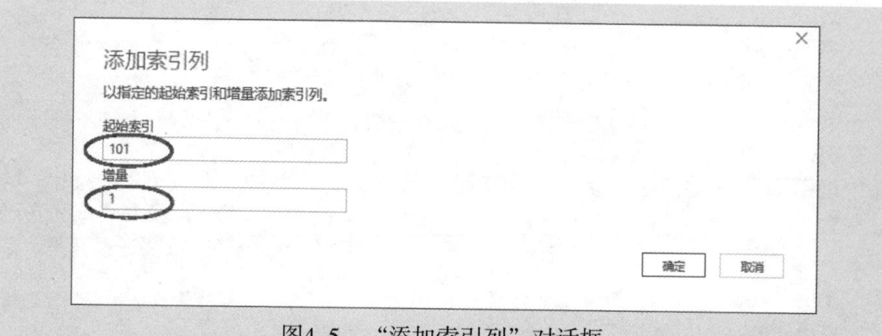

图4-5 “添加索引列”对话框

	姓名	基本工...	出勤工...	岗位津...	福利津...	应发工...	索引
1	M013	9577	414	127	63	10181	101
2	M014	9001	108	289	583	9981	102
3	M015	10125	129	287	931	11472	103
4	M016	11125	952	734	872	13683	104
5	M024	6173	319	436	782	7710	105
6	M031	10405	268	336	298	11307	106
7	M034	7843	654	323	938	9758	107
8	M035	3810	362	618	653	5443	108
9	M036	6945	49	530	708	8232	109
10	M037	3618	173	93	613	4497	110
11	M038	10458	483	380	411	11732	111

图4-6 以101号开始的连续序号的索引列

4.2 添加自定义列

如果需要为表添加一些常规的自定义数据列，例如，在工资表中添加一个月份说明列，或在销售表中根据已有的单价和销量添加一个销售额计算列，或根据一个条件或者多个条件来判断处理数据，此时就可以使用“自定义列”命令，如图 4-7 所示。

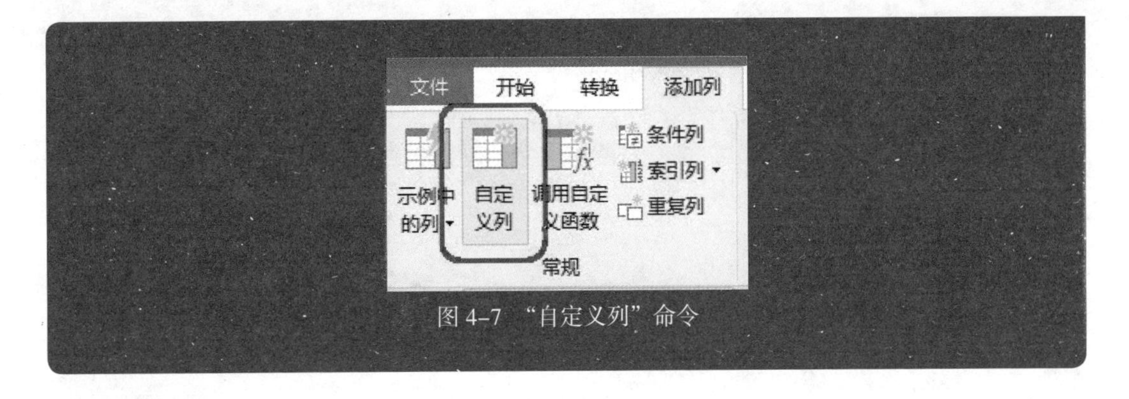

图 4-7 “自定义列”命令

4.2.1 添加常数列

所谓常数列，就是在表里添加一个保存固定不变数据的列，这个数据可以是文本、日期，或数字。一般来说，常数列更多用于对表格数据的说明。

案例4-2

例如，对于图 4-2 所示的工资表，现在需要添加一列来说明本工资表所属的月份是 5 月，其主要步骤如下。

步骤① 执行“添加列”→“自定义列”命令，打开“自定义列”对话框，如图4-8所示。

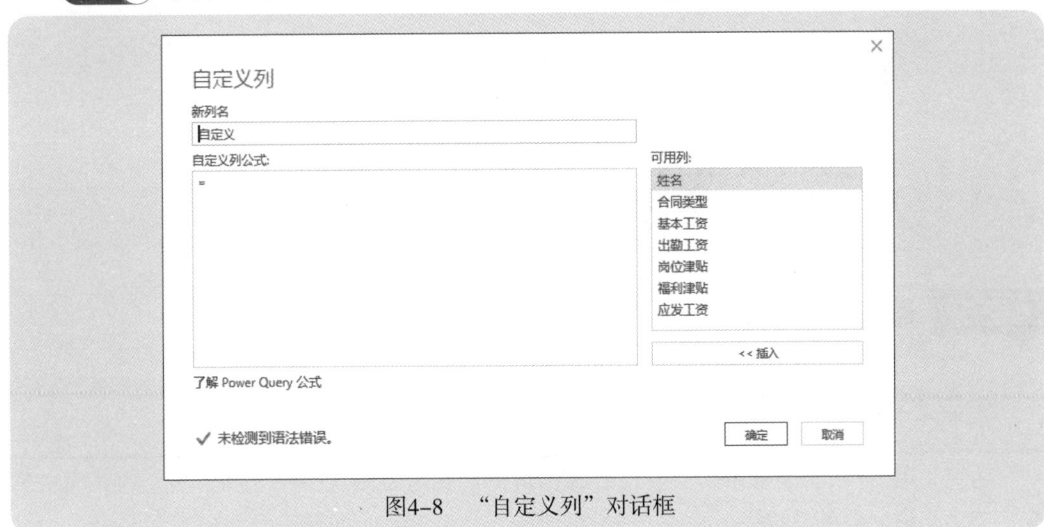

图4-8 “自定义列”对话框

步骤2 在“新列名”下面的文本框中输入列名称“月份”，在“自定义列公式:”下面的文本框中输入“ ="5月"”，如图4-9所示。

当输入自定义列公式时，系统会自动检测语法错误，并在对话框的左下角予以提示。

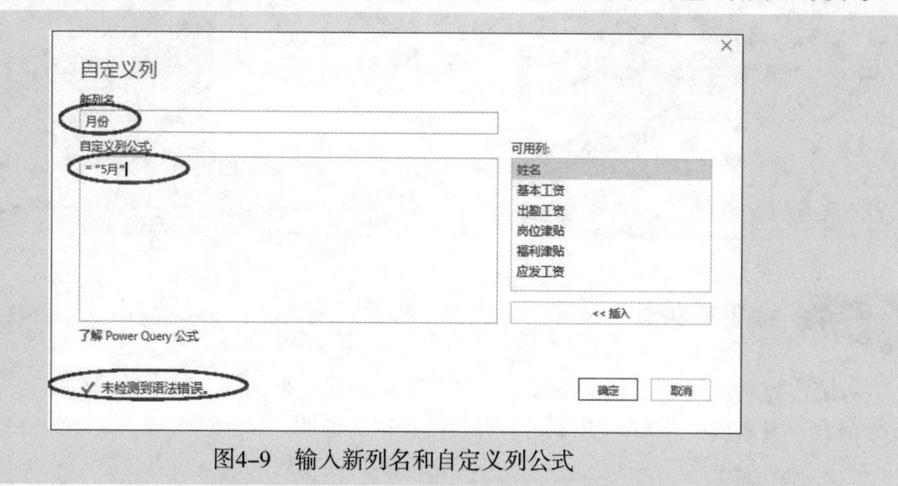

图4-9 输入新列名和自定义列公式

步骤3 单击“确定”按钮，就得到了图4-10所示的结果。

	姓名	基本工...	出勤工...	岗位津...	福利津...	应发工...	月份
1	M013	9577	414	127	63	10181	5月
2	M014	9001	108	289	583	9981	5月
3	M015	10125	129	287	931	11472	5月
4	M016	11125	952	734	872	13683	5月
5	M024	6173	319	436	782	7710	5月
6	M031	10405	268	336	298	11307	5月
7	M034	7843	654	323	938	9758	5月
8	M035	3810	362	618	653	5443	5月
9	M036	6945	49	530	708	8232	5月
10	M037	3618	173	93	613	4497	5月
11	M038	10458	483	380	411	11732	5月

图4-10 添加了新列“月份”后的表

4.2.2 添加常规计算列

案例4-3

如图 4-11 所示的表格中，只有单价和销量，现在需要添加一个“销售额”列，而销售额是单价和销量相乘得到的。

	日期	单价	销量
1	2019-4-1	37	858
2	2019-4-6	37	231
3	2019-4-7	35	508
4	2019-4-11	32	246
5	2019-4-14	48	1094
6	2019-4-15	32	637
7	2019-4-18	40	407
8	2019-4-20	38	394
9	2019-4-25	41	1185

图4–11 原始表只有单价和销量

步骤1 执行“添加列”→“自定义列”命令，打开“自定义列”对话框，如图4–12所示。

步骤2 在“新列名”下面的文本框中输入“销售额”，在“自定义列公式:”下面的文本框中输入公式“=[单价]*[销量]”。

输入公式很简单，等号是现成的，只需双击右侧“可用列:”的某个列名，手动输入运算符号即可。

需要注意的是，列名必须用方括号括起来。如果手动输入，则必须添加方括号；如果双击列名，系统会自动添加方括号。

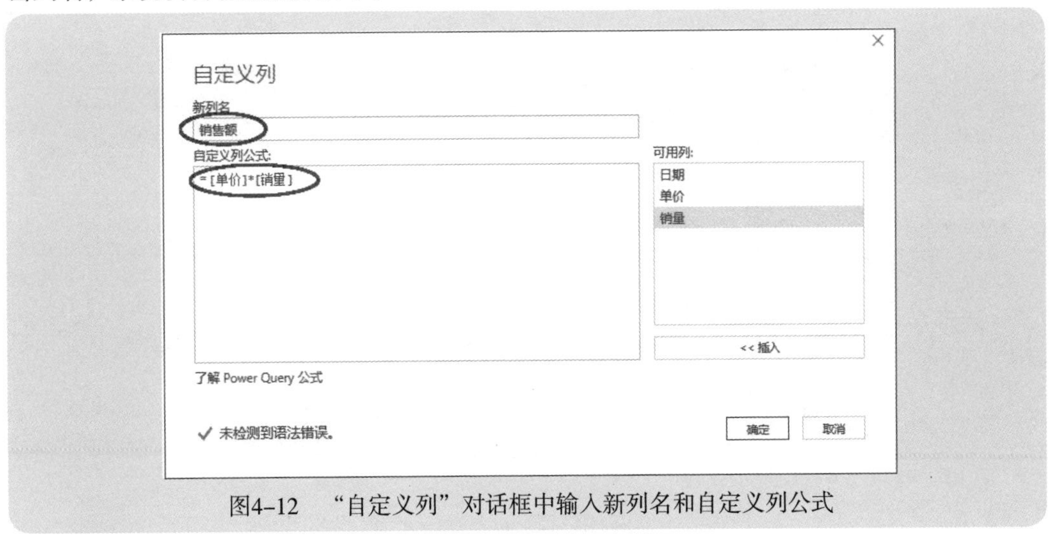

图4–12 “自定义列”对话框中输入新列名和自定义列公式

步骤3 单击“确定”按钮，就得到了图4–13所示的结果。

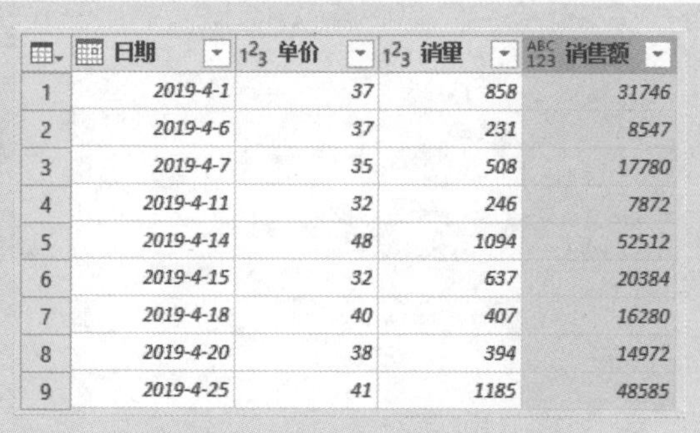

	日期	单价	销量	销售额
1	2019-4-1	37	858	31746
2	2019-4-6	37	231	8547
3	2019-4-7	35	508	17780
4	2019-4-11	32	246	7872
5	2019-4-14	48	1094	52512
6	2019-4-15	32	637	20384
7	2019-4-18	40	407	16280
8	2019-4-20	38	394	14972
9	2019-4-25	41	1185	48585

图4-13　添加的“销售额”列

案例4-4

可以使用 M 函数来创建更加灵活的计算公式，例如，图 4-14 所示的例子是字母和数字混杂的字符串，现在要求提取出数字，并将数字组合成新的字符串。

图 4-15 所示为表添加自定义列，自定义列公式如下：

```
= Text.Remove([字母数字混合],{"a"..."z","A"..."Z"})
```

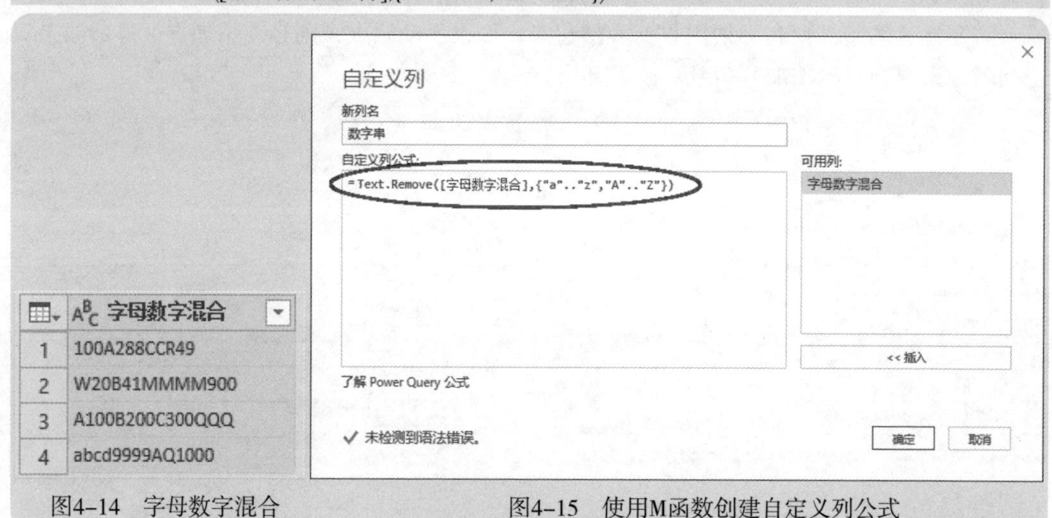

	字母数字混合
1	100A288CCR49
2	W20B41MMMM900
3	A100B200C300QQQ
4	abcd9999AQ1000

图4-14　字母数字混合　　　　图4-15　使用M函数创建自定义列公式

提取结果如图 4-16 所示。

	字母数字混合	数字串
1	100A288CCR49	10028849
2	W20B41MMMM900	2041900
3	A100B200C300QQQ	100200300
4	abcd9999AQ1000	99991000

图4-16　提取出的数字串

如图 4-17 所示，如果要把这个字符串中的所有字母提取出来，则自定义列公式如下：

= Text.Remove([字母数字混合],{"0"..."9"})

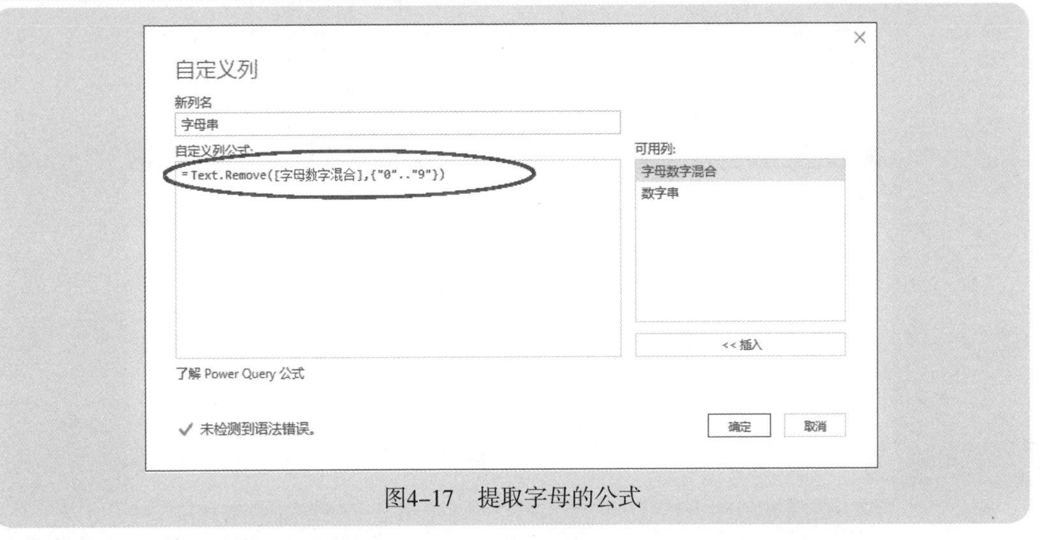

图4-17　提取字母的公式

提取结果如图 4-18 所示。

	字母数字混合	数字串	字母串
1	100A288CCR49	10028849	ACCR
2	W20B41MMMM900	2041900	WBMMMM
3	A100B200C300QQQ	100200300	ABCQQQ
4	abcd9999AQ1000	99991000	abcdAQ

图4-18　提取出的字母串

说明：在上述公式中，{"0"..."9"} 表示所有的数字，{"a"..."z","A"..."Z"} 表示所有的小写字母和大写字母。

4.3 添加条件列

如果要根据指定的条件，从其他列数据进行判断，得到满足不同条件的结果，生成一个新列，那么就可以使用“条件列”命令，单击此命令，如图 4-19 所示，就会打开“添加条件列”对话框，如图 4-20 所示。

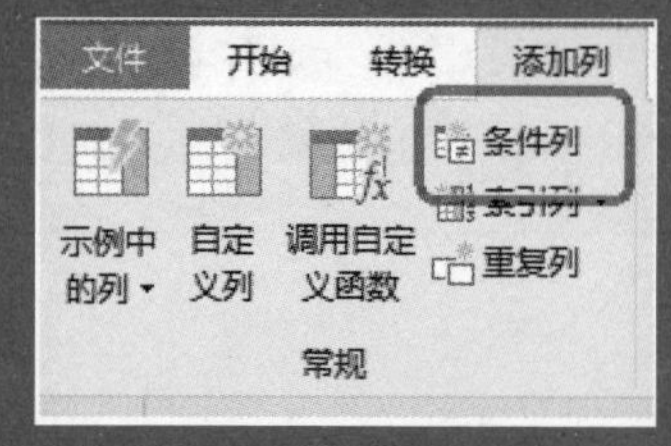

图 4-19“条件列”命令

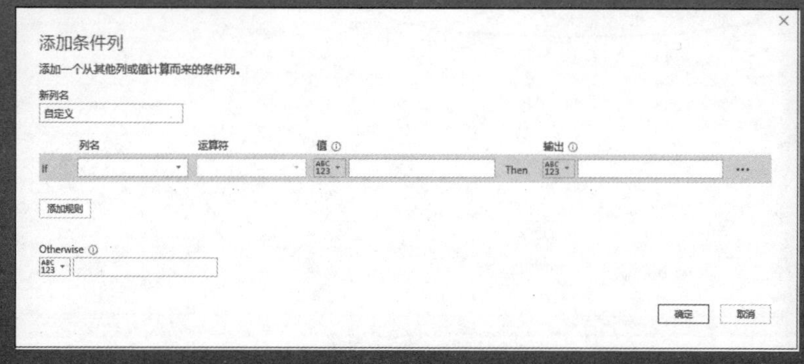

图 4-20 “添加条件列”对话框

4.3.1 添加条件列——结果是具体值

在图 4-20 中的“添加条件列”对话框中，设置各种条件是很容易的。下面举例说明。

案例4-5

例如，对图 4-21 所示的例子，要求计算每个业务员的提成比例及提成金额，提成比例标准如下。

- 销售额 <100，提成比例 1%。

- 销售额 100(含) ~ 500，提成比例 3%。
- 销售额 500(含) ~ 1000，提成比例 5%。
- 销售额 100(含) ~ 5000，提成比例 9%。
- 销售额 5000(含) ~ 10000，提成比例 15%。
- 销售额≥ 10000，提成比例 23%。

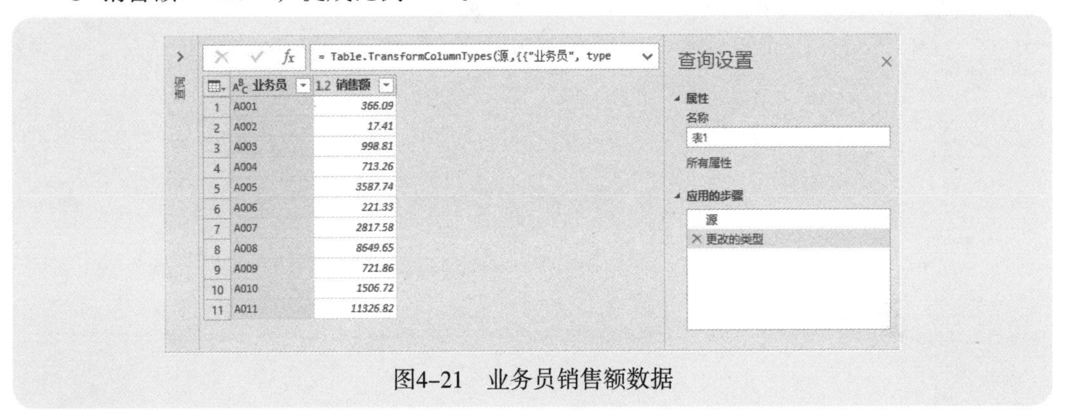

图4–21　业务员销售额数据

这是一个典型的条件判断问题，在 Excel 里要使用嵌套 If 语句。其实，在 Power Query 中，这种嵌套 If 判断是很简单的。下面是具体的操作步骤。

步骤1　执行“添加列”→“条件列”命令，打开“添加条件列”对话框。

步骤2　首先输入新列名“提成比例”。

步骤3　在“列名”下拉列表中选择“销售额”，在“运算符”下拉列表中选择“小于”，在“值”下面的文本框中输入第1个条件值100，在“输出”下面的文本框中输入0.01，如图4–22至图4–25所示。

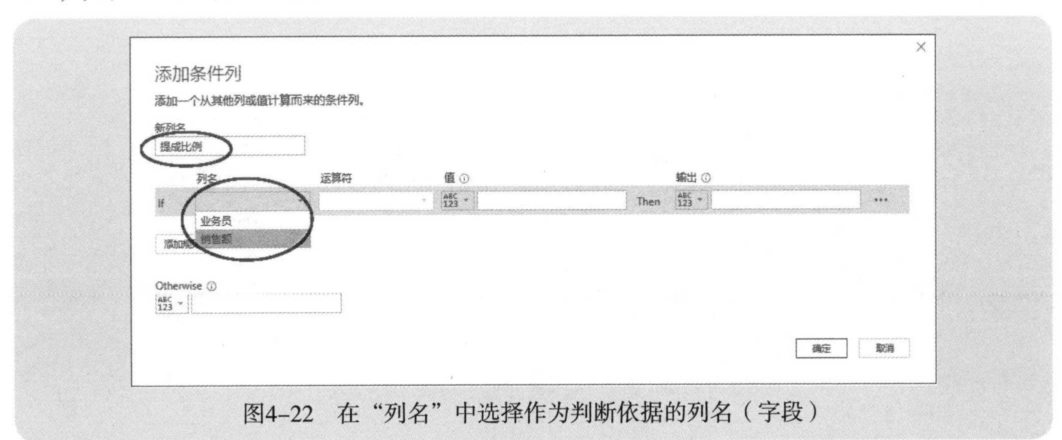

图4–22　在“列名”中选择作为判断依据的列名（字段）

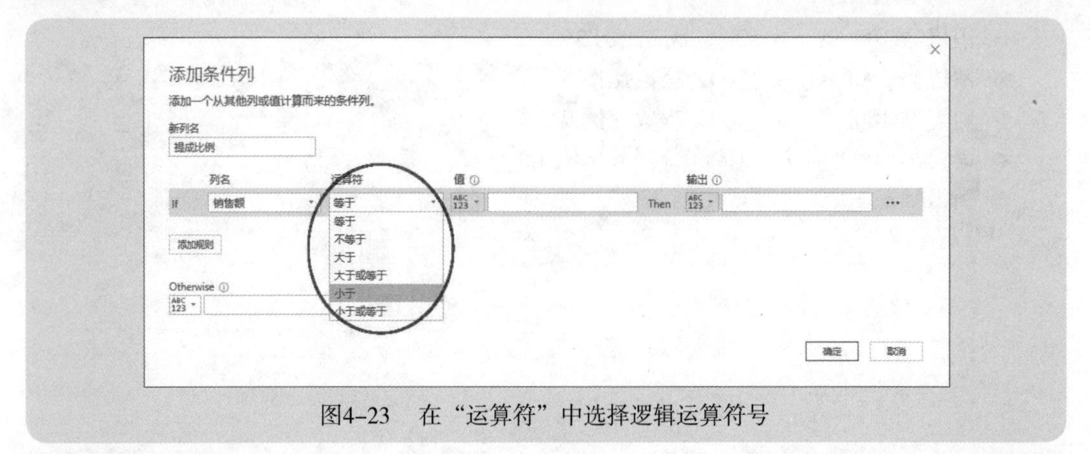

图4-23　在“运算符”中选择逻辑运算符号

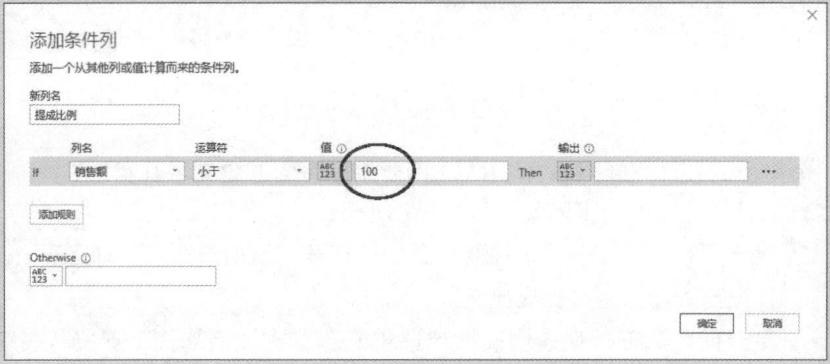

图4-24　在“值”下面的文本框中输入100

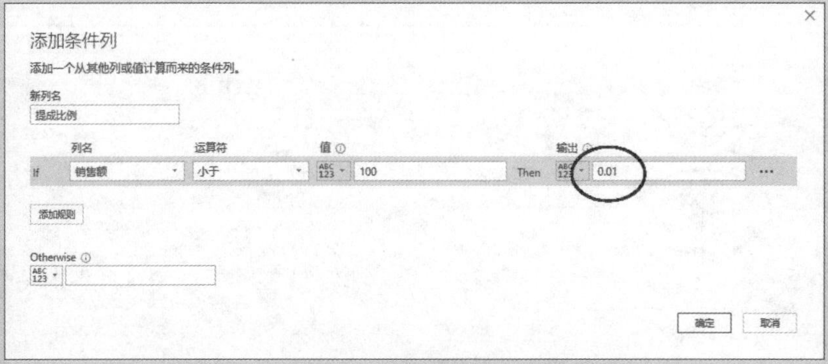

图4-25　在“输出”下面的文本框中输入0.01

步骤4　单击“添加规则”按钮，打开第二个条件输入else if，如图4–26所示。

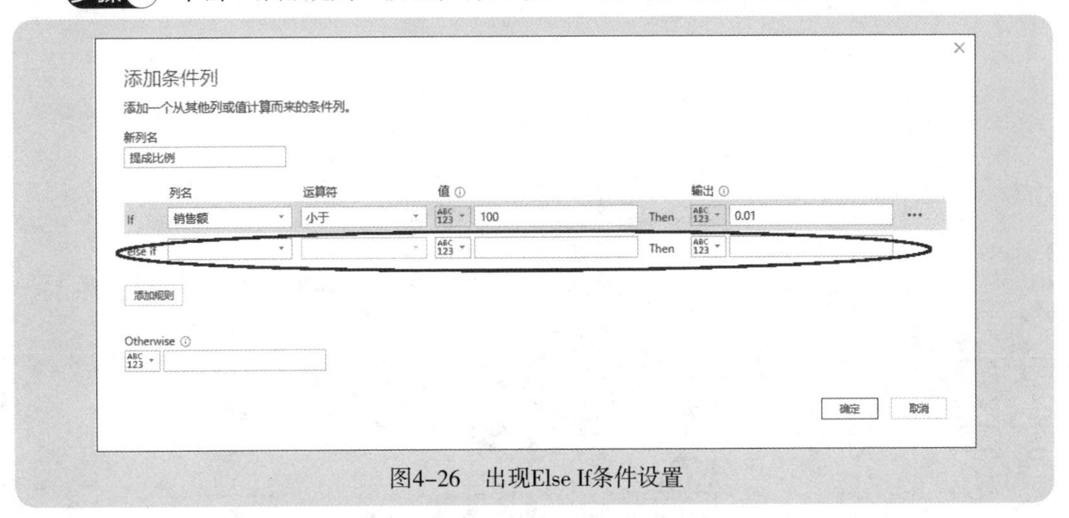

图4–26　出现Else If条件设置

在“列名”下拉列表中选择“销售额”，在“运算符”下拉列表中选择“小于”，在“值”下面的文本框中输入第 2 个条件值 500，在“输出”下面的文本框中输入 0.03，第 2 个条件设置完毕后的对话框，如图 4–27 所示。

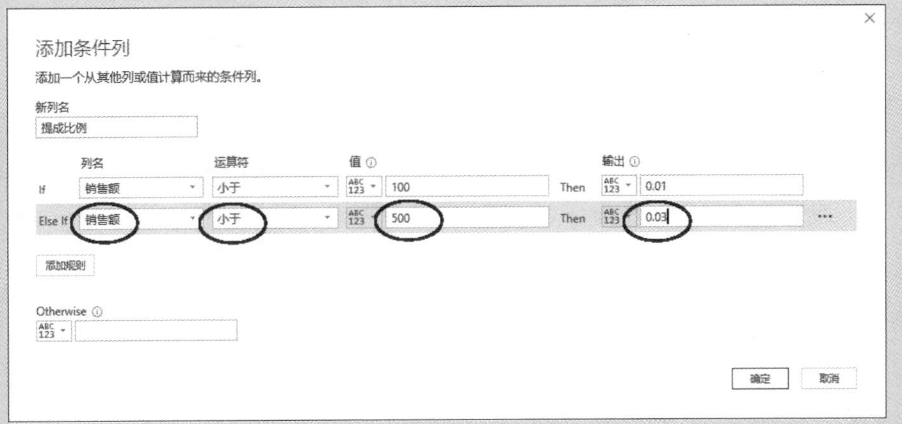

图4–27　设置完毕第2个条件

步骤5　按上述方法设置其他条件，最后的对话框如图4–28所示。

添加条件列

添加一个从其他列或值计算而来的条件列。

新列名

提成比例

	列名	运算符	值		输出
If	销售额	小于	100	Then	0.01
Else If	销售额	小于	500	Then	0.03
Else If	销售额	小于	1000	Then	0.05
Else If	销售额	小于	5000	Then	0.09
Else If	销售额	小于	10000	Then	0.15

添加规则

Otherwise

0.23

确定 取消

图4-28 设置完毕所有条件及结果

步骤6 单击“确定”按钮，就得到了一个新列“提成比例”，如图4-29所示。

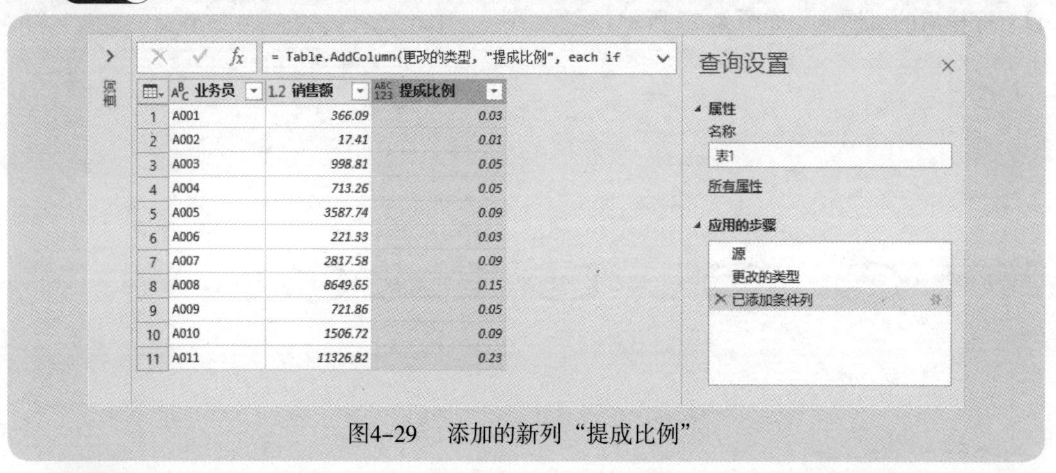

	业务员	销售额	提成比例
1	A001	366.09	0.03
2	A002	17.41	0.01
3	A003	998.81	0.05
4	A004	713.26	0.05
5	A005	3587.74	0.09
6	A006	221.33	0.03
7	A007	2817.58	0.09
8	A008	8649.65	0.15
9	A009	721.86	0.05
10	A010	1506.72	0.09
11	A011	11326.82	0.23

图4-29 添加的新列“提成比例”

步骤7 执行“添加列”→“自定义列”命令，打开“自定义列”对话框，插入一个自定义列“提成金额”，自定义列公式为“= [销售额]*[提成比例]”，如图4-30所示。

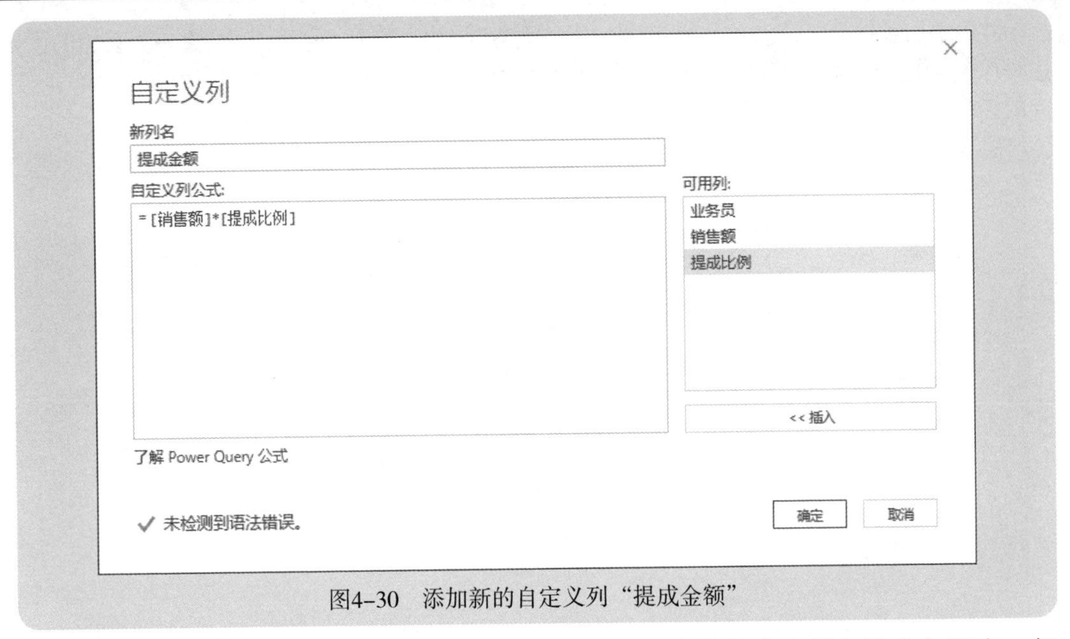

图4-30　添加新的自定义列“提成金额”

步骤8 单击“确定”按钮，就得到了每个业务员的提成比例和提成金额表，如图4-31所示。

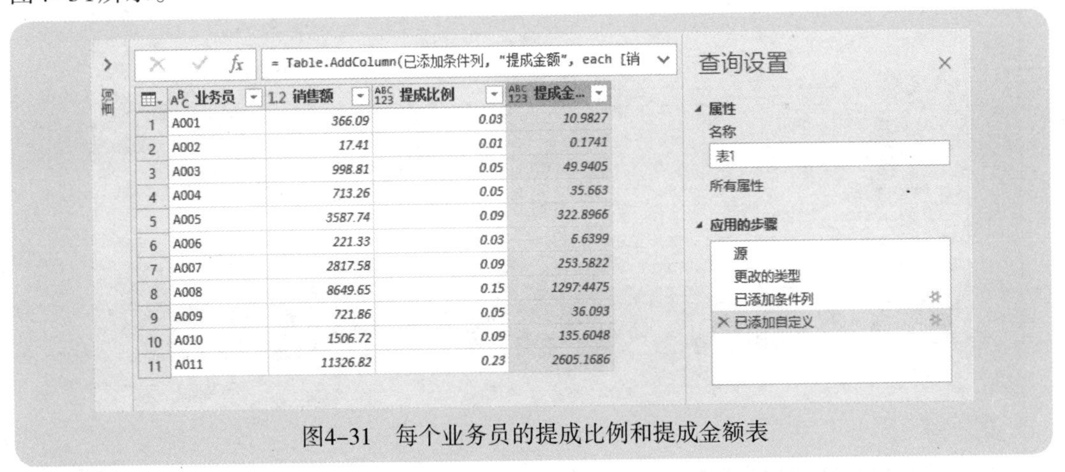

	业务员	销售额	提成比例	提成金...
1	A001	366.09	0.03	10.9827
2	A002	17.41	0.01	0.1741
3	A003	998.81	0.05	49.9405
4	A004	713.26	0.05	35.663
5	A005	3587.74	0.09	322.8966
6	A006	221.33	0.03	6.6399
7	A007	2817.58	0.09	253.5822
8	A008	8649.65	0.15	1297.4475
9	A009	721.86	0.05	36.093
10	A010	1506.72	0.09	135.6048
11	A011	11326.82	0.23	2605.1686

图4-31　每个业务员的提成比例和提成金额表

4.3.2 添加条件列——结果是某列值

上面的例子，使用了条件语句来进行判断，得到满足不同条件的具体数值。

在“添加条件列”对话框中，无论是“值”还是“输出”选项，不仅可以设置一个具体的值，还可以设置成指定某列的值，如图 4–32 和图 4–33 所示，这样就可以解决更加复杂的数据处理问题了。

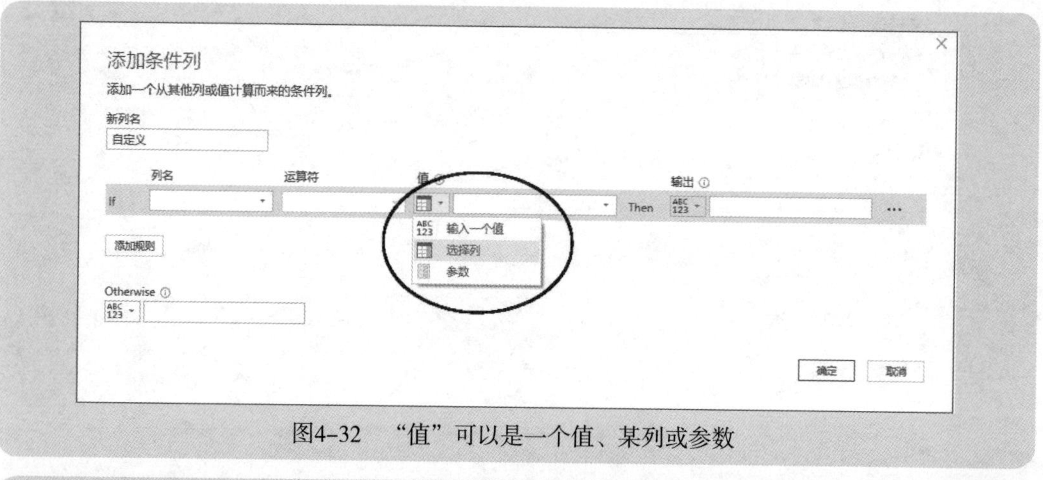

图4–32 “值”可以是一个值、某列或参数

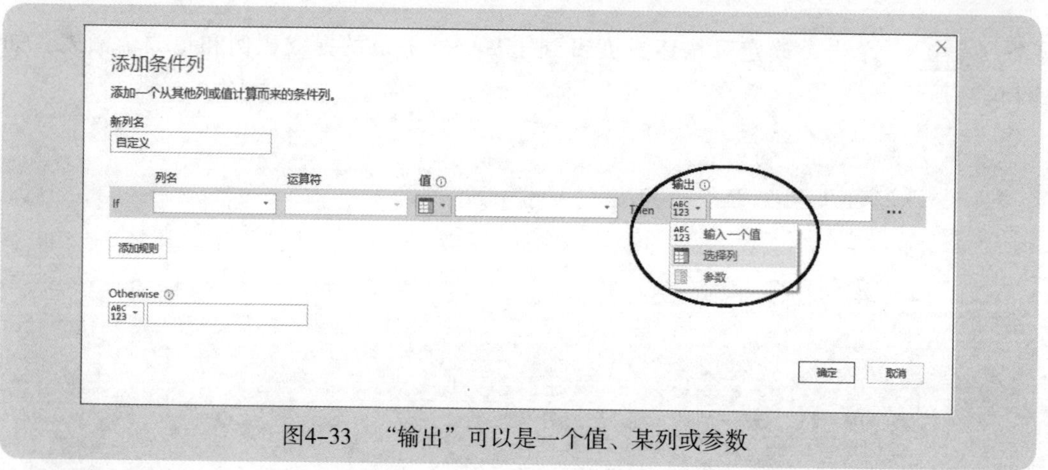

图4–33 “输出”可以是一个值、某列或参数

案例4–6

图 4–34 是一个各个客户的去年价格和今年的最新等级数据表。现在要根据等级做最新价格：等级为 A 的与去年价格相同，等级为 B 的价格统一调整为 1000 元。请为表插入一列，确定每个客户的最新价格。

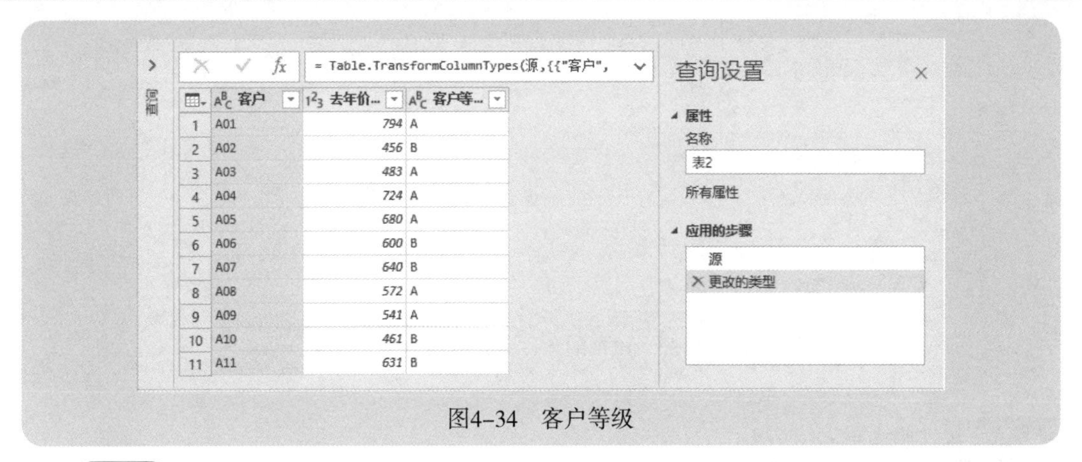

图4-34　客户等级

步骤1　执行“添加列”→“条件列”命令，打开“添加条件列”对话框，如图4-35所示。

步骤2　在“新列名”下面的文本框中输入“最新价格”。

步骤3　在“列名”下拉列表中选择“客户等级”。

步骤4　在“运算符”下拉列表中选择“等于”。

步骤5　在“值”下面的文本框中输入字母A。

步骤6　单击“输出”字样下的 ABC 123 按钮的下拉箭头，在展开的下拉列表中选择“选择列”，然后从右侧的下拉列表中选择“去年价格”。

步骤7　在Otherwise下面的文本框中输入1000。

最后设置好的对话框如图 4-35 所示。

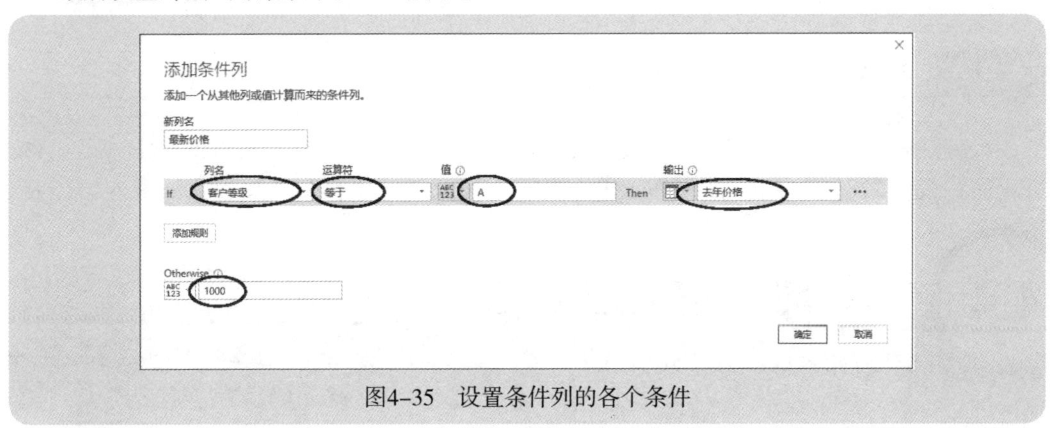

图4-35　设置条件列的各个条件

步骤8　单击“确定”按钮，就得到了图4-36所示的结果。

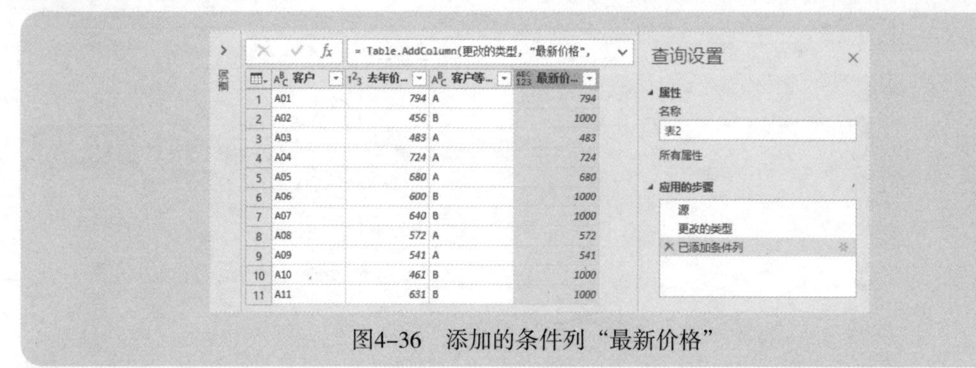

图4-36　添加的条件列“最新价格”

4.3.3 删除某个条件

如果要删除某个条件，方法很简单，单击某个条件最右侧的按钮 ⋯ ，展开一个子菜单，从这个菜单中选择“删除”命令即可，如图 4-37 所示。

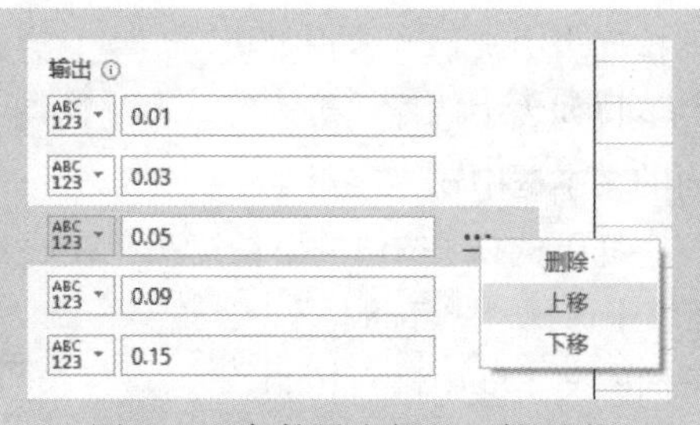

图4-37　条件最右侧的下拉列表

4.3.4 改变各个条件的前后次序

也可以根据实际情况来调整已经设置好的各个条件的次序。方法也很简单，选择某个条件，单击最右侧的按钮 ⋯ ，在展开的下拉菜单中执行“上移”或“下移”命令即可，如图 4-37 所示。

4.4 条件语句if then else

在添加条件列时，本质上是使用了 if then else 语句，下面简单介绍 if then else 语句的基本语法结构和应用举例。

4.4.1 基本语法结构

if then else 语句的基本语法如下：

```
if 条件1 then 值1 else if 条件2 then 值2 … else 值n
```

更为直观的结构如下所示：

```
if 条件1 then
…值1
else if 条件2 then
…值2
…
else
…值n
```

这个语句的特点是如下。

- if、then 和 else 必须全部小写。
- 条件必须是列名与条件值的逻辑运算，而且列名必须用方括号括起来。
- 可以使用 and 或 or 来连接多个条件，and 和 or 都必须小写。
- and 表示与条件，也就是几个条件必须都满足。
- or 表示或条件，也就是几个条件只要有一个满足即可。

例如，下面的两个语句就是分别使用 and 和 or 连接条件 1 和条件 2：

```
    if 条件1 and 条件2 then 值1 else值2
    if 条件1 or 条件2 then 值1 else值2
```

4.4.2 应用举例

案例4-7

图 4-38 是一个示例，要计算各个员工的津贴，标准如下。

（1）如果职位是“经理”，那么如果职级是 A，津贴为 500 元，否则津贴是 200 元。

（2）如果职位是“主管”，那么如果职级是 B，津贴为 300 元，否则津贴是 100 元。

（3）其他情况的津贴都是 0 元。

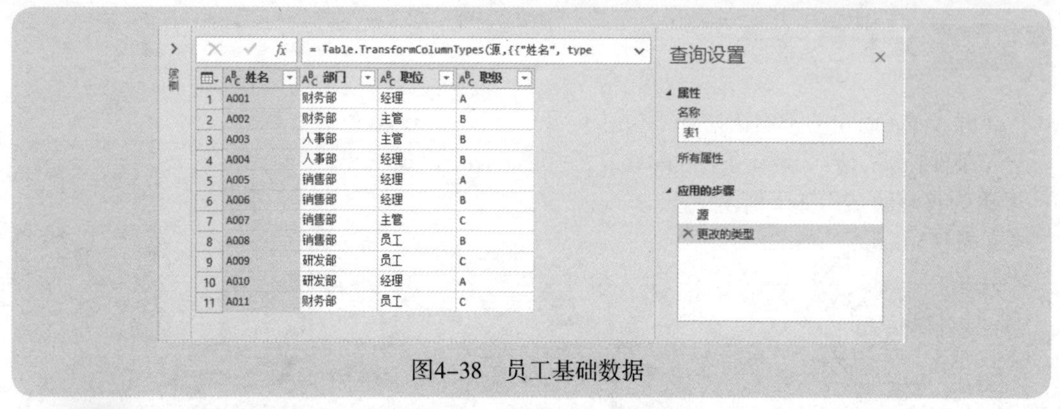

	姓名	部门	职位	职级
1	A001	财务部	经理	A
2	A002	财务部	主管	B
3	A003	人事部	主管	B
4	A004	人事部	经理	B
5	A005	销售部	经理	A
6	A006	销售部	经理	B
7	A007	销售部	主管	C
8	A008	销售部	员工	B
9	A009	研发部	员工	C
10	A010	研发部	经理	A
11	A011	财务部	员工	C

图4-38　员工基础数据

步骤1 执行“添加列”→“自定义列”命令，打开“自定义列”对话框。

步骤2 在“新列名”下面的文本框中输入“津贴”。

步骤3 在“自定义列公式:”输入的公式为“= if [职位]="经理" and [职级]="A" then 500 else if [职位]="经理" and [职级]<>"A" then 200 else if [职位]="主管" and [职级]="B" then 300 else if [职位]="主管" and [职级]<>"B" then 100 else 0”。

设置好的对话框如图 4-39 所示。

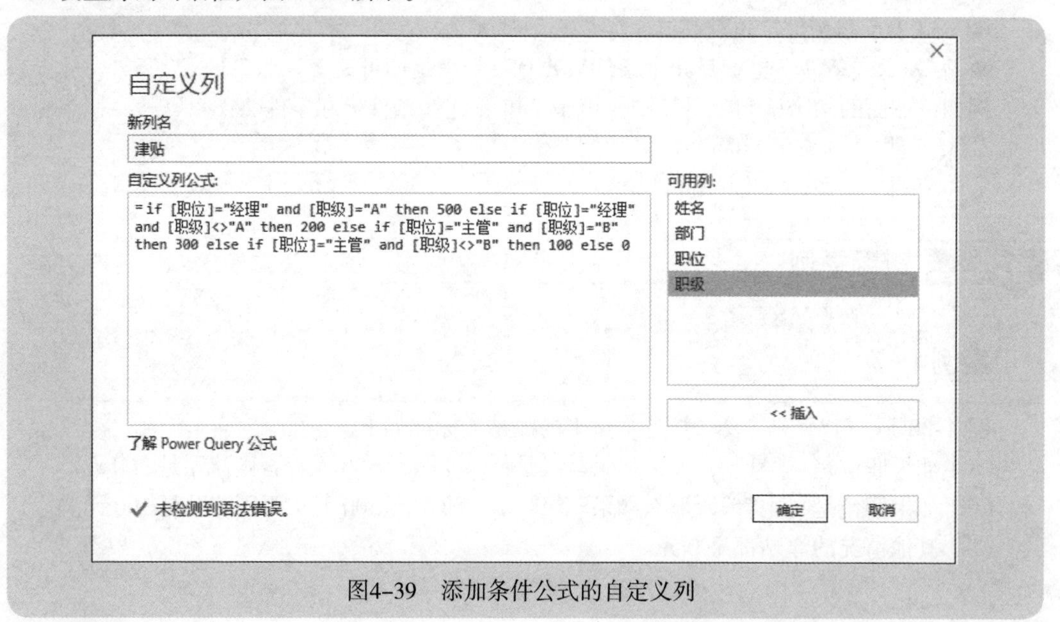

图4-39　添加条件公式的自定义列

步骤4 单击“确定”按钮，就得到了如图4-40所示的结果。

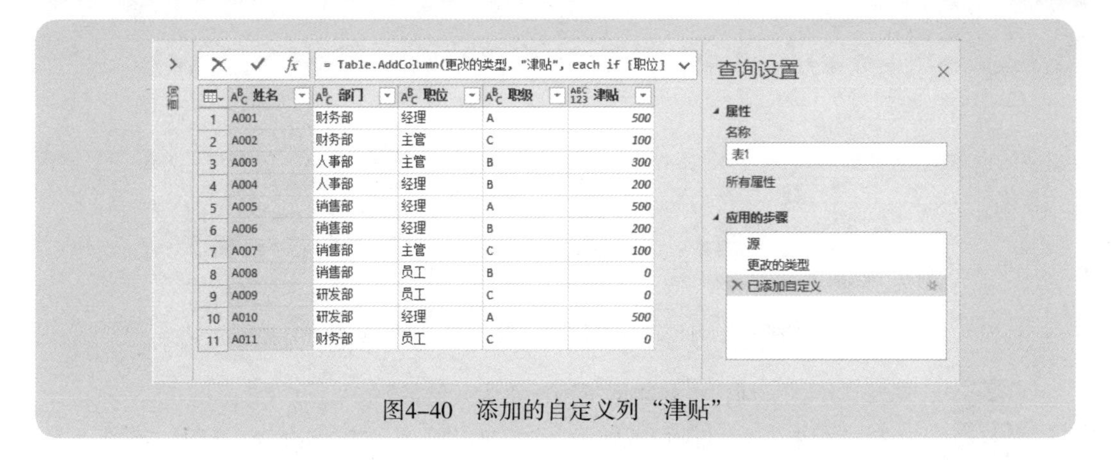

	姓名	部门	职位	职级	津贴
1	A001	财务部	经理	A	500
2	A002	财务部	主管	C	100
3	A003	人事部	主管	B	300
4	A004	人事部	经理	B	200
5	A005	销售部	经理	A	500
6	A006	销售部	经理	B	200
7	A007	销售部	主管	C	100
8	A008	销售部	员工	B	0
9	A009	研发部	员工	C	0
10	A010	研发部	经理	A	500
11	A011	财务部	员工	C	0

图4-40 添加的自定义列“津贴”

案例4-8

图 4-41 是员工的基本信息，现在要求制作一个计算每个员工的工龄工资，标准如下。

- 不满 1 年，0 元。
- 满 1 年不满 5 年，100 元。
- 满 5 年不满 10 年，500 元。
- 满 10 年不满 20 年，1000 元。
- 满 20 年以上，2000 元。

	工号	姓名	部门	入职日期
1	G001	张三	总经办	1987-3-29
2	G002	马六	总经办	1995-12-6
3	G003	刘备	财务部	1993-8-15
4	G004	孙权	财务部	2001-6-2
5	G005	许褚	财务部	2008-11-23
6	G006	诸葛亮	人事部	2012-4-5
7	G007	周瑜	人事部	2018-12-3

图4-41 员工基本信息

步骤1 选择“入职日期”列，执行“添加列”→“日期”→“年限”命令，得到一个当前日期与入职日期之间的“天数”列，如图4-42所示。

	ABC 工号	ABC 姓名	ABC 部门	入职日期	年限
1	G001	张三	总经办	1987-3-29	11705.00:00:00
2	G002	马六	总经办	1995-12-6	8531.00:00:00
3	G003	刘备	财务部	1993-8-15	9374.00:00:00
4	G004	孙权	财务部	2001-6-2	6526.00:00:00
5	G005	许褚	财务部	2008-11-23	3795.00:00:00
6	G006	诸葛亮	人事部	2012-4-5	2566.00:00:00
7	G007	周瑜	人事部	2018-12-3	133.00:00:00

图4-42 计算当前日期与入职日期之间的天数

步骤2 选择“年限”列，将其数据类型设置为“整数”。

步骤3 选择“年限”列，执行“转换”→“标准”→“除”命令，打开“除”对话框，输入除数值365，如图4-43所示。

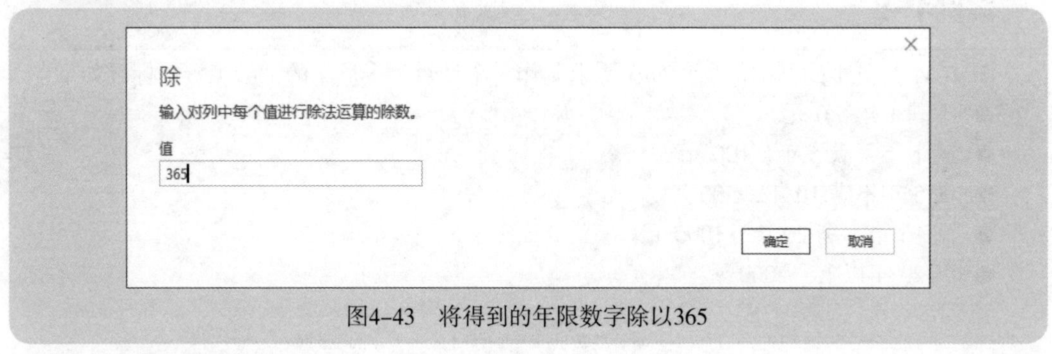

图4-43 将得到的年限数字除以365

单击“确定”按钮，就得到了图 4-44 所示的表。

	ABC 工号	ABC 姓名	ABC 部门	入职日期	1.2 年限
1	G001	张三	总经办	1987-3-29	32.06849315
2	G002	马六	总经办	1995-12-6	23.37260274
3	G003	刘备	财务部	1993-8-15	25.68219178
4	G004	孙权	财务部	2001-6-2	17.87945205
5	G005	许褚	财务部	2008-11-23	10.39726027
6	G006	诸葛亮	人事部	2012-4-5	7.030136986
7	G007	周瑜	人事部	2018-12-3	0.364383562

图4-44 计算年份数

步骤4 将“年限”列重命名为“工龄”，并设置数据类型为“整数”，得到图4-45所示的表。

	工号	姓名	部门	入职日期	工龄
1	G001	张三	总经办	1987-3-29	32
2	G002	马六	总经办	1995-12-6	23
3	G003	刘备	财务部	1993-8-15	26
4	G004	孙权	财务部	2001-6-2	18
5	G005	许褚	财务部	2008-11-23	10
6	G006	诸葛亮	人事部	2012-4-5	7
7	G007	周瑜	人事部	2018-12-3	0

图4-45 得到的工龄

步骤5 执行“添加列”→“自定义列”命令，打开“自定义列”对话框，如图4-46所示。在“新列名”下面的文本框中输入“工龄工资”，输入的自定义列公式为“= if [工龄]<1 then 0 else if [工龄] <5 then 100 else if [工龄]<10 then 500 else if [工龄]<20 then 1000 else 2000”。

图4-46 设计if公式计算工龄

单击“确定”按钮，就得到了图 4-47 所示的员工工龄以及工龄工资的数据表。

	工号	姓名	部门	入职日期	工龄	工龄工资
1	G001	张三	总经办	1987-3-29	32	2000
2	G002	马六	总经办	1995-12-6	23	2000
3	G003	刘备	财务部	1993-8-15	26	2000
4	G004	孙权	财务部	2001-6-2	18	1000
5	G005	许褚	财务部	2008-11-23	10	1000
6	G006	诸葛亮	人事部	2012-4-5	7	500
7	G007	周瑜	人事部	2018-12-3	0	0

图4-47 计算的工龄和工龄工资

案例4-9

判断语句的输出结果，也可以是某列的数据。

图 4-48 就是这样一个例子，是根据员工的职级和工龄，来计算每个人的新津贴：工龄在 10 年以上，并且职级为 A，新津贴提高到 800 元，否则与去年相同。

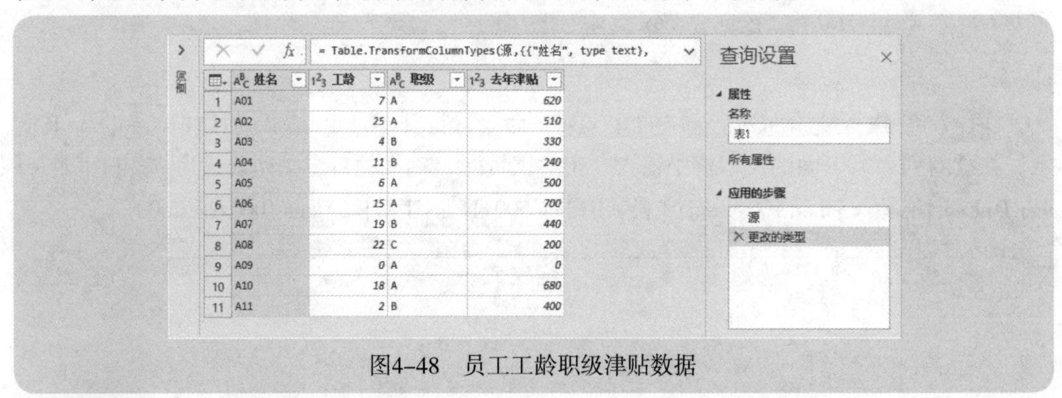

	姓名	工龄	职级	去年津贴
1	A01	7	A	620
2	A02	25	A	510
3	A03	4	B	330
4	A04	11	B	240
5	A05	6	A	500
6	A06	15	A	700
7	A07	19	B	440
8	A08	22	C	200
9	A09	0	A	0
10	A10	18	A	680
11	A11	2	B	400

图4-48　员工工龄职级津贴数据

步骤1　执行“转换”→“自定义列”命令，打开“自定义列”对话框。

步骤2　输入新列名“新津贴”。

步骤3　输入的自定义列公式为“= if [工龄]>10 and [职级]="A" then 800 else [去年津贴]”，如图4-49所示。

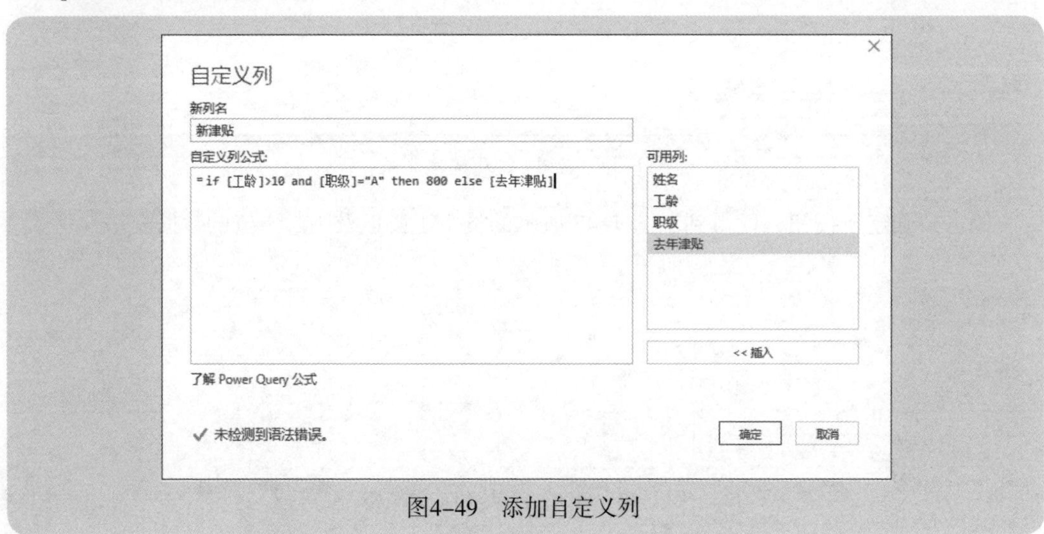

图4-49　添加自定义列

得到的结果如图 4–50 所示。

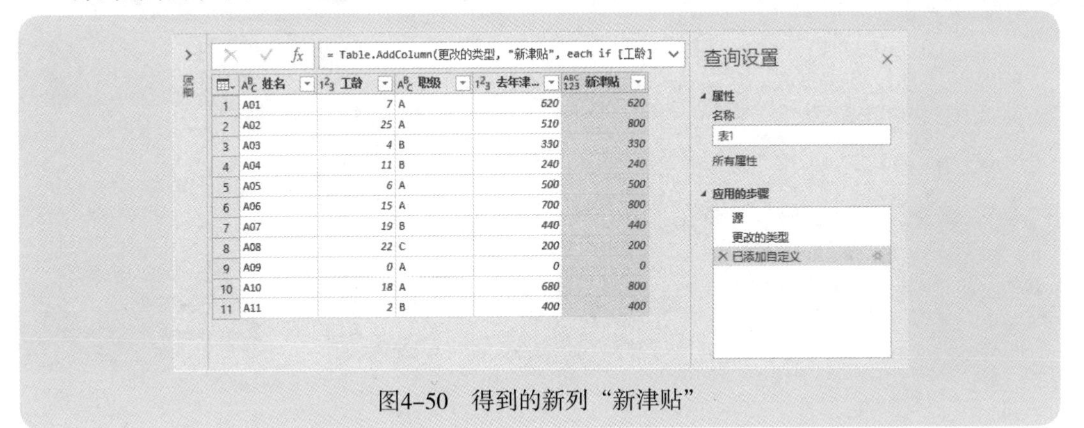

	姓名	工龄	职级	去年津...	新津贴
1	A01	7	A	620	620
2	A02	25	A	510	800
3	A03	4	B	330	330
4	A04	11	B	240	240
5	A05	6	A	500	500
6	A06	15	A	700	800
7	A07	19	B	440	440
8	A08	22	C	200	200
9	A09	0	A	0	0
10	A10	18	A	680	800
11	A11	2	B	400	400

图4–50　得到的新列“新津贴”

Chapter

05 查询分组统计

Power Query 不仅仅是从数据库（数据表）中查询满足条件的数据，添加需要的列，还可以在查询的同时，对字段进行分组汇总，这样，得到的就是一个基本的汇总表，这种分组汇总，在大数据情况下是非常有用的。

执行“开始”→“分组依据”命令（如图 5-1 所示），就会打开“分组依据”对话框，可以根据实际需要，对数据进行分组统计，如图 5-2 所示。

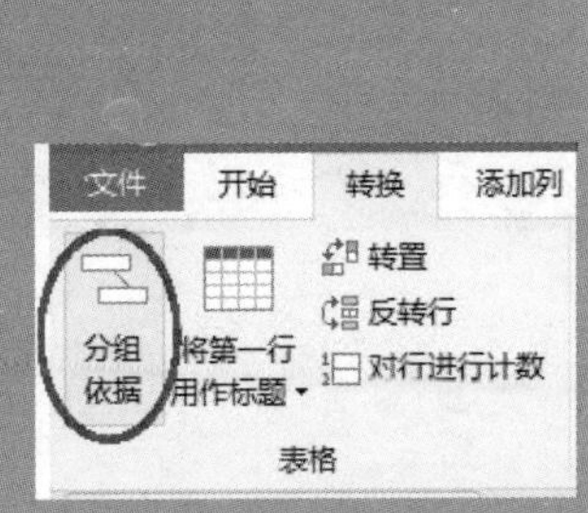

图 5-1 “分组依据”命令

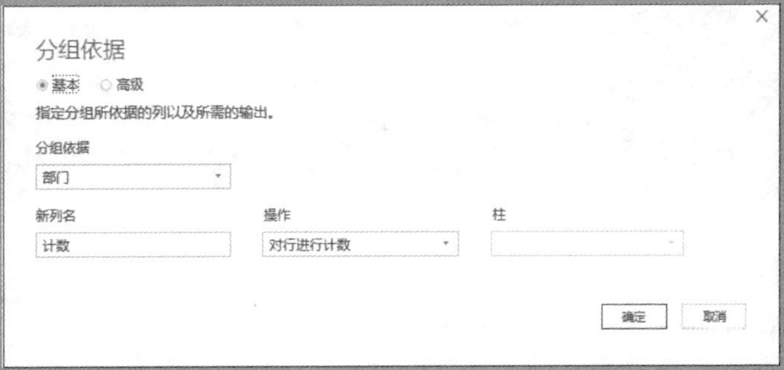

图 5-2 “分组依据”对话框

5.1 基本分组

图5-2所示的“分组依据”对话框，可以对某个字段做基本的分组计算，如图5-3所示。这些汇总方式包括以下几个。

- 求和：对指定列的各个项目求和。
- 平均值：对指定列的各个项目求平均值。
- 中值：对指定列的各个项目求中值。
- 最小值：对指定列的各个项目求最小值。
- 最大值：对指定列的各个项目求最大值。
- 对行进行计数：统计指定列的总行数（包括重复行数据）。
- 非重复行计数：计算指定列每个项目的非重复行的个数。
- 所有行：将指定列的所有数据行收缩到 Table。

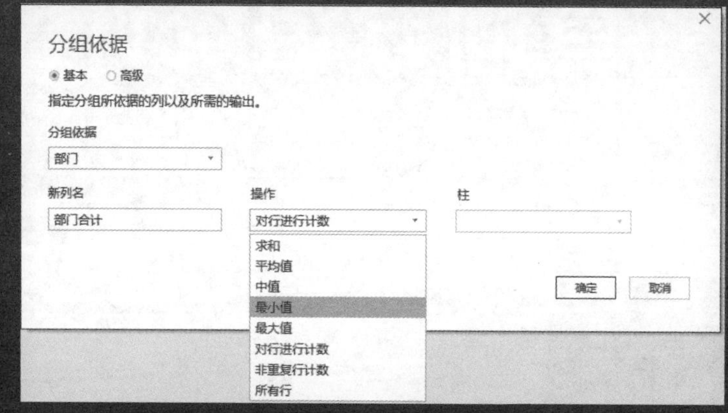

图 5-3　分组操作的类型

5.1.1 对项目求和

案例5-1

图 5-4 所示的例子是一个销售记录表，现在要求对各个客户的销售额进行汇总。

	客户简...	业务员	月份	存货名...	销量	销售额	销售成...	毛利
1	客户03	业务员01	1月	产品1	15185.35139	691975.6825	253608.3225	438367.36
2	客户05	业务员04	1月	产品2	26131.45885	315263.8078	121566.8659	193696.9419
3	客户05	业务员08	1月	产品3	6137.412853	232354.5797	110476.123	121878.4567
4	客户07	业务员02	1月	产品2	13919.90544	65818.57689	43685.20424	22133.37265
5	客户07	业务员01	1月	产品3	759.2675695	21852.5503	8810.979134	13041.57117
6	客户07	业务员10	1月	产品4	4492.33312	91258.85933	21750.17926	69508.68007
7	客户09	业务员01	1月	产品2	1391.990544	11350.27986	6531.215302	4819.064558
8	客户09	业务员10	1月	产品2	4239.24393	31441.57984	23968.32785	7473.251988
9	客户09	业务员03	1月	产品1	4555.605417	546248.5261	49785.11287	496463.4132
10	客户09	业务员01	1月	产品3	1898.168924	54794.45449	30191.46696	24602.98753
11	客户09	业务员03	1月	产品4	16956.97572	452184.7126	107641.822	344542.8906
12	客户15	业务员04	1月	产品2	12970.82098	98630.01809	62293.00632	36337.01177
13	客户15	业务员05	1月	产品1	506.1783797	39008.43308	7147.367689	31861.06539
14	客户09	业务员03	1月	产品3	379.6337848	27853.8477	5360.525767	22493.32193

图5-4　销售明细表

假如在图 5-4 中每个客户的总销售额的统计数据，其具体步骤如下。

步骤1　选择“客户简称”列，选择“分组依据”命令，打开“分组依据”对话框。

步骤2　在“分组依据”下拉列表中选择“客户简称”，如图5-5所示。

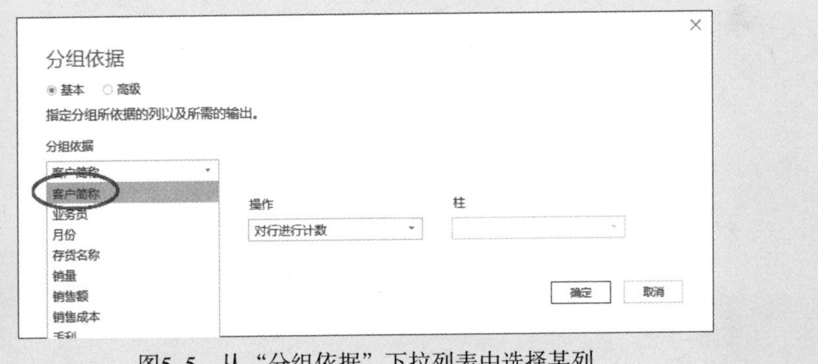

图5-5　从“分组依据”下拉列表中选择某列

步骤3　输入新列名“销售总额”，如图5-6所示。

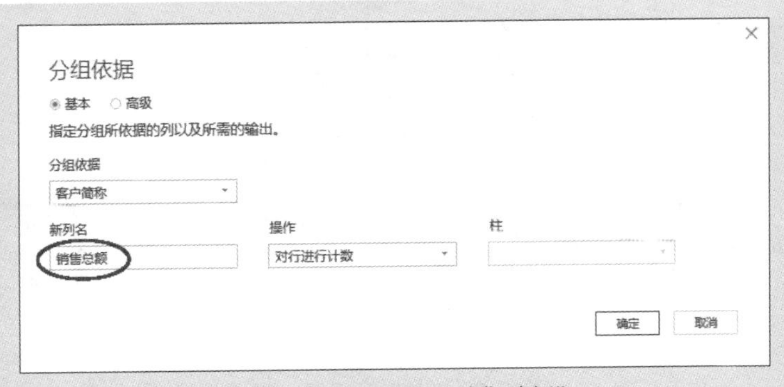

图5-6　输入新列名“销售总额”

步骤4 从“操作”下拉列表中选择“求和”，如图5-7所示。

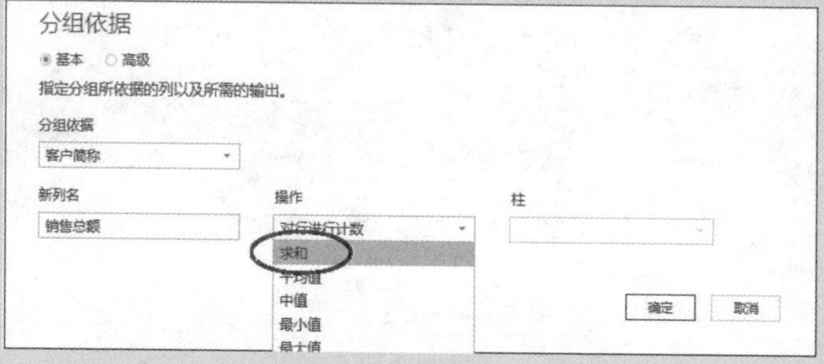

图5-7 选择汇总方式为“求和”

步骤5 从“值”（注意，这个对话框中显示的是“柱”）下拉列表中选择“销售额”，如图5-8所示。

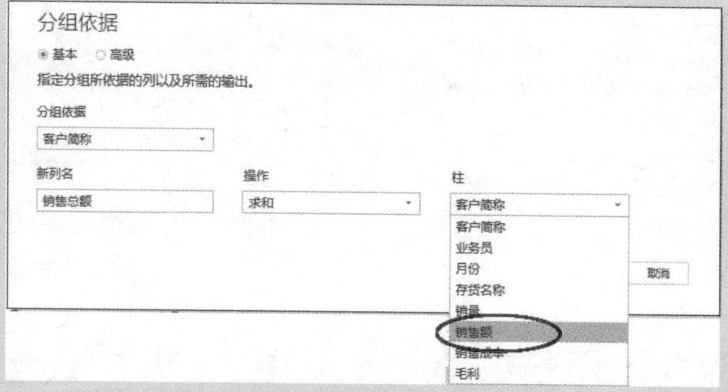

图5-8 选择汇总计算字段“销售额”

最后设置好的对话框如图 5-9 所示。

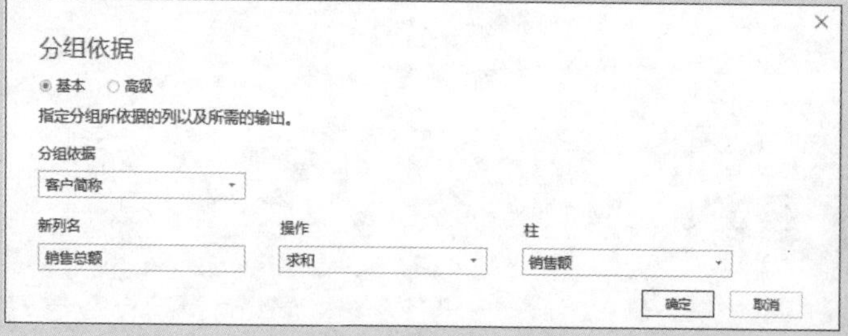

图5-9 设置好的分组依据

步骤⑥ 单击“确定”按钮，就得到了图5-10所示的汇总结果。

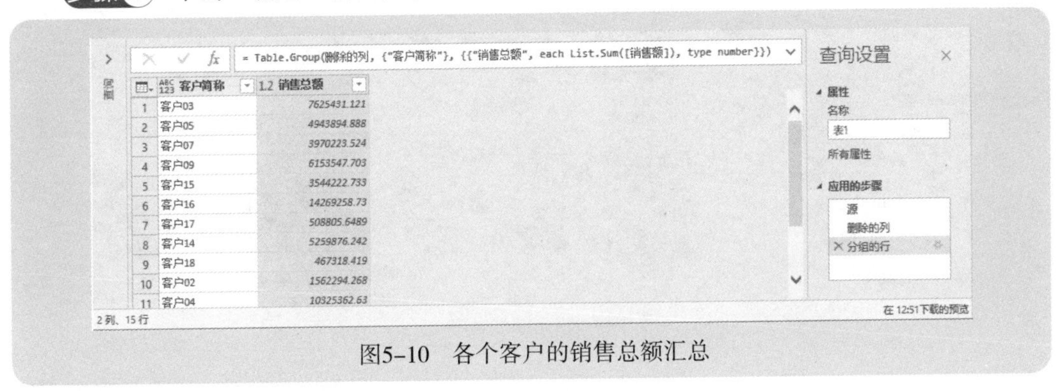

	客户简称	销售总额
1	客户03	7625431.121
2	客户05	4943894.888
3	客户07	3970223.524
4	客户09	6153547.703
5	客户15	3544222.733
6	客户16	14269258.73
7	客户17	508805.6489
8	客户14	5259876.242
9	客户18	467318.419
10	客户02	1562294.268
11	客户04	10325362.63

图5-10 各个客户的销售总额汇总

如果要对每个业务员的销售额进行汇总，就在“分组依据”下拉列表中选择“业务员”，其他设置与上面介绍的相同，就得到了图 5-11 所示的结果。

	业务员	销售总额
1	业务员01	10522719.05
2	业务员04	8629865.657
3	业务员08	7019234.852
4	业务员02	7667570.666
5	业务员10	5847155.378
6	业务员03	13103311.01
7	业务员05	7449475.69
8	业务员09	6850415.747
9	业务员06	8741346.279
10	业务员07	4483882.396

2 列、10 行

图5-11 各个业务员的总销售额

5.1.2 对项目求平均值、最大值和最小值

案例5-2

图 5-12 是员工工资表，现在要计算每个部门的平均基本工资。

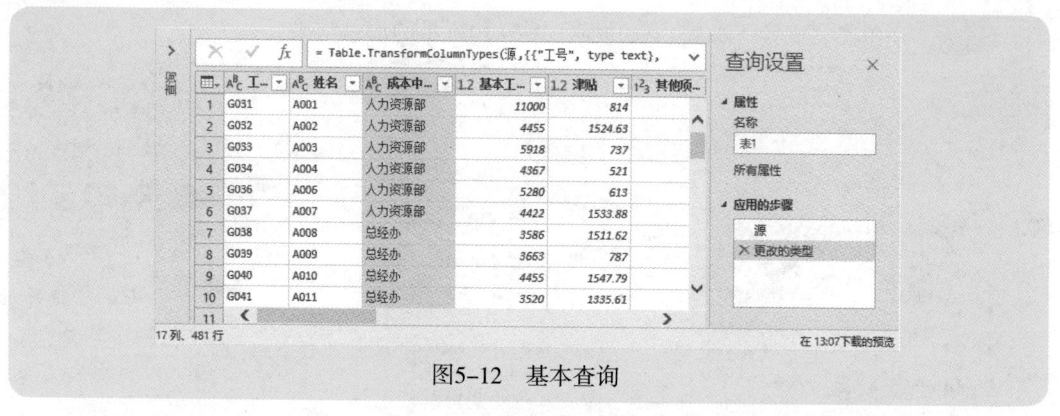

	工...	姓名	成本中...	基本工...	津贴	其他项...
1	G031	A001	人力资源部	11000	814	
2	G032	A002	人力资源部	4455	1524.63	
3	G033	A003	人力资源部	5918	737	
4	G034	A004	人力资源部	4367	521	
5	G036	A006	人力资源部	5280	613	
6	G037	A007	人力资源部	4422	1533.88	
7	G038	A008	总经办	3586	1511.62	
8	G039	A009	总经办	3663	787	
9	G040	A010	总经办	4455	1547.79	
10	G041	A011	总经办	3520	1335.61	

图5-12　基本查询

打开“分组依据”对话框，做如图 5-13 所示的设置，即可得到需要的结果。这里已经对汇总结果进行了四舍五入，如图 5-14 所示。

分组依据

◉ 基本　○ 高级

指定分组所依据的列以及所需的输出。

分组依据：成本中心

新列名：平均工资　操作：平均值　柱：基本工资

确定　取消

图5-13　设置分组依据

	成本中心	平均工资
1	人力资源部	5907
2	总经办	4609
3	设备部	4008
4	信息部	3522
5	维修部	3047
6	一分厂	3249
7	二分厂	4969
8	三分厂	6928
9	北京分公司	4635
10	上海分公司	4328
11	苏州分公司	5633

2 列、13 行

图5-14　每个部门的平均工资

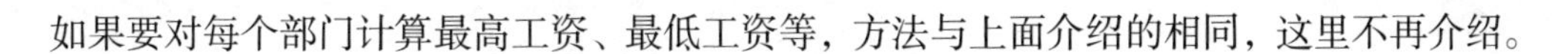

如果要对每个部门计算最高工资、最低工资等，方法与上面介绍的相同，这里不再介绍。

5.1.3 对项目计数

对项目进行计数，有两种方式：包含重复数据行的总数目和剔除重复数据行后的数目。下面结合一个简单的例子进行介绍。

案例5-3

图 5-15 是一个简单的例子数据，其中有完全重复的行数据。现在要求统计每个项目出现的次数（个数）。

	A	B	C	D
1	项目	数据1	数据2	数据3
2	项目1	100	200	300
3	项目2	300	234	111
4	项目3	706	717	369
5	项目4	499	181	803
6	项目5	195	248	774
7	项目1	100	200	300
8	项目2	562	215	816
9	项目4	261	802	670
10	项目3	249	887	680
11	项目1	100	200	300
12	项目2	300	234	111
13	项目5	727	235	118
14				

图5-15　原始数据

打开“分组依据”对话框，做如图 5-16 所示的设置。这里“操作”下拉列表中选择的是“对行进行计数”，就得到了图 5-17 所示的结果。

分组依据

◉ 基本　○ 高级

指定分组所依据的列以及所需的输出。

分组依据：项目

新列名：个数　操作：对行进行计数　柱：

确定　取消

图5-16　设置分组依据

	项目	个数
1	项目1	3
2	项目2	3
3	项目3	2
4	项目4	2
5	项目5	2

图5-17　各个项目个数的统计结果

可以看到，项目 1 的统计结果是 3 个，因为在数据表中，项目 1 有 3 行；项目 2 的统计结果是 3 个，因为在数据表中，项目 2 有 3 行。

如果将“分组依据”设置为图 5-18 所示的情形，在“操作”下拉列表中选择的是“非重复行计数”，那么就会得到图 5-19 所示的结果。

可以看到，项目 1 的计数结果是 1，因为项目 1 有 2 行重复数据，剔除这 2 行重复数据，不重复的项目 1 数据只有 1 行；项目 2 的计数结果是 2，因为项目 2 有 1 行重复数据，剔除这 1 行重复数据，不重复的项目 2 数据只有 2 行。

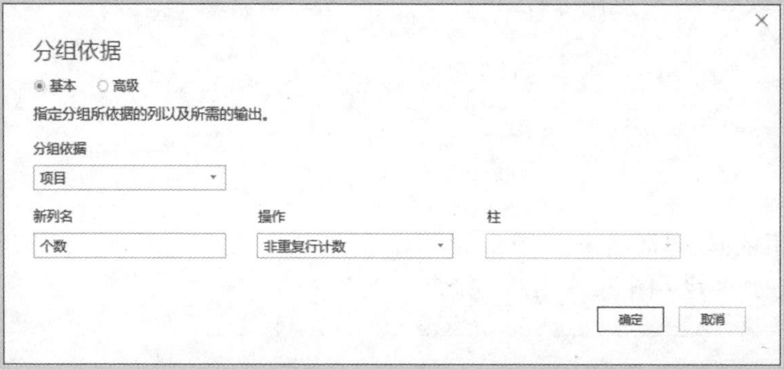

分组依据

◉ 基本　○ 高级

指定分组所依据的列以及所需的输出。

分组依据：项目

新列名：个数　操作：非重复行计数　柱：

确定　取消

图5-18　选择“非重复行计数”做分组依据

	项目	个数
1	项目1	1
2	项目2	2
3	项目3	2
4	项目4	2
5	项目5	2

图5-19　剔除了重复数据的各个项目个数的统计结果

5.2 高级分组

选中“分组依据”对话框上的“高级”单选按钮，就可以建立多项目分组统计，并对不同的项目做不同的汇总计算，如图 5-20 所示。

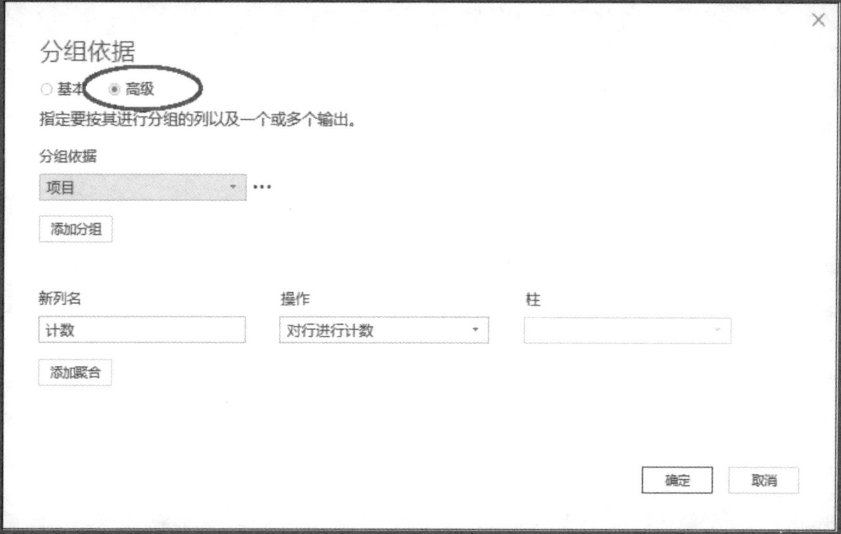

分组依据

○ 基本　◉ 高级

指定要按其进行分组的列以及一个或多个输出。

分组依据

项目

添加分组

新列名　操作　柱

计数　对行进行计数

添加聚合

确定　取消

图 5-20　选中“高级”单选按钮

5.2.1 同时进行计数与求和

案例5-4

在案例 5-1 的示例数据中，假若要得到每个客户的订单数和销售总额，该如何做呢?

步骤1　打开“分组依据”对话框，并选中“高级”单选按钮。

步骤2　在“分组依据”下拉列表中选择“客户简称”，在“新列名”下面的文本框中输入“订单数”，并从“操作”下拉列表中选择“对行进行计数”，如图5-21所示。

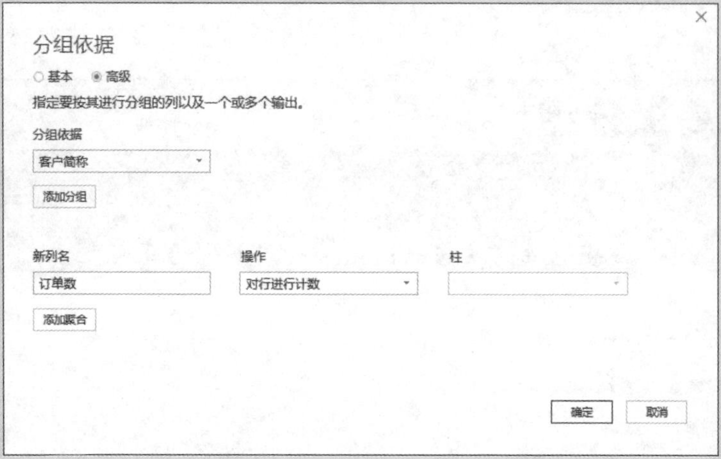

图5-21　设置第一个分组

步骤3 单击“添加聚合”按钮，展开第二个分组设置，在“新列名”下面的文本框中输入“销售总额”，从“操作”下拉列表中选择“求和”，从“值”（这个对话框中显示的是“柱”）下拉列表中选择“销售额”，如图5-22所示。

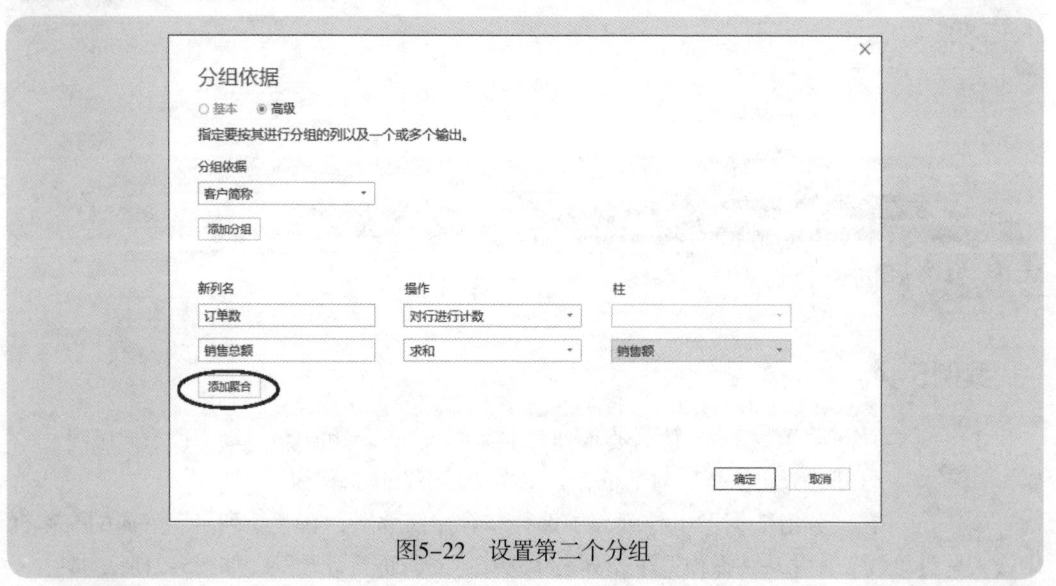

图5-22　设置第二个分组

步骤4 单击“确定”按钮，就得到了图5-23所示的结果。这里，已经对销售总额进行了四舍五入的操作。

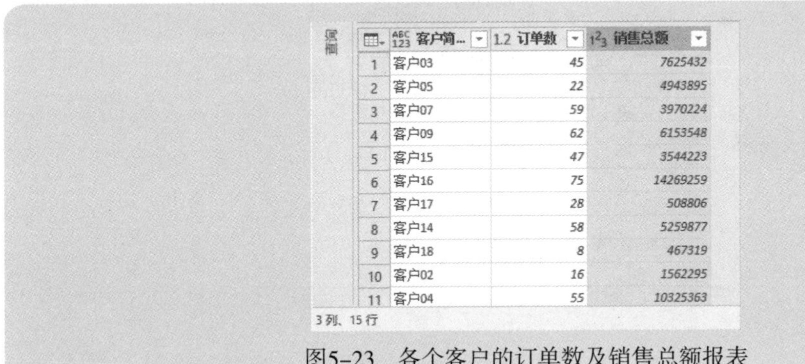

	客户简...	订单数	销售总额
1	客户03	45	7625432
2	客户05	22	4943895
3	客户07	59	3970224
4	客户09	62	6153548
5	客户15	47	3544223
6	客户16	75	14269259
7	客户17	28	508806
8	客户14	58	5259877
9	客户18	8	467319
10	客户02	16	1562295
11	客户04	55	10325363

3 列、15 行

图5-23 各个客户的订单数及销售总额报表

5.2.2 同时进行计数、平均值、最大值和最小值

案例5-5

在案例 5-2 中，如果要求得到一个各个部门的人数、人均工资、最高工资和最低工资，应该如何做?

步骤1 打开“分组依据”对话框，选中“高级”单选按钮。

步骤2 在“分组依据”下拉列表中选择“成本中心”，在“新列名”下面的文本框中输入“人数”，并从“操作”下拉列表中选择“对行进行计数”，如图5-24所示。

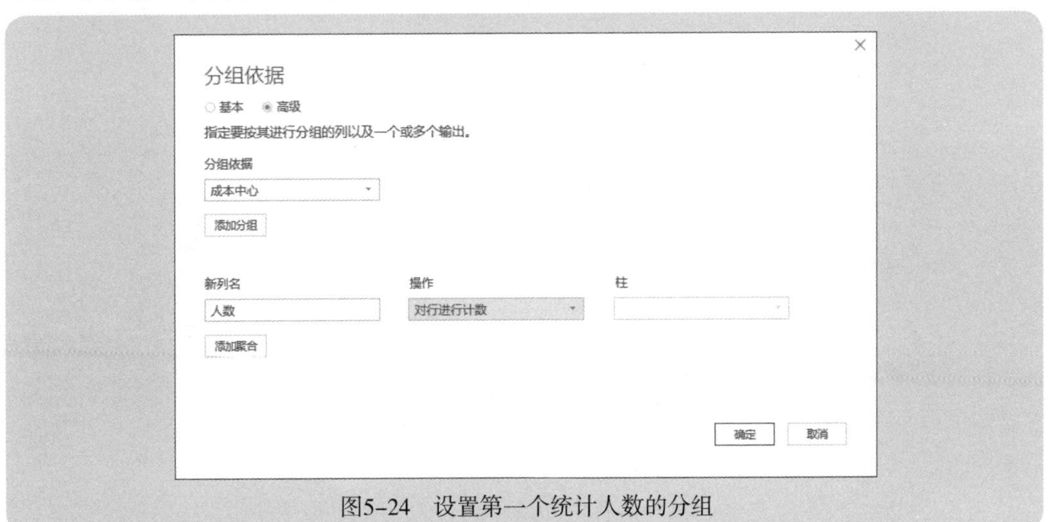

图5-24 设置第一个统计人数的分组

步骤3 单击“添加聚合”按钮，展开第二个分组设置，在“新列名”下面的文本框中输入“人均工资”，从“操作”下拉列表中选择“平均值”，从“值”（这个对话框中显示的是“柱”）下拉列表中选择“基本工资”，如图5-25所示。

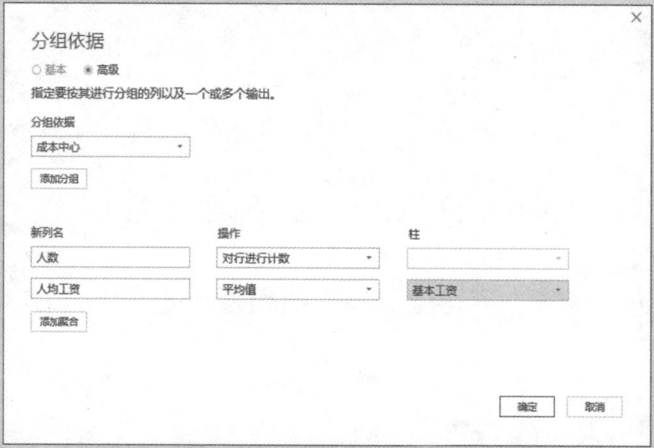

图5-25 设置第二个计算人均工资的分组

步骤4 单击“添加聚合”按钮，展开第三个分组设置，在“新列名”下面的文本框中输入“最高工资”，从“操作”下拉列表中选择“最大值”，从“值”（这个对话框中显示的是“柱”）下拉列表中选择“基本工资”，如图5-26所示。

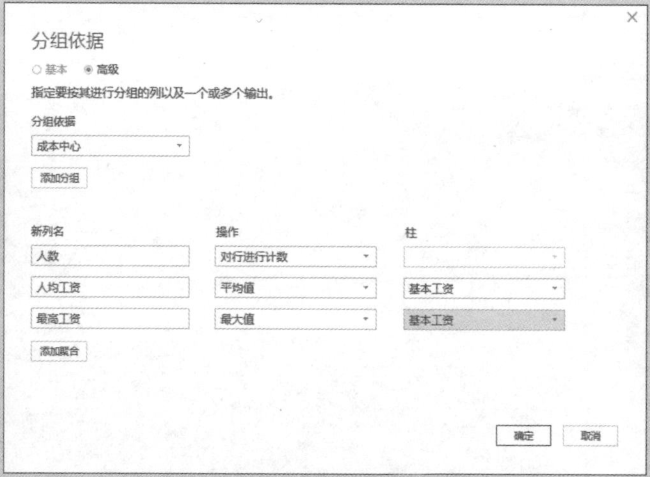

图5-26 设置第三个计算最高工资的分组

步骤5 单击“添加聚合”按钮，展开第四个分组设置，在“新列名”下面的文本框中输入“最低工资”，从“操作”下拉列表中选择“最小值”，从“值”（这个对话框中显示的是“柱”）下拉列表中选择“基本工资”，如图5-27所示。

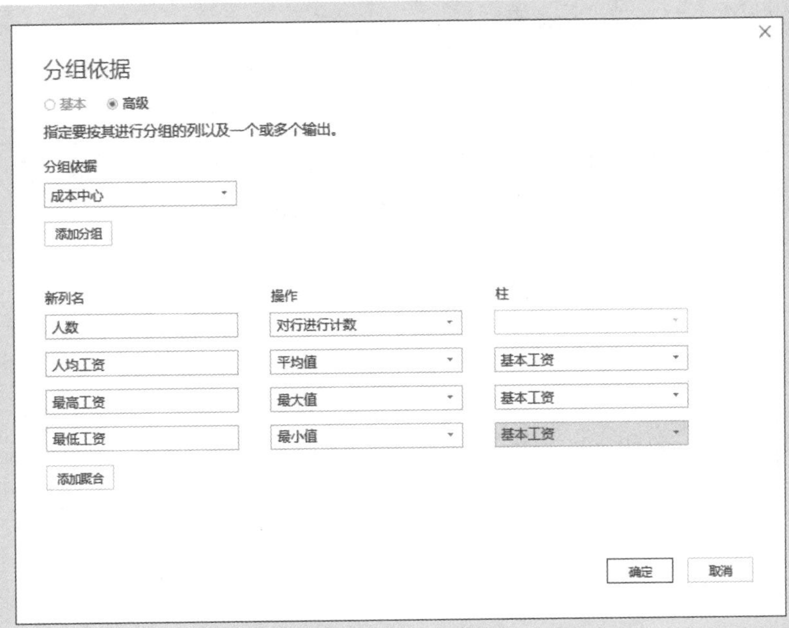

分组依据

○基本 ◉高级

指定要按其进行分组的列以及一个或多个输出。

分组依据

成本中心

添加分组

新列名	操作	柱
人数	对行进行计数	
人均工资	平均值	基本工资
最高工资	最大值	基本工资
最低工资	最小值	基本工资

添加聚合

确定 取消

图5-27 设置第四个计算最低工资的分组

步骤6 单击“确定”按钮，就得到了图5-28所示的结果。这里，已经对最低工资、最高工资和人均工资进行了四舍五入的操作。

	成本中...	人数	人均工资	最高工资	最低工资
1	人力资源部	6	5907	11000	4367
2	总经办	6	4609	7700	3520
3	设备部	11	4008	5923	3036
4	信息部	7	3522	6116	2893
5	维修部	15	3047	4290	2838
6	一分厂	39	3249	7813	2464
7	二分厂	63	4969	20790	2343
8	三分厂	29	6928	19690	2178
9	北京分公司	50	4635	16500	2387
10	上海分公司	67	4328	15180	2046
11	苏州分公司	40	5633	20625	2397

5列、13行

图5-28 各个部门的人数、人均工资、最低工资和最高工资

5.2.3 对多个字段进行不同的分组

前面介绍的是对一个字段进行分组，也可以对不同的字段进行分组，如果再结合透视列功能，就可以得到一个多维汇总报表。

案例5-6

对案例 5-1 所示的销售数据，要统计每个客户、每个月的销售额，则具体步骤如下。

步骤1 打开“分组依据”对话框，并选中“高级”单选按钮。

步骤2 在“分组依据”下拉列表中选择“客户简称”，然后单击“添加分组”按钮，出现第二个分组依据，选择“月份”，如图5-29所示。

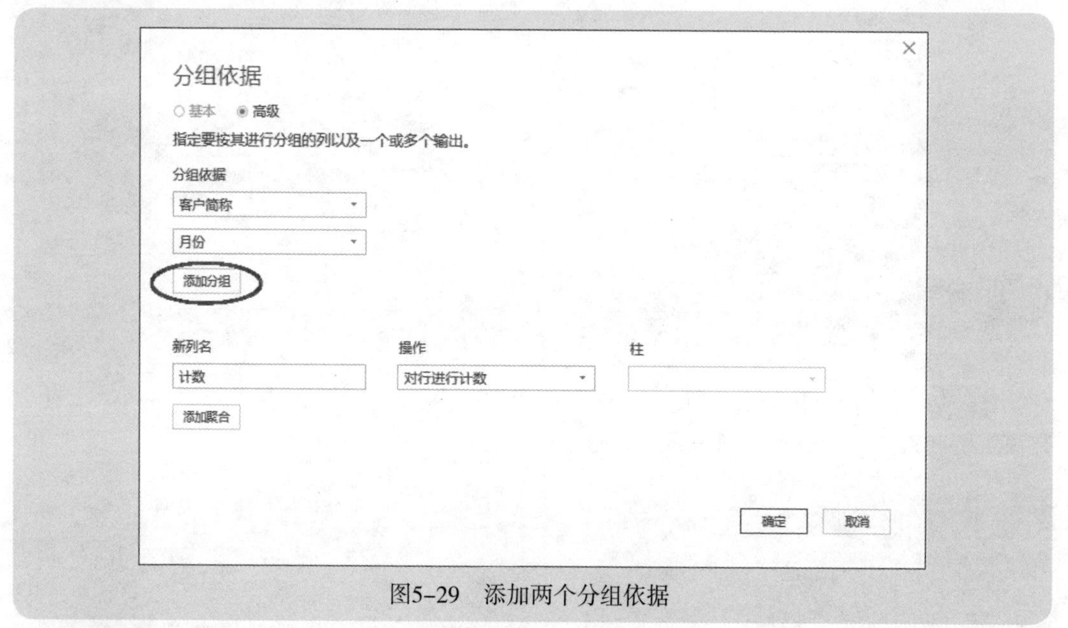

图5-29　添加两个分组依据

步骤3 在“新列名”下面的文本框中输入“销售总额”，并在“操作”下拉列表中选择“求和”，在“值”（这个对话框中显示的是“柱”）下拉列表中选择“销售额”，如图5-30所示。

步骤4 单击“确定”按钮，就得到了图5-31所示的结果。

步骤5 选择“月份”列，执行“转换”→“透视列”命令，打开“透视列”对话框，从“值列”下拉列表中选择“销售总额”，如图5-32所示。

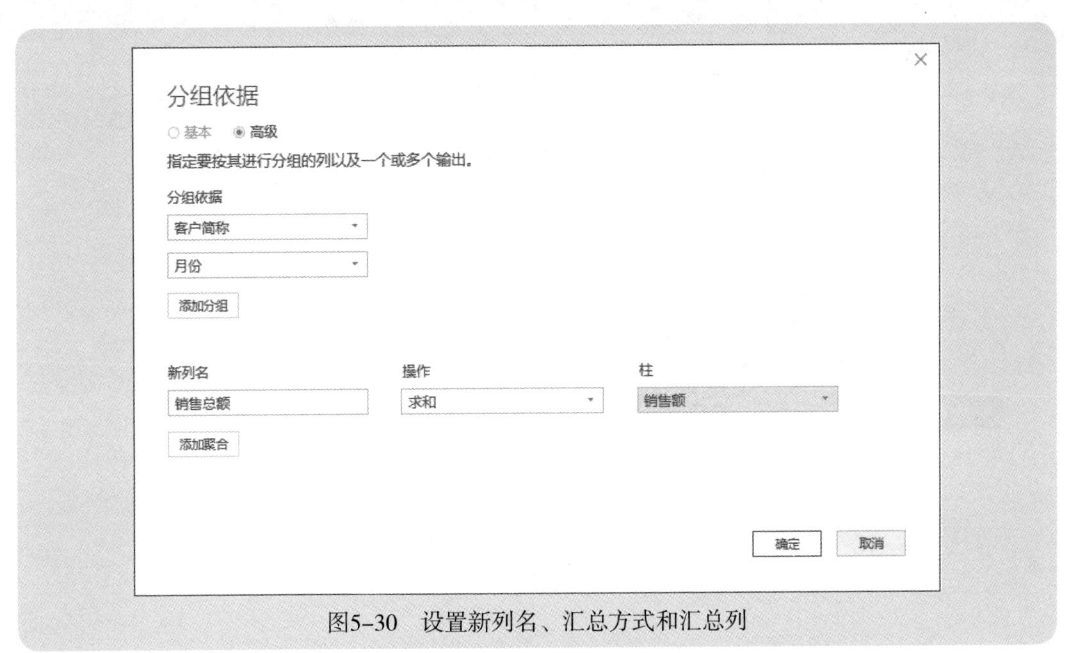

图5-30 设置新列名、汇总方式和汇总列

= Table.Group(删除的列, {"客户简称", "月份"}, {{"销售总额",

	客户简称	月份	销售总额
1	客户03	1月	947422.2108
2	客户05	1月	547618.3875
3	客户07	1月	281669.5887
4	客户09	1月	1132483.958
5	客户15	1月	535811.4872
6	客户16	1月	1624655.576
7	客户17	1月	126418.6343
8	客户14	1月	375081.0873
9	客户18	1月	15720.78992
10	客户02	1月	163404.8911
11	客户04	1月	320938.9478
12	客户06	1月	270254.0773
13	客户01	1月	392889.285
14	客户15	2月	783886.8567
15	客户17	2月	11872.13181
16	客户05	2月	7893.010707
17	客户08	2月	3532415.833

3列、154行

图5-31 每个客户、每个月的销售总额

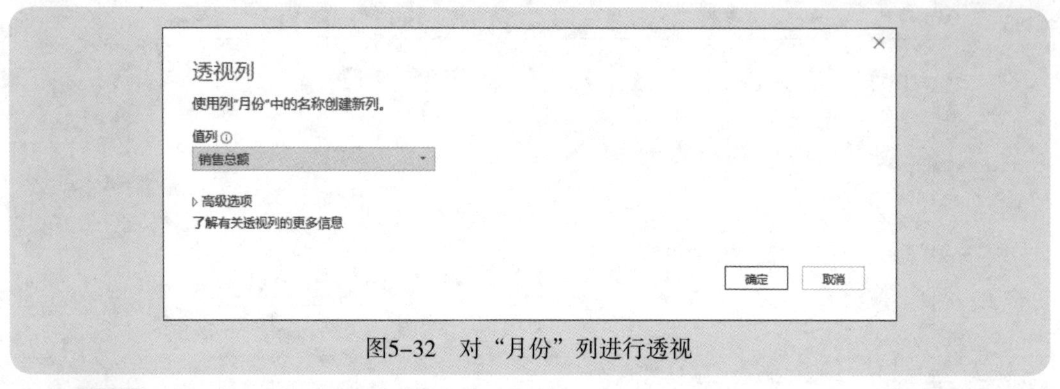

图5-32　对“月份”列进行透视

步骤⑥ 单击“确定”按钮，就得到了图5-33所示的各个客户、各个月销售额的二维汇总表。

	客户简称	1月	2月	3月	4月	5月	6月	7月	8月	9月	10月	11月	12月
1	客户01	392890	211938	691585	480300	897064	78931	142857	177626	326810	979778	232355	74560
2	客户02	163405	null	null	null	90672	123092	130333	271298	null	31246	null	752250
3	客户03	947423	null	1315328	1610631	623875	1827852	198239	419635	233138	111220	null	338095
4	客户04	320939	935485	707697	773255	678017	1231506	174364	1396868	1177038	1348401	182323	1399477
5	客户05	547619	7894	null	null	484214	42597	null	405871	408480	466732	2137310	443183
6	客户06	270255	184801	28181	469341	222244	369341	315330	186236	141879	159687	219048	69276
7	客户07	281670	241070	1152380	101957	133790	253686	160731	79192	1274428	71299	142531	77496
8	客户08	null	3532416	36726	1861903	2007434	164123	1453489	999934	1306457	709784	726223	347293
9	客户09	1132484	null	1076059	838421	391650	333073	536008	324658	171885	412329	688323	248663
10	客户10	null	10177	187867	377039	null	78962	296021	108415	null	118722	39466	null
11	客户14	375082	324397	451533	972080	256817	475734	488780	442009	328702	716699	255969	172081
12	客户15	535812	783887	173908	195565	336530	142988	290802	263340	319309	151533	123549	227006
13	客户16	1624656	null	1249445	575799	945531	884605	1462686	904500	2933917	1345139	1202217	1140769
14	客户17	126419	11873	75539	9394	null	null	121918	null	50424	64188	null	49055
15	客户18	15721	18787	null	null	162231	156687	null	14482	49707	null	49707	null

图5-33　各个客户、各个月销售额汇总表

在这个报表中，如果某个客户某个月没有数据，单元格会出现null，表示没有数据的意思，可以使用“替换值”的方法将null替换为0，如图5-34所示。

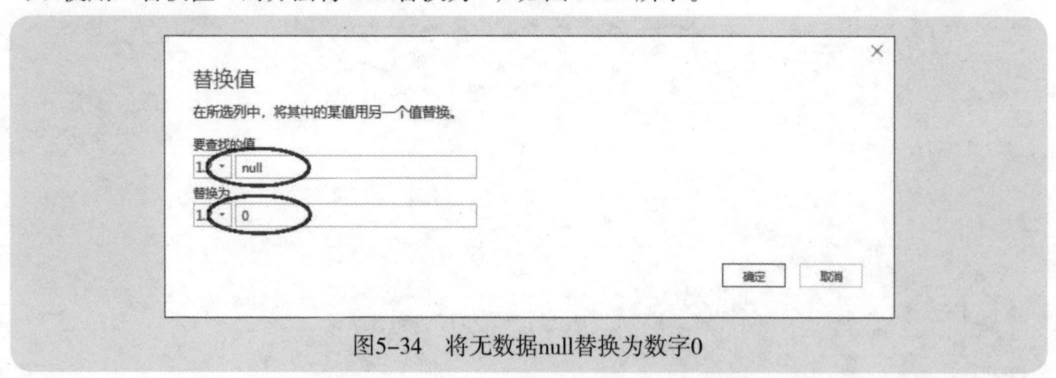

图5-34　将无数据null替换为数字0

5.2.4 删除某个分组

如果不想保留某个分组了，可以将其删除，方法是：单击某个分组条右侧的按钮•••，展开子菜单，执行“删除”命令即可，如图 5-35 所示。

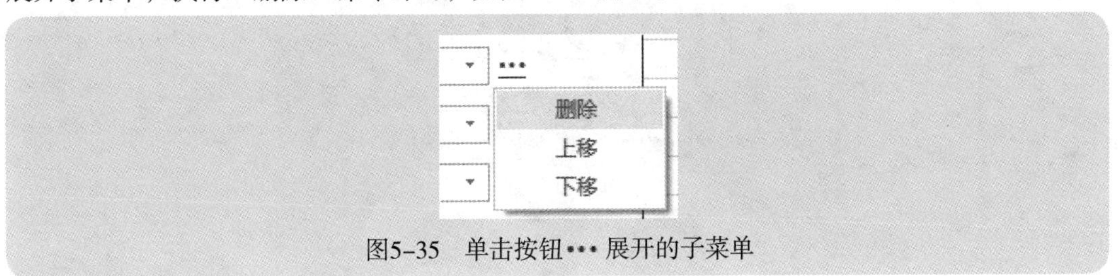

图5-35 单击按钮••• 展开的子菜单

5.2.5 调整各个分组的次序

如果要调整各个分组的次序，可以单击某个分组条右侧的按钮•••，展开子菜单，执行“上移”或“下移”命令即可。

当然，也可以在编辑器中调整各列的左右次序。

Chapter

06

多表合并查询

在实际工作中，经常会遇到要把大量的工作表汇总到一起，或者根据某些关联条件进行查询汇总的问题，这样的问题使用 Power Query 就能易如反掌地解决。本章结合实际工作中常见的工作表合并汇总问题，介绍 Power Query 操作的基本方法和思路。

6.1 一个工作簿内的多张工作表合并汇总

如果要汇总的工作表是在同一个工作簿内，此时的汇总并不复杂，但要先弄清楚：这些工作表数据的汇总操作，是纯粹将数据堆积汇总到一张表，还是根据各张表之间的关联字段来进行汇总。

6.1.1 多张工作表的堆积汇总

此时，要汇总的每张工作表结构完全相同，现在要做的工作仅仅是把这些工作表的数据堆积到一张表中，这种汇总是很简单的（但不是复制粘贴操作）。下面介绍一个具体的例子。

案例6-1

图 6-1 是当前工作簿中的 12 张工作表，用于保存 12 个月的工资。现在要把这 12 个月工资表数据汇总到一个新工作簿的一张工作表中，要求不打开源工作簿。

这里，保存 12 个月工资表的源工作簿名称是“2018 年工资表 .xlsx”。

	A	B	C	D	E	F	G	H	I	J	K	L	M	N	O	P
1	姓名	性别	合同种类	基本工资	岗位工资	工龄工资	住房补贴	交通补贴	医疗补助	奖金	病假扣款	事假扣款	迟到早退扣款	应发合计	住房公积金	养老保
2	A001	男	合同工	2975	441	60	334	566	354	332	100	0	0	4962	404.96	303.
3	A002	男	合同工	2637	429	110	150	685	594	568	0	0	81	5092	413.84	310.
4	A005	女	合同工	4691	320	210	386	843	277	494	0	0	16	7205	577.68	433.
5	A006	女	合同工	5282	323	270	298	612	492	255	62	0	0	7470	602.56	451.
6	A008	男	合同工	4233	549	230	337	695	248	414	53	0	0	6653	536.48	402.
7	A010	男	合同工	4765	374	170	165	549	331	463	0	0	29	6788	545.36	409.
8	A016	女	合同工	4519	534	260	326	836	277	367	48	53	29	6989	569.52	427.
9	A003	女	劳务工	5688	279	290	250	713	493	242	0	0	0	7955	636.4	477
10	A004	男	劳务工	2981	296	200	254	524	595	383	0	39	15	5179	418.64	313.
11	A007	男	劳务工	5642	242	170	257	772	453	382	76	0	0	7842	633.44	475.
12	A009	男	劳务工	2863	260	220	115	769	201	415	39	12	0	4792	387.44	290.
13	A011	女	劳务工	4622	444	50	396	854	431	504	0	0	46	7255	584.08	438.
14	A012	女	劳务工	4926	301	290	186	897	212	563	0	79	0	7296	590	442

1月　2月　3月　4月　5月　6月　7月　8月　9月　10月　11月　12月

图6-1　当前工作簿里的12张工资表

步骤1　首先删除源工作簿中其他所有不相干的工作表。

步骤2　新建一个工作簿。

步骤3 执行“数据”→“获取数据”→“自文件”→“从工作簿”命令，如图6-2所示。

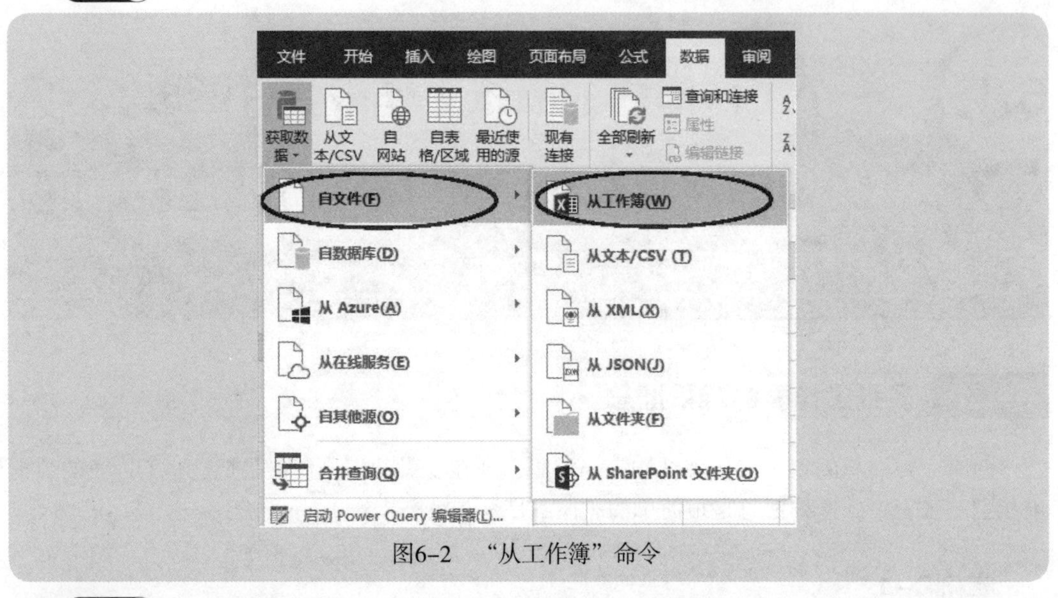

图6-2 “从工作簿”命令

步骤4 打开“导入数据”对话框，从文件夹里选择要汇总的工作簿“2018年工资表.xlsx”，如图6-3所示。

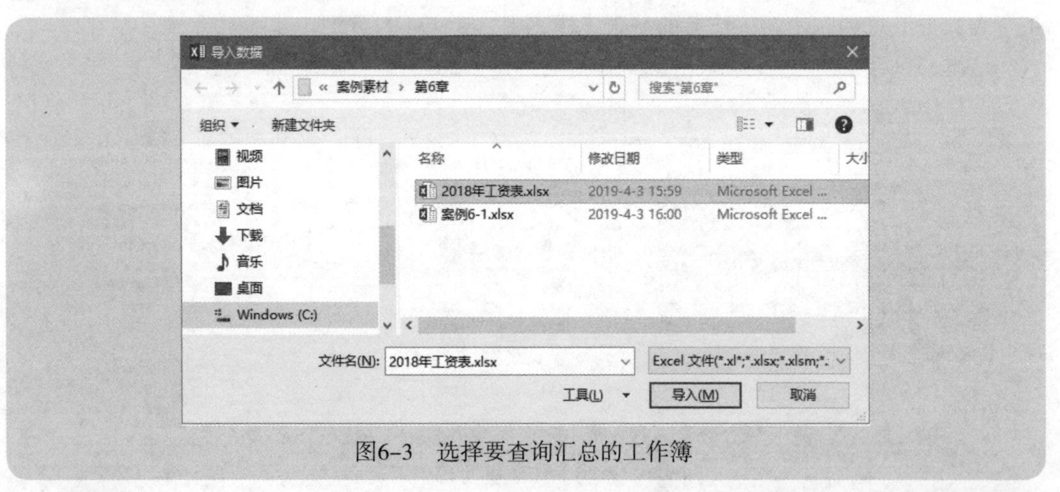

图6-3 选择要查询汇总的工作簿

步骤5 单击“导入”按钮，打开“导航器”对话框，由于是要汇总该工作簿中的全部12张工作表，所以选择“2018年工资表.xlsx [12]”，如图6-4所示。这里工作簿名称后面的[12]，就表示该工作簿有12张工作表。

注意，不能只选择某张工作表，因为是要汇总全部 12 张工作表。

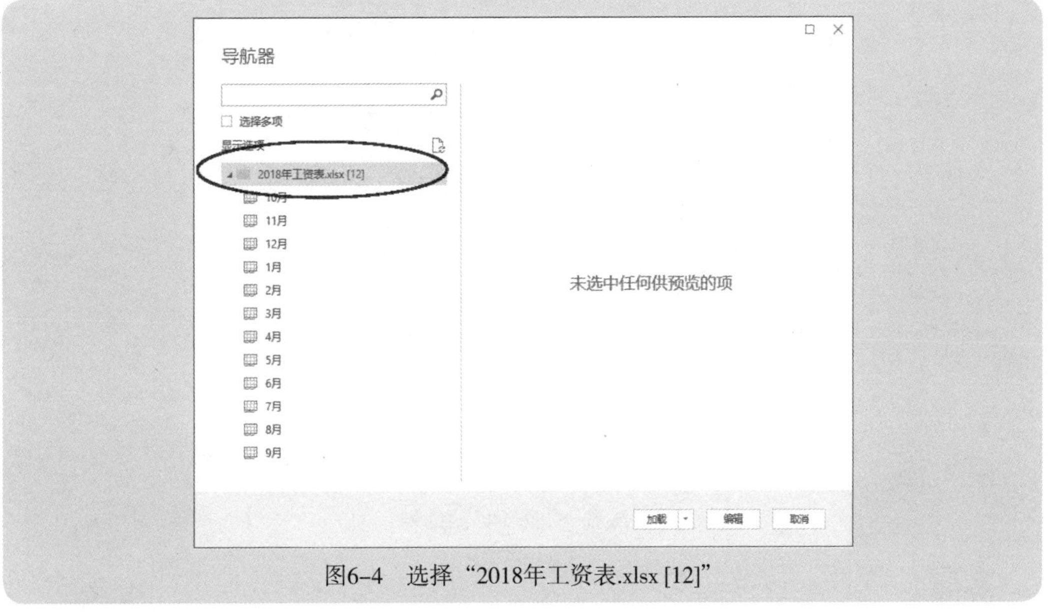

图6-4 选择“2018年工资表.xlsx [12]”

步骤 6 单击右下角的“编辑”按钮，打开“Power Query编辑器”窗口，如图6-5所示。

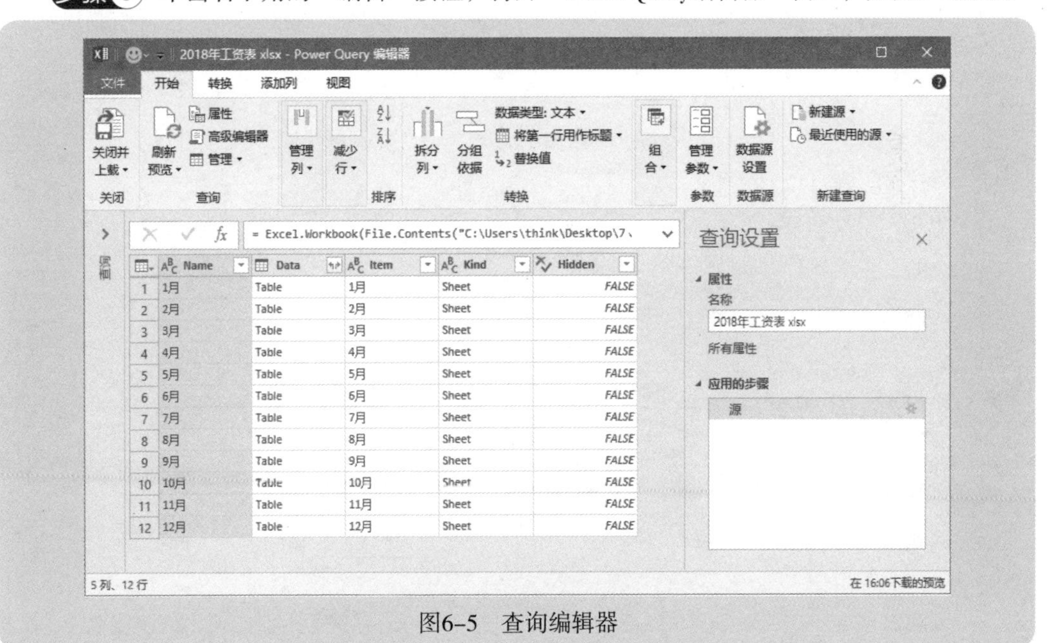

	Name	Data	Item	Kind	Hidden
1	1月	Table	1月	Sheet	FALSE
2	2月	Table	2月	Sheet	FALSE
3	3月	Table	3月	Sheet	FALSE
4	4月	Table	4月	Sheet	FALSE
5	5月	Table	5月	Sheet	FALSE
6	6月	Table	6月	Sheet	FALSE
7	7月	Table	7月	Sheet	FALSE
8	8月	Table	8月	Sheet	FALSE
9	9月	Table	9月	Sheet	FALSE
10	10月	Table	10月	Sheet	FALSE
11	11月	Table	11月	Sheet	FALSE
12	12月	Table	12月	Sheet	FALSE

图6-5 查询编辑器

步骤7 保留左边的2列，删除右侧的3列，如图6-6所示。

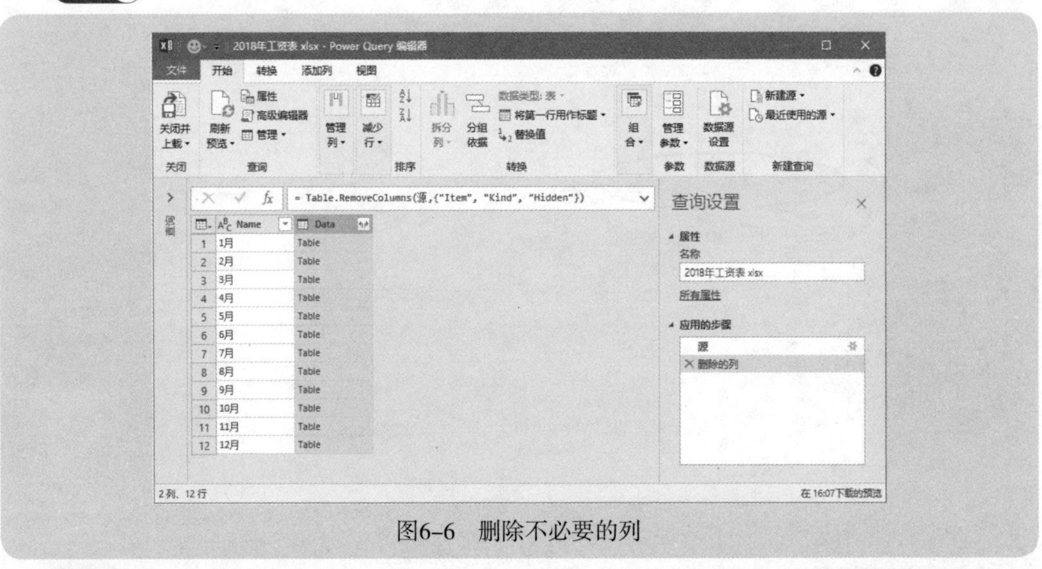

图6-6 删除不必要的列

步骤8 单击Data字段右侧的展开按钮，打开以下的筛选窗格，取消勾选“使用原始列名作为前缀”复选框，再单击“加载更多”蓝色字体标签，如图6-7所示。

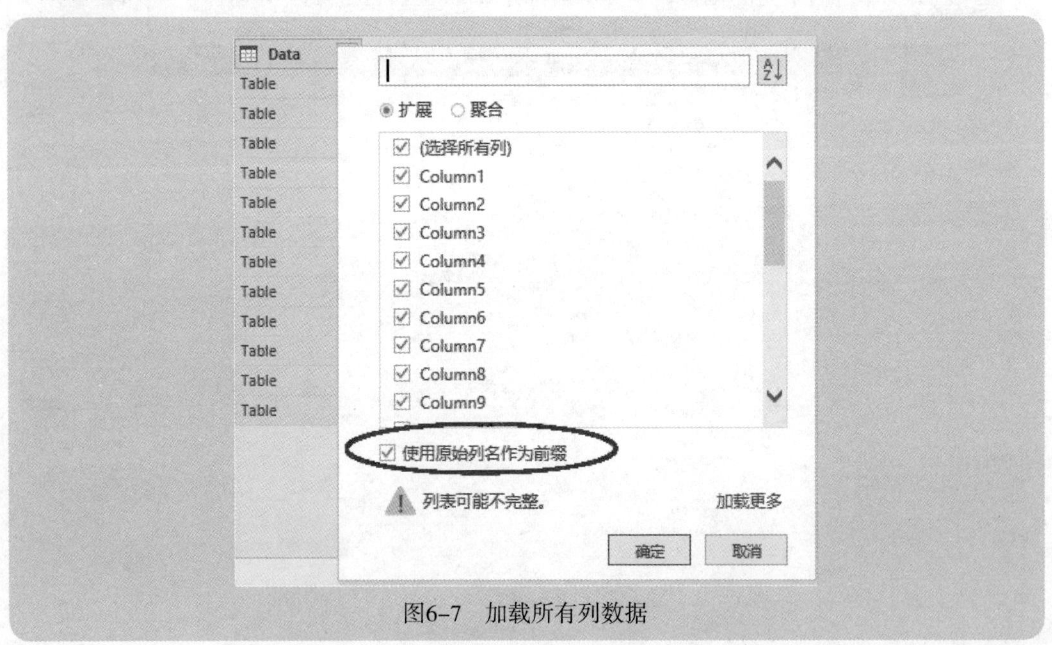

图6-7 加载所有列数据

步骤9 单击“确定”按钮，就得到了全部12张工作表的数据，如图6-8所示。

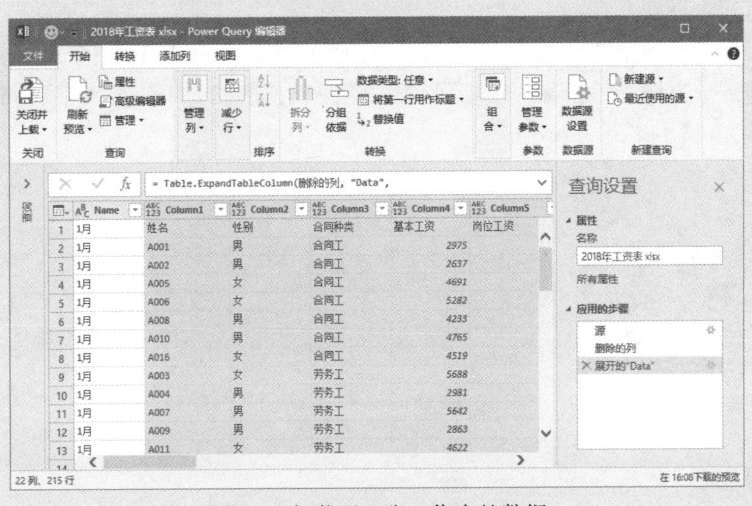

图6-8　加载了12张工作表的数据

步骤10 执行“开始”→“将第一行用作标题”命令，提升标题，然后将第一列默认设置的标题“01月”修改为“月份”，就得到如图6-9所示的结果。

这里需要注意的是，如果出现了“更改的类型”操作，要将其删除，因为这步操作是系统自动执行的，会将月份的文本数据变为日期。

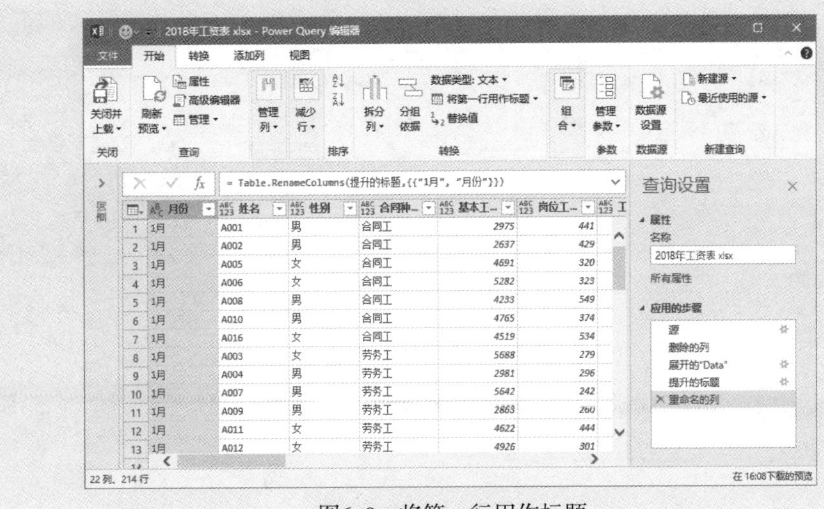

图6-9　将第一行用作标题

步骤11 这种汇总，实质上是把12个月的工作表全部数据（包含标题在内）堆积到一起的，因此有12个标题存在。

现在已经将第一张表的标题当作了查询表的标题，那么还剩下 11 个标题是没用的，必须将它们筛选掉。方法是单击某一个项目较少、容易操作的列，如“性别”列，将数据“性别”取消，如图 6-10 所示。

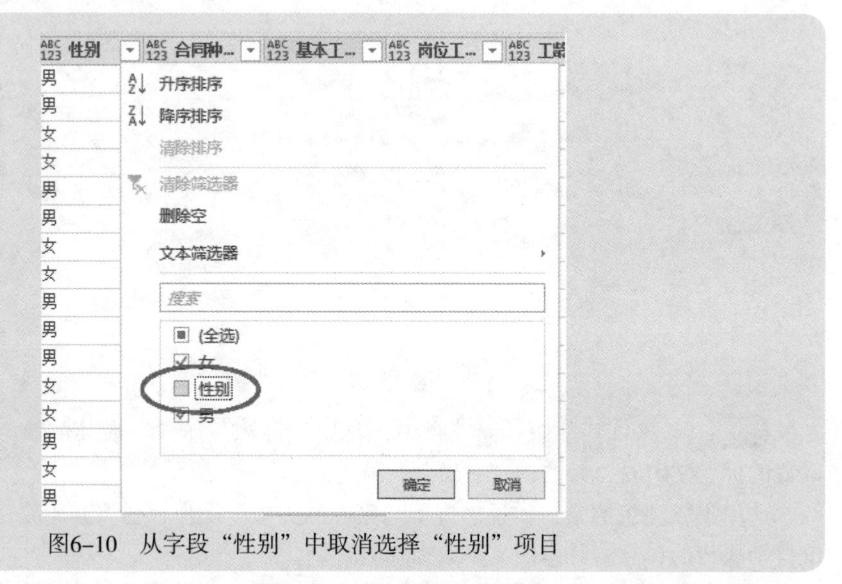

图6-10　从字段“性别”中取消选择“性别”项目

步骤12 执行“开始”→“关闭并上载”命令，就得到了12个月工资表的汇总表，如图6-11所示。

	月份	姓名	性别	合同种类	基本工资	岗位工资	工龄工资	住房补贴	交通补贴	医疗补助	奖金	病假扣款
13	1月	A011	女	劳务工	4622	444	50	396	854	431	504	0
14	1月	A012	女	劳务工	4926	301	290	186	897	212	563	0
15	1月	A013	男	劳务工	3018	534	190	380	842	405	327	80
16	1月	A014	女	劳务工	3141	599	290	382	876	217	434	36
17	1月	A015	男	劳务工	3040	543	280	209	804	211	596	0
18	2月	A001	男	合同工	3619	330	90	343	736	414	318	100
19	2月	A002	男	合同工	5303	597	90	179	568	228	377	0
20	2月	A005	女	合同工	3638	312	170	377	719	541	372	0
21	2月	A006	女	合同工	5878	506	120	245	682	286	555	62
22	2月	A008	男	合同工	3505	307	240	212	789	372	234	53
23	2月	A010	男	合同工	6147	374	250	163	609	389	534	0
24	2月	A016	女	合同工	3998	204	240	358	851	227	600	48
25	2月	A003	女	劳务工	4904	546	150	108	606	412	508	0
26	2月	A004	男	劳务工	5784	380	110	198	778	366	560	0
27	2月	A007	男	劳务工	4590	324	60	371	616	470	502	76
28	2月	A009	男	劳务工	2574	546	280	323	557	229	253	39
29	2月	A011	女	劳务工	2620	508	160	203	776	222	416	0

汇总表

查询 & 连接
查询 | 连接
1个查询
2018年工资表.xlsx
已加载 203 行。

图6-11　12个月工资表的汇总表

此案例的综合练习如下。

（1）请从12个月工资表中，分别制作合同工和劳务工的工资汇总表。

（2）请从12个月工资表中，分别制作合同工和劳务工的社保汇总表。

（3）请从12个月工资表中，分别制作合同工和劳务工的个税汇总表。

6.1.2 多张工作表的关联汇总——两张工作表的情况

在某些情况下，需要把几张有关联的工作表，通过关联字段进行汇总，得到一张包含全部信息的汇总表，此时，也可以使用Power Query来快速完成。

案例6-2

图6-12是一个比较简单的例子，工作簿“员工信息及工资.xlsx”中有两张工作表“基本信息”和“明细工资”，它们都有共有的列“工号”和“姓名”，并且两个表格中的员工都是一样的。现在要求把这两个表格的数据，依据工号或者姓名进行关联，全部汇总到一个新工作簿中，得到一个具有全部信息的总表。

下面是详细的操作步骤。

工号	姓名	性别	部门
NO001	A001	男	办公室
NO005	A002	男	办公室
NO009	A003	男	办公室
NO010	A004	女	办公室
NO002	A005	男	销售部
NO003	A006	女	销售部
NO006	A007	女	销售部
NO007	A008	女	销售部
NO012	A009	男	销售部
NO004	A010	女	人事部
NO008	A011	男	人事部
NO011	A012	男	人事部
NO438	A013	男	财务部
NO439	A014	男	财务部

工号	姓名	工资	福利	扣餐费	扣住宿费	个税
NO002	A005	3677	479	123	100	142.7
NO012	A009	6065	176	153	100	484.75
NO003	A006	4527	903	126	100	254.05
NO001	A001	3716	563	120	100	146.6
NO005	A002	2690	630	132	100	44
NO006	A007	4259	212	135	100	213.85
NO011	A012	2263	104	150	100	13.15
NO007	A008	7782	652	138	100	781.4
NO008	A011	4951	713	141	100	317.65
NO009	A003	1363	813	144	100	0
NO010	A004	2629	572	147	100	37.9
NO004	A010	5204	602	129	100	355.6
NO438	A013	4858	476	165	100	303.7
NO439	A014	3694	634	148	100	144.4

图6-12　工作簿的两张依据工号关联的工作表

步骤1　新建一个工作簿。

步骤2　执行“数据”→“获取数据”→“自文件”→“从工作簿”命令，如图6-2所示。

步骤3　打开“导入数据”对话框，从指定文件夹里选择要汇总的工作簿“员工信息及工资.xlsx”，如图6-13所示。

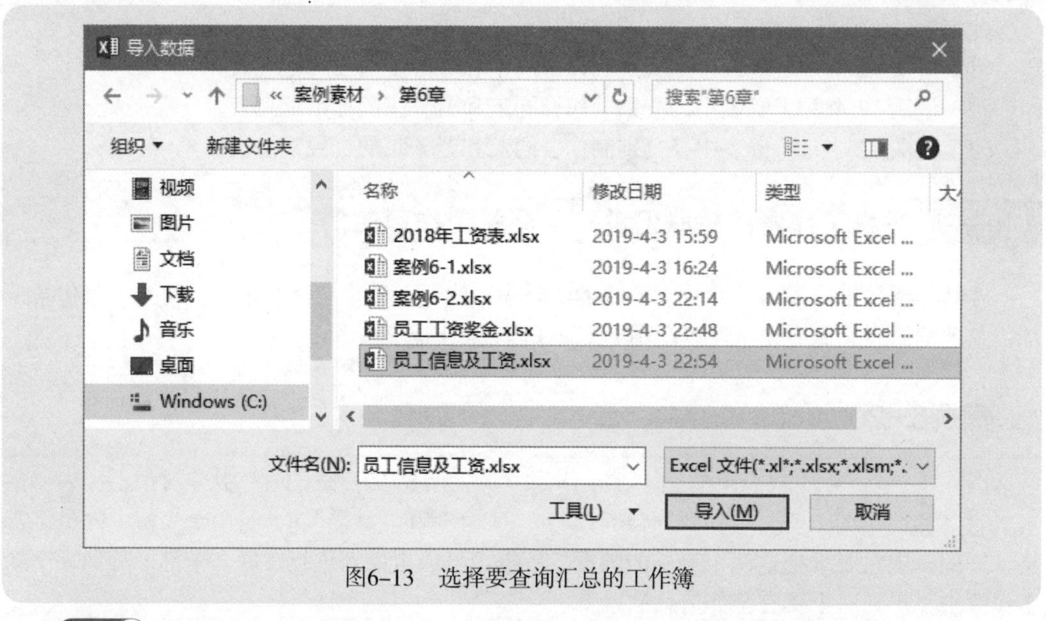

图6-13 选择要查询汇总的工作簿

步骤4 单击“导入”按钮，打开“导航器”对话框，勾选“选择多项”复选框，并勾选这两张工作表，如图6-14所示。

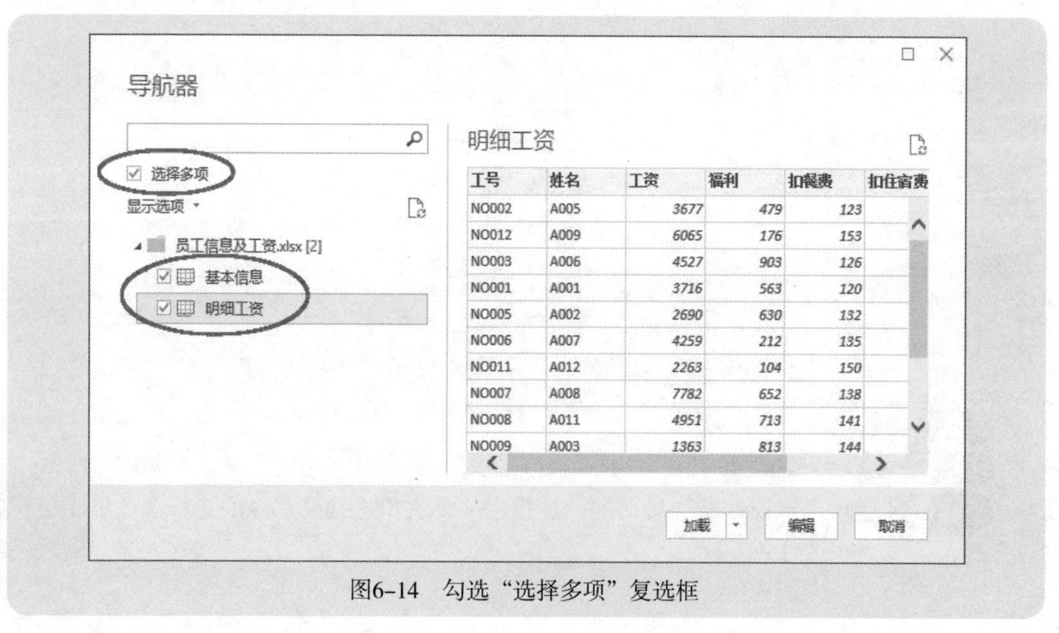

图6-14 勾选“选择多项”复选框

步骤5 单击右下角的“编辑”按钮，打开“Power Query编辑器”窗口，如图6-15所示。

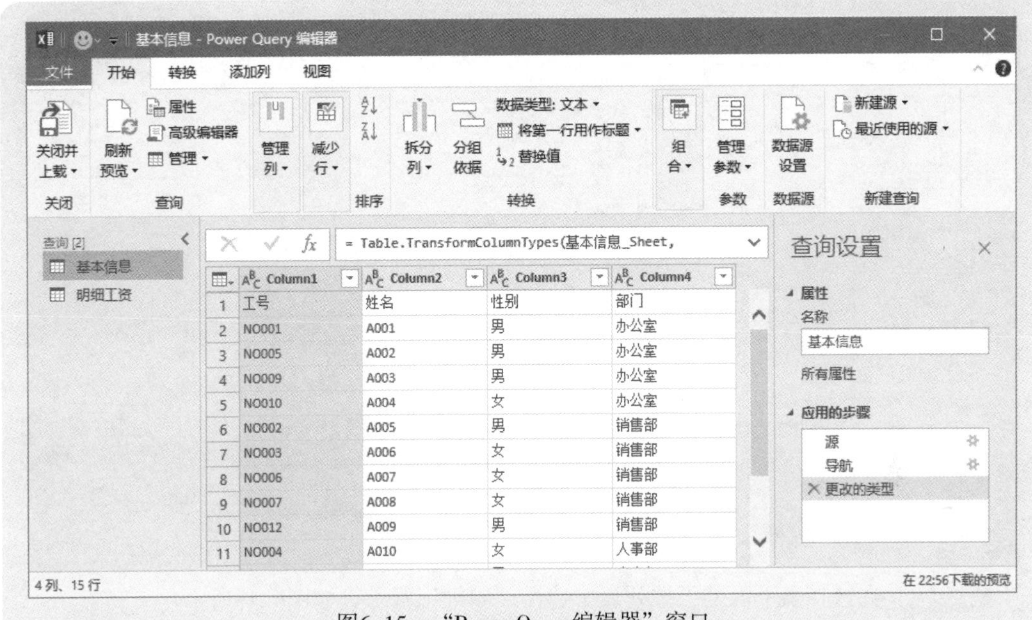

图6-15 “Power Query编辑器”窗口

步骤6 在编辑器左侧的“查询”列表中，单击每个查询，检查每个表的标题是否正确，如果是默认设置的名称Column1、Column2等（如图6-15所示的“基本信息”表），一定要提升标题。

步骤7 在编辑器左侧的“查询”列表中，选择查询“基本信息”，然后执行“开始”→“将查询合并为新查询”命令，如图6-16所示。

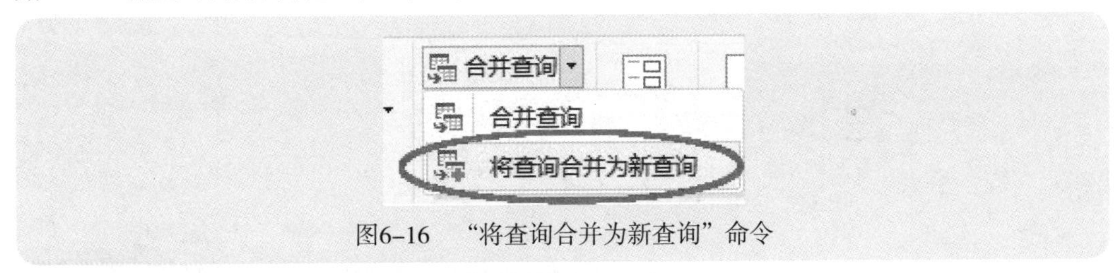

图6-16 “将查询合并为新查询”命令

步骤8 打开“合并”对话框，如图6-17所示。

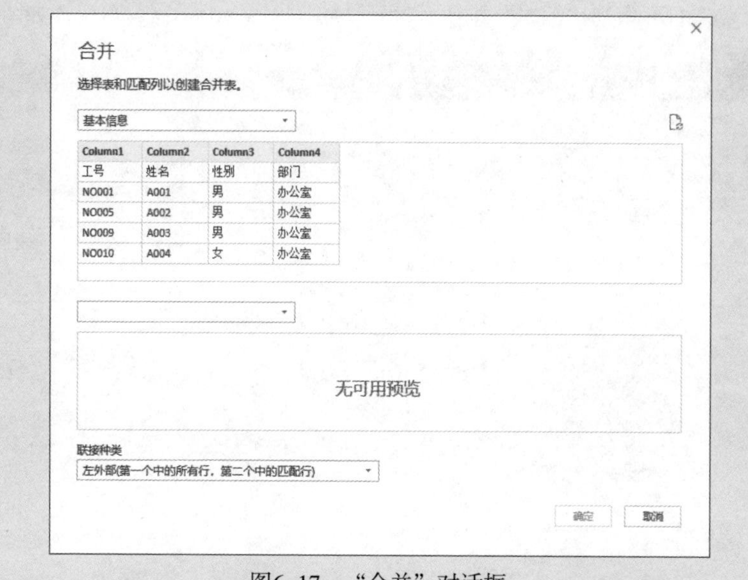

图6-17 “合并”对话框

步骤9 在选择表下面的下拉列表中选择“明细工资”，如图6-18所示。

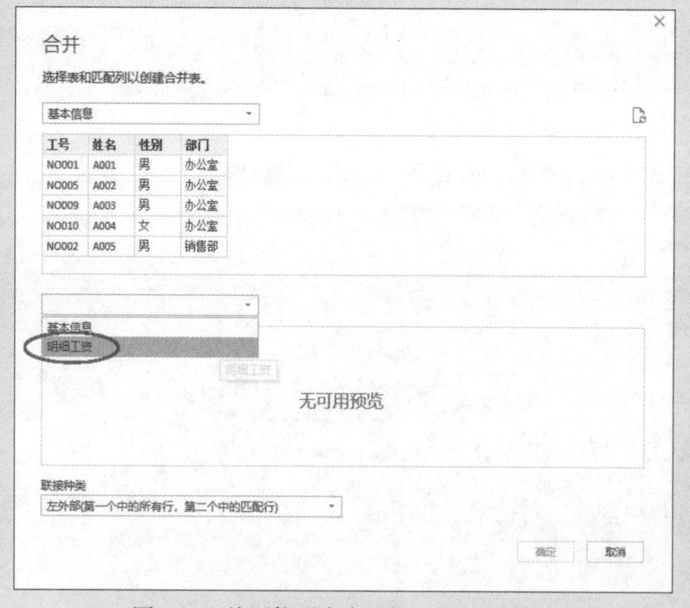

图6-18 从下拉列表中选择“明细工资”

步骤10 在上下两张表中分别选择“工号”列，底部“联接种类”保持默认设置（因为两张表的员工都是一样的），如图6-19所示。

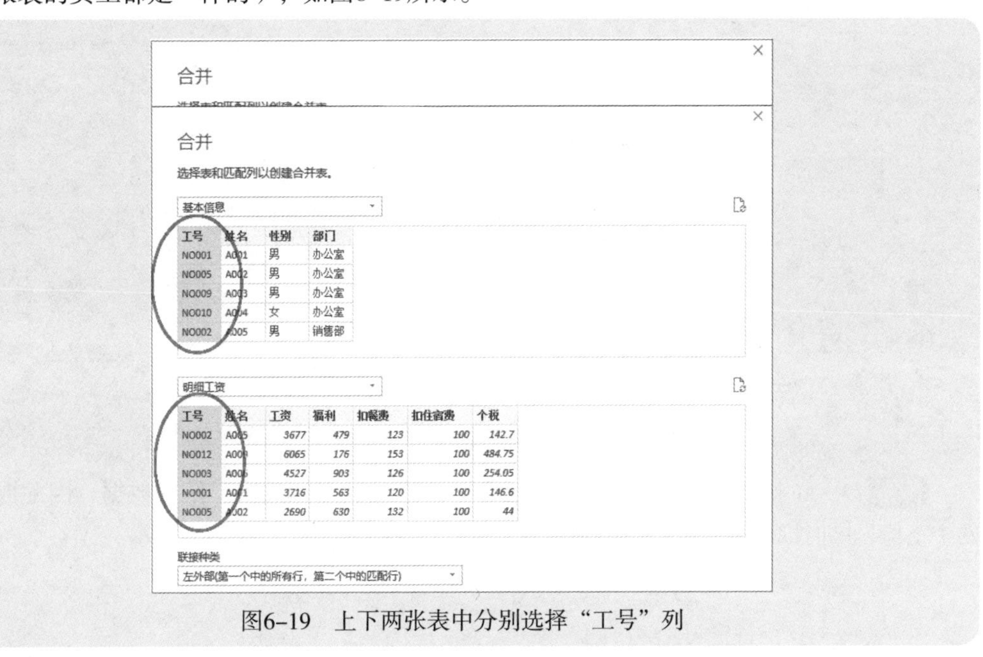

合并
选择表和匹配列以创建合并表。
基本信息
工号 姓名 性别 部门
NO001 A001 男 办公室
NO005 A002 男 办公室
NO009 A003 男 办公室
NO010 A004 女 办公室
NO002 A005 男 销售部
明细工资
工号 姓名 工资 福利 扣餐费 扣住宿费 个税
NO002 A005 3677 479 123 100 142.7
NO012 A009 6065 176 153 100 484.75
NO003 A006 4527 903 126 100 254.05
NO001 A001 3716 563 120 100 146.6
NO005 A002 2690 630 132 100 44
联接种类
左外部(第一个中的所有行，第二个中的匹配行)

图6-19 上下两张表中分别选择“工号”列

步骤11 单击“确定”按钮，就得到了如图6-20所示的合并查询。

查询 [3]
基本信息
明细工资
Merge1

= Table.NestedJoin(基本信息,{"工号"},明细工资,{"工号"},"明细工资",JoinKind.LeftOuter)

	工号	姓名	性别	部门	明细工...
1	NO001	A001	男	办公室	Table
2	NO005	A002	男	办公室	Table
3	NO009	A003	男	办公室	Table
4	NO010	A004	女	办公室	Table
5	NO002	A005	男	销售部	Table
6	NO003	A006	女	销售部	Table
7	NO006	A007	女	销售部	Table
8	NO007	A008	女	销售部	Table
9	NO012	A009	男	销售部	Table
10	NO004	A010	女	人事部	Table
11	NO008	A011	男	人事部	Table
12	NO011	A012	男	人事部	Table
13	NO438	A013	男	财务部	Table

查询设置
属性
名称
Merge1
所有属性
应用的步骤
源

5列、14行
在 22:56下载的预览

图6-20 两张表的合并查询Merge1

步骤12 将系统默认设置的合并查询名称Merge1重命名为“汇总表”。

步骤13 单击“明细工资”列标题右侧的展开按钮，就展开一个筛选窗格，如图6-21所示。

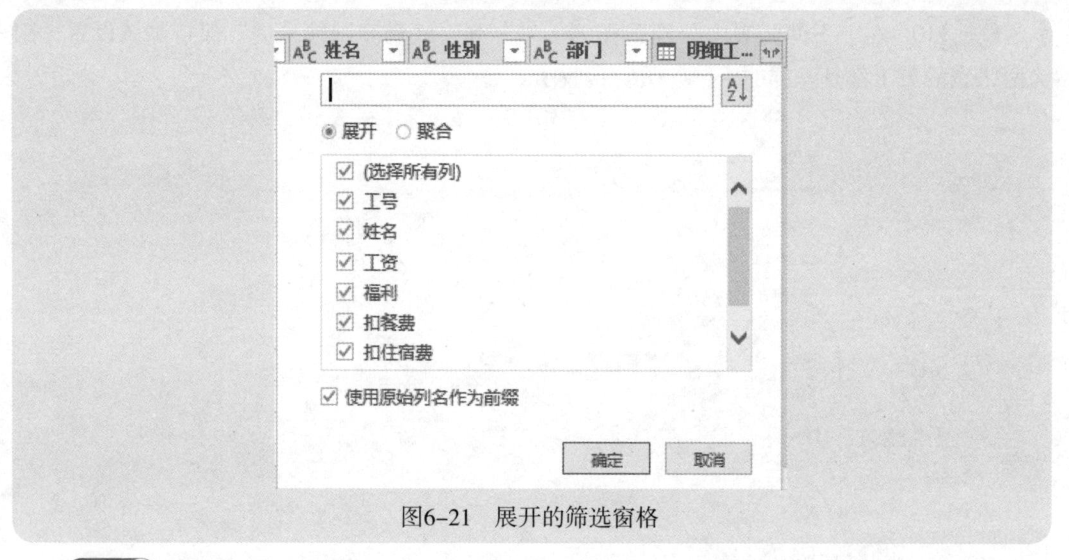

图6-21 展开的筛选窗格

步骤14 由于目前的查询表中已经包含了“工号”和“姓名”两列数据，因此取消这两个字段，同时取消勾选“使用原始列名作为前缀”复选框，如图6-22所示。

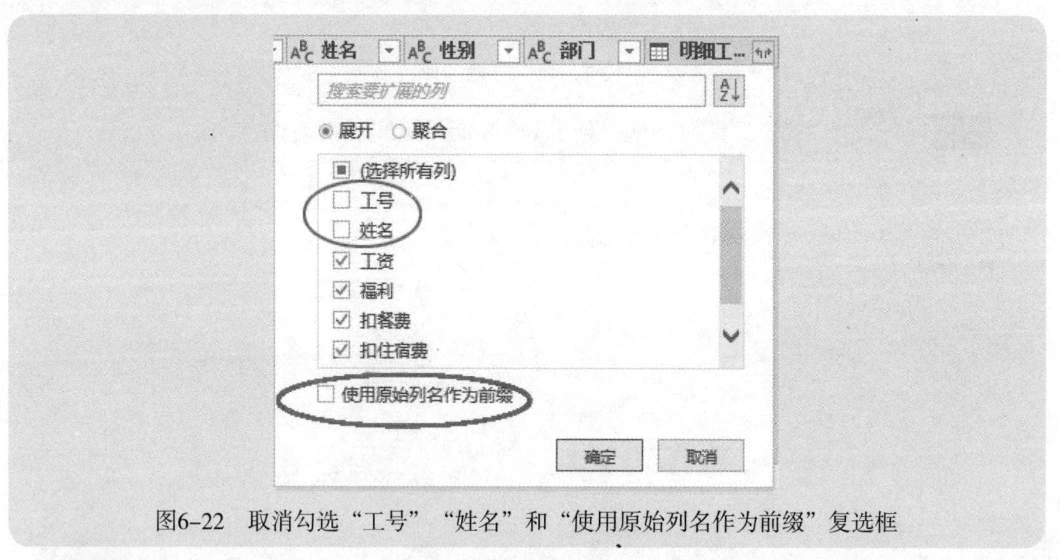

图6-22 取消勾选“工号”“姓名”和“使用原始列名作为前缀”复选框

步骤15 单击“确定”按钮，就得到了两个表格的合并表，如图6-23所示。

	工号	姓名	性别	部门	工资	福利	扣餐费	扣住宿...	个税
1	NO001	A001	男	办公室	3716	563	120	100	146.6
2	NO002	A005	男	销售部	3677	479	123	100	142.7
3	NO005	A002	男	办公室	2690	630	132	100	44
4	NO012	A009	男	销售部	6065	176	153	100	484.75
5	NO009	A003	男	办公室	1363	813	144	100	0
6	NO003	A006	女	销售部	4527	903	126	100	254.05
7	NO010	A004	女	办公室	2629	572	147	100	37.9
8	NO006	A007	女	销售部	4259	212	135	100	213.85
9	NO011	A012	男	人事部	2263	104	150	100	13.15
10	NO007	A008	女	销售部	7782	652	138	100	781.4
11	NO008	A011	男	人事部	4951	713	141	100	317.65
12	NO004	A010	女	人事部	5204	602	129	100	355.6
13	NO438	A013	男	财务部	4858	476	165	100	303.7
14	NO439	A014	男	财务部	3694	634	148	100	144.4

图6-23 两张表的汇总表

步骤16 最后选择“关闭并上载”命令，打开“导入数据”对话框，选中“仅创建连接”单选按钮并勾选“将此数据添加到数据模型”复选框（这个选项，是为了便于以后使用Power Pivot进行进一步的数据分析），如图6-24所示。

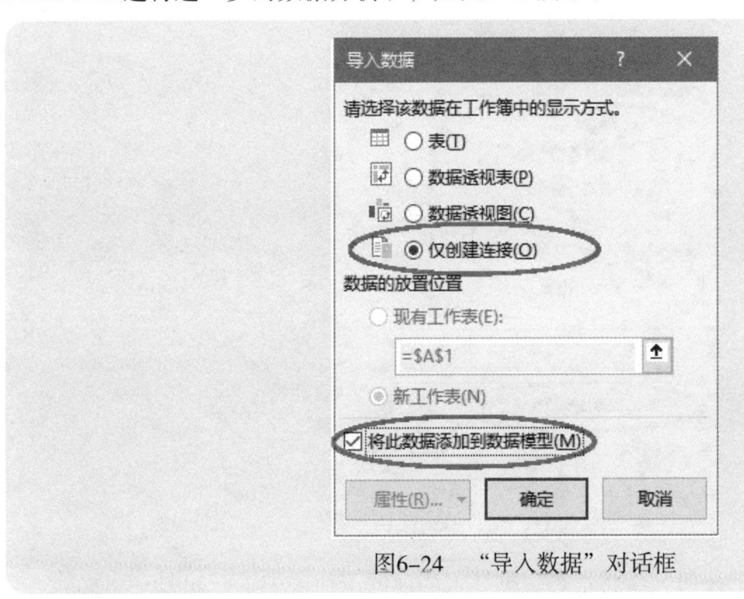

图6-24 “导入数据”对话框

步骤17 单击“确定”按钮，就得到了3个查询，并在工作表右侧的“查询&连接”窗格中显示出这3个查询名称，如图6-25所示。

步骤18 右击查询“汇总表”，执行“加载到”命令，如图6-26所示。

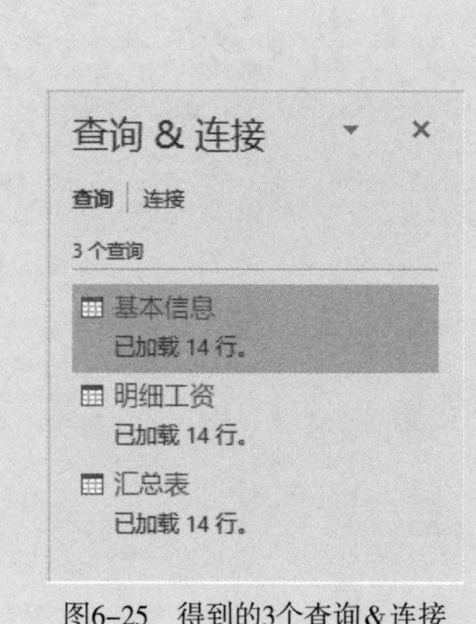

图6-25　得到的3个查询&连接

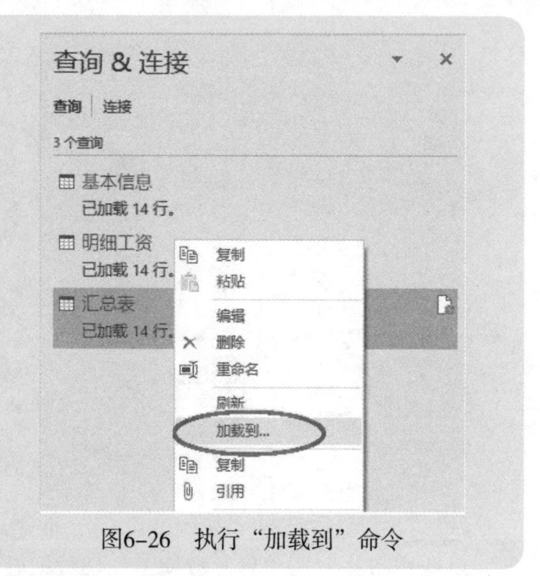

图6-26　执行“加载到”命令

重新打开“导入数据”对话框，选中“表”单选按钮，如图 6-27 所示。

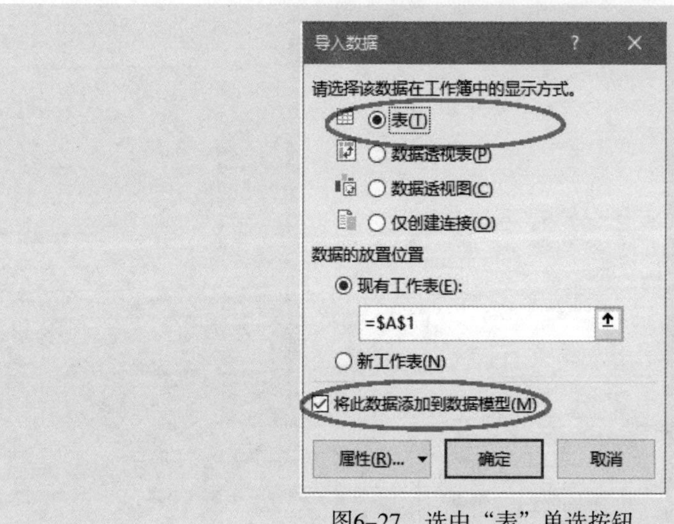

图6-27　选中“表”单选按钮

步骤19　单击“确定”按钮，就将汇总数据导入当前的工作表中了，如图6-28所示。

说明：如果不经过步骤 16、步骤 17 这样的操作，而是直接执行“关闭并上载”命令，那么就会在当前工作簿上得到 3 个查询数据表，也就是把两个原始数据表和汇总表一并导出了，如图 6-29 所示。如果要汇总的是很多相关联工作表，这样操作是不利于数据分析的。

工号	姓名	性别	部门	工资	福利	扣餐费	扣住宿费	个税
NO001	A001	男	办公室	3716	563	120	100	146.6
NO002	A005	男	销售部	3677	479	123	100	142.7
NO005	A002	男	办公室	2690	630	132	100	44
NO012	A009	男	销售部	6065	176	153	100	484.75
NO009	A003	男	办公室	1363	813	144	100	0
NO003	A006	女	销售部	4527	903	126	100	254.05
NO010	A004	女	办公室	2629	572	147	100	37.9
NO006	A007	女	销售部	4259	212	135	100	213.85
NO011	A012	男	人事部	2263	104	150	100	13.15
NO007	A008	女	销售部	7782	652	138	100	781.4
NO008	A011	男	人事部	4951	713	141	100	317.65
NO004	A010	女	人事部	5204	602	129	100	355.6
NO438	A013	男	财务部	4858	476	165	100	303.7
NO439	A014	男	财务部	3694	634	148	100	144.4

图6–28　得到的两张关联工作表数据的汇总表

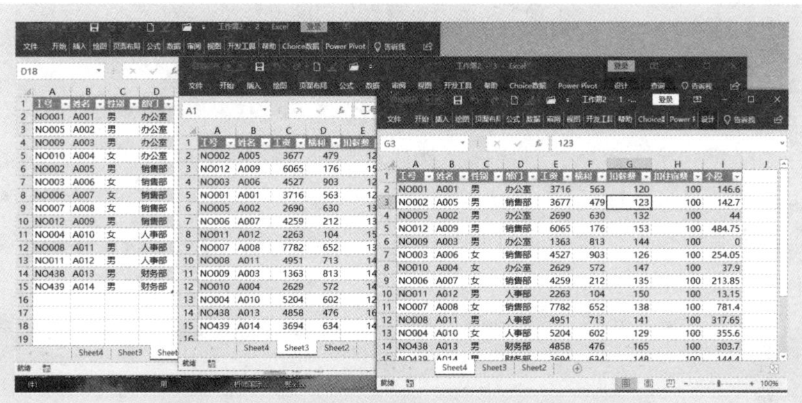

图6–29　两张原始数据表和汇总表一并导出了

6.1.3 多张工作表的关联汇总——多张工作表的情况

案例6–3

图 6–30 的例子要比案例 6–2 复杂些，其工作簿“员工工资奖金 .xlsx”中有 4 张工作表。

- “部门情况”：保存员工的基本信息。
- “明细工资”：保存员工的工资数据。
- “个税”：保存员工的个税数据。
- “奖金”：保存员工的奖金数据。

这 4 张工作表都有共有的列“工号”和“姓名”，并且 4 个表格中的员工都是一样的。

现在要求把这 4 个表格的数据，依据工号或者姓名进行关联，全部汇总到一个新工作簿表格中。下面是主要步骤。

部门情况

工号	姓名	性别	部门
NO001	A001	男	办公室
NO005	A002	男	办公室
NO009	A003	男	办公室
NO010	A004	女	办公室
NO002	A005	男	销售部
NO003	A006	女	销售部
NO006	A007	女	销售部
NO007	A008	女	销售部
NO012	A009	男	销售部
NO004	A010	女	人事部
NO008	A011	男	人事部
NO011	A012	男	人事部
NO438	A013	男	财务部
NO439	A014	男	财务部

明细工资

工号	姓名	工资	福利	扣餐费	扣住宿费
NO002	A005	3677	479	123	100
NO012	A009	6065	176	153	100
NO003	A006	4527	903	126	100
NO001	A001	3716	563	120	100
NO005	A002	2690	630	132	100
NO006	A007	4259	212	135	100
NO011	A012	2263	104	150	100
NO007	A008	7782	652	138	100
NO008	A011	4951	713	141	100
NO009	A003	1363	813	144	100
NO010	A004	2629	572	147	100
NO004	A010	5204	602	129	100
NO438	A013	4858	476	165	100
NO439	A014	3694	634	148	100

个税

工号	姓名	扣个税
NO002	A005	142.70
NO001	A001	146.60
NO004	A010	355.60
NO005	A002	44.00
NO008	A011	317.65
NO006	A007	213.85
NO007	A008	781.40
NO009	A003	0.00
NO010	A004	37.90
NO003	A006	254.05
NO011	A012	13.15
NO012	A009	484.75
NO438	A013	303.70
NO439	A014	144.40

奖金

工号	姓名	年终奖
NO009	A003	15648
NO002	A005	9386
NO005	A002	16048
NO006	A007	26744
NO011	A012	24115
NO007	A008	8298
NO012	A009	28452
NO003	A006	11444
NO008	A011	3087
NO010	A004	5214
NO004	A010	12588
NO438	A013	6906
NO001	A001	27130
NO439	A014	12524

图6-30　4个基础表单有着共同的工号和姓名

步骤 1　新建一个工作簿。

步骤 2　执行“数据”→“获取数据”→“自文件”→“从工作簿”命令，如图6-2所示。

步骤 3　打开“导入数据”对话框，然后从指定文件夹里选择要汇总的工作簿“员工工资奖金.xlsx”，如图6-31所示。

步骤 4　单击“导入”按钮，打开“导航器”对话框，勾选“选择多项”复选框，并勾选4张工作表，如图6-31所示。

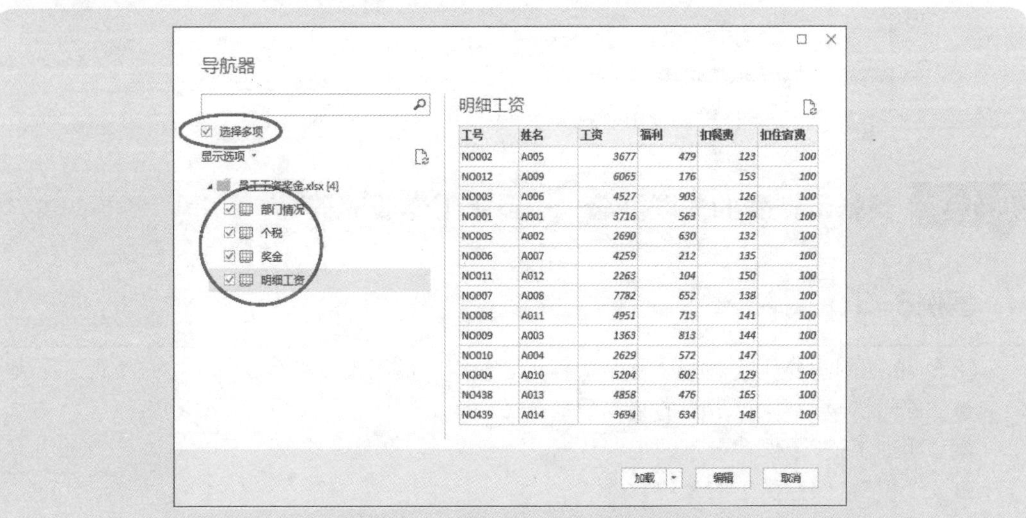

工号	姓名	工资	福利	扣餐费	扣住宿费
NO002	A005	3677	479	123	100
NO012	A009	6065	176	153	100
NO003	A006	4527	903	126	100
NO001	A001	3716	563	120	100
NO005	A002	2690	630	132	100
NO006	A007	4259	212	135	100
NO011	A012	2263	104	150	100
NO007	A008	7782	652	138	100
NO008	A011	4951	713	141	100
NO009	A003	1363	813	144	100
NO010	A004	2629	572	147	100
NO004	A010	5204	602	129	100
NO438	A013	4858	476	165	100
NO439	A014	3694	634	148	100

图6-31　勾选“选择多项”复选框并勾选4张工作表

步骤5 单击右下角的“编辑”按钮，打开“Power Query编辑器”窗口，如图6-32所示。

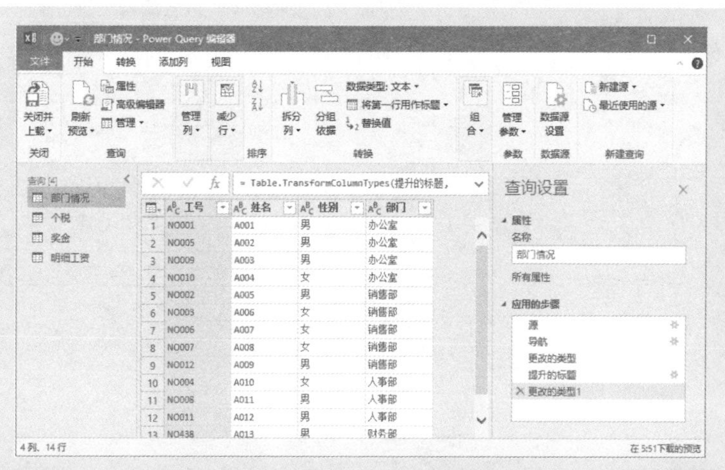

图6-32 打开“Power Query编辑器”窗口并自动建立了4个表格的查询

步骤6 注意检查每张查询表的标题是否正确，根据情况确认是否需要提升标题。

步骤7 在编辑器左侧的“查询”列表中，单击选择查询“部门情况”，然后执行“开始”→“将查询合并为新查询”命令，打开“合并”对话框。

步骤8 上面的表格是“部门情况”，保持默认设置，在下面的表中选择“明细工资”；然后在上下两张表中，分别选择“工号”列，如图6-33所示。

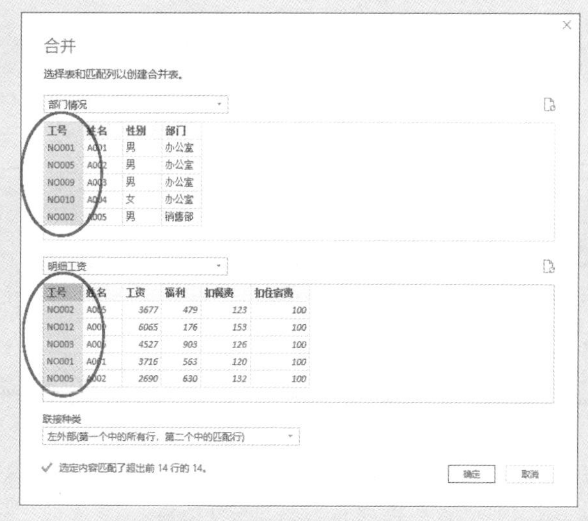

图6-33 “部门情况”和“明细工资”通过字段“工号”连接

步骤9 单击“确定”按钮，就得到了一个“部门情况”和“明细工资”合并起来的新查询Merge1，如图6-34所示。

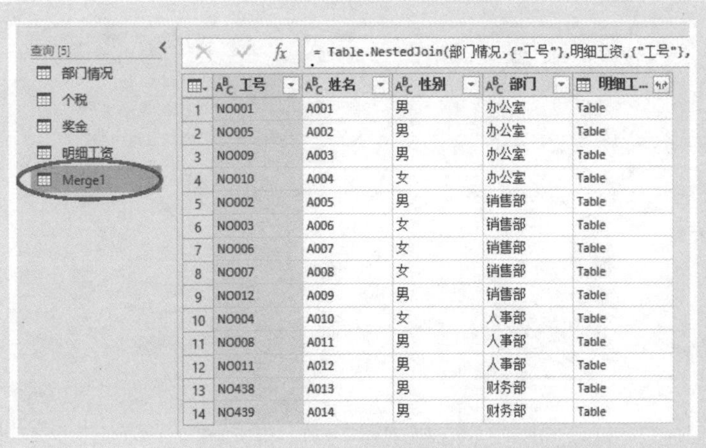

	工号	姓名	性别	部门	明细工...
1	NO001	A001	男	办公室	Table
2	NO005	A002	男	办公室	Table
3	NO009	A003	男	办公室	Table
4	NO010	A004	女	办公室	Table
5	NO002	A005	男	销售部	Table
6	NO003	A006	女	销售部	Table
7	NO006	A007	女	销售部	Table
8	NO007	A008	女	销售部	Table
9	NO012	A009	男	销售部	Table
10	NO004	A010	女	人事部	Table
11	NO008	A011	男	人事部	Table
12	NO011	A012	男	人事部	Table
13	NO438	A013	男	财务部	Table
14	NO439	A014	男	财务部	Table

图6-34 “部门情况”和“明细工资”合并的新查询Merge1

步骤10 选择新查询Merge1，执行“合并查询”命令，打开“合并”对话框，在下面的表中选择“个税”，然后在上下两张表中，分别选择“工号”列，如图6-35所示。

图6-35 Merge1和“个税”通过字段“工号”连接

步骤11 单击“确定”按钮，得到一个Merge1表和“个税”合并的新查询，如图6-36所示。

查询 [5]
- 部门情况
- 个税
- 奖金
- 明细工资
- Merge1

= Table.NestedJoin(源,{"工号"},个税,{"工号"},"个税",JoinKind.LeftOuter)

	工号	姓名	性别	部门	明细工...	个税
1	NO001	A001	男	办公室	Table	Table
2	NO005	A002	男	办公室	Table	Table
3	NO009	A003	男	办公室	Table	Table
4	NO010	A004	女	办公室	Table	Table
5	NO002	A005	男	销售部	Table	Table
6	NO003	A006	女	销售部	Table	Table
7	NO006	A007	女	销售部	Table	Table
8	NO007	A008	女	销售部	Table	Table
9	NO012	A009	男	销售部	Table	Table
10	NO004	A010	女	人事部	Table	Table
11	NO008	A011	男	人事部	Table	Table
12	NO011	A012	男	人事部	Table	Table
13	NO438	A013	男	财务部	Table	Table
14	NO439	A014	男	财务部	Table	Table

图6-36 Merge1表和“个税”合并的新查询

步骤12 继续选择新查询Merge1，执行“合并查询”命令，打开“合并”对话框，在下面的表中选择“奖金”；然后在上下两张表中，分别选择“工号”列，如图6-37所示。

图6-37 Merge1和“奖金”通过字段“工号”连接

步骤13 单击“确定”按钮，得到一个Merge1表和“奖金”合并的新查询，如图6-38所示。

查询 [5]
- 部门情况
- 个税
- 奖金
- 明细工资
- Merge1

= Table.NestedJoin(合并的查询,{"工号"},奖金,{"工号"},"奖金",JoinKind.LeftOuter)

	工号	姓名	性别	部门	明细工...	个税	奖金
1	NO001	A001	男	办公室	Table	Table	Table
2	NO005	A002	男	办公室	Table	Table	Table
3	NO009	A003	男	办公室	Table	Table	Table
4	NO010	A004	女	办公室	Table	Table	Table
5	NO002	A005	男	销售部	Table	Table	Table
6	NO003	A006	女	销售部	Table	Table	Table
7	NO006	A007	女	销售部	Table	Table	Table
8	NO007	A008	女	销售部	Table	Table	Table
9	NO012	A009	男	销售部	Table	Table	Table
10	NO004	A010	女	人事部	Table	Table	Table
11	NO008	A011	男	人事部	Table	Table	Table
12	NO011	A012	男	人事部	Table	Table	Table
13	NO438	A013	男	财务部	Table	Table	Table
14	NO439	A014	男	财务部	Table	Table	Table

图6-38 Merge1表和“奖金”合并的新查询

步骤14 单击“明细工资”列标题右侧的展开按钮，展开筛选窗格，取消勾选“工号”“姓名”和“使用原始列名作为前缀”复选框，如图6-39所示。

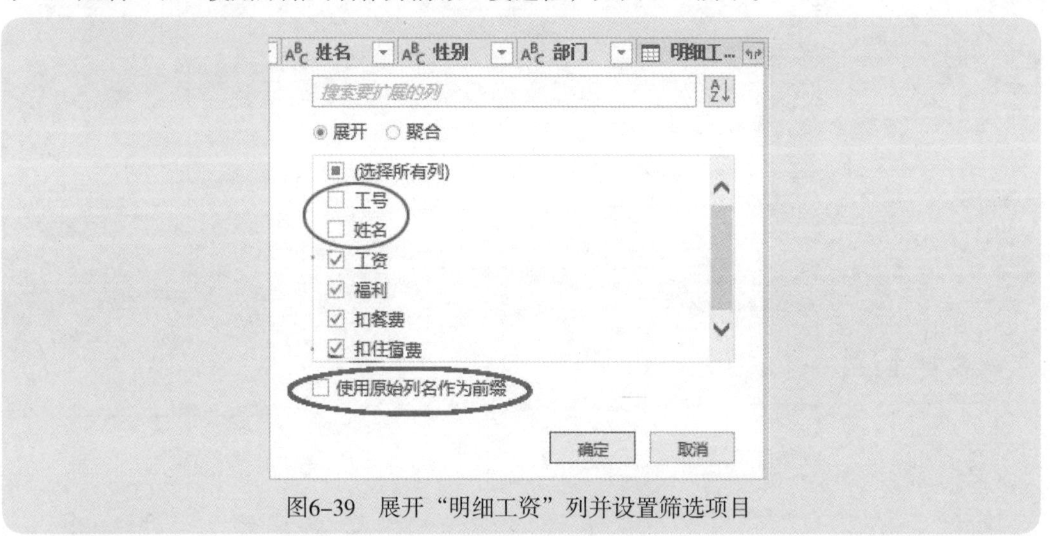

图6-39 展开“明细工资”列并设置筛选项目

步骤15 单击“个税”列标题右侧的展开按钮，展开筛选窗格，取消勾选“工号”“姓名”和“使用原始列名作为前缀”复选框，如图6-40所示。

步骤16 单击“奖金”列标题右侧的按钮，展开筛选窗格，取消勾选“工号”“姓名”和“使用原始列名作为前缀”复选框，如图6-41所示。

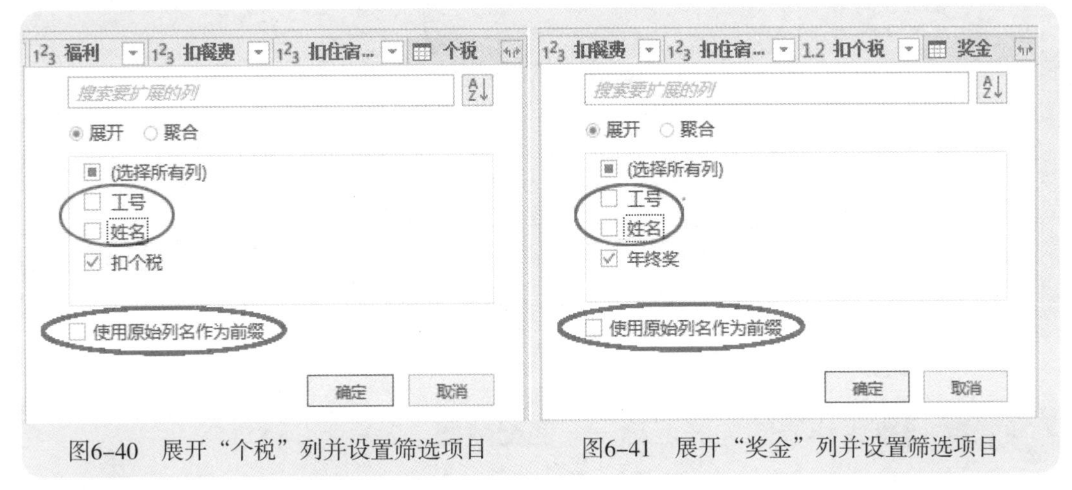

图6-40　展开“个税”列并设置筛选项目　　图6-41　展开“奖金”列并设置筛选项目

步骤17 最后得到的查询表如图6-42所示。

	工号	姓名	性别	部门	工资	福利	扣餐费	扣住宿...	扣个税	年终奖
1	NO001	A001	男	办公室	3716	563	120	100	146.6	27130
2	NO009	A003	男	办公室	1363	813	144	100	0	15648
3	NO002	A005	男	销售部	3677	479	123	100	142.7	9386
4	NO005	A002	男	办公室	2690	630	132	100	44	16048
5	NO004	A010	女	人事部	5204	602	129	100	355.6	12588
6	NO006	A007	女	销售部	4259	212	135	100	213.85	26744
7	NO012	A009	男	销售部	6065	176	153	100	484.75	28452
8	NO011	A012	男	人事部	2263	104	150	100	13.15	24115
9	NO007	A008	女	销售部	7782	652	138	100	781.4	8298
10	NO008	A011	男	人事部	4951	713	141	100	317.65	3087
11	NO003	A006	女	销售部	4527	903	126	100	254.05	11444
12	NO010	A004	女	办公室	2629	572	147	100	37.9	5214
13	NO438	A013	男	财务部	4858	476	165	100	303.7	6906
14	NO439	A014	男	财务部	3694	634	148	100	144.4	12524

图6-42　4个基础表格的合并表

步骤18 将新查询名Merge1修改为“汇总表”，然后采用案例6-2介绍的方法加载为仅连接，然后再单独将“汇总表”导出到当前工作表，就得到需要的汇总表，如图6-43所示。

由案例 6-2 和案例 6-3 可以看出，汇总多张关联工作表的基本方法和主要步骤是建立合并查询。

（1）第一次是将查询合并为新查询。

（2）然后将这个新查询与其他各张表进行关联合并。

多个表的合并并不复杂，仅仅是增加了几次合并而已。

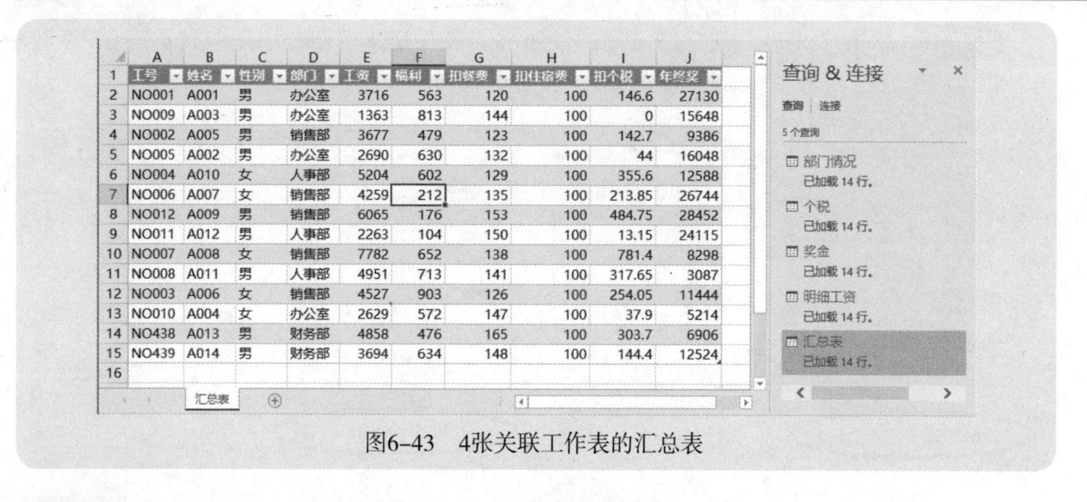

	A	B	C	D	E	F	G	H	I	J
1	工号	姓名	性别	部门	工资	福利	扣餐费	扣住宿费	扣个税	年终奖
2	NO001	A001	男	办公室	3716	563	120	100	146.6	27130
3	NO009	A003	男	办公室	1363	813	144	100	0	15648
4	NO002	A005	男	销售部	3677	479	123	100	142.7	9386
5	NO005	A002	男	办公室	2690	630	132	100	44	16048
6	NO004	A010	女	人事部	5204	602	129	100	355.6	12588
7	NO006	A007	女	销售部	4259	212	135	100	213.85	26744
8	NO012	A009	男	销售部	6065	176	153	100	484.75	28452
9	NO011	A012	男	人事部	2263	104	150	100	13.15	24115
10	NO007	A008	女	销售部	7782	652	138	100	781.4	8298
11	NO008	A011	男	人事部	4951	713	141	100	317.65	3087
12	NO003	A006	女	销售部	4527	903	126	100	254.05	11444
13	NO010	A004	女	办公室	2629	572	147	100	37.9	5214
14	NO438	A013	男	财务部	4858	476	165	100	303.7	6906
15	NO439	A014	男	财务部	3694	634	148	100	144.4	12524
16										

图6-43　4张关联工作表的汇总表

6.1.4 多张工作表的关联汇总——匹配数据

案例6-4

很多的数据会依据其功能保存在不同的工作表，但它们之间是通过某个或者某几个字段进行关联。例如，有两张表，一张表是“销售明细”，保存有产品销售记录，但没有产品单价；另一张表是“产品资料”，保存有产品价格，如图 6-44 所示。

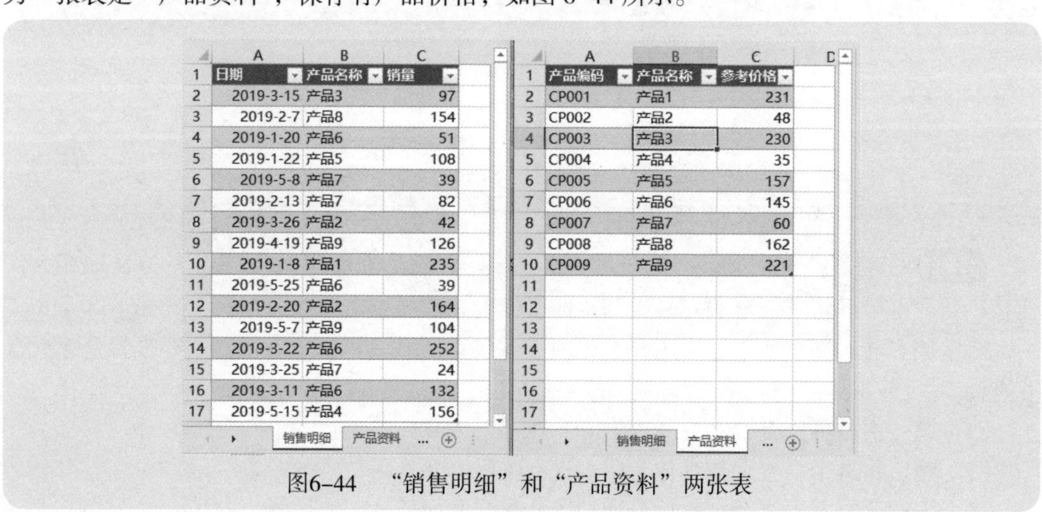

	A	B	C
1	日期	产品名称	销量
2	2019-3-15	产品3	97
3	2019-2-7	产品8	154
4	2019-1-20	产品6	51
5	2019-1-22	产品5	108
6	2019-5-8	产品7	39
7	2019-2-13	产品7	82
8	2019-3-26	产品2	42
9	2019-4-19	产品9	126
10	2019-1-8	产品1	235
11	2019-5-25	产品6	39
12	2019-2-20	产品2	164
13	2019-5-7	产品9	104
14	2019-3-22	产品6	252
15	2019-3-25	产品7	24
16	2019-3-11	产品6	132
17	2019-5-15	产品4	156

	A	B	C
1	产品编码	产品名称	参考价格
2	CP001	产品1	231
3	CP002	产品2	48
4	CP003	产品3	230
5	CP004	产品4	35
6	CP005	产品5	157
7	CP006	产品6	145
8	CP007	产品7	60
9	CP008	产品8	162
10	CP009	产品9	221

图6-44　“销售明细”和“产品资料”两张表

现在要把这两个表格汇总成一张信息完整的表，如图 6-45 所示。

	A	B	C	D	E	F
1	日期	产品编码	产品名称	销量	参考价格	销售额
2	2019-1-8	CP001	产品1	235	231	54285
3	2019-1-20	CP006	产品6	51	145	7395
4	2019-1-22	CP005	产品5	108	157	16956
5	2019-2-7	CP008	产品8	154	162	24948
6	2019-2-13	CP007	产品7	82	60	4920
7	2019-2-20	CP002	产品2	164	48	7872
8	2019-3-11	CP006	产品6	132	145	19140
9	2019-3-15	CP003	产品3	97	230	22310
10	2019-3-22	CP006	产品6	252	145	36540
11	2019-3-25	CP007	产品7	24	60	1440
12	2019-3-26	CP002	产品2	42	48	2016
13	2019-4-19	CP009	产品9	126	221	27846
14	2019-5-7	CP009	产品9	104	221	22984
15	2019-5-8	CP007	产品7	39	60	2340
16	2019-5-15	CP004	产品4	156	35	5460
17	2019-5-25	CP006	产品6	39	145	5655
18						

图6-45　要求的表格

下面是具体的操作步骤。

步骤1　执行“数据”→“从表格/区域”命令，分别对两个表格建立查询，并将查询分别重命名为“销售明细”和“产品资料”，如图6-46所示。

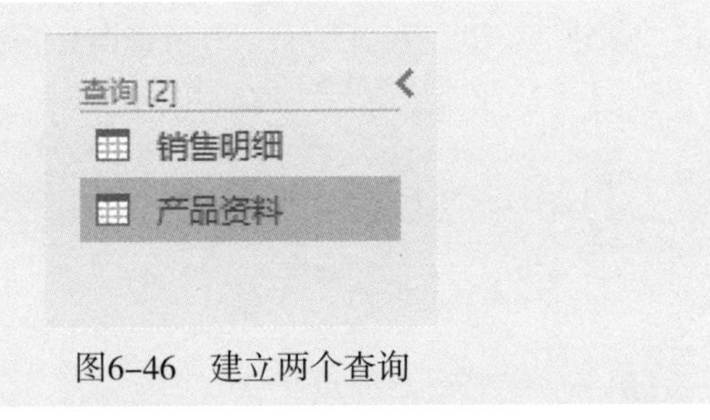

图6-46　建立两个查询

步骤2　执行“开始”→“合并查询”→“将查询合并为新查询”命令，打开“合并”对话框，做以下的设置。

（1）从上下两张表的下拉列表中分别选择表“销售明细”和“产品资料”（选择顺序没有要求）。

（2）两张表都选择“产品名称”列做关联。

（3）在底部下拉列表中选择“完全外部 (两者中的所有行)”。

对话框设置如图 6-47 所示。

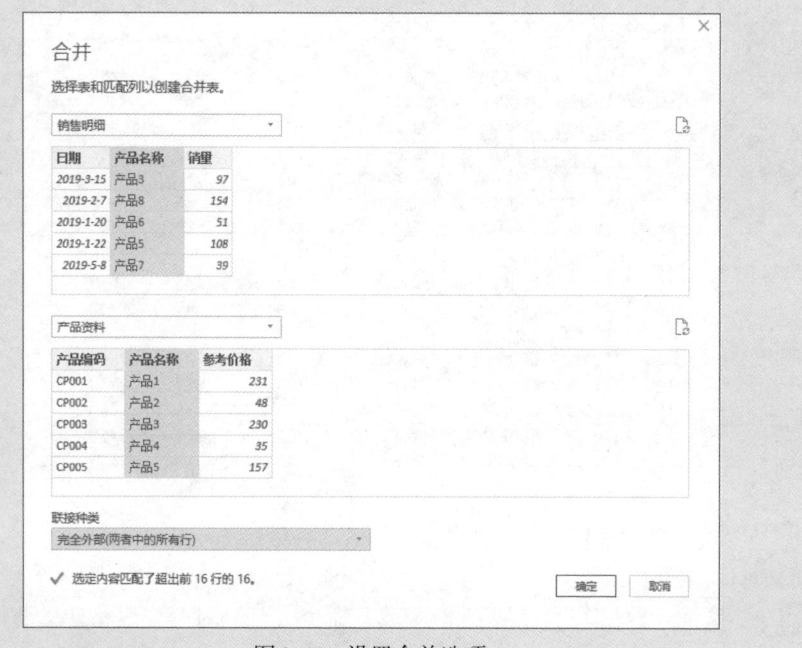

图6-47　设置合并选项

步骤3 单击“确定”按钮，就得到了一个新查询Merge1，如图6-48所示。

	日期	产品名称	销量	产品资料
1	2019-3-15	产品3	97	Table
2	2019-1-8	产品1	235	Table
3	2019-2-7	产品8	154	Table
4	2019-3-26	产品2	42	Table
5	2019-1-20	产品6	51	Table
6	2019-5-25	产品6	39	Table
7	2019-1-22	产品5	108	Table
8	2019-5-8	产品7	39	Table
9	2019-2-13	产品7	82	Table
10	2019-4-19	产品9	126	Table
11	2019-2-20	产品2	164	Table
12	2019-5-7	产品9	104	Table
13	2019-3-22	产品6	252	Table
14	2019-3-25	产品7	24	Table
15	2019-3-11	产品6	132	Table
16	2019-5-15	产品4	156	Table

图6-48　得到的新查询Merge1

步骤4　将这个查询重命名为“汇总表”。

步骤5　单击“产品资料”列标题右侧的展开按钮，打开筛选窗格，选中“产品编码”和“参考价格”复选框，取消勾选“使用原始列名作为前缀”复选框，如图6-49所示。

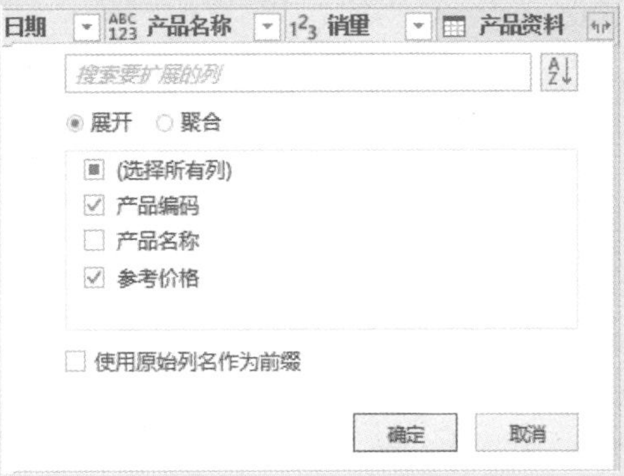

日期　产品名称　销量　产品资料

搜索要扩展的列

展开　聚合

(选择所有列)
产品编码
产品名称
参考价格

使用原始列名作为前缀

确定　取消

图6-49　设置展开选项

步骤6　单击“确定”按钮，就得到了图6-50所示的合并表。

	日期	产品名称	销量	产品编码	参考价格
1	2019-3-15	产品3	97	CP003	230
2	2019-1-8	产品1	235	CP001	231
3	2019-2-7	产品8	154	CP008	162
4	2019-3-26	产品2	42	CP002	48
5	2019-1-20	产品6	51	CP006	145
6	2019-5-25	产品6	39	CP006	145
7	2019-1-22	产品5	108	CP005	157
8	2019-5-8	产品7	39	CP007	60
9	2019-2-13	产品7	82	CP007	60
10	2019-4-19	产品9	126	CP009	221
11	2019-2-20	产品2	164	CP002	48
12	2019-5-7	产品9	104	CP009	221
13	2019-3-22	产品6	252	CP006	145
14	2019-3-25	产品7	24	CP007	60
15	2019-3-11	产品6	132	CP006	145
16	2019-5-15	产品4	156	CP004	35

图6-50　得到的合并表

步骤7　将“产品编码”列调整到“产品名称”列的前面。

步骤8　执行“添加列”→“自定义列”命令，打开“自定义列”对话框，如图6-51所示，在“新列名”下面的文本框中输入“销售额”，输入自定义列公式为“= [销量]*[参考价格]”。

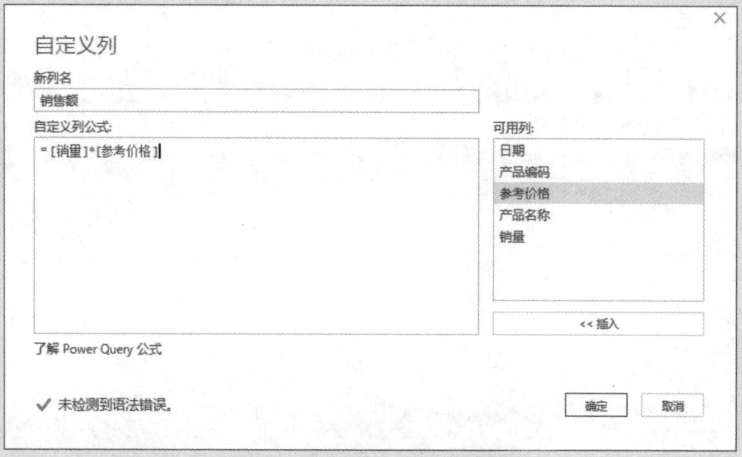

自定义列

新列名

销售额

自定义列公式:

= [销量]*[参考价格]

可用列:

日期
产品编码
参考价格
产品名称
销量

<< 插入

了解 Power Query 公式

✓ 未检测到语法错误。

确定 取消

图6–51　添加自定义列“销售额”

步骤9　单击“确定”按钮，就得到了图6–52所示的表。

	日期	产品编码	参考价格	产品名称	销量	销售额
1	2019-3-15	CP003	230	产品3	97	22310
2	2019-1-8	CP001	231	产品1	235	54285
3	2019-2-7	CP008	162	产品8	154	24948
4	2019-3-26	CP002	48	产品2	42	2016
5	2019-1-20	CP006	145	产品6	51	7395
6	2019-5-25	CP006	145	产品6	39	5655
7	2019-1-22	CP005	157	产品5	108	16956
8	2019-5-8	CP007	60	产品7	39	2340
9	2019-2-13	CP007	60	产品7	82	4920
10	2019-4-19	CP009	221	产品9	126	27846
11	2019-2-20	CP002	48	产品2	164	7872
12	2019-5-7	CP009	221	产品9	104	22984
13	2019-3-22	CP006	145	产品6	252	36540
14	2019-3-25	CP007	60	产品7	24	1440
15	2019-3-11	CP006	145	产品6	132	19140
16	2019-5-15	CP004	35	产品4	156	5460

图6–52　添加了自定义列“销售额”

步骤10　最后将查询关闭并上载到表，就得到需要的汇总表了。

6.2 多个工作簿的合并汇总

在实际工作中，最让人头疼的是大量工作簿的汇总。例如，有 20 个工作簿，保存有 20 个分公司的工资数据，每个工作簿内有 12 张工作表，分别保存 12 个月的工资数据，合计共有 20 × 12=240（张）工作表数据要汇总，此时，是不是感到压力重重了？

其实，这样的多个工作簿汇总，无论是各个工作簿内有一张工作表，还是各个工作簿内有多张工作表，使用 Power Query 来汇总是轻而易举的。下面就这两种情况分别进行介绍。

6.2.1 汇总多个工作簿，每个工作簿仅有一张工作表

案例6-5

图 6-53 是一个“各年销售明细”文件夹里保存的 4 个工作簿，每个工作簿只有一张工作表，保存着各年的销售数据。现在的任务是把这 4 个工作簿数据汇总到新的工作簿中，如图 6-54 所示。

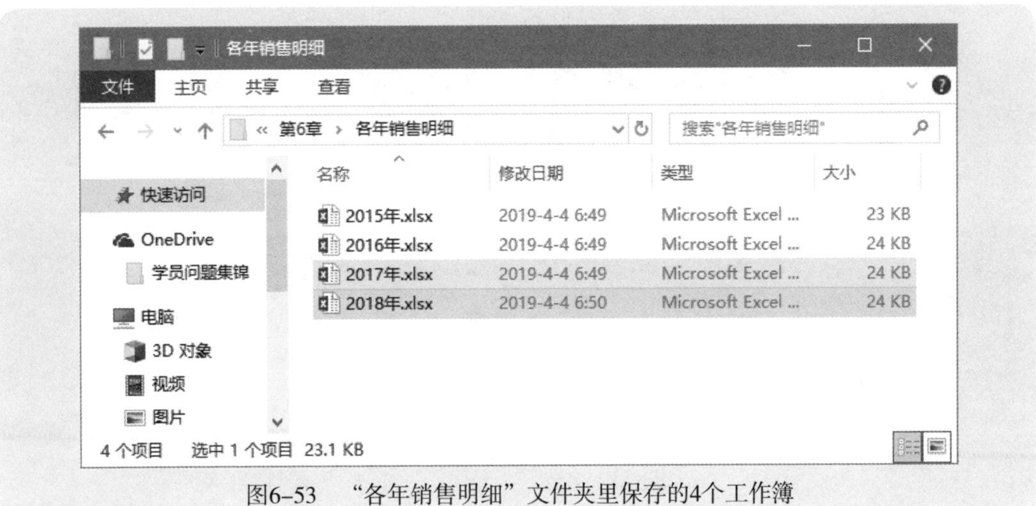

图6-53　“各年销售明细”文件夹里保存的4个工作簿

	A	B	C	D	E	F	G	H	I	J
1	年份	店铺名称	店铺分类	区域	渠道	月份	收入	成本	费用	
2	2016年	AA1店	A类	东城区	卖场	1月	397,360	213,952	170,210	
3	2016年	AA2店	A类	东城区	卖场	1月	168,943	111,567	78,750	
4	2016年	AA3店	A类	西城区	卖场	1月	360,838	214,759	74,478	
5	2016年	AA4店	A类	北城区	卖场	1月	180,796	221,715	148,962	
6	2016年	AA5店	B类	北城区	卖场	1月	208,833	133,951	51,165	
7	2016年	AA6店	C类	东城区	卖场	1月	133,401	67,321	41,784	
8	2016年	AA7店	C类	北城区	卖场	1月	134,025	150,939	100,505	
9	2016年	AA8店	C类	南城区	卖场	1月	206,994	104,217	72,994	
10	2016年	AA9店	A类	北城区	卖场	1月	195,683	199,121	159,526	
11	2016年	AA1店	A类	东城区	卖场	2月	54,856	35,605	26,674	
12	2016年	AA2店	A类	东城区	卖场	2月	208,092	77,387	50,379	

销售明细

图6-54　每个工作簿里的数据示例

步骤1　首先清理文件夹，这个文件夹里不能有其他的文件。

步骤2　新建一个工作簿。

步骤3　执行“数据”→“获取数据”→“自文件”→“从文件夹”命令，如图6-55所示。

图6-55　执行“从文件夹”命令

步骤4　打开“文件夹”对话框，如图6-56所示。

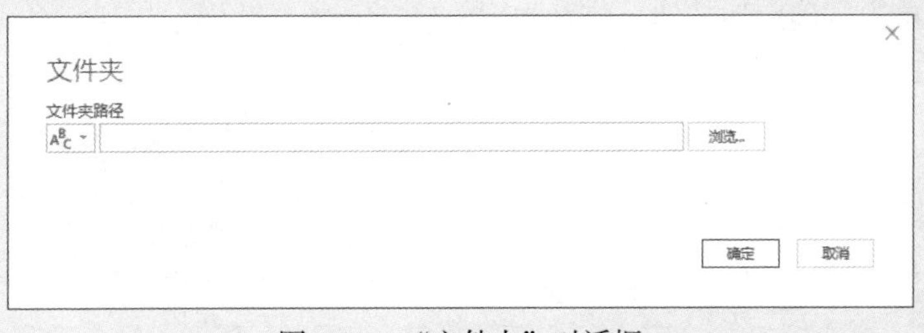

图6-56　“文件夹”对话框

步骤5　单击“浏览”按钮，打开“浏览文件夹”对话框，然后选择保存有要汇总的工作簿的文件夹，如图6-57所示。

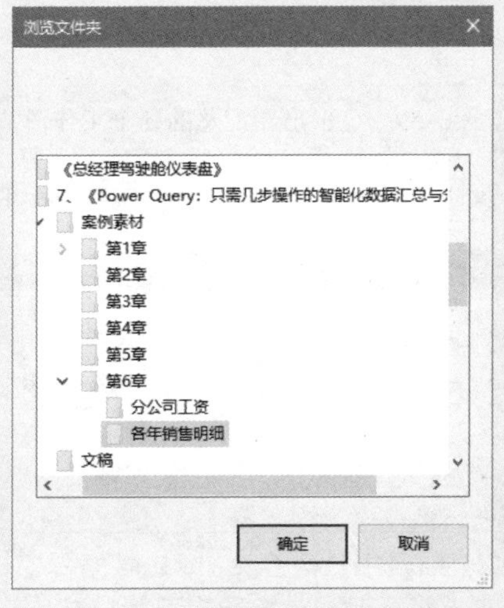

图6-57　选择要汇总的文件夹

步骤6　单击“确定”按钮，返回到“文件夹”对话框，如图6-58所示。

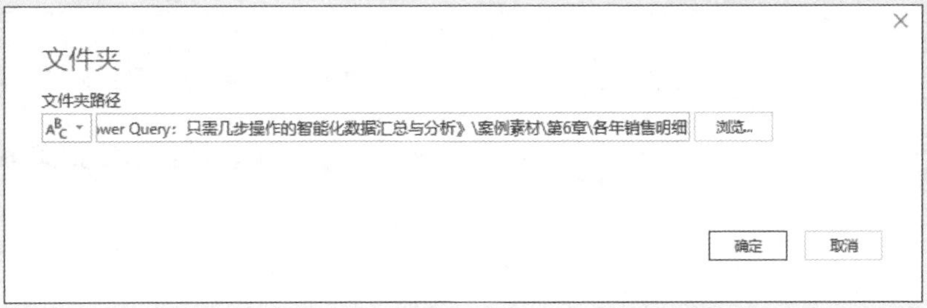

图6-58　选择了要汇总的文件夹

步骤7 单击“确定”按钮，打开如图6-59所示的对话框。从这个对话框中可以看到要合并的几个工作簿文件。

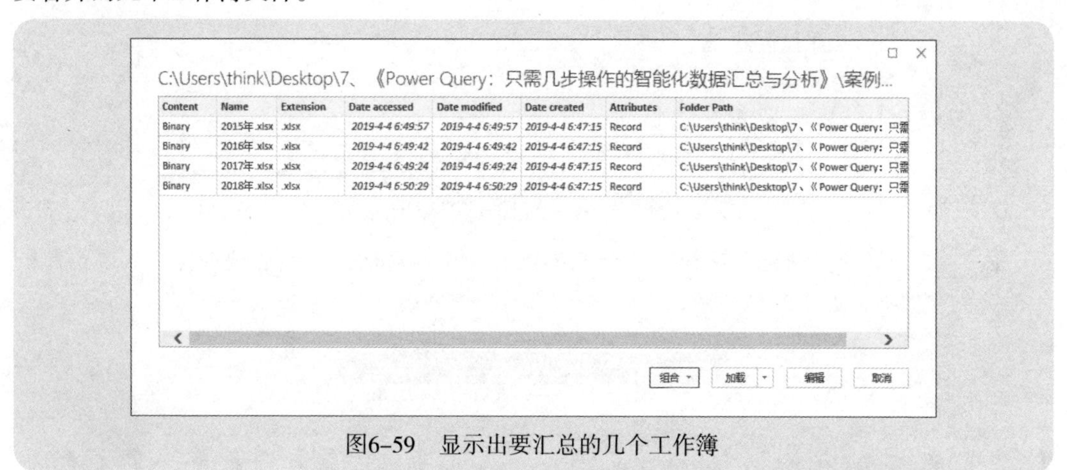

图6-59 显示出要汇总的几个工作簿

步骤8 单击“编辑”按钮，打开“Power Query 编辑器”窗口，如图6-60所示。

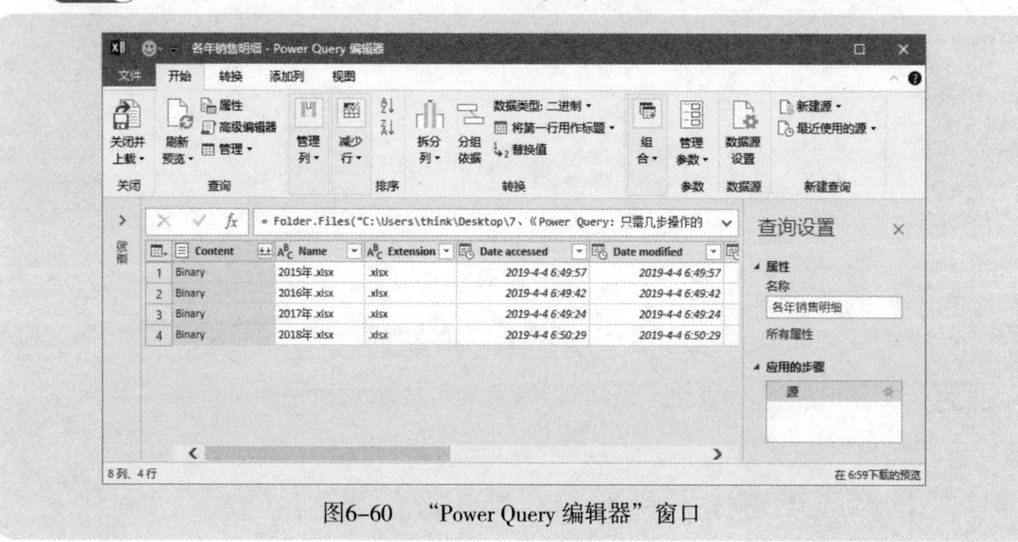

图6-60 “Power Query 编辑器”窗口

步骤9 保留前两列Content和Name，其他列全部删除，就得到了如图6-61所示的结果。

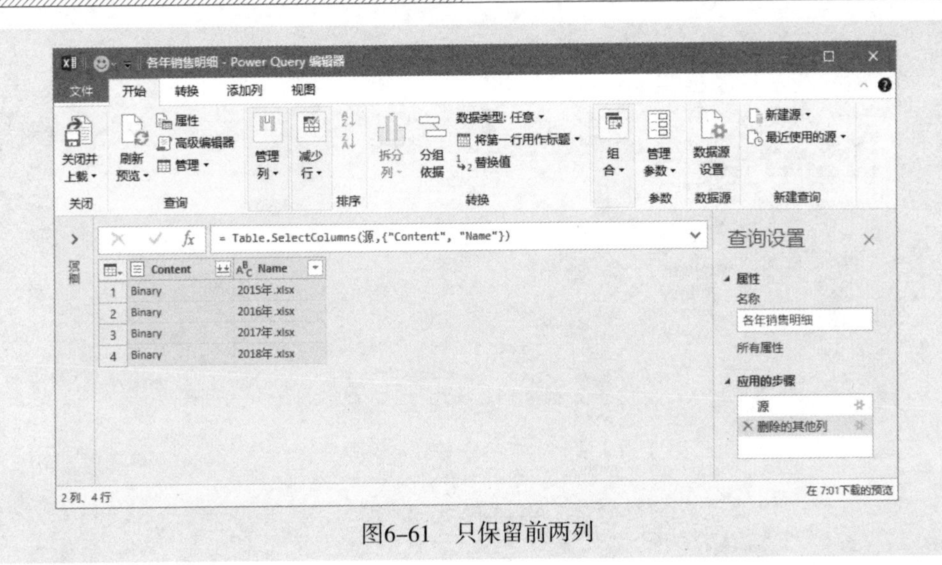

图6-61　只保留前两列

步骤10　执行“添加列”→“自定义列”命令，打开“自定义列”对话框，如图6-62所示，输入自定义列公式（注意要区分字母的分大小写）为“=Excel.Workbook([Content])”。

自定义列

新列名

自定义

自定义列公式:

```
= Excel.Workbook([Content])
```

可用列:

Content

Name

<< 插入

了解 Power Query 公式

✓ 未检测到语法错误。

确定　取消

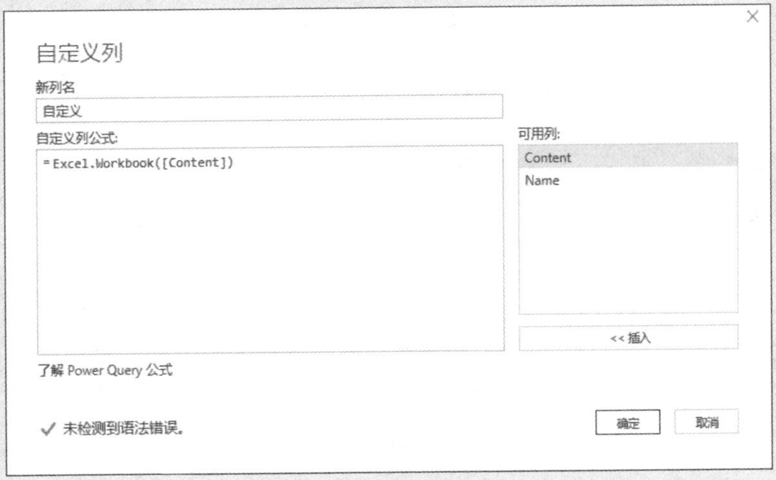

图6-62　修改自定义列公式

步骤11　单击“确定”按钮，返回到查询编辑器，如图6-63所示。可以看到，在查询结果的右侧增加了一列“自定义”，要汇总的工作簿数据都在这个自定义列中。

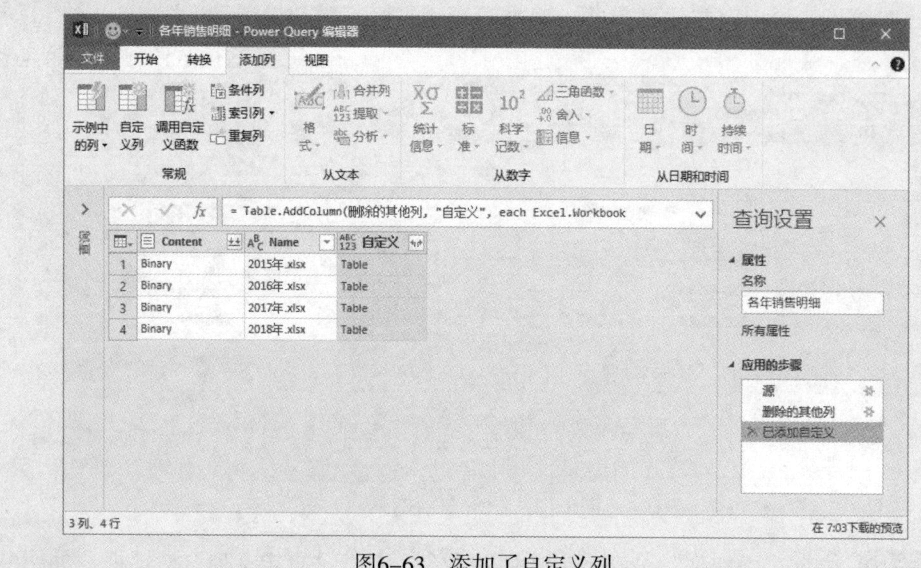

图6-63　添加了自定义列

步骤12　单击“自定义”列标题右侧的展开按钮，展开一个下拉列表，然后仅仅勾选Data复选框，取消勾选其他所有的选项，如图6-64所示。

图6-64　仅仅勾选Data复选框

说明：由于每个工作簿的表格中，都已经有了“年份”一列，所以就不需要保留 Name 了。但是，如果每个工作簿的数据表格中，没有“年份”列，则需要勾选 Name 复选框。

步骤13　单击“确定”按钮，表变为图6-65所示的情形。

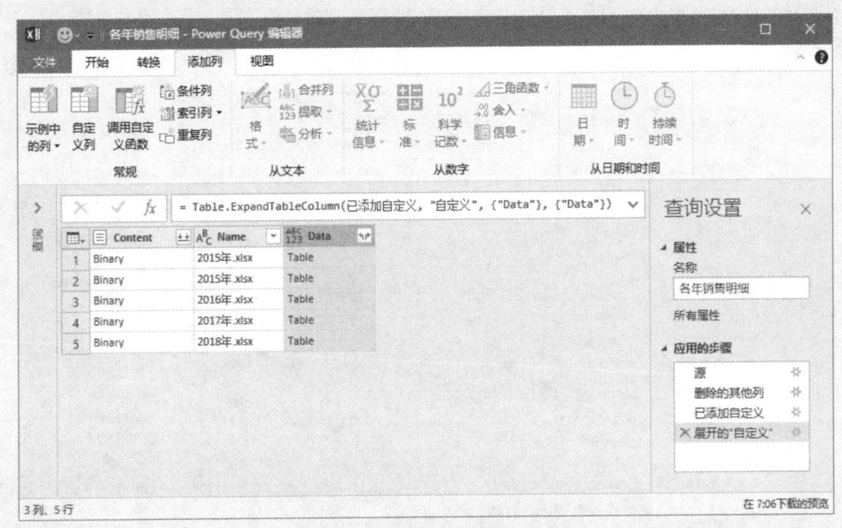

图6–65　筛选自定义列后的表

步骤14　再单击Data列标题右侧的展开按钮，展开一个下拉列表，取消勾选“使用原始列名作为前缀”复选框，其他项保持默认设置，如图6–66所示。

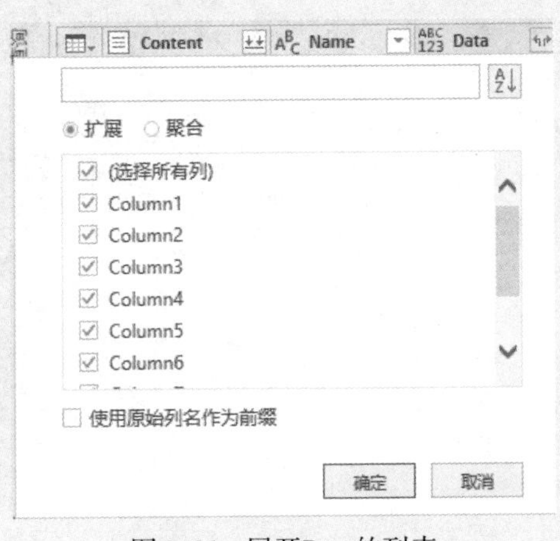

图6–66　展开Data的列表

步骤15　单击“确定”按钮，就得到了5个工作簿的数据汇总表，结果如图6–67所示。

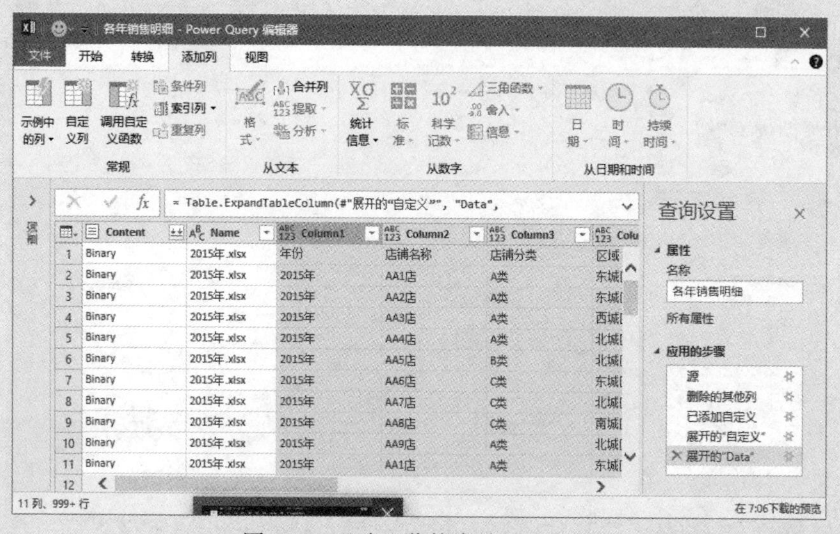

图6-67　几个工作簿合并后的表格

步骤16　对这个汇总数据继续进行整理和加工。首先把前两列Content和Name删除，得到图6-68所示的查询表。

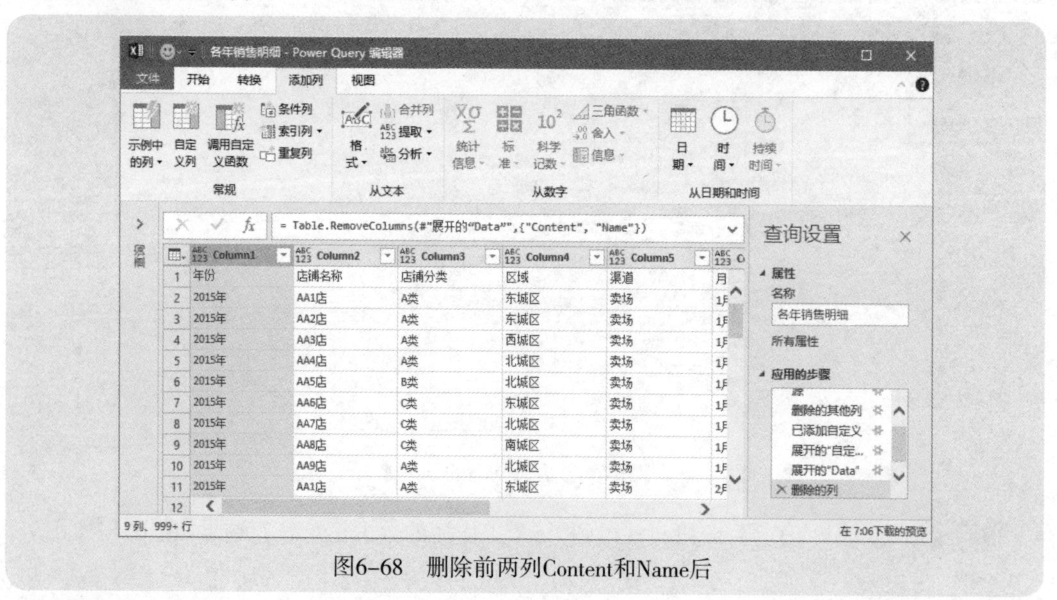

图6-68　删除前两列Content和Name后

步骤17　此时的标题名称是Column1、Column2、Column3等，单击"将第一行用作标题”按钮 将第一行用作标题，提升标题，如图6-69所示。

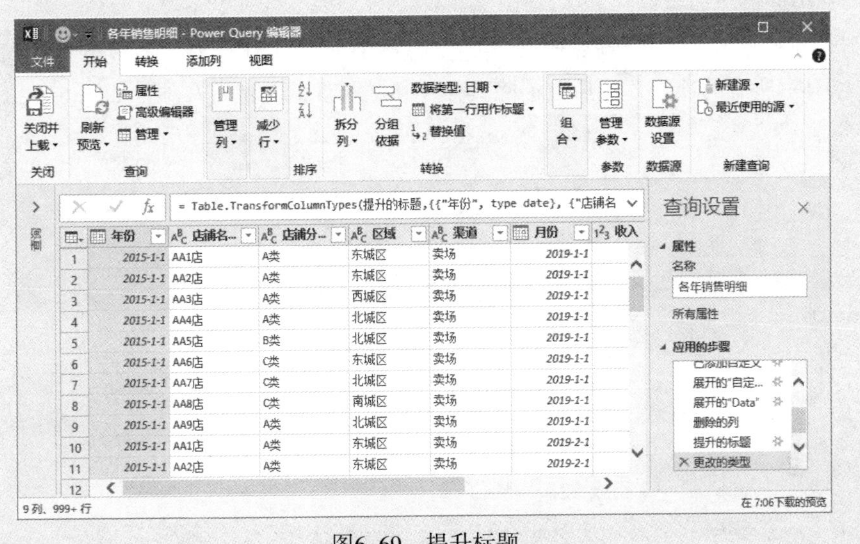

图6-69　提升标题

步骤18 在这个案例中，系统自动增加了一个步骤“更改的类型”，将本来是文本类型的“月份”列更改为了日期类型，因此要删除这个步骤，删除后的结果如图6-70所示。

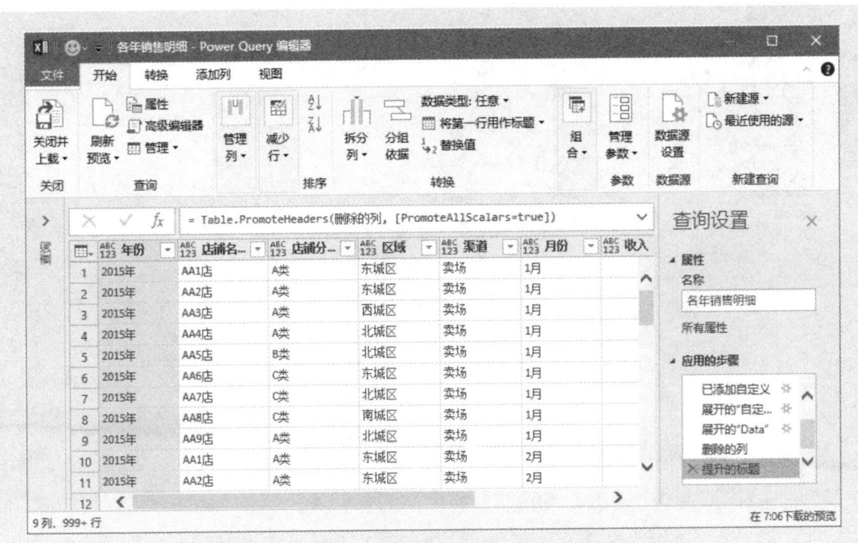

图6-70　删除“更改的类型”步骤后的查询表

步骤19 这个合并得到的结果还是比较乱的。比如，字段“年份”下就有很多其他字段的数据。因此需要通过筛选的方法予以清除。

从第一列“年份”中进行筛选，先单击右下角的蓝色字体标签“加载更多”(如图6-71所示)，以显示所有的项目，然后取消除具体年份数据外的其他所有项，如图6-72所示。

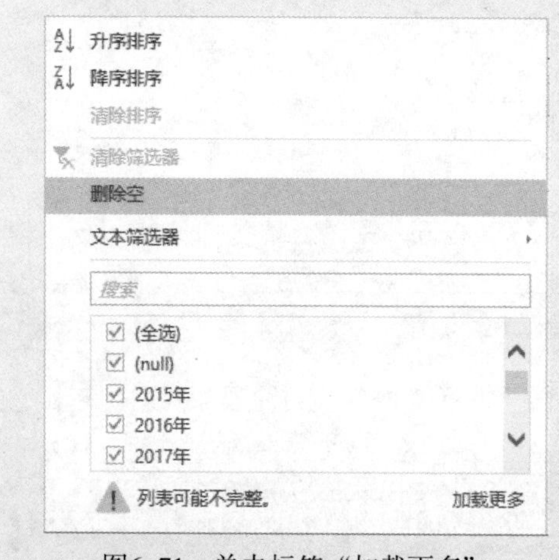

图6-71 单击标签“加载更多”

图6-72 仅仅选择年份并取消其他项目

步骤20 单击“确定”按钮，就得到了筛选后的数据表，如图6-73所示。

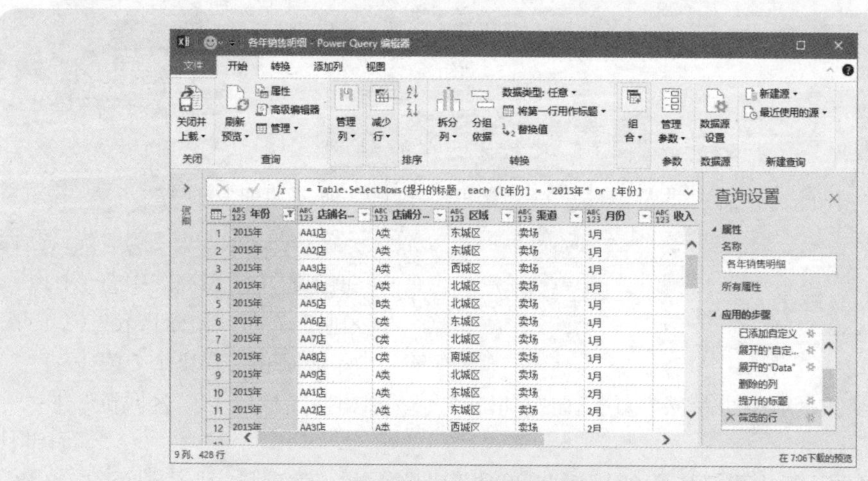

图6-73 筛选后的查询表

步骤21 执行“开始”→“关闭并上载”命令，就得到了4张工作簿合并后的汇总表，如图6-74所示。

	A	B	C	D	E	F	G	H	I
1	年份	店铺名称	店铺分类	区域	渠道	月份	收入	成本	费用
2	2015年	AA1店	A类	东城区	卖场	1月	198808	107462	85553
3	2015年	AA2店	A类	东城区	卖场	1月	169501	112315	79449
4	2015年	AA3店	A类	西城区	卖场	1月	180648	107764	75362
5	2015年	AA4店	A类	北城区	卖场	1月	181263	111055	74694
6	2015年	AA5店	B类	北城区	卖场	1月	104862	67186	51850
7	2015年	AA6店	C类	东城区	卖场	1月	133697	68035	42201
8	2015年	AA7店	C类	北城区	卖场	1月	134257	75577	50427
9	2015年	AA8店	C类	南城区	卖场	1月	207534	105185	73651
10	2015年	AA9店	A类	北城区	卖场	1月	196467	99951	80124
11	2015年	AA1店	A类	东城区	卖场	2月	55277	36235	27246
12	2015年	AA2店	A类	东城区	卖场	2月	104305	78280	51155
13	2015年	AA3店	A类	西城区	卖场	2月	123441	71691	50745
14	2015年	AA4店	A类	北城区	卖场	2月	119717	75713	49537
15	2015年	AA5店	B类	北城区	卖场	2月	100738	70303	53061

Sheet1

查询 & 连接
查询 | 连接
1个查询
各年销售明细
已加载 428 行。

图6-74　4张工作簿合并后的汇总表

当每个工作簿的数据量很大时，不建议把汇总结果导出到 Excel 表中，而是应该加载为连接和数据模型，以便以后使用 Power Pivot 进行透视分析。

6.2.2　汇总多个工作簿，每个工作簿有多张工作表

案例6-6

图 6-75 是一个更为复杂的例子。

图6-75　文件夹里的16个工作簿

文件夹“分公司工资”里保存有 16 个分公司工资表工作簿，每个工作簿有 12 张工作表，

保存 12 个月的工资。现在要把这 16 个文件合计 16×12=192（张）工作表数据汇总到一个新工作簿中。

这种情况下，汇总的方法与前面的是一样的，只不过有几个问题需要注意一下。

每个工作簿的名称要规范。例如，要汇总每个分公司的数据，工作簿名称最好命名为分公司名字，这样便于在汇总表中区分数据是哪个分公司的。

每张工作表名称也要规范。例如，要汇总的每张工作表是各个月份数据，那么工作表名称最好命名为月份名字，如 1 月、2 月、3 月等。

下面是这个汇总过程的主要操作步骤。

步骤1 新建一个工作簿。

步骤2 执行“数据”→“获取数据”→“自文件”→“从文件夹”命令，然后选择文件夹，一步一步操作，进入图6-76所示的对话框。

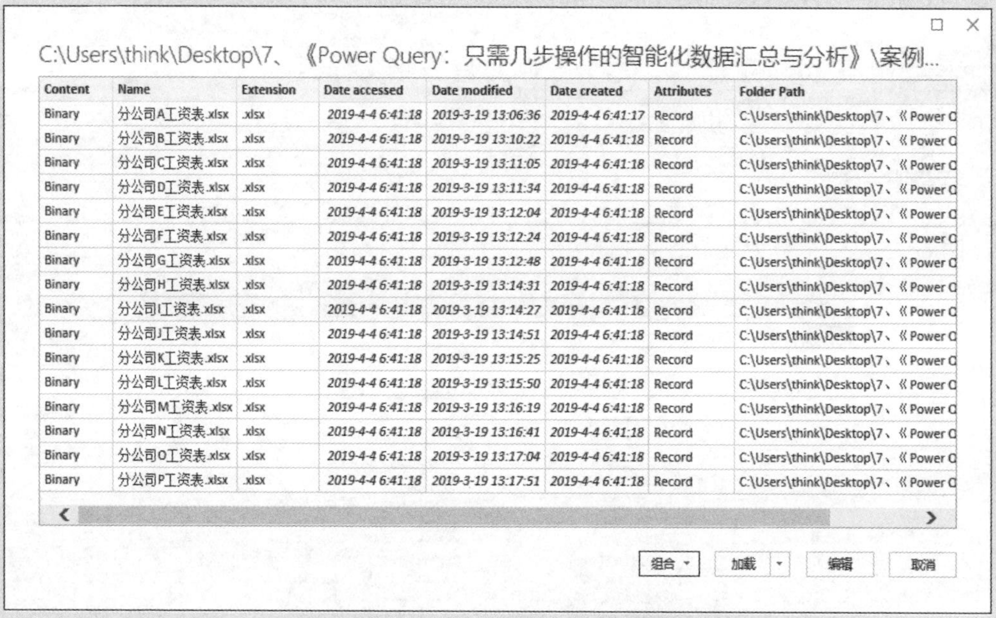

C:\Users\think\Desktop\7、《Power Query：只需几步操作的智能化数据汇总与分析》\案例...

Content	Name	Extension	Date accessed	Date modified	Date created	Attributes	Folder Path
Binary	分公司A工资表.xlsx	.xlsx	2019-4-4 6:41:18	2019-3-19 13:06:36	2019-4-4 6:41:17	Record	C:\Users\think\Desktop\7、《Power Q
Binary	分公司B工资表.xlsx	.xlsx	2019-4-4 6:41:18	2019-3-19 13:10:22	2019-4-4 6:41:18	Record	C:\Users\think\Desktop\7、《Power Q
Binary	分公司C工资表.xlsx	.xlsx	2019-4-4 6:41:18	2019-3-19 13:11:05	2019-4-4 6:41:18	Record	C:\Users\think\Desktop\7、《Power Q
Binary	分公司D工资表.xlsx	.xlsx	2019-4-4 6:41:18	2019-3-19 13:11:34	2019-4-4 6:41:18	Record	C:\Users\think\Desktop\7、《Power Q
Binary	分公司E工资表.xlsx	.xlsx	2019-4-4 6:41:18	2019-3-19 13:12:04	2019-4-4 6:41:18	Record	C:\Users\think\Desktop\7、《Power Q
Binary	分公司F工资表.xlsx	.xlsx	2019-4-4 6:41:18	2019-3-19 13:12:24	2019-4-4 6:41:18	Record	C:\Users\think\Desktop\7、《Power Q
Binary	分公司G工资表.xlsx	.xlsx	2019-4-4 6:41:18	2019-3-19 13:12:48	2019-4-4 6:41:18	Record	C:\Users\think\Desktop\7、《Power Q
Binary	分公司H工资表.xlsx	.xlsx	2019-4-4 6:41:18	2019-3-19 13:14:31	2019-4-4 6:41:18	Record	C:\Users\think\Desktop\7、《Power Q
Binary	分公司I工资表.xlsx	.xlsx	2019-4-4 6:41:18	2019-3-19 13:14:27	2019-4-4 6:41:18	Record	C:\Users\think\Desktop\7、《Power Q
Binary	分公司J工资表.xlsx	.xlsx	2019-4-4 6:41:18	2019-3-19 13:14:51	2019-4-4 6:41:18	Record	C:\Users\think\Desktop\7、《Power Q
Binary	分公司K工资表.xlsx	.xlsx	2019-4-4 6:41:18	2019-3-19 13:15:25	2019-4-4 6:41:18	Record	C:\Users\think\Desktop\7、《Power Q
Binary	分公司L工资表.xlsx	.xlsx	2019-4-4 6:41:18	2019-3-19 13:15:50	2019-4-4 6:41:18	Record	C:\Users\think\Desktop\7、《Power Q
Binary	分公司M工资表.xlsx	.xlsx	2019-4-4 6:41:18	2019-3-19 13:16:19	2019-4-4 6:41:18	Record	C:\Users\think\Desktop\7、《Power Q
Binary	分公司N工资表.xlsx	.xlsx	2019-4-4 6:41:18	2019-3-19 13:16:41	2019-4-4 6:41:18	Record	C:\Users\think\Desktop\7、《Power Q
Binary	分公司O工资表.xlsx	.xlsx	2019-4-4 6:41:18	2019-3-19 13:17:04	2019-4-4 6:41:18	Record	C:\Users\think\Desktop\7、《Power Q
Binary	分公司P工资表.xlsx	.xlsx	2019-4-4 6:41:18	2019-3-19 13:17:51	2019-4-4 6:41:18	Record	C:\Users\think\Desktop\7、《Power Q

组合 加载 编辑 取消

图6-76 显示出要汇总的几个工作簿

步骤3 单击“编辑”按钮，打开查询编辑器，如图6-77所示。

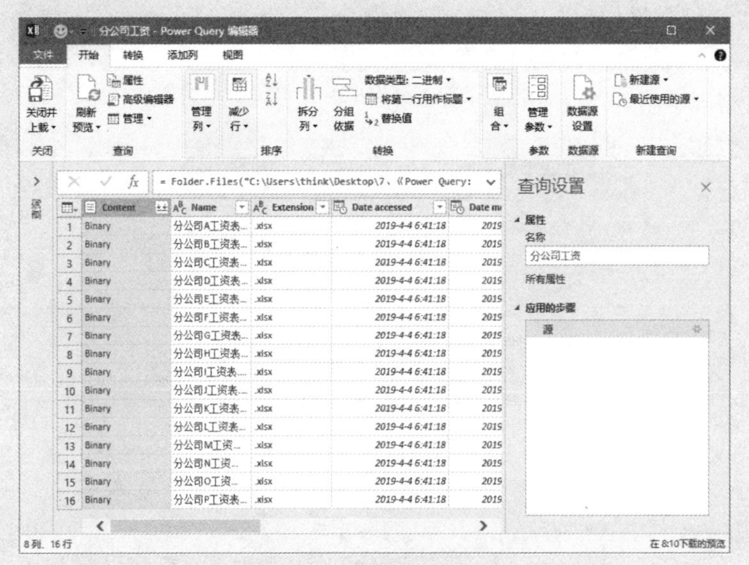

图6-77　查询编辑器

步骤4　保留前两列Content和Name，其他列全部删除，就得到了如图6-78所示的结果。

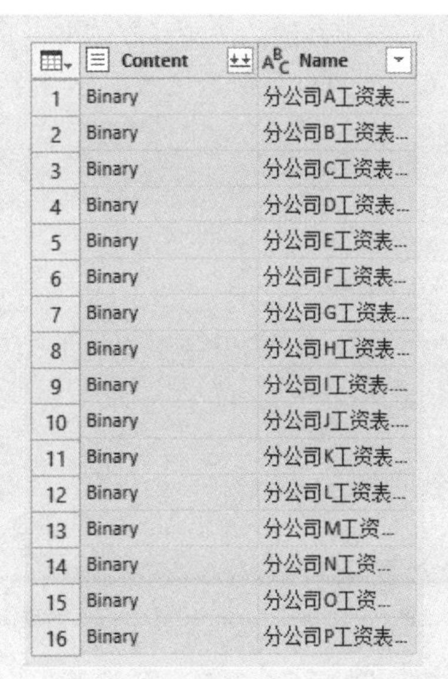

	Content	Name
1	Binary	分公司A工资表...
2	Binary	分公司B工资表...
3	Binary	分公司C工资表...
4	Binary	分公司D工资表...
5	Binary	分公司E工资表...
6	Binary	分公司F工资表...
7	Binary	分公司G工资表...
8	Binary	分公司H工资表...
9	Binary	分公司I工资表....
10	Binary	分公司J工资表....
11	Binary	分公司K工资表...
12	Binary	分公司L工资表...
13	Binary	分公司M工资...
14	Binary	分公司N工资...
15	Binary	分公司O工资...
16	Binary	分公司P工资表...

图6-78　保留前两列并且删除其他列

步骤5 执行“添加列”→“自定义列”命令，为查询添加一个自定义列，自定义列公式为“=Excel.Workbook([Content])”。

这样，就得到了图 6-79 所示的查询结果。

	Content	Name	自定义
1	Binary	分公司A工资表...	Table
2	Binary	分公司B工资表...	Table
3	Binary	分公司C工资表...	Table
4	Binary	分公司D工资表...	Table
5	Binary	分公司E工资表...	Table
6	Binary	分公司F工资表...	Table
7	Binary	分公司G工资表...	Table
8	Binary	分公司H工资表...	Table
9	Binary	分公司I工资表...	Table
10	Binary	分公司J工资表...	Table
11	Binary	分公司K工资表...	Table
12	Binary	分公司L工资表...	Table
13	Binary	分公司M工资...	Table
14	Binary	分公司N工资...	Table
15	Binary	分公司O工资...	Table
16	Binary	分公司P工资表...	Table

图6-79　添加了自定义列“自定义”

步骤6 单击“自定义”列标题右侧的按钮，展开下拉列表，勾选Name和Data复选框，取消勾选其他所有的复选框，如图6-80所示。

图6-80　勾选Name和Data复选框

步骤7 单击“确定”按钮，得到图6-81所示的结果。

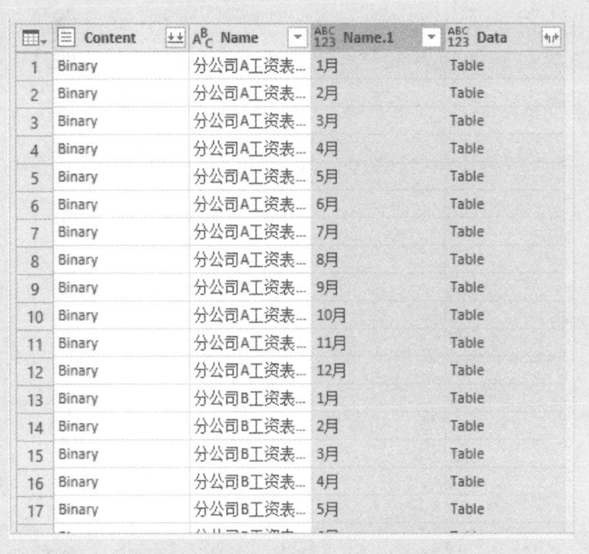

	Content	Name	Name.1	Data
1	Binary	分公司A工资表...	1月	Table
2	Binary	分公司A工资表...	2月	Table
3	Binary	分公司A工资表...	3月	Table
4	Binary	分公司A工资表...	4月	Table
5	Binary	分公司A工资表...	5月	Table
6	Binary	分公司A工资表...	6月	Table
7	Binary	分公司A工资表...	7月	Table
8	Binary	分公司A工资表...	8月	Table
9	Binary	分公司A工资表...	9月	Table
10	Binary	分公司A工资表...	10月	Table
11	Binary	分公司A工资表...	11月	Table
12	Binary	分公司A工资表...	12月	Table
13	Binary	分公司B工资表...	1月	Table
14	Binary	分公司B工资表...	2月	Table
15	Binary	分公司B工资表...	3月	Table
16	Binary	分公司B工资表...	4月	Table
17	Binary	分公司B工资表...	5月	Table

图6-81　展开自定义列后的结果

步骤8　删除最左边的Content列。

步骤9　单击Data右侧的按钮，展开下拉列表，勾选所有项目，就得到了全部工作簿的工作表数据汇总表，结果如图6-82所示。

	Name	Name.1	Column1	Column2	Column3
1	分公司A工资表...	1月	姓名	合同类型	基本工资
2	分公司A工资表...	1月	A001	合同工	
3	分公司A工资表...	1月	A002	合同工	
4	分公司A工资表...	1月	A003	劳务工	
5	分公司A工资表...	1月	A004	劳务工	
6	分公司A工资表...	1月	A005	合同工	
7	分公司A工资表...	1月	A006	合同工	
8	分公司A工资表...	1月	A007	劳务工	
9	分公司A工资表...	1月	A008	合同工	
10	分公司A工资表...	1月	A009	合同工	
11	分公司A工资表...	1月	A010	劳务工	
12	分公司A工资表...	1月	A011	合同工	
13	分公司A工资表...	1月	A012	合同工	
14	分公司A工资表...	1月	A013	劳务工	
15	分公司A工资表...	1月	A014	劳务工	
16	分公司A工资表...	1月	A015	劳务工	
17	分公司A工资表...	1月	A016	劳务工	

图6-82　几个工作簿合并后的表格

步骤10 单击“将第一行用作标题”按钮 将第一行用作标题 ，提升标题，如图6-83所示。

还要注意，如果有系统默认设置的“更改的类型”步骤，自动把月份数据类型更改为“日期”，就要删除这个步骤。

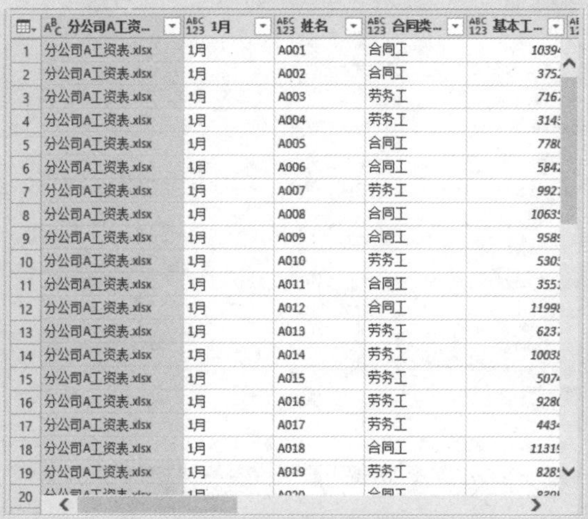

	分公司A工资...	1月	姓名	合同类...	基本工...
1	分公司A工资表.xlsx	1月	A001	合同工	1039
2	分公司A工资表.xlsx	1月	A002	合同工	375
3	分公司A工资表.xlsx	1月	A003	劳务工	716
4	分公司A工资表.xlsx	1月	A004	劳务工	314
5	分公司A工资表.xlsx	1月	A005	合同工	778
6	分公司A工资表.xlsx	1月	A006	合同工	584
7	分公司A工资表.xlsx	1月	A007	劳务工	992
8	分公司A工资表.xlsx	1月	A008	合同工	1063
9	分公司A工资表.xlsx	1月	A009	合同工	958
10	分公司A工资表.xlsx	1月	A010	劳务工	530
11	分公司A工资表.xlsx	1月	A011	合同工	355
12	分公司A工资表.xlsx	1月	A012	合同工	1199
13	分公司A工资表.xlsx	1月	A013	劳务工	623
14	分公司A工资表.xlsx	1月	A014	劳务工	1003
15	分公司A工资表.xlsx	1月	A015	劳务工	507
16	分公司A工资表.xlsx	1月	A016	劳务工	928
17	分公司A工资表.xlsx	1月	A017	劳务工	443
18	分公司A工资表.xlsx	1月	A018	合同工	1131
19	分公司A工资表.xlsx	1月	A019	劳务工	828
20	分公司A工资表.xlsx	1月	A020	合同工	830

图6-83 提升标题

步骤11 把其他多余的工作表标题筛选掉（因为每个表格都有一个标题行，192个表格就有192个标题行，现在已经使用了1个标题行作为标题了，剩下的191行的标题是没用的）。这样，就得到了图6-84所示的查询汇总表。

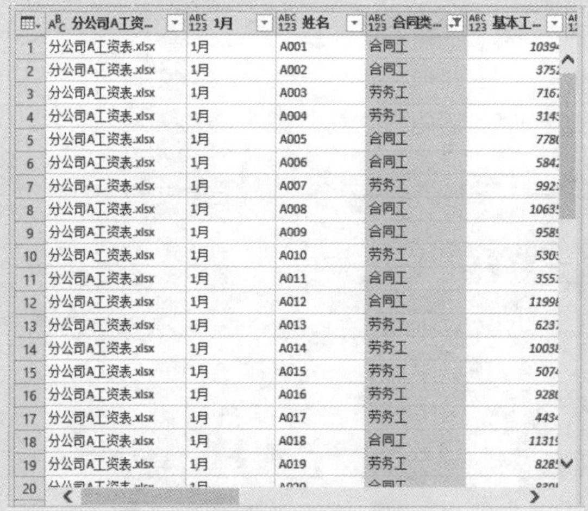

	分公司A工资...	1月	姓名	合同类...	基本工...
1	分公司A工资表.xlsx	1月	A001	合同工	1039
2	分公司A工资表.xlsx	1月	A002	合同工	375
3	分公司A工资表.xlsx	1月	A003	劳务工	716
4	分公司A工资表.xlsx	1月	A004	劳务工	314
5	分公司A工资表.xlsx	1月	A005	合同工	778
6	分公司A工资表.xlsx	1月	A006	合同工	584
7	分公司A工资表.xlsx	1月	A007	劳务工	992
8	分公司A工资表.xlsx	1月	A008	合同工	1063
9	分公司A工资表.xlsx	1月	A009	合同工	958
10	分公司A工资表.xlsx	1月	A010	劳务工	530
11	分公司A工资表.xlsx	1月	A011	合同工	355
12	分公司A工资表.xlsx	1月	A012	合同工	1199
13	分公司A工资表.xlsx	1月	A013	劳务工	623
14	分公司A工资表.xlsx	1月	A014	劳务工	1003
15	分公司A工资表.xlsx	1月	A015	劳务工	507
16	分公司A工资表.xlsx	1月	A016	劳务工	928
17	分公司A工资表.xlsx	1月	A017	劳务工	443
18	分公司A工资表.xlsx	1月	A018	合同工	1131
19	分公司A工资表.xlsx	1月	A019	劳务工	828
20	分公司A工资表.xlsx	1月	A020	合同工	830

图6-84 筛选后的数据表

步骤12 修改第一列标题为“分公司”，第二列标题为“月份”，得到图6-85所示的结果。

	分公司	月份	姓名	合同类...	基本工...
1	分公司A工资表.xlsx	1月	A001	合同工	10394
2	分公司A工资表.xlsx	1月	A002	合同工	3752
3	分公司A工资表.xlsx	1月	A003	劳务工	7167
4	分公司A工资表.xlsx	1月	A004	劳务工	3143
5	分公司A工资表.xlsx	1月	A005	合同工	7780
6	分公司A工资表.xlsx	1月	A006	合同工	5842
7	分公司A工资表.xlsx	1月	A007	劳务工	9921
8	分公司A工资表.xlsx	1月	A008	合同工	10635
9	分公司A工资表.xlsx	1月	A009	合同工	9589
10	分公司A工资表.xlsx	1月	A010	劳务工	5303
11	分公司A工资表.xlsx	1月	A011	合同工	3551
12	分公司A工资表.xlsx	1月	A012	合同工	11998
13	分公司A工资表.xlsx	1月	A013	劳务工	6237
14	分公司A工资表.xlsx	1月	A014	劳务工	10038
15	分公司A工资表.xlsx	1月	A015	劳务工	5074
16	分公司A工资表.xlsx	1月	A016	劳务工	9280
17	分公司A工资表.xlsx	1月	A017	劳务工	4434
18	分公司A工资表.xlsx	1月	A018	合同工	11319
19	分公司A工资表.xlsx	1月	A019	劳务工	8285
20	[illegible]	[illegible]	[illegible]	[illegible]	[illegible]

图6-85　修改前两列的标题

步骤13 再选中第一列，执行“转换”→“替换值”命令，打开“替换值”对话框，在“要查找的值”右下边的文本框中输入“工资表.xlsx”，在“替换为”右下边的文本框中留空，如图6-86所示。

替换值

在所选列中，将其中的某值用另一个值替换。

要查找的值

工资表.xlsx

替换为

▷ 高级选项

确定　取消

图6-86　准备将A列的分公司名称提取出来

步骤14 单击“确定”按钮，即可得到分公司名称整理后的合并表，如图6-87所示。

	分公司	月份	姓名	合同类...	基本工...
1	分公司A	1月	A001	合同工	10394
2	分公司A	1月	A002	合同工	3752
3	分公司A	1月	A003	劳务工	7167
4	分公司A	1月	A004	劳务工	3143
5	分公司A	1月	A005	合同工	7780
6	分公司A	1月	A006	合同工	5842
7	分公司A	1月	A007	劳务工	9921
8	分公司A	1月	A008	合同工	10635
9	分公司A	1月	A009	合同工	9589
10	分公司A	1月	A010	劳务工	5303
11	分公司A	1月	A011	合同工	3551
12	分公司A	1月	A012	合同工	11998
13	分公司A	1月	A013	劳务工	6237
14	分公司A	1月	A014	劳务工	10038
15	分公司A	1月	A015	劳务工	5074
16	分公司A	1月	A016	劳务工	9280
17	分公司A	1月	A017	劳务工	4434
18	分公司A	1月	A018	合同工	11319
19	分公司A	1月	A019	劳务工	8285

图6-87　提取分公司名字

步骤15 执行“关闭并上载”命令，就得到了16个分公司全年12个月工资表的汇总表，如图6-88所示。

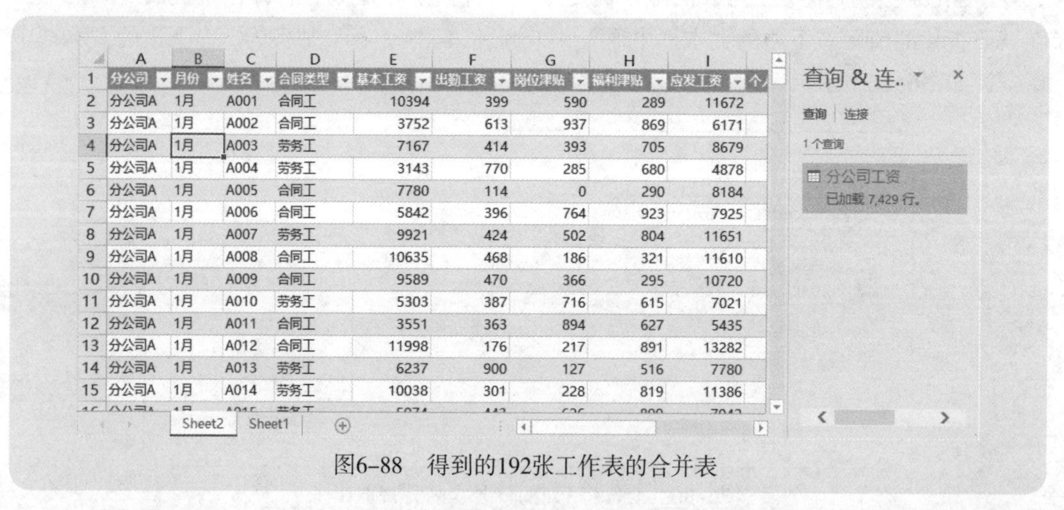

	A	B	C	D	E	F	G	H	I
1	分公司	月份	姓名	合同类型	基本工资	出勤工资	岗位津贴	福利津贴	应发工资
2	分公司A	1月	A001	合同工	10394	399	590	289	11672
3	分公司A	1月	A002	合同工	3752	613	937	869	6171
4	分公司A	1月	A003	劳务工	7167	414	393	705	8679
5	分公司A	1月	A004	劳务工	3143	770	285	680	4878
6	分公司A	1月	A005	合同工	7780	114	0	290	8184
7	分公司A	1月	A006	合同工	5842	396	764	923	7925
8	分公司A	1月	A007	劳务工	9921	424	502	804	11651
9	分公司A	1月	A008	合同工	10635	468	186	321	11610
10	分公司A	1月	A009	合同工	9589	470	366	295	10720
11	分公司A	1月	A010	劳务工	5303	387	716	615	7021
12	分公司A	1月	A011	合同工	3551	363	894	627	5435
13	分公司A	1月	A012	合同工	11998	176	217	891	13282
14	分公司A	1月	A013	劳务工	6237	900	127	516	7780
15	分公司A	1月	A014	劳务工	10038	301	228	819	11386

图6-88　得到的192张工作表的合并表

如果数据量很大，不建议把汇总数据导入 Excel 工作表，而是加载为仅连接和数据模型，不过需要先把各个工资项目的数据类型设置为“小数”，否则在使用 Power Pivot 进行透视分析时，这些工资项目数据会被当作文本来处理，得不到正确结果。

6.2.3 查找汇总多张工作表里满足条件的数据

用户也可以从多张工作表里查找满足条件的数据，方法很简单，首先使用6.2节介绍的方法，将这些工作表数据进行汇总，然后筛选某个条件数据即可。

例如，图6–89就是16个分公司合同工的工资汇总。

	A	B	C	D	E	F	G	H	I	J
1	分公司	月份	姓名	合同类型	基本工资	出勤工资	岗位津贴	福利津贴	应发工资	个人所得税
2	分公司A	1月	A001	合同工	10394	399	590	289	11672	779.
3	分公司A	1月	A002	合同工	3752	613	937	869	6171	35.1
4	分公司A	1月	A005	合同工	7780	114	0	290	8184	213.
5	分公司A	1月	A006	合同工	5842	396	764	923	7925	187.
6	分公司A	1月	A008	合同工	10635	468	186	321	11610	76
7	分公司A	1月	A009	合同工	9589	470	366	295	10720	58
8	分公司A	1月	A011	合同工	3551	363	894	627	5435	13.0
9	分公司A	1月	A012	合同工	11998	176	217	891	13282	1101.
10	分公司A	1月	A018	合同工	11319	851	60	475	12705	98
11	分公司A	1月	A020	合同工	8395	76	132	113	8716	266.
12	分公司A	1月	A021	合同工	9823	182	992	875	11872	819.
13	分公司A	1月	A022	合同工	3192	234	342	854	4622	
14	分公司A	1月	A024	合同工	7621	327	569	613	9130	30
15	分公司A	1月	A027	合同工	8527	941	725	470	10663	577.

图6–89 16个分公司所有合同工的工资汇总表

6.2.4 按项目分组汇总多张工作表的数据

利用“分组依据”命令，可以把这些工作表的数据进行基本的汇总计算。

例如，图6–90就是对16个分公司的合同工和劳务工的实发工资合计报表，这个报表的制作主要方法和步骤如下。

	A	B	C	D
1	分公司	合同工	劳务工	合计
2	分公司A	1,435,936.22	1,719,819.67	3,155,755.89
3	分公司B	1,308,413.19	1,670,876.64	2,979,289.83
4	分公司C	1,066,434.32	1,035,464.97	2,101,899.29
5	分公司D	1,100,027.42	1,958,136.73	3,058,164.15
6	分公司E	890,860.74	1,209,247.55	2,100,108.29
7	分公司F	1,048,226.55	1,459,840.71	2,508,067.26
8	分公司G	1,065,602.14	2,682,398.55	3,748,000.69
9	分公司H	1,135,794.89	1,321,605.48	2,457,400.37
10	分公司I	652,867.08	1,341,632.61	1,994,499.69
11	分公司J	1,614,499.97	1,539,094.29	3,153,594.26
12	分公司K	1,496,367.24	2,252,904.46	3,749,271.70
13	分公司L	2,632,938.20	1,986,350.66	4,619,288.86
14	分公司M	1,501,529.61	1,858,172.02	3,359,701.63
15	分公司N	1,943,517.15	2,987,876.51	4,931,393.66
16	分公司O	2,870,920.15	1,334,383.62	4,205,303.77
17	分公司P	5,356,284.64	6,700,541.90	12,056,826.54
18	汇总	**27,120,219.51**	**33,058,346.37**	**60,178,565.88**

图6–90 各个分公司的合同工和劳务工实发工资统计表

步骤① 将原始的查询复制一份，重命名为“实发报表”。

步骤② 打开编辑器，保留“分公司”“合同类型”和“实发工资”这3列，把其他列删除，如图6-91所示。

	分公司	合同类...	实发工...
1	分公司A	合同工	10666.6
2	分公司A	合同工	5826.87
3	分公司A	劳务工	7560.1
4	分公司A	劳务工	4328
5	分公司A	合同工	7439.6
6	分公司A	合同工	7350.5
7	分公司A	劳务工	10794.8
8	分公司A	合同工	10596
9	分公司A	合同工	9668
10	分公司A	劳务工	6561.9
11	分公司A	合同工	4988.95
12	分公司A	合同工	11818.6
13	分公司A	劳务工	7021
14	分公司A	劳务工	10158.8
15	分公司A	劳务工	6339.8

图6-91　保留“分公司”“合同类型”和“实发工资”并删除其他列

步骤③ 执行“转换”→“分组依据”命令，打开“分组依据”对话框，做以下的设置。

（1）选中“高级”单选按钮。

（2）单击“添加分组”按钮，再添加一个分组依据。

（3）两个分组依据中分别选择“分公司”和“合同类型”。

（4）在“新列名”下面的文本框中输入“实发合计”。

（5）在“操作”下拉列表中选择“求和”。

（6）在“值”（这个对话框中显示的是“柱”）下拉列表中选择“实发工资”。

设置完毕后的对话框如图 6-92 所示。

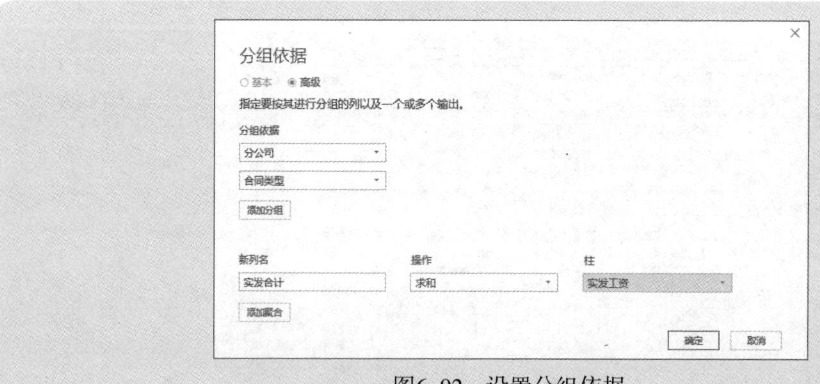

图6-92　设置分组依据

步骤④ 单击“确定”按钮，就得到了图6-93所示的汇总表。

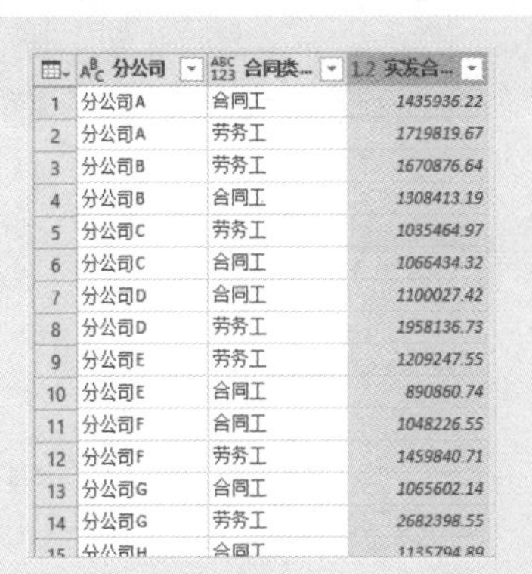

	分公司	合同类...	实发合...
1	分公司A	合同工	1435936.22
2	分公司A	劳务工	1719819.67
3	分公司B	劳务工	1670876.64
4	分公司B	合同工	1308413.19
5	分公司C	劳务工	1035464.97
6	分公司C	合同工	1066434.32
7	分公司D	合同工	1100027.42
8	分公司D	劳务工	1958136.73
9	分公司E	劳务工	1209247.55
10	分公司E	合同工	890860.74
11	分公司F	合同工	1048226.55
12	分公司F	劳务工	1459840.71
13	分公司G	合同工	1065602.14
14	分公司G	劳务工	2682398.55
15	分公司H	合同工	1135794.89

图6-93　对分公司和合同类型进行汇总

步骤5　选择“合同类型”列，执行“转换”→“透视列”命令，打开“透视列”对话框，展开“值列”下拉列表，选择“实发合计”，如图6-94所示。

透视列

使用列“合同类型”中的名称创建新列。

值列 ⓘ

实发合计

▷ 高级选项

了解有关透视列的更多信息

确定　取消

图6-94　对“合同类型”列进行透视

步骤6　单击“确定”按钮，就得到了图6-95所示的查询汇总表。

	分公司	合同工	劳务工
1	分公司A	1435936.22	1719819.67
2	分公司B	1308413.19	1670876.64
3	分公司C	1066434.32	1035464.97
4	分公司D	1100027.42	1958136.73
5	分公司E	890860.74	1209247.55
6	分公司F	1048226.55	1459840.71
7	分公司G	1065602.14	2682398.55
8	分公司H	1135794.89	1321605.48
9	分公司I	652867.08	1341632.61
10	分公司J	1614499.97	1539094.29
11	分公司K	1496367.24	2252904.46
12	分公司L	2632938.2	1986350.66
13	分公司M	1501529.61	1858172.02
14	分公司N	1943517.15	2987876.51
15	分公司O	2870920.15	1334383.62
16	分公司P	5356284.64	6700541.9

图6-95　对合同类型进行透视后的查询汇总表

步骤7 这个报表没有合同工和劳务工的合计数，因此执行“添加列”→“自定义列”命令，打开图6-96所示的“自定义列”对话框，输入新列名“合计”，输入自定义列公式为“=[合同工]+[劳务工]”。

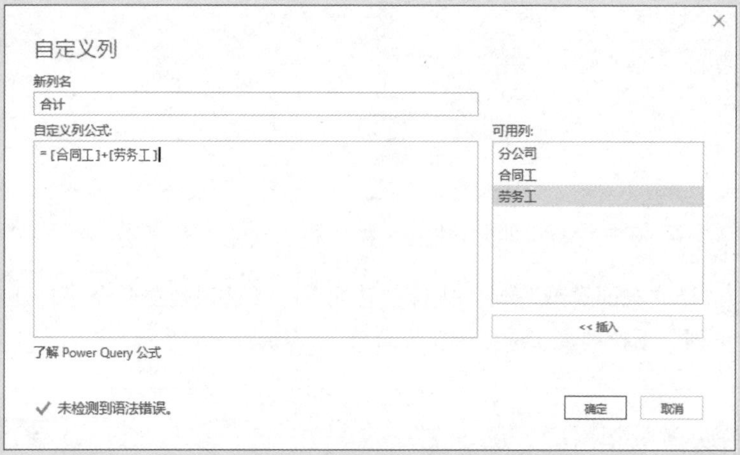

图6-96 添加自定义列“合计”

步骤8 单击“确定”按钮，就得到了有“合计”列的汇总表，如图6-97所示。

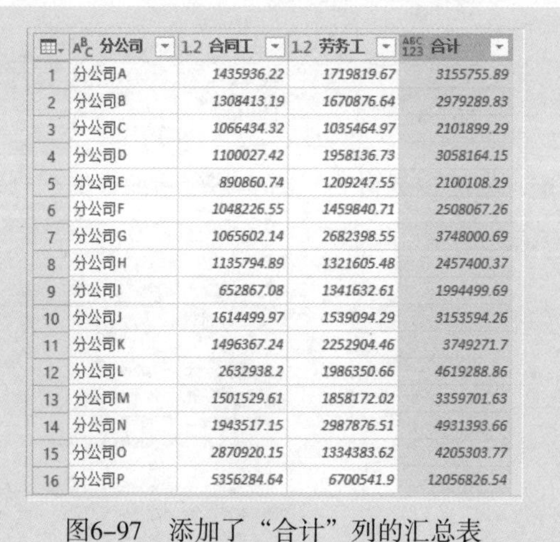

	分公司	合同工	劳务工	合计
1	分公司A	1435936.22	1719819.67	3155755.89
2	分公司B	1308413.19	1670876.64	2979289.83
3	分公司C	1066434.32	1035464.97	2101899.29
4	分公司D	1100027.42	1958136.73	3058164.15
5	分公司E	890860.74	1209247.55	2100108.29
6	分公司F	1048226.55	1459840.71	2508067.26
7	分公司G	1065602.14	2682398.55	3748000.69
8	分公司H	1135794.89	1321605.48	2457400.37
9	分公司I	652867.08	1341632.61	1994499.69
10	分公司J	1614499.97	1539094.29	3153594.26
11	分公司K	1496367.24	2252904.46	3749271.7
12	分公司L	2632938.2	1986350.66	4619288.86
13	分公司M	1501529.61	1858172.02	3359701.63
14	分公司N	1943517.15	2987876.51	4931393.66
15	分公司O	2870920.15	1334383.62	4205303.77
16	分公司P	5356284.64	6700541.9	12056826.54

图6-97 添加了“合计”列的汇总表

步骤9 最后将数据导出到Excel工作表中，就得到了图6-98所示的汇总表。

分公司	合同工	劳务工	合计
分公司A	1,435,936.22	1,719,819.67	3,155,755.89
分公司B	1,308,413.19	1,670,876.64	2,979,289.83
分公司C	1,066,434.32	1,035,464.97	2,101,899.29
分公司D	1,100,027.42	1,958,136.73	3,058,164.15
分公司E	890,860.74	1,209,247.55	2,100,108.29
分公司F	1,048,226.55	1,459,840.71	2,508,067.26
分公司G	1,065,602.14	2,682,398.55	3,748,000.69
分公司H	1,135,794.89	1,321,605.48	2,457,400.37
分公司I	652,867.08	1,341,632.61	1,994,499.69
分公司J	1,614,499.97	1,539,094.29	3,153,594.26
分公司K	1,496,367.24	2,252,904.46	3,749,271.70
分公司L	2,632,938.20	1,986,350.66	4,619,288.86
分公司M	1,501,529.61	1,858,172.02	3,359,701.63
分公司N	1,943,517.15	2,987,876.51	4,931,393.66
分公司O	2,870,920.15	1,334,383.62	4,205,303.77
分公司P	5,356,284.64	6,700,541.90	12,056,826.54

图6-98　每个分公司劳务工和合同工的应发工资汇总表

步骤10　这个表格的底部没有汇总行，可以利用表格的汇总行功能来添加。在表格工具下的“设计”选项卡中，勾选“汇总行”复选框，如图6-99所示。

这样，就在表格底部添加了一个汇总行，如图 6-100 所示。

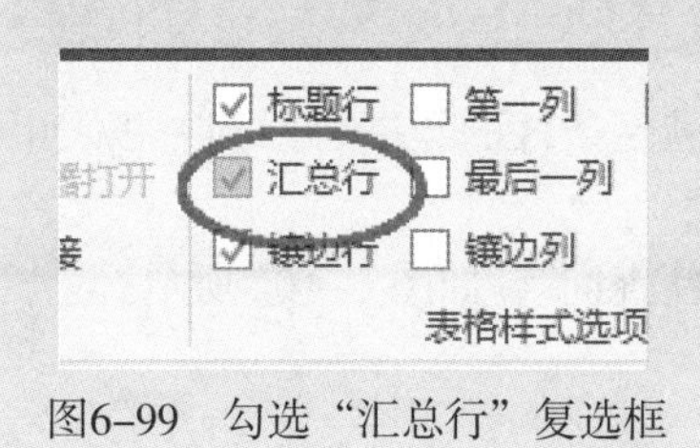

图6-99　勾选“汇总行”复选框

分公司	合同工	劳务工	合计
分公司A	1,435,936.22	1,719,819.67	3,155,755.89
分公司B	1,308,413.19	1,670,876.64	2,979,289.83
分公司C	1,066,434.32	1,035,464.97	2,101,899.29
分公司D	1,100,027.42	1,958,136.73	3,058,164.15
分公司E	890,860.74	1,209,247.55	2,100,108.29
分公司F	1,048,226.55	1,459,840.71	2,508,067.26
分公司G	1,065,602.14	2,682,398.55	3,748,000.69
分公司H	1,135,794.89	1,321,605.48	2,457,400.37
分公司I	652,867.08	1,341,632.61	1,994,499.69
分公司J	1,614,499.97	1,539,094.29	3,153,594.26
分公司K	1,496,367.24	2,252,904.46	3,749,271.70
分公司L	2,632,938.20	1,986,350.66	4,619,288.86
分公司M	1,501,529.61	1,858,172.02	3,359,701.63
分公司N	1,943,517.15	2,987,876.51	4,931,393.66
分公司O	2,870,920.15	1,334,383.62	4,205,303.77
分公司P	5,356,284.64	6,700,541.90	12,056,826.54
汇总			60,178,565.88

图6-100　表格底部添加了汇总行

系统默认设置情况下，只是在最右一列有汇总数据，其他列是没有的，可以单击底部汇总行的单元格，单击单元格右侧的下拉箭头，在展开的下拉列表中选择相应函数即可（这里选择“求和”），如图 6–101 所示。

15	分公司N	1,943,517.15	2,987,876.51	4,931,393.66
16	分公司O	2,870,920.15	1,334,383.62	4,205,303.77
17	分公司P	5,356,284.64	6,700,541.90	12,056,826.54
18	汇总			60,178,565.88

无
平均值
计数
数值计数
最大值
最小值
求和
标准偏差
方差
其他函数...

图6–101　从下拉列表中选择函数

6.3 合并查询

在实际工作中，经常要对两个表格进行比对，以得到一张或几张比对结果的表。

例如，年初的一张员工信息表，年末的一张员工信息表，要从这两个表格中制作 3 张报表：离职员工表（年初有年末没有）、新进员工表（年初没有年末有）和存量员工表（年初年末两张表中都有）。

又如，去年的一张销售明细表，今年的一张销售明细表，如何制作分析流失客户、新增客户和存量客户分析报表?

诸如此类的问题，都是对两个表格进行合并及比对查询的问题。这样的问题，使用 Power Query 的“合并查询”功能，可以非常方便而又快捷地完成。

合并查询就是把两张表，根据选定的列进行匹配，把满足条件的数据合并到一张表中。合并查询，仅仅能在两个查询中进行合并，这点要特别注意。

合并查询有两个选项：“合并查询”和“将查询合并为新查询”，如图 6–102 所示。

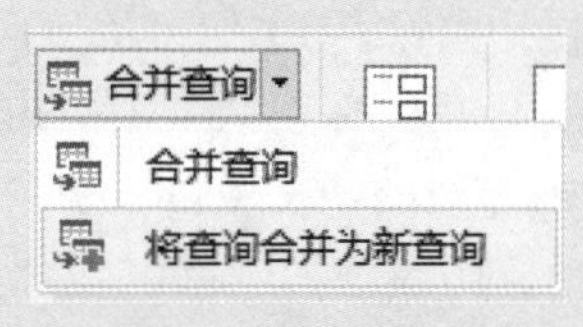

图6-102 “合并查询”命令

- “合并查询”命令：用于把现有的一张表与另外一张表进行匹配，在现有的表格中保留满足条件的数据，而把不满足条件的数据剔除出去，这样，现有的表数据就不再是原来的原始数据了。
- “将查询合并为新查询”命令：用于对两张表进行匹配，把满足条件的数据保存到一个新查询中，而不影响两张表的原始数据。

打开“合并”对话框，可以看到有上下两张表，而表的联接种类有以下 6 种情况，如图 6-103 所示。

图6-103 合并查询的联接种类

- 左外部(第一个中的所有行，第二个中的匹配行)：就是保留表 1 的所有项目，获取表 2 中与表 1 中匹配的项目，剔除表 2 中不匹配的项目。
- 右外部(第二个中的所有行，第一个中的匹配行)：就是保留表 2 的所有项目，获取

表 1 中与表 2 中匹配的项目，剔除表 1 中不匹配的项目。

- 完全外部 (两者中的所有行)：就是保留两个表格的所有项目。
- 内部 (仅限匹配行)。保留两张表的匹配项目，剔除不匹配的项目。
- 左反 (仅限第一个中的行)：以表 1 为基准，保留表 1 与表 2 有差异的行，剔除表 1 与表 2 相同的行。
- 右反 (仅限第二个中的行)：以表 2 为基准，保留表 2 与表 1 有差异的行，剔除表 2 与表 1 相同的行。

案例6-7

下面结合一个简单的例子，来说明这 6 种联接种类的使用方法和查询结果。这里，已经为图 6–104 中这两张表建立了查询，查询名称分别是“表 A”和“表 B”，分别如图 6–105 和图 6–106 所示。

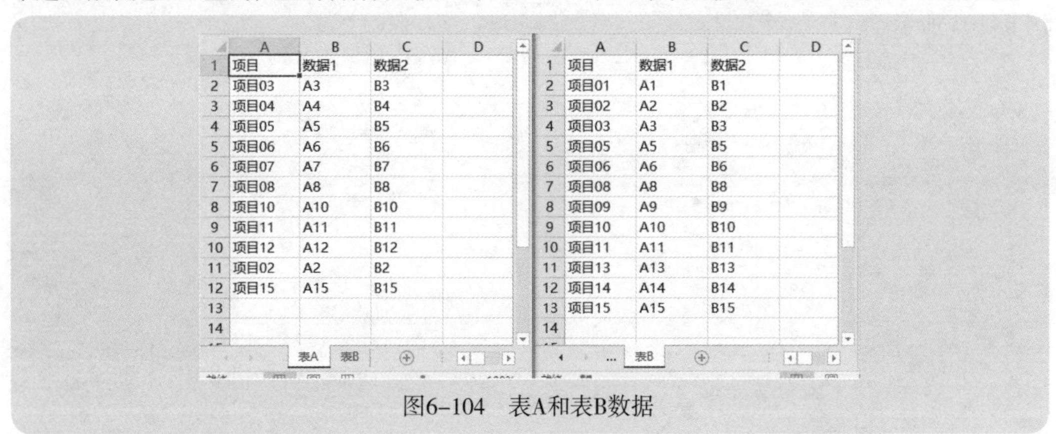

	A	B	C	D
1	项目	数据1	数据2	
2	项目03	A3	B3	
3	项目04	A4	B4	
4	项目05	A5	B5	
5	项目06	A6	B6	
6	项目07	A7	B7	
7	项目08	A8	B8	
8	项目10	A10	B10	
9	项目11	A11	B11	
10	项目12	A12	B12	
11	项目02	A2	B2	
12	项目15	A15	B15	
13				
14				

	A	B	C	D
1	项目	数据1	数据2	
2	项目01	A1	B1	
3	项目02	A2	B2	
4	项目03	A3	B3	
5	项目05	A5	B5	
6	项目06	A6	B6	
7	项目08	A8	B8	
8	项目09	A9	B9	
9	项目10	A10	B10	
10	项目11	A11	B11	
11	项目13	A13	B13	
12	项目14	A14	B14	
13	项目15	A15	B15	
14				

图6–104　表A和表B数据

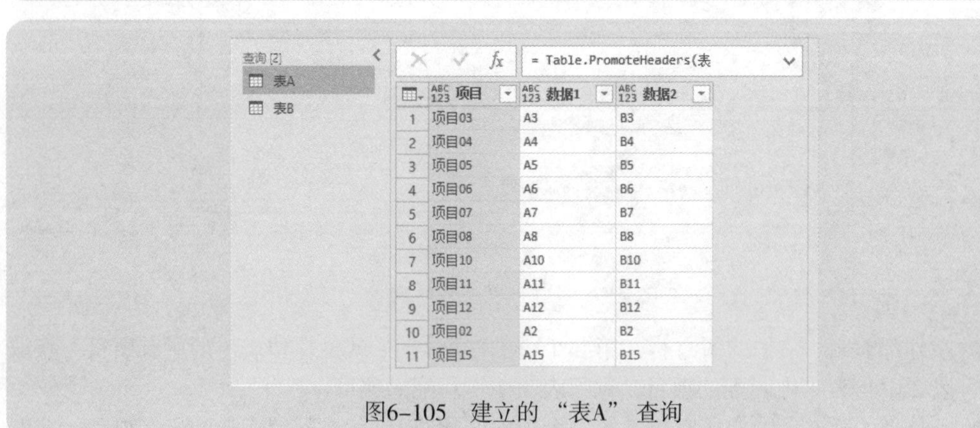

	项目	数据1	数据2
1	项目03	A3	B3
2	项目04	A4	B4
3	项目05	A5	B5
4	项目06	A6	B6
5	项目07	A7	B7
6	项目08	A8	B8
7	项目10	A10	B10
8	项目11	A11	B11
9	项目12	A12	B12
10	项目02	A2	B2
11	项目15	A15	B15

图6–105　建立的“表A”查询

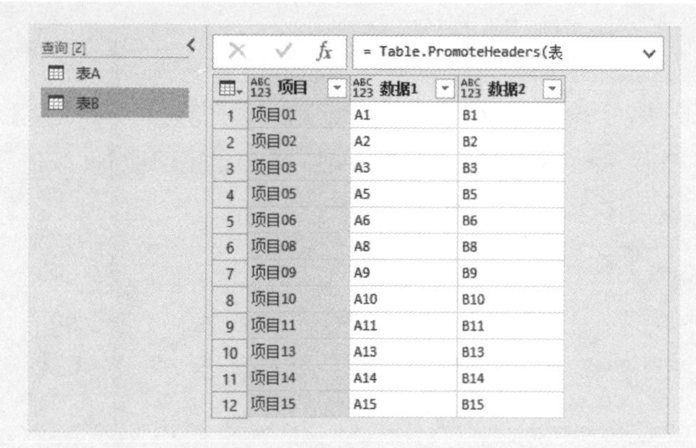

查询 [2]
表A
表B
= Table.PromoteHeaders(表
项目
数据1
数据2
1 项目01 A1 B1
2 项目02 A2 B2
3 项目03 A3 B3
4 项目05 A5 B5
5 项目06 A6 B6
6 项目08 A8 B8
7 项目09 A9 B9
8 项目10 A10 B10
9 项目11 A11 B11
10 项目13 A13 B13
11 项目14 A14 B14
12 项目15 A15 B15

图6-106　建立的“表B”查询

1. 左外部联接

左外部联接是保留表 1 的所有项目，获取表 2 中与表 1 中匹配的项目，剔除表 2 中不匹配的项目。

在编辑器中，选择查询“表 A”，执行“合并查询”命令，打开“合并”对话框，做以下的设置，如图 6-107 所示。

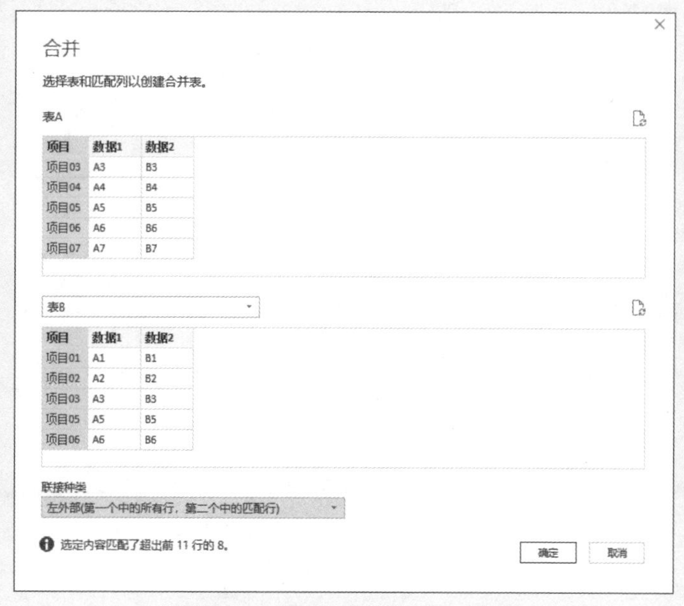

图6-107　设置“合并查询”选项

（1）上面的第一张表就是刚才选择的“表 A”。

（2）在下面的第二张表中选择“表 B”。

（3）在上下两张表中，分别选择第一列“项目”（以“项目”来匹配）。

（4）展开“联接种类”下拉列表，选择“左外部（第一个中的所有行，第二个中的匹配行）”。

那么，就得到了如图 6–108 所示的查询结果。

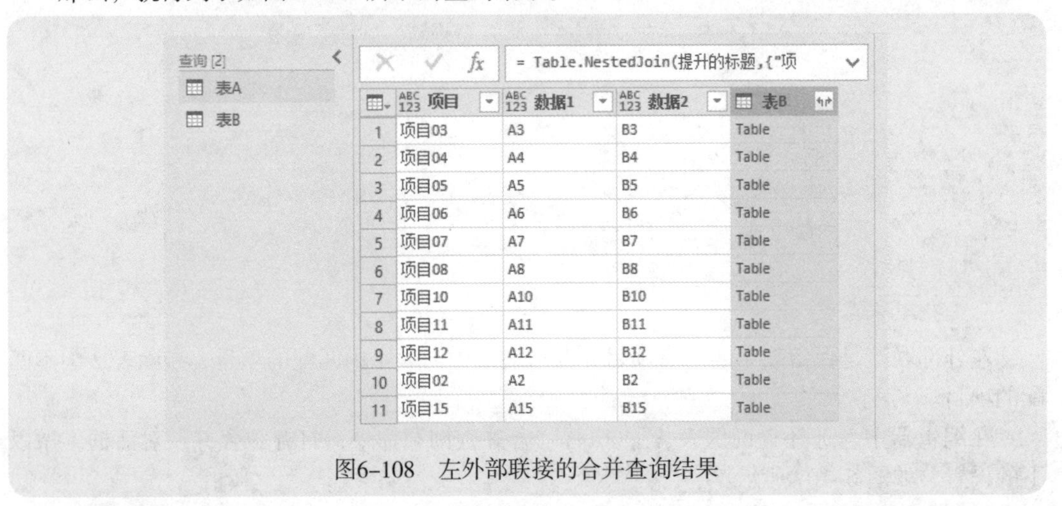

	项目	数据1	数据2	表B
1	项目03	A3	B3	Table
2	项目04	A4	B4	Table
3	项目05	A5	B5	Table
4	项目06	A6	B6	Table
5	项目07	A7	B7	Table
6	项目08	A8	B8	Table
7	项目10	A10	B10	Table
8	项目11	A11	B11	Table
9	项目12	A12	B12	Table
10	项目02	A2	B2	Table
11	项目15	A15	B15	Table

图6–108　左外部联接的合并查询结果

在查询表的右侧，有一个“表 B”列，这列中保存了第二张表的满足条件的数据，单击列标题右侧的展开按钮，打开筛选窗格，如图 6–109 所示。

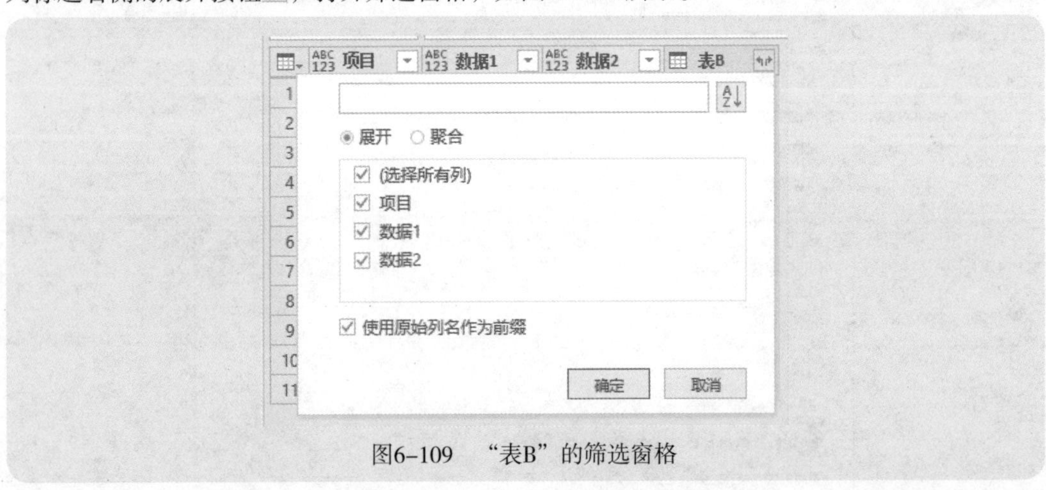

图6–109　“表B”的筛选窗格

保持系统默认设置，单击“确定”按钮，表 B 里的数据就显示出来了，如图 6–110 所示。

	项目	数据1	数据2	表B.项目	表B.数据1	表B.数据2
1	项目03	A3	B3	项目03	A3	B3
2	项目02	A2	B2	项目02	A2	B2
3	项目05	A5	B5	项目05	A5	B5
4	项目06	A6	B6	项目06	A6	B6
5	项目08	A8	B8	项目08	A8	B8
6	项目10	A10	B10	项目10	A10	B10
7	项目11	A11	B11	项目11	A11	B11
8	项目15	A15	B15	项目15	A15	B15
9	项目04	A4	B4	null	null	null
10	项目07	A7	B7	null	null	null
11	项目12	A12	B12	null	null	null

图6–110 左外部联接的合并查询结果

由图 6–110 可以看出，由于是使用了左外部联接，因此从表 B 里取数据时，仅仅是取出那些与表 A 匹配的项目，而表 B 里的其他项目是不能提取的。

2. 右外部联接

右外部联接是保留第 2 张表的所有项目，获取表 1 中与表 2 中匹配的项目，剔除表 1 中不匹配的项目。

仍以“表 A”为表 1，“表 B”为表 2，建立合并查询，使用右外部联接，就得到了图 6–111 所示的结果。

	项目	数据1	数据2	表B.项目	表B.数据1	表B.数据2
1	项目03	A3	B3	项目03	A3	B3
2	null	null	null	项目01	A1	B1
3	项目02	A2	B2	项目02	A2	B2
4	项目05	A5	B5	项目05	A5	B5
5	项目06	A6	B6	项目06	A6	B6
6	项目08	A8	B8	项目08	A8	B8
7	项目10	A10	B10	项目10	A10	B10
8	null	null	null	项目09	A9	B9
9	项目11	A11	B11	项目11	A11	B11
10	null	null	null	项目13	A13	B13
11	项目15	A15	B15	项目15	A15	B15
12	null	null	null	项目14	A14	B14

图6–111 右外部联接的合并查询结果

可以看出，表 A 里仅仅留下了与表 B 匹配的数据，表 A 里那些没有出现在表 B 里的数据不再存在。

3. 完全外部联接

完全外部联接就是保留两个表格的所有项目。

仍以“表 A”为表 1,“表 B”为表 2,建立合并查询,使用完全外部联接,就得到了图 6-112 所示的结果。

可以看出，两张表的数据都被取出了。

	项目	数据1	数据2	表B.项目	表B.数据1	表B.数据2
1	项目03	A3	B3	项目03	A3	B3
2	null	null	null	项目01	A1	B1
3	项目02	A2	B2	项目02	A2	B2
4	项目05	A5	B5	项目05	A5	B5
5	项目06	A6	B6	项目06	A6	B6
6	项目08	A8	B8	项目08	A8	B8
7	项目10	A10	B10	项目10	A10	B10
8	null	null	null	项目09	A9	B9
9	项目11	A11	B11	项目11	A11	B11
10	null	null	null	项目13	A13	B13
11	项目15	A15	B15	项目15	A15	B15
12	null	null	null	项目14	A14	B14
13	项目04	A4	B4	null	null	null
14	项目07	A7	B7	null	null	null
15	项目12	A12	B12	null	null	null

图6-112　完全外部联接的合并查询结果

4. 内部联接

内部联接就是保留两张表的匹配项目，剔除不匹配的项目。

仍以“表 A”为表 1，“表 B”为表 2，建立合并查询，使用内部联接，就得到了图 6-113 所示的结果。

可以看出，查询结果仅仅是两张表都存在的项目数据。

	项目	数据1	数据2	表B.项目	表B.数据1	表B.数据2
1	项目03	A3	B3	项目03	A3	B3
2	项目02	A2	B2	项目02	A2	B2
3	项目05	A5	B5	项目05	A5	B5
4	项目06	A6	B6	项目06	A6	B6
5	项目08	A8	B8	项目08	A8	B8
6	项目10	A10	B10	项目10	A10	B10
7	项目11	A11	B11	项目11	A11	B11
8	项目15	A15	B15	项目15	A15	B15

图6-113　内部联接的合并查询结果

5. 左反联接

左反联接是以表 1 为基准，保留表 1 与表 2 有差异的行，剔除表 1 与表 2 相同的行。也就是仅仅保留表 1 存在、而表 2 不存在的数据。

仍以“表 A”为表 1，“表 B”为表 2，建立合并查询，使用左反联接，就得到了图 6-114 所示的结果。

可以看出，查询结果仅仅是表 A 的项目 04、项目 07 和项目 12，因为这 3 个项目只有表 A 有，而表 B 没有。

	项目	数据1	数据2	表B.项目	表B.数据1	表B.数据2
1	项目04	A4	B4	null	null	null
2	项目07	A7	B7	null	null	null
3	项目12	A12	B12	null	null	null

图6-114　左反联接的合并查询结果

6. 右反联接

右反联接是以表 2 为基准，保留表 2 与表 1 有差异的行，剔除表 2 与表 1 相同的行。也就是仅仅保留表 2 存在、而表 1 不存在的数据。

仍以“表 A”为表 1，“表 B”为表 2，建立合并查询，使用右反联接，就得到了图 6-115 所示的结果。

可以看出，查询结果仅仅是表 B 的项目 01、项目 09、项目 13 和项目 14，因为这 4 个项目只有表 B 有，而表 A 没有。

	项目	数据1	数据2	表B.项目	表B.数据1	表B.数据2
1	null	null	null	项目01	A1	B1
2	null	null	null	项目09	A9	B9
3	null	null	null	项目13	A13	B13
4	null	null	null	项目14	A14	B14

图6-115　右反联接的合并查询结果

了解了合并查询的基本使用方法及联接种类含义后，下面介绍合并查询的几个经典应用案例。

6.4 合并查询综合应用1

两个表格数据有什么差异？哪些项目数据对不上？这就是核对问题。这样的问题，使用 Power Query 的合并查询是很简单的。

6.4.1 只有一列需要核对的数据

案例6-8

图 6-116 是一个简单例子，有两张工作表“企业”和“社保所”，现在依据姓名来核对两张表中每个人的社保金额差异，制作 3 张核对表。

（1）企业有、社保所没有的。

（2）企业没有，社保所有的。

（3）企业和社保所都有，但数额对不上的。

	A	B	C	D	E
1	工号	姓名	社保总额		
2	G001	张庆光	2371.3		
3	G002	蔡凌艳	2387.52		
4	G003	曹琦	1305.1		
5	G004	陈正林	1978.4		
6	G005	邓传英	3652.7		
7	G006	邓左伍	1464.1		
8	G007	李秀娟	3237.2		
9	G008	乔在喜	436.3		
10	G009	董长杰	1717		
11	G010	杜建振	1766		
12	G011	高建东	1535.4		
13	G012	胡建强	1959.4		
14	G013	陈杰	1452		
15	G014	邓孟娟	1330.8		
16	G015	霍晓强	436.3		
17	G016	蒋清佳	436.3		

企业　社保所

	A	B	C	D	E
1	社保号	姓名	社保总额		
2	S000001	李秀娟	3237.2		
3	S000002	熊佳	2713.8		
4	S000003	邓传英	3652.7		
5	S000004	瞿庆龙	1829.5		
6	S000005	张庆真	4172.7		
7	S000006	陈正林	1978.4		
8	S000007	李红玲	2471.1		
9	S000008	杨庆	1721.6		
10	S000009	蔡凌艳	2387.5		
11	S000010	董长杰	2624.4		
12	S000011	满保法	2439.2		
13	S000012	汪明强	1789.7		
14	S000013	赵虎	1948.7		
15	S000014	邱巍芳	1924.1		
16	S000015	王冲	436.3		
17	S000016	胡建强	1627.9		

企业　社保所

图6-116　“企业”和“社保所”两张表

1. 建立查询

首先执行“从工作簿”命令，建立两个表格的查询，如图 6-117 所示。

要注意，需要把这两个查询加载为仅连接。

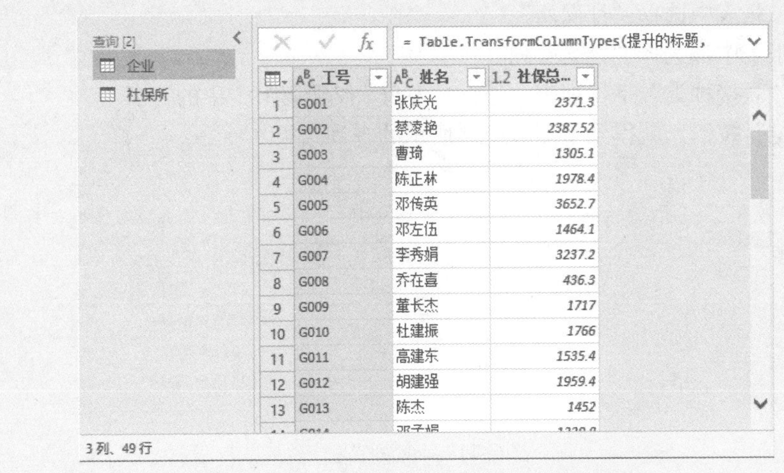

图6-117 建立的两个查询“企业”和“社保所”

2. 制作企业有、社保所没有的核对表

选择查询“企业”,执行“将查询合并为新查询”命令,打开“合并”对话框,做以下的设置,如图 6-118 所示。

图6-118 以姓名匹配,选择左反联接类型

（1）在第二张表中选择“社保所”。

（2）在两张表中都选择“姓名”列。

（3）展开“联接种类”下拉列表，选择“左反 (仅限第一个中的行)”。

单击“确定”按钮，就得到了图 6–119 所示的查询结果。

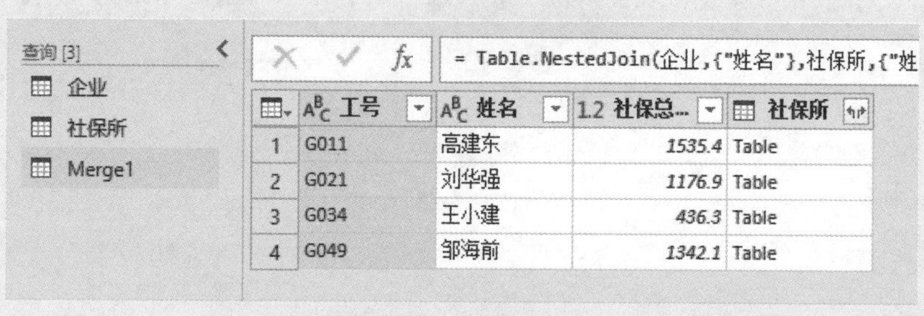

图6–119　查询结果

表的最右边的列“社保所”没用，予以删除。

最后将系统默认设置的查询名 Merge1 重命名为“企业有社保无”，如图 6–120 所示。

最后将查询结果上载导出到工作表即可，如图 6–121 所示。

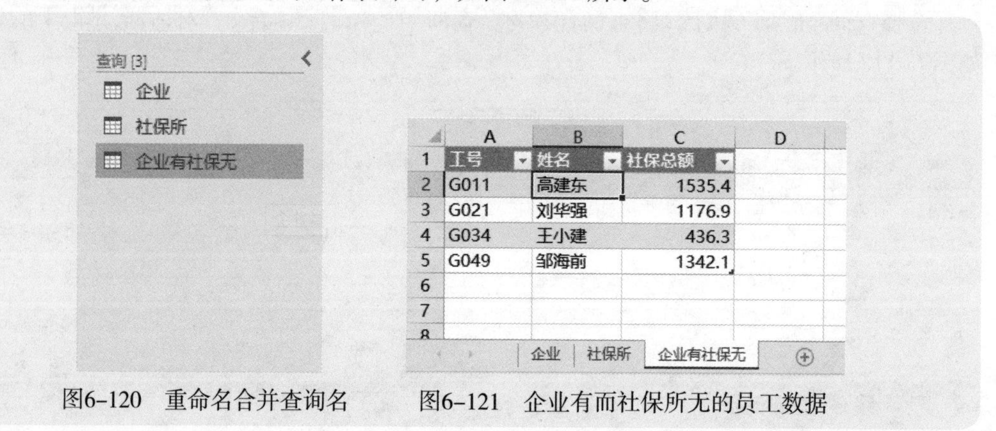

图6–120　重命名合并查询名　　图6–121　企业有而社保所无的员工数据

3. 制作企业无、社保所有的核对表

选择查询“社保所”，执行“将查询合并为新查询”命令，打开“合并”对话框，做以下的设置，如图 6–122 所示。

（1）在第二张表中选择“企业”。

（2）在两张表中都选择“姓名”列。

（3）展开“联接种类”下拉列表选择“左反 (仅限第一个中的行)”。

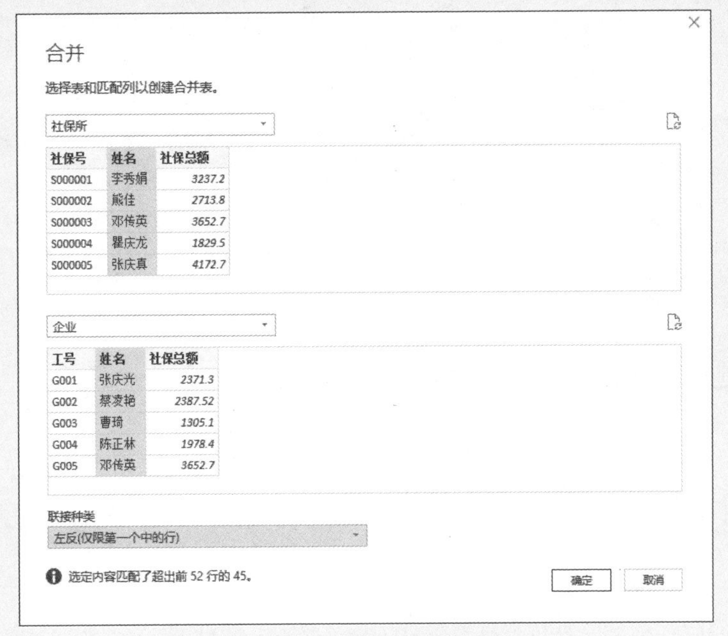

图6–122　以姓名匹配，选择左反联接类型

单击“确定”按钮，就得到了图 6–123 所示的查询结果。

图6–123　查询结果

表的最右边的列“企业”没用，予以删除。

将系统默认设置的查询名 Merge1 重命名为“企业无社保有”。

最后将查询结果上载导出到工作表，如图 6–124 所示。

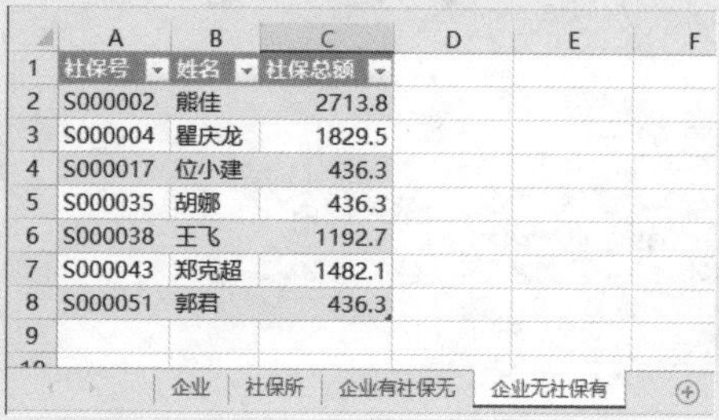

社保号	姓名	社保总额
S000002	熊佳	2713.8
S000004	瞿庆龙	1829.5
S000017	位小建	436.3
S000035	胡娜	436.3
S000038	王飞	1192.7
S000043	郑克超	1482.1
S000051	郭君	436.3

企业 | 社保所 | 企业有社保无 | 企业无社保有

图6-124　企业无而社保所有的员工数据

4. 制作企业和社保所都有、但金额对不上的核对表

这个表格制作稍微繁琐些，下面是详细步骤。

步骤1　选择查询“企业”，执行“将查询合并为新查询”命令，打开“合并”对话框，做以下的设置，如图6-125所示。

（1）在第二张表中选择“社保所”。

（2）在两张表中都选择“姓名”列。

（3）展开“联接种类”下拉列表选择“内部(仅限匹配行)”。

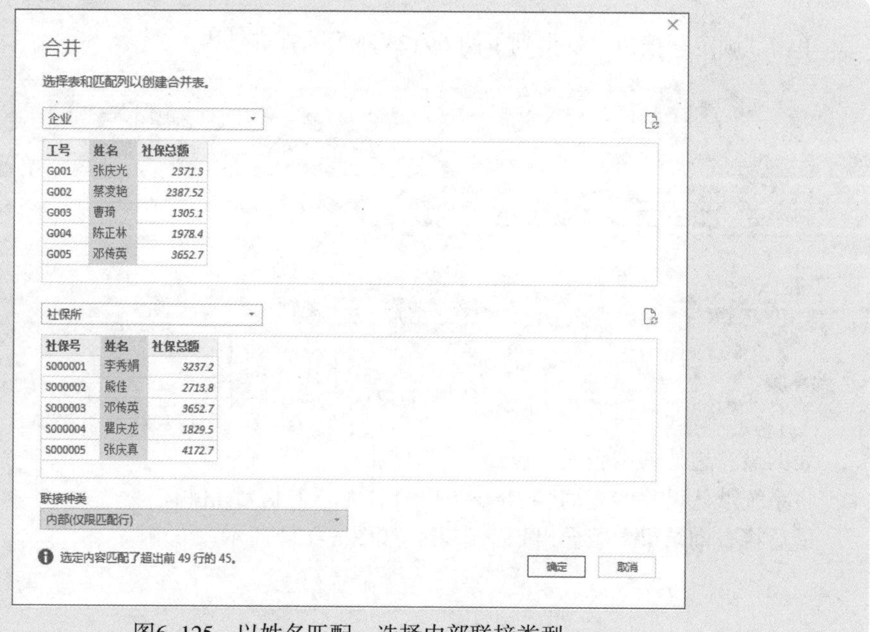

图6-125　以姓名匹配，选择内部联接类型

步骤2　单击“确定”按钮，就得到了图6-126所示的查询结果。

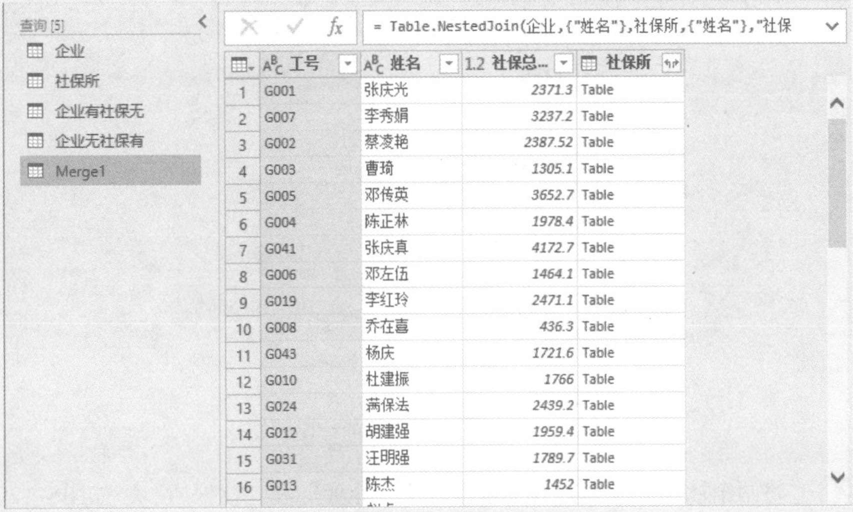

查询 [5]
- 企业
- 社保所
- 企业有社保无
- 企业无社保有
- Merge1

= Table.NestedJoin(企业,{"姓名"},社保所,{"姓名"},"社保

	工号	姓名	社保总...	社保所
1	G001	张庆光	2371.3	Table
2	G007	李秀娟	3237.2	Table
3	G002	蔡凌艳	2387.52	Table
4	G003	曹琦	1305.1	Table
5	G005	邓传英	3652.7	Table
6	G004	陈正林	1978.4	Table
7	G041	张庆真	4172.7	Table
8	G006	邓左伍	1464.1	Table
9	G019	李红玲	2471.1	Table
10	G008	乔在喜	436.3	Table
11	G043	杨庆	1721.6	Table
12	G010	杜建振	1766	Table
13	G024	满保法	2439.2	Table
14	G012	胡建强	1959.4	Table
15	G031	汪明强	1789.7	Table
16	G013	陈杰	1452	Table

图6-126　查询结果

步骤3　单击右侧最后一列“社保所”标题的展开按钮，打开筛选窗格，仅勾选“社保总额”复选框，取消其他复选框的勾选，如图6-127所示。

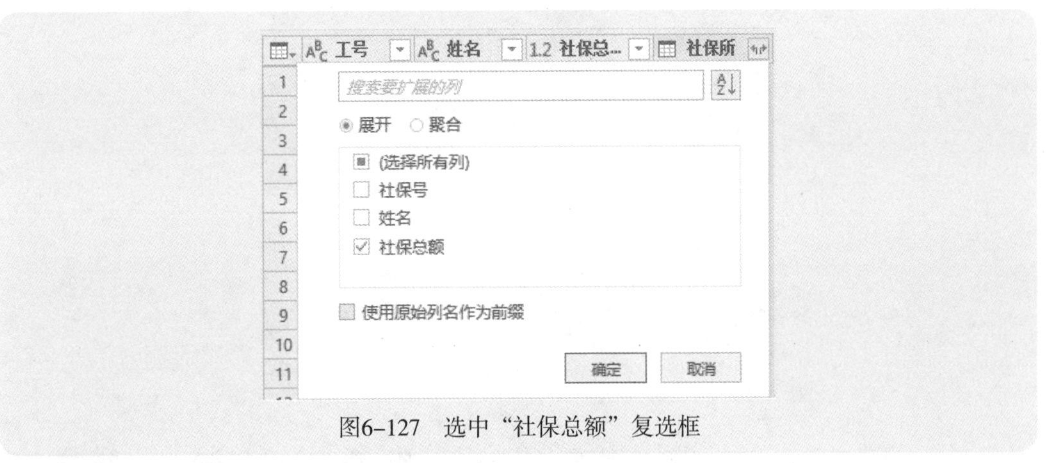

图6-127　选中“社保总额”复选框

步骤4　单击“确定”按钮，就得到了图6-128所示的结果。

= Table.ExpandTableColumn(源, "社保所", {"社保总额"},

	工号	姓名	社保总额	社保所.社保总额
1	G001	张庆光	2371.3	2371.3
2	G007	李秀娟	3237.2	3237.2
3	G002	蔡凌艳	2387.52	2387.5
4	G003	曹琦	1305.1	1305.1
5	G005	邓传英	3652.7	3652.7
6	G004	陈正林	1978.4	1978.4
7	G041	张庆真	4172.7	4172.7
8	G006	邓左伍	1464.1	1464.1
9	G019	李红玲	2471.1	2471.1
10	G008	乔在喜	436.3	436.3
11	G043	杨庆	1721.6	1721.6
12	G010	杜建振	1766	1766
13	G024	满保法	2439.2	2439.2
14	G012	胡建强	1959.4	1627.9
15	G031	汪明强	1789.7	1789.7
16	G013	陈杰	1452	1452

图6–128　显示社保所表的社保总额

步骤5　将两个社保总额标题分别重命名为“企业”和“社保所”，如图6–129所示。

	工号	姓名	企业	社保所
1	G001	张庆光	2371.3	2371.3
2	G007	李秀娟	3237.2	3237.2
3	G002	蔡凌艳	2387.52	2387.5
4	G003	曹琦	1305.1	1305.1
5	G005	邓传英	3652.7	3652.7
6	G004	陈正林	1978.4	1978.4
7	G041	张庆真	4172.7	4172.7
8	G006	邓左伍	1464.1	1464.1
9	G019	李红玲	2471.1	2471.1
10	G008	乔在喜	436.3	436.3
11	G043	杨庆	1721.6	1721.6
12	G010	杜建振	1766	1766
13	G024	满保法	2439.2	2439.2
14	G012	胡建强	1959.4	1627.9
15	G031	汪明强	1789.7	1789.7
16	G013	陈杰	1452	1452

图6–129　重命名两列金额的标题

步骤6　执行“添加列”→“自定义列”命令，打开“自定义列”对话框，添加一个自定义列，输入新列名“差异”，并输入自定义列公式“=[企业]–[社保所]”，如图6–130所示。

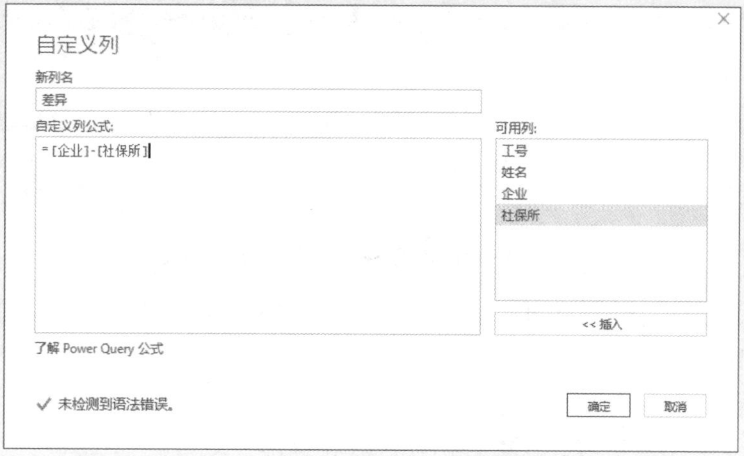

自定义列

新列名

差异

自定义列公式:

= [企业]-[社保所]

可用列:

工号

姓名

企业

社保所

<< 插入

了解 Power Query 公式

✓ 未检测到语法错误。

确定 取消

图6-130 添加自定义列“差异”

步骤 7 单击“确定”按钮，得到图6-131所示的结果。

	工号	姓名	企业	社保所	差异
1	G001	张庆光	2371.3	2371.3	0
2	G007	李秀娟	3237.2	3237.2	0
3	G002	蔡凌艳	2387.52	2387.5	0.02
4	G003	曹琦	1305.1	1305.1	0
5	G005	邓传英	3652.7	3652.7	0
6	G004	陈正林	1978.4	1978.4	0
7	G041	张庆真	4172.7	4172.7	0
8	G006	邓左伍	1464.1	1464.1	0
9	G019	李红玲	2471.1	2471.1	0
10	G008	乔在喜	436.3	436.3	0
11	G043	杨庆	1721.6	1721.6	0
12	G010	杜建振	1766	1766	0
13	G024	满保法	2439.2	2439.2	0
14	G012	胡建强	1959.4	1627.9	331.5
15	G031	汪明强	1789.7	1789.7	0
16	G013	陈杰	1452	1452	0

图6-131 添加了自定义列“差异”

步骤 8 从“差异”列筛选掉所有的数字为0的行，就得到了图6-132所示的结果。

	工号	姓名	企业	社保所	差异
1	G002	蔡凌艳	2387.52	2387.5	0.02
2	G012	胡建强	1959.4	1627.9	331.5
3	G042	赵虎	1948.8	1948.7	0.1
4	G039	俞瑊尧	1488.4	1461.3	27.1
5	G020	刘红智	1880.3	1880.2	0.1

图6-132　筛选出两张表金额不一样的数据

步骤 9　将默认设置的查询名Merge1重命名为“企业社保金额不一样”。最后将查询结果上载导出到工作表，如图6-133所示。

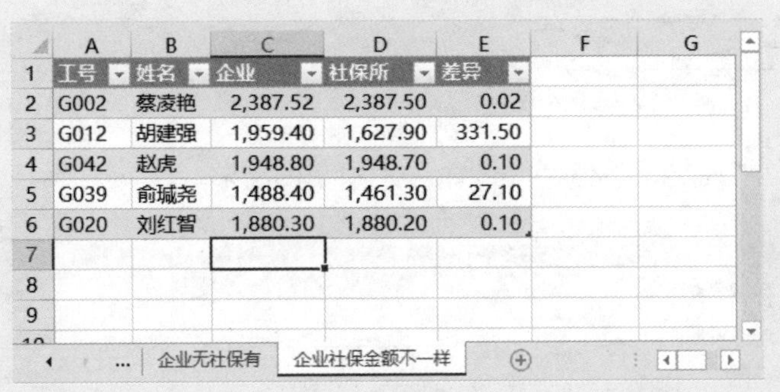

	A	B	C	D	E
1	工号	姓名	企业	社保所	差异
2	G002	蔡凌艳	2,387.52	2,387.50	0.02
3	G012	胡建强	1,959.40	1,627.90	331.50
4	G042	赵虎	1,948.80	1,948.70	0.10
5	G039	俞瑊尧	1,488.40	1,461.30	27.10
6	G020	刘红智	1,880.30	1,880.20	0.10

图6-133　两张表中都有但金额对不上的员工数据

6.4.2 有多列需要核对的数据

案例 6-8 是核对一列数据，但在实际工作中，经常遇到的是核对多列数据，此时，核对数据的方法基本上差不多，但也有些特殊的地方。

案例6-9

图 6-134 是两个表格“企业”和“社保所”，分别保存各个员工的各项社保金额，现在要求对每个人的各项社保金额进行核对。

工号	姓名	养老保险	失业保险	医疗保险	社保总额
G001	张庆光	1461.3	112.9	797.1	2371.3
G002	蔡凌艳	1471.3	113.72	802.5	2387.52
G003	曹琦	804.3	62.1	438.7	1305.1
G004	陈正林	1219.2	94.2	665	1978.4
G005	邓传英	2251	173.9	1227.8	3652.7
G006	邓左伍	902.3	69.7	492.1	1464.1
G007	李秀娟	1994.9	154.2	1088.1	3237.2
G008	乔在喜	342.8	0	93.5	436.3
G010	杜建振	1088.3	84.1	593.6	1766
G011	高建东	946.16	73.11	516.13	1535.4
G012	胡建强	1207.5	93.3	658.6	1959.4
G013	陈杰	894.8	69.1	488.1	1452
G014	邓孟娟	820.1	63.4	447.3	1330.8
G015	霍晓强	342.8	0	93.5	436.3
G016	蒋清伟	342.8	0	93.5	436.3

社保号	姓名	养老保险	失业保险	医疗保险	社保总额
S000001	李秀娟	1994.9	154.2	1088.1	3237.2
S000002	熊佳	1672.4	129.2	912.2	2713.8
S000003	邓传英	2251	173.9	1227.8	3652.7
S000004	瞿庆龙	1127.4	87.1	615	1829.5
S000005	张庆真	2571.4	198.7	1402.6	4172.7
S000006	陈正林	1219.2	94.2	665	1978.4
S000007	李红玲	1522.8	117.7	830.6	2471.1
S000008	杨庆	1060.9	82	578.7	1721.6
S000009	蔡凌艳	1471.3	113.7	802.5	2387.5
S000011	满保法	1503.1	116.2	819.9	2439.2
S000012	汪明强	1102.9	85.2	601.6	1789.7
S000013	赵虎	1200.9	92.8	655	1948.7
S000014	邱巍芳	1185.7	91.6	646.8	1924.1
S000015	王冲	342.8	0	93.5	436.3
S000016	胡建强	1003.2	77.5	547.2	1627.9

图6-134　两个表格有4列金额要核对

1. 建立查询

首先对两个表格建立查询，方法同案例 6-8 所述。建立的查询如图 6-135 所示。

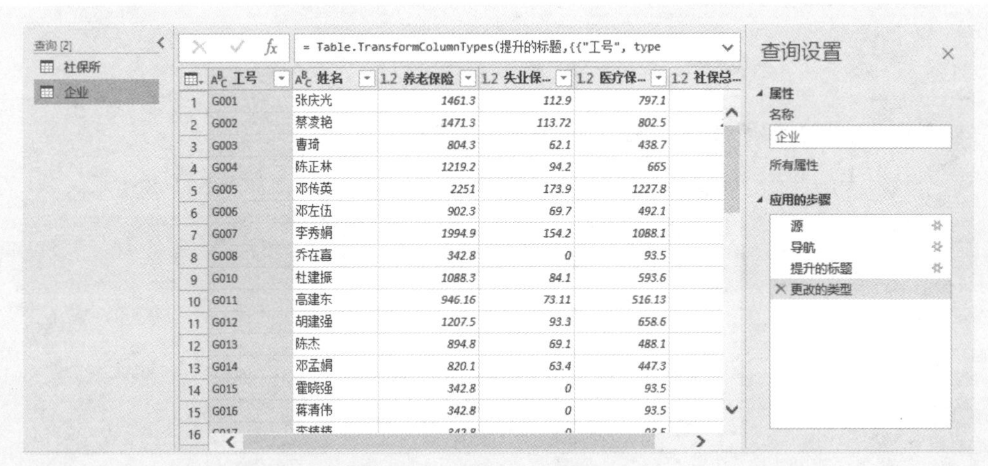

图6-135　对两个表格建立查询

2. 制作企业有、社保所没有的核对表

这个表格的制作，与上述内容完全相同，查询结果如图 6-136 所示。

	ABC 工号	ABC 姓名	1.2 养老保险	1.2 失业保险	1.2 医疗保险	1.2 社保总额
1	G011	高建东	946.16	73.11	516.13	1535.4
2	G021	刘华强	725.3	56	395.6	1176.9
3	G034	王小建	342.8	0	93.5	436.3
4	G049	邹海前	827.1	63.9	451.1	1342.1

图6–136　企业有、社保所没有的查询结果

3. 制作企业无、社保所有的核对表

这个表格的制作，与上述内容也完全相同，查询结果如图 6–137 所示。

	ABC 社保号	ABC 姓名	1.2 养老保险	1.2 失业保险	1.2 医疗保险	1.2 社保总额
1	S000002	熊佳	1672.4	129.2	912.2	2713.8
2	S000004	瞿庆龙	1127.4	87.1	615	1829.5
3	S000017	位小建	342.8	0	93.5	436.3
4	S000035	胡娜	342.8	0	93.5	436.3
5	S000038	王飞	735	56.8	400.9	1192.7
6	S000043	郑克超	913.3	70.6	498.2	1482.1
7	S000051	郭君	342.8	0	93.5	436.3

图6–137　企业无、社保所有的查询结果

4. 制作企业和社保所都有、含数额对不上的核对表

这个核对表的制作，其合并查询步骤是基本相同的，查询结果如图 6–138 所示。

	ABC 工号	ABC 姓名	1.2 养老保险	1.2 失业保...	1.2 医疗保...	1.2 社保总...	社保所
1	G001	张庆光	1461.3	112.9	797.1	2371.3	Table
2	G007	李秀娟	1994.9	154.2	1088.1	3237.2	Table
3	G002	蔡凌艳	1471.3	113.72	802.5	2387.52	Table
4	G003	曹琦	804.3	62.1	438.7	1305.1	Table
5	G005	邓传英	2251	173.9	1227.8	3652.7	Table
6	G004	陈正林	1219.2	94.2	665	1978.4	Table
7	G041	张庆真	2571.4	198.7	1402.6	4172.7	Table
8	G006	邓左伍	902.3	69.7	492.1	1464.1	Table
9	G019	李红玲	1522.8	117.7	830.6	2471.1	Table
10	G008	乔在喜	342.8	0	93.5	436.3	Table
11	G043	杨庆	1060.9	82	578.7	1721.6	Table
12	G010	杜建振	1088.3	84.1	593.6	1766	Table
13	G024	满保法	1503.1	116.2	819.9	2439.2	Table
14	G012	胡建强	1207.5	93.3	658.6	1959.4	Table
15	G031	汪明强	1102.9	85.2	601.6	1789.7	Table
16	G013	陈杰	894.8	69.1	488.1	1452	Table

图6–138　初步的合并查询结果

展开最右边的“社保所”列，仅仅选择 4 个金额，取消其他项目，如图 6–139 所示。

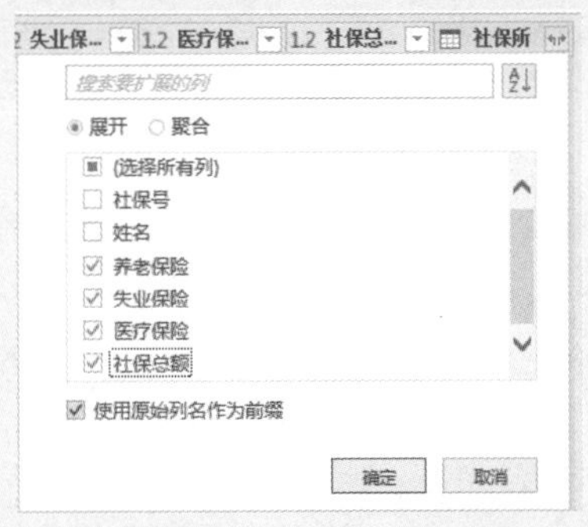

图6-139 选择4个金额，取消其他项目

然后把两张表共 8 列的金额重命名为确切的名称，并删除最前列“工号”。为了使数据计算不出现误差，将“金额”列的数据类型设置为“货币”，最后得到的结果如图 6-140 所示。

	姓名	企业.养老	企业.失业	企业.医疗	企业.总额	社保所.养老	社保所.失业	社保所.医疗	社保所.总额
1	张庆光	1461.3	112.9	797.1	2371.3	1461.3	112.9	797.1	2371.3
2	李秀娟	1994.9	154.2	1088.1	3237.2	1994.9	154.2	1088.1	3237.2
3	蔡凌艳	1471.3	113.72	802.5	2387.52	1471.3	113.7	802.5	2387.5
4	曹琦	804.3	62.1	438.7	1305.1	804.3	62.1	438.7	1305.1
5	邓传英	2251	173.9	1227.8	3652.7	2251	173.9	1227.8	3652.7
6	陈正林	1219.2	94.2	665	1978.4	1219.2	94.2	665	1978.4
7	张庆真	2571.4	198.7	1402.6	4172.7	2571.4	198.7	1402.6	4172.7
8	邓左伍	902.3	69.7	492.1	1464.1	902.3	69.7	492.1	1464.1
9	李红玲	1522.8	117.7	830.6	2471.1	1522.8	117.7	830.6	2471.1
10	乔在喜	342.8	0	93.5	436.3	342.8	0	93.5	436.3
11	杨庆	1060.9	82	578.7	1721.6	1060.9	82	578.7	1721.6
12	杜建振	1088.3	84.1	593.6	1766	1088.3	84.1	593.6	1766
13	满保法	1503.1	116.2	819.9	2439.2	1503.1	116.2	819.9	2439.2
14	胡建强	1207.5	93.3	658.6	1959.4	1003.2	77.5	547.2	1627.9
15	汪明强	1102.9	85.2	601.6	1789.7	1102.9	85.2	601.6	1789.7
16	陈杰	894.8	69.1	488.1	1452	894.8	69.1	488.1	1452

图6-140 重命名列标题

添加 4 个自定义列，自定义列名称和自定义列公式如下，结果如图 6-141 所示（这里已经重新设置了数据类型）。

（1）输入新列名“养老差异”，自定义列公式：

```
= [企业.养老]–[社保所.养老]
```

（2）输入新列名“失业差异”，自定义列公式：

```
= [企业.失业]–[社保所.失业]
```

（3）输入新列名“医疗差异”，自定义列公式：

```
= [企业.医疗]–[社保所.医疗]
```

（4）输入新列名“总额差异”，自定义列公式：

```
= [企业.总额]–[社保所.总额]
```

	…	企业.总额	社保所.养老	社保所.失业	社保所.医疗	社保所.总额	养老差...	失业差...	医疗差...	总额差...
1	97.1	2371.3	1461.3	112.9	797.1	2371.3	0	0	0	0
2	88.1	3237.2	1994.9	154.2	1088.1	3237.2	0	0	0	0
3	02.5	2387.52	1471.3	113.7	802.5	2387.5	0	0.02	0	0.02
4	38.7	1305.1	804.3	62.1	438.7	1305.1	0	0	0	0
5	27.8	3652.7	2251	173.9	1227.8	3652.7	0	0	0	0
6	665	1978.4	1219.2	94.2	665	1978.4	0	0	0	0
7	02.6	4172.7	2571.4	198.7	1402.6	4172.7	0	0	0	0
8	92.1	1464.1	902.3	69.7	492.1	1464.1	0	0	0	0
9	30.6	2471.1	1522.8	117.7	830.6	2471.1	0	0	0	0
10	93.5	436.3	342.8	0	93.5	436.3	0	0	0	0
11	78.7	1721.6	1060.9	82	578.7	1721.6	0	0	0	0
12	93.6	1766	1088.3	84.1	593.6	1766	0	0	0	0
13	19.9	2439.2	1503.1	116.2	819.9	2439.2	0	0	0	0
14	58.6	1959.4	1003.2	77.5	547.2	1627.9	204.3	15.8	111.4	331.5
15	01.6	1789.7	1102.9	85.2	601.6	1789.7	0	0	0	0
16										

图6-141　添加4个自定义列

由于社保总额只要对不上，肯定是某个项目对不上的缘故，因此在“总额差异”列中筛选出不为 0 的员工，如图 6-142 所示。

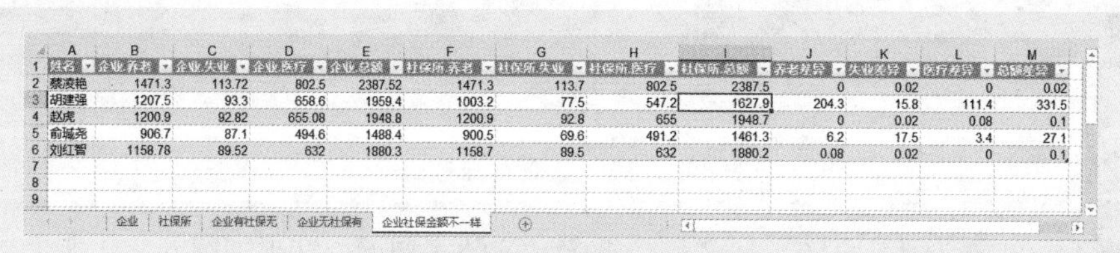

	医疗	企业.总额	社保所.养老	社保所.失业	社保所.医疗	社保所.总额	养老差...	失业差...	医疗差...	总额差...
1	802.5	2387.52	1471.3	113.7	802.5	2387.5	0	0.02	0	0.02
2	658.6	1959.4	1003.2	77.5	547.2	1627.9	204.3	15.8	111.4	331.5
3	655.08	1948.8	1200.9	92.8	655	1948.7	0	0.02	0.08	0.1
4	494.6	1488.4	900.5	69.6	491.2	1461.3	6.2	17.5	3.4	27.1
5	632	1880.3	1158.7	89.5	632	1880.2	0.08	0.02	0	0.1

图6-142　两张表都有，但社保总额对不上的员工

最后修改查询名称为“企业社保金额不一样”，并将查询结果上载导出到工作表，如图 6-143 所示。

	A	B	C	D	E	F	G	H	I	J	K	L	M
1	姓名	企业.养老	企业.失业	企业.医疗	企业.总额	社保所.养老	社保所.失业	社保所.医疗	社保所.总额	养老差异	失业差异	医疗差异	总额差异
2	蔡凌艳	1471.3	113.72	802.5	2387.52	1471.3	113.7	802.5	2387.5	0	0.02	0	0.02
3	胡建强	1207.5	93.3	658.6	1959.4	1003.2	77.5	547.2	1627.9	204.3	15.8	111.4	331.5
4	赵虎	1200.9	92.82	655.08	1948.8	1200.9	92.8	655	1948.7	0	0.02	0.08	0.1
5	俞城尧	906.7	87.1	494.6	1488.4	900.5	69.6	491.2	1461.3	6.2	17.5	3.4	27.1
6	刘红智	1158.78	89.52	632	1880.3	1158.7	89.5	632	1880.2	0.08	0.02	0	0.1
7													
8													
9													

企业　社保所　企业有社保无　企业无社保有　企业社保金额不一样

图6-143　导出核对结果

6.5 合并查询综合应用2

在人力资源管理中，也会经常分析员工流动性，例如，本年度新入职员工、流失员工等，有的企业每个季度都要分析一次员工流动性。本节介绍利用合并查询的方法，对员工流动性进行分析的一般方法。

案例6-10

图 6-144 是年初年末两张员工信息表，现在要基于这两张表，对员工流动性进行分析。

年初：

工号	姓名	性别	部门	学历	出生日期	年龄	进公司时间	工龄
0001	AAA1	男	总经理办公室	博士	1968-10-9	49	1987-4-8	30
0002	AAA2	男	总经理办公室	硕士	1969-6-18	48	1990-1-8	27
0003	AAA3	女	总经理办公室	本科	1979-10-22	38	2002-5-1	15
0005	AAA5	女	总经理办公室	本科	1982-8-26	35	2007-8-8	10
0006	AAA6	女	人力资源部	本科	1983-5-15	34	2005-11-28	12
0007	AAA7	男	人力资源部	本科	1982-9-16	35	2005-3-9	12
0008	AAA8	男	人力资源部	本科	1972-3-19	45	1995-4-19	22
0009	AAA9	男	人力资源部	硕士	1978-5-4	39	2003-1-26	14
0010	AAA10	男	人力资源部	大专	1981-6-24	36	2006-11-11	11
0011	AAA11	女	人力资源部	本科	1972-12-15	45	1997-10-15	20
0012	AAA12	女	人力资源部	本科	1971-8-22	46	1994-5-22	23
0013	AAA13	男	财务部	本科	1978-8-12	39	2002-10-12	15

年末：

工号	姓名	性别	部门	学历	出生日期	年龄	进公司时间	工龄
0001	AAA1	男	总经理办公室	博士	1968-10-9	50	1987-4-8	31
0002	AAA2	男	总经理办公室	硕士	1969-6-18	49	1990-1-8	28
0005	AAA5	女	总经理办公室	本科	1982-8-26	36	2007-8-8	11
0006	AAA6	女	人力资源部	本科	1983-5-15	35	2005-11-28	13
0007	AAA7	男	人力资源部	本科	1982-9-16	36	2005-3-9	13
0009	AAA9	男	人力资源部	硕士	1978-5-4	40	2003-1-26	15
0011	AAA11	女	人力资源部	本科	1972-12-15	46	1997-10-15	21
0012	AAA12	女	人力资源部	本科	1971-8-22	47	1994-5-22	24
0013	AAA13	男	财务部	本科	1978-8-12	40	2002-10-12	16
0015	AAA15	男	财务部	本科	1968-6-6	50	1991-10-18	27
0017	AAA17	女	财务部	本科	1974-12-11	44	1999-12-27	19
0019	AAA19	女	技术部	硕士	1980-11-16	38	2003-10-28	15

图6-144　年初和年末的员工花名册

6.5.1 建立基本查询

首先执行“从工作簿”命令，建立两个表格的查询，如图 6-145 所示。

要注意，需要把这两个查询加载为仅连接。

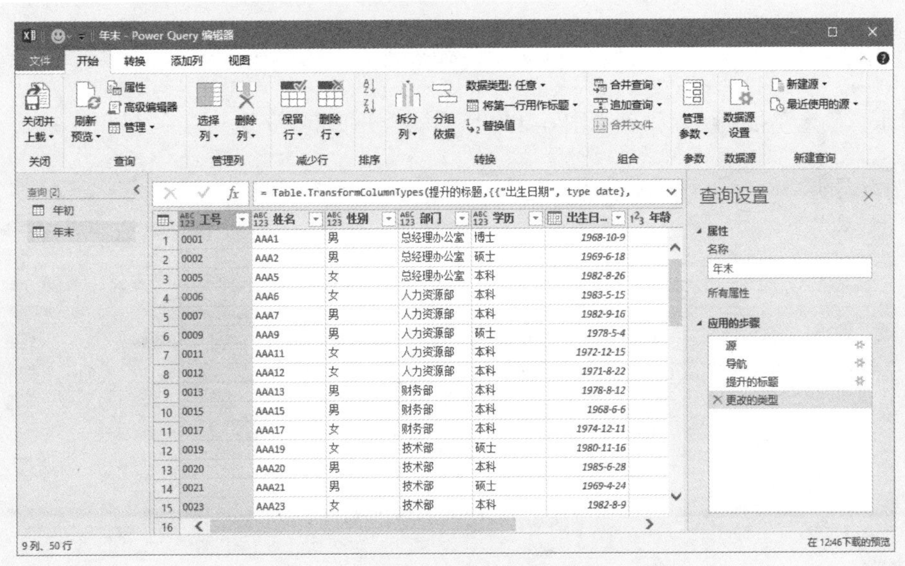

图6-145　建立的两个查询“年初”和“年末”

6.5.2 统计全年在职员工

步骤1 将“年末”表复制一份，重命名为“今年在职”。

步骤2 选择查询“今年在职”，打开“合并查询”对话框，做如图6-146所示的设置，以两张表的“工号”来匹配，“联接种类”选择“内部(仅限匹配行)”。

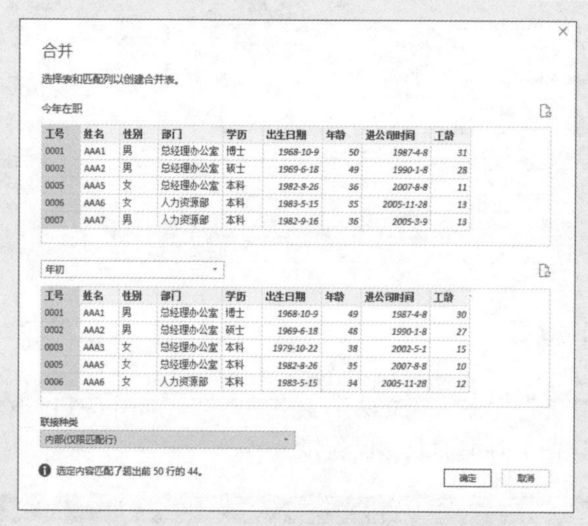

图6-146 以工号为连接字段建立合并查询

单击“确定”按钮，就得到了图 6-147 所示的合并查询表。

	工号	姓名	性别	部门	学历	出生日...	年龄	进公司时间	工龄	年初
1	0001	AAA1	男	总经理办公室	博士	1968-10-9	50	1987-4-8	31	Table
2	0002	AAA2	男	总经理办公室	硕士	1969-6-18	49	1990-1-8	28	Table
3	0005	AAA5	女	总经理办公室	本科	1982-8-26	36	2007-8-8	11	Table
4	0006	AAA6	女	人力资源部	本科	1983-5-15	35	2005-11-28	13	Table
5	0007	AAA7	男	人力资源部	本科	1982-9-16	36	2005-3-9	13	Table
6	0009	AAA9	男	人力资源部	硕士	1978-5-4	40	2003-1-26	15	Table
7	0011	AAA11	女	人力资源部	本科	1972-12-15	46	1997-10-15	21	Table
8	0012	AAA12	女	人力资源部	本科	1971-8-22	47	1994-5-22	24	Table
9	0013	AAA13	男	财务部	本科	1978-8-12	40	2002-10-12	16	Table
10	0015	AAA15	男	财务部	本科	1968-6-6	50	1991-10-18	27	Table
11	0017	AAA17	女	财务部	本科	1974-12-11	44	1999-12-27	19	Table
12	0019	AAA19	女	技术部	硕士	1980-11-16	38	2003-10-28	15	Table
13	0020	AAA20	男	技术部	本科	1985-6-28	33	2007-8-13	11	Table
14	0021	AAA21	男	技术部	硕士	1969-4-24	49	1994-5-24	24	Table
15	0023	AAA23	女	技术部	本科	1982-8-9	36	2004-6-11	14	Table

图6-147 合并查询表

步骤3 最后一列“年初”没有用，将这列删除即可。

步骤4 最后将数据导入Excel工作表中，即可得到一年来一直都在职的员工信息数据，如图6-148所示。

工号	姓名	性别	部门	学历	出生日期	年龄	进公司时间	工龄
0001	AAA1	男	总经理办公室	博士	1968-10-9	50	1987-4-8	31
0002	AAA2	男	总经理办公室	硕士	1969-6-18	49	1990-1-8	28
0005	AAA5	女	总经理办公室	本科	1982-8-26	36	2007-8-8	11
0006	AAA6	女	人力资源部	本科	1983-5-15	35	2005-11-28	13
0007	AAA7	男	人力资源部	本科	1982-9-16	36	2005-3-9	13
0009	AAA9	男	人力资源部	硕士	1978-5-4	40	2003-1-26	15
0011	AAA11	女	人力资源部	本科	1972-12-15	46	1997-10-15	21
0012	AAA12	女	人力资源部	本科	1971-8-22	47	1994-5-22	24
0013	AAA13	男	财务部	本科	1978-8-12	40	2002-10-12	16
0015	AAA15	男	财务部	本科	1968-6-6	50	1991-10-18	27
0017	AAA17	女	财务部	本科	1974-12-11	44	1999-12-27	19
0019	AAA19	女	技术部	硕士	1980-11-16	38	2003-10-28	15
0020	AAA20	男	技术部	本科	1985-6-28	33	2007-8-13	11
0021	AAA21	男	技术部	硕士	1969-4-24	49	1994-5-24	24
0023	AAA23	女	技术部	本科	1982-8-9	36	2004-6-11	14

查询 & 连接
查询　连接
3 个查询
年初　已加载 54 行。
年末　已加载 50 行。
今年在职　已加载 44 行。

年初　年末　一年来在职员工

图6-148　一年来一直都在职的员工最新信息

当然，如果不删除最后一列的“年初”数据，可以对比每个员工在这一年的变化情况，如职位的变化、职称的变化、职级的变化等。感兴趣的读者，可以结合自己企业的情况来进行分析。

6.5.3 统计全年离职员工

步骤1　将查询“年初”复制一份，重命名为“离职员工”。

步骤2　选择查询“离职员工”，以两个表的“工号”来匹配，“联接种类”选择“左反（仅限第一个中的行）”，如图6-149所示。

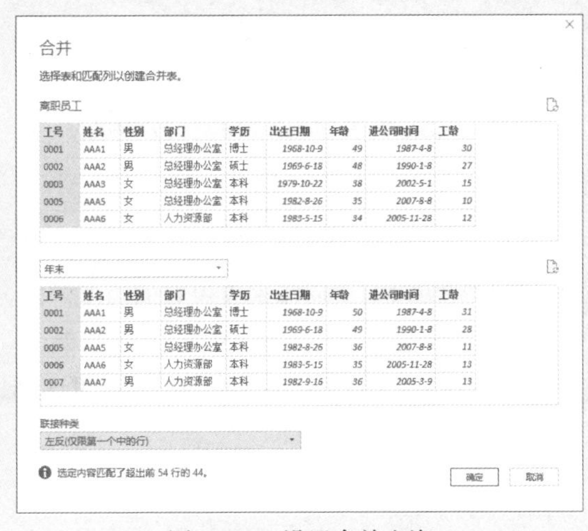

合并

选择表和匹配列以创建合并表。

离职员工

工号	姓名	性别	部门	学历	出生日期	年龄	进公司时间	工龄
0001	AAA1	男	总经理办公室	博士	1968-10-9	49	1987-4-8	30
0002	AAA2	男	总经理办公室	硕士	1969-6-18	48	1990-1-8	27
0003	AAA3	女	总经理办公室	本科	1979-10-22	38	2002-5-1	15
0005	AAA5	女	总经理办公室	本科	1982-8-26	35	2007-8-8	10
0006	AAA6	女	人力资源部	本科	1983-5-15	34	2005-11-28	12

年末

工号	姓名	性别	部门	学历	出生日期	年龄	进公司时间	工龄
0001	AAA1	男	总经理办公室	博士	1968-10-9	50	1987-4-8	31
0002	AAA2	男	总经理办公室	硕士	1969-6-18	49	1990-1-8	28
0005	AAA5	女	总经理办公室	本科	1982-8-26	36	2007-8-8	11
0006	AAA6	女	人力资源部	本科	1983-5-15	35	2005-11-28	13
0007	AAA7	男	人力资源部	本科	1982-9-16	36	2005-3-9	13

联接种类

左反(仅限第一个中的行)

选定内容匹配了超出前 54 行的 44。

确定　取消

图6-149　设置合并查询

步骤3 单击“确定”按钮，就得到了如图6-150所示的、只存在于“年初”表里的员工信息。这里，最后一列“年末”没有用，予以删除。

	工号	姓名	性别	部门	学历	出生日...	年龄	进公司...	工龄	年末
1	0003	AAA3	女	总经理办公室	本科	1979-10-22	38	2002-5-1	15	Table
2	0008	AAA8	男	人力资源部	本科	1972-3-19	45	1995-4-19	22	Table
3	0010	AAA10	男	人力资源部	大专	1981-6-24	36	2006-11-11	11	Table
4	0016	AAA16	女	财务部	本科	1967-8-9	50	1990-4-28	27	Table
5	0022	AAA22	女	技术部	硕士	1961-8-8	56	1982-8-14	35	Table
6	0026	AAA26	男	技术部	硕士	1981-4-17	36	2003-9-7	14	Table
7	0048	AAA48	男	销售部	硕士	1978-4-8	39	2002-9-19	15	Table
8	0052	AAA52	男	销售部	硕士	1960-4-7	57	1992-8-25	25	Table
9	0055	AAA55	女	信息部	本科	1980-3-22	37	2002-12-19	15	Table
10	0061	AAA61	女	后勤部	高中	1977-3-28	40	2008-8-13	9	Table

图6-150　当年离职员工的年初信息

步骤4 为了能够更加清楚地了解离职员工的数量，可以对查询表插入一个“序号”列。这里使用索引列的方法，即插入从1开始的索引列，然后将索引列标题改为“序号”，并移到最前列，就得到了图6-151所示的结果。

	序号	工号	姓名	性别	部门	学历	出生日...	年龄	进公司...	工龄
1	1	0003	AAA3	女	总经理办公室	本科	1979-10-22	38	2002-5-1	15
2	2	0008	AAA8	男	人力资源部	本科	1972-3-19	45	1995-4-19	22
3	3	0010	AAA10	男	人力资源部	大专	1981-6-24	36	2006-11-11	11
4	4	0016	AAA16	女	财务部	本科	1967-8-9	50	1990-4-28	27
5	5	0022	AAA22	女	技术部	硕士	1961-8-8	56	1982-8-14	35
6	6	0026	AAA26	男	技术部	硕士	1981-4-17	36	2003-9-7	14
7	7	0048	AAA48	男	销售部	硕士	1978-4-8	39	2002-9-19	15
8	8	0052	AAA52	男	销售部	硕士	1960-4-7	57	1992-8-25	25
9	9	0055	AAA55	女	信息部	本科	1980-3-22	37	2002-12-19	15
10	10	0061	AAA61	女	后勤部	高中	1977-3-28	40	2008-8-13	9

图6-151　添加了序号的离职员工数据

6.5.4 统计全年新入职员工

所谓新入职员工，就是年初表里没有，而年末表里有的员工。新入职员工的信息是从年末表里获取的，使用工号与年初表进行匹配，从而得到需要的数据。

新入职员工信息的查询，与离职员工查询的方法是完全一样的，这里不再赘述。图 6-152是新入职员工的查询结果。

序号	工号	姓名	性别	部门	学历	出生日...	年龄	进公司...	工龄
1	0081	AAA81	女	销售部	本科	1978-8-14	40	2018-1-16	0
2	0082	AAA82	男	人力资源部	本科	1985-5-22	33	2018-2-17	0
3	0083	AAA83	女	财务部	本科	1973-12-4	45	2018-5-1	0
4	0084	AAA84	女	财务部	本科	1982-9-10	36	2018-8-19	0
5	0085	AAA85	男	销售部	硕士	1987-3-1	31	2018-10-1	0
6	0086	AAA86	男	信息部	本科	1984-12-22	35	2018-11-2	0

图6-152 新入职员工信息

6.6 合并查询综合应用3

销售同比分析，是企业经营分析的重要内容之一。在销售分析中，往往又需要对客户的流动性进行分析。例如，今年与去年相比，多少家客户流失了，新增了多少家客户，存量客户的两年销售同比出现了什么样的增长等。

案例6-11

图 6-153 是从 ERP 导出的两年销售分析数据，现在要求制作一个存量客户的两年销售同比分析报告，包括流失客户、新增客户和存量客户分析。

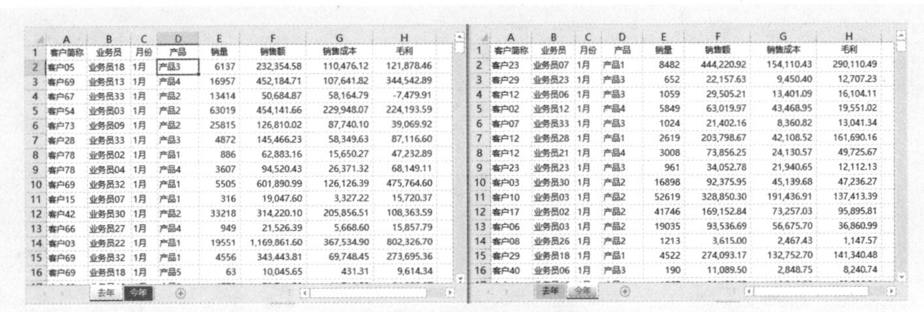

客户简称	业务员	月份	产品	销量	销售额	销售成本	毛利
客户05	业务员18	1月	产品3	6137	232,354.58	110,476.12	121,878.46
客户69	业务员13	1月	产品4	16957	452,184.71	107,641.82	344,542.89
客户67	业务员33	1月	产品2	13414	50,684.87	58,164.79	-7,479.91
客户54	业务员03	1月	产品2	63019	454,141.66	229,948.07	224,193.59
客户73	业务员09	1月	产品2	25815	126,810.02	87,740.10	39,069.92
客户28	业务员33	1月	产品3	4872	145,466.23	58,349.63	87,116.60
客户78	业务员02	1月	产品1	886	62,883.16	15,650.27	47,232.89
客户78	业务员04	1月	产品4	3607	94,520.43	26,371.32	68,149.11
客户69	业务员32	1月	产品1	5505	601,890.99	126,126.39	475,764.60
客户15	业务员07	1月	产品1	316	19,047.60	3,327.22	15,720.37
客户42	业务员30	1月	产品2	33218	314,220.10	205,856.51	108,363.59
客户66	业务员27	1月	产品4	949	21,526.39	5,668.60	15,857.79
客户03	业务员22	1月	产品1	19551	1,169,861.60	367,534.90	802,326.70
客户69	业务员32	1月	产品1	4556	343,443.81	69,748.45	273,695.36
客户69	业务员18	1月	产品5	63	10,045.65	431.31	9,614.34

去年 今年

客户简称	业务员	月份	产品	销量	销售额	销售成本	毛利
客户23	业务员07	1月	产品1	8482	444,220.92	154,110.43	290,110.49
客户29	业务员23	1月	产品3	652	22,157.63	9,450.40	12,707.23
客户12	业务员06	1月	产品3	1059	29,505.21	13,401.09	16,104.11
客户02	业务员12	1月	产品4	5849	63,019.97	43,468.95	19,551.02
客户07	业务员33	1月	产品3	1024	21,402.16	8,360.82	13,041.34
客户12	业务员28	1月	产品1	2619	203,798.67	42,108.52	161,690.16
客户12	业务员21	1月	产品4	3008	73,856.25	24,130.57	49,725.67
客户23	业务员23	1月	产品3	961	34,052.78	21,940.65	12,112.13
客户03	业务员30	1月	产品2	16898	92,375.95	45,139.68	47,236.27
客户10	业务员03	1月	产品2	52619	328,850.30	191,436.91	137,413.39
客户17	业务员02	1月	产品2	41746	169,152.84	73,257.03	95,895.81
客户06	业务员03	1月	产品2	19035	93,536.69	56,675.70	36,860.99
客户08	业务员26	1月	产品2	1213	3,615.00	2,467.43	1,147.57
客户29	业务员18	1月	产品1	4522	274,093.17	132,752.70	141,340.48
客户40	业务员06	1月	产品3	190	11,089.50	2,848.75	8,240.74

去年 今年

图6-153 两年销售数据

6.6.1 建立基本查询

执行“从工作簿”命令，建立两个表格的查询，如图 6-154 所示。

注意，需要把这两个查询加载为仅连接。

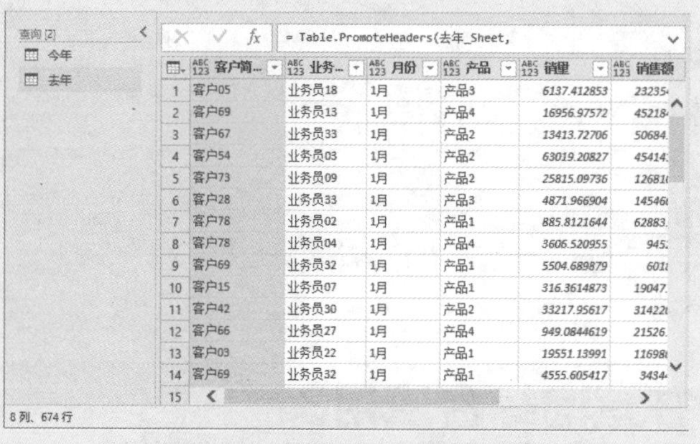

图6-154　建立两个表格的查询

6.6.2 统计两年存量客户

步骤1　将查询“去年”复制一份，重命名为“存量去年”。

步骤2　选择查询“存量去年”，打开“合并”对话框。

步骤3　第二张表选择“今年”，“联接种类”选择“内部(仅限匹配行)”，两个表都选择字段“客户简称”，如图6-155所示。

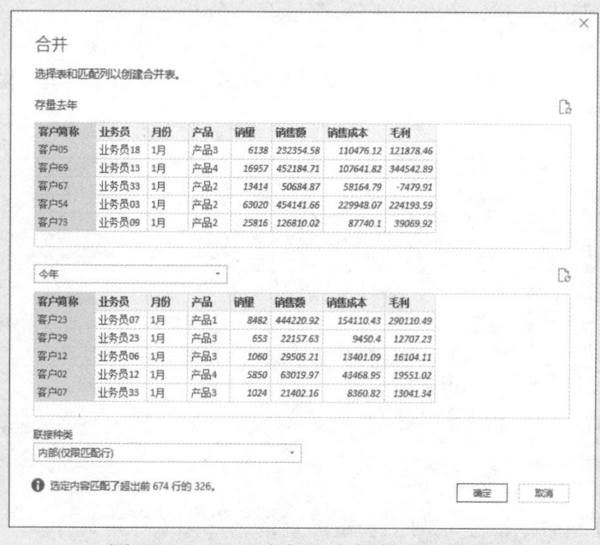

图6-155　匹配去年和今年都有的客户

步骤4　单击“确定”按钮，得到去年销售数据中所有的存量客户数据，如图6-156所示。

	客户简...	业务员	月份	产品	销量	销售额	销售成...	毛利	今年
1	客户05	业务员18	1月	产品3	6138	232354.58	110476.12	121878.46	Table
2	客户05	业务员14	2月	产品2	26132	315263.81	121566.87	193696.94	Table
3	客户05	业务员06	3月	产品1	5822	439138.41	95688.47	343449.95	Table
4	客户05	业务员11	5月	产品2	58021	340312.7	140421.13	199891.57	Table
5	客户29	业务员20	3月	产品3	254	8610.56	2094.92	6515.64	Table
6	客户29	业务员29	3月	产品1	1392	108414.74	20333.03	88081.71	Table
7	客户29	业务员08	3月	产品2	9491	61643.76	27357.17	34286.6	Table
8	客户29	业务员33	4月	产品4	254	6979.77	2033.3	4946.47	Table
9	客户29	业务员20	5月	产品1	1139	109719.37	18484.57	91234.8	Table
10	客户29	业务员36	5月	产品4	570	10763.2	3080.76	7682.43	Table
11	客户54	业务员03	1月	产品2	63020	454141.66	229948.07	224193.59	Table
12	客户54	业务员21	1月	产品2	66310	345400.76	267594.98	77805.78	Table
13	客户54	业务员27	1月	产品4	3670	79778.12	20086.57	59691.55	Table
14	客户54	业务员27	2月	产品4	1899	21852.55	7393.83	14458.72	Table

图6-156　去年存量客户数据和今年的数据

步骤5　假如只关心每个客户的两年销售额和毛利，就把去年的其他列删除，以及把最右侧的“今年”列删除，如图6-157所示。

	客户简...	销售额	毛利
1	客户05	232354.58	121878.46
2	客户05	315263.81	193696.94
3	客户05	439138.41	343449.95
4	客户05	340312.7	199891.57
5	客户29	8610.56	6515.64
6	客户29	108414.74	88081.71
7	客户29	61643.76	34286.6
8	客户29	6979.77	4946.47
9	客户29	109719.37	91234.8
10	客户29	10763.2	7682.43
11	客户54	454141.66	224193.59
12	客户54	345400.76	77805.78
13	客户54	79778.12	59691.55
14	客户54	21852.55	14458.72
15	客户54	21265.47	14179.71
16	客户54	141030.49	-82201.52

图6-157　去年数据保留3列

步骤6　单击“自定义列”命令，打开“自定义列”对话框，为当前的表插入一个自定义列，“新列名”为“年份”，“自定义列公式:”为“="去年"”，如图6-158所示。

添加这个列的目的，是为了对各年的数据进行说明，因为还要提取今年的存量客户数据，并把两年存量客户数据汇总在一起，因此必须用“年份”列来区分是哪年的数据。

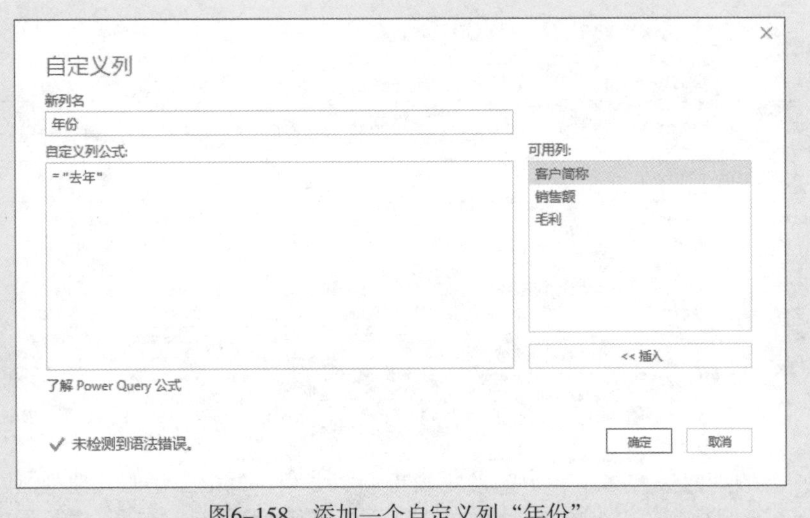

图6-158　添加一个自定义列“年份”

单击“确定”按钮，就得到了图 6-159 所示的报表。

	客户简称	销售额	毛利	年份
1	客户05	232354.58	121878.46	去年
2	客户05	315263.81	193696.94	去年
3	客户05	439138.41	343449.95	去年
4	客户05	340312.7	199891.57	去年
5	客户29	8610.56	6515.64	去年
6	客户29	108414.74	88081.71	去年
7	客户29	61643.76	34286.6	去年
8	客户29	6979.77	4946.47	去年
9	客户29	109719.37	91234.8	去年
10	客户29	10763.2	7682.43	去年
11	客户54	454141.66	224193.59	去年
12	客户54	345400.76	77805.78	去年
13	客户54	79778.12	59691.55	去年
14	客户54	21852.55	14458.72	去年
15	客户54	21265.47	14179.71	去年
16	客户54	141030.49	-82201.52	去年

图6-159　添加自定义列“年份”的去年存量客户数据

步骤 7　将查询“今年”复制一份，重命名为“存量今年”，采用上面步骤1 ~ 步骤4介绍的方法查询今年存量客户的数据（与去年进行匹配），并添加自定义列“年份”，最后结果如图6-160所示。

	客户简称	销售额	毛利	年份
1	客户05	54104.93	23157.62	今年
2	客户29	22157.63	12707.23	今年
3	客户29	274093.17	141340.48	今年
4	客户29	243186.51	186919.57	今年
5	客户29	45615.06	24038.32	今年
6	客户29	81010.91	45041.64	今年
7	客户29	20287.73	8523.25	今年
8	客户29	18069.2	8981.94	今年
9	客户29	22157.63	12707.23	今年
10	客户29	35194.55	15418.44	今年
11	客户29	20287.73	8523.25	今年
12	客户29	632446.66	460391.15	今年
13	客户29	35194.55	15418.44	今年
14	客户29	274093.17	141340.48	今年
15	客户29	1191819.12	937493.99	今年

图6-160　今年存量客户数据

步骤8　将查询“存量去年”复制一份，重命名为“存量客户”。

步骤9　选择查询“存量客户”，然后执行“开始”→“追加查询”命令，打开“追加”对话框，选中“两个表”单选按钮（也是系统默认设置），再展开“要追加的表”下拉列表，选择“存量今年”，如图6-161所示。

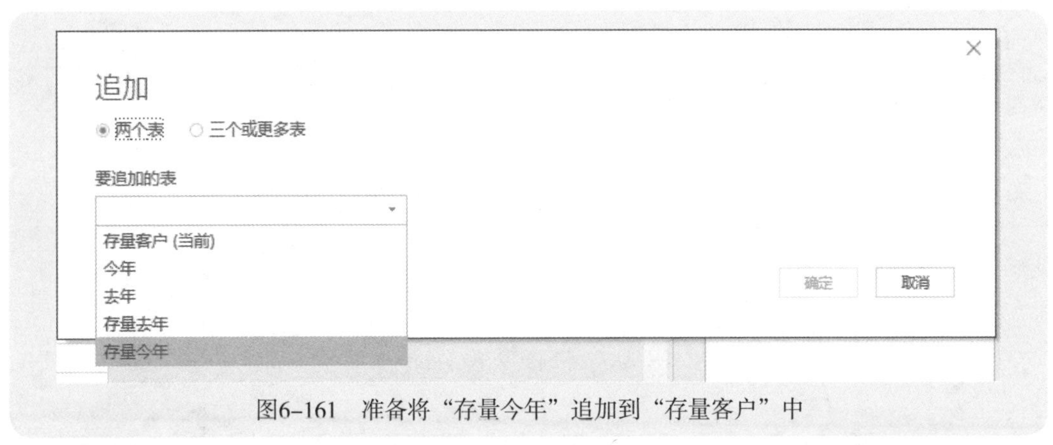

图6-161　准备将“存量今年”追加到“存量客户”中

步骤10　单击“确定”按钮，就将去年存量客户和今年存量客户两张表数据都保存到了“存量客户”表中。

单击“年份”列的筛选按钮，展开，可以看到，这张表中已经有两年数据了，如图 6–162 所示。

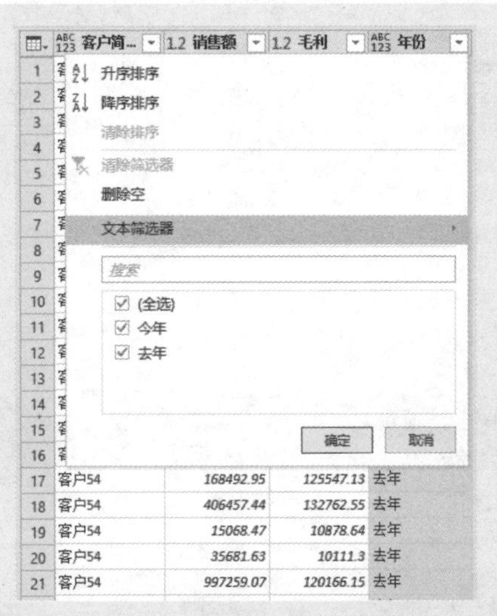

图6–162　得到的两年存量客户的销售数据

步骤11 执行“分组依据”命令，打开“分组依据”对话框，选中“高级”单选按钮，添加两个分组依据“客户简称”和“年份”，添加2个聚合新列“销售总额”和“毛利总额”，如图6–163所示。

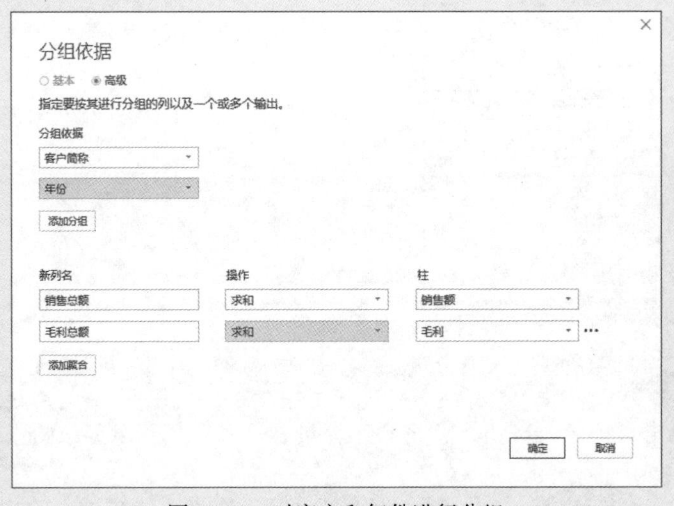

图6–163　对客户和年份进行分组

单击“确定”按钮，就得到了图 6–164 所示的报表。

	客户简...	年份	销售总额	毛利总额
1	客户05	去年	3016956.58	2217437.23
2	客户29	去年	735028.47	416231.23
3	客户54	去年	4411475.46	1509089.64
4	客户07	去年	2160140.9	429307.23
5	客户03	去年	4680685.8	2918120.29
6	客户15	去年	1995888.03	963955.99
7	客户10	去年	888322.48	496696.01
8	客户42	去年	3270250.43	1698692.15
9	客户17	去年	30919.73	9600.85
10	客户06	去年	47684.22	44726.69
11	客户08	去年	65492.42	59022.82
12	客户40	去年	261904.45	69356.82
13	客户33	去年	2231047.55	1353400.08
14	客户21	去年	338942.84	105914
15	客户59	去年	783756.38	698665.76
16	客户01	去年	1757858.29	629436.81
17	客户61	去年	2909128.9	1117912.28

图6–164 得到的存量客户两年的销售总额和毛利总额

步骤12 如果仅仅是需要对存量客户的两年销售额进行同比分析，就把这张表中的“毛利”列删除，然后对列“年份”进行透视，就得到了如图6–165所示的两年销售额表。

当然,也可以把这个“存量客户”复制一个,分别分析销售额和毛利,这样就得到两张报表。这里，采用后一种方法来分别分析销售额和毛利。

图 6–165 是存量客户的两年销售额汇总表。

查询 [6]
今年
去年
存量去年
存量今年
存量客户销售额
存量客户毛利

= Table.RemoveColumns(分组的行,{"

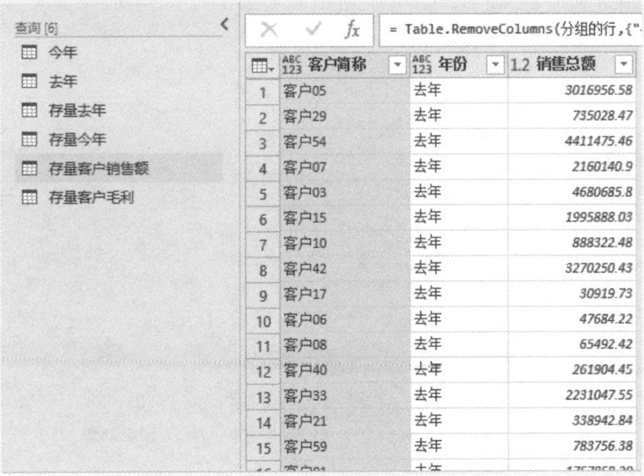

	客户简称	年份	销售总额
1	客户05	去年	3016956.58
2	客户29	去年	735028.47
3	客户54	去年	4411475.46
4	客户07	去年	2160140.9
5	客户03	去年	4680685.8
6	客户15	去年	1995888.03
7	客户10	去年	888322.48
8	客户42	去年	3270250.43
9	客户17	去年	30919.73
10	客户06	去年	47684.22
11	客户08	去年	65492.42
12	客户40	去年	261904.45
13	客户33	去年	2231047.55
14	客户21	去年	338942.84
15	客户59	去年	783756.38

图6–165 存量客户的两年销售额汇总表

步骤13 选择“年份”列，执行“透视列”命令，得到如图6-166所示的报表。

	客户简称	1.2 去年	1.2 今年
1	客户01	1757858.29	4940426.68
2	客户02	172798.23	1978582.77
3	客户03	4680685.8	1372703.2
4	客户04	4064378.67	587660.76
5	客户05	3016956.58	54104.93
6	客户06	47684.22	1060655.38
7	客户07	2160140.9	12687617.87
8	客户08	65492.42	1601032.67
9	客户09	11350.28	355570.71
10	客户10	888322.48	2960085.23
11	客户14	3978468.8	307210.75
12	客户15	1995888.03	23324.73
13	客户16	9132.41	760929.8
14	客户17	30919.73	1120865.99
15	客户18	82061.22	287143.74

图6-166 存量客户两年销售额

步骤14 执行“添加列”→“自定义列”命令，打开“自定义列”对话框，为表添加一个自定义列“同比增长率”，自定义列公式为“= [今年]/[去年]-1”，单击“确定”按钮，可以得到图6-167所示的报表。

	客户简称	1.2 去年	1.2 今年	% 同比增长率
1	客户01	1757858.29	4940426.68	181.05%
2	客户02	172798.23	1978582.77	1,045.02%
3	客户03	4680685.8	1372703.2	-70.67%
4	客户04	4064378.67	587660.76	-85.54%
5	客户05	3016956.58	54104.93	-98.21%
6	客户06	47684.22	1060655.38	2,124.33%
7	客户07	2160140.9	12687617.87	487.35%
8	客户08	65492.42	1601032.67	2,344.61%
9	客户09	11350.28	355570.71	3,032.70%
10	客户10	888322.48	2960085.23	233.22%
11	客户14	3978468.8	307210.75	-92.28%
12	客户15	1995888.03	23324.73	-98.83%
13	客户16	9132.41	760929.8	8,232.19%
14	客户17	30919.73	1120865.99	3,525.08%
15	客户18	82061.22	287143.74	249.91%

图6-167 存量客户两年销售额同比分析报表

步骤15 用相同的方法，对存量客户两年的毛利进行分析，得到图6-168所示的报表。

	客户简称	去年	今年	同比增长率
1	客户01	629436.81	4141167.14	557.92%
2	客户02	74029	755692.68	920.81%
3	客户03	2918120.29	802755.58	-72.49%
4	客户04	2400027.84	273077.02	-88.62%
5	客户05	2217437.23	23157.62	-98.96%
6	客户06	44726.69	487687.46	990.37%
7	客户07	429307.23	6826788.74	1,490.19%
8	客户08	59022.82	822500.55	1,293.53%
9	客户09	4819.06	231761.77	4,709.27%
10	客户10	496696.01	1402655.49	182.40%
11	客户14	1743376	240040.9	-86.23%
12	客户15	963955.99	18016.36	-98.13%
13	客户16	8146.57	709712.46	8,611.79%
14	客户17	9600.85	586772.79	6,011.68%
15	客户18	32029.64	217421.58	578.81%

图6-168 存量客户两年毛利同比分析报表

步骤16 最后将两张查询表按照今年数据从大到小降序排序，然后将查询表导出到Excel工作表中，美化报表，如图6-169所示。

存量客户销售额同比分析

	A	B	C	D
1	客户简称	去年	今年	同比增长率
2	客户07	2160140.9	12687617.87	487.4%
3	客户20	1542137.73	7430267.74	381.8%
4	客户23	60860.98	6765550.25	11016.4%
5	客户01	1757858.29	4940426.68	181.0%
6	客户29	735028.47	3631634.7	394.1%
7	客户10	888322.48	2960085.23	233.2%
8	客户21	338942.84	2697217.63	695.8%
9	客户02	172798.23	1978582.77	1045.0%
10	客户08	65492.42	1601032.67	2344.6%
11	客户47	10110.88	1388107.5	13628.8%
12	客户03	4680685.8	1372703.2	-70.7%
13	客户17	30919.73	1120865.99	3525.1%
14	客户06	47684.22	1060655.38	2124.3%
15	客户16	9132.41	760929.8	8232.2%
16	客户04	4064378.67	587660.76	-85.5%

存量客户毛利同比分析

	A	B	C	D
1	客户简称	去年	今年	同比增长率
2	客户07	429307.23	6826788.74	1490.2%
3	客户01	629436.81	4141167.14	557.9%
4	客户20	793611.19	3751810.71	372.8%
5	客户23	46134.94	2603836.16	5544.0%
6	客户29	416231.23	2512420.95	503.6%
7	客户10	496696.01	1402655.49	182.4%
8	客户08	59022.82	822500.55	1293.5%
9	客户03	2918120.29	802755.58	-72.5%
10	客户02	74029	755692.68	920.8%
11	客户16	8146.57	709712.46	8611.8%
12	客户47	9248.27	660724.14	7044.3%
13	客户17	9600.85	586772.79	6011.7%
14	客户21	105914	496025.03	368.3%
15	客户06	44726.69	487687.46	990.4%
16	客户34	64987.27	400272.46	515.9%

图6-169 存量客户两年销售额和毛利同比分析报表

经过一系列的操作，得到了存量客户两年销售同比分析报表。当两张基础表数据进行更新后，只要刷新这两张报表，就能得到最新的结果。

其实，当把两年的存量客户合并到一张表后，可以直接将这个数据导入工作表，然后再利用这个数据做透视表，进行各个维度的同比分析，则更加简便。感兴趣的读者，请自行练习。

6.6.3 统计去年的流失客户

步骤1 将查询“去年”复制一份，重命名为“流失客户”。

步骤2 选择查询“流失客户”，执行“合并查询”命令，打开“合并”对话框，做如图6-170所示的设置。

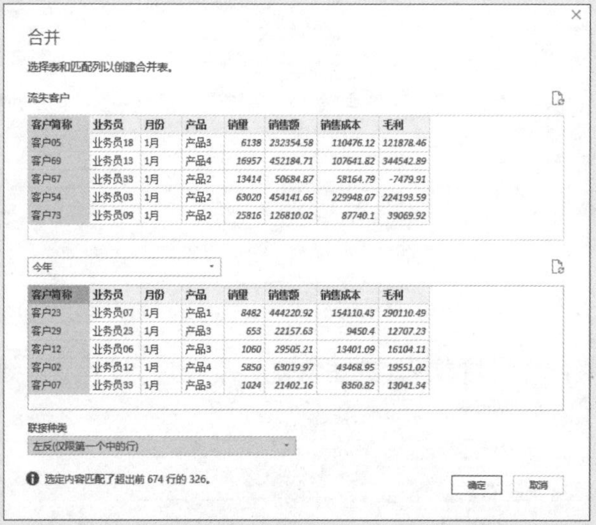

客户简称	业务员	月份	产品	销量	销售额	销售成本	毛利
客户05	业务员18	1月	产品3	6138	232354.58	110476.12	121878.46
客户69	业务员13	1月	产品4	16957	452184.71	107641.82	344542.89
客户67	业务员33	1月	产品2	13414	50684.87	58164.79	-7479.91
客户54	业务员03	1月	产品2	63020	454141.66	229948.07	224193.59
客户73	业务员09	1月	产品2	25816	126810.02	87740.1	39069.92

客户简称	业务员	月份	产品	销量	销售额	销售成本	毛利
客户23	业务员07	1月	产品1	8482	444220.92	154110.43	290110.49
客户29	业务员23	1月	产品3	653	22157.63	9450.4	12707.23
客户12	业务员06	1月	产品3	1060	29505.21	13401.09	16104.11
客户02	业务员12	1月	产品4	5850	63019.97	43468.95	19551.02
客户07	业务员33	1月	产品3	1024	21402.16	8360.82	13041.34

图6-170　以客户名称为关联合并查询设置

步骤3 单击“确定”按钮，就得到了流失客户在去年的销售数据，如图6-171所示。这里，已经将查询表最右侧的“今年”列予以删除。

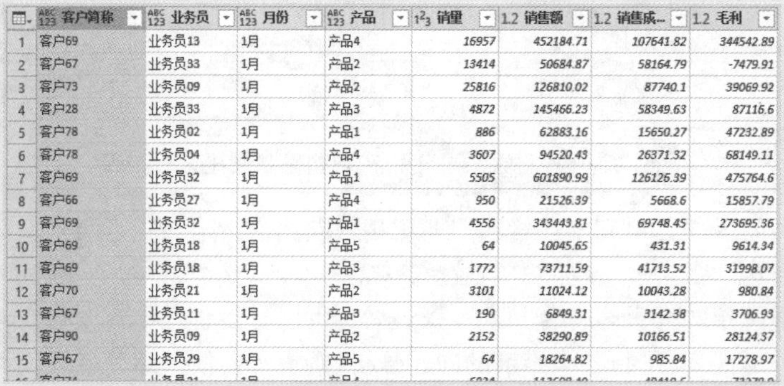

	客户简称	业务员	月份	产品	销量	销售额	销售成...	毛利
1	客户69	业务员13	1月	产品4	16957	452184.71	107641.82	344542.89
2	客户67	业务员33	1月	产品2	13414	50684.87	58164.79	-7479.91
3	客户73	业务员09	1月	产品2	25816	126810.02	87740.1	39069.92
4	客户28	业务员33	1月	产品3	4872	145466.23	58349.63	87116.6
5	客户78	业务员02	1月	产品1	886	62883.16	15650.27	47232.89
6	客户78	业务员04	1月	产品4	3607	94520.43	26371.32	68149.11
7	客户69	业务员32	1月	产品1	5505	601890.99	126126.39	475764.6
8	客户66	业务员27	1月	产品4	950	21526.39	5668.6	15857.79
9	客户69	业务员32	1月	产品1	4556	343443.81	69748.45	273695.36
10	客户69	业务员18	1月	产品5	64	10045.65	431.31	9614.34
11	客户69	业务员18	1月	产品3	1772	73711.59	41713.52	31998.07
12	客户70	业务员21	1月	产品2	3101	11024.12	10043.28	980.84
13	客户67	业务员11	1月	产品3	190	6849.31	3142.38	3706.93
14	客户90	业务员09	1月	产品2	2152	38290.89	10166.51	28124.37
15	客户67	业务员29	1月	产品5	64	18264.82	985.84	17278.97

图6-171　流失客户在去年的销售数据

步骤4 可以将这张表数据导入Excel上进行灵活的透视分析，也可以直接使用Power Pivot做透视表（前提是要将查询加载为数据模型），或者在查询编辑器里对客户进行简单的分组计算。

图 6-172 就是使用在编辑器里做销售额分组计算的结果（已经降序排序）。

	客户简称	销售总...
1	客户28	11820011.82
2	客户74	7111928.81
3	客户69	5372139.63
4	客户64	2888189.6
5	客户66	1593996.75
6	客户73	1387800.04
7	客户67	1371035.5
8	客户78	1351205.16
9	客户71	851727.6
10	客户68	847161.41
11	客户65	755445.92
12	客户90	505674.54
13	客户85	410175.64
14	客户77	318916.77
15	客户76	265687.88

图6-172 流失客户去年的销售总额汇总

如果要使用数据透视表（不管是普通透视表，还是 Power Pivot），最好是保留每个客户的全部列数据，以便从各个维度来分析这些流失客户。

图 6-173 就是将流失客户全部数据加载为数据模型，然后利用 Power Pivot 制作的数据透视表。

	A	B	C	D	E	F	G
1	销售总额	产品					
2	客户简称	产品1	产品2	产品3	产品4	产品5	总计
3	客户28	4,846,113	5,005,604	342,531	1,395,302	230,463	11,820,012
4	客户74	1,140,377	3,711,411	217,090	819,112	1,223,939	7,111,929
5	客户69	1,887,017	624,396	631,376	1,338,681	890,671	5,372,140
6	客户64	163,601	2,713,239		11,350		2,888,190
7	客户66	433,007	879,060		168,232	113,698	1,593,997
8	客户73	801,760	223,679	103,196	205,153	54,012	1,387,800
9	客户67	394,390	746,379	37,834	141,944	50,489	1,371,036
10	客户78	1,003,782		38,226	309,197		1,351,205
11	客户71	414,155	291,976	58,969	86,627		851,728
12	客户68		337,508	145,923		363,731	847,161
13	客户65	370,515	339,856	45,075			755,446
14	客户90		338,356	52,316	63,666	51,337	505,675
15	客户85	186,758	96,347	116,830		10,241	410,176
16	客户77	318,917					318,917
17	客户76	21,918	166,666	34,181		42,922	265,688
18	客户70	99,413	77,625	34,343	34,181		245,562
19	客户83	27,919	10,828	9,132	12,003	10,241	70,124
20	客户32	25,179	3,783			29,680	58,643

去年 今年 流失客户 Sheet2

图6-173 利用Power Pivot制作的流失客户销售数据透视表

利用 Power Pivot 制作数据透视表主要步骤如下。

步骤1 执行Power Pivot →“管理数据模型”命令，如图6-174所示。

步骤2 打开Power Pivot for Excel窗口，如图6-175所示。

图6-174 “管理数据模型”命令

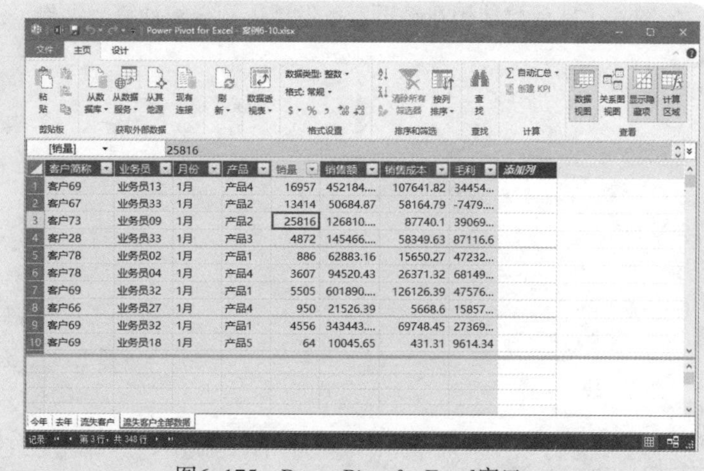

Power Pivot for Excel - 案例6-10.xlsx
文件
主页
设计
[销量]
25816
客户简称 业务员 月份 产品 销量 销售额 销售成本 毛利 添加列
1 客户69 业务员13 1月 产品4 16957 452184.... 107641.82 34454...
2 客户67 业务员33 1月 产品2 13414 50684.87 58164.79 -7479...
3 客户73 业务员09 1月 产品2 25816 126810.... 87740.1 39069...
4 客户28 业务员33 1月 产品3 4872 145466.... 58349.63 87116.6
5 客户78 业务员02 1月 产品1 886 62883.16 15650.27 47232...
6 客户78 业务员04 1月 产品4 3607 94520.43 26371.32 68149...
7 客户69 业务员32 1月 产品1 5505 601890.... 126126.39 47576...
8 客户66 业务员27 1月 产品4 950 21526.39 5668.6 15857...
9 客户69 业务员32 1月 产品1 4556 343443.... 69748.45 27369...
10 客户69 业务员18 1月 产品5 64 10045.65 431.31 9614.34
今年
去年
流失客户
流失客户全部数据

图6-175 Power Pivot for Excel窗口

步骤3 在窗口底部选择“流失客户全部数据”（这里，已经将查询的流失客户数据备份了一个，名字为“流失客户全部数据”），然后执行“数据透视表”→“数据透视表”命令，如图6-176所示。

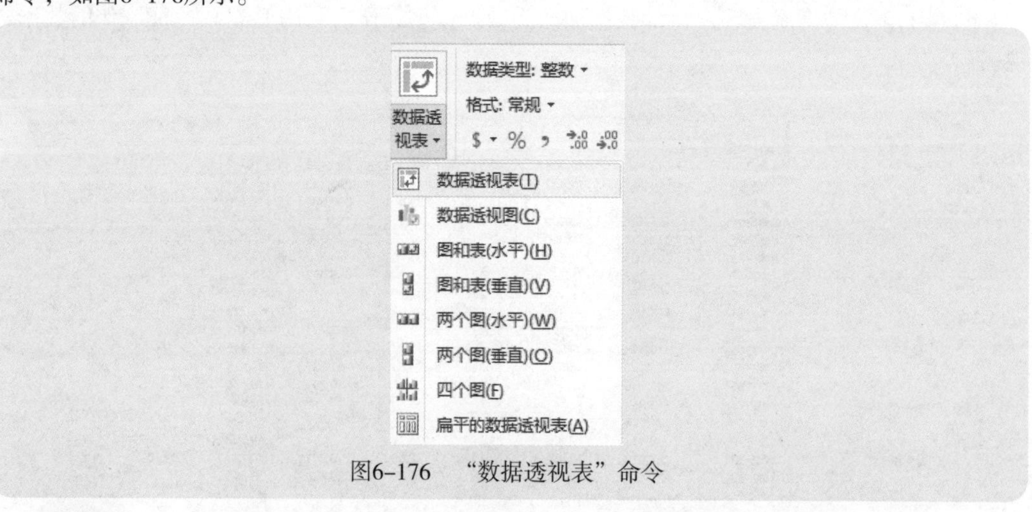

图6-176 “数据透视表”命令

步骤4 这样，就在指定的工作表中插入了一张透视表，如图6-177所示。

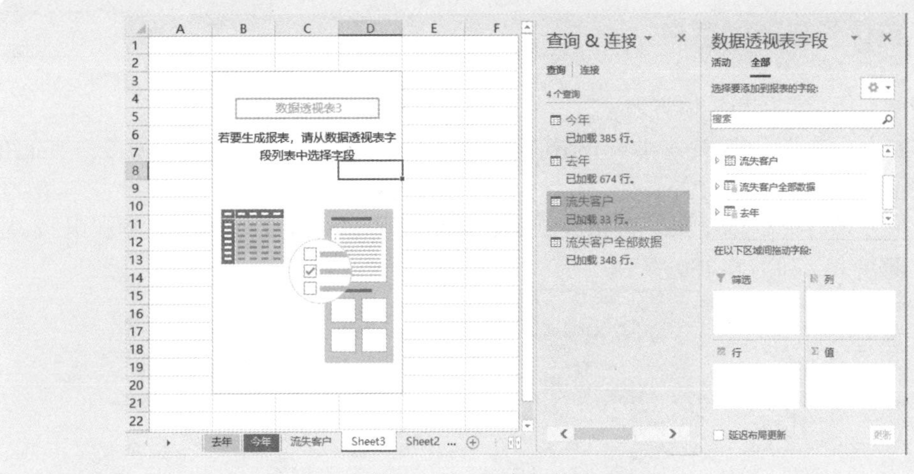

图6-177　创建的数据透视表

步骤5　在“数据透视表字段”窗格中，展开表“流失客户全部数据”，如图6-178所示。然后根据需要布局字段，就得到了需要的报表。

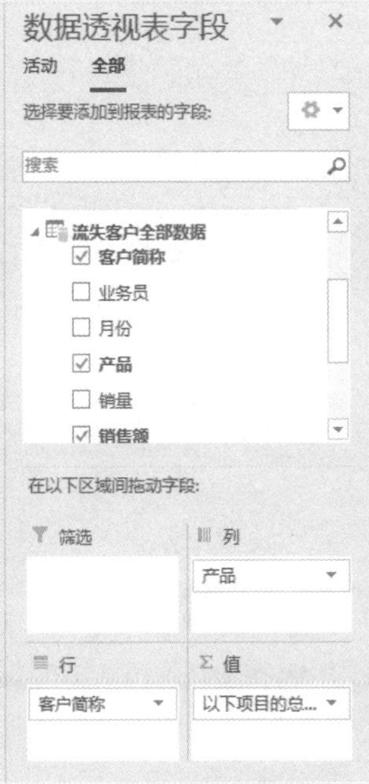

数据透视表字段
活动　全部
选择要添加到报表的字段:
搜索
流失客户全部数据
客户简称
业务员
月份
产品
销量
销售额
在以下区域间拖动字段:
筛选
列
产品
行
客户简称
值
以下项目的总...

图6-178　布局数据透视表

6.6.4 统计当年新增客户

所谓新增客户，就是当年销售表里有、去年销售表里没有的客户。

新增客户数据查询，与6.6.3小节介绍的流失客户查询是一样的，这里就不再详细介绍其具体步骤了。

图6-179是最终的查询结果，包括在Power Query里做的基本汇总表，以及利用Power Pivot制作的透视表，如图6-180所示。

	客户简称	销售总额
1	客户12	4796578.25
2	客户11	1413066.83
3	客户35	1140085.87
4	客户43	518960.34
5	客户19	401243.5
6	客户39	378611.5
7	客户63	100437.62
8	客户27	80466.01
9	客户50	71822.98
10	客户62	57925.99
11	客户13	56822.14
12	客户38	22503.36
13	客户46	12935.25
14	客户60	9536.4
15	客户58	7121.66

图6-179　新增客户销售额统计报表

	A	B	C	D	E	F	G
1	销售总额	产品					
2	客户简称	产品1	产品2	产品3	产品4	产品5	总计
3	客户12	2112861.06	1896432.75	135590.08	260320.53	391373.83	4796578.25
4	客户11	601885.59	672608.14	30660.39	85263.2	22649.51	1413066.83
5	客户35	275356.3	809670.68	53872.94	1185.95		1140085.87
6	客户43	518960.34					518960.34
7	客户19			62428.57		338814.93	401243.5
8	客户39		378611.5				378611.5
9	客户63	52273.76	32309.6	6543.41	9310.85		100437.62
10	客户27					80466.01	80466.01
11	客户50			71822.98			71822.98
12	客户62	43305.9		14620.09			57925.99
13	客户13	56822.14					56822.14
14	客户38		22503.36				22503.36
15	客户46					12935.25	12935.25
16	客户60		9536.4				9536.4
17	客户58		7121.66				7121.66
18	总计	3661465.09	3828794.09	375538.46	356080.53	846239.53	9068117.7
19							

图6-180　新增客户各个产品销售额统计报表

6.7 追加查询

前面介绍过如何把一个工作簿中的全部工作表进行汇总。那么问题来了，如果该工作簿中有很多工作表，仅仅是需要汇总其中的某几张工作表，又该如何做呢？

另外，也会在查询过程中，需要将得到的某几个查询合并为一个新查询，以便对数据进行更加精准的分析。

在这些情况下，就需要使用追加查询了。

其实，在 6.6.2 小节介绍的存量客户数据查询中，已经使用过了追加的方法，就是把去年存量客户数据与今年存量客户数据合并为一个总的、包含两年数据的存量客户数据表。

6.7.1 新建追加查询

案例6-12

图 6-181 是一个工作簿里的多张工作表，现在要把其中的“华北”“华南”“华东”和“华中”4 张工作表数据汇总到一张表上。

	A	B	C	D	E	F	G	H
1	日期	客户	产品	销量	价格	销售额		
2	2019-6-19	客户20	产品07	54	765	41310		
3	2019-2-21	客户13	产品05	67	432	28944		
4	2019-7-26	客户14	产品04	160	108	17280		
5	2019-4-4	客户19	产品03	19	872	16568		
6	2019-1-21	客户01	产品10	179	211	37769		
7	2019-1-2	客户20	产品05	59	432	25488		
8	2019-4-15	客户20	产品09	185	54	9990		
9	2019-3-1	客户09	产品15	92	312	28704		
10	2019-7-27	客户15	产品03	24	872	20928		
11	2019-6-25	客户15	产品08	27	233	6291		
12	[illegible]	[illegible]	[illegible]	[illegible]	[illegible]	[illegible]		

华北　华南　华东　华中　价目表　客户资料　基本资料　其他信息 ...

图6-181　工作簿里的多张工作表

步骤 1　首先执行“数据”→“获取数据”→“自文件”→“从工作簿”命令，从文件夹选择本工作簿，打开“导航器”对话框，勾选“选择多项”复选框，勾选要汇总的4张表，如图6–182所示。

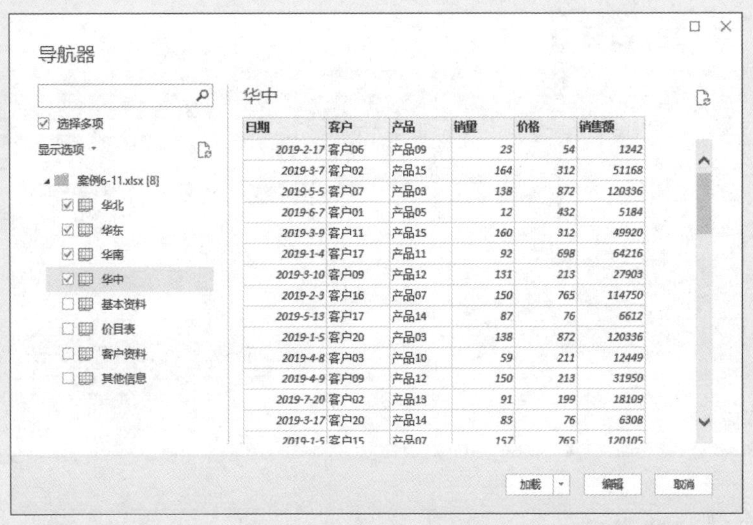

图6–182　导航器：选择“选择多项”复选框，勾选要汇总的4张表

步骤2　单击“编辑”按钮，打开“Power Query编辑器”窗口，可以看到已经建立的4张工作表的查询，如图6–183所示。

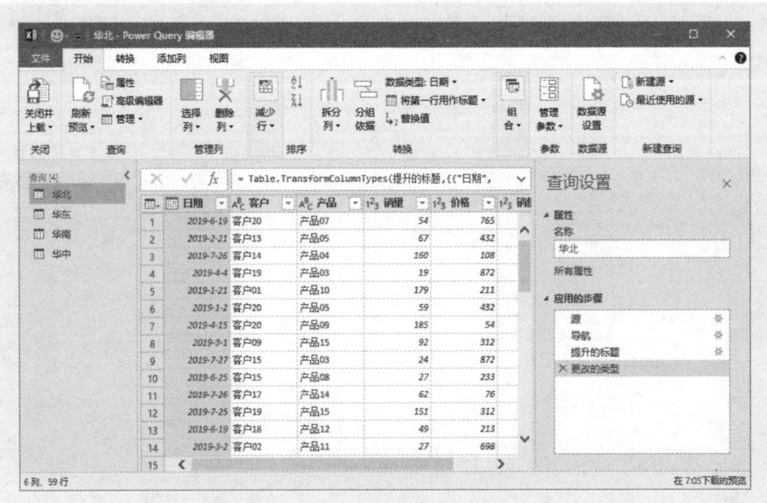

图6–183　建立的4张工作表的查询

步骤3 由于是要把4个地区数据汇总到一张表，为了能够区分数据的地区归属，为每个查询添加一个自定义列，保存各个地区的名字，如图6–184所示。

	日期	客户	产品	销量	价格	销售额	地区
1	2019-6-19	客户20	产品07	54	765	41310	华北
2	2019-2-21	客户13	产品05	67	432	28944	华北
3	2019-7-26	客户14	产品04	160	108	17280	华北
4	2019-4-4	客户19	产品03	19	872	16568	华北
5	2019-1-21	客户01	产品10	179	211	37769	华北
6	2019-1-2	客户20	产品05	59	432	25488	华北
7	2019-4-15	客户20	产品09	185	54	9990	华北
8	2019-3-1	客户09	产品15	92	312	28704	华北
9	2019-7-27	客户15	产品03	24	872	20928	华北
10	2019-6-25	客户15	产品08	27	233	6291	华北
11	2019-7-26	客户17	产品14	62	76	4712	华北
12	2019-7-25	客户19	产品15	151	312	47112	华北
13	2019-6-19	客户18	产品12	49	213	10437	华北
14	2019-3-2	客户02	产品11	27	698	18846	华北
15	2019-4-19	客户02	产品03	193	872	168296	华北
16	2019-4-3	客户05	产品09	91	54	4914	华北

图6–184　添加了自定义列“地区”后的查询表

例如，查询“华北”的自定义列“地区”的公式为“= " 华北 "”，如图 6–185 所示。

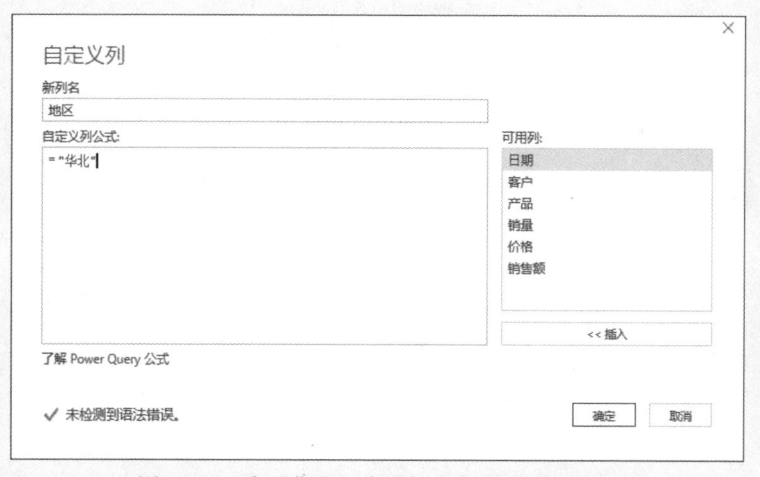

图6–185　为“华北”表添加自定义列“地区”

步骤4 任意选择一个查询，比如选择“华北”，执行“开始”→“追加查询”→“将查询追加为新查询”命令，如图6–186所示。

步骤5 打开“追加”对话框，首先选中“三个或更多”单选按钮，然后从左侧的

“可用表”中把要汇总在一起的4张表添加到右侧的“要追加的表”中，如图6-187所示。

方法很简单，先选择某张表，单击“添加”按钮即可。

图6-186 “将查询追加为新查询”命令

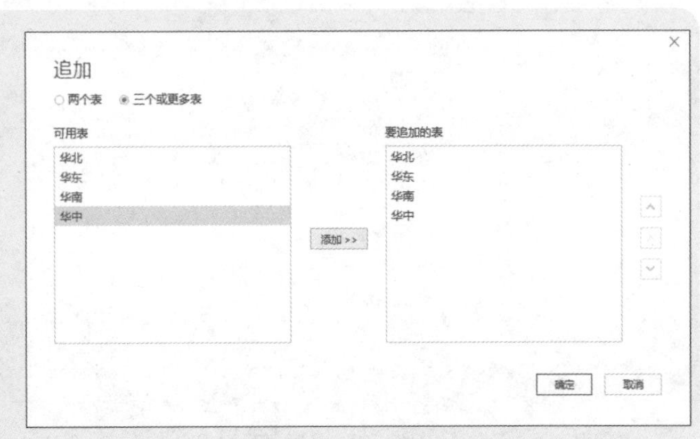

图6-187 添加要追加的表

步骤6 单击“确定”按钮，就得到4张表合并的汇总表，如图6-188所示。

步骤7 最后将系统默认设置的查询名Append1修改为“汇总”。

查询 [5]：华北、华东、华南、华中、Append1

```
= Table.Combine({华北, 华东, 华南, 华中})
```

	日期	客户	产品	销量	价格	销售额	地区
52	2019-2-19	客户13	产品01	89	34	3026	华北
53	2019-4-3	客户02	产品03	184	872	160448	华北
54	2019-7-3	客户16	产品14	29	76	2204	华北
55	2019-7-24	客户17	产品13	85	199	16915	华北
56	2019-1-5	客户14	产品11	84	698	58632	华北
57	2019-3-11	客户01	产品03	153	872	133416	华北
58	2019-5-5	客户12	产品11	176	698	122848	华北
59	2019-7-1	客户13	产品10	61	211	12871	华北
60	2019-5-19	客户09	产品09	101	54	5454	华东
61	2019-1-4	客户05	产品08	43	233	10019	华东
62	2019-7-11	客户07	产品06	112	300	33600	华东
63	2019-2-23	客户03	产品14	125	76	9500	华东
64	2019-6-27	客户16	产品10	148	211	31228	华东
65	2019-2-23	客户04	产品08	185	233	43105	华东
66	2019-1-26	客户17	产品15	90	312	28080	华东
67	2019-3-11	客户12	产品10	72	211	15192	华东
68	2019-7-7	客户08	产品09	45	54	2430	华东
69	2019-1-13	客户13	产品14	173	76	13148	华东

7列、285行

图6-188 4张工作表汇总到了一起

可以在这个汇总表基础上，进行一些统计分析。例如，如果要汇总每个地区每个产品的销量，就可以先对地区和产品进行分组，如图 6-189 和图 6-190 所示。

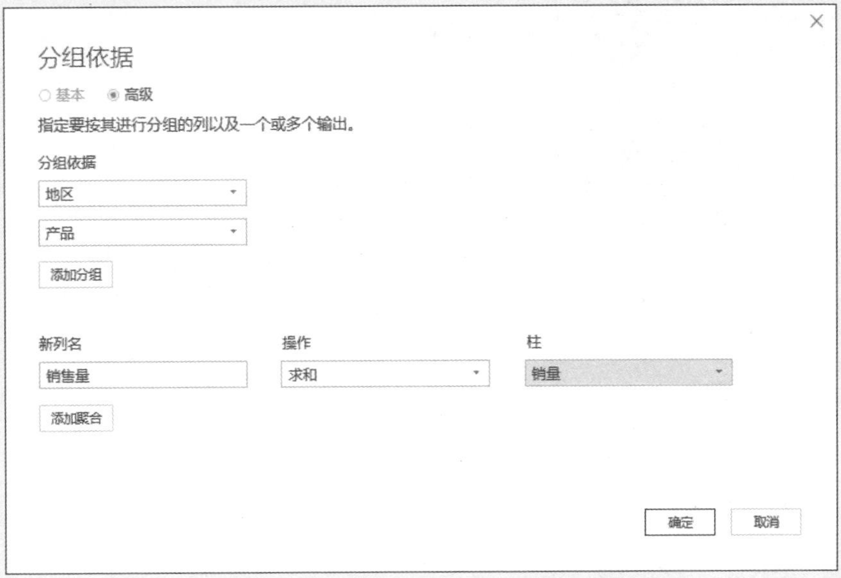

分组依据

○基本 ◉高级

指定要按其进行分组的列以及一个或多个输出。

分组依据

地区

产品

添加分组

新列名 操作 柱

销售量 求和 销量

添加聚合

确定 取消

图6–189 对地区和产品进行分组并对销量求和

	地区	产品	销售量
1	华北	产品07	238
2	华北	产品05	537
3	华北	产品04	344
4	华北	产品03	1139
5	华北	产品10	460
6	华北	产品09	782
7	华北	产品15	385
8	华北	产品08	488
9	华北	产品14	195
10	华北	产品12	287
11	华北	产品11	356
12	华北	产品13	231
13	华北	产品01	295
14	华北	产品06	160
15	华北	产品02	188

图6–190 按地区和产品分组汇总的销售量

然后对地区进行透视，就得到了图 6–191 所示的报告。

	产品	1.2 华北	1.2 华东	1.2 华南	1.2 华中
1	产品01	295	740	235	349
2	产品02	188	518	673	355
3	产品03	1139	27	617	662
4	产品04	344	422	549	119
5	产品05	537	843	303	195
6	产品06	160	783	329	109
7	产品07	238	885	1157	510
8	产品08	488	1392	146	247
9	产品09	782	228	783	272
10	产品10	460	832	1016	203
11	产品11	356	382	584	220
12	产品12	287	953	406	448
13	产品13	231	267	382	407
14	产品14	195	1140	420	331
15	产品15	385	712	774	812

图6-191　每个产品在每个地区的销量统计表

6.7.2 事后追加新的数据表

还可以在以后随时追加新的数据表。例如，现在又增加了一个新的地区“西北”数据，如图 6-192 所示。

	A	B	C	D	E	F
1	日期	客户	产品	销量	价格	销售额
2	2019-1-3	客户01	产品07	81	765	61965
3	2019-1-5	客户05	产品11	226	698	157748
4	2019-1-8	客户05	产品09	14	54	756
5	2019-1-9	客户01	产品06	285	300	85500
6	2019-1-18	客户05	产品04	245	108	26460
7	2019-1-19	客户07	产品01	48	34	1632
8	2019-1-19	客户04	产品05	152	432	65664
9	2019-1-19	客户01	产品11	93	698	64914
10	2019-1-25	客户08	产品04	282	108	30456
11	2019-2-4	客户05	产品02	167	654	109218
12	2019-2-4	客户04	产品06	72	300	21600
13	2019-2-7	客户06	产品04	224	108	24192
14	2019-2-8	客户03	产品09	63	54	3402
15	2019-2-20	客户03	产品05	238	432	102816

… 华南 华东 华中 西北 价目表 客户资料 基本 …

图6-192　新增加的“西北”地区数据表

那么，把地区“西北”数据追加到汇总表的基本步骤如下。

步骤 1　单击“西北”工作表数据区域的任一单元格。

步骤 2　执行“数据”→“自表格/区域”命令，如图6-193所示。

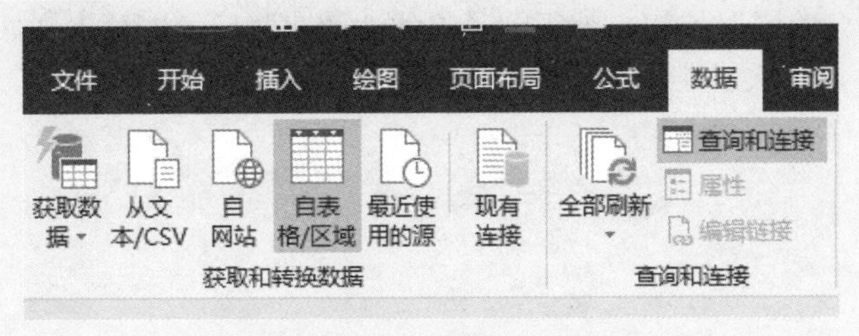

图6-193　“自表格/区域”命令

步骤3　打开“创建表”对话框，注意要勾选“表包含标题”复选框，如图6-194所示。

步骤4　单击“确定”按钮，就打开“Power Query编辑器”窗口，可以看到在编辑器左侧出现了一个新查询“表2”（操作时，也可能是“表1”“表3”等，这跟创建表操作次数有关）如图6-195所示。然后将这个查询重命名为“西北”，并为该查询添加自定义列“地区”。

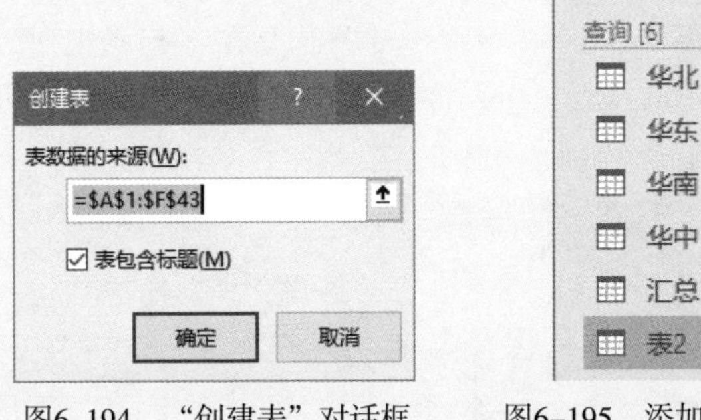

图6-194　“创建表”对话框

图6-195　添加的新查询“表2”

步骤5　选择查询“汇总”，执行“开始”→“追加查询”→“追加查询”命令，打开“追加”对话框，默认设置选中“两个表”单选按钮，然后从“要追加的表”下拉列表中选择“西北”，如图6-196所示。

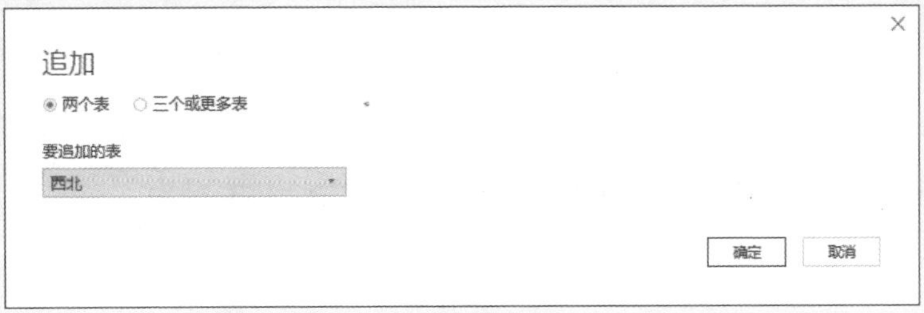

图6-196　选择要追加的新表“西北”

步骤 6 单击“确定”按钮，就得到了追加“西北”后的汇总表，如图6-197所示。

```
= Table.Combine({已透视列, 西北})
```

	产品	华北	华东	华南	华中	日期	客户	销售
1	产品01	295	740	235	349	null	null	
2	产品02	188	518	673	355	null	null	
3	产品03	1139	27	617	662	null	null	
4	产品04	344	422	549	119	null	null	
5	产品05	537	843	303	195	null	null	
6	产品06	160	783	329	109	null	null	
7	产品07	238	885	1157	510	null	null	
8	产品08	488	1392	146	247	null	null	
9	产品09	782	228	783	272	null	null	
10	产品10	460	832	1016	203	null	null	
11	产品11	356	382	584	220	null	null	
12	产品12	287	953	406	448	null	null	
13	产品13	231	267	382	407	null	null	
14	产品14	195	1140	420	331	null	null	
15								

查询设置

属性

名称

汇总

所有属性

应用的步骤

源

分组的行

已透视列

追加的查询

图6-197 “西北”数据追加到汇总表

步骤 7 但是，这个结果并不正确，因为这个操作是在 “已透视列”步骤的后面，因此需要在编辑器右侧的“应用的步骤”中，将“追加的查询”步骤移动到“分组的行”前面，如图6-198和图6-199所示。

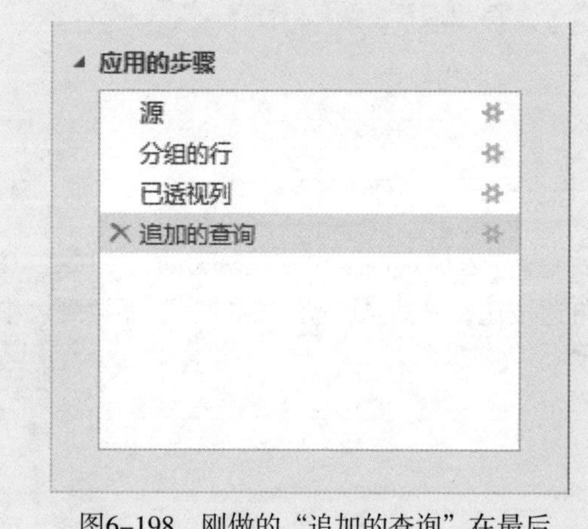

图6-198 刚做的“追加的查询”在最后

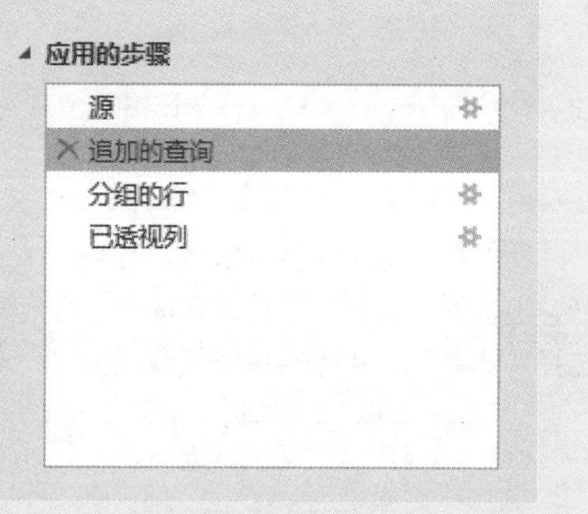

图6-199 将“追加的查询”移动到前面

这样，汇总表中就自动添加了西北地区各个产品的销售汇总数据，如图 6-200 所示。

	产品	华北	华东	华南	华中	西北
1	产品01	295	740	235	349	351
2	产品02	188	518	673	355	574
3	产品03	1139	27	617	662	null
4	产品04	344	422	549	119	1597
5	产品05	537	843	303	195	1008
6	产品06	160	783	329	109	357
7	产品07	238	885	1157	510	208
8	产品08	488	1392	146	247	192
9	产品09	782	228	783	272	1030
10	产品10	460	832	1016	203	727
11	产品11	356	382	584	220	661
12	产品12	287	953	406	448	null
13	产品13	231	267	382	407	null
14	产品14	195	1140	420	331	null
15	产品15	385	712	774	812	null

图6-200　西北地区数据添加到了汇总表

步骤 8　由于有些产品在西北地区没有销售，因此该列销售量数据会出现null，表示没有数据的意思，可以将其替换为数字0，操作方法如图6-201所示。

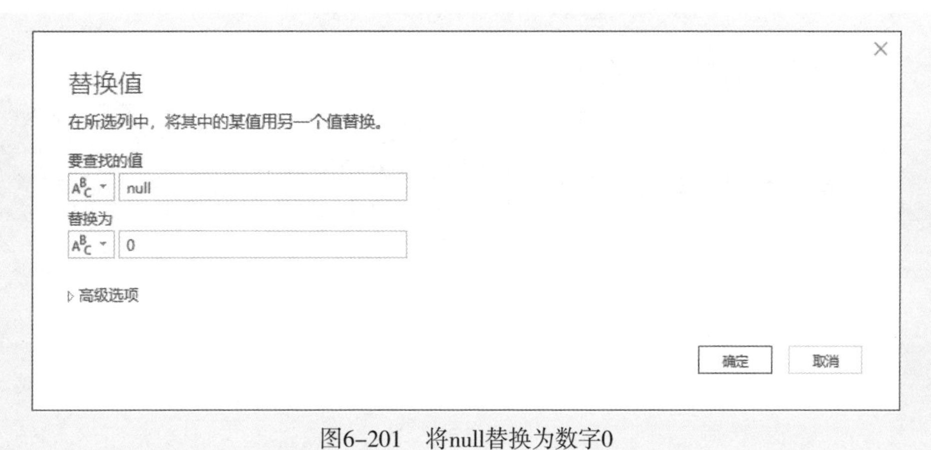

图6-201　将null替换为数字0

最后的汇总表如图 6-202 所示。

	产品	华北	华东	华南	华中	西北
1	产品01	295	740	235	349	351
2	产品02	188	518	673	355	574
3	产品03	1139	27	617	662	0
4	产品04	344	422	549	119	1597
5	产品05	537	843	303	195	1008
6	产品06	160	783	329	109	357
7	产品07	238	885	1157	510	208
8	产品08	488	1392	146	247	192
9	产品09	782	228	783	272	1030
10	产品10	460	832	1016	203	727
11	产品11	356	382	584	220	661
12	产品12	287	953	406	448	0
13	产品13	231	267	382	407	0
14	产品14	195	1140	420	331	0
15	产品15	385	712	774	812	0

图6-202　将null替换为数字0后的汇总表

6.8 其他合并问题

在实际工作中，还会碰到另外一种合并的问题：一张表是项目基本资料列表，另一张表是各个项目的明细数据，现在要求把这两张表合并起来，按照项目进行汇总。这样的问题，如何解决呢?

6.8.1 核对总表和明细表

案例6-13

图 6-203 就是这样的一种情况：一张是总表，一张是明细表，现在要求把这两张表按照产品进行核对。

	A	B	C	D	E
1	客户名称	总金额			
2	客户06	841			
3	客户15	261			
4	客户03	372			
5	客户05	829			
6	客户07	200			
7	客户08	2104			
8	客户09	895			
9	客户02	933			
10	客户10	209			
11	客户11	1317			
12	客户04	1073			
13	客户12	954			
14	客户01	550			
15	客户13	200			
16					
17					

总表　明细表

	A	B	C	D	E
1	日期	客户名称	付款金额		
2	2018-5-12	客户01	210		
3	2018-5-13	客户02	600		
4	2018-5-14	客户03	372		
5	2018-5-31	客户12	220		
6	2018-6-2	客户01	240		
7	2018-6-3	客户06	400		
8	2018-6-7	客户10	209		
9	2018-6-7	客户04	200		
10	2018-6-8	客户12	280		
11	2018-6-10	客户11	717		
12	2018-6-11	客户05	829		
13	2018-6-12	客户06	143		
14	2018-6-13	客户13	200		
15	2018-6-13	客户12	454		
16	2018-6-14	客户04	200		
17	2018-6-16	客户06	841		

总表　明细表

图6-203　总表和明细表

这个问题的核心是，在合并的同时，还要对明细表的产品进行汇总（求和）。

下面是实现核对工作的主要步骤。

步骤1　首先建立2个表格的查询，如图6-204所示。

查询 [2]

明细表

总表

= Table.TransformColumnTypes(提

	日期	客户名...	付款金...
1	2018-5-12	客户01	210
2	2018-5-13	客户02	600
3	2018-5-14	客户03	372
4	2018-5-31	客户12	220
5	2018-6-2	客户01	240
6	2018-6-3	客户06	400
7	2018-6-7	客户10	209
8	2018-6-7	客户04	200
9	2018-6-8	客户12	280
10	2018-6-10	客户11	717
11	2018-6-11	客户05	829
12	2018-6-12	客户06	143
13	2018-6-13	客户13	200

图6-204　建立的2个查询

步骤2　选择查询“总表”，执行“开始”→“合并查询”→“将查询合并为新查询”命令，打开“合并”对话框，第2张表选择“明细表”，以“客户名称”做关联，展开“联接种类”下拉列表，选择“完全外部（两者中的所有行）”，如图6-205所示。

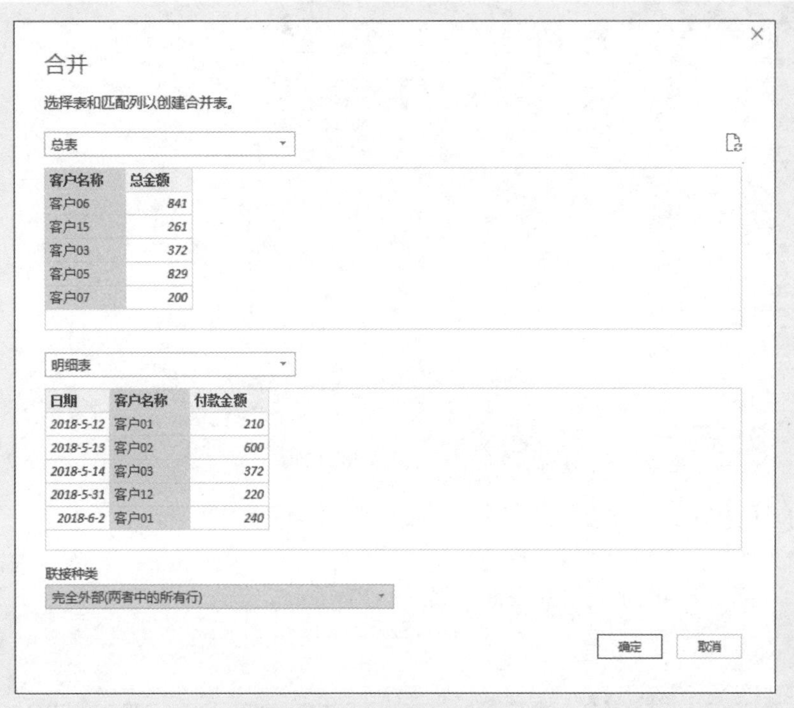

图6-205 设置合并查询选项

步骤3 单击“确定”按钮，得到图6-206所示的结果。

	客户名...	总金额	明细表
1	客户06	841	Table
2	客户01	550	Table
3	客户02	933	Table
4	客户03	372	Table
5	客户05	829	Table
6	客户12	954	Table
7	客户10	209	Table
8	客户04	1073	Table
9	客户11	1317	Table
10	客户13	200	Table
11	客户07	200	Table
12	客户08	2104	Table
13	客户09	895	Table
14	客户15	261	Table

图6-206 合并的新查询

步骤4 展开“明细表”列，选中“聚合”单选按钮，并勾选“Σ付款金额 的总和”复选框，另外取消勾选“使用原始列名作为前缀”复选框，如图6-207所示。

图6-207　选择“聚合”函数

步骤5 单击“确定”按钮，得到图6-208所示的合并表，其中明细表按照客户进行了求和。

	客户名...	总金额	付款金额...
1	客户06	841	1684
2	客户01	550	450
3	客户02	933	933
4	客户03	372	744
5	客户05	829	829
6	客户12	954	954
7	客户10	209	209
8	客户04	1073	1070
9	客户11	1317	1317
10	客户13	200	200
11	客户07	200	200
12	客户08	2104	341
13	客户09	895	895
14	客户15	261	261

图6-208　把明细表数据按照客户进行了求和

步骤6 执行“添加列”→“自定义列”命令，打开“自定义列”对话框，如图6-209所示，输入新列名“差异”，自定义列公式为“= [总金额]-[付款金额 的总和] ”。

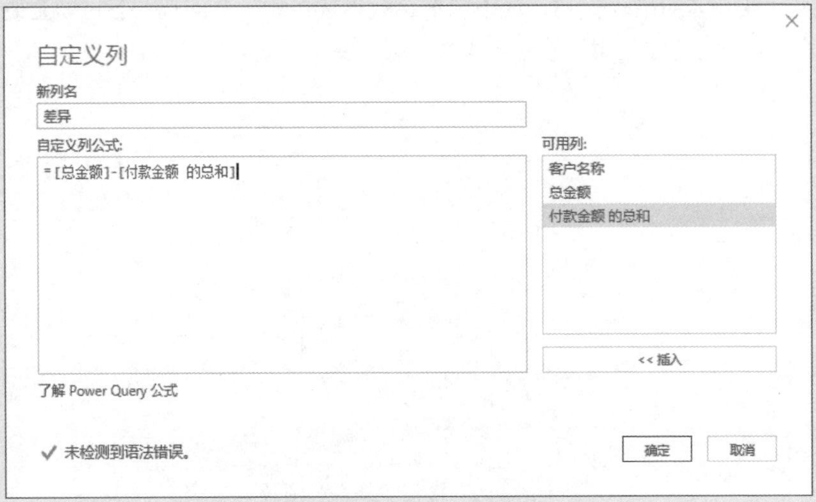

图6-209 添加自定义列“差异”

步骤7 单击“确定”按钮，得到需要的客户核对表，如图6-210所示。

	客户名...	总金额	付款金额...	差异
1	客户06	841	1684	-843
2	客户01	550	450	100
3	客户02	933	933	0
4	客户03	372	744	-372
5	客户05	829	829	0
6	客户12	954	954	0
7	客户10	209	209	0
8	客户04	1073	1070	3
9	客户11	1317	1317	0
10	客户13	200	200	0
11	客户07	200	200	0
12	客户08	2104	341	1763
13	客户09	895	895	0
14	客户15	261	261	0

图6-210 得到的合并及核对结果

步骤8 最后将标题“付款金额 的总和”修改为“明细合计”，并将数据导出到工作表中，就是两个表格的核对结果表，如图6-211所示。

	A	B	C	D
1	客户名称	总金额	明细合计	差异
2	客户06	841	1684	-843
3	客户01	550	450	100
4	客户02	933	933	0
5	客户03	372	744	-372
6	客户05	829	829	0
7	客户12	954	954	0
8	客户10	209	209	0
9	客户04	1073	1070	3
10	客户11	1317	1317	0
11	客户13	200	200	0
12	客户07	200	200	0
13	客户08	2104	341	1763
14	客户09	895	895	0
15	客户15	261	261	0
16				

图6-211 总表和明细表的核对结果

6.8.2 制作已完成合同明细表

在合并查询中，由于可以对另外一张连接表做聚合计算，因此可以利用合并查询完成看起来更加复杂的工作。

案例6-14

图 6-212 至图 6-214 是分别保存合同信息、发票信息和付款信息的表格，现在要从这 3 个表格中查询出已经完成的合同明细表。所谓已经完成，就是开足票、并且付足款的合同，也就是合同总额等于开票总额，并且也等于付款总额。

	A	B	C	D	E	F	G	H
1	合同号	合同名称	供应商	采购产品	合同金额	签订日期	结束日期	
2	201804001	红旗小区监控	北京双星电子有限公司	监控器	300,000	2018-4-20	2019-3-31	
3	201806002	西山绿化	北京瑞高星科技有限公司	护栏	500,000	2018-6-11	2018-8-31	
4	201809003	苏州高昌工程	苏州美帝电子科技有限公司	电源	100,000	2018-9-1	2018-9-30	
5	201902001	西牛环境	上海卓越控制设备有限公司	OMA	1,200,000	2019-2-22	2019-12-5	
6	201902002	东邪西毒	北京华维电子有限公司	PEIT	250,000	2019-2-27	2019-6-5	
7	201903003	SICH	北京双星电子有限公司	AQP	80,000	2019-3-12	2019-8-1	
8	201904004	苏州太湖	北京华维电子有限公司	WPGA	220,000	2019-4-25	2019-12-20	
9	201904005	APPQ	上海卓越控制设备有限公司	微电机	30,000	2019-4-27	2019-7-1	
10	201904006	QRPT	上海卓越控制设备有限公司	K3S	75,000	2019-4-27	2019-7-31	
11								

合同信息 发票信息 付款信息

图6-212 合同信息表

	A	B	C	D	E	F	G	H
1	合同号	合同名称	开票单位	开票日期	入票日期	发票号	含税总价	
2	201806002	西山绿化	北京瑞高星科技有限公司	2018-6-22	2018-7-3	395959392	50,000	
3	201806002	西山绿化	北京瑞高星科技有限公司	2018-7-21	2018-7-25	939394922	400,000	
4	201809003	苏州高昌工程	苏州美帝电子科技有限公司	2018-9-20	2018-9-23	345869546	50,000	
5	201809003	苏州高昌工程	苏州美帝电子科技有限公司	2018-10-5	2018-10-17	596928130	50,000	
6	201804001	红旗小区监控	北京双星电子有限公司	2018-12-31	2019-1-9	583992392	180,000	
7	201804001	红旗小区监控	北京双星电子有限公司	2019-2-25	2019-3-2	038485931	30,000	
8	201902001	西牛环境	上海卓越控制设备有限公司	2019-3-3	2019-3-15	586939234	240,000	
9	201902002	东邪西毒	北京华维电子有限公司	2019-3-6	2019-3-13	300324858	50,000	
10	201903003	SICH	北京双星电子有限公司	2019-4-1	2019-4-5	500603249	40,000	
11	201904004	苏州太湖	北京华维电子有限公司	2019-5-5	2019-5-16	879327172	80,000	
12	201904005	APPQ	上海卓越控制设备有限公司	2019-5-6	2019-5-9	879324821	10,000	

合同信息　发票信息　付款信息

图6–213　发票信息表

	A	B	C	D	E	F	G	H
1	合同号	合同名称	开票单位	付款日期	付款方式	付款节点	付款金额	
2	201804001	红旗小区监控	北京双星电子有限公司	2018-5-20	转账	预付款	30,000	
3	201804001	红旗小区监控	北京双星电子有限公司	2019-1-15	转账	到货款	180,000	
4	201804001	红旗小区监控	北京双星电子有限公司	2019-3-25	转账	尾款	90,000	
5	201904004	苏州太湖	北京华维电子有限公司	2019-4-28	电汇	预付款	80,000	
6	201902001	西牛环境	上海卓越控制设备有限公司	2019-3-15	电汇	预付款	240,000	
7	201806002	西山绿化	北京瑞高星科技有限公司	2018-6-15	转账	预付款	50,000	
8	201806002	西山绿化	北京瑞高星科技有限公司	2018-7-10	转账	到货款	400,000	
9	201806002	西山绿化	北京瑞高星科技有限公司	2018-9-8	转账	尾款	50,000	
10	201903003	SICH	北京双星电子有限公司	2019-4-28	电汇	预付款	40,000	
11	201902002	东邪西毒	北京华维电子有限公司	2019-5-3	转账	到货款	250,000	
12								

合同信息　发票信息　付款信息

图6–214　付款信息表

下面是具体操作步骤。

步骤 1　首先建立3个表格的查询，如图6–215所示。

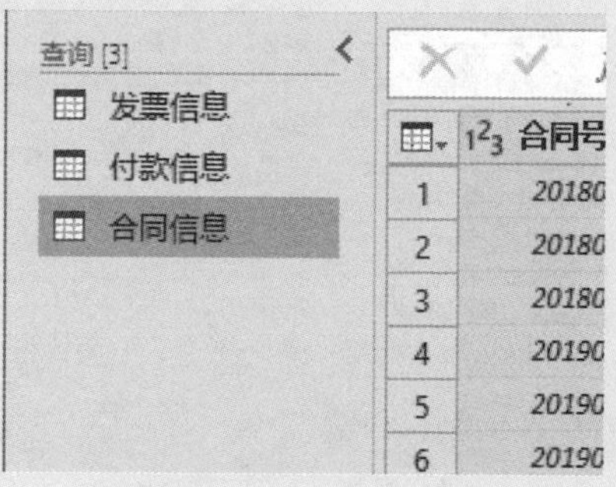

图6–215　建立的3个查询

步骤2　选择查询“合同表”，执行“开始”→“合并查询”→“将查询合并为新查询”命令，打开“合并”对话框，第2张表选择“发票信息”，两张表以“合同号”做关联，展开“联接种类”下拉列表，选择“完全外部（两者中的所有行）”，如图6-216所示。

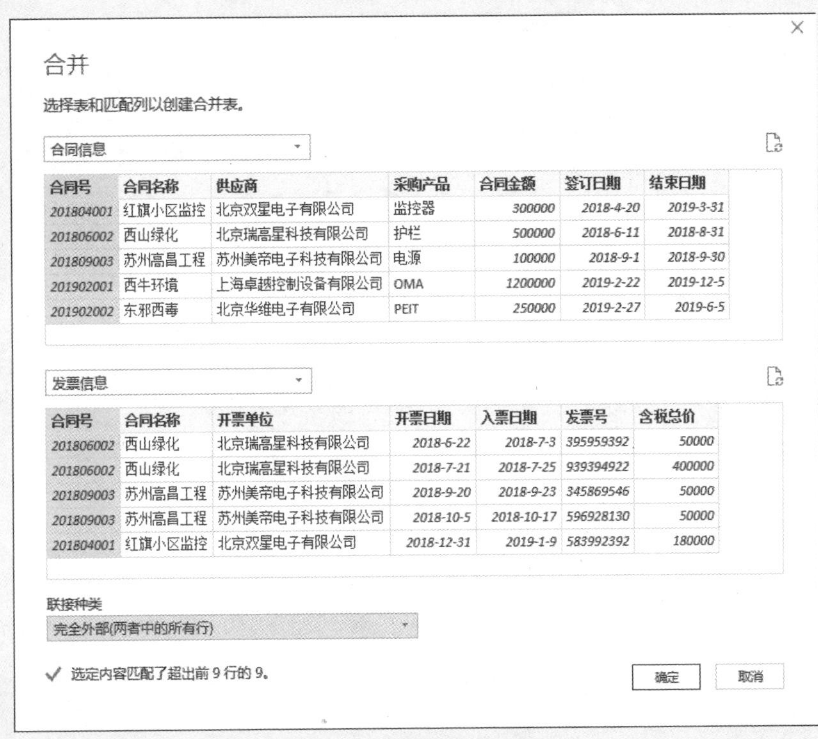

合同号	合同名称	供应商	采购产品	合同金额	签订日期	结束日期
201804001	红旗小区监控	北京双星电子有限公司	监控器	300000	2018-4-20	2019-3-31
201806002	西山绿化	北京瑞高星科技有限公司	护栏	500000	2018-6-11	2018-8-31
201809003	苏州高昌工程	苏州美帝电子科技有限公司	电源	100000	2018-9-1	2018-9-30
201902001	西牛环境	上海卓越控制设备有限公司	OMA	1200000	2019-2-22	2019-12-5
201902002	东邪西毒	北京华维电子有限公司	PEIT	250000	2019-2-27	2019-6-5

合同号	合同名称	开票单位	开票日期	入票日期	发票号	含税总价
201806002	西山绿化	北京瑞高星科技有限公司	2018-6-22	2018-7-3	395959392	50000
201806002	西山绿化	北京瑞高星科技有限公司	2018-7-21	2018-7-25	939394922	400000
201809003	苏州高昌工程	苏州美帝电子科技有限公司	2018-9-20	2018-9-23	345869546	50000
201809003	苏州高昌工程	苏州美帝电子科技有限公司	2018-10-5	2018-10-17	596928130	50000
201804001	红旗小区监控	北京双星电子有限公司	2018-12-31	2019-1-9	583992392	180000

图6-216　设置合并查询选项

步骤3　单击“确定”按钮，得到图6-217所示的结果。

查询 [4]：发票信息、付款信息、合同信息、Merge1

= Table.NestedJoin(合同信息,{"合同号"},发票信息,{"合同号"},"发票信息",JoinKind.FullOuter)

	合同号	合同名...	供应商	采购产...	合同金...	签订日...	结束日...	发票信息
1	201804001	红旗小区监控	北京双星电子...	监控器	300000	2018-4-20	2019-3-31	Table
2	201806002	西山绿化	北京瑞高星科...	护栏	500000	2018-6-11	2018-8-31	Table
3	201809003	苏州高昌工程	苏州美帝电子...	电源	100000	2018-9-1	2018-9-30	Table
4	201902001	西牛环境	上海卓越控制...	OMA	1200000	2019-2-22	2019-12-5	Table
5	201902002	东邪西毒	北京华维电子...	PEIT	250000	2019-2-27	2019-6-5	Table
6	201903003	SICH	北京双星电子...	AQP	80000	2019-3-12	2019-8-1	Table
7	201904004	苏州太湖	北京华维电子...	WPGA	220000	2019-4-25	2019-12-20	Table
8	201904005	APPQ	上海卓越控制...	微电机	30000	2019-4-27	2019-7-1	Table
9	201904006	QRPT	上海卓越控制...	K3S	75000	2019-4-27	2019-7-31	Table

图6-217　合并的新查询

步骤④ 展开“发票信息”列，选中“聚合”单选按钮，并勾选“Σ含税总价 的总和”复选框，另外同时取消勾选“使用原始列名作为前缀”复选框，如图6–218所示。

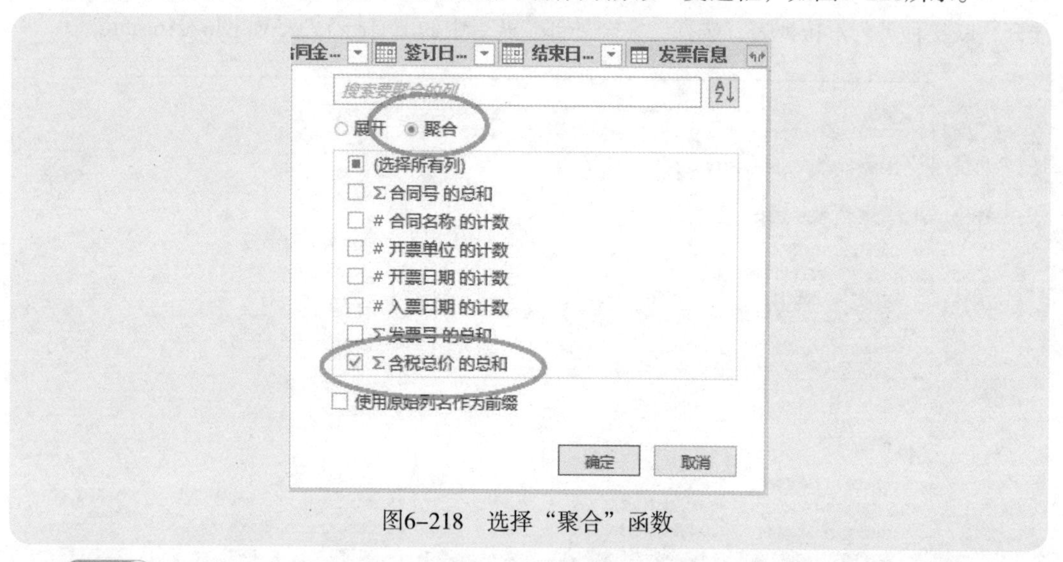

图6–218 选择“聚合”函数

步骤⑤ 单击“确定”按钮，得到图6–219所示的合并表，其中最后一列“含税总价的总和”就是每个合同的发票总金额。

	合同号	合同名...	供应商	采购产...	合同金...	签订日...	结束日...	含税总价的总和
1	201804001	红旗小区监控	北京双星电子...	监控器	300000	2018-4-20	2019-3-31	300000
2	201806002	西山绿化	北京瑞高星科...	护栏	500000	2018-6-11	2018-8-31	500000
3	201809003	苏州高昌工程	苏州美帝电子...	电源	100000	2018-9-1	2018-9-30	100000
4	201902001	西牛环境	上海卓越控制...	OMA	1200000	2019-2-22	2019-12-5	1040000
5	201902002	东邪西毒	北京华维电子...	PEIT	250000	2019-2-27	2019-6-5	250000
6	201903003	SICH	北京双星电子...	AQP	80000	2019-3-12	2019-8-1	40000
7	201904004	苏州太湖	北京华维电子...	WPGA	220000	2019-4-25	2019-12-20	200000
8	201904005	APPQ	上海卓越控制...	微电机	30000	2019-4-27	2019-7-1	30000
9	201904006	QRPT	上海卓越控制...	K3S	75000	2019-4-27	2019-7-31	65000

图6–219 把明细表数据按照产品进行了求和

步骤⑥ 选择刚创建的新查询Append1，执行“开始”→“合并查询”→“合并查询”命令，打开“合并”对话框，第2张表选择“付款信息”，两张表以“合同号”做关联，展开“联接种类”下拉列表，选择“完全外部（两者中的所有行）”，如图6–220所示。

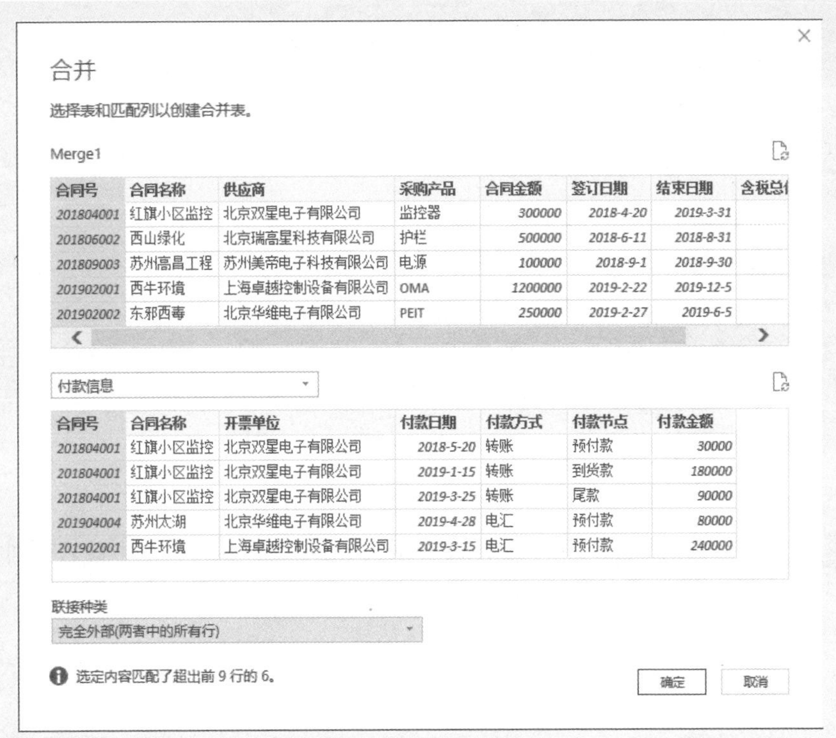

图6-220 设置合并查询选项

步骤7 单击“确定”按钮，得到图6-221所示的结果。

	合同号	合同名...	供应商	采购产...	合同金...	签订日...	结束日...	含税总价的总和	付款信息
1	201804001	红旗小区监控	北京双星电子...	监控器	300000	2018-4-20	2019-3-31	300000	Table
2	201806002	西山绿化	北京瑞高星科...	护栏	500000	2018-6-11	2018-8-31	500000	Table
3	201902001	西牛环境	上海卓越控制...	OMA	1200000	2019-2-22	2019-12-5	1040000	Table
4	201904004	苏州太湖	北京华维电子...	WPGA	220000	2019-4-25	2019-12-20	200000	Table
5	201902002	东邪西毒	北京华维电子...	PEIT	250000	2019-2-27	2019-6-5	250000	Table
6	201903003	SICH	北京双星电子...	AQP	80000	2019-3-12	2019-8-1	40000	Table
7	201809003	苏州高昌工程	苏州美帝电子...	电源	100000	2018-9-1	2018-9-30	100000	Table
8	201904005	APPQ	上海卓越控制...	微电机	30000	2019-4-27	2019-7-1	30000	Table
9	201904006	QRPT	上海卓越控制...	K3S	75000	2019-4-27	2019-7-31	65000	Table

图6-221 合并的新查询

步骤8 展开“付款信息”列，选中“聚合”单选按钮，并勾选“Σ付款金额 的总和”复选框，另外同时取消勾选“使用原始列名作为前缀”复选框，如图6-222所示。

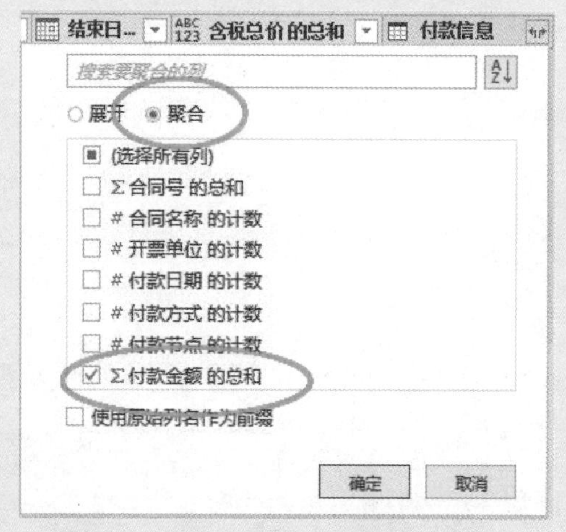

图6-222 选择“聚合”函数做相应设置

步骤9 单击“确定”按钮，就得到了图6-223所示的合并表，其中最后一列“付款金额的总和”就是每个合同的付款总金额。

	合同号	合同名...	供应商	采购产...	合同金...	签订日...	结束日...	含税总价的总和	付款金额的总和
1	201804001	红旗小区监控	北京双星电子...	监控器	300000	2018-4-20	2019-3-31	300000	300000
2	201806002	西山绿化	北京瑞高星科...	护栏	500000	2018-6-11	2018-8-31	500000	500000
3	201902001	西牛环境	上海卓越控制...	OMA	1200000	2019-2-22	2019-12-5	1040000	240000
4	201904004	苏州太湖	北京华维电子...	WPGA	220000	2019-4-25	2019-12-20	200000	80000
5	201902002	东邪西毒	北京华维电子...	PEIT	250000	2019-2-27	2019-6-5	250000	250000
6	201903003	SICH	北京双星电子...	AQP	80000	2019-3-12	2019-8-1	40000	40000
7	201809003	苏州高昌工程	苏州美帝电子...	电源	100000	2018-9-1	2018-9-30	100000	null
8	201904005	APPQ	上海卓越控制...	微电机	30000	2019-4-27	2019-7-1	30000	null
9	201904006	QRPT	上海卓越控制...	K3S	75000	2019-4-27	2019-7-31	65000	null

图6-223 把明细表数据按照产品进行了求和

步骤10 把最后两列的列标题分别修改为“发票总额”和“付款总额”，如图6-224所示。

	合同号	合同名...	供应商	采购产...	合同金...	签订日...	结束日...	发票总额	付款总额
1	201804001	红旗小区监控	北京双星电子...	监控器	300000	2018-4-20	2019-3-31	300000	300000
2	201806002	西山绿化	北京瑞高星科...	护栏	500000	2018-6-11	2018-8-31	500000	500000
3	201902001	西牛环境	上海卓越控制...	OMA	1200000	2019-2-22	2019-12-5	1040000	240000
4	201904004	苏州太湖	北京华维电子...	WPGA	220000	2019-4-25	2019-12-20	200000	80000
5	201902002	东邪西毒	北京华维电子...	PEIT	250000	2019-2-27	2019-6-5	250000	250000
6	201903003	SICH	北京双星电子...	AQP	80000	2019-3-12	2019-8-1	40000	40000
7	201809003	苏州高昌工程	苏州美帝电子...	电源	100000	2018-9-1	2018-9-30	100000	null
8	201904005	APPQ	上海卓越控制...	微电机	30000	2019-4-27	2019-7-1	30000	null
9	201904006	QRPT	上海卓越控制...	K3S	75000	2019-4-27	2019-7-31	65000	null

图6-224 修改最后两列的标题

步骤11　执行"添加列"→"自定义列"命令，打开"自定义列"对话框，输入新列名"已完成"，自定义列公式为"= if [合同金额]=[发票总额] and [合同金额]=[付款总额] then "y" else """，如图6-225所示。

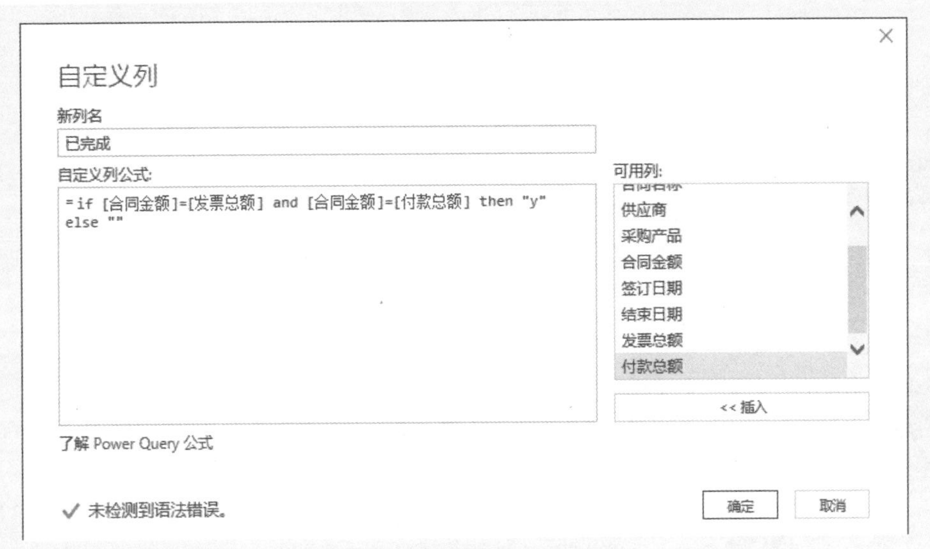

图6-225　添加自定义列"已完成"

步骤12　单击"确定"按钮，就得到了图6-226所示的表。

	合同号	合同名...	供应商	采购产...	合同金...	签订日...	结束日...	发票总额	付款总额	已完成
1	201804001	红旗小区监控	北京双星电子...	监控器	300000	2018-4-20	2019-3-31	300000	300000	y
2	201806002	西山绿化	北京瑞高星科...	护栏	500000	2018-6-11	2018-8-31	500000	500000	y
3	201902001	西牛环境	上海卓越控制...	OMA	1200000	2019-2-22	2019-12-5	1040000	240000	
4	201904004	苏州太湖	北京华维电子...	WPGA	220000	2019-4-25	2019-12-20	200000	80000	
5	201902002	东邪西毒	北京华维电子...	PEIT	250000	2019-2-27	2019-6-5	250000	250000	y
6	201903003	SICH	北京双星电子...	AQP	80000	2019-3-12	2019-8-1	40000	40000	
7	201809003	苏州高昌工程	苏州美帝电子...	电源	100000	2018-9-1	2018-9-30	100000	null	
8	201904005	APPQ	上海卓越控制...	微电机	30000	2019-4-27	2019-7-1	30000	null	
9	201904006	QRPT	上海卓越控制...	K3S	75000	2019-4-27	2019-7-31	65000	null	

图6-226　添加自定义列"已完成"后的结果

步骤13　从"已完成"列中筛选y，如图6-227所示。

	合同号	合同名...	供应商	采购产...	合同金...	签订日...	结束日...	发票总额	付款总额	已完成
1	201804001	红旗小区监控	北京双星电子...	监控器	300000	2018-4-20	2019-3-31	300000	300000	y
2	201806002	西山绿化	北京瑞高星科...	护栏	500000	2018-6-11	2018-8-31	500000	500000	y
3	201902002	东邪西毒	北京华维电子...	PEIT	250000	2019-2-27	2019-6-5	250000	250000	y

图6-227　从"已完成"列中筛选y

步骤14 关闭查询并将结果上载至表，就得到图6-228所示的已完成合同明细表。

	A	B	C	D	E	F	G	H	I	J
1	合同号	合同名称	供应商	采购产品	合同金额	签订日期	结束日期	发票总额	付款总额	已完成
2	201804001	红旗小区监控	北京双星电子有限公司	监控器	300000	2018-4-20	2019-3-31	300000	300000	y
3	201806002	西山绿化	北京瑞高星科技有限公司	护栏	500000	2018-6-11	2018-8-31	500000	500000	y
4	201902002	东邪西毒	北京华维电子有限公司	PEIT	250000	2019-2-27	2019-6-5	250000	250000	y
5										

图6-228　已完成合同明细表

6.8.3 制作未完成合同明细表

所谓未完成合同，就是合同额不等于开票额，或者合同额不等于付款额，或者开票额不等于付款额，此时，可以在前面合并查询的基础上做调整即可。

步骤1 将前面完成的合并查询Append1复制一份，重命名为Append2。

步骤2 进入复制的查询Append2。

步骤3 删除已经做的步骤“筛选的行”和“已添加的自定义”两个步骤。

步骤4 执行“添加列”→“自定义列”命令，打开“自定义列”对话框，输入新列名“未完成”，自定义列公式为“= if [合同金额]<>[发票总额] or [合同金额]<>[付款总额] or [发票总额]<>[付款总额] then "y" else ""”，如图6-229所示。

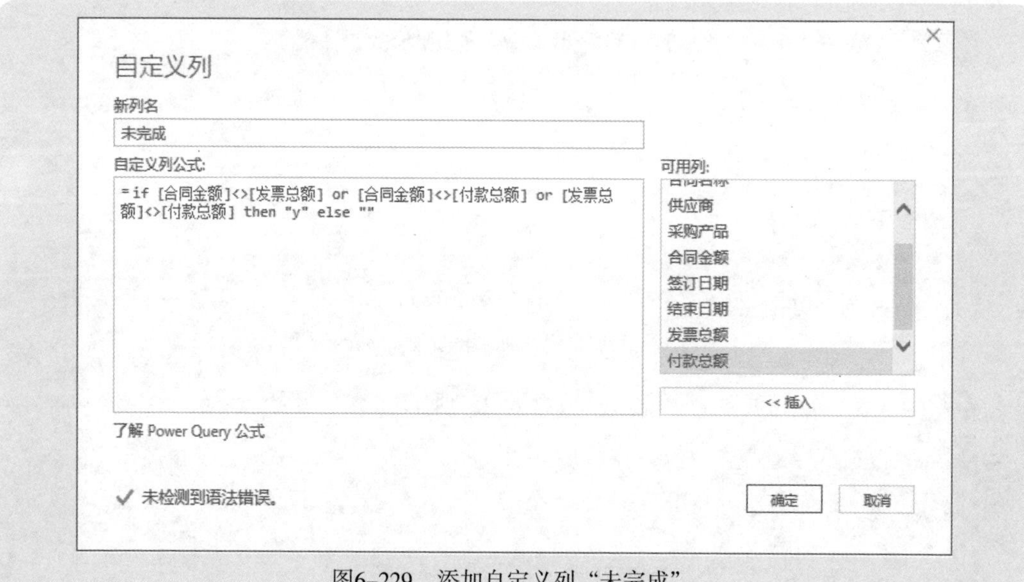

图6-229　添加自定义列“未完成”

步骤5 单击“确定”按钮，就得到了图6-230所示的表。

	合同号	合同名...	供应商	采购产...	合同金...	签订日...	结束日...	发票总...	付款总...	未完成
1	201804001	红旗小区监控	北京双星电子...	监控器	300000	2018-4-20	2019-3-31	300000	300000	
2	201806002	西山绿化	北京瑞高星科...	护栏	500000	2018-6-11	2018-8-31	500000	500000	
3	201902001	西牛环境	上海卓越控制...	OMA	1200000	2019-2-22	2019-12-5	1040000	240000	y
4	201904004	苏州太湖	北京华维电子...	WPGA	220000	2019-4-25	2019-12-20	200000	80000	y
5	201902002	东邪西毒	北京华维电子...	PEIT	250000	2019-2-27	2019-6-5	250000	250000	
6	201903003	SICH	北京双星电子...	AQP	80000	2019-3-12	2019-8-1	40000	40000	y
7	201809003	苏州高昌工程	苏州美帝电子...	电源	100000	2018-9-1	2018-9-30	100000	null	y
8	201904005	APPQ	上海卓越控制...	微电机	30000	2019-4-27	2019-7-1	30000	null	y
9	201904006	QRPT	上海卓越控制...	K3S	75000	2019-4-27	2019-7-31	65000	null	y

图6-230 添加自定义列“未完成”

步骤6 从“未完成”列中筛选y，如图6-231所示。

	合同号	合同名...	供应商	采购产...	合同金...	签订日...	结束日...	发票总...	付款总...	未完成
1	201902001	西牛环境	上海卓越控制...	OMA	1200000	2019-2-22	2019-12-5	1040000	240000	y
2	201904004	苏州太湖	北京华维电子...	WPGA	220000	2019-4-25	2019-12-20	200000	80000	y
3	201903003	SICH	北京双星电子...	AQP	80000	2019-3-12	2019-8-1	40000	40000	y
4	201809003	苏州高昌工程	苏州美帝电子...	电源	100000	2018-9-1	2018-9-30	100000	null	y
5	201904005	APPQ	上海卓越控制...	微电机	30000	2019-4-27	2019-7-1	30000	null	y
6	201904006	QRPT	上海卓越控制...	K3S	75000	2019-4-27	2019-7-31	65000	null	y

图6-231 从“未完成”列中筛选y

步骤7 关闭查询并将结果上载至表，就得到了图6-232所示的未完成合同明细表。

	A	B	C	D	E	F	G	H	I	J
1	合同号	合同名称	供应商	采购产品	合同金额	签订日期	结束日期	发票总额	付款总额	未完成
2	201902001	西牛环境	上海卓越控制设备有限公司	OMA	1200000	2019-2-22	2019-12-5	1040000	240000	y
3	201904004	苏州太湖	北京华维电子有限公司	WPGA	220000	2019-4-25	2019-12-20	200000	80000	y
4	201903003	SICH	北京双星电子有限公司	AQP	80000	2019-3-12	2019-8-1	40000	40000	y
5	201809003	苏州高昌工程	苏州美帝电子科技有限公司	电源	100000	2018-9-1	2018-9-30	100000		y
6	201904005	APPQ	上海卓越控制设备有限公司	微电机	30000	2019-4-27	2019-7-1	30000		y
7	201904006	QRPT	上海卓越控制设备有限公司	K3S	75000	2019-4-27	2019-7-31	65000		y
8										

图6-232 未完成合同明细表

Chapter

07

Power Query数据处理案例精粹

前面几章介绍了 Power Query 的基本功能及其使用方法，这些功能使用起来并不复杂，熟练了就会发现，这些操作基本上都是可视化的向导对话框，一看就明白怎么做。有些功能在实际数据处理中是非常有用的，尽管这些功能与 Excel 的某些功能相同或相似，但在处理大量数据方面，Power Query 有着不可逾越的优越性。

本章就这些功能及其应用再做一个复习和巩固，并介绍一些实际工作中的经典案例，供读者参考和借鉴。

7.1 拆分列

根据指定的字符或长度，对数据进行分列（分隔成几列），可以使用 Excel 的“分列”工具，也可以使用 Power Query 的“拆分列”工具，它们的使用都非常简单，可以根据实际情况，灵活选用最简单、最高效的方法。

7.1.1 “拆分列”命令

分列的命令有两个地方：“开始”选项卡里的“拆分列”命令和“转换”选项卡里的“拆分列”命令，如图 7–1 和图 7–2 所示。无论哪个地方的命令，都是把原始列拆分成数列，原始列不复存在。

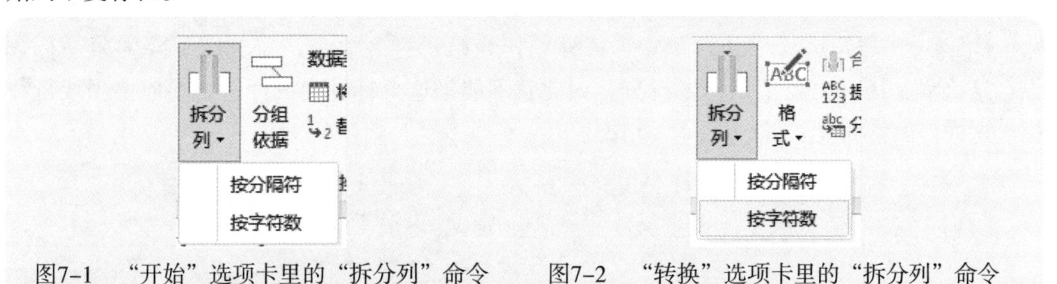

图7–1 “开始”选项卡里的“拆分列”命令　　图7–2 “转换”选项卡里的“拆分列”命令

“拆分列”命令中有以下两个命令选项。

- 按分隔符：按照指定的分隔符号（例如，空格、逗号、分号，以及指定的特殊字符）来拆分。
- 按字符数：按照指定的字符长度进行拆分。

7.1.2 按分隔符拆分列——拆分成数列

最常见的是按分隔符拆分列，也就是数据中有明显的分隔字符。这种拆分是很简单的，按照向导操作即可。

案例7–1

图 7–3 所示的例子是在一列里保存有本该是 6 列的数据，各个类型数据之间用一个空格

隔开。下面是这个拆分列的主要操作步骤。

	日期 起息日 摘要 传票号 发生额 对方帐户名称
1	190205 190205 J0011229140060U TX21156902 39149.68 AAAA...
2	190205 190205 A011918730RISC6K X151076702 50000 BBBB公...
3	190206 190206 A011909323RISC6K X151035101 -350556.18 CC...
4	190206 190206 A011909299RISC6K X151029601 -245669.2 CCC...
5	190206 190206 A011909324RISC6K X151035201 -157285.84 CC...
6	190206 190206 A011909307RISC6K X151033501 120851.42 CCC...
7	190206 190206 A011909302RISC6K X151030201 -101541.05 CC...
8	190206 190206 A011909279RISC6K X151026101 -36494.32 CCC...
9	190206 190206 A011909361RISC6K X151037901 -36043.85 CCC...
10	190206 190206 A011909287RISC6K X151027601 14084.6 CCCC...
11	190206 190206 A011909285RISC6K X151027401 13751.9 CCCC...
12	190206 190206 A011909295RISC6K X151029101 -11372.43 CCC...
13	190206 190206 A011909371RISC6K X151038601 -7820.95 CCCC...

图7-3　6列不同类型的数据保存在一列

步骤1 首先执行“开始”→“将标题作为第一行”命令，将标题下降为第一行数据。这么做是因为需要把列标题拆分，因此就不能把这个标题当成标题，而应该当成行数据。这样，表就变成了图7-4所示的情况。

	Column1
1	日期 起息日 摘要 传票号 发生额 对方帐户名称
2	190205 190205 J0011229140060U TX21156902 39149.68 AAAA...
3	190205 190205 A011918730RISC6K X151076702 50000 BBBB公...
4	190206 190206 A011909323RISC6K X151035101 -350556.18 CC...
5	190206 190206 A011909299RISC6K X151029601 -245669.2 CCC...
6	190206 190206 A011909324RISC6K X151035201 -157285.84 CC...
7	190206 190206 A011909307RISC6K X151033501 120851.42 CCC...
8	190206 190206 A011909302RISC6K X151030201 -101541.05 CC...
9	190206 190206 A011909279RISC6K X151026101 -36494.32 CCC...
10	190206 190206 A011909361RISC6K X151037901 -36043.85 CCC...
11	190206 190206 A011909287RISC6K X151027601 14084.6 CCCC...
12	190206 190206 A011909285RISC6K X151027401 13751.9 CCCC...
13	190206 190206 A011909295RISC6K X151029101 -11372.43 CCC...
14	190206 190206 A011909371RISC6K X151038601 -7820.95 CCCC...

图7-4　降级标题

步骤2 执行“拆分列”→“按分隔符”命令，打开“按分隔符拆分列”对话框，从分隔符下拉列表中选择“空格”，如图7-5所示。

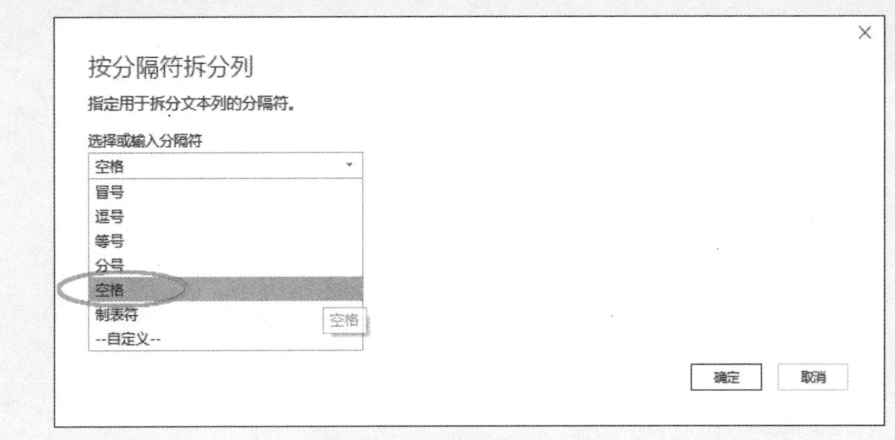

图7-5　分隔符选择“空格”

由于要把数据依据空格拆分成数列，因此“拆分位置”要选择“每次出现分隔符时”单选按钮，如图 7-6 所示。

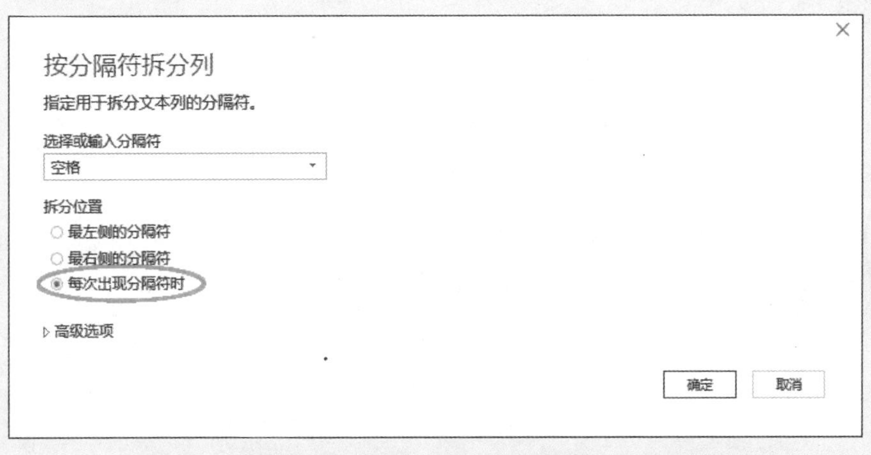

图7-6　“拆分位置”选择“每次出现分隔符时”单选按钮

另外，单击“高级选项”展开下拉列表，还可以选择是要拆分为行还是列，以及要拆分的列数或行数等，如图 7-7 所示。

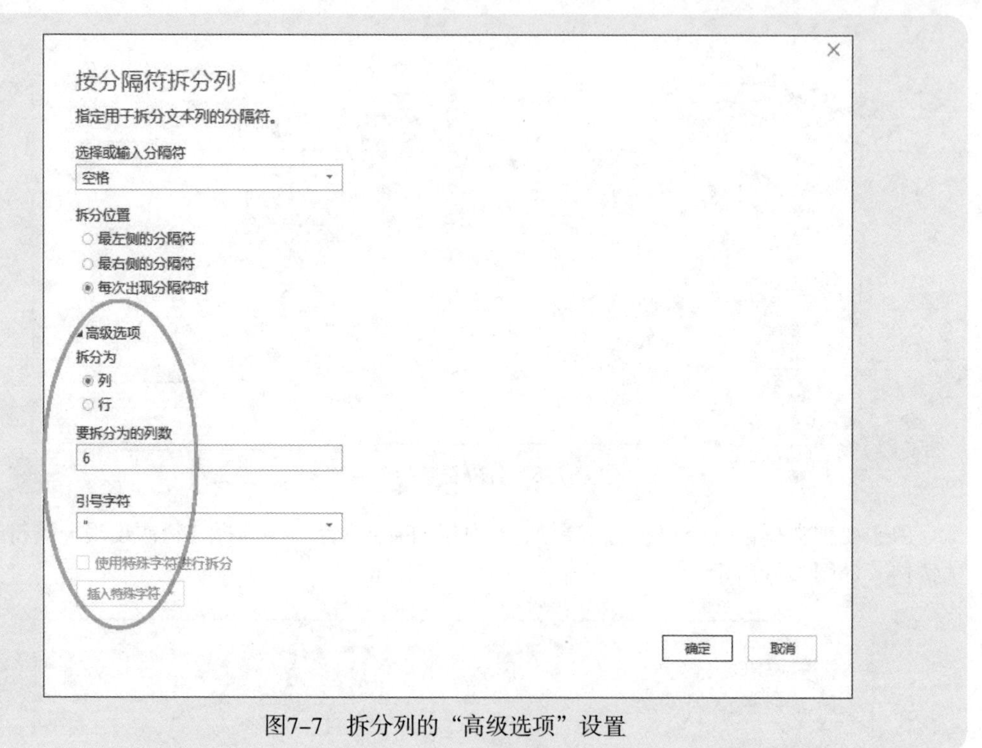

图7–7　拆分列的“高级选项”设置

步骤3　单击“确定”按钮，就得到了拆分后的结果，如图7–8所示。

	Column1.1	Column1.2	Column1.3	Column1.4	Column1.5	Column1.6
1	日期	起息日	摘要	传票号	发生额	对方帐户名称
2	190205	190205	J0011229140060U	TX21156902	39149.68	AAAA公司
3	190205	190205	A011918730RISC6K	X151076702	50000	BBBB公司
4	190206	190206	A011909323RISC6K	X151035101	-350556.18	CCCC公司
5	190206	190206	A011909299RISC6K	X151029601	-245669.2	CCCC公司
6	190206	190206	A011909324RISC6K	X151035201	-157285.84	CCCC公司
7	190206	190206	A011909307RISC6K	X151033501	120851.42	CCCC公司
8	190206	190206	A011909302RISC6K	X151030201	-101541.05	CCCC公司
9	190206	190206	A011909279RISC6K	X151026101	-36494.32	CCCC公司
10	190206	190206	A011909361RISC6K	X151037901	-36043.85	CCCC公司
11	190206	190206	A011909287RISC6K	X151027601	14084.6	CCCC公司
12	190206	190206	A011909285RISC6K	X151027401	13751.9	CCCC公司
13	190206	190206	A011909295RISC6K	X151029101	-11372.43	CCCC公司
14	190206	190206	A011909371RISC6K	X151038601	-7820.95	CCCC公司

图7–8　拆分列后的表

步骤4　单击“将第一行用作标题”按钮，提升标题，变为真正的表，如图7–9所示。

	日期	起息日	摘要	传票号	发生额	对方帐户...
1	190205	190205	J0011229140060U	TX21156902	39149.68	AAAA公司
2	190205	190205	A011918730RISC6K	X151076702	50000	BBBB公司
3	190206	190206	A011909323RISC6K	X151035101	-350556.18	CCCC公司
4	190206	190206	A011909299RISC6K	X151029601	-245669.2	CCCC公司
5	190206	190206	A011909324RISC6K	X151035201	-157285.84	CCCC公司
6	190206	190206	A011909307RISC6K	X151033501	120851.42	CCCC公司
7	190206	190206	A011909302RISC6K	X151030201	-101541.05	CCCC公司
8	190206	190206	A011909279RISC6K	X151026101	-36494.32	CCCC公司
9	190206	190206	A011909361RISC6K	X151037901	-36043.85	CCCC公司
10	190206	190206	A011909287RISC6K	X151027601	14084.6	CCCC公司
11	190206	190206	A011909285RISC6K	X151027401	13751.9	CCCC公司
12	190206	190206	A011909295RISC6K	X151029101	-11372.43	CCCC公司
13	190206	190206	A011909371RISC6K	X151038601	-7820.95	CCCC公司

图7–9　提升标题

进一步思考：如果要把“发生额”再拆分成两列“借方发生额”和“贷方发生额”，又该如何操作?

此时,可以利用负号(–)来拆分,因为正数和负数的区别是负数前面有负号,而正数没有，这样，正数可以理解为“数字 –0”，负数可以理解为“0 - 数字”，负号就相当于一个分隔符。

选择“发生额”列，执行“按分隔符”命令，打开“按分隔符拆分列”对话框，从分隔符下拉列表中选择“-- 自定义 --”,然后在其下面的文本框中输入负号“–”,如图 7–10 所示。单击“确定”按钮，就得到了发生额拆分后的表，如图 7–11 所示。

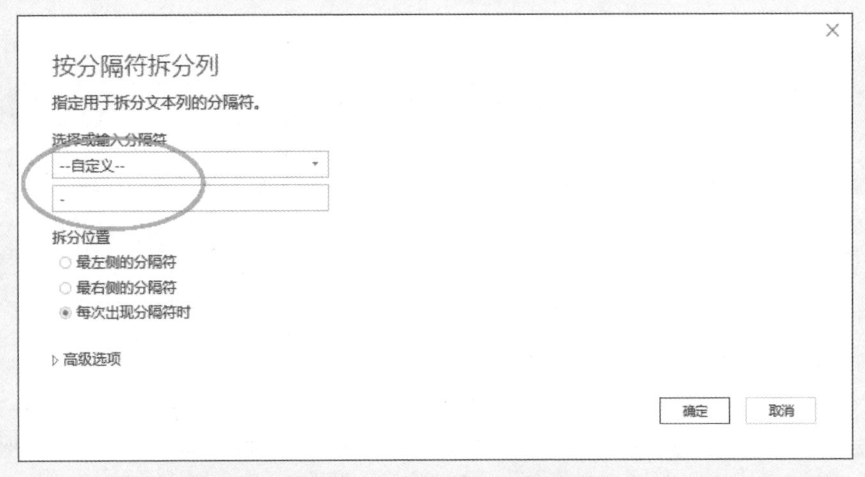

图7–10　选择“--自定义--”并输入负号“ - ”

	日期	起息日	摘要	传票号	发生额.1	发生额.2	对方帐户...
1	190205	190205	J0011229140060U	TX21156902	39149.68	null	AAAA公司
2	190205	190205	A011918730RISC6K	X151076702	50000	null	BBBB公司
3	190206	190206	A011909323RISC6K	X151035101	null	350556.18	CCCC公司
4	190206	190206	A011909299RISC6K	X151029601	null	245669.2	CCCC公司
5	190206	190206	A011909324RISC6K	X151035201	null	157285.84	CCCC公司
6	190206	190206	A011909307RISC6K	X151033501	120851.42	null	CCCC公司
7	190206	190206	A011909302RISC6K	X151030201	null	101541.05	CCCC公司
8	190206	190206	A011909279RISC6K	X151026101	null	36494.32	CCCC公司
9	190206	190206	A011909361RISC6K	X151037901	null	36043.85	CCCC公司
10	190206	190206	A011909287RISC6K	X151027601	14084.6	null	CCCC公司
11	190206	190206	A011909285RISC6K	X151027401	13751.9	null	CCCC公司
12	190206	190206	A011909295RISC6K	X151029101	null	11372.43	CCCC公司
13	190206	190206	A011909371RISC6K	X151038601	null	7820.95	CCCC公司

图7-11　发生额按负号拆分后的两列

最后修改列标题，并把表格中的 null 替换为数字 0，如图 7-12 所示。替换后的表格如图 7-13 所示。

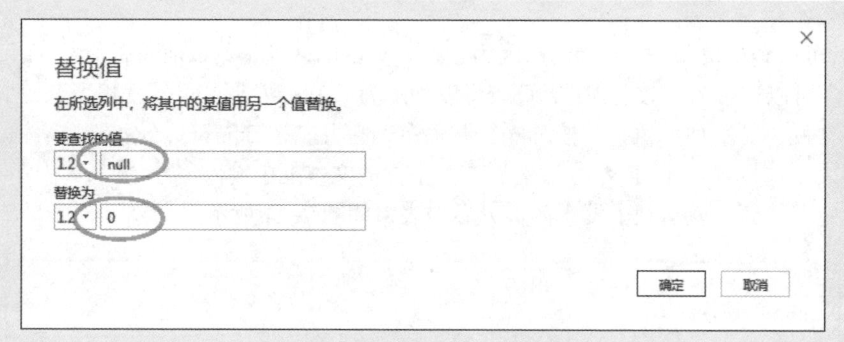

图7-12　替换表中的null为数字0

	日期	起息日	摘要	传票号	借方发...	贷方发...	对方帐户...
1	190205	190205	J0011229140060U	TX21156902	39149.68	0	AAAA公司
2	190205	190205	A011918730RISC6K	X151076702	50000	0	BBBB公司
3	190206	190206	A011909323RISC6K	X151035101	0	350556.18	CCCC公司
4	190206	190206	A011909299RISC6K	X151029601	0	245669.2	CCCC公司
5	190206	190206	A011909324RISC6K	X151035201	0	157285.84	CCCC公司
6	190206	190206	A011909307RISC6K	X151033501	120851.42	0	CCCC公司
7	190206	190206	A011909302RISC6K	X151030201	0	101541.05	CCCC公司
8	190206	190206	A011909279RISC6K	X151026101	0	36494.32	CCCC公司
9	190206	190206	A011909361RISC6K	X151037901	0	36043.85	CCCC公司
10	190206	190206	A011909287RISC6K	X151027601	14084.6	0	CCCC公司
11	190206	190206	A011909285RISC6K	X151027401	13751.9	0	CCCC公司
12	190206	190206	A011909295RISC6K	X151029101	0	11372.43	CCCC公司
13	190206	190206	A011909371RISC6K	X151038601	0	7820.95	CCCC公司

图7-13　替换值后的表格

下面继续讨论这个表格。

可以发现前两列的日期是不对的，因为它们仅仅是 6 位数字的日期，缺少了 20 两个数字,因为表格 190205 表示的是 2019-02-05,因此需要把这两列的日期也要转换成真正的日期。下面介绍如何将这样的日期转换成真正的日期。

步骤1 选择“日期”列，执行“转换”→“格式”→“添加前缀”命令，打开“前缀”对话框，输入20，如图7-14和图7-15所示。

合并列
提取
分析
格式
统计信息
小写
大写
每个字词首字母大写
修整
清除
添加前缀
添加后缀

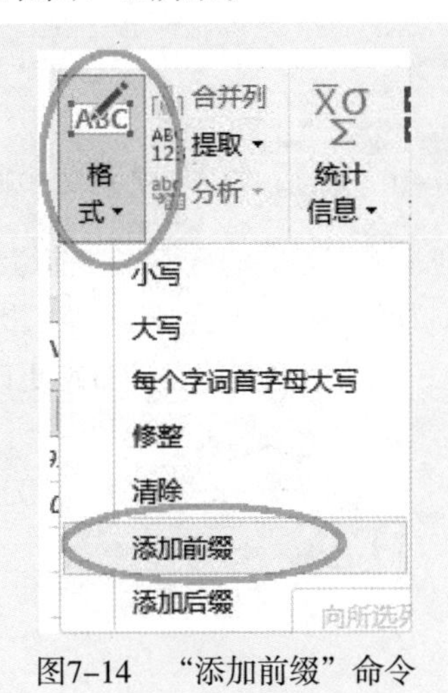

图7-14 “添加前缀”命令

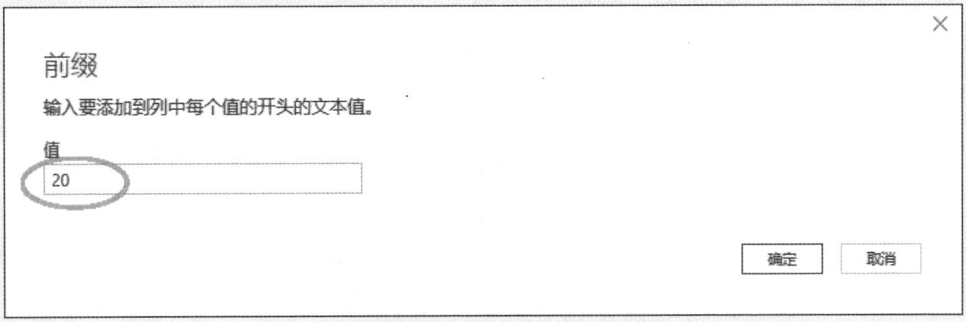

前缀
输入要添加到列中每个值的开头的文本值。
值
20
确定
取消

图7-15 准备在6位数字前面添加20两个数字

步骤2 单击“确定”按钮，就得到了图7-16所示的结果。

	日期	起息日	摘要	传票号	借方发...	贷方发...	对方帐户...
1	20190205	190205	J0011229140060U	TX21156902	39149.68	0	AAAA公司
2	20190205	190205	A011918730RISC6K	X151076702	50000	0	BBBB公司
3	20190206	190206	A011909323RISC6K	X151035101	0	350556.18	CCCC公司
4	20190206	190206	A011909299RISC6K	X151029601	0	245669.2	CCCC公司
5	20190206	190206	A011909324RISC6K	X151035201	0	157285.84	CCCC公司
6	20190206	190206	A011909307RISC6K	X151033501	120851.42	0	CCCC公司
7	20190206	190206	A011909302RISC6K	X151030201	0	101541.05	CCCC公司
8	20190206	190206	A011909279RISC6K	X151026101	0	36494.32	CCCC公司
9	20190206	190206	A011909361RISC6K	X151037901	0	36043.85	CCCC公司
10	20190206	190206	A011909287RISC6K	X151027601	14084.6	0	CCCC公司
11	20190206	190206	A011909285RISC6K	X151027401	13751.9	0	CCCC公司
12	20190206	190206	A011909295RISC6K	X151029101	0	11372.43	CCCC公司
13	20190206	190206	A011909371RISC6K	X151038601	0	7820.95	CCCC公司

图7-16　日期190205变成了20190205

步骤3　选择“起息日”列，采用相同的方法添加前缀20。

步骤4　最后一起选择“日期”列和“起息日”列，执行“开始”→“数据类型”命令，从命令菜单中选择“日期”，就将这两列错误的日期更改为了真正的日期，如图7-17所示。结果如图7-18所示。

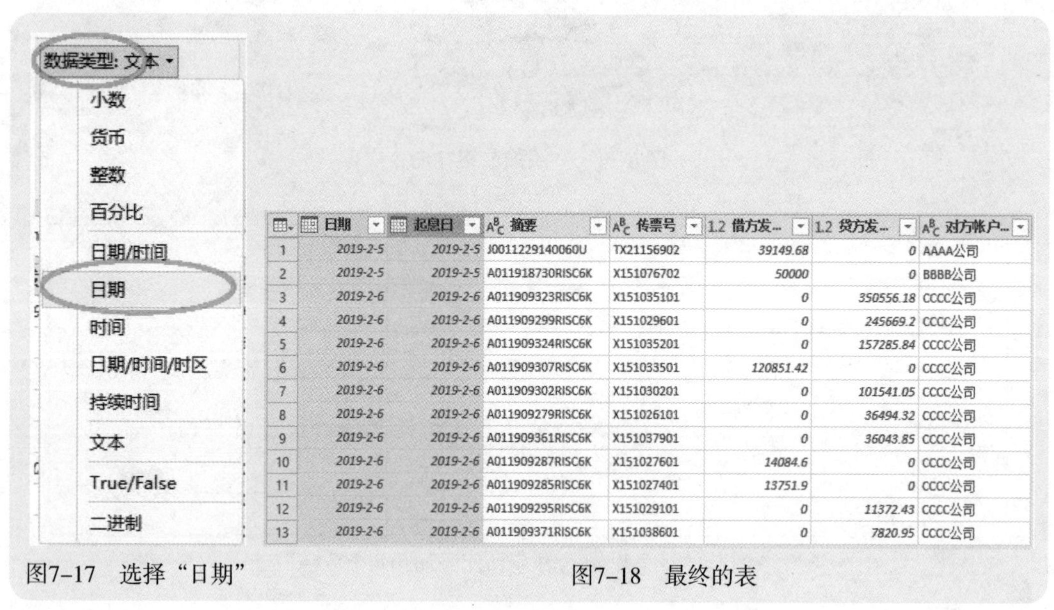

	日期	起息日	摘要	传票号	借方发...	贷方发...	对方帐户...
1	2019-2-5	2019-2-5	J0011229140060U	TX21156902	39149.68	0	AAAA公司
2	2019-2-5	2019-2-5	A011918730RISC6K	X151076702	50000	0	BBBB公司
3	2019-2-6	2019-2-6	A011909323RISC6K	X151035101	0	350556.18	CCCC公司
4	2019-2-6	2019-2-6	A011909299RISC6K	X151029601	0	245669.2	CCCC公司
5	2019-2-6	2019-2-6	A011909324RISC6K	X151035201	0	157285.84	CCCC公司
6	2019-2-6	2019-2-6	A011909307RISC6K	X151033501	120851.42	0	CCCC公司
7	2019-2-6	2019-2-6	A011909302RISC6K	X151030201	0	101541.05	CCCC公司
8	2019-2-6	2019-2-6	A011909279RISC6K	X151026101	0	36494.32	CCCC公司
9	2019-2-6	2019-2-6	A011909361RISC6K	X151037901	0	36043.85	CCCC公司
10	2019-2-6	2019-2-6	A011909287RISC6K	X151027601	14084.6	0	CCCC公司
11	2019-2-6	2019-2-6	A011909285RISC6K	X151027401	13751.9	0	CCCC公司
12	2019-2-6	2019-2-6	A011909295RISC6K	X151029101	0	11372.43	CCCC公司
13	2019-2-6	2019-2-6	A011909371RISC6K	X151038601	0	7820.95	CCCC公司

图7-17　选择“日期”　　图7-18　最终的表

7.1.3 按分隔符拆分列——拆分成数行

这个功能可以用来把Word逻辑的表格转换成真正的表格。

案例7-2

图 7-19 所示的例子是在一个单元格保存了很多数据（门牌号），这样的表格是无法进行进一步统计分析的。现在需要把这样的表转换成表单的形式，如图 7-20 所示。

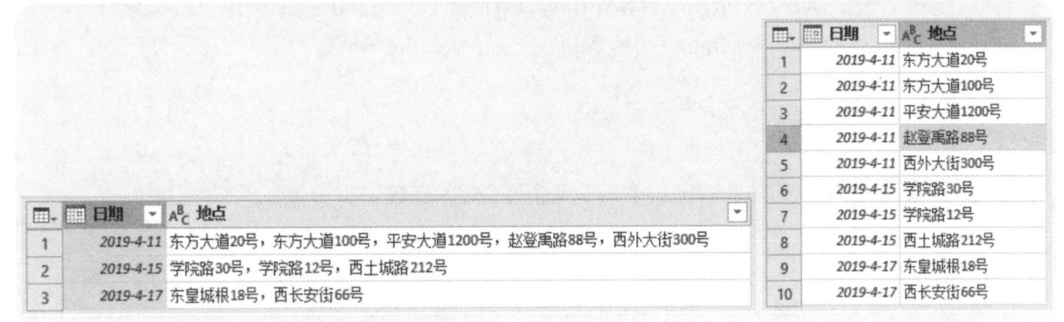

	日期	地点
1	2019-4-11	东方大道20号，东方大道100号，平安大道1200号，赵登禹路88号，西外大街300号
2	2019-4-15	学院路30号，学院路12号，西土城路212号
3	2019-4-17	东皇城根18号，西长安街66号

图7-19　门牌号都被保存到了一个单元格

	日期	地点
1	2019-4-11	东方大道20号
2	2019-4-11	东方大道100号
3	2019-4-11	平安大道1200号
4	2019-4-11	赵登禹路88号
5	2019-4-11	西外大街300号
6	2019-4-15	学院路30号
7	2019-4-15	学院路12号
8	2019-4-15	西土城路212号
9	2019-4-17	东皇城根18号
10	2019-4-17	西长安街66号

图7-20　拆分转换后的表

下面是这个拆分转换的主要操作步骤。

步骤 1　选择“地点”列，打开“按分隔符拆分列”对话框。

分隔符选择“-- 自定义 --”，在其下面的文本框中输入逗号（注意区分全角逗号和半角逗号），一般情况下，系统会自动给出这些选择，但还是需检查一下是否正确。

单击“高级选项”展开下拉列表，再选中“行”单选按钮，如图 7-21 所示。

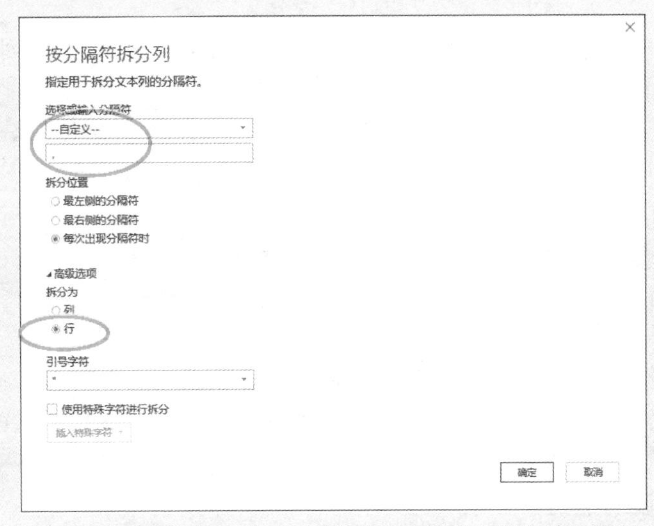

图7-21　选择并输入自定义分隔符同时选中“行”单选按钮

步骤2 单击“确定”按钮，就得到了图7–20所示的结果。

提问:如何把街道名和门牌号也拆分成两列？例如,“东方大道 20 号”拆分成“东方大道”和“20 号”？

可以做两个自定义列,分别提取汉字和数字。感兴趣的读者可自行练习。其参考公式如下：

提取街道名公式为= Text.Remove(Text.Remove([地点],"号"),{"0"...tif"9"})

提取门牌号公式为= Text.Remove([地点],{"一"...tif"顒"})&"号"

7.1.4 按字符数拆分列

当要提取拆分的字符数是固定位数时，就可以按字符数来拆分列。

案例7–3

图 7–22 所示是一个简单的例子，其要求是把邮政编码和地址分开。

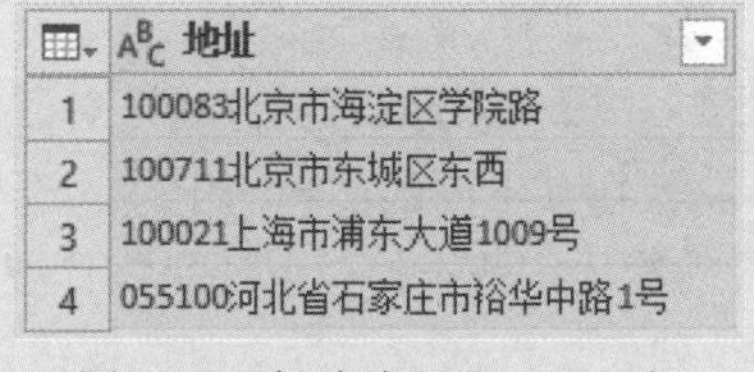

地址
1
100083北京市海淀区学院路
2
100711北京市东城区东西
3
100021上海市浦东大道1009号
4
055100河北省石家庄市裕华中路1号

图7–22 邮政编码和地址一起

由于邮政编码是固定的 6 位数字，因此可以使用“按字符数”来拆分列。

步骤1 选择该列。

步骤2 执行“拆分列”→“按字符数”命令，打开“按字符数拆分列”对话框，做以下的设置，如图7–23所示。

（1）在“字符数”文本框中输入数字 6。

（2）在“拆分”选项中选中“一次，尽可能靠左”单选按钮。

（3）单击“高级选项”，展开下拉列表，选中“列”单选按钮。

步骤3 单击“确定”按钮，就得到了图7–24所示的拆分结果。

步骤4 这个拆分结果中，第1列的邮政编码是不对的，因为系统自动把文本型数据转成了数字，因此需要在“应用的步骤”中，执行删除“更改的类型”这步操作，这样就得到了正确的结果，如图7–25所示。

最后再把标题修改就可以了。

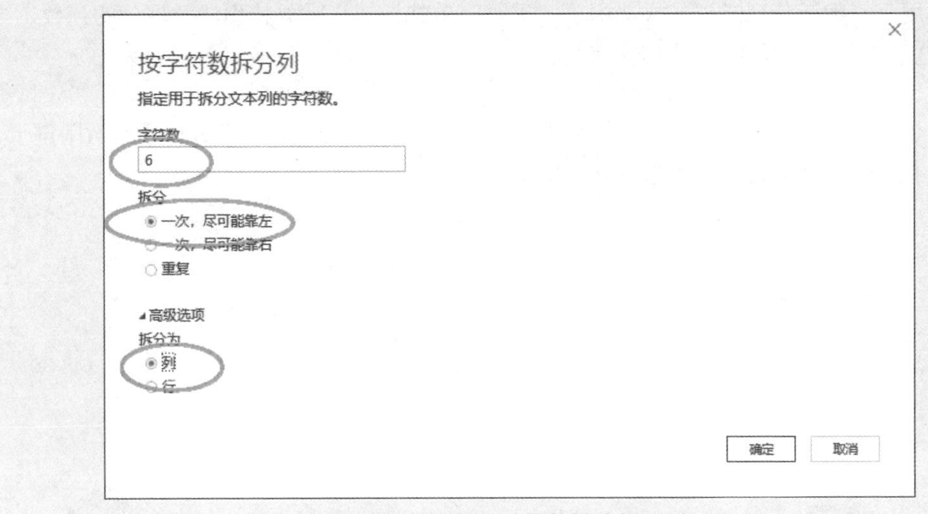

图7-23 设置按字符数拆分的选项

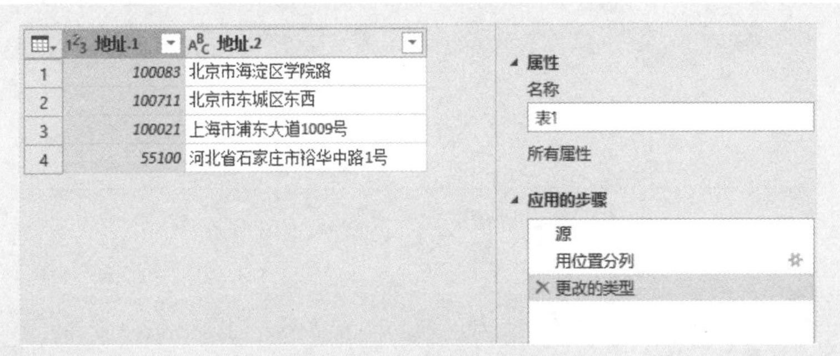

图7-24 初步拆分的结果

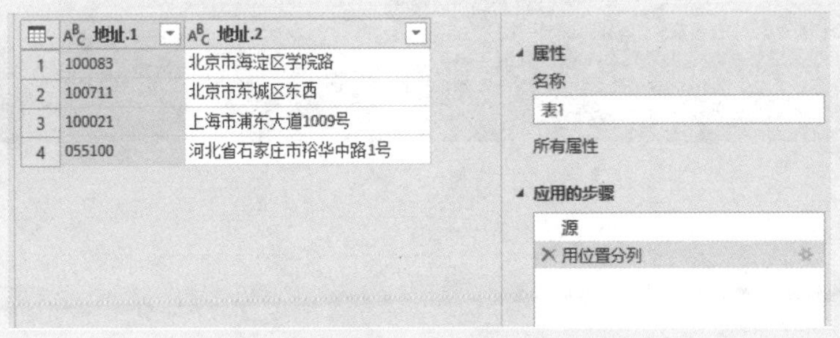

图7-25 删除“更改的类型”操作

在利用字符数拆分列时，如果选中了“重复”单选按钮，就要特别注意拆分的列数（或行数），这个要在“高级选项”中进行设置。

例如，对上面的邮政编码地址拆分问题，当选中了“重复”单选按钮时，就要指定拆分的列数为 2，如图 7–26 所示。因为本案例就是要把 1 列拆分成 2 列，并且左侧字符数限定了 6 个字符，右侧的字符个数不予考虑，有多少算多少。

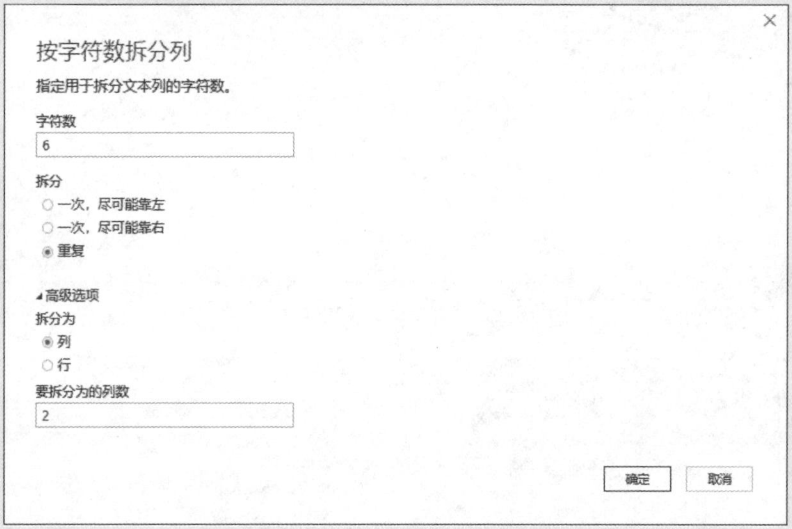

按字符数拆分列
指定用于拆分文本列的字符数。
字符数
6
拆分
一次，尽可能靠左
一次，尽可能靠右
重复
高级选项
拆分为
列
行
要拆分为的列数
2
确定
取消

图7–26　字符数、重复和列数的选择

7.2 合并列

合并列就是把选定的几个数据列进行合并，在 Excel 里有 TEXTJOIN 函数可以实现此功能，在 Power Query 里则有“合并列”工具实现此功能。

7.2.1 合并列形式 1——合并为一列

在“转换”选项卡中，有一个“合并列”命令，如图 7–27 所示。这个命令用于把选中的几列合并为一列，原始的几列不再存在。

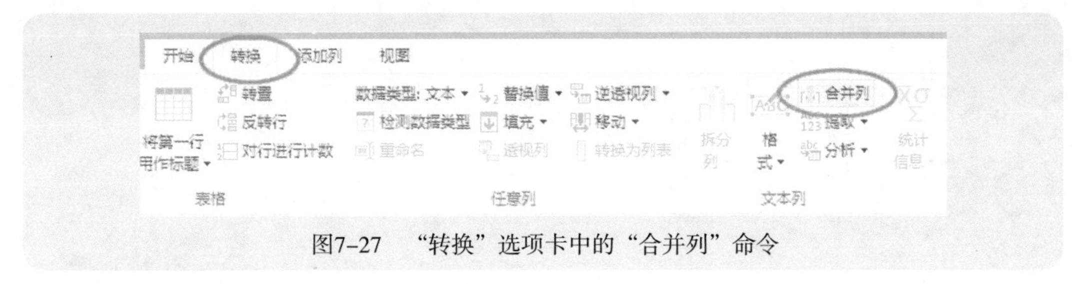

图7-27　“转换”选项卡中的“合并列”命令

案例7-4

图 7-28 所示是一个支出记录，日期是分成年、月、日 3 列保存的，现在要把这 3 列数据合并成 1 列，替换原来的 3 列。

	1²3 年	1²3 月	1²3 日	ABC 凭证号	ABC 摘要	1.2 发生额
1	2019	1	10	记001	发放员工工资	-686672
2	2019	1	19	记002	收政府补贴	172234
3	2019	2	10	记003	发放员工工资	-824645
4	2019	2	10	记004	收产品B销售...	966915
5	2019	2	28	记005	付客户B材料...	-65374
6	2019	3	1	记006	付客户A预付...	-121448
7	2019	3	10	记007	发放员工工资	-542150.35
8	2019	3	3	记008	收产品A销售...	70169
9	2019	3	3	记009	付客户A到货...	-28755
10	2019	3	25	记010	收产品B销售...	84976
11	2019	4	10	记011	发放员工工资	-745358.62
12	2019	4	13	记012	收产品A销售...	124507
13	2019	4	16	记013	收投资收益	154429
14	2019	4	22	记014	收产品A销售...	2223071

图7-28　日期分成了3列

步骤1　选择年、月、日3列。执行“转换”→“合并列”命令，打开“合并列”对话框，做如图7-29所示的设置。

（1）从“分隔符”下拉列表中选择“-- 自定义 --”。

（2）在分隔符下面的文本框中输入 -。

（3）在“新列名（可选）”下面的文本框中输入“日期”。

步骤2　单击“确定”按钮，原来的3列数据就变为了一个新列，如图7-30所示。

步骤3　这样合并得到的日期是文本类型，因此需要将其数据类型设置为“日期”。最后的结果如图7-31所示。

图7-29　设置分隔符及新列名

	日期	凭证号	摘要	发生额
1	2019-1-10	记001	发放员工工资	-686672
2	2019-1-19	记002	收政府补贴	172234
3	2019-2-10	记003	发放员工工资	-824645
4	2019-2-10	记004	收产品B销售...	966915
5	2019-2-28	记005	付客户B材料...	-65374
6	2019-3-1	记006	付客户A预付...	-121448
7	2019-3-10	记007	发放员工工资	-542150.35
8	2019-3-3	记008	收产品A销售...	70169
9	2019-3-3	记009	付客户A到货...	-28755
10	2019-3-25	记010	收产品B销售...	84976
11	2019-4-10	记011	发放员工工资	-745358.62
12	2019-4-13	记012	收产品A销售...	124507
13	2019-4-16	记013	收投资收益	154429
14	2019-4-22	记014	收产品A销售...	2223071

图7-30　合并的“日期”列

	日期	凭证号	摘要	发生额
1	2019-1-10	记001	发放员工工资	-686672
2	2019-1-19	记002	收政府补贴	172234
3	2019-2-10	记003	发放员工工资	-824645
4	2019-2-10	记004	收产品B销售...	966915
5	2019-2-28	记005	付客户B材料...	-65374
6	2019-3-1	记006	付客户A预付...	-121448
7	2019-3-10	记007	发放员工工资	-542150.35
8	2019-3-3	记008	收产品A销售...	70169
9	2019-3-3	记009	付客户A到货...	-28755
10	2019-3-25	记010	收产品B销售...	84976
11	2019-4-10	记011	发放员工工资	-745358.62
12	2019-4-13	记012	收产品A销售...	124507
13	2019-4-16	记013	收投资收益	154429
14	2019-4-22	记014	收产品A销售...	2223071

图7-31　设置文本型日期的数据类型为“日期”

7.2.2 合并列形式 2——合并为新列

如果在合并操作后，仍想保留原来的原始列，此时需要在“添加列”选项卡中执行“合并列”命令，如图 7-32 所示。

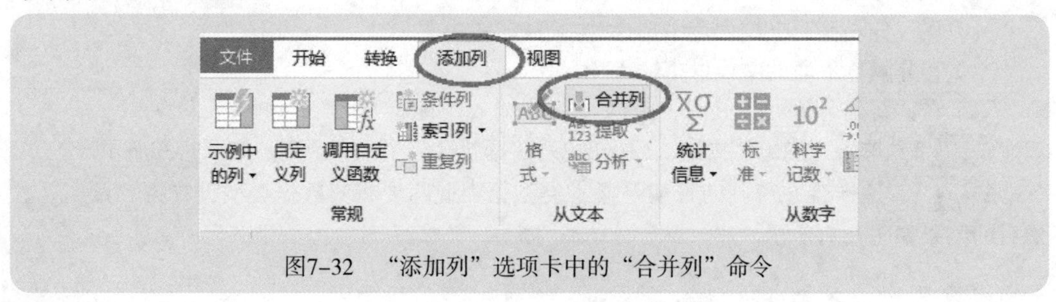

图7-32　“添加列”选项卡中的“合并列”命令

以上面的案例数据为例，选择年、月、日 3 列，执行“添加列”→“合并列”命令，就会得到图 7–33 所示的结果，也就是在表的最右边添加了一个新列“日期”，原来的 3 列数据仍然存在。

	年	月	日	凭证号	摘要	发生额	日期
1	2019	1	10	记001	发放员工工资	-686672	2019-1-10
2	2019	1	19	记002	收政府补贴	172234	2019-1-19
3	2019	2	10	记003	发放员工工资	-824645	2019-2-10
4	2019	2	10	记004	收产品B销售...	966915	2019-2-10
5	2019	2	28	记005	付客户B材料...	-65374	2019-2-28
6	2019	3	1	记006	付客户A预付...	-121448	2019-3-1
7	2019	3	10	记007	发放员工工资	-542150.35	2019-3-10
8	2019	3	3	记008	收产品A销售...	70169	2019-3-3
9	2019	3	3	记009	付客户A到货...	-28755	2019-3-3
10	2019	3	25	记010	收产品B销售...	84976	2019-3-25
11	2019	4	10	记011	发放员工工资	-745358.62	2019-4-10
12	2019	4	13	记012	收产品A销售...	124507	2019-4-13
13	2019	4	16	记013	收投资收益	154429	2019-4-16
14	2019	4	22	记014	收产品A销售...	2223071	2019-4-22

图7–33　年、月、日合并成了一个单独的新列

案例7–5

图 7–34 所示的例子是邮政编码和地址两列数据，现在要求不改变这两列数据，而是新增加一列快递地址，将邮政编码和地址合并起来，中间用一个空格隔开。

	邮政编码	地址
1	100083	北京市海淀区学院路
2	100711	北京市王府井大街100号
3	100021	上海市宝山区共和新路
4	100011	北京市西城区
5	055150	河北省石家庄市

图7–34　邮政编码和地址

步骤① 选择邮政编码和地址这两列。

步骤② 执行“添加列”→“合并列”命令，打开“合并列”对话框，在“分隔符”下拉列表中选择“空格”，在“新列名（可选）”下面的文本框中输入“快递地址”，如图7–35所示。

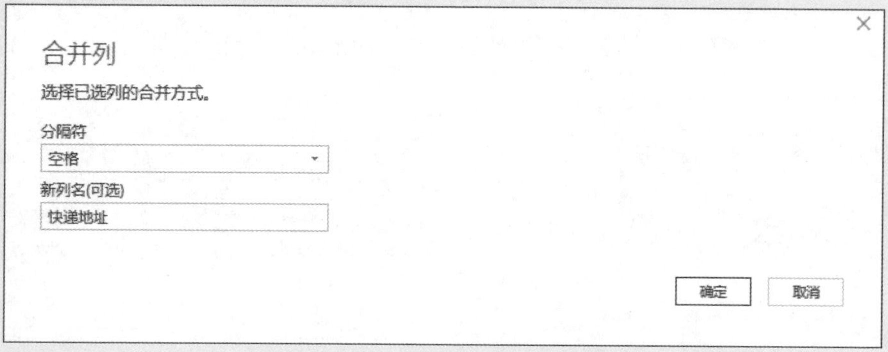

图7–35　选择分隔符并输入新列名

步骤 3　单击“确定”按钮，就得到了需要的表，如图7–36所示。

	邮政编码	地址	快递地址
1	100083	北京市海淀区学院路	100083 北京市海淀区学院路
2	100711	北京市王府井大街100号	100711 北京市王府井大街100号
3	100021	上海市宝山区共和新路	100021 上海市宝山区共和新路
4	100011	北京市西城区	100011 北京市西城区
5	055150	河北省石家庄市	055150 河北省石家庄市

图7–36　新增一列“快递地址”

7.3 提取字符

提取字符就是从一列文本中把需要的字符提取出来，这种数据处理在实际工作中是非常常见的，如提取邮政编码、从身份证号码中提取出生日期和性别等。

提取字符操作是使用“提取”命令，其展开的子菜单如图 7–37 所示。“提取”命令分别位于“转换”选项卡和“添加列”选项卡，这两处的命令会得到不同的处理结果。

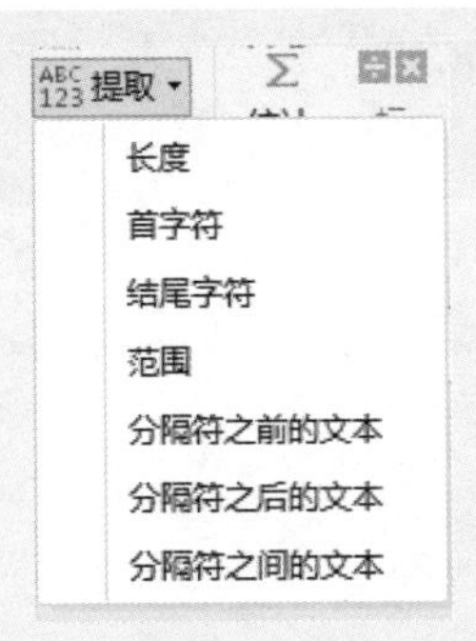

图7-37　执行“提取”命令展开的子菜单

执行“提取”命令展开的子菜单中有 7 个选项，各个选项的功能简述如下。

- 长度：计算字符串的字符数，相当于 Excel 的 LEN 函数功能。
- 首字符：提取最左边指定个数的字符，相当于 Excel 的 LEFT 函数功能。
- 结尾字符：提取最右边指定个数的字符，相当于 Excel 的 RIGHT 函数功能。
- 范围：提取从指定位置开始、指定个数的字符，相当于 Excel 的 MID 函数功能。
- 分隔符之前的文本：提取指定分隔符之前的所有字符。
- 分隔符之后的文本：提取指定分隔符之后的所有字符。
- 分隔符之间的文本：提取指定分隔符之间的所有字符。

7.3.1 提取字符形式 1——将原始列转换为提取的字符

“转换”选项卡中的“提取”命令如图 7-38 所示，用于在原始列位置提取字符。它的作用是仅仅保留要求的字符，而其他的字符被删除，这样操作后，该列数据已经发生了根本的改变。

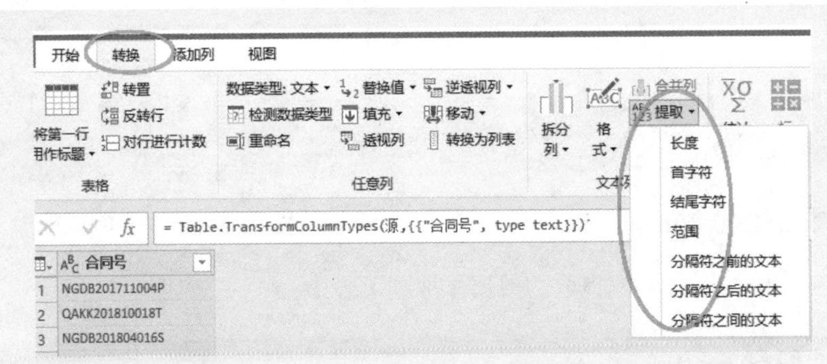

图7-38　“转换”选项卡中的“提取”命令

例如，对于图 7-39 所示的数据，若使用“转换”选项卡中的“提取”命令，来提取左边的 6 位数字邮政编码，这样就会将该列转换为邮政编码，地址就不存在了，如图 7–40 所示。

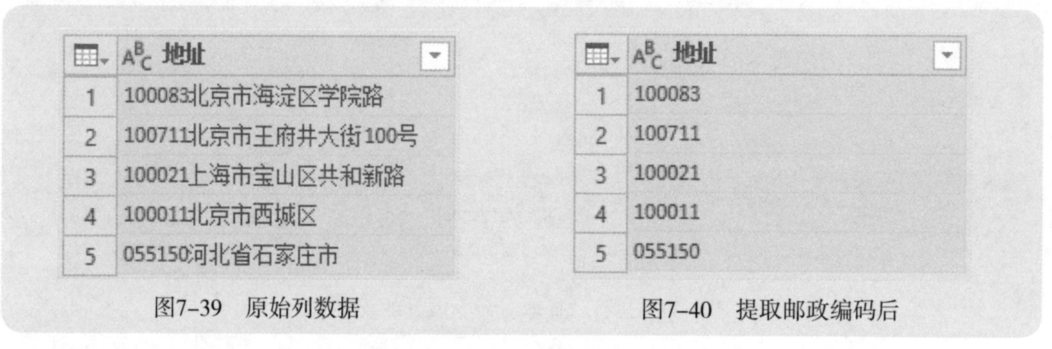

	地址
1	100083北京市海淀区学院路
2	100711北京市王府井大街100号
3	100021上海市宝山区共和新路
4	100011北京市西城区
5	055150河北省石家庄市

图7–39　原始列数据

	地址
1	100083
2	100711
3	100021
4	100011
5	055150

图7–40　提取邮政编码后

顾名思义，“转换”就是把原始列转成别的数据形式的列了。

7.3.2 提取字符形式 2——将提取的字符添加为新列

“添加列”选项卡中的“提取”命令如图 7–41 所示，它用于将提取出的字符作为新列添加到表中，这样并不改变原始列。

例如，对于图 7–39 所示的邮政编码地址数据，若使用“添加列”选项卡中的“提取”命令来提取左边的 6 位数字邮政编码，就会在表中添加一个新列，来保存提取出的邮政编码，如图 7–42 所示。

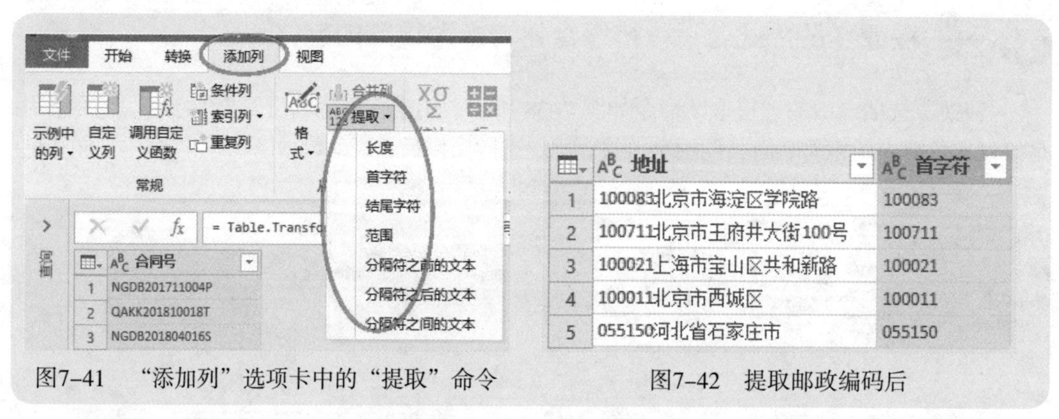

	地址	首字符
1	100083北京市海淀区学院路	100083
2	100711北京市王府井大街100号	100711
3	100021上海市宝山区共和新路	100021
4	100011北京市西城区	100011
5	055150河北省石家庄市	055150

图7–41　“添加列”选项卡中的“提取”命令

图7–42　提取邮政编码后

顾名思义，“添加”就是把提取的数据添加到了表中。

7.3.3 提取最左边的字符

执行“首字符”命令，就是提取最左边指定个数的字符的操作，此时，在打开的“提取首字符”对话框中输入保留的起始字符个数即可，如图 7–43 所示。

提取首字符

输入要保留的起始字符数。

计数

6

确定 取消

图7–43 “提取首字符”对话框

案例7–6

图 7–44 所示是一个合同号的例子，合同号的编制规则是 4 个字母（表示的是项目代码）+6 位数的日期（表示的是年、月）+3 位数字（表示的是当月的合同顺序号）+1 个字母（是业务员的缩写）。现在要求从这个合同号中提取这些信息，保存成不同的列。

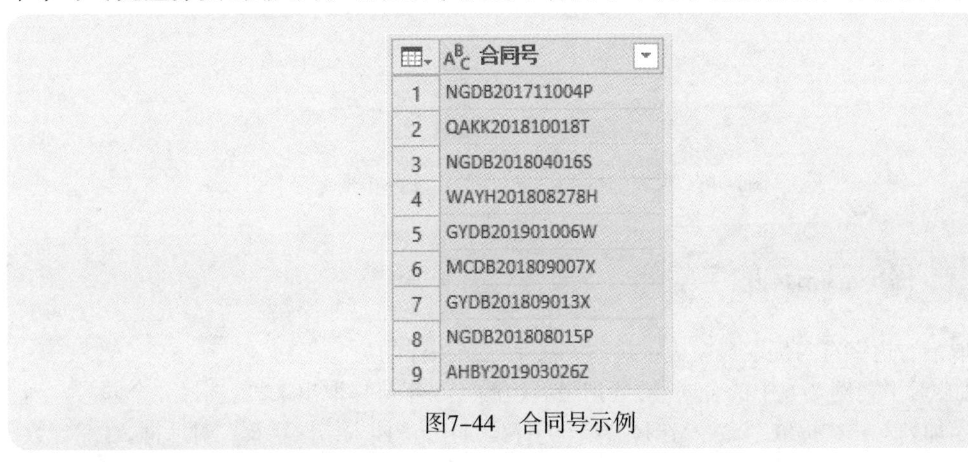

	合同号
1	NGDB201711004P
2	QAKK201810018T
3	NGDB201804016S
4	WAYH201808278H
5	GYDB201901006W
6	MCDB201809007X
7	GYDB201809013X
8	NGDB201808015P
9	AHBY201903026Z

图7–44 合同号示例

步骤① 选择这列数据。

步骤② 执行“添加列”→“提取”命令，选择“首字符”，打开“插入首字符”对话框，在“计数”下面的文本框中输入4，如图7–45所示。

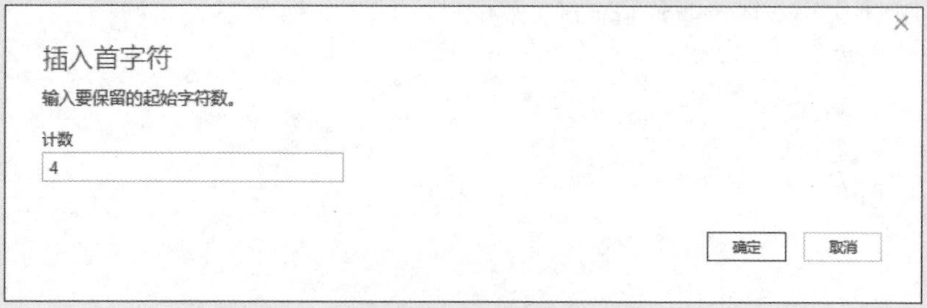

插入首字符

输入要保留的起始字符数。

计数

4

确定 取消

图7–45 输入要提取首字符的个数

步骤3 单击“确定”按钮，就得到了图7–46所示的表，最后再把标题“首字符”修改为“项目编码”。

	合同号	首字符
1	NGDB201711004P	NGDB
2	QAKK201810018T	QAKK
3	NGDB201804016S	NGDB
4	WAYH201808278H	WAYH
5	GYDB201901006W	GYDB
6	MCDB201809007X	MCDB
7	GYDB201809013X	GYDB
8	NGDB201808015P	NGDB
9	AHBY201903026Z	AHBY

图7–46 最左边的4个字母提取出来并单列保存

7.3.4 提取最右边的字符

提取最右边字符与提取最左边字符的方法是完全一样的。

例如，对于案例7–6中的合同号，要把最右边的一个字母提取出来，就选择“合同号”列，执行“添加列”→“提取”命令，选择“结尾字符”，打开“插入结尾字符”对话框，在“计数”下面的文本框中输入1，如图7–47所示。单击“确定”按钮，就得到了需要的结果，如图7–48所示。

最后再把标题“结尾字符”修改为“业务员”。

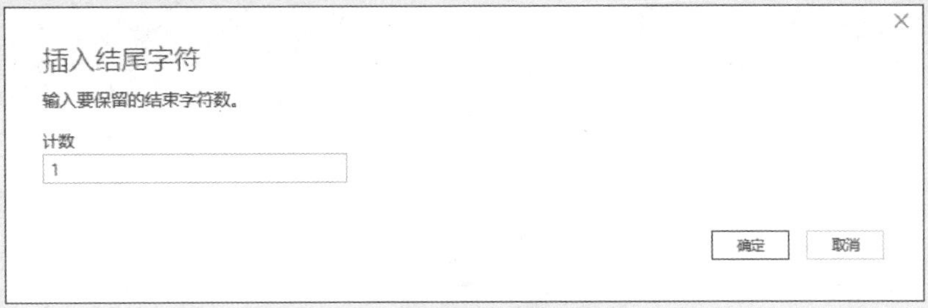

插入结尾字符

输入要保留的结束字符数。

计数

1

确定　取消

图7-47　输入要提取结尾字符的个数

	合同号	项目编码	结尾字符
1	NGDB201711004P	NGDB	P
2	QAKK201810018T	QAKK	T
3	NGDB201804016S	NGDB	S
4	WAYH201808278H	WAYH	H
5	GYDB201901006W	GYDB	W
6	MCDB201809007X	MCDB	X
7	GYDB201809013X	GYDB	X
8	NGDB201808015P	NGDB	P
9	AHBY201903026Z	AHBY	Z

图7-48　最右边的一个字母提取出来并单列保存

7.3.5 提取中间字符

提取中间字符就是从指定的位置开始，提取指定个数的字符。

例如，对于案例 7-6 中的合同号，要把最中间的年、月数字取出来，年数字是从第 5 个字符开始，长度为 4 位；月数字是从第 9 个字符开始，长度为 2 位，那么就可以执行两次操作，分别取出年、月数字。

选择“合同号”列，执行“添加列”→“提取”命令，选择“范围”，打开“插入文本范围”对话框，在“起始索引”下面的文本框中输入 4，在“字符数”下面的文本框中输入 4，如图 7-49 所示。单击“确定”按钮，就得到了需要的结果，如图 7-50 所示。

最后再把标题“文本范围”修改为“年份”。

特别需要注意的是在 Power Query 中，起始索引是从 0 开始的，而不是从 1 开始。例如，从第 5 个字符开始取，那么按从 0 开始计数字符数就是 4。

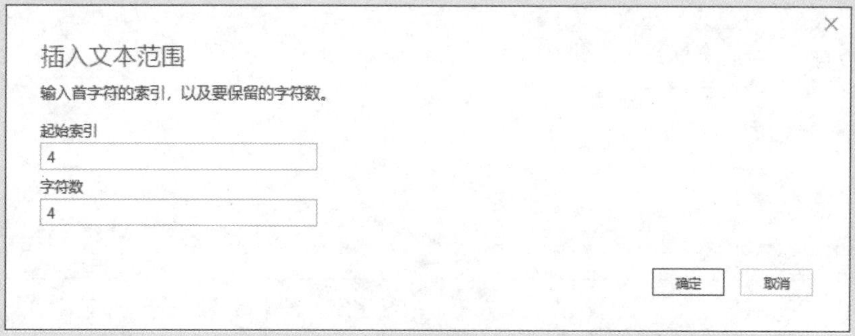

插入文本范围

输入首字符的索引，以及要保留的字符数。

起始索引

4

字符数

4

确定　取消

图7-49　输入年份的起始索引和字符数

	合同号	项目编码	业务员	文本范...
1	NGDB201711004P	NGDB	P	2017
2	QAKK201810018T	QAKK	T	2018
3	NGDB201804016S	NGDB	S	2018
4	WAYH201808278H	WAYH	H	2018
5	GYDB201901006W	GYDB	W	2019
6	MCDB201809007X	MCDB	X	2018
7	GYDB201809013X	GYDB	X	2018
8	NGDB201808015P	NGDB	P	2018
9	AHBY201903026Z	AHBY	Z	2019

图7-50　提取出年份数字并单列保存

月份数字的提取与上面提取年份数字的方法相同，图 7-51 和图 7-52 所示是提取对话框设置和提取结果。

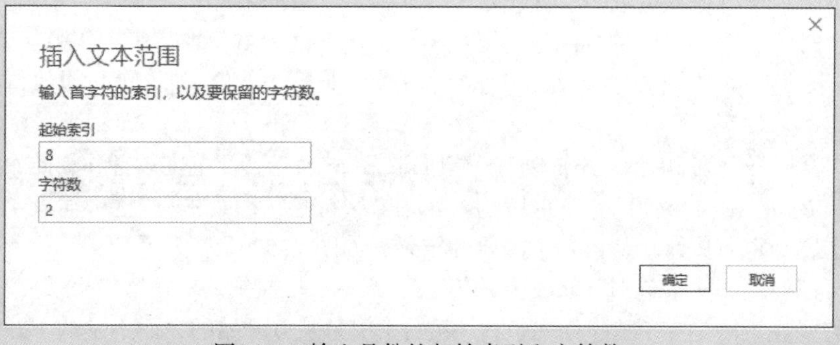

插入文本范围

输入首字符的索引，以及要保留的字符数。

起始索引

8

字符数

2

确定　取消

图7-51　输入月份的起始索引和字符数

	合同号	项目编码	业务员	年份	月份
1	NGDB201711004P	NGDB	P	2017	11
2	QAKK201810018T	QAKK	T	2018	10
3	NGDB201804016S	NGDB	S	2018	04
4	WAYH201808278H	WAYH	H	2018	08
5	GYDB201901006W	GYDB	W	2019	01
6	MCDB201809007X	MCDB	X	2018	09
7	GYDB201809013X	GYDB	X	2018	09
8	NGDB201808015P	NGDB	P	2018	08
9	AHBY201903026Z	AHBY	Z	2019	03

图7–52　提取出月份数字并单列保存

提取某月的序号也很简单，与提取年份和月份一样。图 7–53 所示是提取结果。

	合同号	项目编码	业务员	年份	月份	序号
1	NGDB201711004P	NGDB	P	2017	11	004
2	QAKK201810018T	QAKK	T	2018	10	018
3	NGDB201804016S	NGDB	S	2018	04	016
4	WAYH201808278H	WAYH	H	2018	08	278
5	GYDB201901006W	GYDB	W	2019	01	006
6	MCDB201809007X	MCDB	X	2018	09	007
7	GYDB201809013X	GYDB	X	2018	09	013
8	NGDB201808015P	NGDB	P	2018	08	015
9	AHBY201903026Z	AHBY	Z	2019	03	026

图7–53　从合同号提取出所有数据后的表

7.3.6 提取分隔符之前的字符

很多数据会存在分隔符的情况，这样，可以根据分隔符来提取数据，或者分列数据。这种数据处理也很简单，按照向导操作即可完成。

案例7–7

图 7–54 所示是一个科目名称，由 3 类数据组成：科目编码、总账科目和明细科目，科目编码与总账科目之间是空格隔开，总账科目与明细科目之间是用斜杠隔开。现在要在这列里提取出这 3 类数据，分别保存为 3 列。

	科目名称
1	1002000200029918 银行存款/公司资金存款
2	11220001 应收账款/职工借款
3	112200020001 应收账款/暂付款
4	11220004 应收账款/押金
5	11220007 应收账款/单位往来
6	112200100001 应收账款/待摊费用
7	11320001 应收利息/预计存款利息
8	16010001 固定资产/房屋及建筑物
9	16010002 固定资产/电子设备
10	16010003 固定资产/运输设备

图7-54　各类数据之间用空格或斜杠隔开

步骤1 选择该列。

步骤2 执行“添加列”→“提取”→“分隔符之前的文本”命令，打开“分隔符之前的文本”对话框，在“分隔符”下面的文本框中输入一个空格，如图7-55所示。

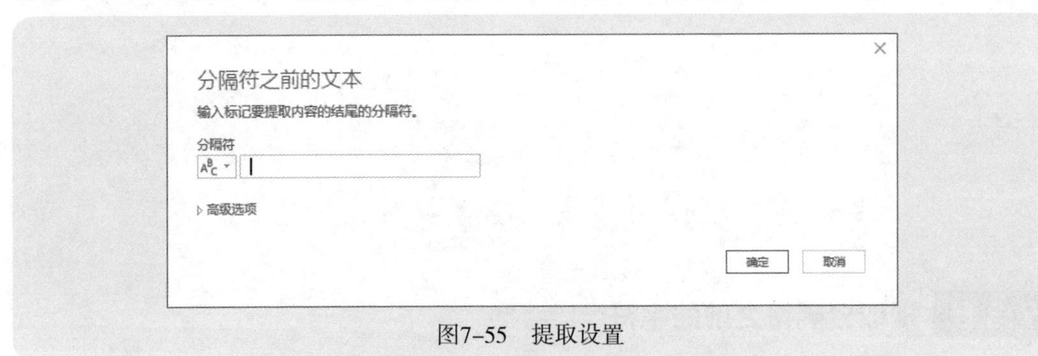

图7-55　提取设置

步骤3 单击“确定”按钮，就得到了图7-56所示的结果。

	科目名称	分隔符之前...
1	1002000200029918 银行存款/公司资金存款	1002000200029918
2	11220001 应收账款/职工借款	11220001
3	112200020001 应收账款/暂付款	112200020001
4	11220004 应收账款/押金	11220004
5	11220007 应收账款/单位往来	11220007
6	112200100001 应收账款/待摊费用	112200100001
7	11320001 应收利息/预计存款利息	11320001
8	16010001 固定资产/房屋及建筑物	16010001
9	16010002 固定资产/电子设备	16010002
10	16010003 固定资产/运输设备	16010003

图7-56　提取出的科目编码

7.3.7 提取分隔符之后的字符

在案例 7-7 中，如果提取二级科目名称，因为这个名称是在斜杠的后面，所以可以使用“分隔符之后的文本”命令，此时对话框的设置如图 7-57 所示。

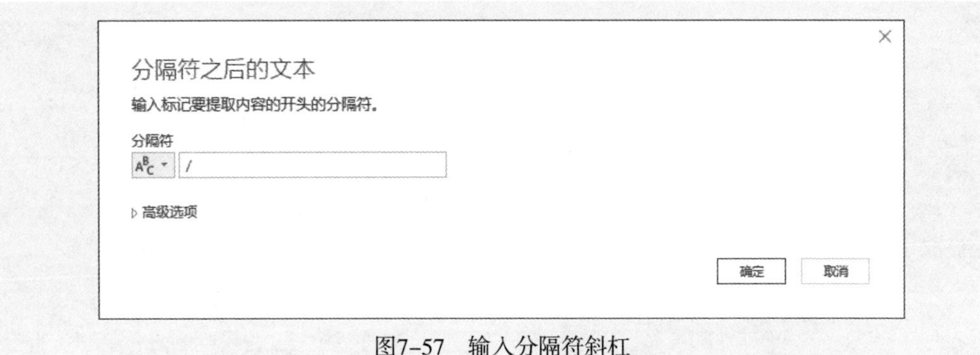

图7-57　输入分隔符斜杠

那么，就得到了图 7-58 所示的结果。

	科目名称	分隔符之前...	分隔符之...
1	1002000200029918 银行存款/公司资金存款	1002000200029918	公司资金存款
2	11220001 应收账款/职工借款	11220001	职工借款
3	112200020001 应收账款/暂付款	112200020001	暂付款
4	11220004 应收账款/押金	11220004	押金
5	11220007 应收账款/单位往来	11220007	单位往来
6	112200100001 应收账款/待摊费用	112200100001	待摊费用
7	11320001 应收利息/预计存款利息	11320001	预计存款利息
8	16010001 固定资产/房屋及建筑物	16010001	房屋及建筑物
9	16010002 固定资产/电子设备	16010002	电子设备
10	16010003 固定资产/运输设备	16010003	运输设备

图7-58　提取的二级科目名称

7.3.8 提取分隔符之间的字符

在案例 7-7 中，总账科目是在空格和斜杠两个分隔符的中间，因此可以使用“分隔符之间的文本”命令。此时，对话框的设置如图 7-59 所示。其中，开始分隔符设置为一个空格，结束分隔符设置为斜杠。

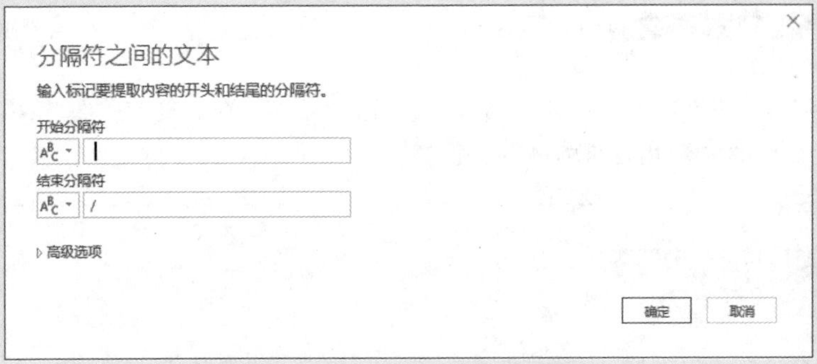

分隔符之间的文本

输入标记要提取内容的开头和结尾的分隔符。

开始分隔符

结束分隔符

/

▷ 高级选项

确定　取消

图7-59　设置前后两个分隔符

提取字符后的表如图 7-60 所示。

	科目名称	分隔符之前...	分隔符之...	分隔符之...
1	1002000200029918 银行存款/公司资金存款	1002000200029918	公司资金存款	银行存款
2	11220001 应收账款/职工借款	11220001	职工借款	应收账款
3	112200020001 应收账款/暂付款	112200020001	暂付款	应收账款
4	11220004 应收账款/押金	11220004	押金	应收账款
5	11220007 应收账款/单位往来	11220007	单位往来	应收账款
6	112200100001 应收账款/待摊费用	112200100001	待摊费用	应收账款
7	11320001 应收利息/预计存款利息	11320001	预计存款利息	应收利息
8	16010001 固定资产/房屋及建筑物	16010001	房屋及建筑物	固定资产
9	16010002 固定资产/电子设备	16010002	电子设备	固定资产
10	16010003 固定资产/运输设备	16010003	运输设备	固定资产

图7-60　从科目名称中提取出的3列数据

最后，将提取出的 3 列标题重命名为“科目编码”“总账科目”和“明细科目”，并调整明细科目和总账科目的位置，得到需要的表，如图 7-61 所示。

	科目名称	科目编码	总账科目	明细科目
1	1002000200029918 银行存款/公司资金存款	1002000200029918	银行存款	公司资金存款
2	11220001 应收账款/职工借款	11220001	应收账款	职工借款
3	112200020001 应收账款/暂付款	112200020001	应收账款	暂付款
4	11220004 应收账款/押金	11220004	应收账款	押金
5	11220007 应收账款/单位往来	11220007	应收账款	单位往来
6	112200100001 应收账款/待摊费用	112200100001	应收账款	待摊费用
7	11320001 应收利息/预计存款利息	11320001	应收利息	预计存款利息
8	16010001 固定资产/房屋及建筑物	16010001	固定资产	房屋及建筑物
9	16010002 固定资产/电子设备	16010002	固定资产	电子设备
10	16010003 固定资产/运输设备	16010003	固定资产	运输设备

图7-61　最终得到的表

7.3.9 综合练习——从身份证号码中提取信息

案例7-8

图 7-62 所示是一个身份证号码的数据表，要求从这列身份证号码中提取出生日期、性别，并计算出年龄。

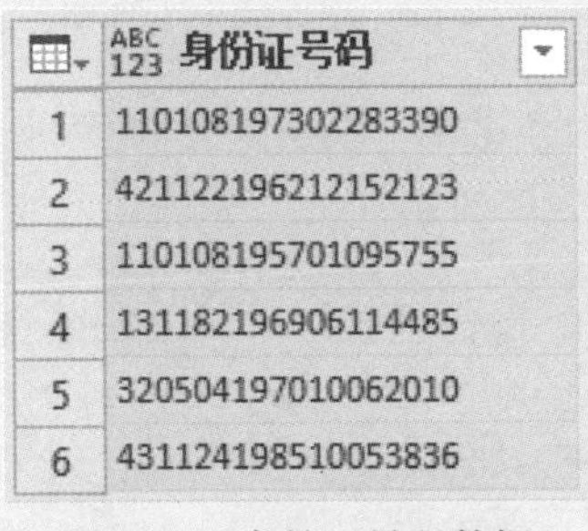

	身份证号码
1	110108197302283390
2	421122196212152123
3	110108195701095755
4	131182196906114485
5	320504197010062010
6	431124198510053836

图7-62　身份证号码数据

步骤1　选择该列。

步骤2　执行“添加列”→“提取”→“范围”命令，打开“插入文本范围”对话框，在“起始索引”下面的文本框中输入6，在“字符数”下面的文本框中输入8，从身份证号码中提取生日，如图7-63所示。

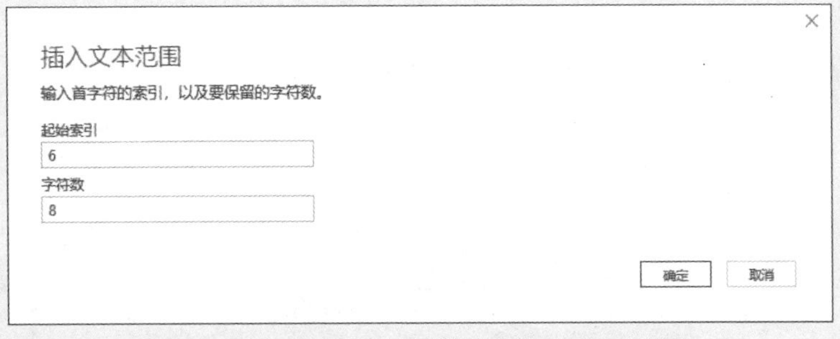

图7-63　输入提取出生日期的起始索引和字符数

步骤3　单击“确定”按钮，就得到了图7-64所示的结果。

	身份证号码	文本范...
1	110108197302283390	19730228
2	421122196212152123	19621215
3	110108195701095755	19570109
4	131182196906114485	19690611
5	320504197010062010	19701006
6	431124198510053836	19851005

图7-64　提取的出生日期

步骤4 修改新列的标题为“出生日期”，并将该列的数据类型设置为“日期”，就得到真正的出生日期数据，如图7-65所示。

	身份证号码	出生日...
1	110108197302283390	1973-2-28
2	421122196212152123	1962-12-15
3	110108195701095755	1957-1-9
4	131182196906114485	1969-6-11
5	320504197010062010	1970-10-6
6	431124198510053836	1985-10-5

图7-65　转换为真正的日期格式

步骤5 选择“出生日期”列，执行“添加列”→“日期”→“年限”命令，为表添加了一个新列“年限”，如图7-66所示。这个年限就是出生日期距今天的天数。

	身份证号码	出生日期	年限
1	110108197302283390	1973-2-28	16838.00:00:00
2	421122196212152123	1962-12-15	20566.00:00:00
3	110108195701095755	1957-1-9	22732.00:00:00
4	131182196906114485	1969-6-11	18196.00:00:00
5	320504197010062010	1970-10-6	17714.00:00:00
6	431124198510053836	1985-10-5	12236.00:00:00

图7-66　根据出生日期添加的年限

步骤6 执行“添加列”→“自定义列”命令，打开“自定义列”对话框，输入新列名“年龄”，输入自定义列公式“=[年限]/365”，如图7-67所示。

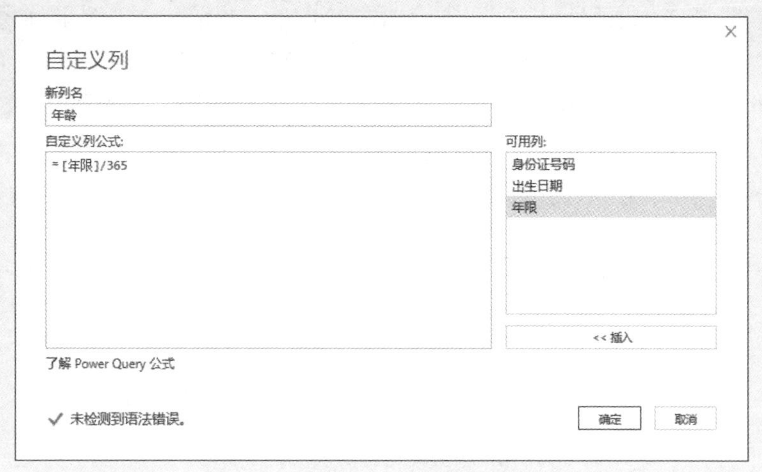

图7-67　添加自定义列以计算年龄

步骤7　单击“确定”按钮，就得到了图7-68所示的结果。

	身份证号码	出生日期	年限	年龄
1	110108197302283390	1973-2-28	16838.00:00:00	46.03:09:22.1917808
2	421122196212152123	1962-12-15	20566.00:00:00	56.08:17:05.7534246
3	110108195701095755	1957-1-9	22732.00:00:00	62.06:42:24.6575342
4	131182196906114485	1969-6-11	18196.00:00:00	49.20:26:57.5342465
5	320504197010062010	1970-10-6	17714.00:00:00	48.12:45:22.1917808
6	431124198510053836	1985-10-5	12236.00:00:00	33.12:33:32.0547945

图7-68　添加的“年龄”列

步骤8　删除“年限”列，并将“年龄”列的数据类型设置为“整数”，得到年龄的结果如图7-69所示。

	身份证号码	出生日期	年龄
1	110108197302283390	1973-2-28	46
2	421122196212152123	1962-12-15	56
3	110108195701095755	1957-1-9	62
4	131182196906114485	1969-6-11	50
5	320504197010062010	1970-10-6	49
6	431124198510053836	1985-10-5	34

图7-69　计算得到的年龄

步骤9 选择“身份证号码”列，执行“添加列”→“提取”→“范围”命令，打开“插入文本范围”对话框，在“起始索引”下面的文本框中输入16，在“字符数”下面的文本框中输入1，从身份证号码中提取第17位数字（这位数字是判断性别的），如图7–70所示。

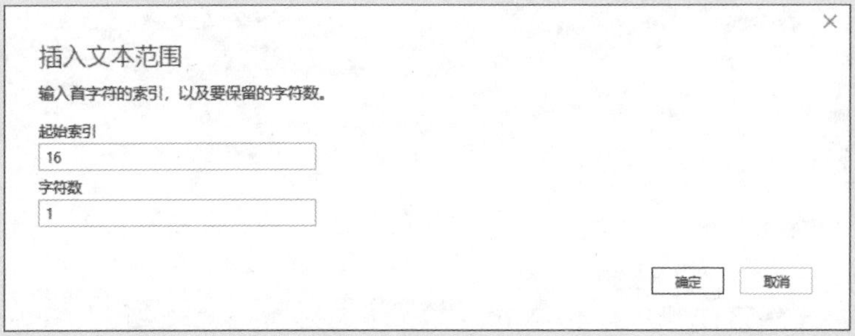

插入文本范围

输入首字符的索引，以及要保留的字符数。

起始索引

16

字符数

1

确定 取消

图7–70 提取身份证号码第17位数字

步骤10 单击“确定”按钮，得到一个新列，提取出了身份证号码的第17位数字，如图7–71所示。

	身份证号码	出生日期	年龄	文本范围
1	110108197302283390	1973-2-28	46	9
2	421122196212152123	1962-12-15	56	2
3	110108195701095755	1957-1-9	62	5
4	131182196906114485	1969-6-11	50	8
5	320504197010062010	1970-10-6	49	1
6	431124198510053836	1985-10-5	34	3

图7–71 提取出的身份证号码的第17位数字

步骤11 将默认标题修改为“性别数字”，并将数据类型设置为“整数”。

步骤12 选择“性别数字”列，执行“添加列”→“信息”→“偶数”（也可以选择“奇数”）命令，如图7–72所示。

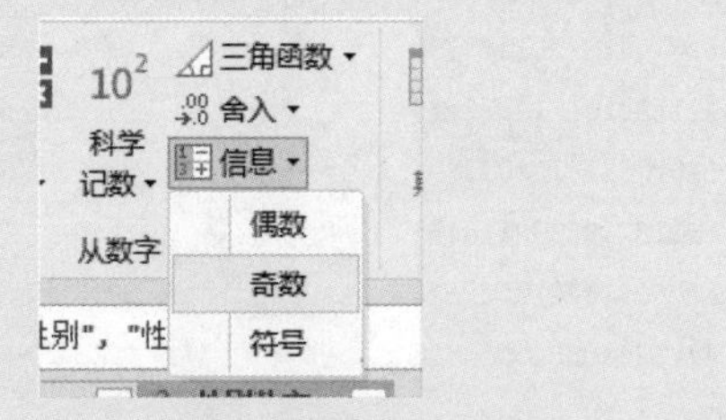

图7–72 执行“信息”命令展开的子菜单

这样，就得到了一列判断性别数字是否是偶数的新列。如果是偶数，就是 TRUE；否则就是 FALSE，如图 7-73 所示。

	身份证号码	出生日期	年龄	性别数字	偶数
1	110108197302283390	1973-2-28	46	9	FALSE
2	421122196212152123	1962-12-15	56	2	TRUE
3	110108195701095755	1957-1-9	62	5	FALSE
4	131182196906114485	1969-6-11	50	8	TRUE
5	320504197010062010	1970-10-6	49	1	FALSE
6	431124198510053836	1985-10-5	34	3	FALSE

图7-73　判断数字是否为偶数

步骤13　将这列的TRUE替换为文本字符“女”，将FALSE替换为文本字符“男”，但是，这列的数据类型是逻辑值True/False，两者数据类型不匹配，因此需要先将这列的数据类型设置为“文本”，如图7-74所示。

	身份证号码	出生日期	年龄	性别数字	偶数
1	110108197302283390	1973-2-28	46	9	false
2	421122196212152123	1962-12-15	56	2	true
3	110108195701095755	1957-1-9	62	5	false
4	131182196906114485	1969-6-11	50	8	true
5	320504197010062010	1970-10-6	49	1	false
6	431124198510053836	1985-10-5	34	3	false

图7-74　设置“偶数”列的数据类型为“文本”

步骤14　将这列的字符true替换为“女”，将false替换为“男”，如图7-75所示。

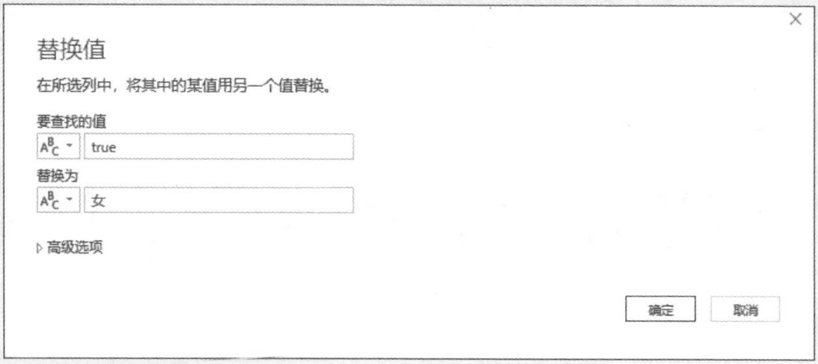

替换值

在所选列中，将其中的某值用另一个值替换。

要查找的值

true

替换为

女

▷ 高级选项

确定　取消

图7-75　将字符true替换为“女”

步骤15 将这列标题修改为“性别”，删除左边的“性别数字”列，就得到了图7-76所示的表。

	身份证号码	出生日期	年龄	性别
1	110108197302283390	1973-2-28	46	男
2	421122196212152123	1962-12-15	56	女
3	110108195701095755	1957-1-9	62	男
4	131182196906114485	1969-6-11	50	女
5	320504197010062010	1970-10-6	49	男
6	431124198510053836	1985-10-5	34	男

图7-76 从身份证号码提取的出生日期、年龄和性别

7.4 转换表结构

当表从结构上来讲不能满足数据分析的要求时，可以尝试把表结构转换一下。

就像前面介绍的案例 7-2 的处理方法。此外，很多人习惯制作二维表，殊不知这样结构的表格限制了很多方面的分析，因此，如果要从各个角度灵活分析数据，则需要把二维表转换为一维表。

本节介绍几个转换表格结构的例子，以期给读者的数据处理工作提供思路和启发。

7.4.1 一列变多列

这个问题实质上是拆分列或提取字符的问题，可以根据实际情况，采用最高效的方法对列进行处理。这样的问题在本章的 7.1 小节已经做了比较详尽的介绍。

7.4.2 多列变一列

这样的问题基本上可以使用“合并列”工具来解决，例如，前面介绍的案例 7-4。在实际工作中，可以根据具体的问题采用合适的方法。

7.4.3 一行变多行

这种数据表多是 Word 格式的表格，如前面介绍的案例 7-2。对于这样的表格，只能继续转换加工，使之能够进行分析。

7.4.4 多行变一行

多行变一行的方法比较多，要根据具体情况选择合适的方法。

案例7-9

也许很多人喜欢看案例 7-2 中的表格结构，因为这样的结构适合阅读。假如拿到的是图 7-20 所示结构的表格，要转换为图 7-19 所示的结构，又该如何做？

步骤1　为表添加一个索引列，如图7-77所示。

	日期	地点	索引
1	2019-4-11	东方大道20号	0
2	2019-4-11	东方大道100号	1
3	2019-4-11	平安大道1200号	2
4	2019-4-11	赵登禹路88号	3
5	2019-4-11	西外大街300号	4
6	2019-4-15	学院路30号	5
7	2019-4-15	学院路12号	6
8	2019-4-15	西土城路212号	7
9	2019-4-17	东皇城根18号	8
10	2019-4-17	西长安街66号	9

图7-77　添加索引列

步骤2　选择索引列，执行“转换”→“透视列”命令，打开“透视列”对话框，做以下的设置，如图7-78所示。

（1）在“值列”下拉列表中选择“地点”。

（2）单击“高级选项”，展开下拉列表，在“聚合值函数”下拉列表中选择“不要聚合”。

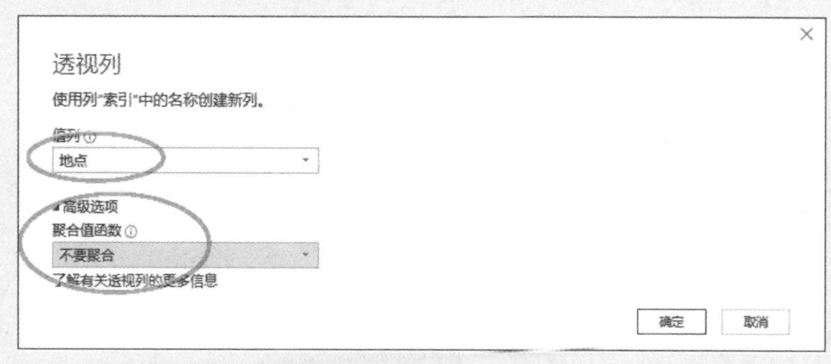

图7-78　设置透视列选项

（3）单击“确定”按钮，就得到了图 7-79 所示的结果。可见，每个日期下的地点都归拢到了该日期的同一行（尽管列的位置不一样）。

	日期	0	1	2	3	4	5	6	7	8	9
1	2019-4-11	东方大道20号	东方大道10...	平安大道12...	赵登禹路88号	西外大街30...	null	null	null	null	null
2	2019-4-15	null	null	null	null	null	学院路30号	学院路12号	西土城路21...	null	null
3	2019-4-17	null	null	null	null	null	null	null	null	东皇城根18号	西长安街66号

图7-79　透视列后的结果

步骤 3 选择“日期”列右侧的所有列，执行“转换”→“合并列”命令，打开“合并列”对话框，在“分隔符”下拉列表中选择“空格”，在“新列名（可选）”下面的文本框中输入“地址”，如图7-80所示。

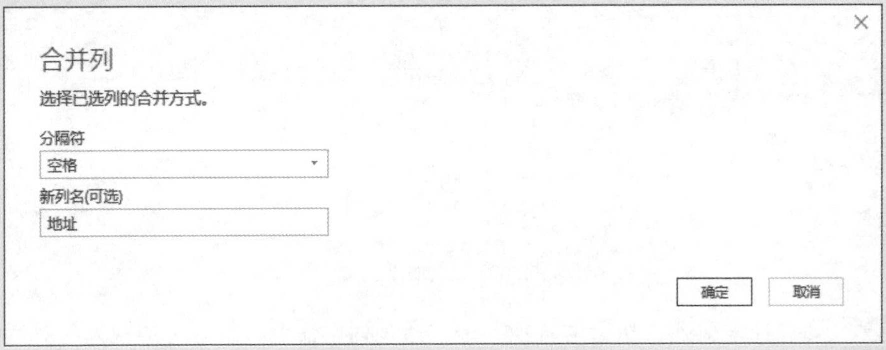

合并列

选择已选列的合并方式。

分隔符

空格

新列名(可选)

地址

确定　取消

图7-80　合并列选项设置

步骤 4 单击“确定”按钮，就得到了图7-81所示的结果。可见，各个地址都保存到了一个单元格中。

	日期	地址
1	2019-4-11	东方大道20号 东方大道100号 平安大道1200号 赵...
2	2019-4-15	学院路30号 学院路12号 西土城路212号
3	2019-4-17	东皇城根18号 西长安街66号

图7-81　合并列后所有地址保存到了一个单元格中

步骤 5 但是，每个合并数据中，中间每个地址有一个空格，前后也有空格，因此需要将每个单元格的字符前后的空格清除。

选择这列，执行“转换”→“格式”→“修整”命令，如图 7-82 所示。就得到前后没有空格的字符串（但中间每个地址之间空格仍在），如图 7–83 所示。

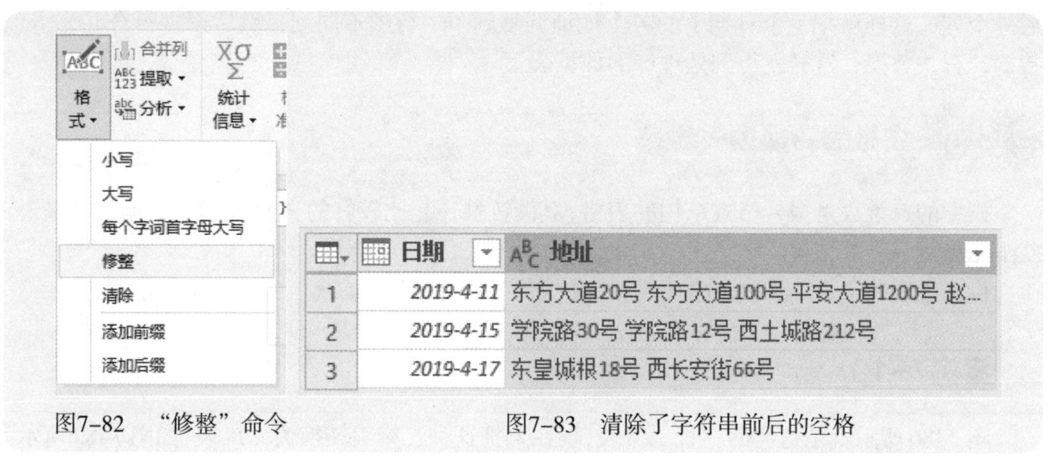

合并列
提取
分析
格式
统计信息
小写
大写
每个字词首字母大写
修整
清除
添加前缀
添加后缀

图7–82 “修整”命令

日期
地址
1 2019-4-11 东方大道20号 东方大道100号 平安大道1200号 赵...
2 2019-4-15 学院路30号 学院路12号 西土城路212号
3 2019-4-17 东皇城根18号 西长安街66号

图7–83 清除了字符串前后的空格

步骤6 选择这列，执行“转换”→“替换值”命令，打开“替换值”对话框，在“要查找的值”下面的文本框中输入一个空格，在“替换为”下面的文本框中输入逗号，如图7–84所示。

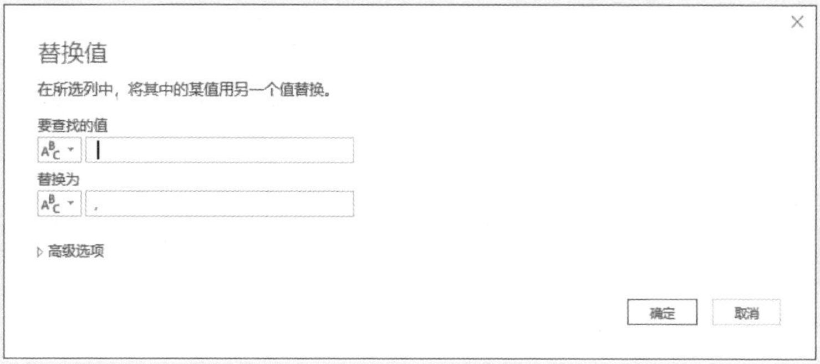

替换值
在所选列中，将其中的某值用另一个值替换。
要查找的值
替换为
高级选项
确定
取消

图7–84 准备将空格替换为逗号

步骤7 单击“确定”按钮，就得到了需要的结果，如图7–85所示。

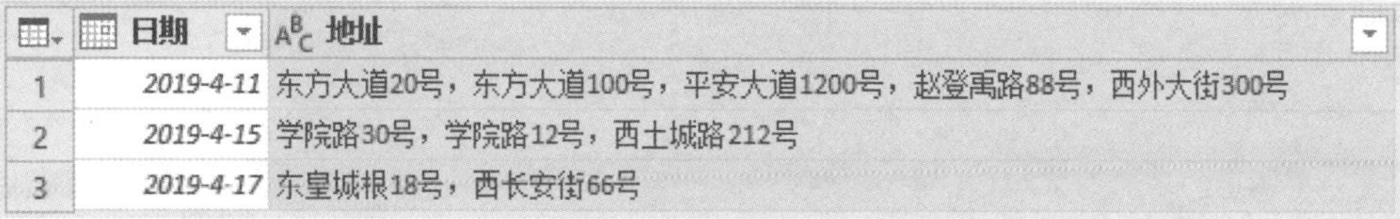

日期
地址
1 2019-4-11 东方大道20号，东方大道100号，平安大道1200号，赵登禹路88号，西外大街300号
2 2019-4-15 学院路30号，学院路12号，西土城路212号
3 2019-4-17 东皇城根18号，西长安街66号

图7–85 每个日期下的相应地址保存在了一个单元格中

这个例子的操作核心是通过添加一个索引列，并对索引列进行透视，让每个索引序号生成一个列，这样就把每个日期下的各个地址调整到了一行的不同列，然后再进行合并，清理数据，查找替换，这样就得到处理好的数据表了。

7.4.5 二维表转换为一维表

典型的二维表是报告格式结构的表格，其阅读性还是比较好的，但是，对于数据分析来说，就不见得是一种好结构。

将二维表转换为一维表的常用工具是使用“逆透视列”命令。下面举例说明。

案例7-10

图 7-86 所示就是这样的一种二维表，现在要把这种二维表转换为一维表，如图 7-87 所示。

	部门	1月	2月	3月	4月	5月	6月	7月	8月	9月	10月	11月	12月
1	办公室	1675	346	1190	764	1781	1597	685	409	741	808	997	1388
2	财务部	632	963	630	1071	766	1688	495	342	1338	1569	673	233
3	人力资源部	412	1387	737	1089	1262	1723	918	1024	1323	1138	1600	1442
4	销售部	959	1406	720	1202	897	875	371	621	551	1152	1414	567
5	研发部	727	1259	1303	819	719	1471	1700	1513	1327	767	817	817
6	生产部	1263	878	1338	1568	445	259	575	1781	1647	1573	432	315
7	客服部	470	995	418	1610	1718	1600	1234	331	1403	1497	574	1544
8	策划部	1059	257	770	518	1609	308	1640	598	1265	815	213	1358
9	项目管理部	320	1303	1530	371	997	1674	726	1320	995	635	605	1232

图7-86 典型的二维表

查询

	部门	属性	值
1	办公室	1月	1675
2	办公室	2月	346
3	办公室	3月	1190
4	办公室	4月	764
5	办公室	5月	1781
6	办公室	6月	1597
7	办公室	7月	685
8	办公室	8月	409
9	办公室	9月	741
10	办公室	10月	808
11	办公室	11月	997
12	办公室	12月	1388
13	财务部	1月	632
14	财务部	2月	963
15	财务部	3月	630

3 列、108 行

图7-87 需要得到的一维表

这种转换可以使用"逆透视列"命令，即选择图7-86的1～12月的12列，执行"转换"→"逆透视列"命令，或者仅仅选择"部门"列，执行"转换"→"逆透视其他列"命令，即可得到图7-87所示的一维表。最后修改列标题即可。

案例7-11

对于图7-88所示的最左边有两列文本分类的准二维表，也可以将其转换为一维表，如图7-89所示。方法是选择最左边两列，执行"转换"→"逆透视其他列"命令即可。

	部门	项目	1月	2月	3月	4月	5月	6月	7月
1	总经办	总费用	22532	32055	19323	17250	24707	15104	2222
2	总经办	工资	6727	13779	11203	7335	14248	10060	1328
3	总经办	个人所得税	4628	1937	1174	2434	2361	146	222
4	总经办	养老金	1245	2244	1844	1126	1509	1535	38
5	总经办	医疗保险	1097	2444	2189	1487	2028	1172	168
6	总经办	其他福利费	2659	1938	702	1584	2038	445	168
7	总经办	失业金	42	336	243	640	438	0	102
8	总经办	差旅费	2233	6177	347	843	237	1095	30
9	总经办	办公费用	2586	2142	1362	1109	375	132	28
10	总经办	电话费	1315	1058	259	692	1473	519	135
11	人事行政部	总费用	26925	29073	24029	24130	15408	13200	2442
12	人事行政部	工资	16957	21205	18140	13997	9351	9605	1519
13	人事行政部	个人所得税	1693	1001	2348	1691	230	504	136
14	人事行政部	养老金	123	1461	601	1006	1775	276	175
15									

图7-88 最左边有两列文本分类的准二维表

	部门	项目	属性	值
1	总经办	总费用	1月	22532
2	总经办	总费用	2月	32055
3	总经办	总费用	3月	19323
4	总经办	总费用	4月	17250
5	总经办	总费用	5月	24707
6	总经办	总费用	6月	15104
7	总经办	总费用	7月	22225
8	总经办	总费用	8月	19667
9	总经办	总费用	9月	20997
10	总经办	总费用	10月	19253
11	总经办	总费用	11月	12225
12	总经办	总费用	12月	13486
13	总经办	工资	1月	6727
14	总经办	工资	2月	13779
15	总经办	工资	3月	11203

图7-89 转换后的一维表

7.4.6 一维表转换为二维表

一维表转换为二维表，实质上就是透视列和分组计算。根据数据的维度以及要查看的项目，可以采取不同的方法。

案例7-12

图 7-90 所示是一张一维表，现在要制作按月份横向排列的二维汇总表，如图 7-91 所示。

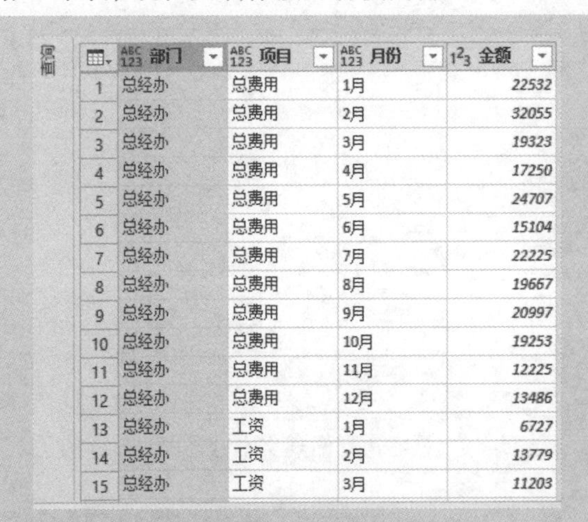

	部门	项目	月份	金额
1	总经办	总费用	1月	22532
2	总经办	总费用	2月	32055
3	总经办	总费用	3月	19323
4	总经办	总费用	4月	17250
5	总经办	总费用	5月	24707
6	总经办	总费用	6月	15104
7	总经办	总费用	7月	22225
8	总经办	总费用	8月	19667
9	总经办	总费用	9月	20997
10	总经办	总费用	10月	19253
11	总经办	总费用	11月	12225
12	总经办	总费用	12月	13486
13	总经办	工资	1月	6727
14	总经办	工资	2月	13779
15	总经办	工资	3月	11203

图7-90　一维表

	部门	项目	1月	2月	3月	4月	5月	6月	7月
1	人事行政部	个人所得税	1693	1001	2348	1691	230	504	136
2	人事行政部	其他福利费	3541	1334	333	1800	770	481	174
3	人事行政部	养老金	123	1461	601	1006	1775	276	175
4	人事行政部	办公费用	932	872	665	1162	652	172	104
5	人事行政部	医疗保险	678	984	297	1567	2022	533	224
6	人事行政部	失业金	2287	1266	935	1503	175	154	13
7	人事行政部	工资	16957	21205	18140	13997	9351	9605	1519
8	人事行政部	差旅费	352	338	651	132	160	367	65
9	人事行政部	总费用	26925	29073	24029	24130	15408	13200	2442
10	人事行政部	电话费	362	612	59	1272	273	1108	28
11	信息部	个人所得税	319	231	173	78	613	156	22
12	信息部	其他福利费	858	5101	932	46	773	767	43
13	信息部	养老金	1656	385	646	553	805	25	28
14	信息部	办公费用	2185	1088	335	116	746	627	70
15									

图7-91　按月份横向排列的二维汇总表

由于要将月份横向排列，因此选择“月份”列，然后执行“透视列”命令，打开“透视列”对话框，在“值列”下拉列表中选择“金额”，如图 7–92 所示。

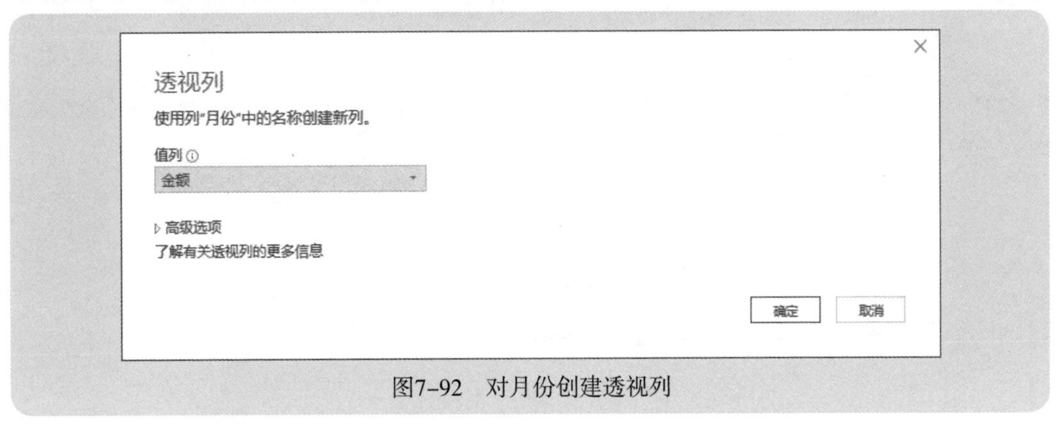

图7–92　对月份创建透视列

单击“确定”按钮，就得到了需要的二维表。

案例7–13

图 7–93 所示是一个销售流水数据，现在要求制作各个产品各月的二维汇总表。

	日期	客户	产品	销量
1	2019-1-1	客户26	产品01	871
2	2019-1-1	客户09	产品03	407
3	2019-1-2	客户02	产品05	19
4	2019-1-2	客户13	产品03	116
5	2019-1-3	客户25	产品11	786
6	2019-1-3	客户08	产品04	483
7	2019-1-3	客户18	产品02	53
8	2019-1-3	客户26	产品04	64
9	2019-1-4	客户19	产品01	515
10	2019-1-4	客户06	产品02	815
11	2019-1-4	客户12	产品01	751
12	2019-1-4	客户30	产品01	741
13	2019-1-4	客户25	产品07	124
14	2019-1-4	客户28	产品08	518
15	2019-1-5	客户04	产品06	456

图7–93　销售流水数据

步骤1　选择“日期”列，执行“添加列”→“日期”→“月”→“月份名称”命令，为表添加一个“月份名称”列，如图7–94所示。

	日期	客户	产品	销量	月份名称
1	2019-1-1	客户26	产品01	871	一月
2	2019-1-1	客户09	产品03	407	一月
3	2019-1-2	客户02	产品05	19	一月
4	2019-1-2	客户13	产品03	116	一月
5	2019-1-3	客户25	产品11	786	一月
6	2019-1-3	客户08	产品04	483	一月
7	2019-1-3	客户18	产品02	53	一月
8	2019-1-3	客户26	产品04	64	一月
9	2019-1-4	客户19	产品01	515	一月
10	2019-1-4	客户06	产品02	815	一月
11	2019-1-4	客户12	产品01	751	一月
12	2019-1-4	客户30	产品01	741	一月
13	2019-1-4	客户25	产品07	124	一月
14	2019-1-4	客户28	产品08	518	一月
15	2019-1-5	客户04	产品06	456	一月

图7-94　添加一列“月份名称”

步骤2 执行“开始”→“分组依据”命令，打开“分组依据”对话框，做如图7-95所示的设置。

（1）选中“高级”单选按钮。

（2）添加两个分组依据，分别是“产品”和“月份名称”。

（3）在“新列名”下面的文本框中输入“销售量”，在“操作”下面的文本框中输入“求和”，“值”（这个对话框中显示的是“柱”）为“销量”。

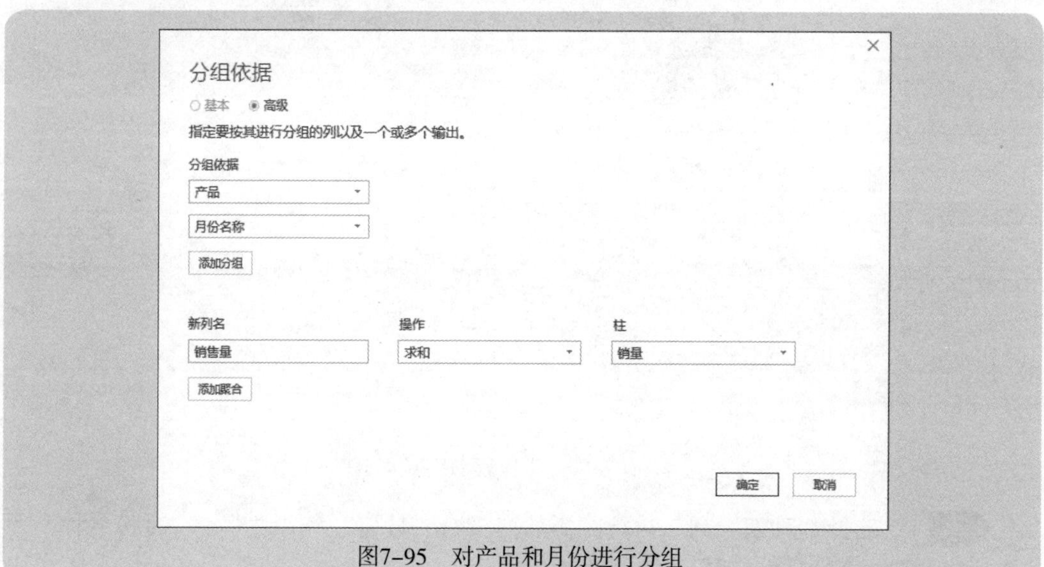

图7-95　对产品和月份进行分组

步骤3 单击“确定”按钮，就得到了按照产品和月份名称进行分组的汇总表，如图7–96所示。

	产品	月份名称	销售量
1	产品01	一月	7390
2	产品03	一月	4356
3	产品05	一月	2223
4	产品11	一月	7909
5	产品04	一月	4738
6	产品02	一月	5346
7	产品07	一月	2205
8	产品08	一月	4157
9	产品06	一月	2611
10	产品10	一月	4715
11	产品09	一月	3632
12	产品12	一月	2741
13	产品05	二月	6783
14	产品06	二月	6807
15	产品11	二月	3656
16	产品09	二月	3369
17	产品08	二月	4230

图7–96 把产品和月份名称进行分组的汇总表

步骤4 选择“月份名称”列，执行“转换”→“透视列”命令，选择“销售量”作为值列，如图7–97所示。

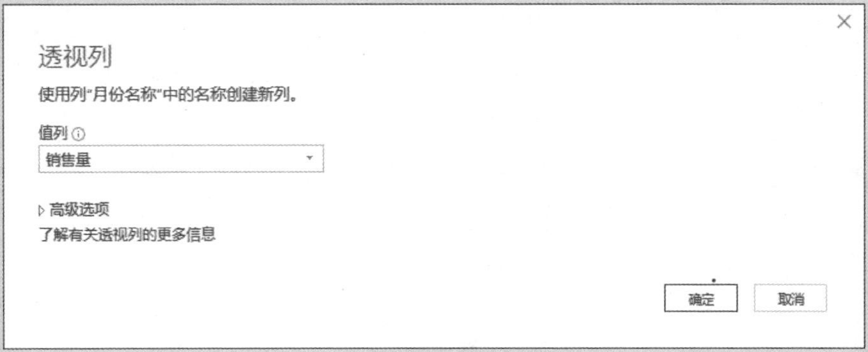

透视列

使用列"月份名称"中的名称创建新列。

值列

销售量

▷ 高级选项

了解有关透视列的更多信息

确定 取消

图7–97 对“月份名称”透视列

步骤5 单击“确定”按钮，就得到了需要的按产品、按月份的二维汇总表，如图7–98所示。

	产品	一月	二月	三月	四月	五月	六月	七月	八月
1	产品01	7390	3675	5294	6858	2089	4454	4963	2899
2	产品02	5346	4090	3480	4716	3194	3857	4963	5476
3	产品03	4356	7466	4656	6019	9208	6349	5008	6175
4	产品04	4738	3346	4585	5824	7938	3760	5790	4045
5	产品05	2223	6783	4191	4718	3700	1365	4443	5803
6	产品06	2611	6807	3570	3474	6370	1870	3376	5143
7	产品07	2205	7114	6204	1780	3640	7257	5250	4122
8	产品08	4157	4230	5122	7102	3205	4509	5765	2827
9	产品09	3632	3369	2182	4866	5135	5063	3294	6038
10	产品10	4715	3197	3036	2163	5668	6233	6064	4078
11	产品11	7909	3656	6954	6076	4630	4179	4448	3015
12	产品12	2741	5853	2907	3061	5397	4433	4822	2679

图7-98　按产品、按月份的二维汇总表

7.4.7 综合练习 1——连续发票号码的数据处理

案例7-14

图 7-99 所示是一个“发票号”列，连续的发票号末尾 2 位数字用横杠连接，保存在一个单元格中。例如，第 1 行的 2148532-37 表示是 6 张连号的发票号 2148532、2148533、2148534、2148535、2148536、2148537；而第 4 行就只有一个发票号 4299489。现在要把这张表的发票号保存成如图 7-100 所示的形式。

	日期	发票号
1	2019-4-5	2148532-37
2	2019-4-9	3949002-13
3	2019-4-12	4200941-47
4	2019-4-23	4299489
5	2019-4-29	4300011-22

图7-99　发票号

	日期	发票号	展开的号码
1	2019-4-5	2148532-37	2148532
2	2019-4-5	2148532-37	2148533
3	2019-4-5	2148532-37	2148534
4	2019-4-5	2148532-37	2148535
5	2019-4-5	2148532-37	2148536
6	2019-4-5	2148532-37	2148537
7	2019-4-9	3949002-13	3949002
8	2019-4-9	3949002-13	3949003
9	2019-4-9	3949002-13	3949004
10	2019-4-9	3949002-13	3949005
11	2019-4-9	3949002-13	3949006
12	2019-4-9	3949002-13	3949007
13	2019-4-9	3949002-13	3949008
14	2019-4-9	3949002-13	3949009
15	2019-4-9	3949002-13	3949010

图7-100　发票号展开后的表

步骤1　选择“发票号”列，执行“转换”→“拆分列”→“按分隔符”命令，打开“按分隔符拆分列”对话框，选择“--自定义--”并输入横杠，如图7-101所示。

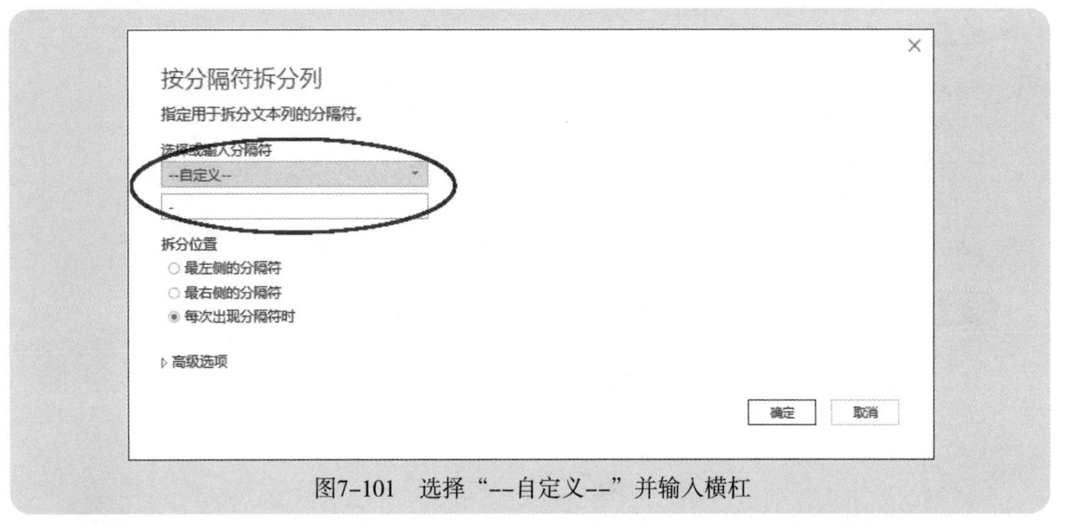

图7-101　选择“--自定义--”并输入横杠

步骤2　单击“确定”按钮，就将发票号拆分成了图7-102所示的结果。

	日期	发票号.1	发票号.2
1	2019-4-5	2148532	37
2	2019-4-9	3949002	13
3	2019-4-12	4200941	47
4	2019-4-23	4299489	null
5	2019-4-29	4300011	22

图7-102　发票号被拆分

步骤3　选择“发票号.1”列，执行“添加列”→“提取”→“首字符”命令，如图7-103所示。打开“插入首字符”对话框，在“计数”下面的文本框中输入数字5，如图7-104所示。

这一步的操作是要取出发票号的数根（本案例中，发票号的数根是左边的5位数字）。

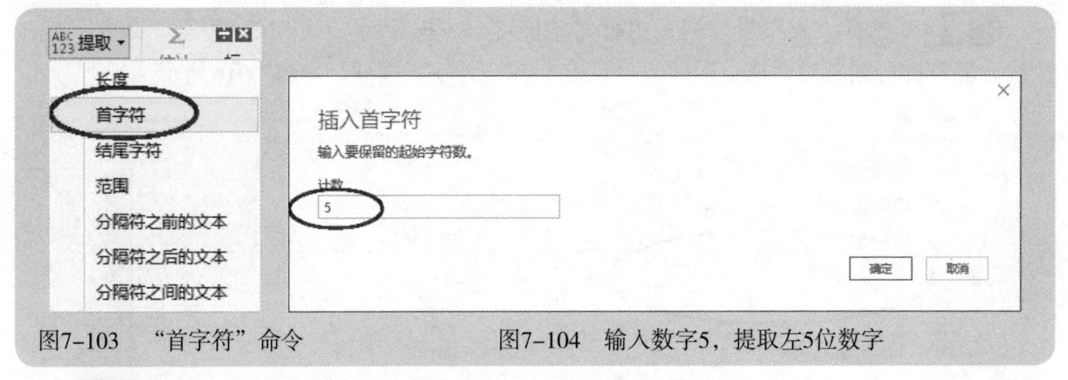

图7-103 “首字符”命令

图7-104 输入数字5，提取左5位数字

步骤 4 单击“确定”按钮，就得到了图7-105所示的结果。

	日期	发票号.1	发票号.2	首字符
1	2019-4-5	2148532	37	21485
2	2019-4-9	3949002	13	39490
3	2019-4-12	4200941	47	42009
4	2019-4-23	4299489	null	42994
5	2019-4-29	4300011	22	43000

图7-105 取出发票号的左5位数字

步骤 5 将“首字符”列调整到“发票号.2”列的前面，如图7-106所示。

	日期	发票号.1	首字符	发票号.2
1	2019-4-5	2148532	21485	37
2	2019-4-9	3949002	39490	13
3	2019-4-12	4200941	42009	47
4	2019-4-23	4299489	42994	null
5	2019-4-29	4300011	43000	22

图7-106 将“首字符”列调整到“发票号.2”列的前面

步骤 6 选择“首字符”列和“发票号.2”列，执行“添加”→“合并列”命令，打开“合并列”对话框，保持默认设置（不用分隔符），如图7-107所示。

步骤 7 单击“确定”按钮，就得到了发票号的数根与尾数合并后的新列，如图7-108所示。

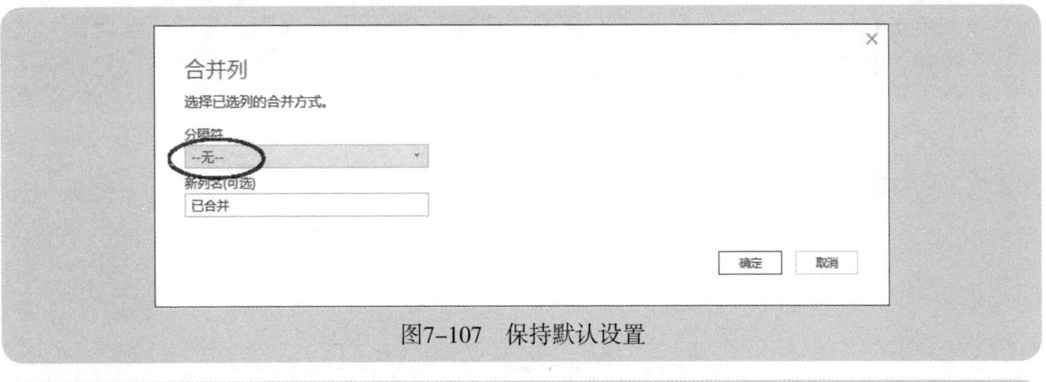

图7-107 保持默认设置

	日期	发票号.1	首字符	发票号.2	已合并
1	2019-4-5	2148532	21485	37	2148537
2	2019-4-9	3949002	39490	13	3949013
3	2019-4-12	4200941	42009	47	4200947
4	2019-4-23	4299489	42994	null	42994
5	2019-4-29	4300011	43000	22	4300022

图7-108 合并得到的发票尾号

步骤8 当发票号是连续几个号时，这个合并得到的发票末号是正确的，但当发票仅仅是一张时，合并结果就不对了，因此，需要对数据进行判断，得到正确的数据。

执行“添加列”→“条件列”命令，打开“添加条件列”对话框，做以下的设置。

（1）新列名采用默认设置，设置为“自定义”。

（2）在 If 下的“列名”下拉列表中选择“发票号 .2”。

（3）在“运算符”下拉列表中选择“等于”。

（4）在“值”下面的文本框中输入字符 null。

（5）单击“输出”文本框左侧的按钮，展开下拉列表，选择“选择列”（如图 7-109 所示），然后从下拉列表中选择“发票号 .1”。

图7-109 选择“选择列”

（6）单击 Otherwise 下面的文本框左侧的按钮 ，展开下拉列表，选择“选择列”，然后从下拉列表中选择“已合并”。

设置好的对话框如图 7–110 所示。

这个条件语句的含义是如果“发票号 .2”等于 null，那么就取“发票号 .1”列数据，否则就取“已合并”数据。

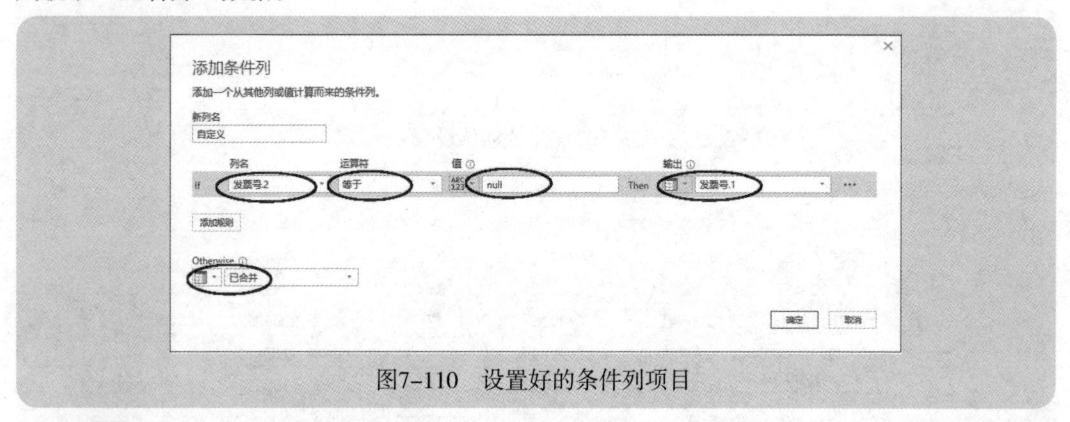

图7–110　设置好的条件列项目

步骤9 单击“确定”按钮，就得到了图7–111所示的结果。这个自定义列就是获得的发票号末号（某组号码的最后一个发票号码）。

	日期	发票号.1	首字符	发票号.2	已合并	自定义
1	2019-4-5	2148532	21485	37	2148537	2148537
2	2019-4-9	3949002	39490	13	3949013	3949013
3	2019-4-12	4200941	42009	47	4200947	4200947
4	2019-4-23	4299489	42994	null	42994	4299489
5	2019-4-29	4300011	43000	22	4300022	4300022

图7–111　得到一个自定义列

步骤10 选择“发票号.1”列和“自定义”列，设置其数据类型为“整数”，如图7–112所示。

	日期	发票号.1	首字符	发票号.2	已合并	自定义
1	2019-4-5	2148532	21485	37	2148537	2148537
2	2019-4-9	3949002	39490	13	3949013	3949013
3	2019-4-12	4200941	42009	47	4200947	4200947
4	2019-4-23	4299489	42994	null	42994	4299489
5	2019-4-29	4300011	43000	22	4300022	4300022

图7–112　设置“发票号.1”列和“自定义”列的数据类型为“整数”

步骤11 将“发票号.1”列标题修改为“首号”，将“自定义”列标题修改为“末号”，如图7–113所示。

	日期	首号	首字符	发票号.2	已合并	末号
1	2019-4-5	2148532	21485	37	2148537	2148537
2	2019-4-9	3949002	39490	13	3949013	3949013
3	2019-4-12	4200941	42009	47	4200947	4200947
4	2019-4-23	4299489	42994	null	42994	4299489
5	2019-4-29	4300011	43000	22	4300022	4300022

图7–113 修改列标题名称

步骤12 保留“日期”“首号”和“末号”3列数据，删除其他列，如图7–114所示。

	日期	首号	末号
1	2019-4-5	2148532	2148537
2	2019-4-9	3949002	3949013
3	2019-4-12	4200941	4200947
4	2019-4-23	4299489	4299489
5	2019-4-29	4300011	4300022

图7–114 删除其他列后的表

步骤13 执行“添加列”→“自定义列”命令，打开“自定义列”对话框，如图7–115所示。在“新列名”下面的文本框中输入“号码”，再输入以下的自定义列公式：

```
= {[首号]..[末号]}
```

这个公式中，两个句点“..”表示要生成首号和末号之间的连续号码。

图7–115 添加自定义列

步骤14 单击“确定”按钮，就得到了一个“号码”列，如图7-116所示。这个列的数据为List，也就是说，这个结果并不是一个数，而是一个列表。

	日期	首号	末号	号码
1	2019-4-5	2148532	2148537	List
2	2019-4-9	3949002	3949013	List
3	2019-4-12	4200941	4200947	List
4	2019-4-23	4299489	4299489	List
5	2019-4-29	4300011	4300022	List

图7-116　得到了号码的List数据

步骤15 单击“号码”列标题右侧的展开按钮，展开一个下拉菜单，选择“扩展到新行”命令，如图7-117所示。

这样，就得到了每行一个发票号的表格，如图 7-118 所示。

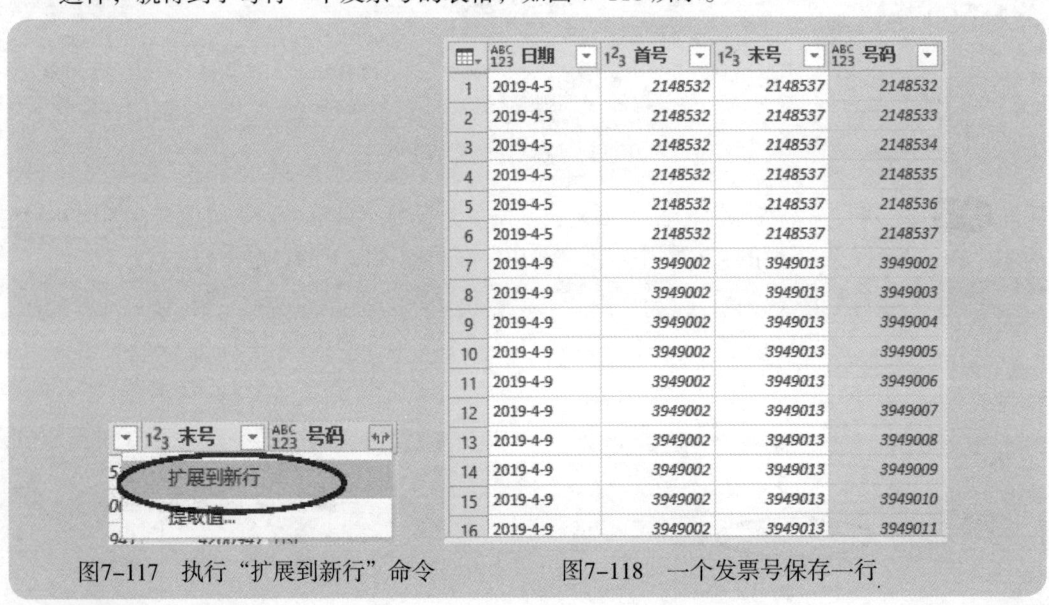

	日期	首号	末号	号码
1	2019-4-5	2148532	2148537	2148532
2	2019-4-5	2148532	2148537	2148533
3	2019-4-5	2148532	2148537	2148534
4	2019-4-5	2148532	2148537	2148535
5	2019-4-5	2148532	2148537	2148536
6	2019-4-5	2148532	2148537	2148537
7	2019-4-9	3949002	3949013	3949002
8	2019-4-9	3949002	3949013	3949003
9	2019-4-9	3949002	3949013	3949004
10	2019-4-9	3949002	3949013	3949005
11	2019-4-9	3949002	3949013	3949006
12	2019-4-9	3949002	3949013	3949007
13	2019-4-9	3949002	3949013	3949008
14	2019-4-9	3949002	3949013	3949009
15	2019-4-9	3949002	3949013	3949010
16	2019-4-9	3949002	3949013	3949011

图7-117　执行“扩展到新行”命令　　　　图7-118　一个发票号保存一行

步骤16 删除中间的“首号”和“末号”两列，就是所需要的一行一个发票号的列表了，如图7-119所示。

步骤17 将数据导出到工作表即可，如图7-120所示。

	日期	号码
1	2019-4-5	2148532
2	2019-4-5	2148533
3	2019-4-5	2148534
4	2019-4-5	2148535
5	2019-4-5	2148536
6	2019-4-5	2148537
7	2019-4-9	3949002
8	2019-4-9	3949003
9	2019-4-9	3949004
10	2019-4-9	3949005
11	2019-4-9	3949006
12	2019-4-9	3949007
13	2019-4-9	3949008
14	2019-4-9	3949009
15	2019-4-9	3949010
16	2019-4-9	3949011

图7-119 最终的列表

	A	B	C
1	日期	号码	
2	2019-4-5	2148532	
3	2019-4-5	2148533	
4	2019-4-5	2148534	
5	2019-4-5	2148535	
6	2019-4-5	2148536	
7	2019-4-5	2148537	
8	2019-4-9	3949002	
9	2019-4-9	3949003	
10	2019-4-9	3949004	
11	2019-4-9	3949005	
12	2019-4-9	3949006	
13	2019-4-9	3949007	
14	2019-4-9	3949008	
15	2019-4-9	3949009	

Sheet1 Sheet3

图7-120 结果导出到Excel工作表

案例7-15

案例 7-14 是将发票号展开。那么反过来，如果要把保存在各行的连续发票号，按日期转换到一行内，并用连字符表示该如何操作呢?

下面是具体的操作步骤。

步骤1 建立展开号码表的查询，如图7-121所示。注意要将展开的号码数据类型设置为“整数”。

	日期	发票号	展开的号码
1	2019-4-5	2148532-37	2148532
2	2019-4-5	2148532-37	2148533
3	2019-4-5	2148532-37	2148534
4	2019-4-5	2148532-37	2148535
5	2019-4-5	2148532-37	2148536
6	2019-4-5	2148532-37	2148537
7	2019-4-9	3949002-13	3949002
8	2019-4-9	3949002-13	3949003
9	2019-4-9	3949002-13	3949004
10	2019-4-9	3949002-13	3949005
11	2019-4-9	3949002-13	3949006
12	2019-4-9	3949002-13	3949007
13	2019-4-9	3949002-13	3949008
14	2019-4-9	3949002-13	3949009

图7-121 建立查询

步骤2 选择“日期”列，执行“开始”→“分组依据”命令，打开“分组依据”对话框，做如图7–122所示的设置。

（1）选中“高级”单选按钮。

（2）在“分组依据”下拉列表中选择“日期”。

（3）添加两个聚合，“新列名”分别是“首号”和“末号”，一个“操作”选择“最小值”，另一个“操作”选择“最大值”，“值”列均选择“展开的号码”。

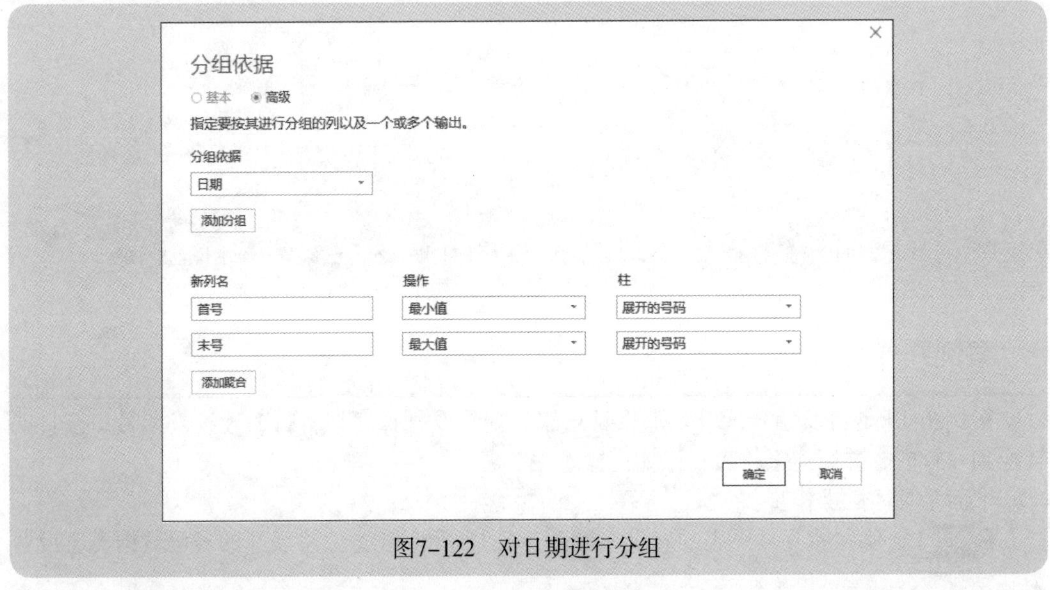

图7–122　对日期进行分组

单击“确定”按钮，就得到了图 7–123 所示的结果。

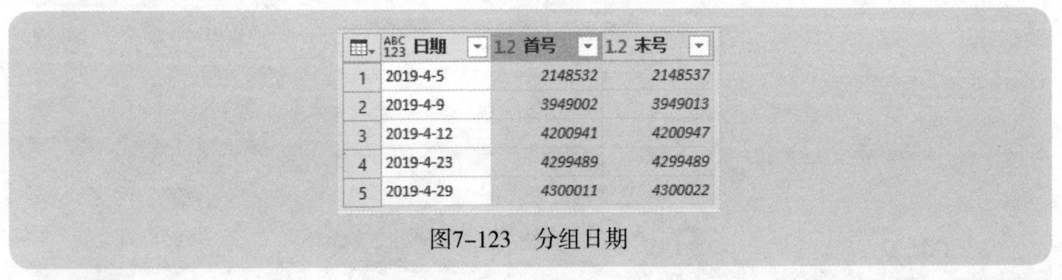

	日期	首号	末号
1	2019-4-5	2148532	2148537
2	2019-4-9	3949002	3949013
3	2019-4-12	4200941	4200947
4	2019-4-23	4299489	4299489
5	2019-4-29	4300011	4300022

图7–123　分组日期

步骤3 选择“首号”列或者“末号”列，执行“添加列”→“提取”→“首字符”命令，打开“插入首字符”对话框，在“计数”下面的文本框中输入5，如图7–124所示。

这说明本案例中，发票号的根数是 5 位。

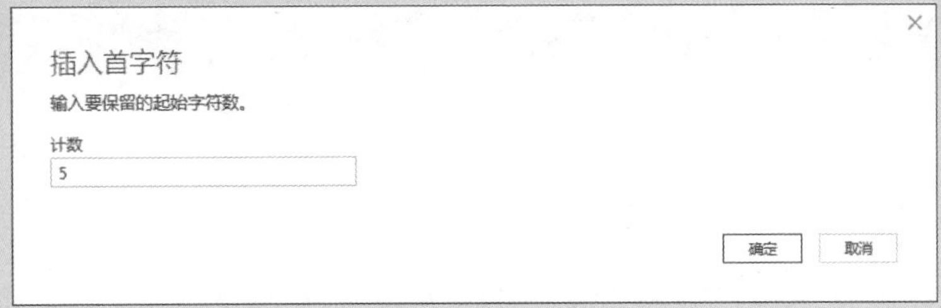

插入首字符
输入要保留的起始字符数。
计数
5
确定
取消

图7–124　提取发票号的根数

单击“确定”按钮，就得到了图 7–125 所示的结果。

	日期	首号	末号	首字符
1	2019-4-5	2148532	2148537	21485
2	2019-4-9	3949002	3949013	39490
3	2019-4-12	4200941	4200947	42009
4	2019-4-23	4299489	4299489	42994
5	2019-4-29	4300011	4300022	43000

图7–125　提取发票号根数后的表

步骤 4　选择“末号”列，执行“添加列”→“提取”→“结尾字符”命令，打开“插入结尾字符”对话框，在“计数”下面的文本框中输入2，如图7–126所示。

这说明本案例中，发票的最后两位是变动的连续序号。

插入结尾字符
输入要保留的结束字符数。
计数
2
确定
取消

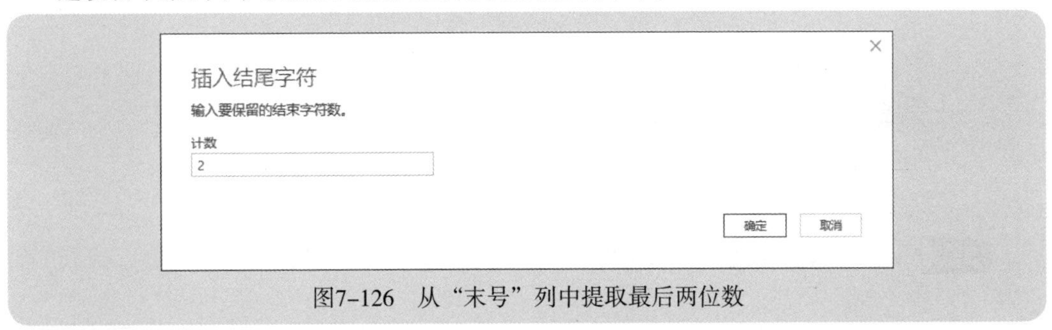

图7–126　从“末号”列中提取最后两位数

单击“确定”按钮，就得到了图 7–127 所示的结果。

步骤 5　选择“首号”列和“结尾字符”列，执行“添加列”→“合并列”命令，打开“合并列”对话框，在“分隔符”下拉列表中选择“--自定义--”，然后在“分隔符”下面的文本框中输入横杠，“新列名”采用默认设置，设置为“已合并”，如图7–128所示。

	日期	首号	末号	首字符	结尾字符
1	2019-4-5	2148532	2148537	21485	37
2	2019-4-9	3949002	3949013	39490	13
3	2019-4-12	4200941	4200947	42009	47
4	2019-4-23	4299489	4299489	42994	89
5	2019-4-29	4300011	4300022	43000	22

图7–127　从“末号”列中提取最后两位数的表

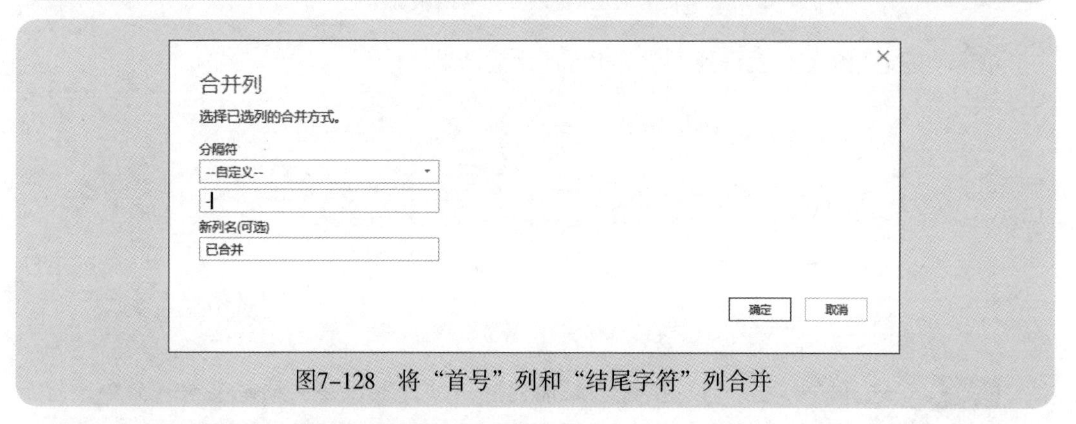

图7–128　将“首号”列和“结尾字符”列合并

单击“确定”按钮，就得到了图 7–129 所示的表。

	日期	首号	末号	首字符	结尾字符	已合并
1	2019-4-5	2148532	2148537	21485	37	2148532-37
2	2019-4-9	3949002	3949013	39490	13	3949002-13
3	2019-4-12	4200941	4200947	42009	47	4200941-47
4	2019-4-23	4299489	4299489	42994	89	4299489-89
5	2019-4-29	4300011	4300022	43000	22	4300011-22

图7–129　合并得到发票号连接字符

步骤6 执行“添加列”→“条件列”命令，打开“添加条件列”对话框，做以下的设置。

（1）输入新列名“发票号”。

（2）在 If 下的“列名”下拉列表中选择“首号”。

（3）在“运算符”下拉列表中选择“等于”。

（4）单击“值”下面文本框左侧的按钮 ABC/123 ▾，展开下拉列表，选择“选择列”（如图 7–130 所示），然后从下拉列表中选择“末号”。

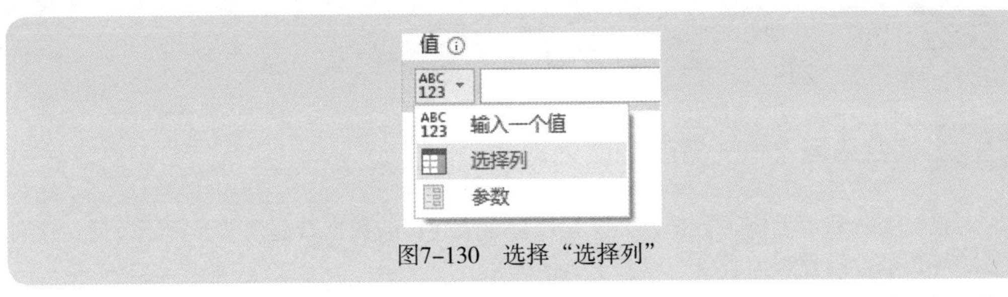

图7–130 选择“选择列”

（5）单击“输出”下面文本框左侧的按钮，展开下拉列表，选择“选择列”，然后从下拉列表中选择“首号”。

（6）单击 Otherwise 下面文本输入框左侧的按钮，展开下拉列表，选择“选择列”，然后从下拉列表中选择“已合并”。

设置好的对话框如图 7–131 所示。

这个条件语句的含义是如果首号等于末号,那么就取“首号”列数据;否则就取“已合并”列数据。

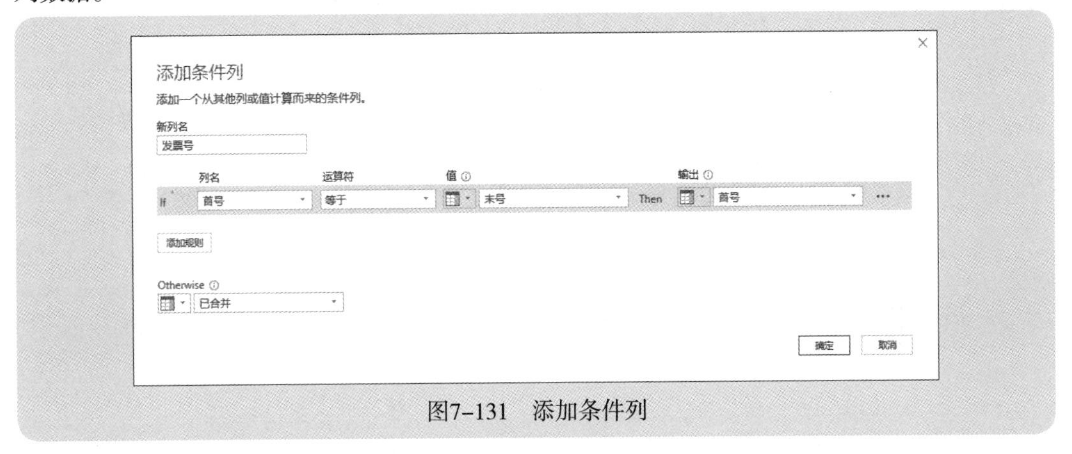

图7–131 添加条件列

单击“确定”按钮，就得到了图 7–132 所示的表。

	日期	首号	末号	首字符	结尾字符	已合并	发票号
1	2019-4-5	2148532	2148537	21485	37	2148532-37	2148532-37
2	2019-4-9	3949002	3949013	39490	13	3949002-13	3949002-13
3	2019-4-12	4200941	4200947	42009	47	4200941-47	4200941-47
4	2019-4-23	4299489	4299489	42994	89	4299489-89	4299489
5	2019-4-29	4300011	4300022	43000	22	4300011-22	4300011-22

图7–132 得到的发票连号数据

步骤7 选择“发票号”列，将其数据类型设置为“文本”。

步骤8 保留“日期”列和“发票号”列，删除其他的所有列。

这样，就完成了数据的合并与处理。

7.4.8 综合练习 2——考勤数据处理

有时候需要查看考勤刷卡数据，而从指纹打卡机导出的数据看起来又非常不方便，这时就需要将导出的数据整理为表单，以便于数据统计。

案例7-16

图 7-133 所示就是一个示例数据，现在要求把指纹打卡机导出的考勤数据整理为阅读格式的表，如图 7-134 所示。

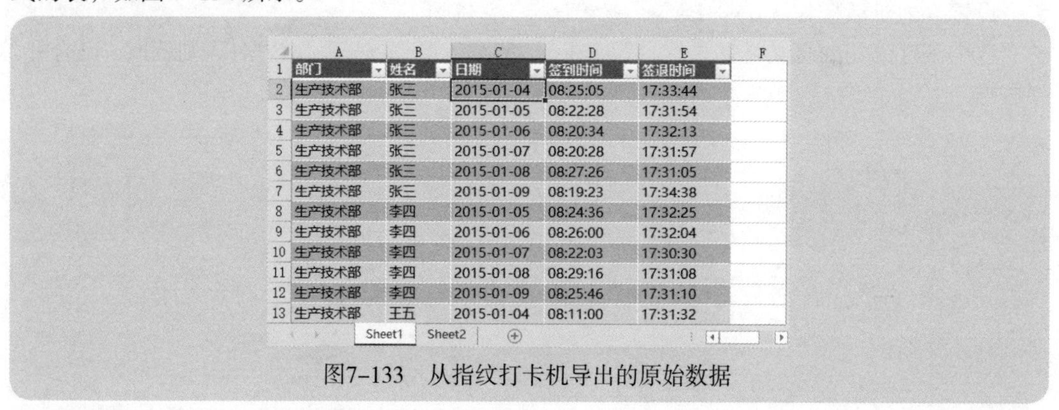

	A	B	C	D	E	F
1	部门	姓名	日期	签到时间	签退时间	
2	生产技术部	张三	2015-01-04	08:25:05	17:33:44	
3	生产技术部	张三	2015-01-05	08:22:28	17:31:54	
4	生产技术部	张三	2015-01-06	08:20:34	17:32:13	
5	生产技术部	张三	2015-01-07	08:20:28	17:31:57	
6	生产技术部	张三	2015-01-08	08:27:26	17:31:05	
7	生产技术部	张三	2015-01-09	08:19:23	17:34:38	
8	生产技术部	李四	2015-01-05	08:24:36	17:32:25	
9	生产技术部	李四	2015-01-06	08:26:00	17:32:04	
10	生产技术部	李四	2015-01-07	08:22:03	17:30:30	
11	生产技术部	李四	2015-01-08	08:29:16	17:31:08	
12	生产技术部	李四	2015-01-09	08:25:46	17:31:10	
13	生产技术部	王五	2015-01-04	08:11:00	17:31:32	

Sheet1 Sheet2

图7-133 从指纹打卡机导出的原始数据

	A	B	C	D	E	F	G	H
1	部门	姓名	2015-01-04	2015-01-05	2015-01-06	2015-01-07	2015-01-08	2015-01-09
2	生产技术部	孙七	08:15:17 17:31:26	08:18:03 17:31:01	08:15:37 17:32:51	08:15:03 17:32:02	08:13:37 17:31:43	08:13:10 17:30:45
3	生产技术部	张三	08:25:05 17:33:44	08:22:28 17:31:54	08:20:34 17:32:13	08:20:28 17:31:57	08:27:26 17:31:05	08:19:23 17:34:38
4	生产技术部	李四		08:24:36 17:32:25	08:26:00 17:32:04	08:22:03 17:30:30	08:29:16 17:31:08	08:25:46 17:31:10
5	生产技术部	王五	08:11:00 17:31:32	08:10:56 17:31:30	08:13:06 17:32:48	08:11:37 17:32:06	08:15:37 17:31:47	
6	生产技术部	马六	08:23:00 17:31:44	17:31:13 17:31:13	08:19:02 17:31:25	08:15:44 17:30:46	08:17:43 17:30:24	08:18:56 17:30:21
7								

Sheet1 Sheet2

图7-134 要求制作的表格

步骤1 建立查询，如图7-135所示。

	部门	姓名	日期	签到时...	签退时...
1	生产技术部	张三	2015-01-04	08:25:05	17:33:44
2	生产技术部	张三	2015-01-05	08:22:28	17:31:54
3	生产技术部	张三	2015-01-06	08:20:34	17:32:13
4	生产技术部	张三	2015-01-07	08:20:28	17:31:57
5	生产技术部	张三	2015-01-08	08:27:26	17:31:05
6	生产技术部	张三	2015-01-09	08:19:23	17:34:38
7	生产技术部	李四	2015-01-05	08:24:36	17:32:25
8	生产技术部	李四	2015-01-06	08:26:00	17:32:04
9	生产技术部	李四	2015-01-07	08:22:03	17:30:30
10	生产技术部	李四	2015-01-08	08:29:16	17:31:08
11	生产技术部	李四	2015-01-09	08:25:46	17:31:10
12	生产技术部	王五	2015-01-04	08:11:00	17:31:32
13	生产技术部	王五	2015-01-05	08:10:56	17:31:30
14	生产技术部	王五	2015-01-06	08:13:06	17:32:48

28 行

图7-135 建立查询

步骤2 选择表最后位置的“签到时间”列和“签退时间”列，执行“转换”→“合并列”命令，将两列以空格作为分隔符合并起来，如图7-136和图7-137所示。

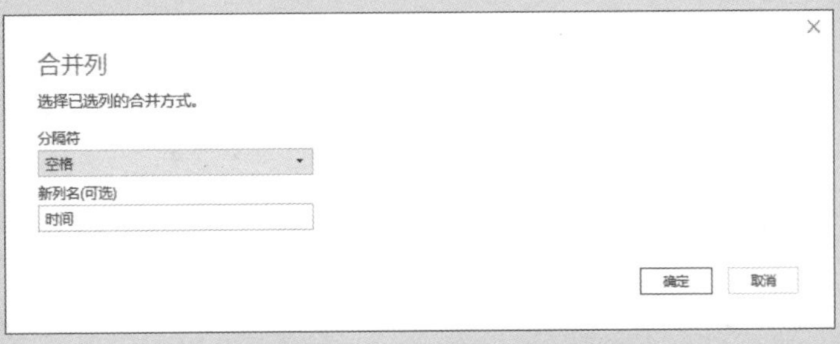

合并列

选择已选列的合并方式。

分隔符

空格

新列名(可选)

时间

确定 取消

图7-136 以空格合并两列

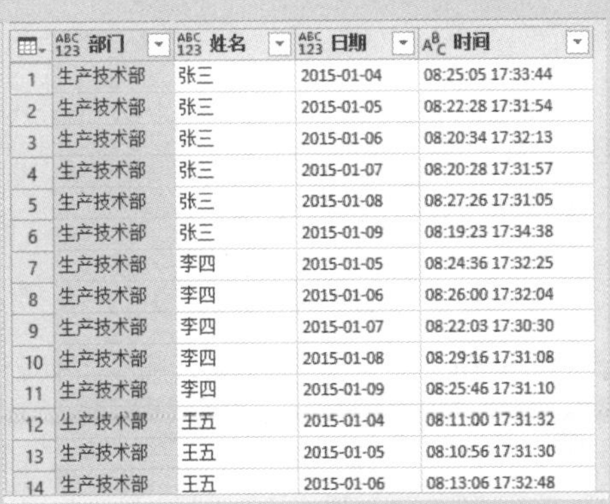

	部门	姓名	日期	时间
1	生产技术部	张三	2015-01-04	08:25:05 17:33:44
2	生产技术部	张三	2015-01-05	08:22:28 17:31:54
3	生产技术部	张三	2015-01-06	08:20:34 17:32:13
4	生产技术部	张三	2015-01-07	08:20:28 17:31:57
5	生产技术部	张三	2015-01-08	08:27:26 17:31:05
6	生产技术部	张三	2015-01-09	08:19:23 17:34:38
7	生产技术部	李四	2015-01-05	08:24:36 17:32:25
8	生产技术部	李四	2015-01-06	08:26:00 17:32:04
9	生产技术部	李四	2015-01-07	08:22:03 17:30:30
10	生产技术部	李四	2015-01-08	08:29:16 17:31:08
11	生产技术部	李四	2015-01-09	08:25:46 17:31:10
12	生产技术部	王五	2015-01-04	08:11:00 17:31:32
13	生产技术部	王五	2015-01-05	08:10:56 17:31:30
14	生产技术部	王五	2015-01-06	08:13:06 17:32:48

图7-137 将签到时间和签退时间合并

步骤3 选择“日期”列，执行“转换”→“透视列”命令，打开“透视列”对话框，其中在“值列”下拉列表中选择“时间”，单击“高级选项”，在“聚合值函数”下拉列表中选择“不要聚合”，如图7–138所示。单击“确定”按钮，就得到了透视后的表，如图7–139所示。

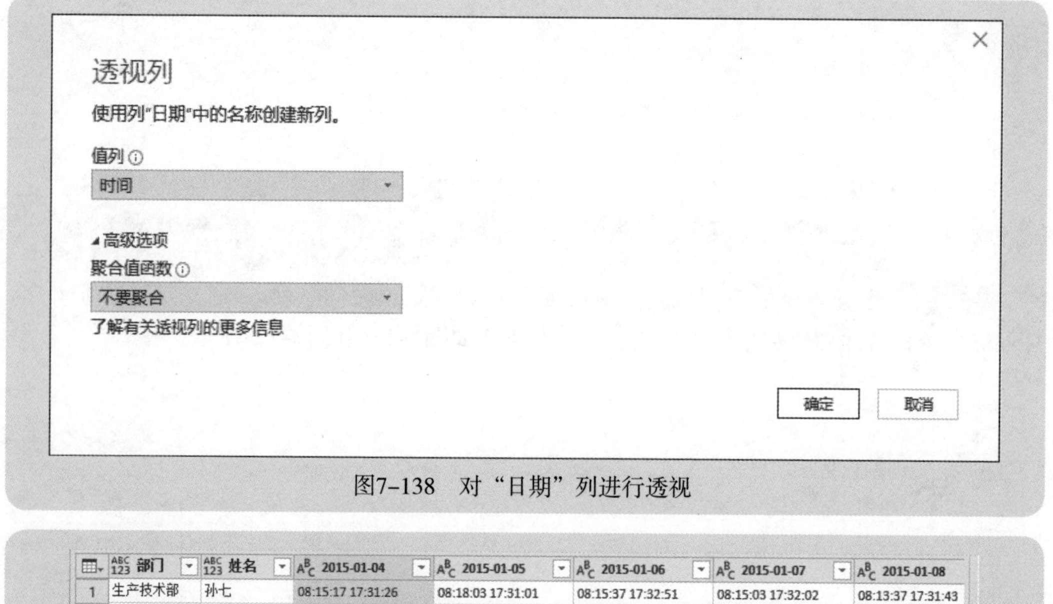

图7–138　对“日期”列进行透视

	部门	姓名	2015-01-04	2015-01-05	2015-01-06	2015-01-07	2015-01-08
1	生产技术部	孙七	08:15:17 17:31:26	08:18:03 17:31:01	08:15:37 17:32:51	08:15:03 17:32:02	08:13:37 17:31:43
2	生产技术部	张三	08:25:05 17:33:44	08:22:28 17:31:54	08:20:34 17:32:13	08:20:28 17:31:57	08:27:26 17:31:05
3	生产技术部	李四	null	08:24:36 17:32:25	08:26:00 17:32:04	08:22:03 17:30:30	08:29:16 17:31:08
4	生产技术部	王五	08:11:00 17:31:32	08:10:56 17:31:30	08:13:06 17:32:48	08:11:37 17:32:06	08:15:37 17:31:47
5	生产技术部	马六	08:23:00 17:31:44	17:31:13 17:31:13	08:19:02 17:31:25	08:15:44 17:30:46	08:17:43 17:30:24

图7–139　透视后的表

步骤4 选择所有的“日期”列，执行“转换”→“替换值”命令，打开“替换值”对话框，做如图7–140所示的设置。

（1）在“要查找的值”下面的文本框中输入一个空格。

（2）单击“高级选项”，展开下拉列表。

（3）勾选“使用特殊字符替换”复选框。

（4）单击“插入特殊字符”按钮，展开下拉列表，选择“换行”。

替换值

在所选列中，将其中的某值用另一个值替换。

要查找的值

替换为

#(lf)

◢高级选项

☐ 单元格匹配

☑ 使用特殊字符替换

插入特殊字符 ▾

Tab

回车

换行

回车和换行

不间断空格

确定　取消

图7–140　将空格替换为换行符

步骤5　单击“确定”按钮，就得到了图7–141所示的结果。

	2015-01-04	2015-01-05	2015-01-06	2015-01-07	2015-01-08	2015-01-09
1	08:15:17 17:31:26	08:18:03 17:31:01	08:15:37 17:32:51	08:15:03 17:32:02	08:13:37 17:31:43	08:13:10 17:30:45
2	08:25:05 17:33:44	08:22:28 17:31:54	08:20:34 17:32:13	08:20:28 17:31:57	08:27:26 17:31:05	08:19:23 17:34:38
3	null	08:24:36 17:32:25	08:26:00 17:32:04	08:22:03 17:30:30	08:29:16 17:31:08	08:25:46 17:31:10
4	08:11:00 17:31:32	08:10:56 17:31:30	08:13:06 17:32:48	08:11:37 17:32:06	08:15:37 17:31:47	null
5	08:23:00 17:31:44	17:31:13 17:31:13	08:19:02 17:31:25	08:15:44 17:30:46	08:17:43 17:30:24	08:18:56 17:30:21

图7–141　空格被替换为换行符后的表

步骤6　将查询关闭并上传到表。

案例7–17

图 7–141 所示的表格是仅供阅读的表格，根本就没法继续考勤统计汇总。假若从指纹打卡机导出的就是这样的在一个单元格分行显示的考勤数据，如何把它们分成两列保存，以便于进行进一步的统计？

以图 7–141 所示的数据为例，这种转换的基本步骤如下。

步骤 1 创建查询，如图7–142所示。

	部门	姓名	2015-01-04	2015-01-05	2015-01-06	2015-01-07	2015-01-08	2015-01-09
1	生产技术部	孙七	08:15:17 17:31:26	08:18:03 17:31:01	08:15:37 17:32:51	08:15:03 17:32:02	08:13:37 17:31:43	08:13:10 17:30:45
2	生产技术部	张三	08:25:05 17:33:44	08:22:28 17:31:54	08:20:34 17:32:13	08:20:28 17:31:57	08:27:26 17:31:05	08:19:23 17:34:38
3	生产技术部	李四	null	08:24:36 17:32:25	08:26:00 17:32:04	08:22:03 17:30:30	08:29:16 17:31:08	08:25:46 17:31:10
4	生产技术部	王五	08:11:00 17:31:32	08:10:56 17:31:30	08:13:06 17:32:48	08:11:37 17:32:06	08:15:37 17:31:47	null
5	生产技术部	马六	08:23:00 17:31:44	17:31:13 17:31:13	08:19:02 17:31:25	08:15:44 17:30:46	08:17:43 17:30:24	08:18:56 17:30:21

图7–142 创建查询

步骤 2 选择全部“日期”列，执行“转换”→“逆透视列”命令；也可以选择“部门”和“姓名”两列，再执行“转换”→“逆透视其他列”命令，就得到了图7–143所示的结果。

	部门	姓名	属性	值
1	生产技术部	孙七	2015-01-04	08:15:17 17:31:26
2	生产技术部	孙七	2015-01-05	08:18:03 17:31:01
3	生产技术部	孙七	2015-01-06	08:15:37 17:32:51
4	生产技术部	孙七	2015-01-07	08:15:03 17:32:02
5	生产技术部	孙七	2015-01-08	08:13:37 17:31:43
6	生产技术部	孙七	2015-01-09	08:13:10 17:30:45
7	生产技术部	张三	2015-01-04	08:25:05 17:33:44
8	生产技术部	张三	2015-01-05	08:22:28

图7–143 对各个“日期”列进行逆透视

步骤 3 选择“值”列，执行“转换”→“替换值”命令，将换行符替换为空格，如图7–144所示。注意，可以在“插入特殊字符”下拉列表中选择“换行”，将换行符输入“要查找的值”下面的文本框中。

替换值

在所选列中，将其中的某值用另一个值替换。

要查找的值

#(lf)

替换为

高级选项

单元格匹配

使用特殊字符替换

插入特殊字符

确定 取消

图7-144 把换行符替换为空格

步骤4 选择“值”列，执行“转换”→“拆分列”→“按分隔符”命令，使用空格对这列进行拆分，如图7-145所示。单击“确定”按钮，就得到了分列后的表，如图7-146所示。

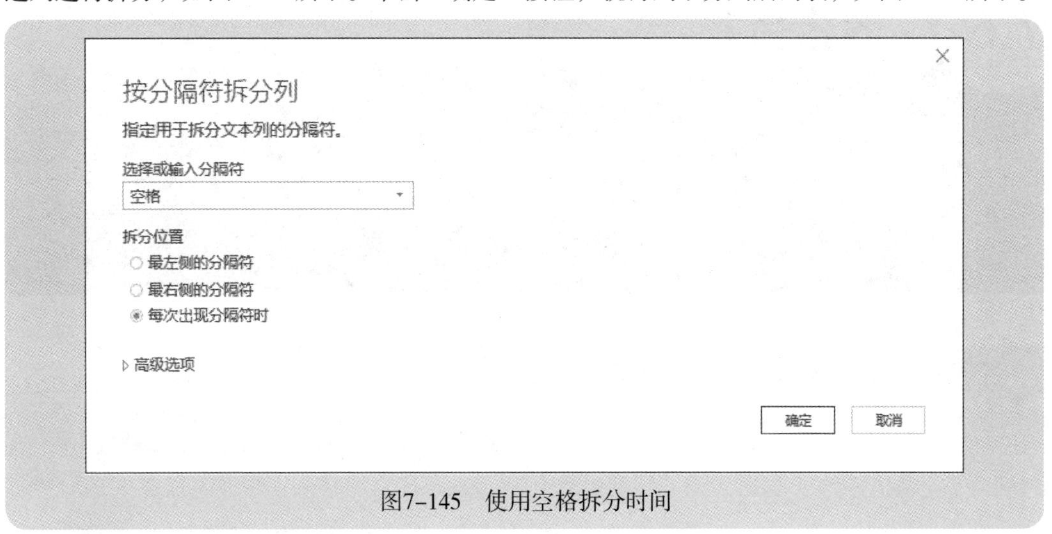

图7-145 使用空格拆分时间

步骤5 修改列标题名称，其中“属性”修改为“日期”，“值.1”修改为“签到时间”，“值.2”修改为“签退时间”，就得到了所需要的结果。

	部门	姓名	属性	值.1	值.2
1	生产技术部	孙七	2015-01-04	08:15:17	17:31:26
2	生产技术部	孙七	2015-01-05	08:18:03	17:31:01
3	生产技术部	孙七	2015-01-06	08:15:37	17:32:51
4	生产技术部	孙七	2015-01-07	08:15:03	17:32:02
5	生产技术部	孙七	2015-01-08	08:13:37	17:31:43
6	生产技术部	孙七	2015-01-09	08:13:10	17:30:45
7	生产技术部	张三	2015-01-04	08:25:05	17:33:44
8	生产技术部	张三	2015-01-05	08:22:28	17:31:54
9	生产技术部	张三	2015-01-06	08:20:34	17:32:13
10	生产技术部	张三	2015-01-07	08:20:28	17:31:57
11	生产技术部	张三	2015-01-08	08:27:26	17:31:05
12	生产技术部	张三	2015-01-09	08:19:23	17:34:38
13	生产技术部	李四	2015-01-05	08:24:36	17:32:25
14	生产技术部	李四	2015-01-06	08:26:00	17:32:04
15	生产技术部	李四	2015-01-07	08:22:03	17:30:30

图7–146　将日期分列后的表

7.5 表格合并

表格合并，是实际工作中最为让人头疼而又发狂的问题。数十张工作表汇总，数十个工作簿合并，过去人们只好一个个复制粘贴，有心之人可以编写 VBA 代码，非常累人。现在有了 Power Query 神器，只需几步操作即可完成几十个甚至上千个工作表数据的合并汇总。

7.5.1 汇总工作簿内工作表的两个重要问题

当前工作簿的表格汇总比较简单，一种方法是直接汇总；一种方法是使用追加合并。这两种方法都需要执行“数据”→“获取数据”→“自文件”→“从工作簿”命令，然后按照向导提示操作即可。

如果工作簿内仅仅包含要汇总的工作表，没有其他工作表，此时可以使用整个工作簿汇总的方法，也就是在“导航器”对话框中，要选择工作簿名称，而不是选择某张工作表，如图 7–147 所示。

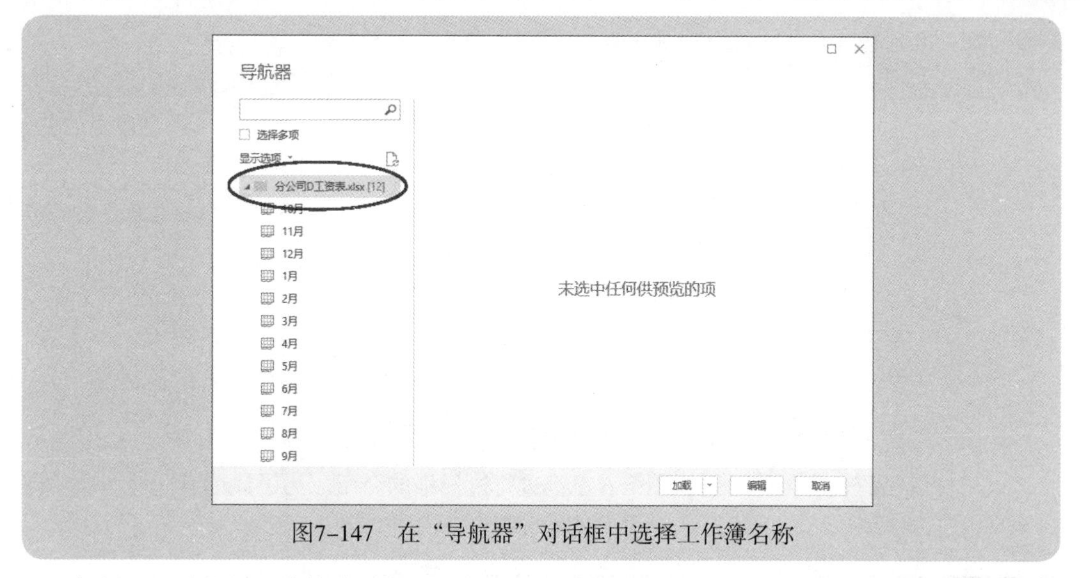

图7-147　在“导航器”对话框中选择工作簿名称

如果要汇总的是工作簿内的部分工作表，则需要使用追加查询的方法，也就是在“导航器”对话框中，勾选“选择多项”复选框，并勾选要汇总的多张工作表，然后再在编辑器内做追加查询，如图 7-148 所示。

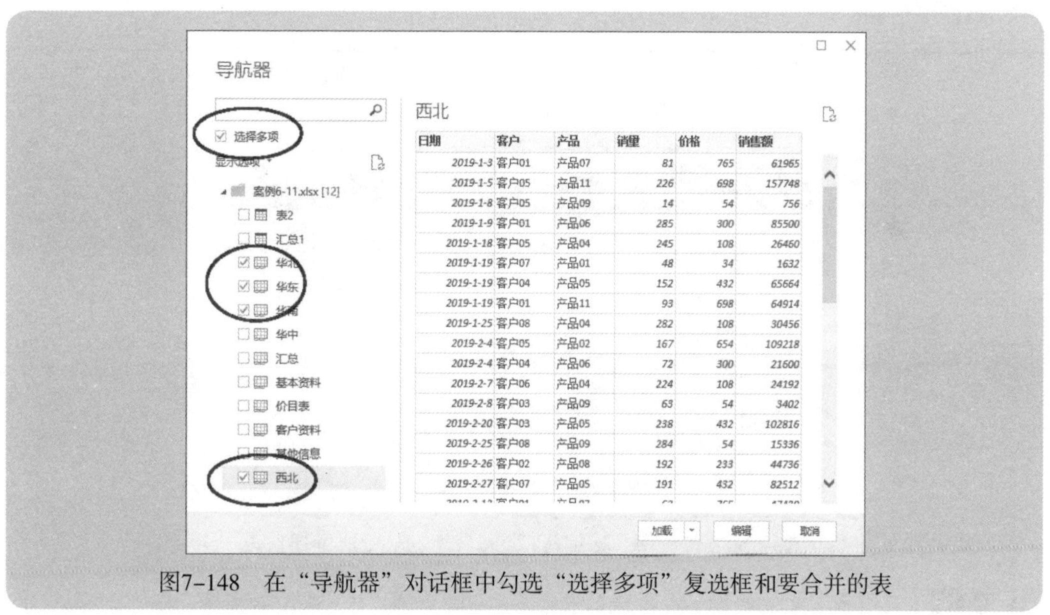

图7-148　在“导航器”对话框中勾选“选择多项”复选框和要合并的表

而在“追加”对话框中，根据要汇总的表格个数，选中“两个表”或者“三个或更多表”

单选按钮，并把要合并的表进行添加，如图 7–149 所示。

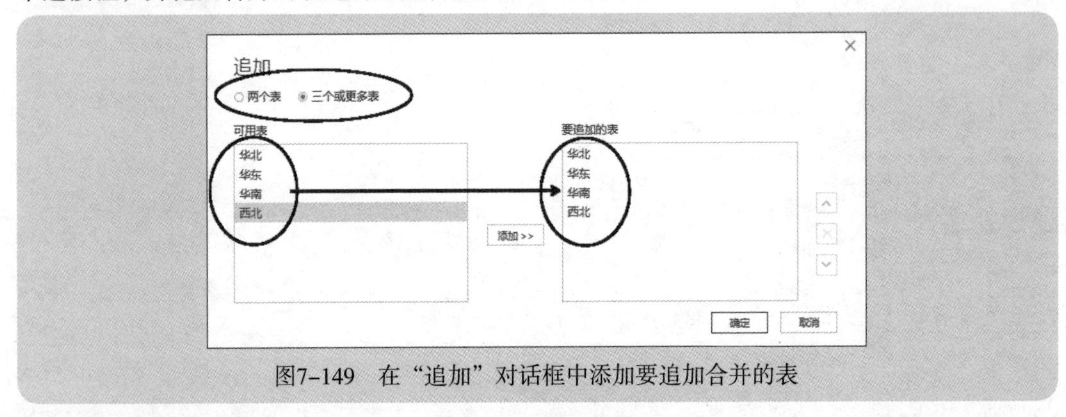

图7–149　在“追加”对话框中添加要追加合并的表

这两种情况的表格合并问题，在第 6 章都进行过详细的介绍。为了让读者能够彻底掌握这两种汇总方法和技巧，下面再结合两个实际案例予以说明。

7.5.2 一个工作簿的表格合并——全部工作表合并

案例7–18

图 7–150 所示是工作簿“店铺月报 .xlsx”里的 66 个店铺月度损益数据，现在要求把这 66 个工作簿数据合并到一起，然后制作净利润最大的前 10 家店铺报表。

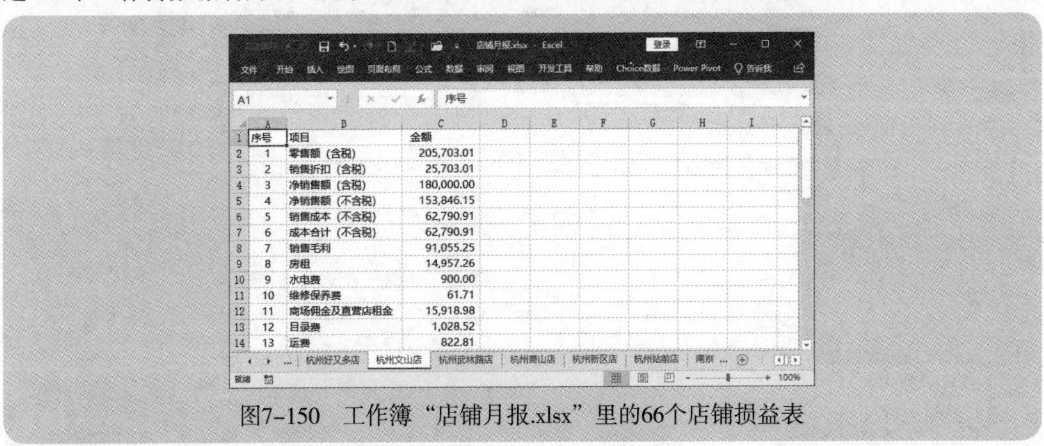

序号	项目	金额
1	零售额（含税）	205,703.01
2	销售折扣（含税）	25,703.01
3	净销售额（含税）	180,000.00
4	净销售额（不含税）	153,846.15
5	销售成本（不含税）	62,790.91
6	成本合计（不含税）	62,790.91
7	销售毛利	91,055.25
8	房租	14,957.26
9	水电费	900.00
10	维修保养费	61.71
11	商场佣金及直营店租金	15,918.98
12	目录费	1,028.52
13	运费	822.81

图7–150　工作簿“店铺月报.xlsx”里的66个店铺损益表

步骤① 执行“数据”→“获取数据”→“自文件”→“从工作簿”命令，从文件夹中选择要汇总分析的工作簿“店铺月报.xlsx”，打开“导航器”对话框，选择左侧顶部的“店铺月报.xlsx[66]”，如图7-151所示。

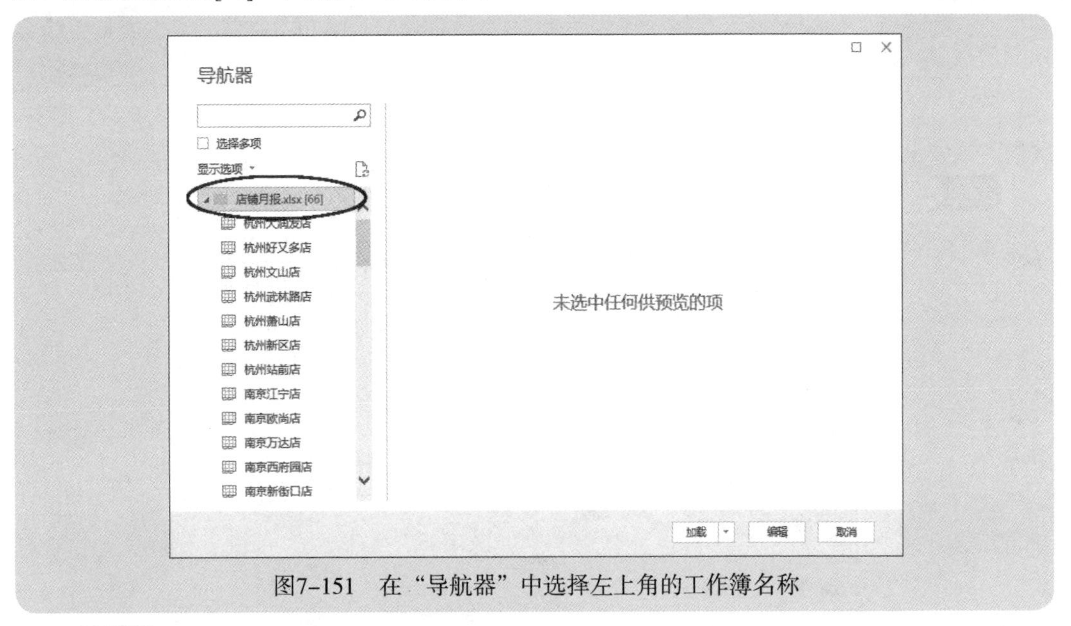

图7-151 在“导航器”中选择左上角的工作簿名称

步骤2 单击右下角的“编辑”按钮，打开“Power Query编辑器”窗口，如图7-152所示。在这个查询中，66张工作表数据都在Data列里。

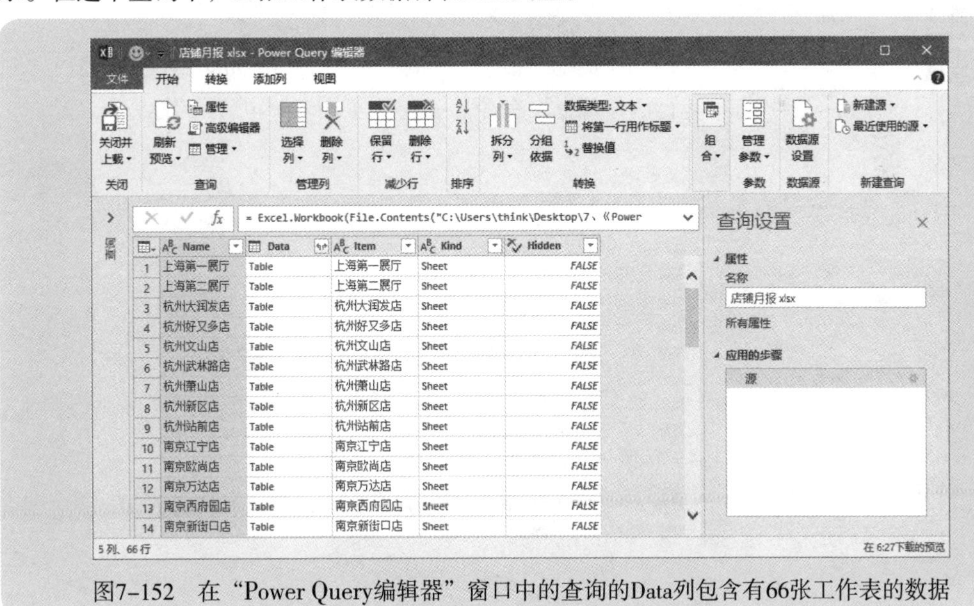

图7-152 在“Power Query编辑器”窗口中的查询的Data列包含有66张工作表的数据

步骤3 保留前2列，删除右边的所有列，因为这些列没有用，例如，Item列是查询记录集项目的意思，Kind列表示每张工作表的表类型（Sheet），Hidden列表示工作表是否隐藏（FALSE指没有隐藏）。

但是，第 1 列 Name 表示的是每张工作表名称，这是必需留下的，因为在每张工作表中，数据区域中没有工作表名称（也就是店铺名称）的数据。

步骤4 单击Data列标题右侧的展开按钮，展开工作表数据，如图7-153所示。

	Name	Column1	Column2	Column3
1	上海第一展厅	序号	项目	金额
2	上海第一展厅	1	零售额（含税）	64114.48
3	上海第一展厅	2	销售折扣（含税）	14114.48
4	上海第一展厅	3	净销售额（含税）	50000
5	上海第一展厅	4	净销售额（不含...	42735.04
6	上海第一展厅	5	销售成本（不含...	19570.97
7	上海第一展厅	6	成本合计（不含...	19570.97
8	上海第一展厅	7	销售毛利	23164.08
9	上海第一展厅	8	房租	13335.95
10	上海第一展厅	9	水电费	900
11	上海第一展厅	10	维修保养费	19.23
12	上海第一展厅	11	商场佣金及直营...	14255.18
13	上海第一展厅	12	目录费	320.57
14	上海第一展厅	13	运费	256.46

图7-153　展开Data列

步骤5 第2列的序号没有用，将其删除。

步骤6 可以发现设置完的表的标题是系统默认的Column1、Column2等，需要把标题提升。执行“开始”→“将第一行用作标题”命令，就得到了图7-154所示的标题。

	上海第一...	项目	金额
1	上海第一展厅	零售额（含税）	64114.48
2	上海第一展厅	销售折扣（含税）	14114.48
3	上海第一展厅	净销售额（含税）	50000
4	上海第一展厅	净销售额（不含税）	42735.04
5	上海第一展厅	销售成本（不含税）	19570.97
6	上海第一展厅	成本合计（不含税）	19570.97
7	上海第一展厅	销售毛利	23164.08
8	上海第一展厅	房租	13335.95
9	上海第一展厅	水电费	900
10	上海第一展厅	维修保养费	19.23
11	上海第一展厅	商场佣金及直营店租金	14255.18
12	上海第一展厅	目录费	320.57
13	上海第一展厅	运费	256.46
14	上海第一展厅	其他销售费用	577.03

图7-154　提升标题

步骤7　这种汇总的实质，是将66张工作表数据带着标题一起进行设置，因此汇总表中有66个标题行（有多少张工作表就有多少个标题行）。现在已经使用了一个标题行作为查询表标题，还存留65个标题行，应当筛选掉。

选择一个容易筛选的列，这里选择“项目”列，筛选掉“项目”，如图 7-155 所示。

步骤8　第1列的标题名称不对，应该修改为“店铺”。这样，得到的汇总表就是有正确标题的了，如图7-156所示。

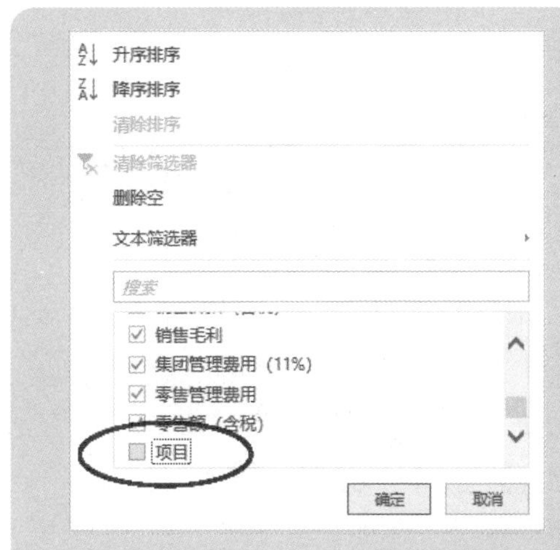

图7-155　从“项目”列中筛选掉多余的“项目”

	店铺	项目	金额
1	上海第一展厅	零售额（含税）	64114.48
2	上海第一展厅	销售折扣（含税）	14114.48
3	上海第一展厅	净销售额（含税）	50000
4	上海第一展厅	净销售额（不含税）	42735.04
5	上海第一展厅	销售成本（不含税）	19570.97
6	上海第一展厅	成本合计（不含税）	19570.97
7	上海第一展厅	销售毛利	23164.08
8	上海第一展厅	房租	13335.95
9	上海第一展厅	水电费	900
10	上海第一展厅	维修保养费	19.23
11	上海第一展厅	商场佣金及直营店租金	14255.18
12	上海第一展厅	目录费	320.57
13	上海第一展厅	运费	256.46
14	上海第一展厅	其他销售费用	577.03

图7-156　具有正确标题的汇总表

步骤9　选择“金额”列，将其数据类型设置为“小数”，如图7-157所示。

步骤10　从“项目”列中筛选出“净利润”，结果如图7-158所示。

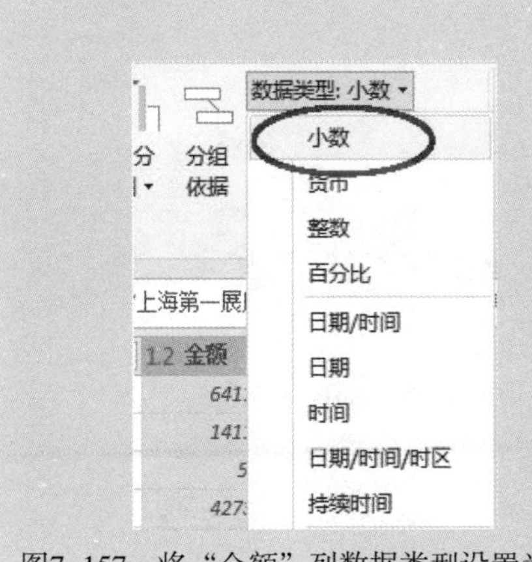

图7-157　将“金额”列数据类型设置为“小数”

	店铺	项目	金额
1	上海第一展厅	净利润	-10298.65
2	上海第二展厅	净利润	79375.44
3	杭州大润发店	净利润	-821.14
4	杭州好又多店	净利润	12619.1
5	杭州文山店	净利润	16467.29
6	杭州武林路店	净利润	-5877.41
7	杭州萧山店	净利润	1168.82
8	杭州新区店	净利润	1168.82
9	杭州站前店	净利润	6757.95
10	南京江宁店	净利润	5581.37
11	南京欧尚店	净利润	4088.36
12	南京万达店	净利润	20942.79
13	南京西府园店	净利润	19479.4
14	南京新街口店	净利润	-20567.09

图7-158　从“项目”列中筛选出“净利润”

步骤11 其实，这个表格已经完成的差不多了，但为了让表格更好看，可以再将“项目”列删除，如图7-159所示。

步骤12 对“金额”列进行降序排序，如图7-160所示。

	店铺	金额
1	上海第一展厅	-10298.65
2	上海第二展厅	79375.44
3	杭州大润发店	-821.14
4	杭州好又多店	12619.1
5	杭州文山店	16467.29
6	杭州武林路店	-5877.41
7	杭州萧山店	1168.82
8	杭州新区店	1168.82
9	杭州站前店	6757.95
10	南京江宁店	5581.37
11	南京欧尚店	4088.36
12	南京万达店	20942.79
13	南京西府园店	19479.4
14	南京新街口店	-20567.09
15	南京御道街店	4333.25

图7-159　删除“项目”列

	店铺	金额
1	上海周浦万达店	81761.6
2	上海第二展厅	79375.44
3	上海嘉定宾森店	59600.1
4	无锡欧尚店	33277.46
5	上海川沙现代店	29815.89
6	上海东方商厦店	29748.65
7	上海延安西路店	29743.39
8	上海闸北店	29302.11
9	上海美罗城店	25578.1
10	上海青浦店	25338.48
11	上海北斗星店	23332.73
12	上海华宝店	22637.4
13	上海上南乐购店	21794.09
14	上海西联欧尚店	21187.51
15	南京万达店	20942.79
16	上海世纪联华店	19719.4
17	南京西府园店	19479.4

图7-160　对“金额”列进行降序排序

步骤13 执行“开始”→“保留行”→“保留最前面几行”命令，如图7-161所示。

步骤14 打开“保留最前面几行”对话框，在“行数”下面右侧的文本框中输入10，如图7-162所示。

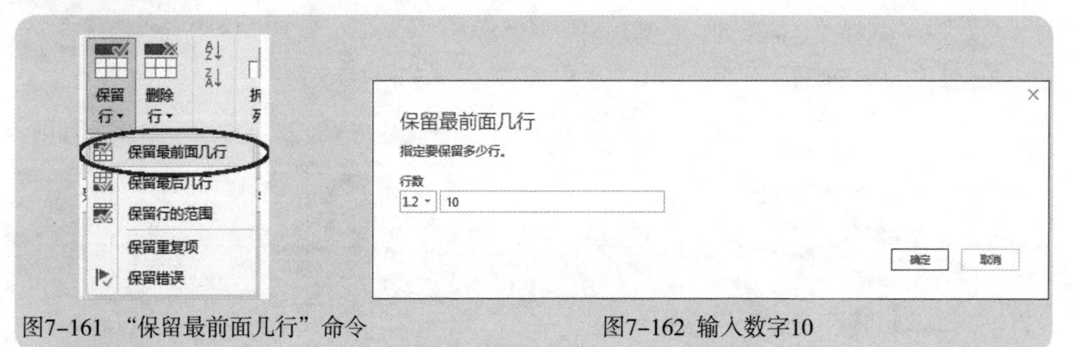

图7-161 “保留最前面几行”命令　　图7-162 输入数字10

步骤15 单击“确定”按钮，就得到了图7-163所示的结果。

步骤16 将查询关闭并上传至工作表，就是所需要的报告了，如图7-164所示。

汇总一个工作簿内的所有工作表，几个注意事项如下。

（1）工作簿内不能有不需要汇总的工作表。

（2）在“导航器”中，不能选择某张工作表，而要选择工作簿名称。

（3）要删除多余的列。

（4）要提升标题。

（5）要筛选掉多余的标题。

（6）要注意修改标题名称。

	店铺	金额
1	上海周浦万达店	81761.6
2	上海第二展厅	79375.44
3	上海嘉定宾森店	59600.1
4	无锡欧尚店	33277.46
5	上海川沙现代店	29815.89
6	上海东方商厦店	29748.65
7	上海延安西路店	29743.39
8	上海闸北店	29302.11
9	上海美罗城店	25578.1
10	上海青浦店	25338.48

图7-163　净利润前10大店铺

	A	B
1	店铺	金额
2	上海周浦万达店	81,761.60
3	上海第二展厅	79,375.44
4	上海嘉定宾森店	59,600.10
5	无锡欧尚店	33,277.46
6	上海川沙现代店	29,815.89
7	上海东方商厦店	29,748.65
8	上海延安西路店	29,743.39
9	上海闸北店	29,302.11
10	上海美罗城店	25,578.10
11	上海青浦店	25,338.48

图7-164　净利润前10大店铺报告

7.5.3　一个工作簿的表格合并——部分工作表合并

案例7-19

图 7-165 所示是工作簿“合同信息表 .xlsx”的几张工作表，现在要汇总的仅仅是其中的“业务一部”“业务二部”“业务三部”和“业务四部”这 4 张工作表。

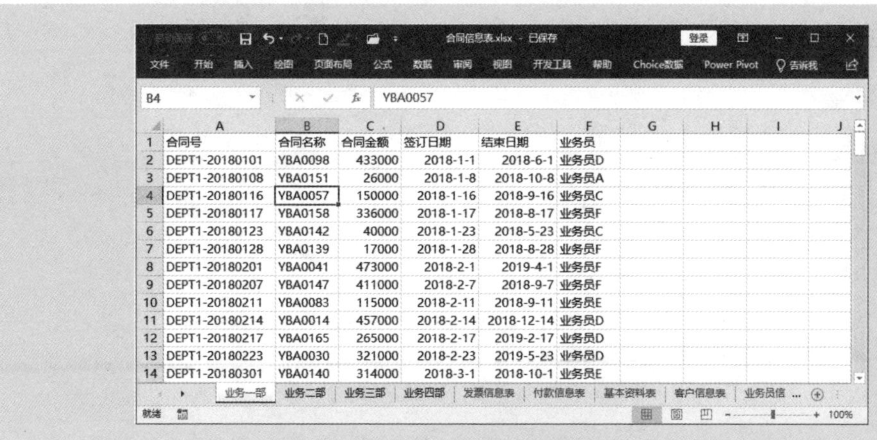

	A	B	C	D	E	F
1	合同号	合同名称	合同金额	签订日期	结束日期	业务员
2	DEPT1-20180101	YBA0098	433000	2018-1-1	2018-6-1	业务员D
3	DEPT1-20180108	YBA0151	26000	2018-1-8	2018-10-8	业务员A
4	DEPT1-20180116	YBA0057	150000	2018-1-16	2018-9-16	业务员C
5	DEPT1-20180117	YBA0158	336000	2018-1-17	2018-8-17	业务员F
6	DEPT1-20180123	YBA0142	40000	2018-1-23	2018-5-23	业务员C
7	DEPT1-20180128	YBA0139	17000	2018-1-28	2018-8-28	业务员F
8	DEPT1-20180201	YBA0041	473000	2018-2-1	2019-4-1	业务员F
9	DEPT1-20180207	YBA0147	411000	2018-2-7	2018-9-7	业务员F
10	DEPT1-20180211	YBA0083	115000	2018-2-11	2018-9-11	业务员E
11	DEPT1-20180214	YBA0014	457000	2018-2-14	2018-12-14	业务员D
12	DEPT1-20180217	YBA0165	265000	2018-2-17	2019-2-17	业务员D
13	DEPT1-20180223	YBA0030	321000	2018-2-23	2019-5-23	业务员D
14	DEPT1-20180301	YBA0140	314000	2018-3-1	2018-10-1	业务员E

图7-165　要汇总的4张工作表

步骤1 执行“数据”→“获取数据”→“自文件”→“从工作簿”命令，从文件夹中选择要汇总分析的工作簿“合同信息表.xlsx”，打开“导航器”对话框，做如图7-166所示的设置。

（1）勾选顶部的“选择多项”复选框。

（2）从表格列表中选择要汇总的 4 张工作表。

合同号	合同名称	合同金额	签订日期	结束日期
DEPT1-20180101	YBA0098	433000	2018-1-1	2018-6
DEPT1-20180108	YBA0151	26000	2018-1-8	2018-10
DEPT1-20180116	YBA0057	150000	2018-1-16	2018-9-1
DEPT1-20180117	YBA0158	336000	2018-1-17	2018-8-1
DEPT1-20180123	YBA0142	40000	2018-1-23	2018-5-2
DEPT1-20180128	YBA0139	17000	2018-1-28	2018-8-2
DEPT1-20180201	YBA0041	473000	2018-2-1	2019-4
DEPT1-20180207	YBA0147	411000	2018-2-7	2018-9
DEPT1-20180211	YBA0083	115000	2018-2-11	2018-9-1
DEPT1-20180214	YBA0014	457000	2018-2-14	2018-12-1
DEPT1-20180217	YBA0165	265000	2018-2-17	2019-2-1
DEPT1-20180223	YBA0030	321000	2018-2-23	2019-5-2
DEPT1-20180301	YBA0140	314000	2018-3-1	2018-10

图7-166 选择要汇总的工作表

步骤2 单击右下角的“编辑”按钮，打开“Power Query编辑器”窗口，如图7-167所示。可以看到，目前仅仅有要汇总的4张工作表的查询。

查询 [4]
业务二部
业务三部
业务四部
业务一部

= Table.TransformColumnTypes(提升的标题,{{"合同号",

	合同号	合同名...	合同金...	签订日...	结束日...
1	DEPT2-20180101	ERB098	468000	2018-1-1	2018
2	DEPT2-20180101	ERB127	89000	2018-1-1	2018
3	DEPT2-20180101	ERB156	236000	2018-1-1	2018
4	DEPT2-20180103	ERB080	448000	2018-1-3	2018
5	DEPT2-20180105	ERB251	20000	2018-1-5	2018
6	DEPT2-20180108	ERB242	277000	2018-1-8	2018-1
7	DEPT2-20180108	ERB254	364000	2018-1-8	2018
8	DEPT2-20180113	ERB247	453000	2018-1-13	2018-11
9	DEPT2-20180114	ERB273	150000	2018-1-14	2018-7
10	DEPT2-20180117	ERB232	414000	2018-1-17	2018-12
11	DEPT2-20180118	ERB270	311000	2018-1-18	2019-2
12	DEPT2-20180119	ERB243	133000	2018-1-19	2018-7
13	DEPT2-20180120	ERB035	256000	2018-1-20	2018-10
14	[illegible]	[illegible]	[illegible]	[illegible]	[illegible]

图7-167 仅仅得到选择的4张工作表的查询

步骤3 任意选择一个查询，执行“开始”→“追加查询”→“将查询追加为新查询”命令，如图7-168所示。

步骤4 打开“追加”对话框，首先选中“三个或更多表”单选按钮，再把左边的各张表都添加到右边“要追加的表”中，如图7-169所示。

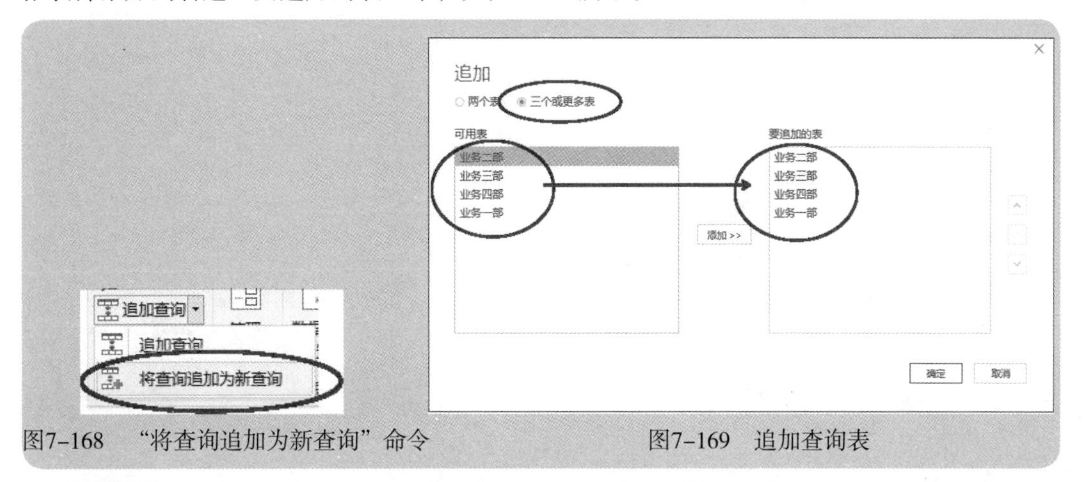

图7-168 “将查询追加为新查询”命令

图7-169 追加查询表

步骤5 单击“确定”按钮，就得到了所有业务部的合同汇总表，如图7-170所示。

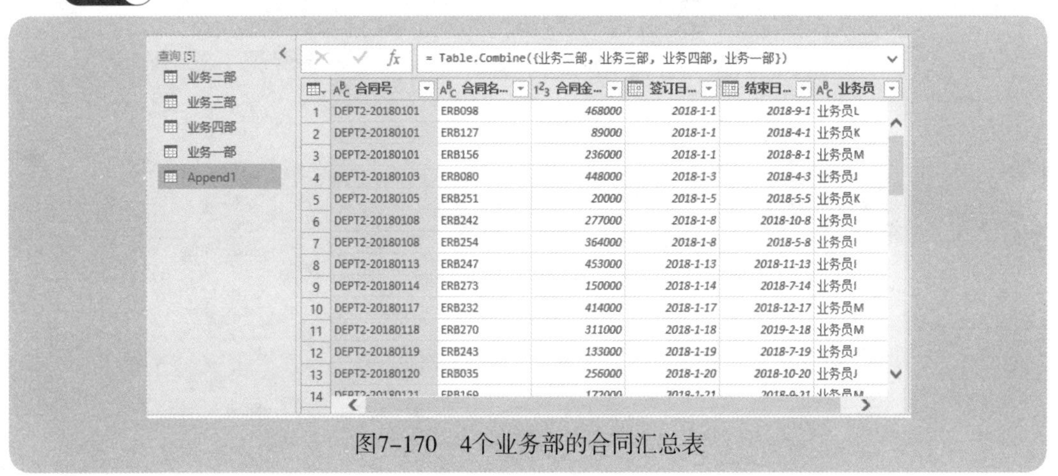

	合同号	合同名...	合同金...	签订日...	结束日...	业务员
1	DEPT2-20180101	ERB098	468000	2018-1-1	2018-9-1	业务员L
2	DEPT2-20180101	ERB127	89000	2018-1-1	2018-4-1	业务员K
3	DEPT2-20180101	ERB156	236000	2018-1-1	2018-8-1	业务员M
4	DEPT2-20180103	ERB080	448000	2018-1-3	2018-4-3	业务员J
5	DEPT2-20180105	ERB251	20000	2018-1-5	2018-5-5	业务员K
6	DEPT2-20180108	ERB242	277000	2018-1-8	2018-10-8	业务员I
7	DEPT2-20180108	ERB254	364000	2018-1-8	2018-5-8	业务员I
8	DEPT2-20180113	ERB247	453000	2018-1-13	2018-11-13	业务员I
9	DEPT2-20180114	ERB273	150000	2018-1-14	2018-7-14	业务员I
10	DEPT2-20180117	ERB232	414000	2018-1-17	2018-12-17	业务员M
11	DEPT2-20180118	ERB270	311000	2018-1-18	2019-2-18	业务员M
12	DEPT2-20180119	ERB243	133000	2018-1-19	2018-7-19	业务员J
13	DEPT2-20180120	ERB035	256000	2018-1-20	2018-10-20	业务员J
14	[illegible]	[illegible]	[illegible]	[illegible]	[illegible]	[illegible]

图7-170 4个业务部的合同汇总表

步骤6 将新查询名Append1修改为“汇总表”。

这张汇总表其效果仅仅是把每个表格数据复制粘贴到了一起，并没有说明每个合同的业务部归属。因此，需要在做追加查询前，对每个业务部的表插入自定义列“业务部”，其数据就是业务部名称。

当然，如果忘记了添加这个自定义列，在做完追加查询后，再去各张表中添加自定义列也是可以的，汇总表会自动更新为最新的数据。

例如，对于业务一部，插入自定义列的效果及自定义列公式分别如图 7-171 和图 7-172 所示。

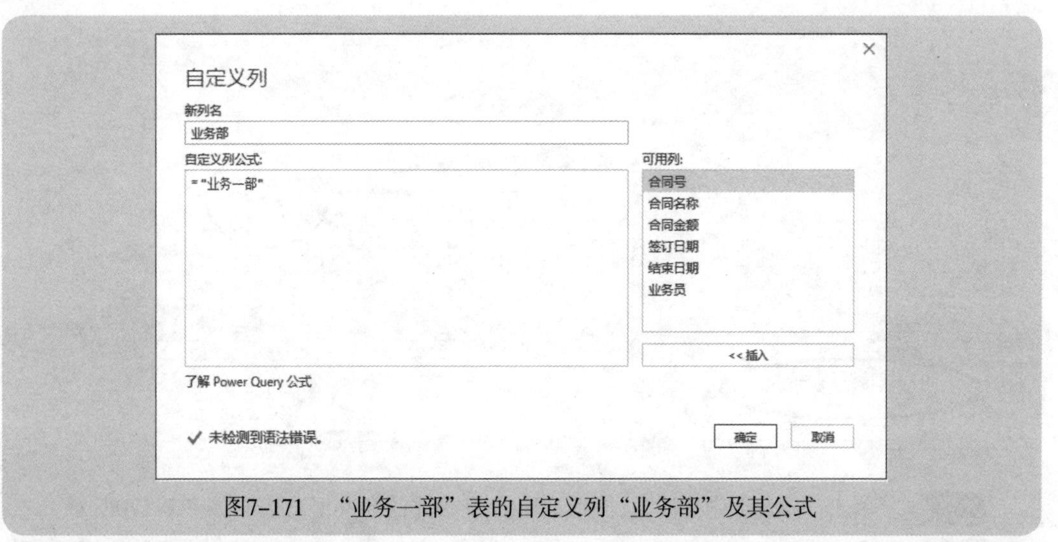

图7-171 “业务一部”表的自定义列“业务部”及其公式

	合同号	合同名...	合同金...	签订日...	结束日...	业务员	业务部
1	DEPT1-20180101	YBA0098	433000	2018-1-1	2018-6-1	业务员D	业务一部
2	DEPT1-20180108	YBA0151	26000	2018-1-8	2018-10-8	业务员A	业务一部
3	DEPT1-20180116	YBA0057	150000	2018-1-16	2018-9-16	业务员C	业务一部
4	DEPT1-20180117	YBA0158	336000	2018-1-17	2018-8-17	业务员F	业务一部
5	DEPT1-20180123	YBA0142	40000	2018-1-23	2018-5-23	业务员C	业务一部
6	DEPT1-20180128	YBA0139	17000	2018-1-28	2018-8-28	业务员F	业务一部
7	DEPT1-20180201	YBA0041	473000	2018-2-1	2019-4-1	业务员F	业务一部
8	DEPT1-20180207	YBA0147	411000	2018-2-7	2018-9-7	业务员F	业务一部
9	DEPT1-20180211	YBA0083	115000	2018-2-11	2018-9-11	业务员E	业务一部
10	DEPT1-20180214	YBA0014	457000	2018-2-14	2018-12-14	业务员D	业务一部
11	DEPT1-20180217	YBA0165	265000	2018-2-17	2019-2-17	业务员D	业务一部
12	DEPT1-20180223	YBA0030	321000	2018-2-23	2019-5-23	业务员D	业务一部
13	DEPT1-20180301	YBA0140	314000	2018-3-1	2018-10-1	业务员E	业务一部
14	DEPT1-20180305	YBA0116	172000	2018-3-5	2019-3-5	业务员D	业务一部

图7-172 “业务一部”表添加的自定义列“业务部”

这样，就得到了一张完整信息的查询汇总表，如图 7-173 所示。

	合同号	合同名...	合同金...	签订日...	结束日...	业务员	业务部
1	DEPT2-20180101	ERB098	468000	2018-1-1	2018-9-1	业务员L	业务二部
2	DEPT2-20180101	ERB127	89000	2018-1-1	2018-4-1	业务员K	业务二部
3	DEPT2-20180101	ERB156	236000	2018-1-1	2018-8-1	业务员M	业务二部
4	DEPT2-20180103	ERB080	448000	2018-1-3	2018-4-3	业务员J	业务二部
5	DEPT2-20180105	ERB251	20000	2018-1-5	2018-5-5	业务员K	业务二部
6	DEPT2-20180108	ERB242	277000	2018-1-8	2018-10-8	业务员I	业务二部
7	DEPT2-20180108	ERB254	364000	2018-1-8	2018-5-8	业务员I	业务二部
8	DEPT2-20180113	ERB247	453000	2018-1-13	2018-11-13	业务员I	业务二部
9	DEPT2-20180114	ERB273	150000	2018-1-14	2018-7-14	业务员I	业务二部
10	DEPT2-20180117	ERB232	414000	2018-1-17	2018-12-17	业务员M	业务二部
11	DEPT2-20180118	ERB270	311000	2018-1-18	2019-2-18	业务员M	业务二部
12	DEPT2-20180119	ERB243	133000	2018-1-19	2018-7-19	业务员J	业务二部
13	DEPT2-20180120	ERB035	256000	2018-1-20	2018-10-20	业务员J	业务二部
14	DEPT2-20180121	ERB169	172000	2018-1-21	2018-9-21	业务员M	业务二部

图7-173 最终的汇总表

7.5.4 不同工作簿的表格合并

当要汇总多个工作簿时，需要注意的几点如下。

（1）要提前把这些工作簿保存到一个文件夹中。

（2）每张工作表的列结构必须相同（列数、列顺序都必须一样）。

（3）工作簿名称也最好是规范的。例如，如果汇总的是分公司数据，那么工作簿名称最好是分公司名称）。

（4）如果每个工作簿内有多张工作表要汇总，最好先规范每张工作表的名称。例如，如果每张工作表保存的是各月数据，那么工作表就命名为月份名称。

（5）每个工作簿内都是要汇总的工作表，不能有其他的表格。

（6）汇总多个工作簿数据，关键是添加自定义列，自定义列公式的格式如下：

```
=Excel.Workbook([Content])
```

要特别注意字母的大小写。

（7）根据实际数据量的大小，可以考虑将汇总结果加载为数据模型，以便使用Power Pivot对数据进行灵活统计分析。

下面再结合一个简单的案例来复习巩固多个工作簿汇总的基本技能和技巧。

案例7-20

图7-174所示是文件夹“地区报表”里保存的4个工作簿，每个工作簿内的工作表张数不等（如图7-175所示），是各个地区中各个省份的数据，现在要将这几个工作簿数据进行

汇总，制作一个各个省份的销售额和毛利总额，并按毛利进行排名。

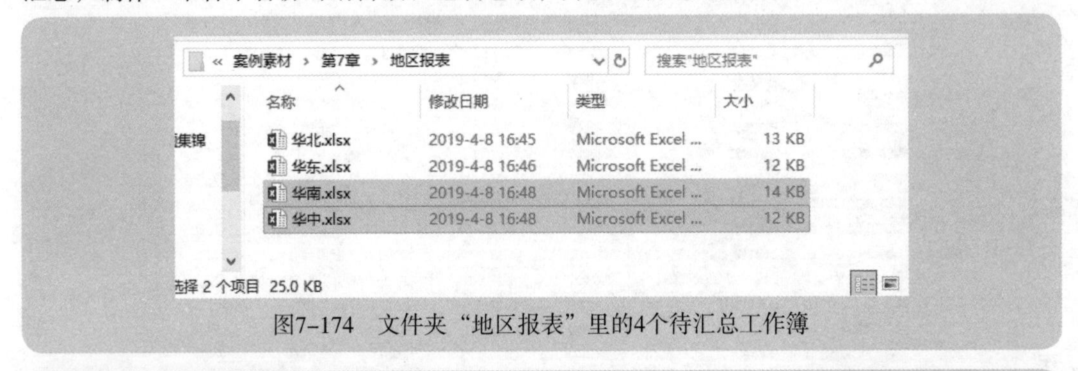

图7–174　文件夹“地区报表”里的4个待汇总工作簿

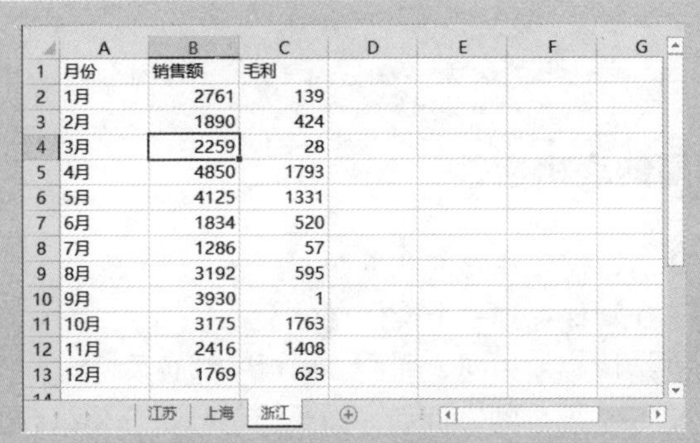

	A	B	C
1	月份	销售额	毛利
2	1月	2761	139
3	2月	1890	424
4	3月	2259	28
5	4月	4850	1793
6	5月	4125	1331
7	6月	1834	520
8	7月	1286	57
9	8月	3192	595
10	9月	3930	1
11	10月	3175	1763
12	11月	2416	1408
13	12月	1769	623

图7–175　某个工作簿里的工作表

步骤1　新建一个工作簿。

步骤2　执行“数据”→“获取数据”→“自文件”→“从文件夹”命令，如图7–176所示。

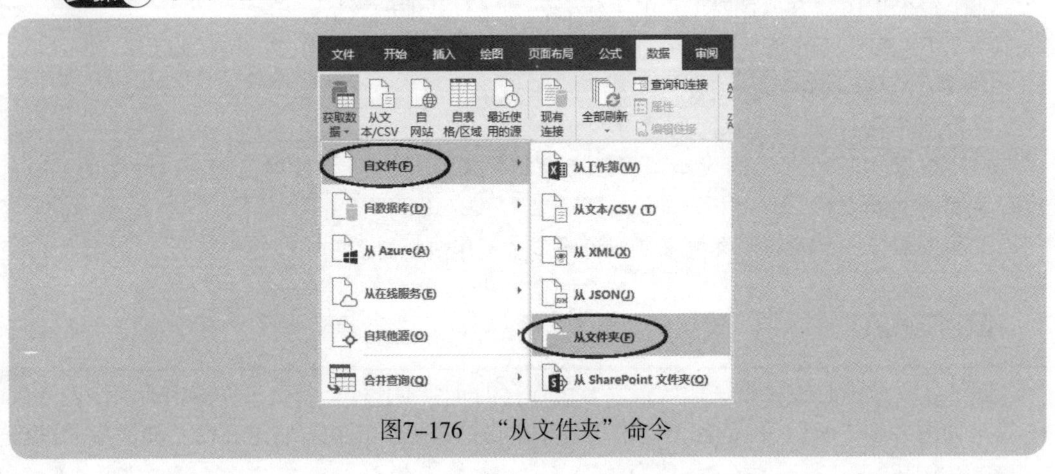

图7–176　“从文件夹”命令

步骤3 打开“文件夹”对话框，然后单击“浏览”按钮，如图7-177所示。打开“浏览文件夹”对话框，选择保存有要汇总工作簿的文件夹，如图7-178所示。

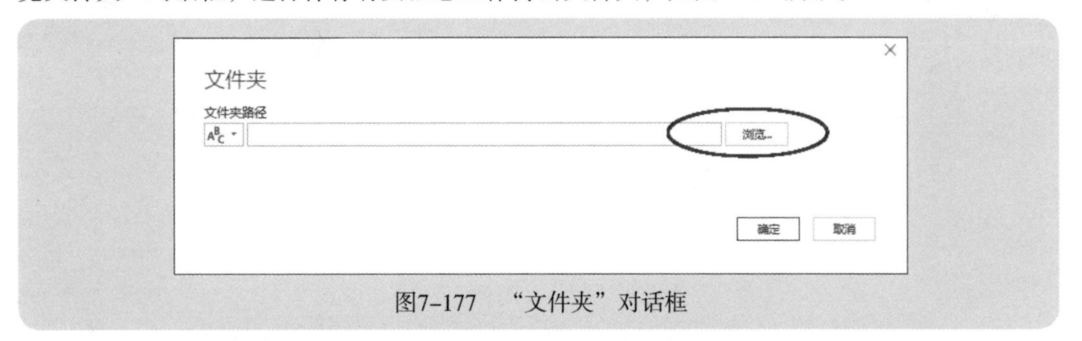

图7-177　“文件夹”对话框

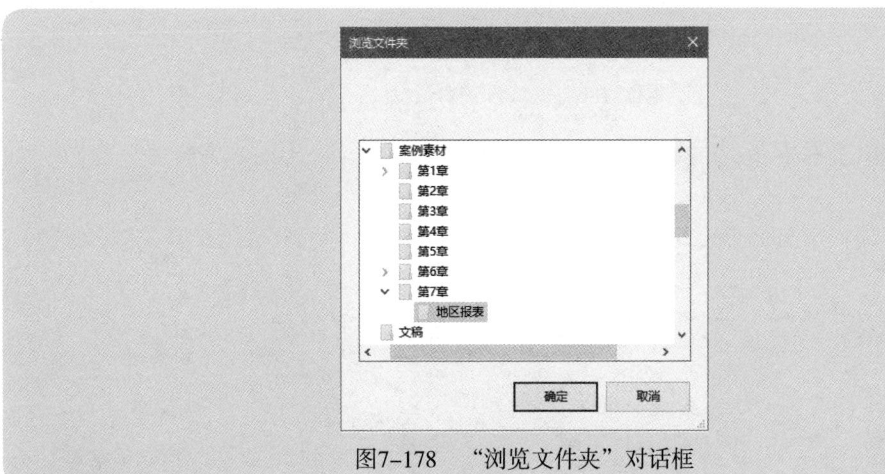

图7-178　“浏览文件夹”对话框

步骤4 单击“确定”按钮，就又返回到“文件夹”对话框，如图7-179所示。

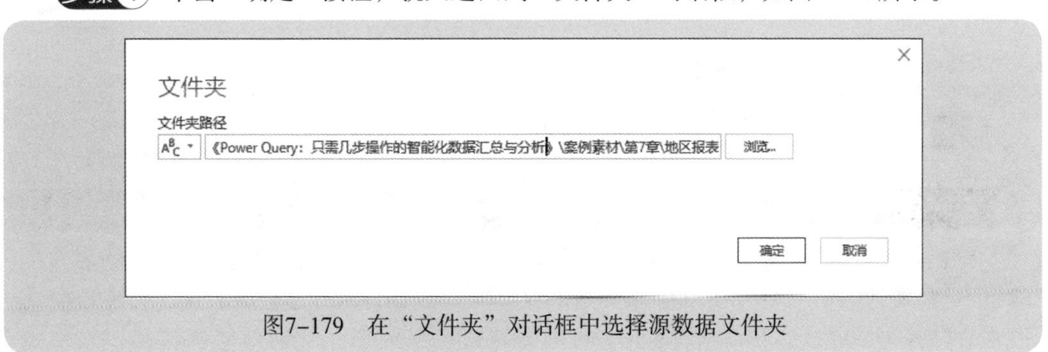

图7-179　在“文件夹”对话框中选择源数据文件夹

步骤5 单击“确定”按钮，就打开了一个图7-180所示的对话框，保持默认设置。

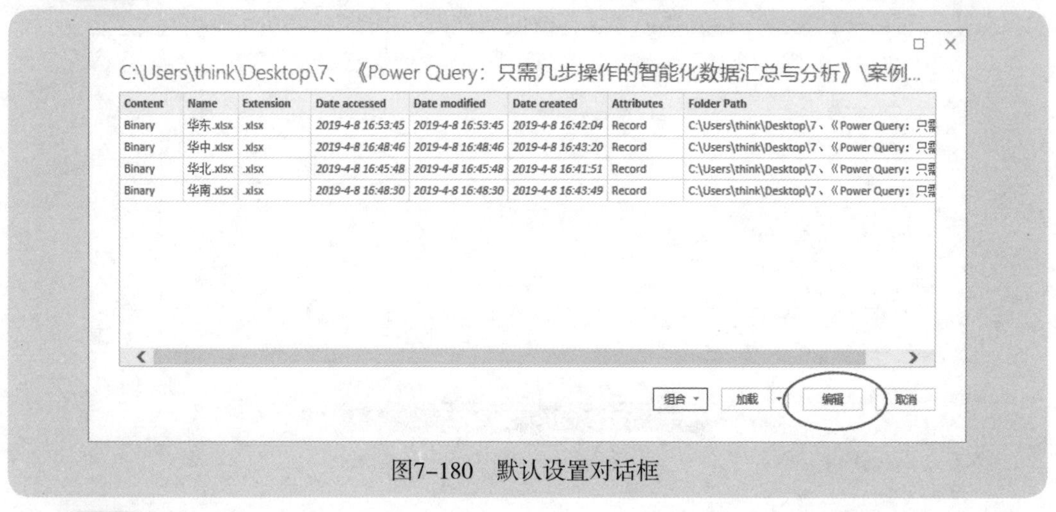

图7-180　默认设置对话框

步骤6 单击右下角的“编辑”按钮，就打开了“Power Query编辑器”窗口，如图7-181所示。

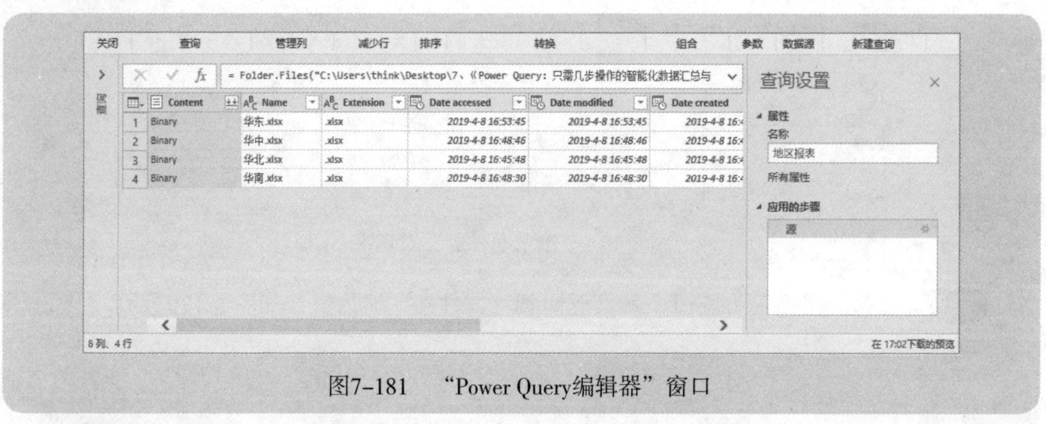

图7-181　“Power Query编辑器”窗口

步骤7 保留前2列，删除右边的其他所有列，如图7-182所示。

> **说明：**
>
> 第1列Content就是每个工作簿的数据集（包括所有工作表），第2列是工作簿的名称，这2列是需要的。第3列及以后的列就是文件的扩展名、访问日期、修改日期、创建日期、文夹件路径等属性，这些信息没有用，因此予以删除。

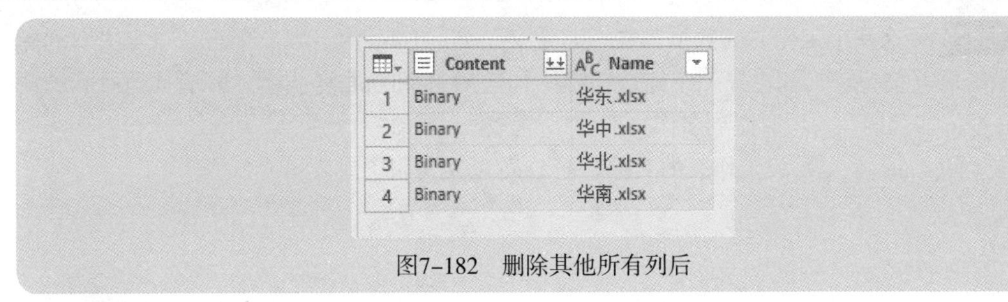

	Content	Name
1	Binary	华东.xlsx
2	Binary	华中.xlsx
3	Binary	华北.xlsx
4	Binary	华南.xlsx

图7-182 删除其他所有列后

步骤8 执行"添加列"→"自定义列"命令，打开"自定义列"对话框，如图7-183所示。"新列名"保持默认设置的"自定义"，输入下面的自定义列公式：

```
= Excel.Workbook([Content])
```

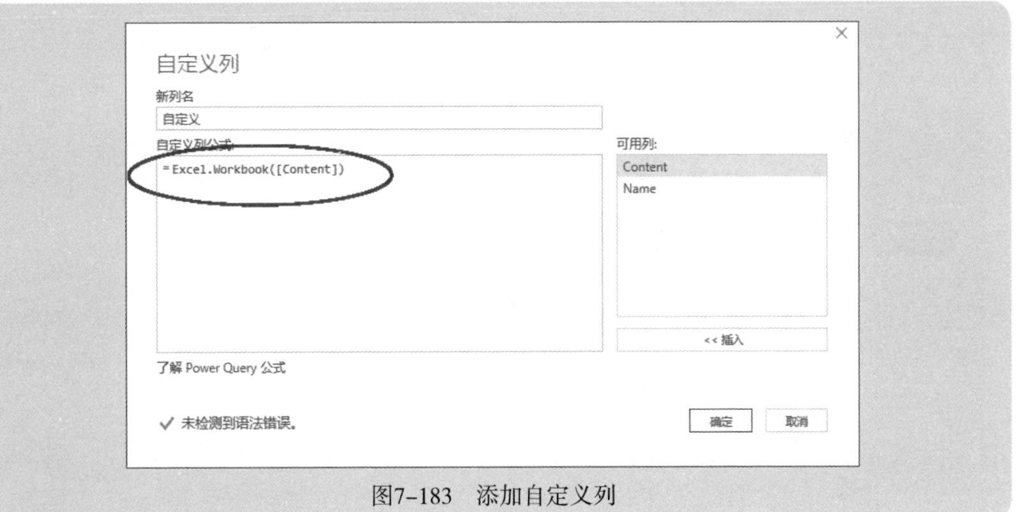

图7-183 添加自定义列

步骤9 单击"确定"按钮，就得到了图7-184所示的表。

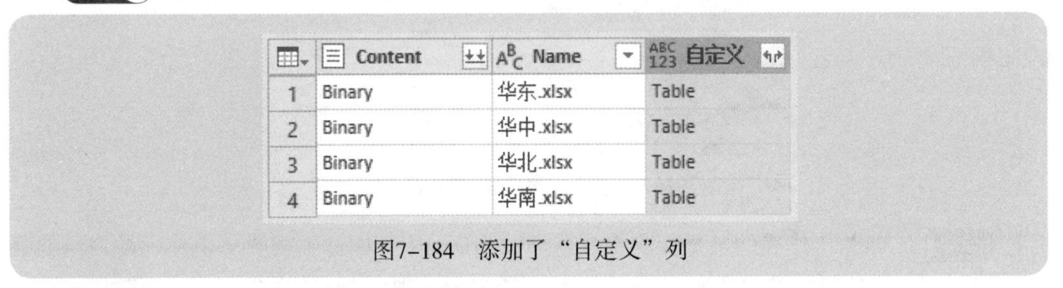

	Content	Name	自定义
1	Binary	华东.xlsx	Table
2	Binary	华中.xlsx	Table
3	Binary	华北.xlsx	Table
4	Binary	华南.xlsx	Table

图7-184 添加了"自定义"列

步骤10 第1列Content任务也已完成，因此将其删除，如图7-185所示。

步骤11 这几个工作簿的数据都在“自定义”列的Table内，因此单击“自定义”列标题右侧的展开按钮，就打开一个筛选窗格，勾选Name和Data复选框，取消其他所有的项目，并取消底部的“使用原始列名作为前缀”复选框，如图7-186所示。

这里的 Name 就是每张工作表的名称，而 Data 就是每张工作表里的数据。

	Name	自定义
1	华东.xlsx	Table
2	华中.xlsx	Table
3	华北.xlsx	Table
4	华南.xlsx	Table

图7-185 删除Content列后　　图7-186 勾选Name和Data复选框并取消其他所有的选择

步骤12 单击“确定”按钮，就展开了每个工作簿的工作表，如图7-187所示。

	Name	Name.1	Data
1	华东.xlsx	江苏	Table
2	华东.xlsx	上海	Table
3	华东.xlsx	浙江	Table
4	华中.xlsx	湖北	Table
5	华中.xlsx	湖南	Table
6	华中.xlsx	江西	Table
7	华北.xlsx	北京	Table
8	华北.xlsx	河北	Table
9	华北.xlsx	天津	Table
10	华北.xlsx	山东	Table
11	华南.xlsx	福建	Table
12	华南.xlsx	海南	Table
13	华南.xlsx	广东	Table
14	华南.xlsx	广西	Table
15	华南.xlsx	深圳	Table

图7-187 展开了每个工作簿的工作表

步骤13 每张工作表的数据保存在最后面一列Data中，因此也需要单击列标题右侧的展开按钮，打开筛选窗格，勾选所有的列，但要取消选择“使用原始列名作为前缀”复选框，如图7-188所示。

说明：

如果列数较多，最好单击对话框右下角的“加载更多”按钮，显示更多的列，以便于检查数据。

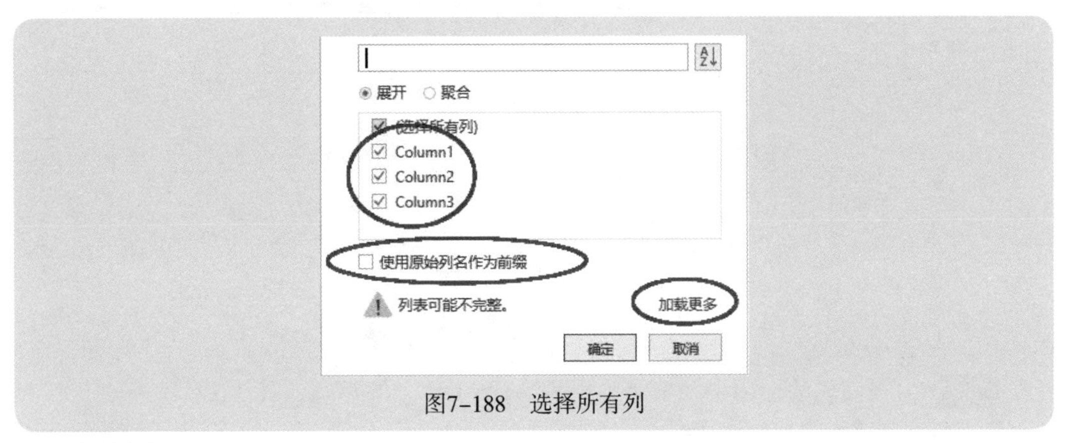

图7-188　选择所有列

步骤14 单击“确定”按钮，就得到了这些工作簿内所有工作表的数据，如图7-189所示。

	Name	Name.1	Column1	Column2	Column3
1	华东.xlsx	江苏	月份	销售额	毛利
2	华东.xlsx	江苏	1月	4713	3806
3	华东.xlsx	江苏	2月	1681	331
4	华东.xlsx	江苏	3月	3114	3190
5	华东.xlsx	江苏	4月	3794	511
6	华东.xlsx	江苏	5月	4286	2882
7	华东.xlsx	江苏	6月	2082	759
8	华东.xlsx	江苏	7月	1937	375
9	华东.xlsx	江苏	8月	3574	132
10	华东.xlsx	江苏	9月	1412	322
11	华东.xlsx	江苏	10月	2827	1190
12	华东.xlsx	江苏	11月	3128	683
13	华东.xlsx	江苏	12月	4038	1429
14	华东.xlsx	上海	月份	销售额	毛利
15	华东.xlsx	上海	1月	3435	73
16	华东.xlsx	上海	2月	3594	640
17	华东.xlsx	上海	3月	4539	253
18	华东.xlsx	上海	4月	1995	21

图7-189　展开每张工作表数据

步骤15 目前的列名称是系统默认设置的Column1、Column2等名称，需要执行“开始”→“将第一行用作标题”命令，提升标题，如图7-190所示。

	华东.xlsx	江苏	月份	销售额	毛利
1	华东.xlsx	江苏	1月	4713	3806
2	华东.xlsx	江苏	2月	1681	331
3	华东.xlsx	江苏	3月	3114	3190
4	华东.xlsx	江苏	4月	3794	511
5	华东.xlsx	江苏	5月	4286	2882
6	华东.xlsx	江苏	6月	2082	759
7	华东.xlsx	江苏	7月	1937	375
8	华东.xlsx	江苏	8月	3574	132
9	华东.xlsx	江苏	9月	1412	322
10	华东.xlsx	江苏	10月	2827	1190
11	华东.xlsx	江苏	11月	3128	683
12	华东.xlsx	江苏	12月	4038	1429
13	华东.xlsx	上海	月份	销售额	毛利
14	华东.xlsx	上海	1月	3435	73
15	华东.xlsx	上海	2月	3594	640
16	华东.xlsx	上海	3月	4539	253
17	华东.xlsx	上海	4月	1995	21
18	华东.xlsx	上海	5月	1691	920

图7-190　提升标题

步骤16 查询表的标题实际上是利用了第1张工作表的标题，其他工作表标题仍然存在，因此需要将这些多余的标题剔除。

找一个筛选方便的列，这里“月份”列比较简单，单击“月份”列的筛选按钮，取消选择“月份”项目，如图 7-191 所示。

这样，表格中就不存在多余的标题文字了。

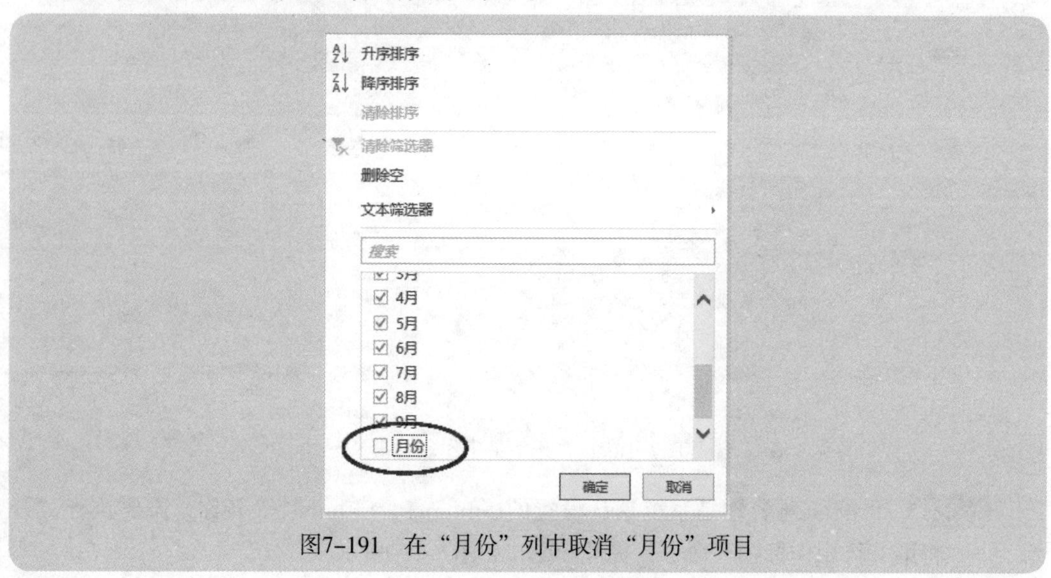

图7-191　在“月份”列中取消“月份”项目

步骤17 将第1列系统默认设置的列标题名称“华东.xlsx”修改为“地区”，第2列系统默认设置的列标题名称“江苏”修改为“省份”，如图7–192所示。

	地区	省份	月份	销售额	毛利
1	华东.xlsx	江苏	1月	4713	3806
2	华东.xlsx	江苏	2月	1681	331
3	华东.xlsx	江苏	3月	3114	3190
4	华东.xlsx	江苏	4月	3794	511
5	华东.xlsx	江苏	5月	4286	2882
6	华东.xlsx	江苏	6月	2082	759
7	华东.xlsx	江苏	7月	1937	375
8	华东.xlsx	江苏	8月	3574	132
9	华东.xlsx	江苏	9月	1412	322
10	华东.xlsx	江苏	10月	2827	1190
11	华东.xlsx	江苏	11月	3128	683
12	华东.xlsx	江苏	12月	4038	1429
13	华东.xlsx	上海	1月	3435	73
14	华东.xlsx	上海	2月	3594	640
15	华东.xlsx	上海	3月	4539	253
16	华东.xlsx	上海	4月	1995	21
17	华东.xlsx	上海	5月	1691	920
18	华东.xlsx	上海	6月	4232	90

图7–192　修改第1列和第2列的默认列标题

步骤18 第1列每个单元格保存的就是每个工作簿名称，它代表每个地区，因此可以将工作簿的扩展名.xlsx去掉。方法是选择第1列，执行“转换”→“提取”→“分隔符之前的文本”命令，打开“分隔符之前的文本”对话框，在“分隔符”下面右侧的文本框中输入句点，如图7–193所示。

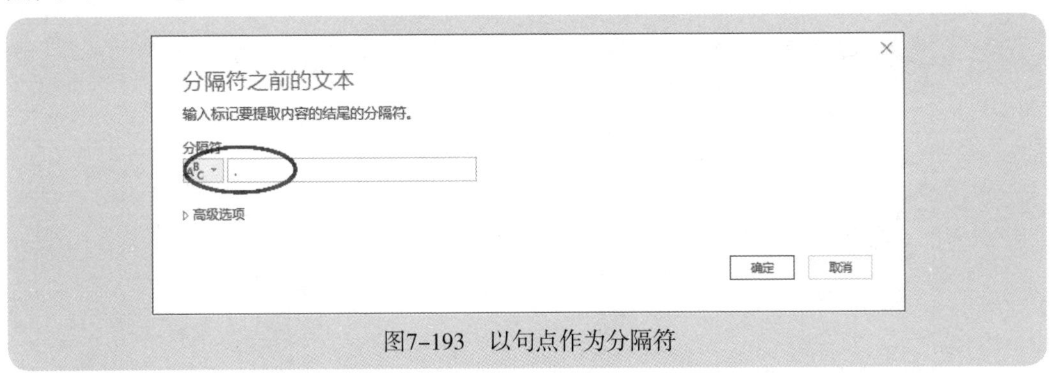

图7–193　以句点作为分隔符

步骤19 单击“确定”按钮，就得到了图7–194所示的结果，最终使各个工作簿的工作表数据汇总在了一起。

	地区	省份	月份	销售额	毛利
1	华东	江苏	1月	4713	3806
2	华东	江苏	2月	1681	331
3	华东	江苏	3月	3114	3190
4	华东	江苏	4月	3794	511
5	华东	江苏	5月	4286	2882
6	华东	江苏	6月	2082	759
7	华东	江苏	7月	1937	375
8	华东	江苏	8月	3574	132
9	华东	江苏	9月	1412	322
10	华东	江苏	10月	2827	1190
11	华东	江苏	11月	3128	683
12	华东	江苏	12月	4038	1429
13	华东	上海	1月	3435	73
14	华东	上海	2月	3594	640
15	华东	上海	3月	4539	253
16	华东	上海	4月	1995	21
17	华东	上海	5月	1691	920
18	华东	上海	6月	4232	90
19	华东	上海	7月	3654	1699

图7-194　各个工作簿的工作表数据汇总在了一起

步骤20 如果仅仅想得到一张汇总表，就可以将查询汇总结果加载到当前的工作簿中。

现在的任务是得到各个省份的毛利统计表，那么就可以进行分组。

（1）选择“省份”列。

（2）执行“开始”→“分组依据”命令，打开“分组依据”对话框，如图 7-195 所示。

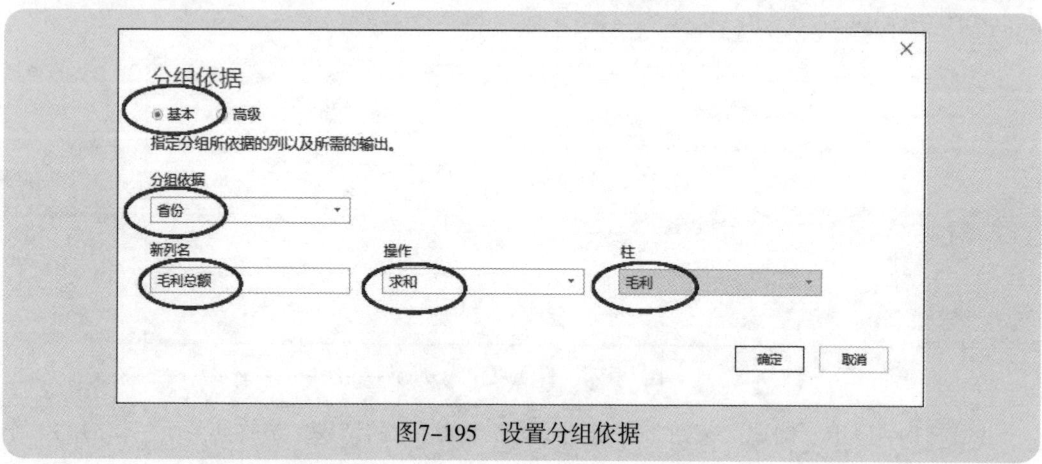

图7-195　设置分组依据

（3）选中“基本”单选按钮。

（4）“分组依据”选择“省份”。

（5）在“新列名”下面的文本框中输入“毛利总额”。

（6）在“操作”下面的文本框中选择“求和”。

（7）在“值”列表中选择“毛利”。

步骤21 单击“确定”按钮，就得到了图7-196所示的各个省份的毛利总额报表。

步骤22 对毛利总额进行降序排序，并加载到当前工作表，如图7-197所示。

	省份	毛利总额
1	江苏	15610
2	上海	12858
3	浙江	8682
4	湖北	5890
5	湖南	18298
6	江西	9244
7	北京	21735
8	河北	14592
9	天津	16363
10	山东	7210
11	福建	13412
12	海南	11187
13	广东	5895
14	广西	8927
15	深圳	12962

图7-196　各个省份的毛利总额报表

	A	B
1	省份	毛利总额
2	北京	21735
3	湖南	18298
4	天津	16363
5	江苏	15610
6	河北	14592
7	福建	13412
8	深圳	12962
9	上海	12858
10	海南	11187
11	江西	9244
12	广西	8927
13	浙江	8682
14	山东	7210
15	广东	5895
16	湖北	5890

图7-197　各个省份的毛利总额排名

至此，需要的报表就制作完成了。这其中一个最核心的技能就是写入正确的自定义列公式。

7.5.5 汇总多个文本文件

用户还可以把一个文件夹里的文本文件进行汇总，这种操作也是非常简单的。下面结合一个简单的例子予以说明。

案例7-21

图 7-198 所示的文件夹“店铺月报”里保存有 5 个地区的月报数据，文件的格式都是以逗号隔开的，示例数据如图 7-199 所示。

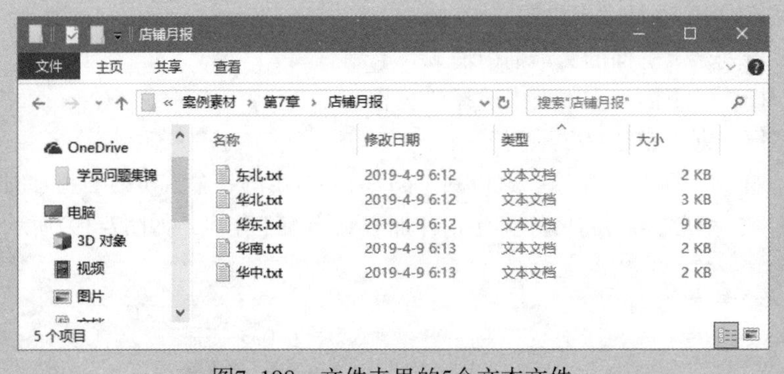

图7-198　文件夹里的5个文本文件

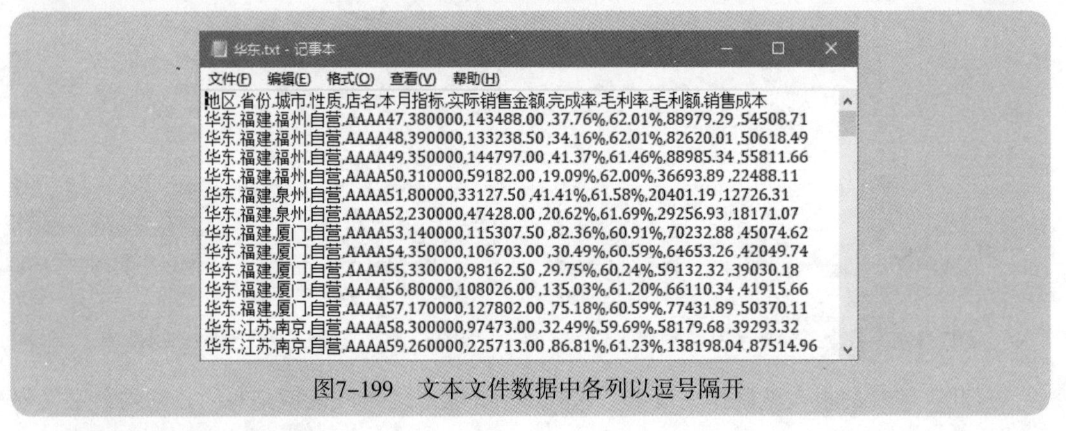

图7-199　文本文件数据中各列以逗号隔开

下面是具体的操作步骤。

步骤1　新建一个工作簿。

步骤2　执行“数据”→“获取数据”→“自文件”→“从文件夹”命令，然后按照向导提示操作，选择文件夹，如图7-200所示。

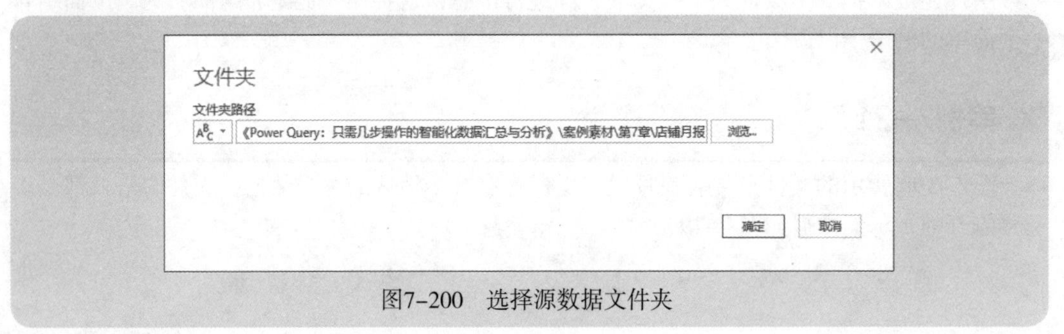

图7-200　选择源数据文件夹

步骤 3 单击“确定”按钮，打开图7-201所示的对话框，然后单击右下角的“组合”，展开下拉列表，选择“合并和编辑”选项。

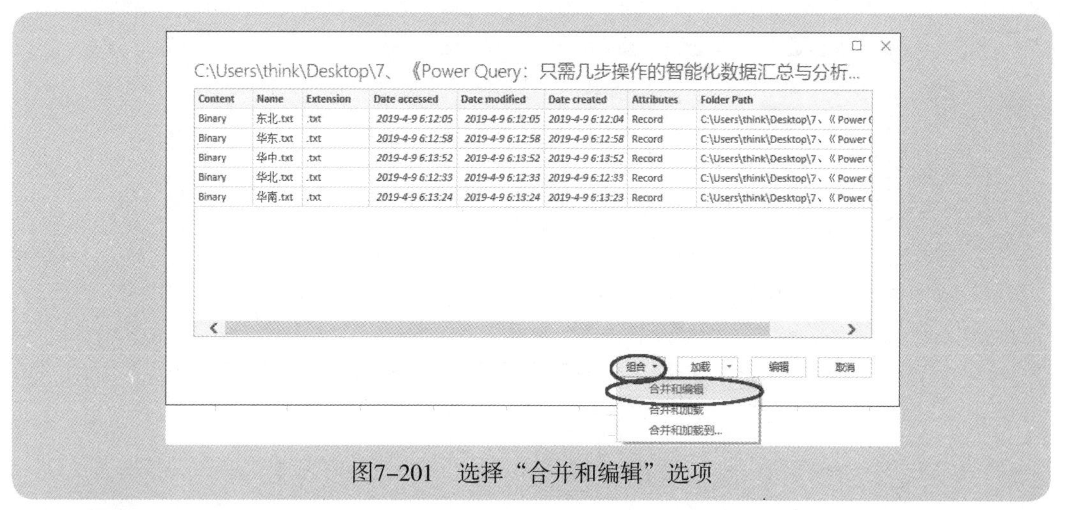

Content	Name	Extension	Date accessed	Date modified	Date created	Attributes	Folder Path
Binary	东北.txt	.txt	2019-4-9 6:12:05	2019-4-9 6:12:05	2019-4-9 6:12:04	Record	C:\Users\think\Desktop\7、《Power C
Binary	华东.txt	.txt	2019-4-9 6:12:58	2019-4-9 6:12:58	2019-4-9 6:12:58	Record	C:\Users\think\Desktop\7、《Power C
Binary	华中.txt	.txt	2019-4-9 6:13:52	2019-4-9 6:13:52	2019-4-9 6:13:52	Record	C:\Users\think\Desktop\7、《Power C
Binary	华北.txt	.txt	2019-4-9 6:12:33	2019-4-9 6:12:33	2019-4-9 6:12:33	Record	C:\Users\think\Desktop\7、《Power C
Binary	华南.txt	.txt	2019-4-9 6:13:24	2019-4-9 6:13:24	2019-4-9 6:13:23	Record	C:\Users\think\Desktop\7、《Power C

图7-201 选择“合并和编辑”选项

步骤 4 这样，就打开了“合并文件”对话框，如图7-202所示。

在这个对话框中，可以对每个文件进行指定设置。

如果每个文件都是同一种分隔符，这一步就可以忽略；如果要汇总的各个文本文件的分隔符不同，则需要从“示例文件：”下拉列表中选择每个文件进行设置。

地区	省份	城市	性质	店名	本月指标	实际销售金额	完成率	毛利率	毛利额	销售成本
东北	辽宁	大连	自营	AAAA1	150000	57062.00	38.04%	63.25%	36089.75	20972.25
东北	辽宁	大连	自营	AAAA2	280000	130192.50	46.50%	64.51%	83984.33	46208.17
东北	辽宁	大连	自营	AAAA3	190000	86772.00	45.67%	63.86%	55416.19	31355.81
东北	辽宁	沈阳	自营	AAAA4	90000	103890.00	115.43%	61.96%	64370.79	39519.21
东北	辽宁	沈阳	自营	AAAA5	270000	107766.00	39.91%	64.41%	69408.30	38357.70
东北	辽宁	沈阳	自营	AAAA6	180000	57502.00	31.95%	63.71%	36634.69	20867.31
东北	辽宁	沈阳	自营	AAAA7	280000	116300.00	41.54%	64.79%	75354.90	40945.10
东北	辽宁	沈阳	自营	AAAA8	340000	63287.00	18.61%	64.46%	40796.69	22490.31
东北	辽宁	沈阳	自营	AAAA9	150000	112345.00	74.90%	64.51%	72475.85	39869.15
东北	辽宁	沈阳	自营	AAAA10	220000	80036.00	36.38%	64.10%	51299.54	28736.46
东北	辽宁	沈阳	自营	AAAA11	120000	73686.50	61.41%	67.59%	49806.51	23879.99
东北	黑龙江	齐齐哈尔	加盟	AAAA12	350000	47394.50	13.54%	62.79%	29757.67	17636.83

图7-202 设置每个文本文件

步骤5 单击“确定”按钮，打开“Power Query编辑器”窗口，可以看到，文件夹里的几个文件合并到了一起，如图7-203所示。

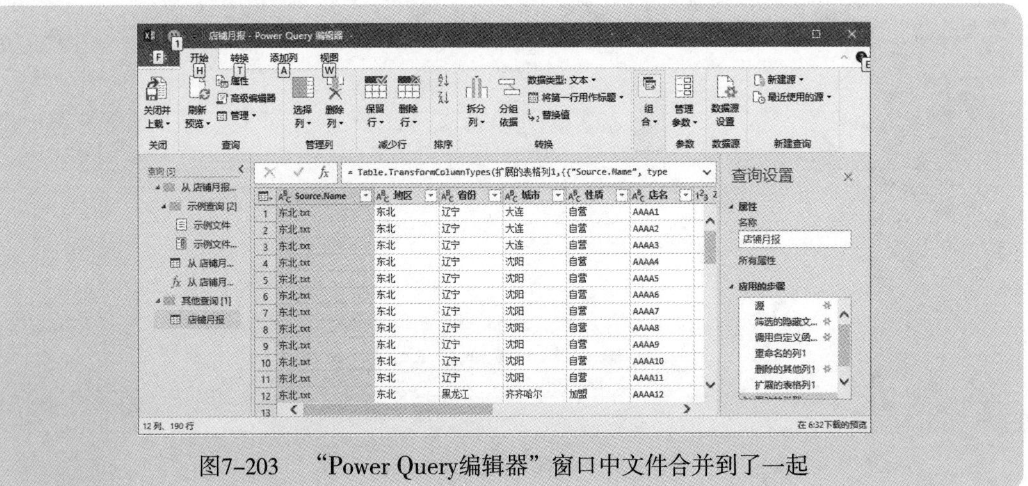

图7-203 “Power Query编辑器”窗口中文件合并到了一起

步骤6 由于每个文件内已经有了“地区”列，因此第1列可以删除。如果每个文件内没有地区名字，则需要从第1列中提取地区名字，也就是提取字符之前的文本。

步骤7 每个文件中会存在一些空行之类的无效数据，因此最后要对表进行筛选操作，剔除这些无效数据。如果没有这样的问题，这一步可以忽略。

步骤8 将查询关闭并上传至工作表，得到几个文本文件合并的表，如图7-204所示。

地区	省份	城市	性质	店名	本月指标	实际销售金额	完成率	毛利率	毛利额	销售成本
东北	辽宁	大连	自营	AAAA1	150000	57062	0.3804	0.6325	36089.75	20972.25
东北	辽宁	大连	自营	AAAA2	280000	130192.5	0.465	0.6451	83984.33	46208.17
东北	辽宁	大连	自营	AAAA3	190000	86772	0.4567	0.6386	55416.19	31355.81
东北	辽宁	沈阳	自营	AAAA4	90000	103890	1.1543	0.6196	64370.79	39519.21
东北	辽宁	沈阳	自营	AAAA5	270000	107766	0.3991	0.6441	69408.3	38357.7
东北	辽宁	沈阳	自营	AAAA6	180000	57502	0.3195	0.6371	36634.69	20867.31
东北	辽宁	沈阳	自营	AAAA7	280000	116300	0.4154	0.6479	75354.9	40945.1
东北	辽宁	沈阳	自营	AAAA8	340000	63287	0.1861	0.6446	40796.69	22490.31
东北	辽宁	沈阳	自营	AAAA9	150000	112345	0.749	0.6451	72475.85	39869.15
东北	辽宁	沈阳	自营	AAAA10	220000	80036	0.3638	0.641	51299.54	28736.46
东北	辽宁	沈阳	自营	AAAA11	120000	73686.5	0.6141	0.6759	49806.51	23879.99
东北	黑龙江	齐齐哈尔	加盟	AAAA12	350000	47394.5	0.1354	0.6279	29757.67	17636.83
华东	福建	福州	自营	AAAA47	380000	143488	0.3776	0.6201	88979.29	54508.71
华东	福建	福州	自营	AAAA48	390000	133238.5	0.3416	0.6201	82620.01	50618.49
华东	福建	福州	自营	AAAA49	350000	144797	0.4137	0.6146	88985.34	55811.66
华东	福建	福州	自营	AAAA50	310000	59182	0.1909	0.62	36693.89	22488.11
华东	福建	泉州	自营	AAAA51	80000	33127.5	0.4141	0.6158	20401.19	12726.31
华东	福建	泉州	自营	AAAA52	230000	47428	0.2062	0.6169	29256.93	18171.07
华东	福建	厦门	自营	AAAA53	140000	115307.5	0.8236	0.6091	70232.88	45074.62
华东	福建	厦门	自营	AAAA54	350000	106703	0.3049	0.6059	64653.26	42049.74
华东	福建	厦门	自营	AAAA55	330000	98162.5	0.2975	0.6024	59132.32	39030.18

图7-204 完成的多张文本文件合并表

7.6 表格查询

表格查询实际上就是基本的表筛选功能，无论是一列筛选数据，还是从多列筛选数据；无论是单条件筛选，还是多条件筛选，都可以在编辑器中进行。

如果要从多个表格中查询数据，那么先要对这些表格进行汇总，然后才是筛选。

利用 Power Query 查询数据的最大好处是可以在不打开工作簿或文本文件或数据的情况下，把满足条件的数据抓取出来，甚至可以轻而易举地从多个工作簿的多个表格中抓取数据。

本节结合几个例子来复习巩固数据查询技能和技巧。

7.6.1 单表查询满足条件的数据

无论是从当前工作簿的某张工作表查询，还是从其他工作簿的某张工作表查询，或者从其他数据源表中查询，要做的第一步是建立指定工作表的查询，然后在“Power Query 编辑器”窗口中筛选指定条件数据。这种查询是很简单的。

案例7-22

例如，对于图 7-205 所示的店铺月报表，要查询月销售额在 20 万元以上的有哪些自营店，并且这些自营店排名如何。这里仅仅需要店铺名字、所在城市和销售额 3 列数。

地区	省份	城市	性质	店名	本月指标	实际销售金额	销售成本
东北	辽宁	大连	自营	AAAA-001	150000	57062	20972.25
东北	辽宁	大连	加盟	AAAA-002	280000	130192.5	46208.17
东北	辽宁	大连	自营	AAAA-003	190000	86772	31355.81
东北	辽宁	沈阳	自营	AAAA-004	90000	103890	39519.21
东北	辽宁	沈阳	加盟	AAAA-005	270000	107766	38357.7
东北	辽宁	沈阳	加盟	AAAA-006	180000	57502	20867.31
东北	辽宁	沈阳	自营	AAAA-007	280000	116300	40945.1
东北	辽宁	沈阳	自营	AAAA-008	340000	63287	22490.31
东北	辽宁	沈阳	加盟	AAAA-009	150000	112345	39869.15
东北	辽宁	沈阳	自营	AAAA-010	220000	80036	28736.46
东北	辽宁	沈阳	自营	AAAA-011	120000	73686.5	23879.99
华北	北京	北京	加盟	AAAA-014	260000	57255.6	19604.2
华北	天津	天津	加盟	AAAA-015	320000	51085.5	17406.07
华北	北京	北京	自营	AAAA-016	200000	59378	21060.84

Sheet1

图7-205 原始数据表

步骤1 建立查询（如果是当前工作簿的工作表，建议使用“自表格/区域”命令；如果是其他工作簿的工作表，就只能使用“自工作簿”命令），进入“Power Query编辑器”窗口，如图7-206所示。

	地区	省份	城市	性质	店名	本月指...	实际销售金额	销售成...
1	东北	辽宁	大连	自营	AAAA-001	150000	57062	20972
2	东北	辽宁	大连	加盟	AAAA-002	280000	130192.5	46208
3	东北	辽宁	大连	自营	AAAA-003	190000	86772	31355
4	东北	辽宁	沈阳	自营	AAAA-004	90000	103890	39519
5	东北	辽宁	沈阳	加盟	AAAA-005	270000	107766	3835
6	东北	辽宁	沈阳	加盟	AAAA-006	180000	57502	20867
7	东北	辽宁	沈阳	自营	AAAA-007	280000	116300	4094
8	东北	辽宁	沈阳	自营	AAAA-008	340000	63287	22490
9	东北	辽宁	沈阳	加盟	AAAA-009	150000	112345	39869
10	东北	辽宁	沈阳	自营	AAAA-010	220000	80036	28736
11	东北	辽宁	沈阳	自营	AAAA-011	120000	73686.5	23879
12	华北	北京	北京	加盟	AAAA-014	260000	57255.6	1960
13	华北	天津	天津	加盟	AAAA-015	320000	51085.5	17406
14	华北	北京	北京	自营	AAAA-016	200000	59378	21060
15	华北	北京	北京	自营	AAAA-017	100000	48519	18181
16								

图7-206 建立查询

步骤2 分别在“性质”列中筛选“自营”，在“实际销售金额”列中筛选“大于200000”，分别如图7-207～图7-209所示。

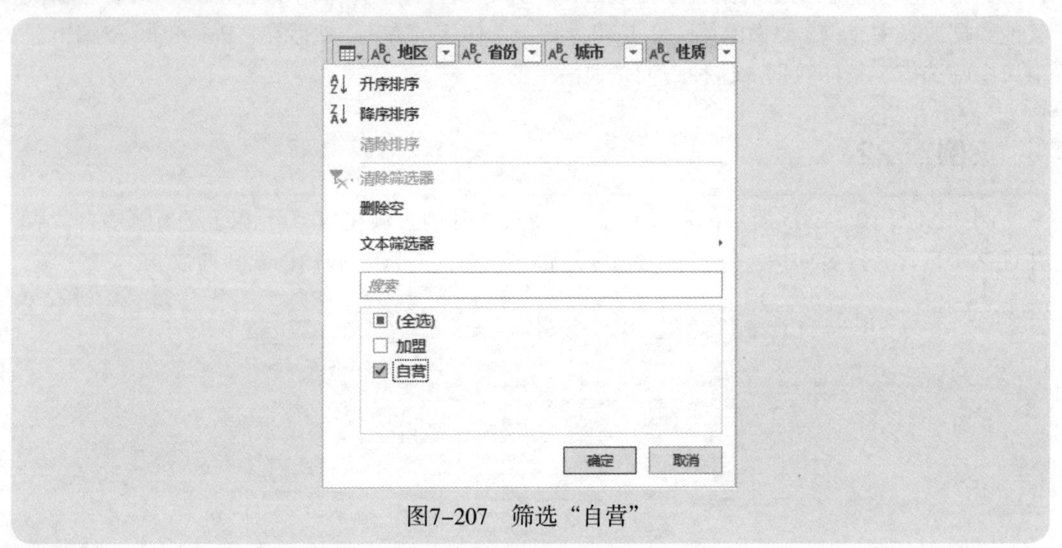

图7-207 筛选“自营”

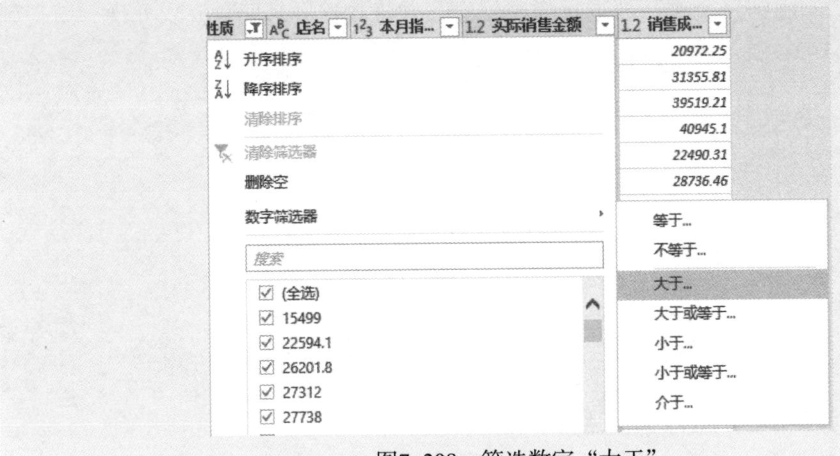

图7-208　筛选数字“大于”

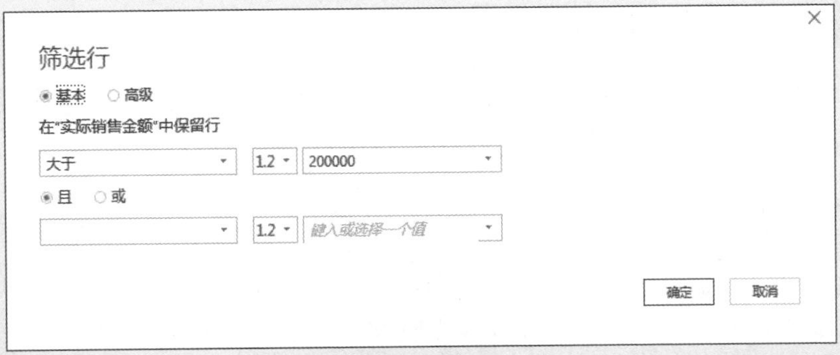

筛选行

基本　高级

在"实际销售金额"中保留行

大于　1.2　200000

且　或

1.2　键入或选择一个值

确定　取消

图7-209　筛选“大于200000”

那么就得到了图 7-210 所示的筛选结果。

	地区	省份	城市	性质	店名	本月指...	实际销售金额	销售成本
1	华北	北京	北京	自营	AAAA-018	330000	249321.5	88623.41
2	华东	江苏	南京	自营	AAAA-060	260000	225713	87514.96
3	华东	上海	上海	自营	AAAA-097	230000	267968	101538.92
4	华东	上海	上海	自营	AAAA-103	230000	279503.54	38299.4
5	华东	上海	上海	自营	AAAA-105	90000	337151.6	126775.82
6	西北	陕西	西安	自营	AAAA-179	310000	271057.7	90307.67

图7-210　筛选数据

步骤3　保留“城市”“店名”和“实际销售金额”3列，删除其他所有列，如图7-211所示。

步骤4 对"实际销售金额"列进行降序排序，并将数据进行四舍五入处理，就得到排序后的表，如图7-212所示。

	城市	店名	实际销售金额
1	北京	AAAA-018	249321.5
2	南京	AAAA-060	225713
3	上海	AAAA-097	267968
4	上海	AAAA-103	279503.54
5	上海	AAAA-105	337151.6
6	西安	AAAA-179	271057.7

图7-211 删除不需要的列

	城市	店名	实际销售金额
1	上海	AAAA-105	337152
2	上海	AAAA-103	279504
3	西安	AAAA-179	271058
4	上海	AAAA-097	267968
5	北京	AAAA-018	249322
6	南京	AAAA-060	225713

图7-212 销售额排序

步骤5 将查询关闭并上传至新工作表，就是需要的结果。

如果下个月原始表换成了新的数据，只需刷新查询表即可。

7.6.2 多表查询满足条件的数据

要从工作簿的多张工作表中查询满足条件的数据，如果使用一般的方法，将是比较复杂的，但是使用 Power Query 就非常简单了。下面介绍一个具体的例子。

案例7-23

图 7-213 所示就是前面介绍过的 4 个业务部的合同明细表，现在要求把各个业务部在 2019 年第 1 季度签订的、合同额在 40 万元以上的合同汇总到一张新工作表中。

	A	B	C	D	E	F
1	合同号	合同名称	合同金额	签订日期	结束日期	业务员
2	DEPT1-20180101	YBA0098	433000	2018-1-1	2018-6-1	业务员D
3	DEPT1-20180108	YBA0151	26000	2018-1-8	2018-10-8	业务员A
4	DEPT1-20180116	YBA0057	150000	2018-1-16	2018-9-16	业务员C
5	DEPT1-20180117	YBA0158	336000	2018-1-17	2018-8-17	业务员F
6	DEPT1-20180123	YBA0142	40000	2018-1-23	2018-5-23	业务员C
7	DEPT1-20180128	YBA0139	17000	2018-1-28	2018-8-28	业务员F
8	DEPT1-20180201	YBA0041	473000	2018-2-1	2019-4-1	业务员F
9	DEPT1-20180207	YBA0147	411000	2018-2-7	2018-9-7	业务员F
10	DEPT1-20180211	YBA0083	115000	2018-2-11	2018-9-11	业务员E
11	DEPT1-20180214	YBA0014	457000	2018-2-14	2018-12-14	业务员D
12	DEPT1-20180217	YBA0165	265000	2018-2-17	2019-2-17	业务员D
13	DEPT1-20180223	YBA0030	321000	2018-2-23	2019-5-23	业务员D

业务一部 业务二部 业务三部 业务四部

图7-213 4个业务部的合同表

步骤1　将这4张工作表汇总起来，具体方法在7.5小节中已经做过很多次介绍，此处不再详述。这样就得到查询表，如图7–214所示。

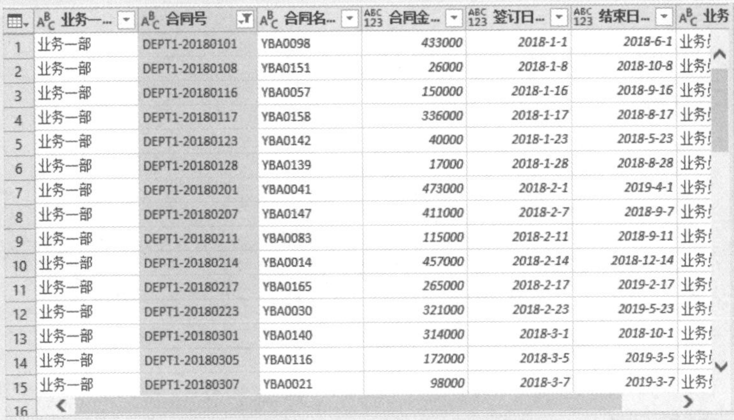

	业务—...	合同号	合同名...	合同金...	签订日...	结束日...	业务
1	业务一部	DEPT1-20180101	YBA0098	433000	2018-1-1	2018-6-1	业务
2	业务一部	DEPT1-20180108	YBA0151	26000	2018-1-8	2018-10-8	业务
3	业务一部	DEPT1-20180116	YBA0057	150000	2018-1-16	2018-9-16	业务
4	业务一部	DEPT1-20180117	YBA0158	336000	2018-1-17	2018-8-17	业务
5	业务一部	DEPT1-20180123	YBA0142	40000	2018-1-23	2018-5-23	业务
6	业务一部	DEPT1-20180128	YBA0139	17000	2018-1-28	2018-8-28	业务
7	业务一部	DEPT1-20180201	YBA0041	473000	2018-2-1	2019-4-1	业务
8	业务一部	DEPT1-20180207	YBA0147	411000	2018-2-7	2018-9-7	业务
9	业务一部	DEPT1-20180211	YBA0083	115000	2018-2-11	2018-9-11	业务
10	业务一部	DEPT1-20180214	YBA0014	457000	2018-2-14	2018-12-14	业务
11	业务一部	DEPT1-20180217	YBA0165	265000	2018-2-17	2019-2-17	业务
12	业务一部	DEPT1-20180223	YBA0030	321000	2018-2-23	2019-5-23	业务
13	业务一部	DEPT1-20180301	YBA0140	314000	2018-3-1	2018-10-1	业务
14	业务一部	DEPT1-20180305	YBA0116	172000	2018-3-5	2019-3-5	业务
15	业务一部	DEPT1-20180307	YBA0021	98000	2018-3-7	2019-3-7	业务
16							

图7–214　4张工作表汇总起来

步骤2　从“签订日期”列中筛选“介于”两个日期（2019–01–01至2019–03–31）之间的数据，如图7–215和图7–216所示。

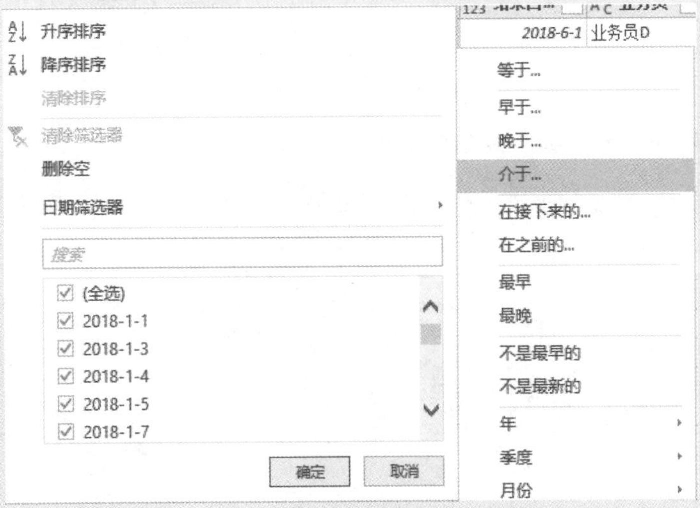

升序排序
降序排序
清除排序
清除筛选器
删除空
日期筛选器
搜索
(全选)
2018-1-1
2018-1-3
2018-1-4
2018-1-5
2018-1-7
确定　取消

2018-6-1　业务员D
等于...
早于...
晚于...
介于...
在接下来的...
在之前的...
最早
最晚
不是最早的
不是最新的
年
季度
月份

图7–215　执行“日期筛选器”→“介于”命令

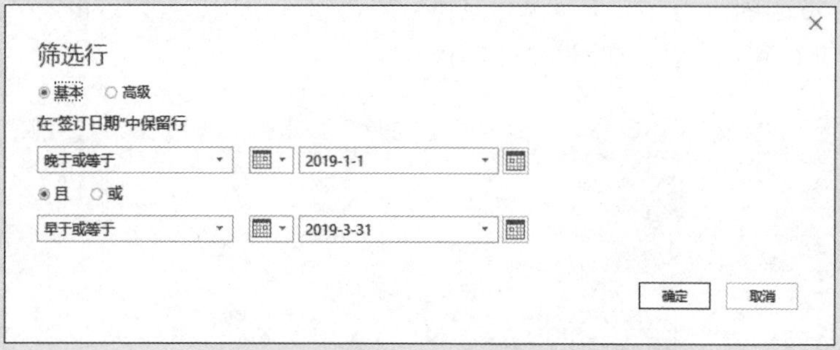

筛选行
基本
高级
在"签订日期"中保留行
晚于或等于
2019-1-1
且
或
早于或等于
2019-3-31
确定
取消

图7–216　设置日期的介于条件

步骤3　从“合同金额”列中筛选 “大于400000”，如图7–217所示。

筛选行
基本
高级
在"合同金额"中保留行
大于
1.2
400000
且
或
1.2
键入或选择一个值
确定
取消

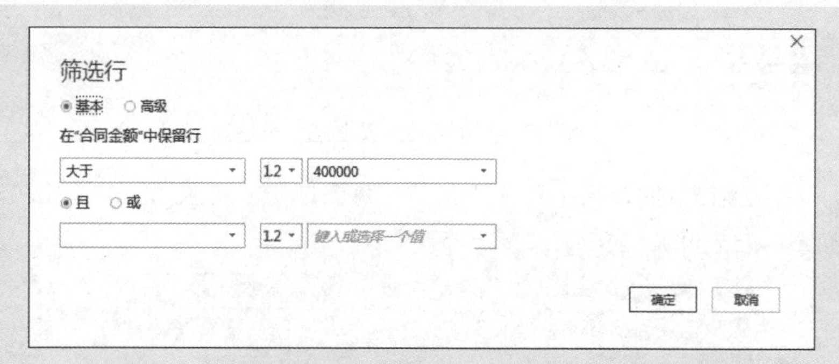

图7–217　筛选大于400000

那么，最终的查询结果如图 7–218 所示。

	业务一...	合同号	合同名...	合同金额	签订日...	结束日...	业务员
1	业务一部	DEPT1-20190110	YBA0123	462000	2019-1-10	2019-4-10	业务员G
2	业务一部	DEPT1-20190113	YBA0036	408000	2019-1-13	2019-6-13	业务员D
3	业务一部	DEPT1-20190124	YBA0168	427000	2019-1-24	2020-1-24	业务员E
4	业务一部	DEPT1-20190208	YBA0076	474000	2019-2-8	2020-2-8	业务员C
5	业务一部	DEPT1-20190308	YBA0086	412000	2019-3-8	2019-6-8	业务员C
6	业务一部	DEPT1-20190315	YBA0038	427000	2019-3-15	2020-4-15	业务员D
7	业务二部	DEPT2-20190111	ERB081	426000	2019-1-11	2019-12-11	业务员K
8	业务二部	DEPT2-20190116	ERB216	498000	2019-1-16	2020-2-16	业务员M
9	业务二部	DEPT2-20190121	ERB199	473000	2019-1-21	2019-6-21	业务员J
10	业务二部	DEPT2-20190205	ERB161	498000	2019-2-5	2019-12-5	业务员K
11	业务二部	DEPT2-20190220	ERB110	475000	2019-2-20	2020-1-20	业务员M
12	业务二部	DEPT2-20190323	ERB125	410000	2019-3-23	2020-1-23	业务员O
13	业务三部	DEPT3-20190102	SQB038	401000	2019-1-2	2019-6-2	业务员S
14	业务三部	DEPT3-20190324	SQB022	498000	2019-3-24	2019-10-24	业务员T
15	业务三部	DEPT3-20190328	SQB036	457000	2019-3-28	2020-4-28	业务员V
16	业务四部	DEPT4-20190209	SPW022	414000	2019-2-9	2020-4-9	业务员Y
17	业务四部	DEPT4-20190213	SPW042	435000	2019-2-13	2019-5-13	业务员Y
18	业务四部	DEPT4-20190317	SPW007	426000	2019-3-17	2020-3-17	业务员Z

图7–218　从汇总表中筛选的结果

步骤4 导出数据到工作表即可。

7.7 基本统计汇总

Power Query 提供了“分组依据”工具和“透视列”工具，利用这两个工具可以在查询数据的同时，对查询结果做进一步的基本统计和汇总，这样得到的就不仅仅是一张明细表，而是一份基本的统计分析报告。

7.7.1 单列分组计算

单字段分组是很简单的，按照向导提示操作即可。下面介绍一个简单的例子。

案例7-24

例如，在案例 7-22 中，如果要得到一个各个地区的销售总额和毛利总额，以及各个地区的目标达成率和毛利率的查询报表，其主要步骤如下。

步骤1 建立查询，如图7-219所示。

	地...	省...	城...	性...	店名	本月指...	实际销售金...	销售成本
1	东北	辽宁	大连	自营	AAAA-001	150000	57062	20972.25
2	东北	辽宁	大连	加盟	AAAA-002	280000	130192.5	46208.17
3	东北	辽宁	大连	自营	AAAA-003	190000	86772	31355.81
4	东北	辽宁	沈阳	自营	AAAA-004	90000	103890	39519.21
5	东北	辽宁	沈阳	加盟	AAAA-005	270000	107766	38357.7
6	东北	辽宁	沈阳	加盟	AAAA-006	180000	57502	20867.31
7	东北	辽宁	沈阳	自营	AAAA-007	280000	116300	40945.1
8	东北	辽宁	沈阳	自营	AAAA-008	340000	63287	22490.31
9	东北	辽宁	沈阳	加盟	AAAA-009	150000	112345	39869.15
10	东北	辽宁	沈阳	自营	AAAA-010	220000	80036	28736.46
11	东北	辽宁	沈阳	自营	AAAA-011	120000	73686.5	23879.99
12	华北	北京	北京	加盟	AAAA-014	260000	57255.6	19604.2

图7-219 建立查询

步骤2 执行“添加列”→“自定义列”命令，为表添加一个“毛利”列，自定义列公式为“= [实际销售金额] – [销售成本]”，如图7-220所示。

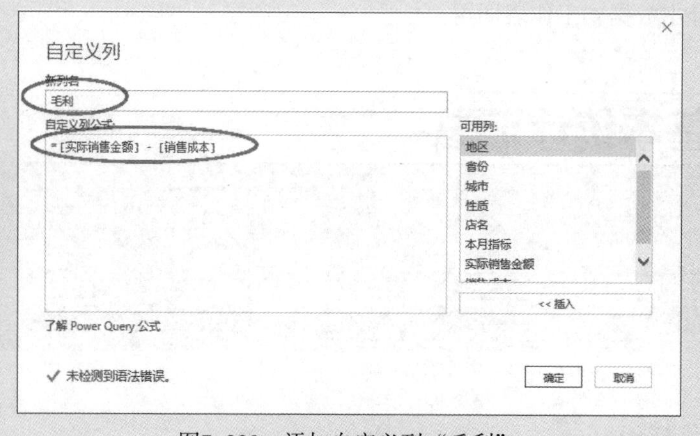

图7-220　添加自定义列“毛利”

步骤③ 将这个自定义列“毛利”的数据类型设置为“小数”，如图7-221所示。

	地...	省...	城...	性...	店名	本月指...	实际销售金...	销售成本	毛利
1	东北	辽宁	大连	自营	AAAA-001	150000	57062	20972.25	36089.75
2	东北	辽宁	大连	加盟	AAAA-002	280000	130192.5	46208.17	83984.33
3	东北	辽宁	大连	自营	AAAA-003	190000	86772	31355.81	55416.19
4	东北	辽宁	沈阳	自营	AAAA-004	90000	103890	39519.21	64370.79
5	东北	辽宁	沈阳	加盟	AAAA-005	270000	107766	38357.7	69408.3
6	东北	辽宁	沈阳	加盟	AAAA-006	180000	57502	20867.31	36634.69
7	东北	辽宁	沈阳	自营	AAAA-007	280000	116300	40945.1	75354.9
8	东北	辽宁	沈阳	自营	AAAA-008	340000	63287	22490.31	40796.69
9	东北	辽宁	沈阳	加盟	AAAA-009	150000	112345	39869.15	72475.85
10	东北	辽宁	沈阳	自营	AAAA-010	220000	80036	28736.46	51299.54
11	东北	辽宁	沈阳	自营	AAAA-011	120000	73686.5	23879.99	49806.51
12	华北	北京	北京	加盟	AAAA-014	260000	57255.6	19604.2	37651.4

图7-221　添加自定义列“毛利”的查询表

步骤④ 选择“地区”列，执行“开始”→“分组依据”命令，打开“分组依据”对话框，做如图7-222所示的设置。

（1）选中“高级”单选按钮。

（2）“分组依据”选择“地区”。

（3）做3个聚合，分别如下。

①“新列名”为“指标”;“操作”为“求和”;“值”（这个对话框中显示的是“柱”）为“本月指标”。

②“新列名”为“销售额”;“操作”为“求和”;“值”（这个对话框中显示的是“柱”）为“实际销售金额”。

③“新列名”为“毛利”;“操作”为“求和”;“值”（这个对话框中显示的是“柱”）为“毛利”。

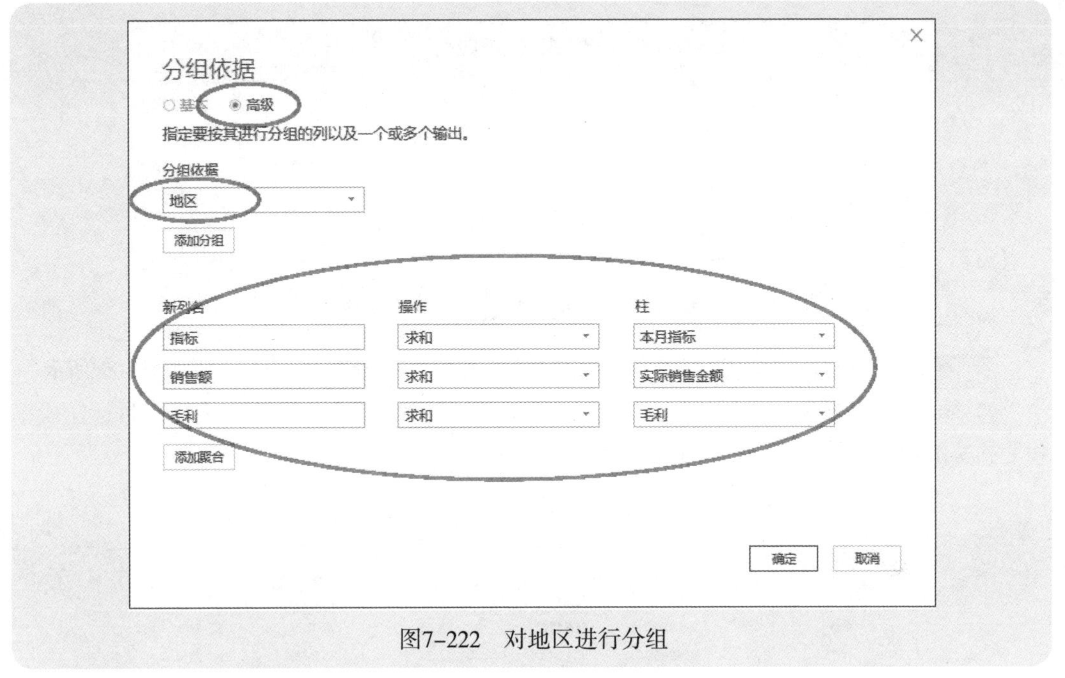

图7–222 对地区进行分组

步骤5 单击“确定”按钮，就得到了图7–223所示的表。

	地...	指标	销售额	毛利
1	东北	2270000	988839	635637.54
2	华北	7450000	2486905.6	1588644.4
3	华东	25070000	9325385.74	5870908.46
4	华南	3590000	1262111.5	775673.08
5	华中	2280000	531589.5	339217.24
6	西北	3100000	889195.8	583628.13
7	西南	2390000	1009293.3	648607.88

图7–223 按地区分组计算指标、销售额和毛利

步骤6 执行“添加列”→“自定义列”命令，为表添加两个自定义列“目标达成率”和“毛利率”，自定义计算公式分别为目标达成率“= [销售额]/[指标] ”、毛利率“= [毛利]/[销售额] ”。

结果如图 7–224 所示。

	地...	1.2 指标	1.2 销售额	1.2 毛利	目标达...	毛利率
1	东北	2270000	988839	635637.54	0.435611894	0.642811964
2	华北	7450000	2486905.6	1588644.4	0.333812832	0.63880366
3	华东	25070000	9325385.74	5870908.46	0.371973903	0.629561996
4	华南	3590000	1262111.5	775673.08	0.351563092	0.61458364
5	华中	2280000	531589.5	339217.24	0.233153289	0.638118774
6	西北	3100000	889195.8	583628.13	0.286837355	0.656355023
7	西南	2390000	1009293.3	648607.88	0.422298452	0.642635674

图7-224　得到的目标达成率和毛利率

步骤 7　将“目标达成率”列和“毛利率”列的数据类型设置为“百分比”，如图7-225所示。

如果要把这个分组结果导入工作表，这一步可以不做，因为导入工作表后，目标达成率和毛利率的数据仍然为小数，需要设置单元格格式。

	地区	1.2 指标	1.2 销售额	1.2 毛利	% 目标达...	% 毛利率
1	东北	2270000	988839	635637.54	43.56%	64.28%
2	华北	7450000	2486905.6	1588644.4	33.38%	63.88%
3	华东	25070000	9325385.74	5870908.46	37.20%	62.96%
4	华南	3590000	1262111.5	775673.08	35.16%	61.46%
5	华中	2280000	531589.5	339217.24	23.32%	63.81%
6	西北	3100000	889195.8	583628.13	28.68%	65.64%
7	西南	2390000	1009293.3	648607.88	42.23%	64.26%

图7-225　设置目标达成率和毛利率的数据类型为“百分比”

步骤 8　将查询关闭并上传至工作表，设置单元格格式，得到图7-226所示的汇总表。

	A	B	C	D	E	F
1	地区	指标	销售额	毛利	目标达成率	毛利率
2	东北	2,270,000	988,839	635,638	43.56%	64.28%
3	华北	7,450,000	2,486,906	1,588,644	33.38%	63.88%
4	华东	25,070,000	9,325,386	5,870,908	37.20%	62.96%
5	华南	3,590,000	1,262,112	775,673	35.16%	61.46%
6	华中	2,280,000	531,590	339,217	23.32%	63.81%
7	西北	3,100,000	889,196	583,628	28.68%	65.64%
8	西南	2,390,000	1,009,293	648,608	42.23%	64.26%
9						

图7-226　各个地区的汇总报表

7.7.2 多列分组计算

用户不仅可以对某个指定的列进行分组，还可以对多个指定的列进行分组，这种操作也很简单。下面介绍一个操作示例。

案例7-25

例如，对于案例 7-23 中的合同汇总表，现在要求统计汇总每个业务部在 2019 年每个月签订的合同总金额。

步骤 1 将4个业务部的数据进行汇总，得到汇总查询汇总表，并筛选出2019年的数据，这个操作在案例7-23中已进行了详细介绍。

步骤 2 选择“签订日期”列，执行“添加列”→“日期”→“月”→“月份名称”命令，如图7-227所示。

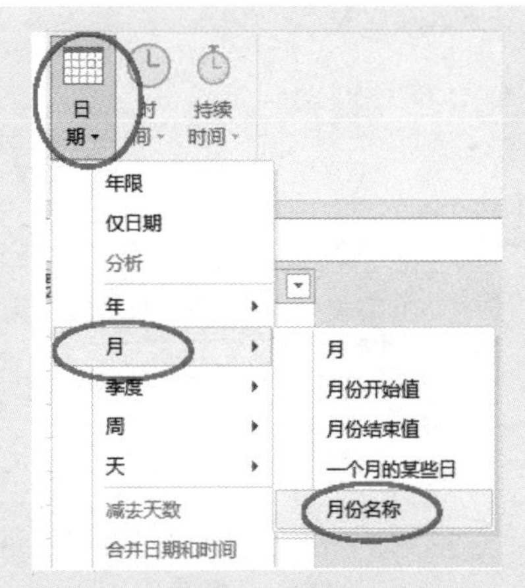

图7-227　从签订日期提取月份名称

这样，就得到了一个新列“月份名称”，如图 7-228 所示。

	业务部	合同号	合同名...	合同金...	签订日...	结束日...	业务员	月份名称
1	业务一部	DEPT1-20190110	YBA0123	462000	2019-1-10	2019-4-10	业务员G	一月
2	业务一部	DEPT1-20190113	YBA0036	408000	2019-1-13	2019-6-13	业务员D	一月
3	业务一部	DEPT1-20190124	YBA0168	427000	2019-1-24	2020-1-24	业务员E	一月
4	业务一部	DEPT1-20190208	YBA0076	474000	2019-2-8	2020-2-8	业务员C	二月
5	业务一部	DEPT1-20190308	YBA0086	412000	2019-3-8	2019-6-8	业务员C	三月
6	业务一部	DEPT1-20190315	YBA0038	427000	2019-3-15	2020-4-15	业务员D	三月
7	业务二部	DEPT2-20190111	ERB081	426000	2019-1-11	2019-12-11	业务员K	一月
8	业务二部	DEPT2-20190116	ERB216	498000	2019-1-16	2020-2-16	业务员M	一月
9	业务二部	DEPT2-20190121	ERB199	473000	2019-1-21	2019-6-21	业务员J	一月
10	业务二部	DEPT2-20190205	ERB161	498000	2019-2-5	2019-12-5	业务员K	二月
11	业务二部	DEPT2-20190220	ERB110	475000	2019-2-20	2020-1-20	业务员M	二月
12	业务二部	DEPT2-20190323	ERB125	410000	2019-3-23	2020-1-23	业务员O	三月
13	业务三部	DEPT3-20190102	SQB038	401000	2019-1-2	2019-6-2	业务员S	一月
14	业务三部	DEPT3-20190324	SQB022	498000	2019-3-24	2019-10-24	业务员T	三月
15	业务三部	DEPT3-20190328	SQB036	457000	2019-3-28	2020-4-28	业务员V	三月

图7-228　添加新列“月份名称”

步骤3 执行“开始”→“分组依据”命令，打开“分组依据”对话框，做如图7-229所示的设置。

（1）选中“高级”单选按钮。

（2）单击“添加分组”按钮，再添加一个分组依据。

（3）第 1 个“分组依据”选择“业务部”，第 2 个“分组依据”选择“月份名称”。

（4）在“新列名”下面的文本框中输入“合同总额”，展开“操作”下拉列表，选择“求和”，“值”（这个对话框中显示的是“柱”）选择“合同金额”。

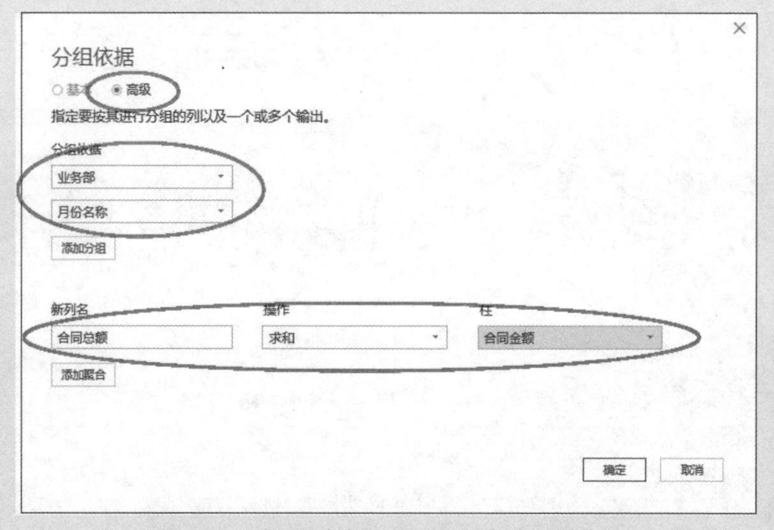

图7-229 对“业务部”和“月份名称”做分组

步骤4 单击“确定”按钮，就得到了图7-230所示的分组结果。

	业务部	月份名称	合同总额
1	业务一部	一月	1297000
2	业务一部	二月	474000
3	业务一部	三月	839000
4	业务二部	一月	1397000
5	业务二部	二月	973000
6	业务二部	三月	410000
7	业务三部	一月	401000
8	业务三部	三月	955000
9	业务四部	二月	849000
10	业务四部	三月	426000

图7-230 按“业务部”和“月份名称”分组的统计表

7.7.3 用透视列重构报表

透视列就是把某个列的各个项目做成新列，如果该列有 3 个项目，就把该列做成 3 列，每列的列标题就是项目名称，这样，就从表结构上对报表进行了重新布局。

例如，在上面的按“业务部”和“月份名称”分组统计表中，用两列维度来展示每个业务部和每个月份的合同额表格是比较难以阅读的，因此，可以将“月份”列进行透视。

选择“月份名称”列，执行“转换”→“透视列”命令，打开“透视列”对话框，从“值列”下拉列表中选择“合同总额”，如图 7-231 所示。

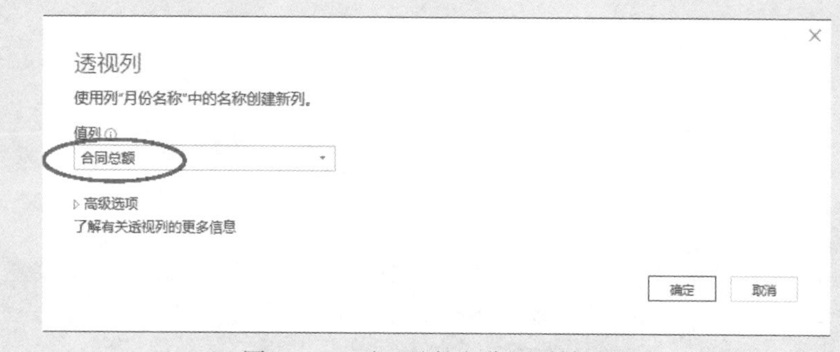

图7-231 对“月份名称”列做透视

单击“确定”按钮，就得到了图 7-232 所示的结构清晰、易于阅读的二维结构报表。

	业务部	一月	二月	三月
1	业务一部	1297000	474000	839000
2	业务三部	401000	null	955000
3	业务二部	1397000	973000	410000
4	业务四部	null	849000	426000

图7-232 各个业务部、各个月的合同额汇总

当将结果导出到工作表后，图 7-232 中的 null 是不会显示出来的，如图 7-233 所示。

	A	B	C	D
1	业务部	一月	二月	三月
2	业务一部	1,297,000	474,000	839,000
3	业务三部	401,000		955,000
4	业务二部	1,397,000	973,000	410,000
5	业务四部		849,000	426,000

图7-233 导入工作表的汇总数据

Chapter

08

与Power Pivot联合使用

作为数据查询与汇总的利器，Power Query 有着巨大的优越性和操作灵活性，尤其是在数据源种类多，以及数据量很大的场合。但是，Power Query 在数据灵活分析方面的功能却是比较薄弱的。幸运的是，还有另外一个孪生工具——Power Pivot。Power Query 与 Power Pivot 联合使用，这样既解决了复杂数据的查询汇总问题，又解决了数据的灵活分析问题。

8.1 将Power Query查询加载为数据模型

8.1.1 加载为数据模型的方法

如果要利用 Power Pivot 来使用 Power Query 查询结果作数据分析，首先要将查询结果加载为数据模型，执行“开始”→“关闭并上载至”命令，此时，在打开的“导入数据”对话框中，选中“仅创建连接”单选按钮并勾选“将此数据添加到数据模型”复选框，如图 8-1 所示。

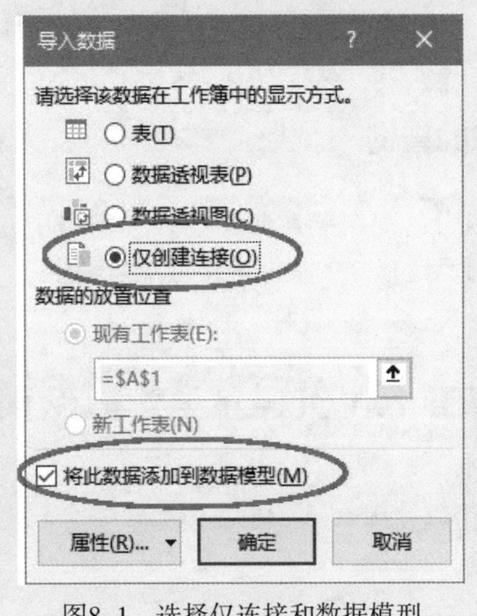

图8-1　选择仅连接和数据模型

做了上述操作后，在工作表中是看不到任何数据的，查询的数据都保存在各个查询连接中。做这种处理后，当源数据量很大时，当前的 Excel 文件并没有占多大空间。

执行工作表的“数据”→“查询和连接”命令（如图 8-2 所示），就在工作表右侧出现“查询 & 连接”窗格，其中可以看到各个查询的名称，如图 8-3 所示。

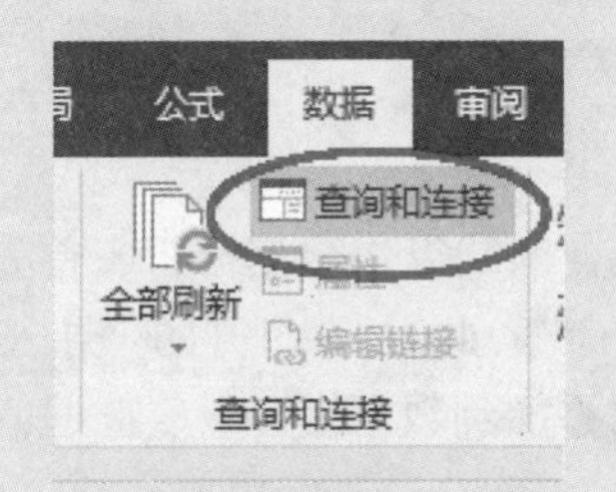

图8-2 “查询和连接”命令

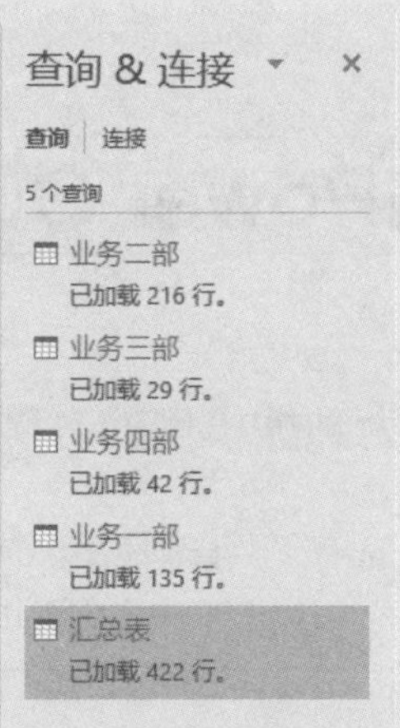

图8-3 窗格中的各个查询

8.1.2 重新编辑现有的查询

如果需要对查询重新编辑，则在“查询 & 连接”窗格中双击某个查询，打开“Power Query 编辑器”窗口，即可对已经建立的查询进行重新编辑加工。

8.2 利用Power Pivot建立基于数据模型的数据透视表

当建立了数据模型后，可以使用 Power Pivot 建立基于这个数据模型的数据透视表，下面结合几个例子介绍其基本方法和步骤。

8.2.1 基于某一个查询的数据透视表

案例8-1

图 8-4 所示是第 7 章介绍的案例 7-19 的 4 个业务部的合同汇总表，查询名称为“汇总表”，已经加载为数据模型。下面要以这个数据模型的数据来制作数据透视表。

	合同号	合同名...	合同金...	签订日...	结束日...	业务员	业务部
1	DEPT2-20180101	ERB098	468000	2018-1-1	2018-9-1	业务员L	业务二部
2	DEPT2-20180101	ERB127	89000	2018-1-1	2018-4-1	业务员K	业务二部
3	DEPT2-20180101	ERB156	236000	2018-1-1	2018-8-1	业务员M	业务二部
4	DEPT2-20180103	ERB080	448000	2018-1-3	2018-4-3	业务员J	业务二部
5	DEPT2-20180105	ERB251	20000	2018-1-5	2018-5-5	业务员K	业务二部
6	DEPT2-20180108	ERB242	277000	2018-1-8	2018-10-8	业务员I	业务二部
7	DEPT2-20180108	ERB254	364000	2018-1-8	2018-5-8	业务员I	业务二部
8	DEPT2-20180113	ERB247	453000	2018-1-13	2018-11-13	业务员I	业务二部
9	DEPT2-20180114	ERB273	150000	2018-1-14	2018-7-14	业务员I	业务二部
10	DEPT2-20180117	ERB232	414000	2018-1-17	2018-12-17	业务员M	业务二部
11	DEPT2-20180118	ERB270	311000	2018-1-18	2019-2-18	业务员M	业务二部

图8-4　查询名称为“汇总表”

步骤1　执行Power Pivot →“管理”命令（如图8-5所示），或者执行“数据”→“管理数据模型”命令，如图8-6所示。

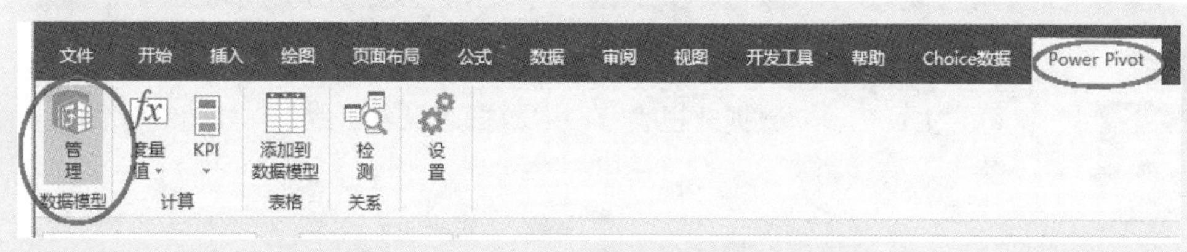

图8-5　Power Pivot选项卡的“管理数据模型”命令

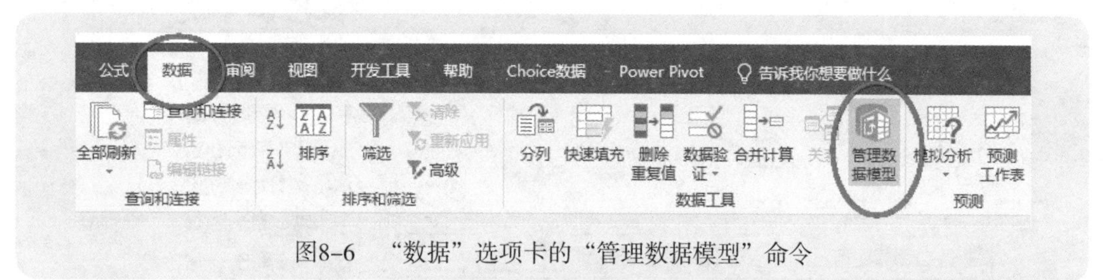

图8-6　“数据”选项卡的“管理数据模型”命令

步骤2　打开Power Pivot for Excel窗口，如图8-7所示。注意，这个窗口与工作表窗口是两个不同的窗口，可以彼此切换查看。

注意，下面的所有操作都是在Power Pivot for Excel窗口进行的，所执行的有关命令也是在这个窗口进行的。

步骤3　左下角列示了所有查询名称标签，可以查看各个查询表数据，编辑数据（如添加列等），如图8-8所示。

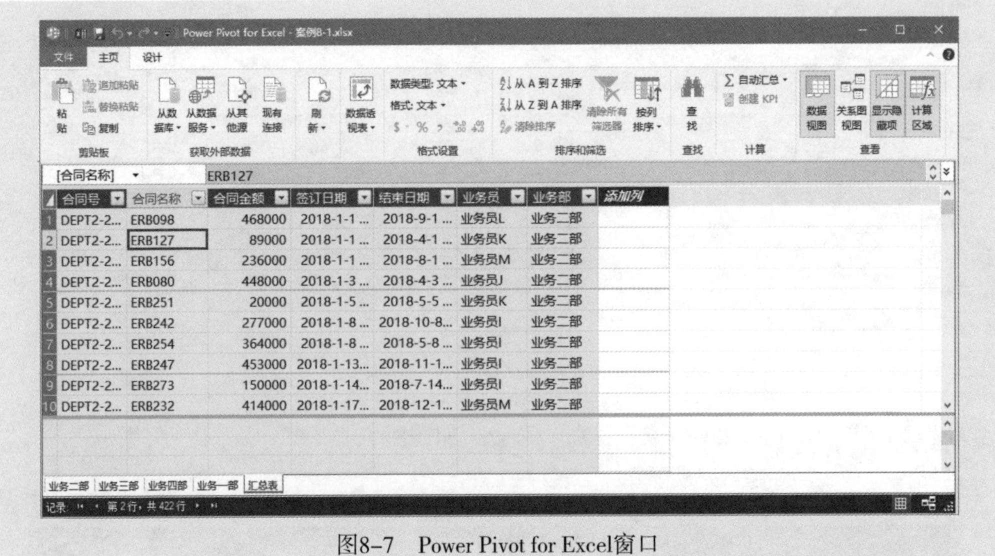

图8-7　Power Pivot for Excel窗口

步骤4　执行“主页”→“数据透视表”→“数据透视表”命令，如图8-9所示。

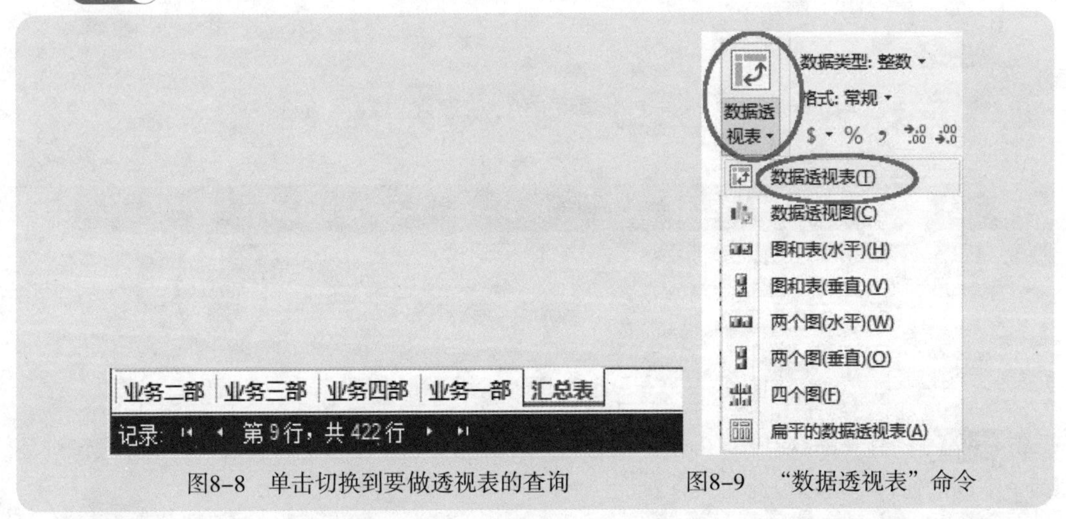

图8-8　单击切换到要做透视表的查询

图8-9　“数据透视表”命令

步骤5　弹出“创建数据透视表”对话框，指定数据透视表的显示位置，如图8-10所示。

步骤6　单击“确定”按钮，就在指定的位置创建了一个数据透视表，如图8-11所示。

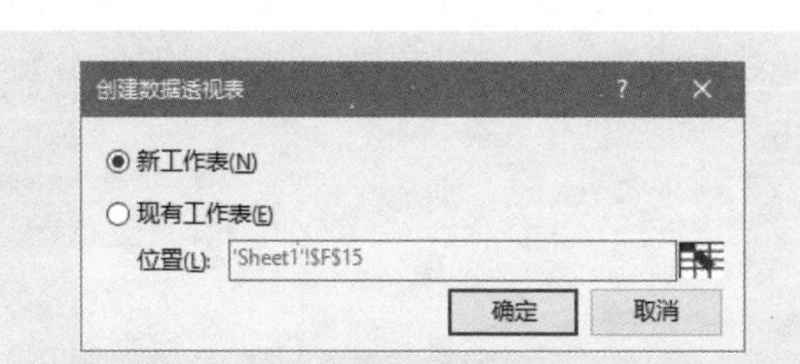

图8-10　指定数据透视表显示位置

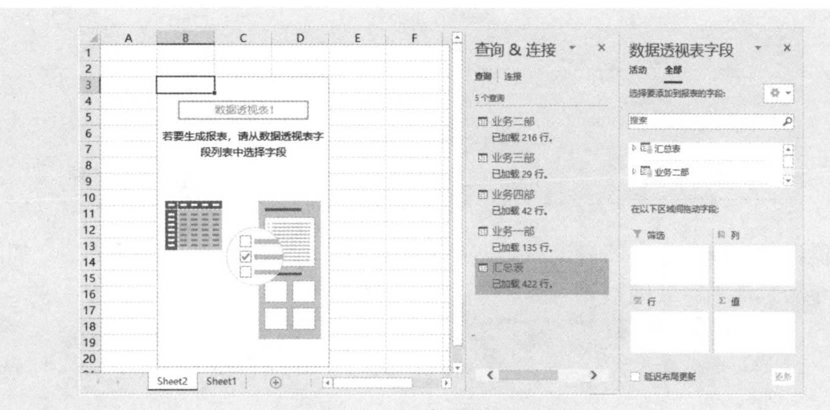

图8-11　创建的数据透视表

步骤7 在“数据透视表字段”窗格中，列示了所有查询表，如图8-12所示。这样，可以任选一个查询来做数据透视表，也可以将几张表关联起来做数据透视表。

这里，要以“汇总表”来制作数据透视表，因此就单击“汇总表”左侧的展开箭头三角◢，展开该查询下的字段列表，如图 8-13 所示。

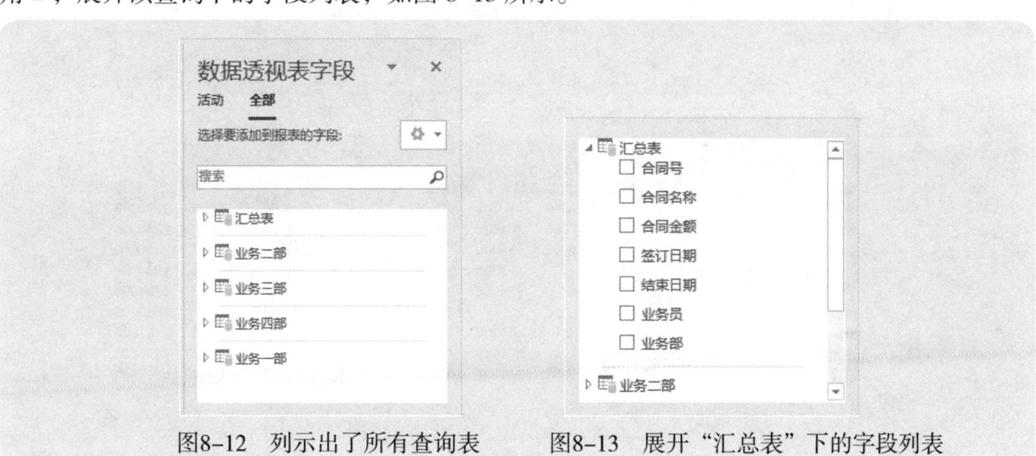

图8-12　列示出了所有查询表　　图8-13　展开“汇总表”下的字段列表

步骤 8 这样就可以对数据透视表进行布局，得到需要的分析报告。图8-14所示就是各个业务部在各年各季度的合同总额汇总表。

以下项目的总和:合同金额	列标签				
行标签	业务一部	业务二部	业务三部	业务四部	总计
⊟2018					
季度1	5081000	8742000	771000	3504000	18098000
季度2	6152000	8043000	1063000	132000	15390000
季度3	5778000	7382000	1923000	1512000	16595000
季度4	3832000	7639000	514000	630000	12615000
⊟2019					
季度1	5916000	10148000	1824000	2690000	20578000
季度2	8621000	9676000	1920000	1990000	22207000
季度3	1630000	2427000	362000	814000	5233000
总计	37010000	54057000	8377000	11272000	110716000

图8-14 各个业务部在各年各季度的合同金额汇总表

如果仅仅以分析业务一部的数据做数据透视表，就展开业务一部的字段列表，如图 8-15 所示，进行布局，得到需要的报表，如图 8-16 所示。

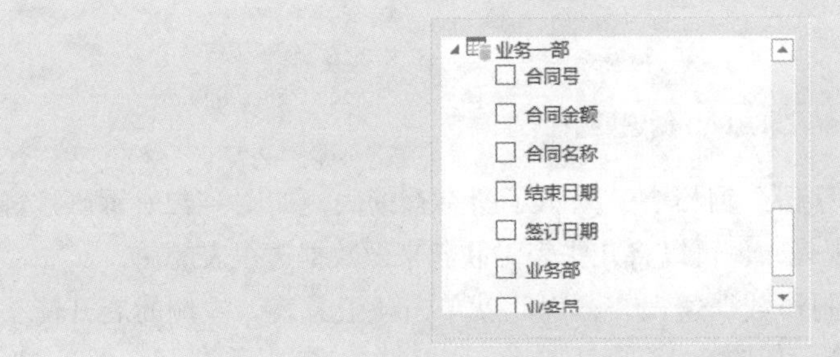

图8-15 展开“业务一部”的字段列表

以下项目的总和:合同金额	列标签							
	⊟2019							总计
行标签	1月	2月	3月	4月	5月	6月	7月	
业务员A		370000	50000	275000	1560000	898000	467000	3620000
业务员B		271000	304000		361000	144000		1080000
业务员C	134000	474000	562000		785000	385000		2340000
业务员D	408000		427000	522000	113000		164000	1634000
业务员E	477000		379000	281000	257000			1394000
业务员F				551000	102000	1127000		1780000
业务员G	462000		644000	379000		460000	196000	2141000
业务员H			954000		421000		803000	2178000
总计	1481000	1115000	3320000	2008000	3599000	3014000	1630000	16167000

图8-16 业务一部各个业务员在2019年各月签订的合同汇总

8.2.2 基于多张有关联表查询的数据透视表

案例8-2

在实际工作中，会有多张有关联的数据表要进行关联分析。例如，图 8-17 所示的表格就是这种情况，现在有 3 张工作表。

- 销售清单：仅仅是 5 列数据，包括客户简称、日期、存货编码、销量、折扣。
- 产品资料：有 3 列数据，包括存货编码、存货名称、标准单价。
- 业务员客户：有 2 列数据，包括业务员、客户简称。

现在要求分析制作每个业务员、每个产品的销量报表。

客户简称	日期	存货编码	销量	折扣
客户13	2017-10-28	CP001	504	0%
客户15	2017-2-19	CP002	2102	0%
客户18	2017-10-15	CP002	2005	3%
客户03	2017-10-27	CP002	33323	1%
客户06	2017-3-29	CP003	627	7%
客户17	2017-11-15	CP002	15325	8%
客户17	2017-10-14	CP001	1143	8%
客户46	2017-6-11	CP005	55	1%
客户07	2017-3-7	CP002	84099	8%
客户62	2017-10-1	CP001	467	7%
客户29	2017-11-3	CP001	18235	9%
客户34	2017-4-5	CP005	112	1%
客户06	2017-5-29	CP003	627	7%
客户07	2017-1-20	CP002	84099	0%
客户03	2017-10-5	CP001	1330	5%
客户10	2017-1-4	CP002	22758	5%
客户11	2017-9-25	CP004	1407	1%
客户17	2017-12-1	CP002	41746	6%
客户19	2017-8-3	CP005	677	8%

存货编码	存货名称	标准单价
CP001	产品1	78.2803
CP002	产品2	4.0849
CP003	产品3	34.7819
CP005	产品5	15.0964
CP004	产品4	312.5956

业务员	客户简称
业务员01	客户01
业务员01	客户02
业务员01	客户04
业务员01	客户11
业务员01	客户12
业务员02	客户15
业务员02	客户16
业务员02	客户22
业务员02	客户23
业务员02	客户24
业务员02	客户25
业务员03	客户26
业务员03	客户27
业务员03	客户31
业务员04	客户32
业务员04	客户33
业务员04	客户35
业务员05	客户41
业务员05	客户42

图8-17　3张有关联的工作表

销售清单是最重要的基础数据，但缺乏要分析的字段，即业务员和销售额，而这两个字段在另外两张工作表中反映出来了。

一般情况下，会使用 VLOOKUP 函数从这两张工作表中把相关数据匹配过来。但是 Power Pivot 不需要这么麻烦，因为它可以自动判断关系，并建立关系。

步骤 1　对3个基础表单创建图8-18所示的查询。最简单的方法是执行“数据”→“获取外部数据”→“自文件”→“从工作簿”命令。

由于是仅仅创建查询，不需要在编辑器进行数据处理，因此在“导航器”中直接执行“加载”→“加载到”命令，如图 8-19 所示。即可打开“导入数据”对话框，然后选中“仅创建连接”单选按钮并勾选“将此数据添加到数据模型”复选框。

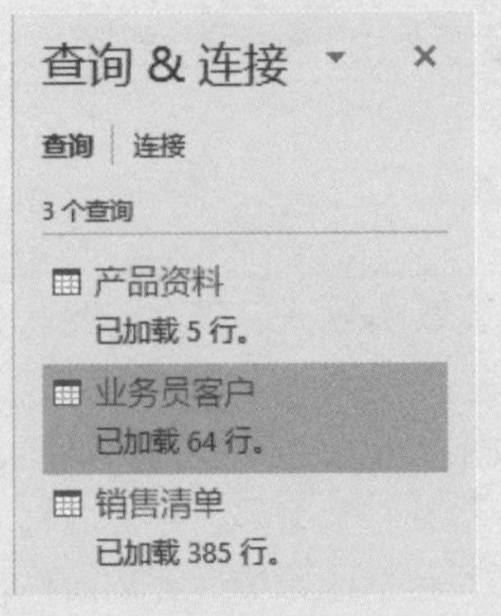

图8-18 创建3个表格的查询

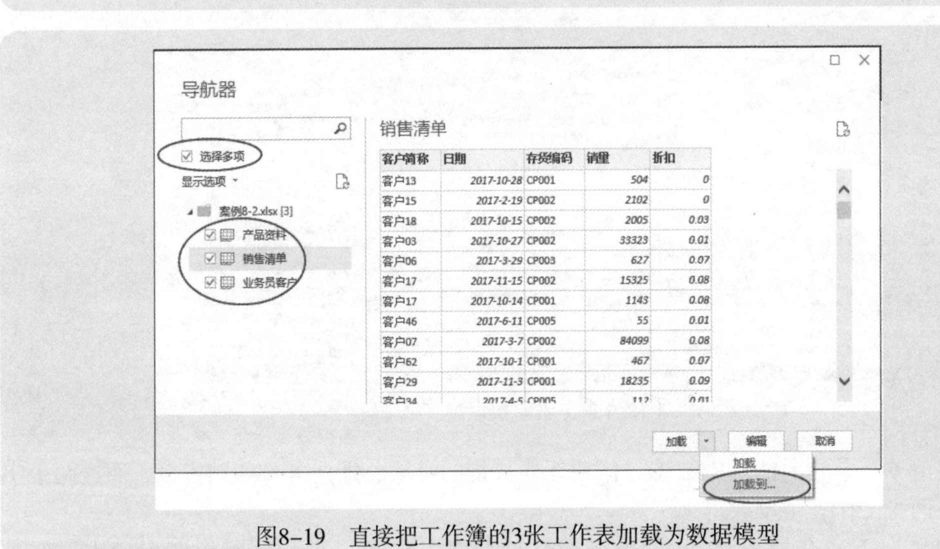

客户简称	日期	存货编码	销量	折扣
客户13	2017-10-28	CP001	504	0
客户15	2017-2-19	CP002	2102	0
客户18	2017-10-15	CP002	2005	0.03
客户03	2017-10-27	CP002	33323	0.01
客户06	2017-3-29	CP003	627	0.07
客户17	2017-11-15	CP002	15325	0.08
客户17	2017-10-14	CP001	1143	0.08
客户46	2017-6-11	CP005	55	0.01
客户07	2017-3-7	CP002	84099	0.08
客户62	2017-10-1	CP001	467	0.07
客户29	2017-11-3	CP001	18235	0.09
客户34	2017-4-5	CP005	112	0.01

图8-19 直接把工作簿的3张工作表加载为数据模型

步骤2 打开Power Pivot for Excel窗口，然后执行“关系图视图”命令（如图8-20所示），打开有3个表格的视图窗口，如图8-21所示。

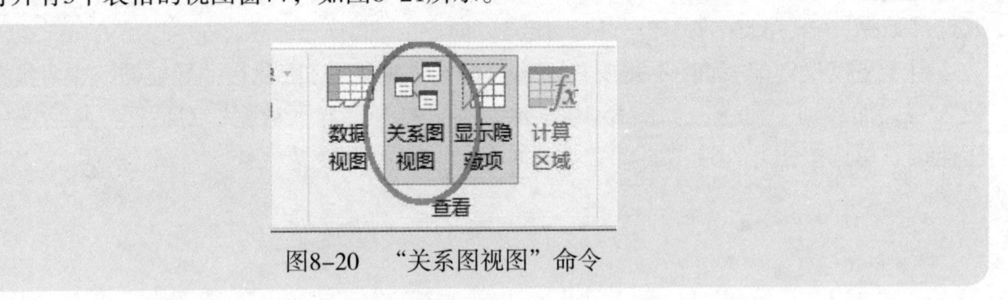

图8-20 “关系图视图”命令

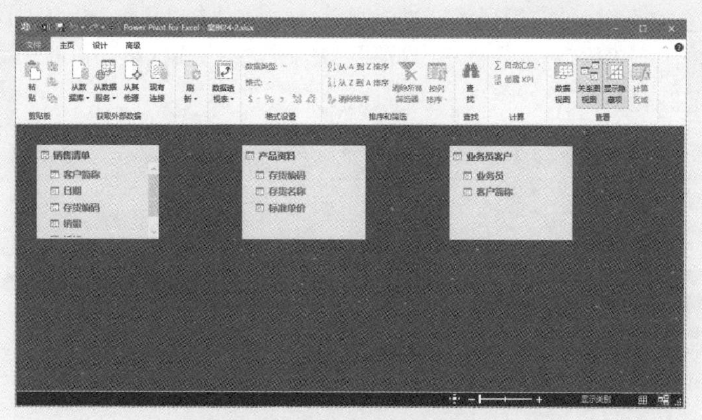

图8-21　表格关系图视图窗口

步骤3　做如图8-22所示的链接操作。

（1）将“销售清单”中的“客户简称”拖放到“业务员客户”的“客户简称”上，建立表格“销售清单”与“业务员客户”的关系。

（2）将“销售清单”中的“存货编码”拖放到“产品资料”的“存货编码”上，建立表格“销售清单”与“产品资料”的关系。

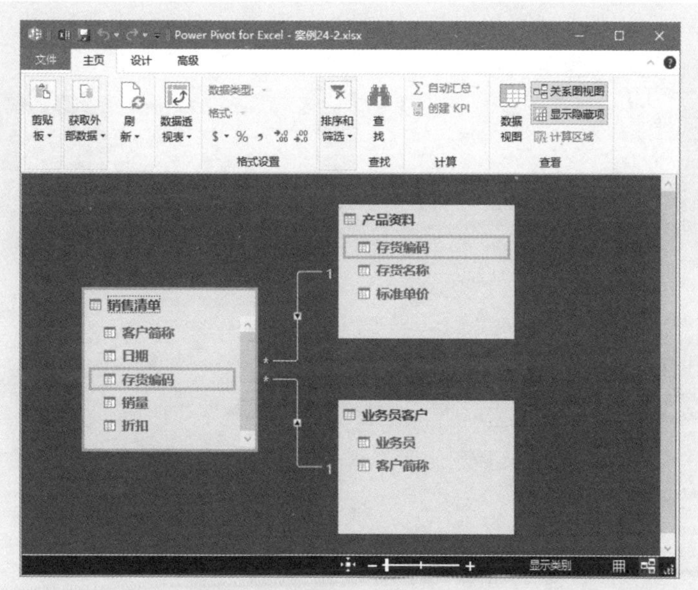

图8-22　建立3个表格的关系

如果关系建立的不对,可以用鼠标对准链接线,右击,执行“删除”命令即可。也可以右击,在展开的菜单中选择“编辑关系”命令,打开“编辑关系”对话框,进行关系的建立、修改、删除等操作,如图 8-23 所示。

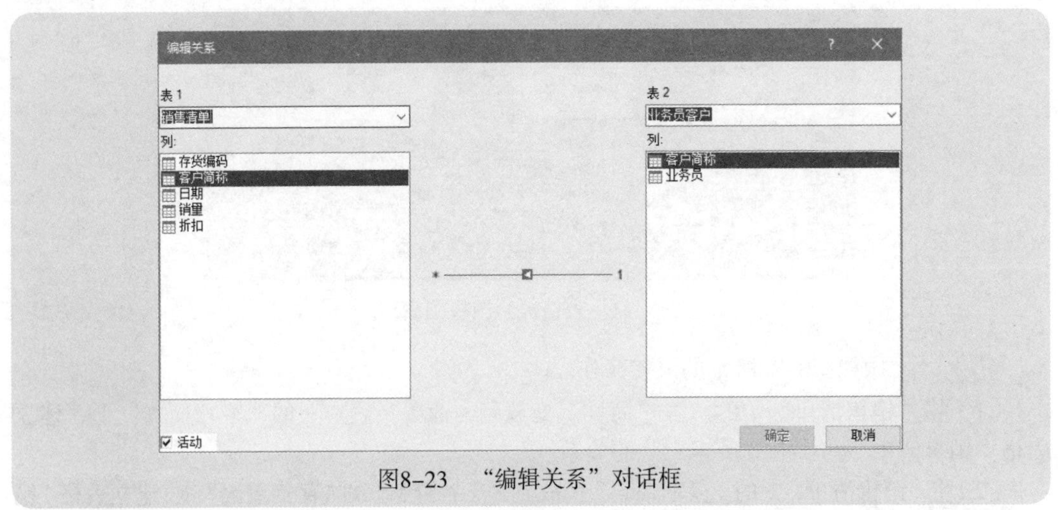

图8-23 “编辑关系”对话框

步骤 4 如果仅仅是要汇总每个业务员每个产品的销售量(这个字段是原始字段,在数据模型已经存在),那么就可以直接创建数据透视表,然后分别从3张表中把相关字段拖到透视表中即可,如图8-24所示。

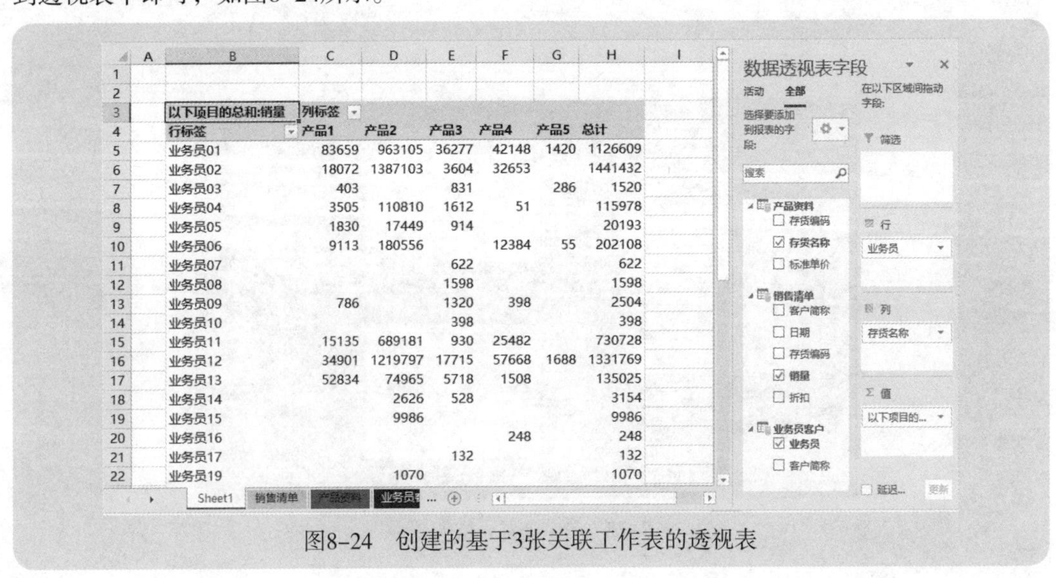

以下项目的总和:销量	列标签					
行标签	产品1	产品2	产品3	产品4	产品5	总计
业务员01	83659	963105	36277	42148	1420	1126609
业务员02	18072	1387103	3604	32653		1441432
业务员03	403		831		286	1520
业务员04	3505	110810	1612	51		115978
业务员05	1830	17449	914			20193
业务员06	9113	180556		12384	55	202108
业务员07			622			622
业务员08			1598			1598
业务员09	786		1320	398		2504
业务员10			398			398
业务员11	15135	689181	930	25482		730728
业务员12	34901	1219797	17715	57668	1688	1331769
业务员13	52834	74965	5718	1508		135025
业务员14		2626	528			3154
业务员15		9986				9986
业务员16				248		248
业务员17			132			132
业务员19		1070				1070

图8-24 创建的基于3张关联工作表的透视表

8.2.3 基于海量数据查询的数据透视表

案例8-3

正如本书第 1 章 1.1.2 小节介绍的案例，有将近 100 万行数据的 CVS 文本文件数据，文件大小都达到了 80MB，现在要从这个文件中提取 2018 年华东地区数据进行透视分析。详细数据见第 1 章 1.1.2 小节的案例素材“2015-2018 年销售明细 .csv”。

步骤1 新建一个工作簿。

步骤2 执行“数据”→“从文本/CSV”命令，如图8-25所示。建立对该文本文件的查询，如图8-26所示。

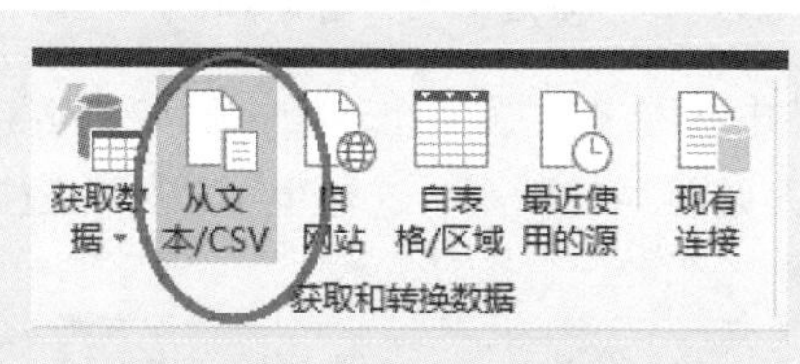

图8-25　“从文本/CSV”命令

	客户代码	客户名...	业务类...	地区	年份	月份	发票号	部门
1	10.AA.40.0014063	客户4063	节能	上海	2015	1	PWFE0042558	公用事业
2	10.AA.40.0014063	客户4063	节能	上海	2015	1	PWFE0042558	公用事业
3	10.AA.40.0014063	客户4063	节能	上海	2015	1	PWFE0042558	公用事业
4	10.AA.40.0014063	客户4063	节能	上海	2015	1	PWFE0042558	公用事业
5	10.AA.40.0014063	客户4063	节能	上海	2015	1	PWFE0042558	公用事业
6	10.AA.40.0014063	客户4063	节能	上海	2015	1	PWFE0042558	公用事业
7	10.AA.40.0014063	客户4063	节能	上海	2015	1	PWFE0042558	公用事业
8	10.AA.40.0014063	客户4063	节能	上海	2015	1	PWFE0042558	公用事业
9	10.AA.40.0014063	客户4063	节能	上海	2015	1	PWFE0029642	公用事业
10	10.AA.40.0014063	客户4063	节能	上海	2015	1	PWFE0042558	公用事业
11	10.AA.40.0014063	客户4063	节能	上海	2015	1	PWFE0042558	公用事业
12	10.AA.40.0014063	客户4063	节能	上海	2015	1	PWFE0042558	公用事业
13	10.AA.40.0014063	客户4063	节能	上海	2015	1	PWFE0042558	公用事业
14								

图8-26　建立基本查询

步骤3 从“地区”列中筛选出“上海”“浙江”“江苏”“安徽”“山东”“江西”和“福建”，然后再从“年份”列中筛选出2018，就得到了图8-27所示的结果。

	客户代码	客户名...	业务类...	地区	年份	月份	发票号	部门
1	10.AA.40.0017698	客户7698	其他	上海	2018	1	PWFE0150410	节能业务部
2	10.AA.40.0017695	客户7695	其他	上海	2018	1	PWFE0150465	节能业务部
3	10.AA.40.0017766	客户7766	其他	上海	2018	1	PWFE0149960	节能业务部
4	10.AA.40.0017739	客户7739	其他	上海	2018	1	PWFE0151102	节能业务部
5	10.AA.40.0017675	客户7675	其他	上海	2018	1	PWFE0151089	节能业务部
6	10.AA.40.0017739	客户7739	其他	上海	2018	1	PWFE0150453	节能业务部
7	10.AA.40.0017766	客户7766	其他	上海	2018	1	PWFE0149960	节能业务部
8	10.AA.40.0017739	客户7739	其他	上海	2018	1	PWFE0150104	节能业务部
9	10.AA.40.0017698	客户7698	其他	上海	2018	1	PWFE0150418	节能业务部
10	10.AA.40.0017739	客户7739	其他	上海	2018	1	PWFE0150906	节能业务部
11	10.AA.40.0017739	客户7739	其他	上海	2018	1	PWFE0150906	节能业务部
12	10.AA.40.0017739	客户7739	其他	上海	2018	1	PWFE0150453	节能业务部
13	10.AA.40.0017675	客户7675	其他	上海	2018	1	PWFE0151043	节能业务部
14								

图8-27　筛选出华东地区2018年数据

步骤 4　这里的很多列并不用于数据统计分析，例如，客户代码、发票号、产品长代码、单价等，可以将其删除，如图8-28所示。这样也可以提高数据加载速度。

	客户名...	业务...	地区	年...	月...	部门	产品名称	数量	价税合...
1	客户7698	其他	上海	2018	1	节能业务部	产品14546	10200	1737468000
2	客户7695	其他	上海	2018	1	节能业务部	产品14546	12240	1785326400
3	客户7766	其他	上海	2018	1	节能业务部	产品14546	2040	305877600
4	客户7739	其他	上海	2018	1	节能业务部	产品14546	10200	1487772000
5	客户7675	其他	上海	2018	1	节能业务部	产品14546	30600	3058776000
6	客户7739	其他	上海	2018	1	节能业务部	产品14546	816	252942048
7	客户7766	其他	上海	2018	1	节能业务部	产品14546	2040	634644000
8	客户7739	其他	上海	2018	1	节能业务部	产品14546	10200	1487772000
9	客户7698	其他	上海	2018	1	节能业务部	产品14546	10200	1487772000
10	客户7739	其他	上海	2018	1	节能业务部	产品14546	5100	884340000
11	客户7739	其他	上海	2018	1	节能业务部	产品14546	10200	1487772000
12	客户7739	其他	上海	2018	1	节能业务部	产品14546	6120	1267207200
13	客户7675	其他	上海	2018	1	节能业务部	产品14546	20400	2965140000
14	客户7739	其他	上海	2018	1	节能业务部	产品14546	6120	1279692000

图8-28　删除不必要的列

步骤 5　由于数据表中“价税合计”列中金额比较大，因此在查询中把金额除以100万元，把此列变成以百元为单位，这是通过添加自定义列完成的，如图8-29所示。

然后再删除原来的“价税合计”列，这样，查询表变为图 8-30 所示的情形。这里要特别注意，要将新添加的自定义列“金额百万”的数据类型设置为“小数”。

步骤 6　执行“开始”→“关闭并上载至”命令，将查询上载为仅连接和数据模型，如图8-31所示。

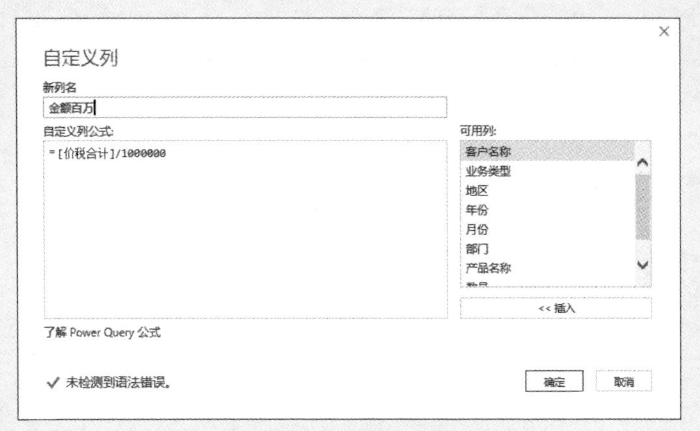

图8-29　添加自定义列“金额百万”

	客户名...	业务...	地区	年份	月份	部门	产品名...	数量	金额百万
1	客户7698	其他	上海	2018	1	节能业务部	产品14546	10200	1737.468
2	客户7695	其他	上海	2018	1	节能业务部	产品14546	12240	1785.3264
3	客户7766	其他	上海	2018	1	节能业务部	产品14546	2040	305.8776
4	客户7739	其他	上海	2018	1	节能业务部	产品14546	10200	1487.772
5	客户7675	其他	上海	2018	1	节能业务部	产品14546	30600	3058.776
6	客户7739	其他	上海	2018	1	节能业务部	产品14546	816	252.942048
7	客户7766	其他	上海	2018	1	节能业务部	产品14546	2040	634.644
8	客户7739	其他	上海	2018	1	节能业务部	产品14546	10200	1487.772
9	客户7698	其他	上海	2018	1	节能业务部	产品14546	10200	1487.772
10	客户7739	其他	上海	2018	1	节能业务部	产品14546	5100	884.34
11	客户7739	其他	上海	2018	1	节能业务部	产品14546	10200	1487.772
12	客户7739	其他	上海	2018	1	节能业务部	产品14546	6120	1267.2072
13	客户7675	其他	上海	2018	1	节能业务部	产品14546	20400	2965.14
14	客户7739	其他	上海	2018	1	节能业务部	产品14546	6120	1279.692

图8-30　进一步处理的查询表

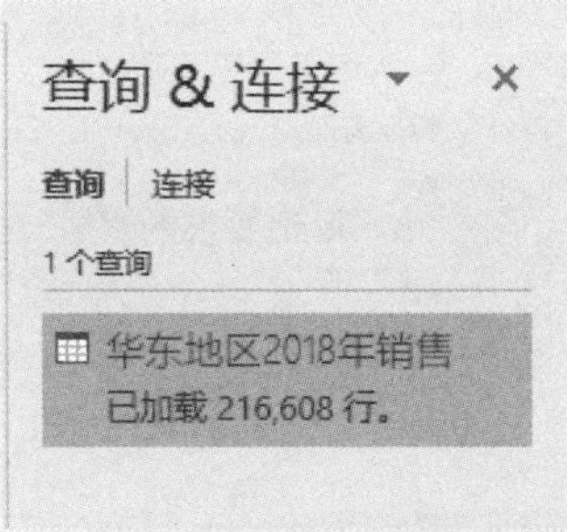

查询 & 连接

查询 | 连接

1 个查询

华东地区2018年销售

已加载 216,608 行。

图8-31　创建的2018年华东地区的销售查询数据模型

步骤7 执行Power Pivot → “管理”命令，打开Power Pivot for Excel窗口，再执行“数据透视表”命令，就创建了如图8-32所示的数据透视表。

图8-32 创建基于查询的数据透视表

步骤8 剩下的任务就是根据需要布局透视表，得到需要的报告。

图 8-33 所示就是每个部门、每个业务类型的销售额汇总表。

地区	All					
以下项目的总和:金额百万	业务类型					
部门	节能	煤气	其他	热力	物联	总计
电商业务部	14,448,988.87		558,283.54		11.29	15,007,283.71
工程承包部	28,359.91		253,599.17		3,353,707.16	3,635,666.25
公用事业部	582,618.47	2,422,603.43	3,159,028.80	786.30		6,165,037.00
海外市场部	1,749.46	715.73	17,514.33	192,919.92		212,899.45
技术服务部	27,410.26	33,038.73	7,451.81			67,900.80
节能业务部	3,510,938.51	2,690,749.84	10,248,656.05		7,330.18	16,457,674.58
市场管理部			1,410,113.03			1,410,113.03
物流服务部	1,447,659.18	79,959.07	1,754,750.74		18,623.16	3,300,992.15
物资采购部	28,848.66	3.12	2,795,895.30			2,824,747.08
总计	20,076,573.33	5,227,069.93	20,205,292.77	193,706.22	3,379,671.79	49,082,314.05

图8-33 得到要求的报告

Chapter

09 M语言简介

对于 Power Query 来说，数据的查询基本上都是按可视化的向导提示操作，但每一步操作都会被记录下来，并生成相应的公式，就像 Excel VBA 里的录制宏一样，这些公式都是使用了 Power Query 特有的函数来创建的，这种函数被称为 M 函数。

本章简单介绍 Power Query 的 M 函数，并尝试使用一些常用的函数来解决数据查询与汇总问题。

9.1 从查询操作步骤看M语言

M 语言似乎很神秘，似乎很难理解，但是，如果从各个操作步骤来查看自动生成的公式，却又是很好理解的，因为每个 M 语言的公式都是由很好懂的英文单词组成的。

9.1.1 查询表的结构

Power Query 的每一步操作结果都是一张查询表，因此，在了解 M 语言之前，首先看一下查询表的结构。

图 9-1 所示就是一个从当前工作簿指定的工作表中建立的一个基本查询，并对“折扣”列数据类型进行了百分比设置。

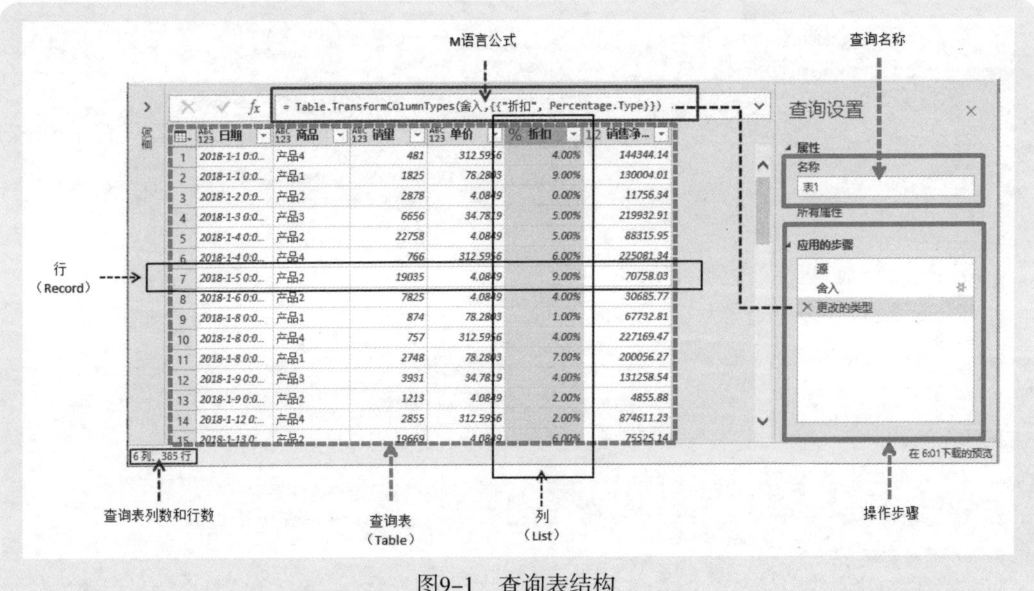

图9-1 查询表结构

1. 表

查询表（Table）包括完整的行和列，它们构成了整张查询表。

每一步操作都会在右侧显示应用的步骤，并得到一张新的查询表，且自动生成一个 M 语言的公式，在公式编辑栏显示出来。

每一步操作都会在左下角显示当前表的列数和行数。

2. 行

行（Record）就是表的一行数据，又被称为“记录”。

在表中，第 1 行的位置序号是 0，第 2 行的位置序号是 1，第 3 行的位置序号是 2……，也就是说，行位置序号是从 0 开始的。

如果使用公式来引用某行，要用花括号括起指定的位置号。例如，下面的公式就是引用“源”的第 4 行数据：

```
= 源{3}
```

如果要查找满足条件的行记录，可以在公式中添加条件。例如，下面的公式是引用“源”的销量为 481 的整行记录：

```
= 源{[销量=481]}
```

不过，如果满足条件的行数超出了一行，或者找不到满足条件的记录，系统就会报错（Error）。

3. 列

列（List）就是表的一列数据，一个列就是一个 List。

每个列都保存同一种类型的数据，在默认设置下，其数据类型是任意的。

列和列之间可以进行计算，但是，如果列数据类型不匹配，系统就会报错。例如，一列是文本，一列是整数，它们是不能相加的。

如果使用公式来引用某列，要用方括号括起指定的列名。例如，下面的公式就是引用“源”的“销量”列数据：

```
= 源[销量]
```

4. 值

值（Value）是某行某列交叉单元格的数据。

当需要使用公式引用某个单元格的值时，需要先写行号再写列号。例如，下面的公式是引用“源”的第 4 行的“销量”数据：

```
= 源{3}[销量]
```

9.1.2 每个操作步骤对应一个公式

每一步操作都会在右侧显示应用的步骤，并得到一张新的查询表，自动生成一个 M 语言的公式，在公式编辑栏显示出来。

例如，9.1.1 小节介绍的例子的第 1 步“源”的公式如下：

```
= Excel.CurrentWorkbook(){[Name="表1"]}[Content]
```

它表明是从当前的 Excel 工作簿（Excel.CurrentWorkbook）的一个名称（Name）为“表 1”的表格中提取所有数据（[Content]）。

第 2 步“舍入”的公式如下：

```
= Table.TransformColumns(源,{{"销售净额", each Number.Round(_, 2), type number}})
```

它对表的指定列（" 销售净额 "）进行数据类型转换（TransformColumns），每个数字使用 Round 进行保留两位小数（each Number.Round(_, 2)），而该列数据类型是数字（type number）。

第 3 步“更改的类型”的公式如下：

```
= Table.TransformColumnTypes(舍入,{{"折扣", Percentage.Type}})
```

它对表的“折扣”列更改数据类型（TransformColumnTypes），将数据类型改为百分比型（Percentage.Type）。

在 M 语言的公式中，每一步都是在上一步操作基础上进行的，也就是以一步操作为引用依据，因此第 2 步“舍入”是引用上一步的“源”，第 3 步“更改的类型”是引用上一步的“舍入”。

9.1.3 用高级编辑器查看完整代码

如图 9-2 所示，执行“开始”→“高级编辑器”命令，打开“高级编辑器”对话框，如图 9-3 所示。

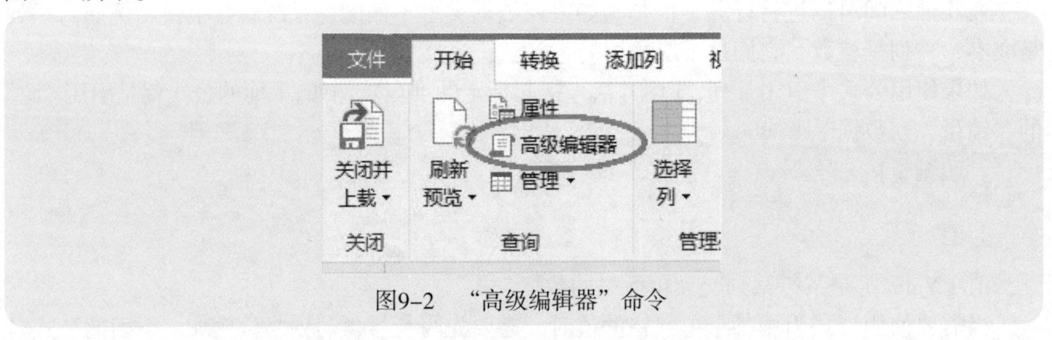

图9-2 “高级编辑器”命令

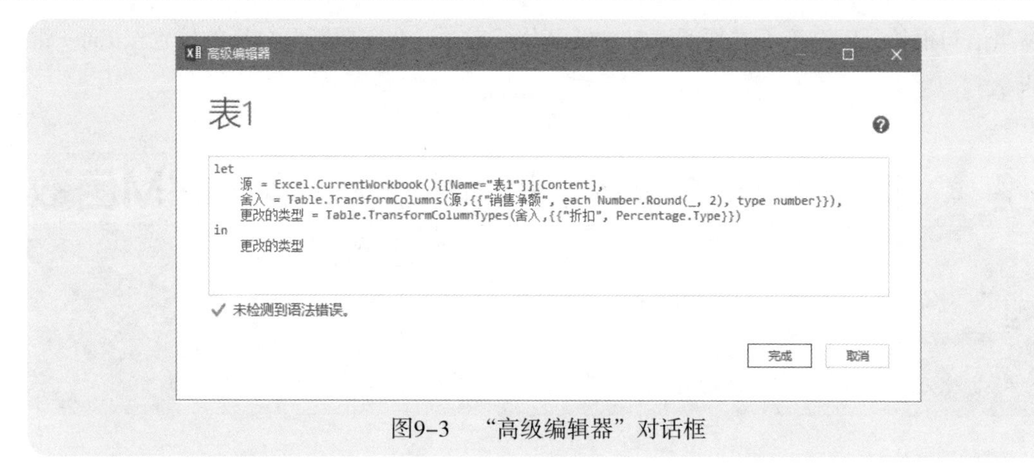

图9-3　“高级编辑器”对话框

在“高级编辑器”对话框中，显示出所有操作步骤的公式，它们构成了一个完整的查询及结果输出。

- let 表示一个查询的开始，其后面的各个语句就是每个操作步骤记录，每个语句一行，并且最后是一个逗号，最后一步的语句结尾不能有任何标点符号。
- in 表示一个查询的结果，其后面的语句是指定输出哪个步骤的结果。

可以在“高级编辑器”中修改每一步的操作（let 后面的各个语句公式），也可以将任一步的操作结果输出（在 let 和 in 之间的每一个步骤都可以输出）。

可以在每条语句的上面、下面或者右边添加注释信息，以增强语句的阅读性，了解每个操作步骤。注释信息的前面必须以两条斜杠开头，图 9-4 中就是在每步操作语句的后面加上了注释信息。

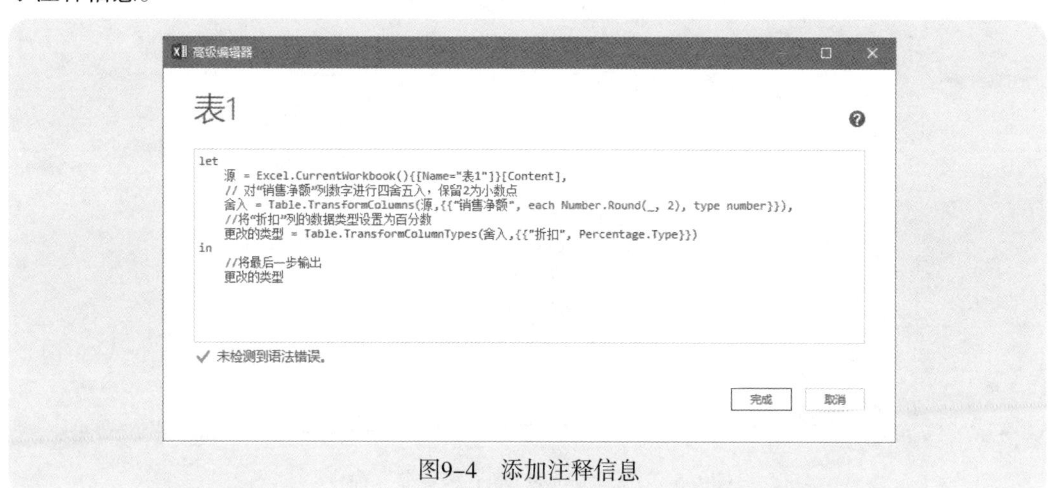

图9-4　添加注释信息

当语句很长，以至于不方便阅读时，可以分行来写，在需要断开分行的位置按 Enter 键即可。

9.2 通过手动创建行、列和表进一步了解M函数

其实，M 语言并不复杂，基本上是口语化的语言，但它也有特殊性。本节将结合手动在“Power Query 编辑器”窗口里创建行和列，来进一步介绍表结构及 M 语言。

9.2.1 创建行

表是由行数据和列数据构成的，每行是一条记录，就像工作表的一行数据一样。如果要在“Power Query 编辑器”窗口里创建一行数据，则具体方法如下。

步骤① 新建一个工作簿。

步骤② 执行“数据”→“获取数据”→“启动Power Query编辑器”命令，如图9-5所示。

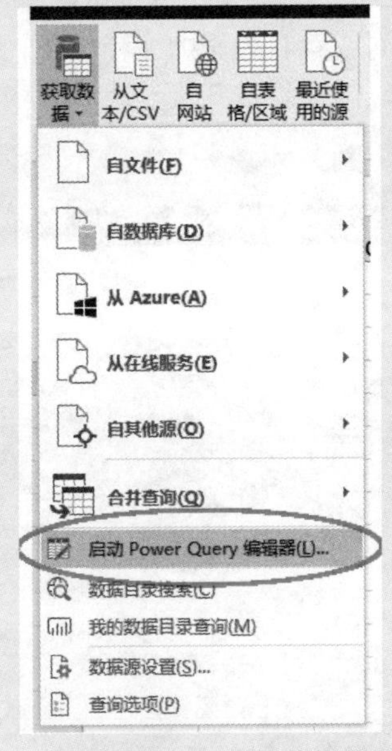

图9-5 “启动Power Query编辑器”命令

步骤 3　打开“Power Query编辑器”窗口，然后在编辑器左侧“查询”的空白处右击，在展开的子菜单中执行“新建查询”→“其他源”→“空查询”命令，如图9-6所示。

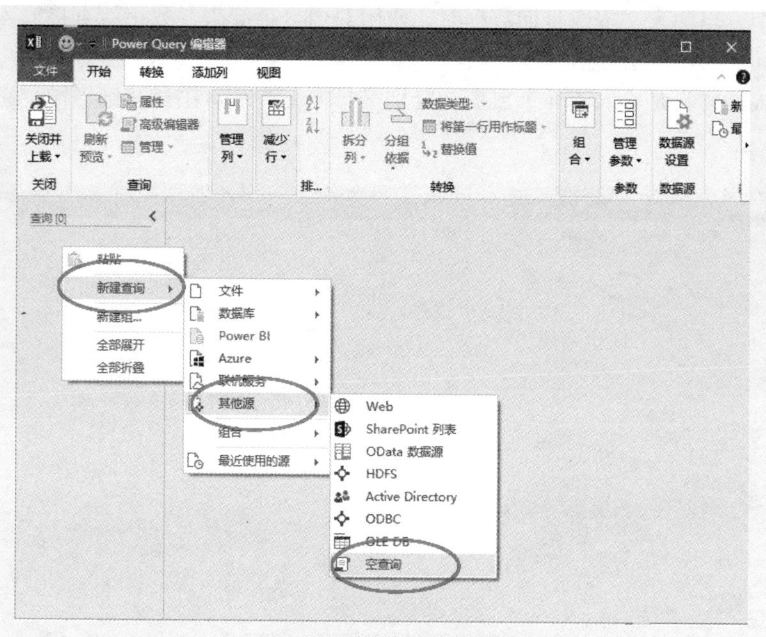

图9-6　建立一个空查询

这样，就建立了一个默认名为“查询 1”的空查询，如图 9-7 所示。

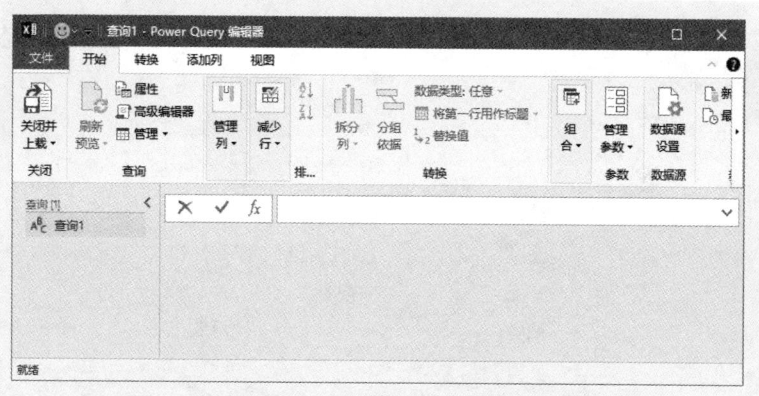

图9-7　建立一个默认设置名为“查询1”的空查询

步骤 4　在公式编辑栏输入下面的公式，然后按Enter键，就在本查询中增加了一条记录，如图9–8所示。

```
=[日期="2019-4-11",产品="产品D",销量=322,销售额=38589.36]
```

在公式中，当输入文本或日期数据时，要用双引号括起来，数字就直接输入即可。这几个字段的外面，要用方括号括起来。

这个公式的含义是输入了 4 个数据，分别是日期、产品、销量和销售额，它们之间用逗号分隔。

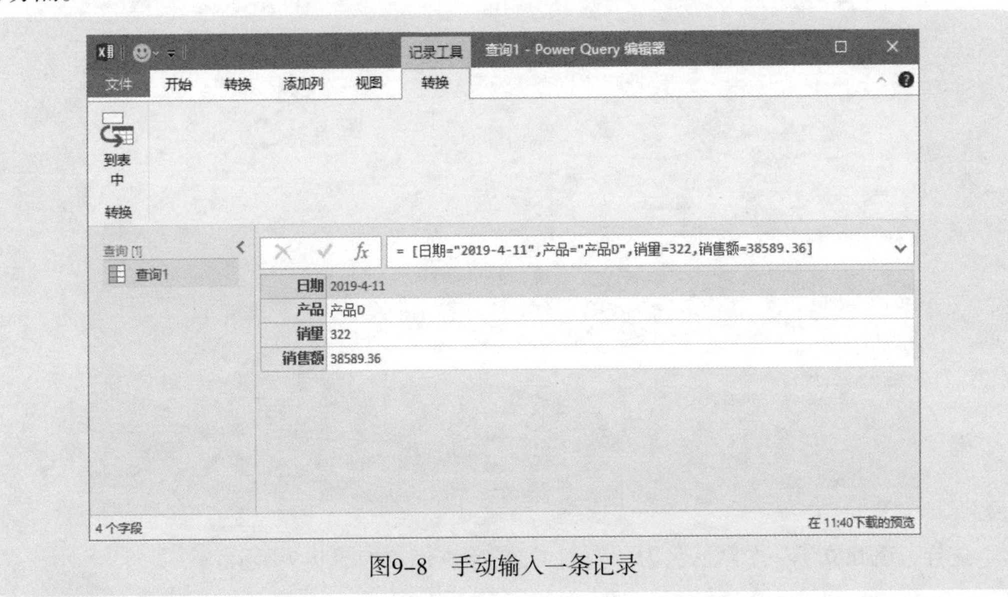

图9–8　手动输入一条记录

步骤5　单击编辑器窗口左上角的“到表中”按钮，就将记录发送到了查询表中，如图9–9所示。

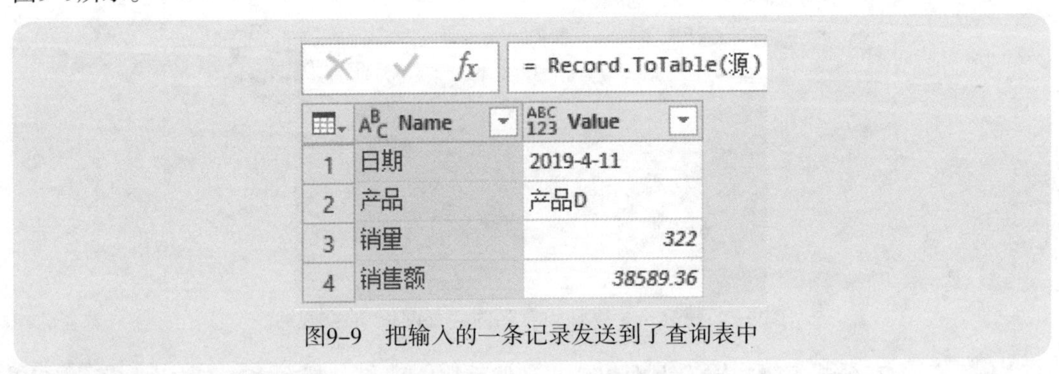

图9–9　把输入的一条记录发送到了查询表中

步骤6　执行“转换”→“转置”命令，将表转置为图9–10所示的结构。

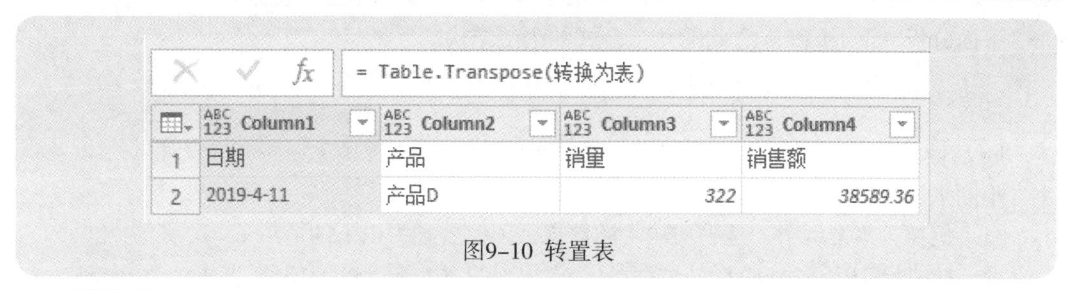

图9-10 转置表

步骤7 执行“开始”→“将第一行用作标题”命令，就得到了一张真正的表，如图9-11所示。

图9-11　提升标题

打开“高级编辑器”对话框，可以看到，刚才的几步操作，每步都自动生成了一个 M 语句，如图 9-12 所示。

图9-12　查看每步操作的公式

下面分析一下 let 和 in 之间的几个公式的语法结构。

1. 源

let 后面的第一个公式是“源”，是获取源数据的公式。

不同来源的数据，公式是不一样的。

（1）例如，本案例中，是手动输入的数据，因此公式为以下的情形：

```
源 = [日期="2019-4-11",产品="产品D",销量=322,销售额=38589.36]
```

（2）如果是指定的文本文件数据，这个源公式就是以下的情形：

```
源 = Csv.Document(File.Contents("C:\Users\think\Desktop\员工信息表.txt"),[Delimiter="|", Columns=11, Encoding=936, QuoteStyle=QuoteStyle.None])
```

其关键词是 Csv.Document()，这就是 M 函数，表示从一个 CSV 格式的文件里查询数据。

（3）如果是从另外一个工作簿建立查询，这个源公式就是以下的情形：

```
源 = Excel.Workbook(File.Contents("C:\Users\think\Desktop\销售分析.xlsx"), null, true)
```

其关键词是 Excel.Workbook()，它也是一个 M 函数，表明从 Excel 工作簿查询数据。

（4）如果是当前工作簿的一张表建立查询，这个源公式就是以下的情形：

```
源 = Excel.CurrentWorkbook(){[Name="发票信息"]}[Content]
```

其关键词是 Excel.CurrentWorkbook()，它也是一个 M 函数，表明从当前 Excel 工作簿查询数据。

（5）如果是从一个 Access 数据查询，这个源公式就是以下的情形：

```
源 = Access.Database(File.Contents("C:\Users\think\Desktop\销售记录.accdb"), [CreateNavigationProperties=true]),今年 = 源{[Schema="",Item="今年"]}[Data]
```

其关键词是 Access.Database()，它是一个 M 函数，表明从当前 Access 数据库查询数据。

2. 转换为表

```
转换为表 = Record.ToTable(源)
```

这个公式是将上一次操作的结果（“源”）转化为表，使用了 M 函数 Record.ToTable()。

3. 转置表

```
转置表 = Table.Transpose(转换为表)
```

这个公式是将上一次操作的结果（“转换为表”）进行转置，使用了 M 函数 Table.Transpose()。

4. 提升的标题

```
提升的标题 = Table.PromoteHeaders(转置表, [PromoteAllScalars=true])
```

这个公式是将上一次操作的结果（“转置表”）的标题进行提升，使用了 M 函数 Table.PromoteHeaders()。

5. 其他操作

如果要转换某列数据类型，例如将销售额的数据类型设置为小数，其公式如下：

```
更改的类型 = Table.TransformColumnTypes(提升的标题,{{"销售额", type number}})
```

这个公式使用了 M 函数 Table.TransformColumnTypes()。

而在这个函数中，指定了是哪列数据（“销售额”），什么类型（type）的数字格式（number），它们写在一个大括号中，列标题和数据类型之间用逗号隔开：

```
{"销售额", type number}
```

创建多行记录也是使用上述方法，只不过是要将两个记录用大括号组合起来，而每行记录是用方括号括起来。例如，下面的公式：

```
源 = {[日期="2019-4-11",产品="产品D",销量=322,销售额=38589.36],
    [日期="2019-4-12",产品="产品A",销量=89,销售额=3120.11]}
```

但是，两条记录不能在编辑器使用按钮进行转置，因为两条以上的记录构成了记录集，需要使用 Table.FromRecords() 函数，也就是从记录集中转换表，公式形式如下：

```
转换为表 = Table.FromRecords(源)
```

此时，可以在“高级编辑器”里编写如图 9-13 所示的公式。

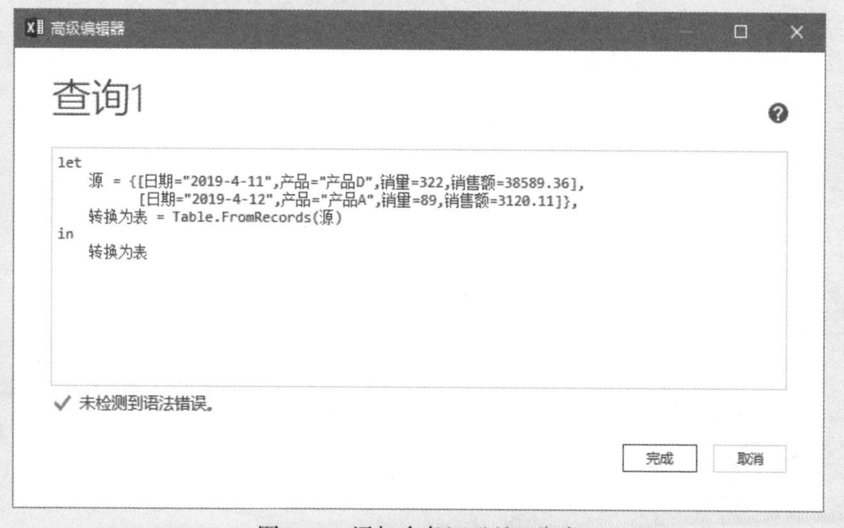

图9-13 添加多条记录的M公式

得到的表如图 9–14 所示。

= Table.FromRecords(源)

	日期	产品	销量	销售额
1	2019-4-11	产品D	322	38589.36
2	2019-4-12	产品A	89	3120.11

图9–14　创建多行记录

到现在，读者已经对 M 函数添加行的基本操作有了初步的了解吧。

9.2.2 创建列

列就是一列的数据，就像工作表的一列，因此被称为 List。每列中会包含多个单元格数据，构成一组数，因此，创建列的公式如下：

```
= {"销售量",394,199,102,87}
```

其中每个数据之间用逗号隔开，全部数据的外面用花括号括起来。得到的表如图 9–15 所示。

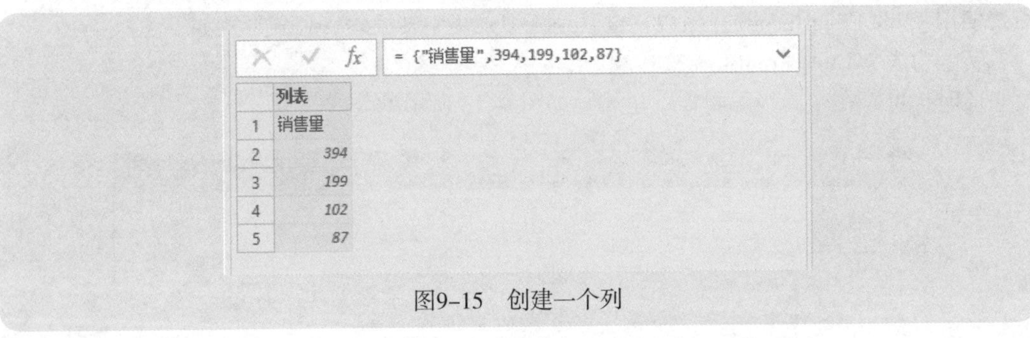
= {"销售量",394,199,102,87}

	列表
1	销售量
2	394
3	199
4	102
5	87

图9–15　创建一个列

再执行“列表工具”→“到表”命令，就把输入列表转换成了表，如图 9–16 所示。在这个操作中，使用的 M 公式如下，使用了 M 函数 Table.FromList()：

```
= Table.FromList(源, Splitter.SplitByNothing(), null, null, ExtraValues.Error)
```

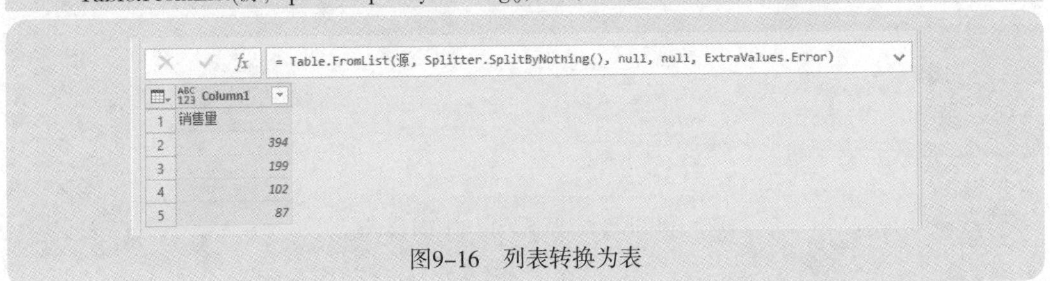
= Table.FromList(源, Splitter.SplitByNothing(), null, null, ExtraValues.Error)

	Column1
1	销售量
2	394
3	199
4	102
5	87

图9–16　列表转换为表

最后提升标题，就可以得到一个新列了，如图 9–17 所示。这个操作使用的 M 公式如下，使用了 M 函数 Table.PromoteHeaders()：

```
= Table.PromoteHeaders(转换为表, [PromoteAllScalars=true])
```

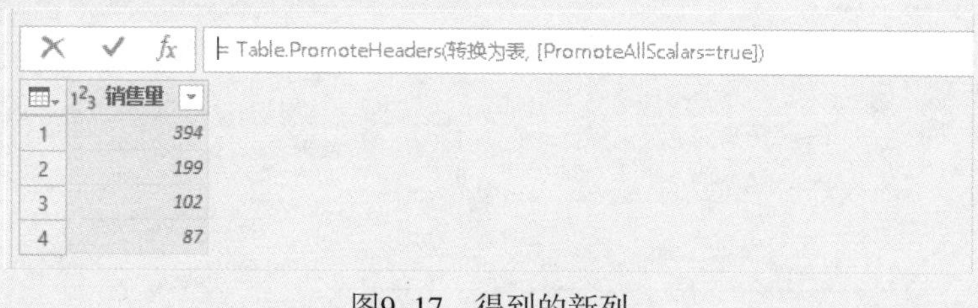

图9–17　得到的新列

9.2.3 创建一个连续字母的列

如果要创建一个连续字母的列，例如，从字母 A ~ M，如图 9–18 所示，那么使用的 M 公式如下：

```
= {"A"..."M"}
```

其中，两个句点表示连续的意思。

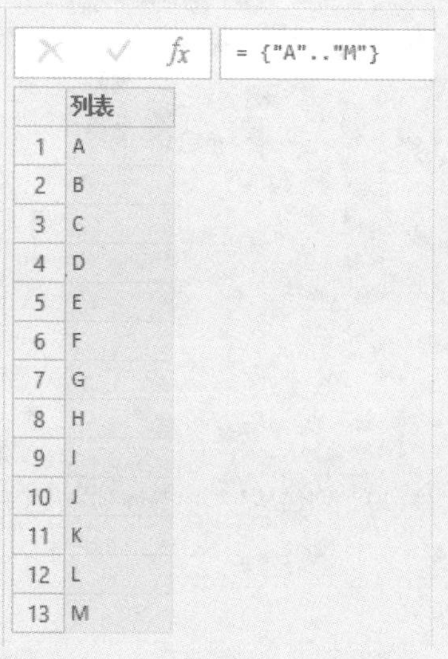

图9–18　创建连续字母的列

如果要把这个列转换为表，则使用的 M 公式如图 9–19 所示，这里使用了 M 函数 Table.FromList()。

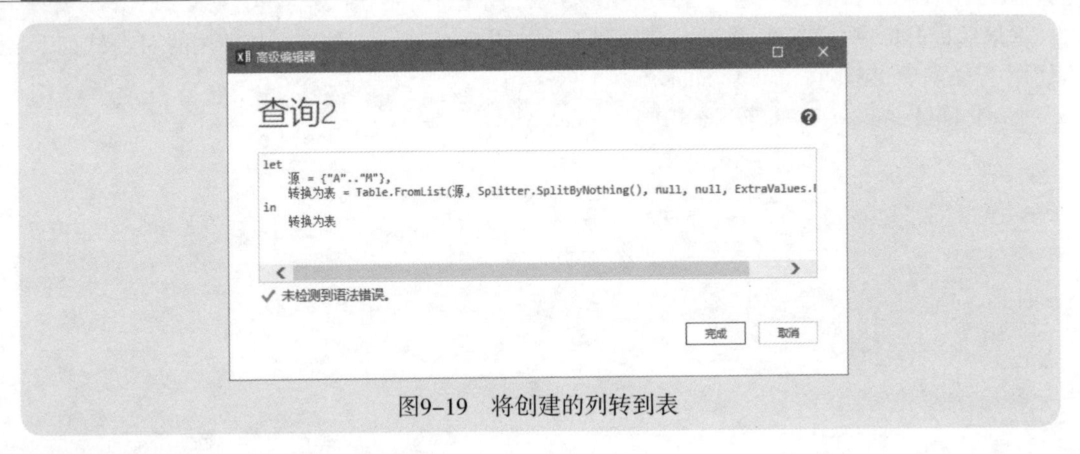

图9-19　将创建的列转到表

9.2.4 创建一个连续数字的列

如果要创建一个连续数字的列，也是要使用两个句点。例如要得到从 1 ~ 10 的序列（如图 9-20 所示），那么使用的 M 公式如下：

```
= {1..10}
```

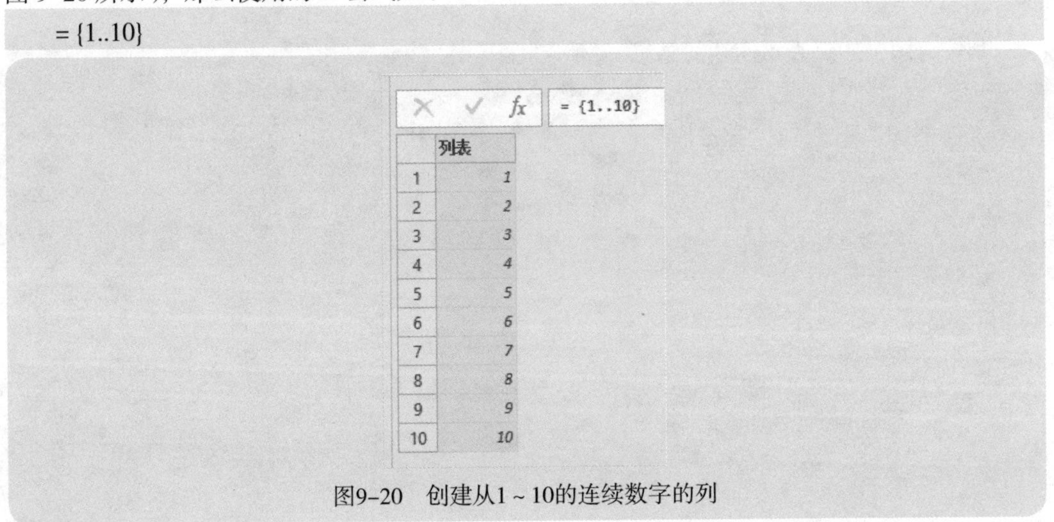

图9-20　创建从1 ~ 10的连续数字的列

9.2.5 创建一个表

创建一个表，要使用 table 函数。例如，创建一个 3 行 4 列的表（如图 9-21 所示），使用的 M 公式如下（注意 table 前面必须有一个 #）：

```
= #table({"日期","产品","销量","销售额"},
    {{"2019-3-22","产品B",222,4960},
     {"2019-3-27","产品A",104,10385},
     {"2019-3-27","产品D",683,93845}
    }
   )
```

```
= #table({"日期","产品","销量","销售额"},{{"2019-3-22","产品B",222,4960},{"2019-3-27","产品A",104,10385},{"2019-3-27","产品D",683,93845}})
```

	日期	产品	销量	销售额
1	2019-3-22	产品B	222	4960
2	2019-3-27	产品A	104	10385
3	2019-3-27	产品D	683	93845

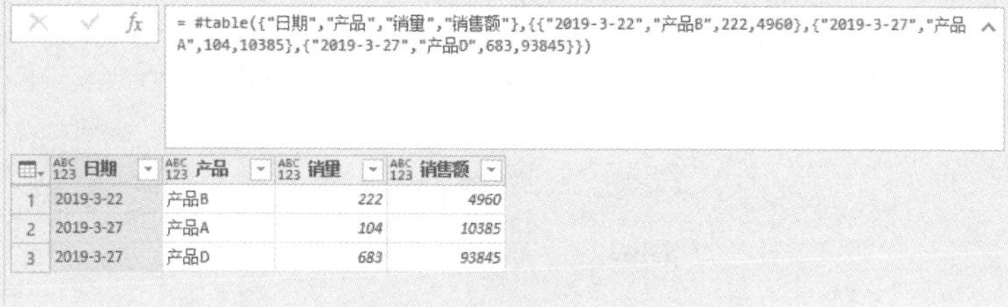

图9-21　创建3行4列的表

在这个公式中：

（1）第 1 组参数 {" 日期 "," 产品 "," 销量 "," 销售额 "} 是用来创建标题的；

（2）第 2 组则是各行记录，每个记录是一组数，其中：

① 第 1 个记录是 {"2019-3-22"," 产品 B",222,4960}。

② 第 2 个记录是 {"2019-3-27"," 产品 A",104,10385}。

③ 第 3 个记录是 {"2019-3-27"," 产品 D",683,93845}。

9.3 M语言及函数

从前面的介绍可以看出，M 函数并不复杂，但第一次接触还是会觉得有难度，因为这是一种与 Excel 函数完全不同的逻辑。不过，由于 Power Query 的大部分数据查询处理都可以通过可视化向导的提示来实现，并且每个操作步骤都自动生成了相应的 M 公式，即使是个别复杂的数据查询汇总问题，也仅仅是添加一个计算简单的自定义列即可完成，所以，M 语言的学习和掌握，需要在实际操作中慢慢摸索，勤加练习。

9.3.1 M 语言结构

打开“高级编辑器”就可以看到，M 语言实际上就是一步一步操作所生成的 M 公式，每个 M 公式都是一个 M 函数所构成的运算，这些运算可以是现有 M 函数，也可以是自定义函数，还可以是一些基本的运算符构建的运算。

例如，根据图 9-22 所示的发票首号和发票末号，计算发票张数，并将发票号展开，生成一列，通过下面 5 个步骤即可完成，如图 9-23 所示。

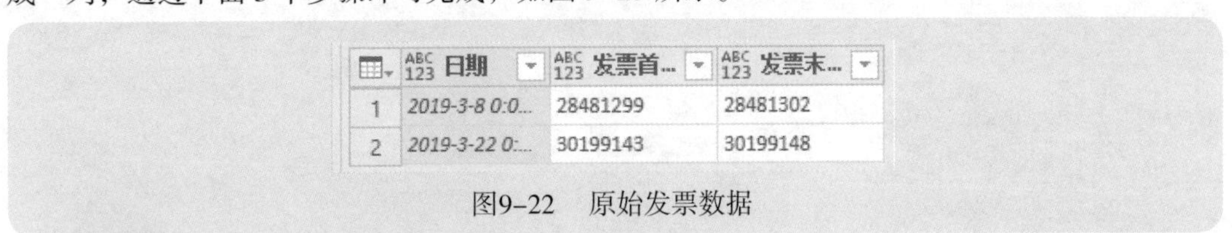

	日期	发票首...	发票末...
1	2019-3-8 0:0...	28481299	28481302
2	2019-3-22 0:...	30199143	30199148

图9-22　原始发票数据

步骤 1　从当前工作簿的表格区域导入数据（“源”）。

步骤 2　将“发票首号”和“发票末号”数据类型设置为“整数”（“更改的类型”）。

步骤 3　添加自定义列“发票张数”，公式为“= [发票末号]-[发票首号]+1”（“已添加自定义”）。

步骤 4　添加自定义列“发票号”，公式为“= {[发票首号]..[发票末号]}”（“已添加自定义1”）。

步骤 5　将生成的发票号列展开到行（“展开的‘发票号’”）。

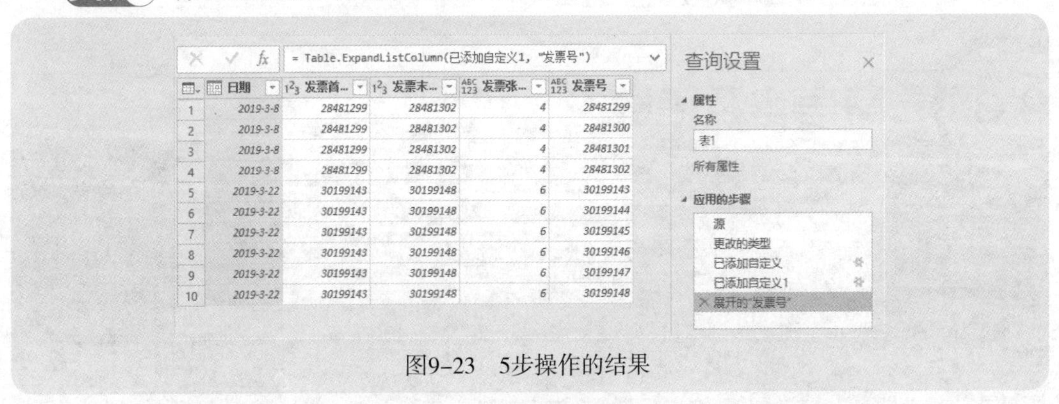

	日期	发票首...	发票末...	发票张...	发票号
1	2019-3-8	28481299	28481302	4	28481299
2	2019-3-8	28481299	28481302	4	28481300
3	2019-3-8	28481299	28481302	4	28481301
4	2019-3-8	28481299	28481302	4	28481302
5	2019-3-22	30199143	30199148	6	30199143
6	2019-3-22	30199143	30199148	6	30199144
7	2019-3-22	30199143	30199148	6	30199145
8	2019-3-22	30199143	30199148	6	30199146
9	2019-3-22	30199143	30199148	6	30199147
10	2019-3-22	30199143	30199148	6	30199148

图9-23　5步操作的结果

打开“高级编辑器”可以看到这 5 步操作所生成的 M 公式，如图 9-24 所示。

9.2.1 小节已经介绍过，一个查询的开始是从 let 开始，以 in 结束。let 和 in 之间的各个公式都是每步操作的公式，in 后面的是指定输出哪步操作的结果。

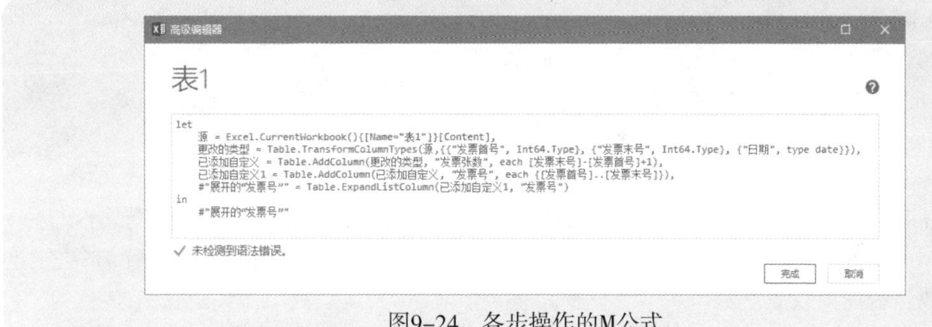

图9-24 各步操作的M公式

对上面的公式的分析如下。

- 使用了 Excel.CurrentWorkbook() 函数获取当前工作簿的数据。
- 使用了 Table.TransformColumnTypes() 函数来转换列数据类型。
- 使用了算术运算（+/-）来计算发票张数并使用 Table.AddColumn() 函数添加自定义列。
- 使用了两个句点来构建连续号列并使用 Table.AddColumn() 函数来添加自定义列。
- 使用了表级运算符方括号来引用列。
- 使用了表级运算符花括号来构建列。

这些操作都是使用了 M 语言基本语法和常用函数。下面就 M 语言的基本语法和常用函数进行简单的介绍。

9.3.2 M 语言的运算规则

M 语言中，常见的运算有算术运算、逻辑运算、比较运算、连接运算和表级运算。

- 算术运算：就是常说的四则运算，即加（+）、减（-）、乘（*）、除（/）。
- 逻辑运算：用来组合条件，即与（and）、或（or）、非（not）。
- 比较运算：用来对数据进行判断比较，即等于（=）、大于（>）、大于或等于（>=）、小于（<）、小于或等于（<=）、不等于（<>）。
- 连接运算：用来连接字符串，即 &。
- 表级运算：用来引用记录或者列表，即引用记录（[]）、引用列表（{}）。

9.3.3 M 函数语法结构

计算机语言中，任何一个函数都有语法，M 函数也不例外。就像在 Excel 中使用工作表函数一样。

例如，Date.AddMonths() 函数用于计算几个月以后或几个月以前的日期，其语法如下：

```
Date.AddMonths(dateTime as datetime, numberOfMonths as number) as nullable datetime
```

函数的含义如下。

- Date.AddMonths() 函数的结果是日期。
- Date.AddMonths() 函数有两个必需参数 dateTime 和 numberOfMonths。
- dateTime 是给定的一个具体日期，必须是日期时间类型。
- numberOfMonths 是要加的月数字，必须是数字；正数是前进，负数是倒退。

很多 M 函数的参数中，有些是必需参数，有些是可选参数，用户根据具体情况来决定这些可选参数是否需要设置。

例如，Date.WeekOfYear() 函数用于计算某日期是一年的第几周，其语法如下：

```
Date.WeekOfYear(dateTime as any, optional firstDayOfWeek as nullable number) as nullable number
```

这个函数的第 1 个参数 dateTime 是必需参数，是指定的某个具体日期；第 2 个参数 firstDayOfWeek 是可选参数，指定一周的第一天是哪天开始，如果忽略，系统就默认为从星期日开始。

9.3.4 M 函数简介

M 函数有数百个之多，具体可以参看帮助信息。下面是一个简单而不全面的列示。

1. 文件类函数

用于访问指定的数据源，并将数据源数据进行导入和创建查询。这些函数的前缀是数据文件的类型，后面跟一个句点，句点后面是数据源类型。例如：

- Excel.CurrentWorkbook() 函数用于从当前工作簿导入查询。
- Excel.Workbook() 函数用于从指定路径工作簿导入查询。
- Csv.Document() 函数用于从文本文件导入查询。
- Access.Database() 函数用于从 Access 数据库导入查询。
- Folder.Contents() 函数用于从指定文件夹的所有文件导入查询。

2. Table 类函数

用于对表进行计算。这些函数的前缀都是 Table，后跟一个句点，句点后是很好理解的一个英文单词或几个单词的组合。例如：

- Table.FirstN() 函数用于获取表的最前面几行数据。
- Table.Pivot() 函数用于透视列。
- Table.SplitColumn() 函数用于拆分列。
- Table.TransformColumnTypes() 函数用于更改数据类型。

3. List 类函数

用于对列进行操作和计算，这些函数的前缀都是 List。例如：

- List.Sum() 函数用于计算合计数。
- List.Max() 函数用于计算最大值。
- List.Combine() 函数用于将多个列合并为一个新列。
- List.Sort() 函数用于排序。

4. Record 类函数

用于对行进行操作，这些函数的前缀都是 Record。例如：

- Record.Fields() 函数用于获取指定字段的值。
- Record.RenameFields() 函数用于重命名列标题。

5. Text 类函数

用于对文本进行计算，这些函数的前缀都是 Text。例如：

- Text.Middle() 函数用于从字符串中间指定位数提取字符。
- Text.Trim() 函数用于清除字符串前后的空格。
- Text.Clean() 函数用于清除所有非打印字符。
- Text.Upper() 函数用于将字母转换为大写。

6. Number 类函数

用于对数字进行计算，这些函数的前缀都是 Number。例如：

- Number.IsEven() 函数用于判断一个数字是否是偶数。
- Number.Abs() 函数用于计算一个数字的绝对值。

7.Date 类函数

用于对日期进行计算，这些函数的前缀都是“Date”。例如：

- Date.Year 用于获取一个日期的年数字。
- Date.Month 用于获取一个日期的月数字。
- Date.Day 用于获取一个日期的日数字。
- Date.MonthName 用于获取一个日期的月份名称。
- Date.EndOfMonth 用于获取月底日期，相当于 EOMONTH。
- Date.EndOfQuarter 用于获取季度末日期。
- Date.DayOfYear 用于获取指定日期在该年已过的天数。

- Date.AddDays 用于计算一个日期多少天后的日期。
- Date.AddMonths 用于计算一个日期多少月后的日期。
- Date.AddQuarters 用于计算一个日期多少季度后的日期。
- Date.AddYears 用于计算一个日期多少年后的日期。
- Date.IsInPreviousMonth 用于判断一个日期是否为上月日期。
- Date.IsInPreviousQuarter 用于判断一个日期是否为上季度日期。
- Date.IsInPreviousWeek 用于判断一个日期是否为上星期日期。
- Date.IsInCurrentMonth 用于判断一个日期是否为本月日期。
- Date.IsInCurrentQuarter 用于判断一个日期是否为本季度日期。
- Date.IsInCurrentWeek 用于判断一个日期是否为本周日期。

8.DateTime 类函数

用于对日期时间进行计算，这些函数的前缀都是“DateTime”。例如：

- DateTime.Date 用于从一个含有日期和时间的日期时间中提取日期数字。
- DateTime.FromText 用于把文本型日期转换为真正的日期时间。
- DateTime.ToText 用于把日期时间转换为文本。
- DateTime.LocalNow 用于获取当前日期和时间，相当于 NOW 函数。

9.4 M函数应用举例

了解了 M 语言的基本知识，以及本书前面介绍的各种 Power Query 操作技能后，下面介绍几个实际应用案例。

9.4.1 分列文本和数字

案例9-1

图 9-25 所示的例子是编码与名称一起的数据表，而编码是左边的数字，长度不一，名称是右边的汉字和字母的混合体。现在要求把编码和名称分成两列。

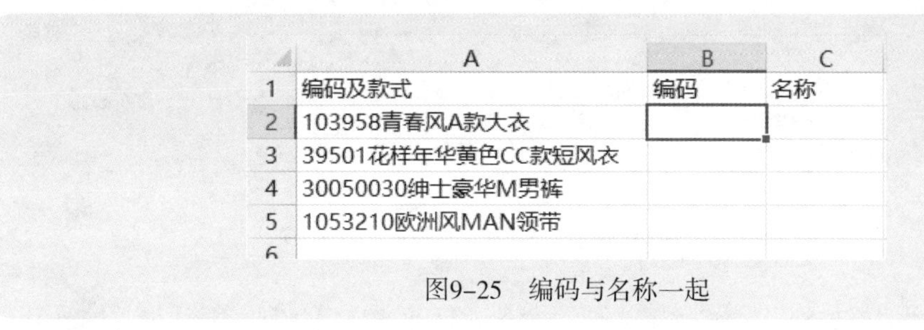

	A	B	C
1	编码及款式	编码	名称
2	103958青春风A款大衣		
3	39501花样年华黄色CC款短风衣		
4	30050030绅士豪华M男裤		
5	1053210欧洲风MAN领带		
6			

图9-25　编码与名称一起

步骤1　对此表建立查询，进入“Power Query编辑器”窗口，如图9-26所示。

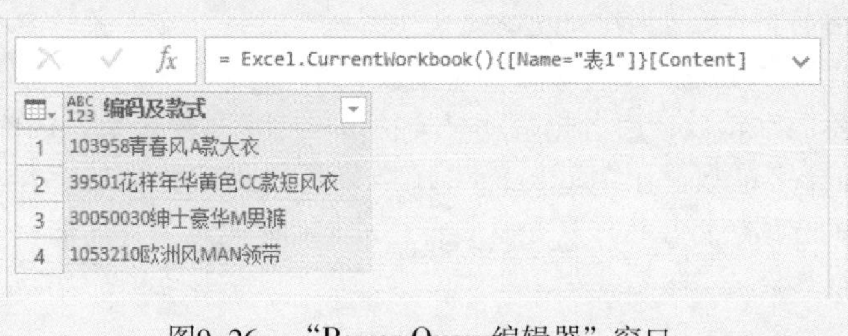

= Excel.CurrentWorkbook(){[Name="表1"]}[Content]

	编码及款式
1	103958青春风A款大衣
2	39501花样年华黄色CC款短风衣
3	30050030绅士豪华M男裤
4	1053210欧洲风MAN领带

图9-26　“Power Query编辑器”窗口

步骤2　执行“添加列”→“自定义列”命令，打开“自定义列”对话框，输入新列名“名称”，然后输入自定义列公式：“= Text.Remove([编码及款式],{"0"..."9"})”，如图9-27所示。

这个公式的含义是只要把字符串中的数字剔除出去，剩下的就是名称了，因此使用了Text.Remove() 函数。

自定义列

新列名

名称

自定义列公式:

= Text.Remove([编码及款式],{"0".."9"})

可用列:

编码及款式

<< 插入

了解 Power Query 公式

✓ 未检测到语法错误。

确定　取消

图9-27　添加自定义列以提取出名称

步骤3　单击“确定”按钮，就从原始列中提取出了名称，如图9-28所示。

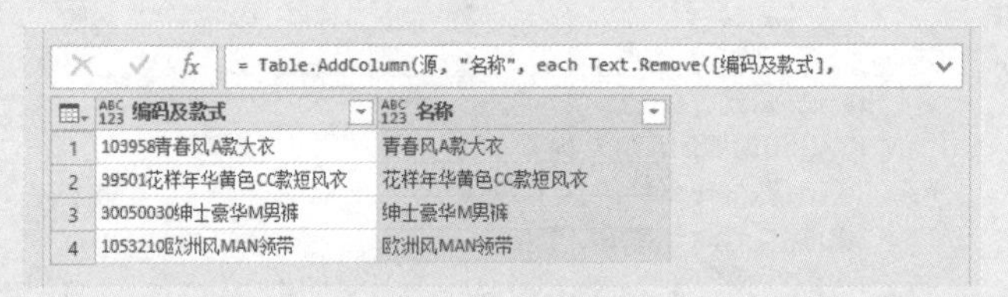

= Table.AddColumn(源, "名称", each Text.Remove([编码及款式],

	编码及款式	名称
1	103958青春风A款大衣	青春风A款大衣
2	39501花样年华黄色CC款短风衣	花样年华黄色CC款短风衣
3	30050030绅士豪华M男裤	绅士豪华M男裤
4	1053210欧洲风MAN领带	欧洲风MAN领带

图9-28　提取出来名称

步骤4 执行“添加列”→“自定义列”命令，打开“自定义列”对话框，输入新列名“编码”，然后输入自定义列公式为“= Text.Range([编码及款式],0,Text.Length([编码及款式])-Text.Length([名称]))”，如图9-29所示。

这个公式的含义是从原始字符串中提取左边的数字，只要计算出原始字符串的字符数和已经取出来名称的字符数，两者相减就是要提取的编码数字个数，因此这里使用了Text.Length()函数来计算字符数，用Text.Range()函数来提取指定范围的字符。需要注意的是，Text.Range()函数的起始字符位置序号是从0开始的，而不是从1开始的。

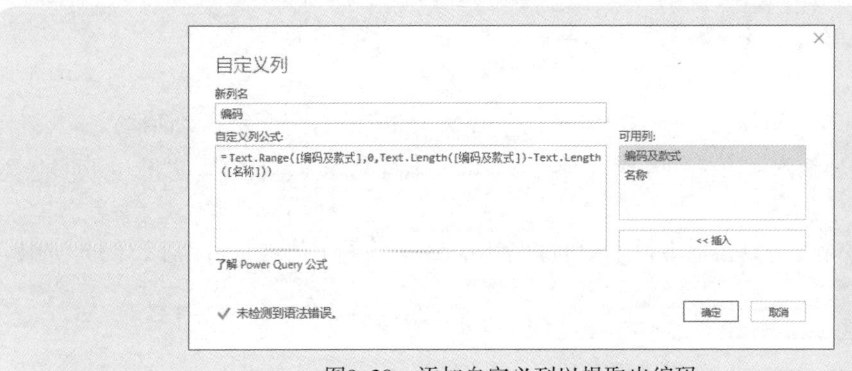

图9-29　添加自定义列以提取出编码

步骤5 单击“确定”按钮，就得到了“编码”列，如图9-30所示。

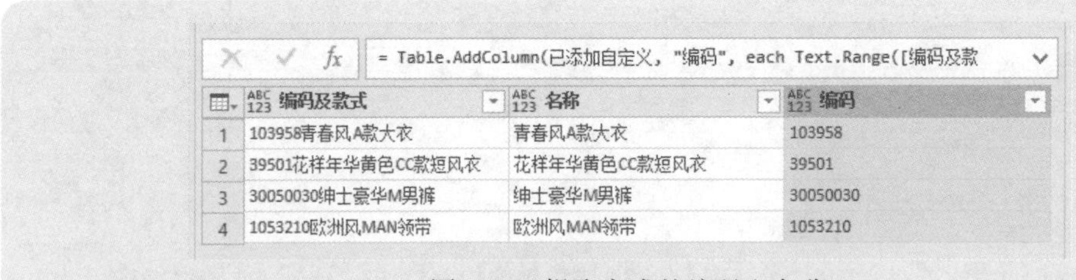

= Table.AddColumn(已添加自定义, "编码", each Text.Range([编码及款

	编码及款式	名称	编码
1	103958青春风A款大衣	青春风A款大衣	103958
2	39501花样年华黄色CC款短风衣	花样年华黄色CC款短风衣	39501
3	30050030绅士豪华M男裤	绅士豪华M男裤	30050030
4	1053210欧洲风MAN领带	欧洲风MAN领带	1053210

图9-30　提取完成的编码和名称

步骤6 将“名称”列和“编码”列调换位置，然后将查询关闭并上传至表，就得到

了需要的结果，如图9-31所示。

打开“高级编辑器”可以看到完整的 M 公式，如图 9-32 所示。

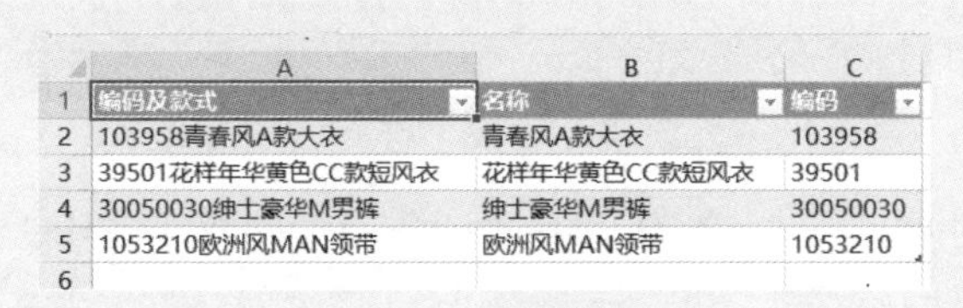

	A	B	C
1	编码及款式	名称	编码
2	103958青春风A款大衣	青春风A款大衣	103958
3	39501花样年华黄色CC款短风衣	花样年华黄色CC款短风衣	39501
4	30050030绅士豪华M男裤	绅士豪华M男裤	30050030
5	1053210欧洲风MAN领带	欧洲风MAN领带	1053210
6			

图9-31　完成的分列

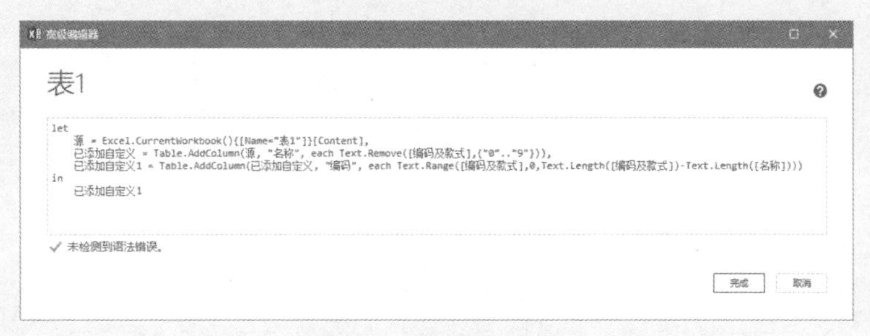

图9-32　完整的M公式

案例9-2

图 9-33 所示是另外一个类型的例子，也是需要进行分列操作。图 9-33 中的数据是数字和字母的混合体，数字是科目编码，字母是英文科目名称，现在要把科目编码和科目名称分成两列。

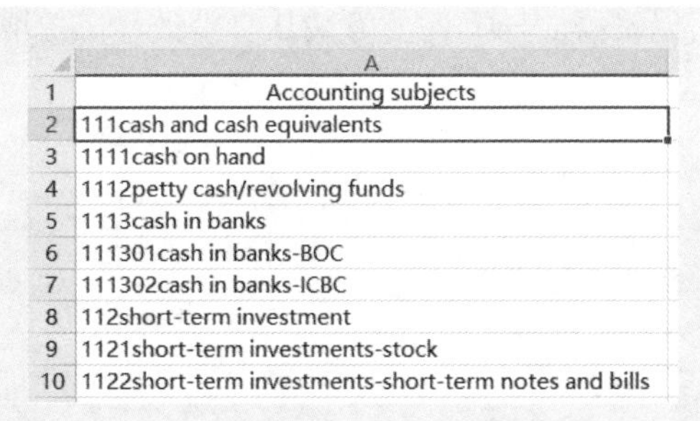

	A
1	Accounting subjects
2	111cash and cash equivalents
3	1111cash on hand
4	1112petty cash/revolving funds
5	1113cash in banks
6	111301cash in banks-BOC
7	111302cash in banks-ICBC
8	112short-term investment
9	1121short-term investments-stock
10	1122short-term investments-short-term notes and bills

图9-33　数字科目编码和英文科目名称连在一起

这个问题的解决也是很容易的，跟案例 9-1 方法基本相同：先剔除数字，把英文名称提取出来，再提取左边的数字。这里就不再详细介绍步骤了，仅仅列示两个自定义列公式。

提取科目名称公式：

```
= Text.Remove([Accounting subjects],{"0"..."9"})
```

提取科目编码公式：

```
= Text.Range([Accounting subjects],0,Text.Length([Accounting subjects])-Text.Length([科目名称]))
```

提取科目编码公式也可做成嵌套：

```
= Text.Range([Accounting subjects],0,Text.Length([Accounting subjects])-Text.Length(Text.Remove([Accounting subjects],{"0"..."9"})))
```

分列查询结果如图 9-34 所示。

= Table.ReorderColumns(已添加自定义1,{"Accounting subjects", "科目编码", "科目名称"})

	Accounting subjects	科目编码	科目名称
1	111cash and cash equivalents	111	cash and cash equivalents
2	1111cash on hand	1111	cash on hand
3	1112petty cash/revolving funds	1112	petty cash/revolving funds
4	1113cash in banks	1113	cash in banks
5	111301cash in banks-BOC	111301	cash in banks-BOC
6	111302cash in banks-ICBC	111302	cash in banks-ICBC
7	112short-term investment	112	short-term investment
8	1121short-term investments-stock	1121	short-term investments-stock
9	1122short-term investments-short-term notes and bills	1122	short-term investments-short-term notes and bills

图9-34　完成分列的科目编码和科目名称

9.4.2 从身份证号码中提取生日和性别

案例9-3

在第 7 章介绍过利用编辑器向导操作的方法从身份证号码提取生日和性别（如图 9-35 所示），步骤比较烦琐。这里可以直接利用 M 函数来完成。

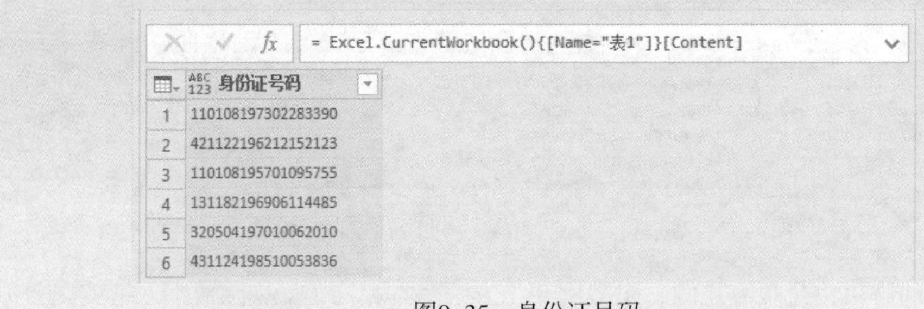

= Excel.CurrentWorkbook(){[Name="表1"]}[Content]

	身份证号码
1	110108197302283390
2	421122196212152123
3	110108195701095755
4	131182196906114485
5	320504197010062010
6	431124198510053836

图9-35　身份证号码

为查询添加自定义列，提取出生日期，自定义列公式如下。

提取生日：

```
= Date.FromText(Text.Range([身份证号码],6,8))
```

这里先使用 Text.Range() 函数提取生日数字，再使用 Date.FromText() 函数将这个数字转换为日期。

提取性别：

```
= if Number.IsEven(Number.FromText(Text.Range([身份证号码],16,1)))=true then "女" else "男"
```

这里首先使用 Text.Range() 函数提取代表性别的第 17 位数字，并用 Number.FromText() 函数将其转换为数字，再用 Number.IsEven() 函数判断其是否为偶数，最后使用 if 语句进行判断处理。

最后的结果如图 9-36 所示。

	身份证号码	出生日期	性别
1	110108197302283390	1973-2-28	男
2	421122196212152123	1962-12-15	女
3	110108195701095755	1957-1-9	男
4	131182196906114485	1969-6-11	女
5	320504197010062010	1970-10-6	男
6	431124198510053836	1985-10-5	男

图9-36 使用M公式提取生日和性别

9.4.3 计算迟到分钟数和早退分钟数

案例9-4

图 9-37 的前 4 列是考勤打卡时间数据，后 2 列是添加的自定义列，这 2 列分别记录了迟到分钟数和早退分钟数。其中，正常出勤时间是 8:30 ～ 17:00。

	姓名	日期	签到时...	签退时...	迟到分钟数	早退分钟数
1	A1	2019-4-15	7:43:00	16:48:00	0	12
2	A1	2019-4-16	8:33:00	17:36:00	3	0
3	A1	2019-4-17	8:01:00	16:52:00	0	8
4	A1	2019-4-18	9:12:00	17:22:00	42	0
5	A1	2019-4-19	7:55:00	17:29:00	0	0
6	A1	2019-4-22	8:48:00	16:12:00	18	48

图9-37 计算迟到分钟数和早退分钟数

这两个自定义列的公式分别如下。

迟到分钟数：

```
= if[签到时间]>Time.FromText("8:30") then ([签到时间]-Time.FromText("8:30"))*1440 else 0
```

早退分钟数：

```
= if[签退时间]<Time.FromText("17:00") then (Time.FromText("17:00")-[签退时间])*1440 else 0
```

当添加自定义列后，得到如图 9-38 所示的数据，此时，需要把迟到分钟数和早退分钟数的数据类型设置为“整数”。

	姓名	日期	签到时...	签退时...	迟到分钟数	早退分钟数
1	A1	2019-4-15	7:43:00	16:48:00	0	12.00:00:00
2	A1	2019-4-16	8:33:00	17:36:00	3.00:00:00	0
3	A1	2019-4-17	8:01:00	16:52:00	0	8.00:00:00
4	A1	2019-4-18	9:12:00	17:22:00	42.00:00:00	0
5	A1	2019-4-19	7:55:00	17:29:00	0	0
6	A1	2019-4-22	8:48:00	16:12:00	18.00:00:00	48.00:00:00

图9-38　迟到分钟数和早退分钟数的数据类型不正确

最后，再将迟到分钟数和早退分钟数两列的数字 0 替换为空值（null），这样再将数据导入 Excel 表格时，单元格里就不显示数字 0 了。